Jiddu Krishnamurti

空无者乃幸福者　Happy is the man who is nothing

范佳毅 李立东 史芳梅 徐文晓 译　[印]克里希那穆提 ／ 著　# 生命的注释（上）

九州出版社 JIUZHOUPRESS｜全国百佳图书出版单位

图书在版编目（CIP）数据

生命的注释 / （印）克里希那穆提著；范佳毅等译.
--北京：九州出版社，2012.6（2021.8重印）
书名原文：Commentaries on living
ISBN 978-7-5108-1514-0

Ⅰ.①生… Ⅱ.①克… ②范… Ⅲ.①人生哲学－通俗读物 Ⅳ.①B821-49

中国版本图书馆CIP数据核字（2012）第116402号

著作权合同登记号：图字01-2011-1833号

**生命的注释**

作　　者　（印度）克里希那穆提 著　范佳毅等 译
出版发行　九州出版社
封面设计　门乃婷
责任编辑　方　理　童丽慧　曹　环
地　　址　北京市西城区阜外大街甲 35 号（100037）
发行电话　(010)68992190/3/5/6
网　　址　www.jiuzhoupress.com
电子信箱　jiuzhou@jiuzhoupress.com
印　　刷　三河市国新印装有限公司
开　　本　880 毫米 × 1230 毫米　32 开
印　　张　25.75
字　　数　610 千字
版　　次　2012 年 10 月第 1 版
印　　次　2021 年 8 月第 5 次印刷
书　　号　ISBN 978-7-5108-1514-0
定　　价　108.00 元

# 出版前言

克里希那穆提（1895—1986）生于印度，13 岁时被"通神学会"带到英国训导培养。"通神学会"由西方人士发起，以印度教和佛教经典为基础，而衍生为一个宣扬神灵救世的世界性组织，它相信"世界导师"将再度降临，并且认为克里希那穆提就是这个"世界导师"。而他自己在 30 岁时觉悟内心智慧，否定了"通神学会"的种种谬误。1929 年，为了排除"救世主"的形象，他毅然解散专门为他设立的组织——世界明星社，宣布任何一种约束心灵解放的形式化的宗教、哲学和主张都无法进入真理的国度。

克里希那穆提一生在世界各地传播他的思想，著述甚多，影响广泛，曾被《时代周刊》称为"20 世纪最伟大的五位圣者之一"。在东方，他被一些佛教行者及学者视为正宗佛法及吠檀多哲学的现代传法者；有人认为他是龙树菩萨的再现。在西方，他的著述被多所大学列为选修课程，也是博士论文的研究课题。人们从他那里学到古希腊伟大哲人苏格拉底、柏拉图的思想与方法。

《生命的注释》（Commentaries on Living），起缘于著名作家阿道斯·赫胥黎（Aldous Huxley）的建议，克氏在1949年到1955年期间，用手写的方式完成。稿件上没有留出空处，也没有删改的痕迹，并由迪·拉伽古帕（D.Rajagopal）编辑，于1956年出版发行。

在克氏的众多的著述中，《生命的注释》堪称地位最高的一部经典。它有两个特点值得说明：

一、它开创了一种风格全新的写作范式——克氏用他那清净无染的慧眼观照，细腻优美的抒情描述，将大自然的风景和世间众生之相，展现给读者。那是空性之中对世界轻柔敏感的抚触、无所挂碍的安悦和宽广无限的大爱，完全不似常人对境而生的爱恨喜怒等等自我纠结的情绪反应。同时，他的笔触中，又饱含着直指人心的哲理睿思和心理洞见的光明力量。这种内容和形式的独具风格的完美融合，"完全是由他的深深的宗教情怀，和清晰生动、引人入胜的散文式的流露而成"。（《生命的注释》英文版评论）阅读这种描述和叙事，对读者本身就是一次难得一遇的领受：它将克氏那种把握世界的智慧真髓直接传输给了我们。受到这种美文精神的感染，照着他的眼光，看世界，看生活，看烦恼，当下、时时、处处，就是轻松自在的解脱。这种精神能量的传递与契合，正是《生命的注释》特有的魅力所在。当然，真正领受它的益处，还得靠读者自己去体会了。

二、它的内容主要是由克氏和印度、欧洲、美国等不同地方不同身份的人们进行对话的记录所构成。这些记录中所展现的对话双方的交流交锋，篇篇都是紧张认真而又极富启发性的。而那些来访者心中各式各样的自我堡垒，经过克氏的深刻洞察的灵性力量，全被拆散、瓦解。他总是用最简单的智慧，化解和指引了那些复杂坚硬而烦恼无尽的心灵。来访者的表演，他们心中的问题，对我们每个人都是最好的参照范例，都具有典型的借鉴意义。我们和他们，几乎是一样的人。读他们和克氏的对谈，仿佛自己已经身临其境，也在发生改变。这就是范例的最佳效果，是一般的听说道理不易具备的。

因此，可以说《生命的注释》是克里希那穆提作品中至美巅峰的一道风光，在别处不能领略。

这次出版本书，承蒙范佳毅等几位译者提供译本，并对部分译文进行了修订。张海涛、胡亚丽、方理、姬登杰对译稿进行了译审。我们力求准确理解和表达克氏思想，力求为读者提供最好的译本，但不足之处仍然难免，尚希读者、方家给予宝贵指正。

本社的克里希那穆提系列作品得到台湾著名作家胡因梦女士倾情推荐，在此谨表谢忱。

九州出版社

# 译者序：和落日相遇

相遇是奇妙的，奇在意外，妙在当下。

早年看电影《简爱》，暮色苍茫之中，女主人公在荒郊野林匆匆赶路，返回桑菲尔德庄园，不经意间猛一抬头，和落日撞了个满怀。蓦地，她仿佛被一种神秘的魔力拦截，蓦然驻足，看着那红彤彤、明晃晃的太阳在灌木丛光秃寂寥的树枝后面渐渐沉落，恍兮惚兮，对身后急促的马蹄声充而不闻。

与克里希那穆提的相遇，犹如和落日的相遇，那拦截匆匆步履的落日。

翻译克里希那穆提，好比欲将紫罗兰的芳菲录到纸上那样的困难。我尽心临摹了每一片花瓣，又如何传达它当下的清芬？

这是一本没有名人名言的书。是的，克里希那穆提就是那么自由而纯净，除了对话者的提问，书里找不到任何前贤先哲的只言片语。

这是一个独特的声音，这是一道独特的风景，脱离了学术的归类，脱离了"美德"的衡量。他的独特无须证明，正如恒河无须伏尔加河证明，正如棕榈无须橡树证明。他像一道闪电，穿透重重雾障，让人看清生命中的焦灼与负重，看清这焦灼与负重的虚妄。

曾沿着漓江，独自在阳朔到兴坪的岸边徒步行走，不时撞见山水间撒野嬉戏的蛮童，那无拘无束的高声尖叫犹如香槟酒一般喷薄而出，在天地间回荡。满心艳羡地与当地村民聊起，他们说："现在开心有什么用？长大就苦了。"是啊，因为，长大就要"做人"。

"做人"乃先辈或社会的要求，仿佛"是人"如此不言而喻，以至可以忽略不计。现代教育已经深入到"胎教"，还没完全"是"就"做"上了，可谓天网恢恢。他们教你说话、识字，通过转换知识，通过一种文明化的进程，温柔或暴烈，引导或强迫你去"做人"，做他们认为"正确"的人；抑或你已经与先辈和社会融为一体，正在将他人纳入自己的轨道；迫人亦被迫，陷于双重囹圄，你乐在其中，或身不由己。

难怪，当克里希那穆提层层剥去"做"的外衣，那种赤裸的"是"着实把人吓得不轻。有人紧张地问："除去这些，我们还剩下什么？我们什么也没有了。"克里希那穆提的回答是："你以为自己现在比这更多吗？当你在作那个陈述时；你有一种恐惧，对赤裸的恐惧。除去这些附加，你什么也没有了——而这就是真实……让存在打开，述说它自己的故事。"

就像一棵大树的故事：花繁叶茂，它不觉多了什么；花谢叶落。它亦不觉少了什么。

就像梭罗的故事："我并不比湖中高声大笑的潜水鸟更孤独，我并不比瓦尔登湖更寂寞……我不比密尔溪，或一只风信鸡，或北极星，或南风更寂寞，我不比四月的雨或正月的融雪，或新屋中的第一只蜘蛛更孤独。"

就像杜尚的故事："我最好的作品是我的生活。因此，如果你愿意那么看，我的艺术就可以是活着：每一秒，每一次呼吸就是一个作品，那是不留痕迹的，不可见也不可想的，那是一种其乐融融的感觉。"

就像克里希那穆提的故事：他跟人相遇，与人交谈，他觉得"大师"是个荒唐的称呼，更无半点强加于人的意思。"……我没有工作，也没有任何革新或革命的计划……"。他不时地问对话者："你真的还想谈下去吗？"仿佛担心吓着他们。他从不居高临下、指点迷津，"我或许能告诉你，但这就不是你的发现了，"他说，"让我们一起来发现"。

然而，如果你渴望廉价的抚慰，得到的可能是尖锐的刺痛，不是被克里希那穆提刺痛，而是被存在的真实刺痛；如果。你寻求安全，却可能发现固有的围墙正在坍塌；如果你期待的是答案，他更多的是提问，有时整整一段都在提问，他常常以反问回答提问，似乎什么都说了，似乎什么也没说。就像一道自然之光，它只是照亮，至于你看到了什么，看到了以后又怎样，光惟有沉默。

对话者问得最多的一个问题是："我该怎么办？"

克里希那穆提说："让我们各自发现该怎么做，而不是从他人那里寻找答案。如果你能找出来，你的发现将是你的当下体悟；那么它将是真实的，而不只是一种确认或结论，一个纯粹口头的答案。"

我们早已习惯接受现成的标准，从"百分百男人"到"百分百女人"；从事业"正确"、家庭"正确"、情感"正确"，到着装"正确"、化妆"正确",举止"正确",即使标新立异,也无非是随波逐流的夸张,却浑然不觉,作为天地间的存在。人唯一无可替代的,是自身对生命的当下体悟。

任你鞠躬尽瘁,"做"到了百分百"正确":苍天在上,面对旷野,独迎劲风,你又"是"谁?

和落日相遇的那一刻,我举目与赤裸的"是"对视,风在穿流,云在变幻,野草和老树喁喁低语,明暗交接、阴阳契合,绝望与希望重叠,天地大美而无言。

范佳毅

# 目 录 <sup>*</sup>

出版前言　　1

译者序：和落日相遇　　4

## 上卷

三个虔诚的自我主义者　　1

认同　　3

流言飞语和担忧　　5

思与爱　　7

独在与隔绝　　9

弟子和大师　　10

富人和穷人　　12

仪式和转换　　14

---

　　* 中文版编者注：本书英文版分为三册，在中文版目录中，按英文版三册将标题有所拆分，见 * 号断开处。

知识　　16

可敬者　　18

政治　　19

当下体悟　　21

美德　　23

心灵的简单　　25

个体的多面性　　26

睡眠　　28

人际关系中的爱　　30

已知和未知　　32

探索真实　　34

敏感　　37

个人与社会　　39

自我　　41

信仰　　43

寂静　　45

放弃财富　　47

重复和感觉　　49

收音机和音乐　　51

权威　　52

禅修　　54

愤怒　　57

心理安全　　59

分裂　　61

势力　63

诚心　65

满足　67

词语　69

想法和事实　71

延续性　73

自我防卫　75

"我的路和你的路"　78

觉照　82

孤独　87

一致　90

行为和理念　93

城市生活　95

困扰　97

精神领袖　99

刺激　102

问题和逃避　104

"事实是"和"应该是"　107

矛盾　110

妒忌　113

自发性　115

有意识和无意识　117

挑战和反应　119

占有　121

自尊　124

恐惧　128

"我该怎么去爱？"　130

结果的无益　133

对极乐的渴望　136

思想和意识　139

自我牺牲　141

烟雾与火焰　144

头脑的占有　146

思想的终止　148

欲望和冲突　151

没有意图的行动　154

原因和结果　157

迟钝　160

行动中的清晰　162

意识形态　165

美　169

完整　172

恐惧和逃避　176

利用与活跃　180

学者还是智者？　183

安静和意志　187

雄心　191

满足　195

智慧不是知识的积累　198

分心　202

时间　206

痛苦　209

感觉和快乐　213

看清虚假是虚假　217

安全　220

工作　224

＊　＊　＊　＊　＊　＊　＊　＊　＊　＊

富于创造力的快乐　228

制约　231

对内在孤独的恐惧　234

仇恨的过程　238

进步与革命　242

厌倦　246

戒律　250

冲突——解脱——关系　255

努力　260

虔诚与崇拜　266

兴趣　270

教育与整合　274

贞洁　280

对死亡的恐惧　286

思想者与其思想的融合　291

对权力的追逐　296

什么令你无精打采　300

业　306

个体与理想　310

不设防是生，退缩是死　314

绝望与希望　319

头脑和已知　324

服从和解脱　328

时间和延续　332

家庭和对安全感的渴望　336

"我"　340

欲望的本性　345

生命的目的　349

评价一次经验　353

爱的问题　360

什么是教师真正的职责　363

你的孩子及他们的成功　366

追寻的欲望　370

倾听　374

不满足的火焰　376

一次狂喜的经验　379

想要行善的政治家　383

生命的竞争之道　　387

禅定——努力——意识　　391

心理分析与人类的问题　　394

对过去的清除　　398


## 下卷

权威与合作　　403

平庸　　405

积极的教导与消极的教导　　409

帮助　　415

头脑的寂静　　419

满足　　424

演员　　427

知识的伎俩　　431

信念——梦　　434

死亡　　438

评价　　443

嫉妒和孤独　　448

头脑中的暴风雨　　453

思想的控制　　458

有深邃的思考吗　　464

浩渺无垠　　466

＊ ＊ ＊ ＊ ＊ ＊ ＊ ＊ ＊ ＊

思考从结论开始吗？　467

自知还是自我催眠？　471

逃避当下之是　476

一个人能知道什么是对人民有益的吗？　479

"我想找到快乐之源"　484

快乐、习惯和简朴　487

"您不想加入我们的动物福利社团吗？"　491

制约与渴望自由　496

内在的空　501

寻找的问题　506

心理革命　510

没有思考者，只有受束缚的思考　518

"为什么它要发生在我们身上？"　524

生、死和死里逃生　531

头脑的退化　535

不满足的火焰　542

外在的修正和内在的解体　548

要改变社会，你必须摆脱它　551

有自我处没有爱　555

人类的分裂使他生病　561

知识的空虚　568

"生活是什么"　574

没有善和爱，就不是一个有教养的人　581

仇恨与暴力　587

对敏感的培养　592

"为什么我没有洞察力？"　597

改革、革命和寻找上帝　603

吵闹的孩子和安静的头脑　611

有注意的地方，真实就在　619

自我利益腐蚀头脑　626

改变的重要性　633

杀生　641

要有智慧就要单纯　649

困惑与确信　655

没有动机的注意　664

在没有航标的大海上航行　671

超越孤独的单独　677

"为什么你解散了世界明星社？"　684

什么是爱？　689

寻找和察看的状态　697

"为什么经典都谴责欲望？"　704

政治可以灵性化吗？　711

觉知和停止梦想　719

认真意味着什么？　725

有什么永恒之物吗？　732

为什么要迫切地占有？　741

欲望和矛盾的痛苦　　746

"我该做什么？"　　751

不完整的活动和全然完整的行动　　760

从已知中解脱　　765

时间、习惯和理想　　769

上帝可以通过有组织的宗教来寻找吗？　　774

禁欲主义和全然完整的存在　　779

当下的挑战　　784

自怜的悲哀　　789

不敏感和抵制噪音　　793

单纯的品质　　797

# 三个虔诚的自我主义者

有一天，三个虔诚的自我主义者前来见我。第一位是出家人，一个遁世者；第二位是东方学者，笃信团体归属；第三位是一个非凡的乌托邦的忠实信徒。每个人都执著于自己的事业，对他人的心态和行为不以为然。每个人都被各自的信念所强化，对其所属的特殊信仰情有独钟，却又在某一方面奇怪地毫不留情。

他们（尤其是那位乌托邦信徒）对我说，他们随时准备为自己的信念放弃或牺牲本人或朋友。他们（特别是那位东方学者）显得温和顺从，却都有一种属于统治者的强硬和偏狭。他们是被神选中的子民、传道者，他们知道并坚信不疑。

出家人在一次严肃的谈话中说，他正在为自己的来生做准备。他扬言，这辈子给他的东西少得可怜，因为他已经看透了世俗的一切幻象，抛弃了世俗之道。他又说，他集种种个人弱点和困难于一身，可来世他定能成为自己理想中的人。

他的所有兴趣和活力都基于一个信念，即他来生将会是个大人物。我们谈了一会儿，他的重心总是放在明天、放在将来。他说，过去存在，但总和将来有关；现时只是朝向未来的通道，今日仅因为明日而有趣。他问，如果没有明天，为什么要努力呢？还不如像植物一般生长，或干脆做一头听话的牛好了。

整个生命就是从过去到稍纵即逝的现时再到将来的一个持续运动。他说，我们应该利用现在去成就将来的事情：变得智慧、强壮、富有同情心。现时和未来都是短暂的，但果实将在明天成熟。他坚持今天只是块垫脚石，我们不该为此太过焦虑或太过关注；我们应清醒地保持明天的理想并成功地进行过渡。总之，他对现时颇不耐烦。

东方学者比较博学，他的语言更富诗意，是玩弄辞藻的专家，温和而振振有词。他也为自己的未来凿出了一个神龛。他将成为什么。这个意念充斥于心，他为了将来广收弟子。他说，死亡是一件美丽的事情，因为它让人与神龛更为接近，从而得以在这个悲哀和丑陋的世界里栖身。

他全力改变和美化世界，满怀豪情地投身于团体归属的信念。他觉得，要在这世上成就事业，那伴随着残忍和腐蚀的野心是不可避免的。不幸的是，如果你要推行某种团体活动，就得有些强硬手段。事业至关重要，因为它造福于人类，谁反对就得被推一边去——温和地，当然。为此而奋斗的团体具有终极价值，不可阻挡。"人各有志，"他说，"但我们是精英，谁捣乱就不是我们的人。"

乌托邦信徒是理想和现实的奇异结合。他的《圣经》不是旧的，而是新的。他对新经坚信不疑。他知道将来的结果，因为新经已预告了它的模样。他的计划是打乱、整理和重建。他说，现时是腐败的，必须被摧毁，在废墟中重建新的世界。现时必须为将来而牺牲。将来的人（而不是现时的人）非常重要。

"我们知道如何创造将来的人，"他说，"我们为他的头脑和心灵造型；可是，要做好事情就得谋取权力。我们要牺牲自己和他人去创造一个新世界。谁想挡道我们就格杀勿论，因为手段是无足轻重的，结果使任何手段合理化。"

为了最终的和平，可以使用任何暴力；为了最终的个人自由，现时的任何强权都是不可避免的。他声称："当我们大权在握，我们将采取一切强行措施去创建一个没有阶级区分、没有牧师的新世界。我们将永不偏离自己的中心理论；我们在此扎根，但我们的策略和技巧将根据不同场合而变化。我们计划、组织并行动，为了将来的人去摧毁现时的人。"

出家人、东方学者和乌托邦信徒都在为明天而活，为将来而活。他们不是世俗意义上的野心勃勃，他们不要崇高的荣誉、财富或认可；但他们的野心更为微妙。乌托邦信徒认同于某一个团体，以为该团体具有为世界拨乱反正之力；东方学者一心想获得升华，出家人致力于实现自己的目标。大家都为各自的转变、业绩和扩展忙个不停。他们不明白这一欲望否定了和平、人情和至福。

任何形式的野心——为了团体，为了个人救赎，或为了灵性上的成就——都是被推迟实现的行动。欲望从来都是将来的，"想变成"的欲望就是在当下无所作为。当下远比明天重要。当下就是永恒，领悟当下就是从时间中解脱。"变成"就是时间的延续，悲哀的延续。变成中不包含存在。存在永远在于当下，存在是最高形式的彻变。变成只是不断改头换面的延续。只有在当下，在存在中，才有根本性的彻变。

## ✿ 认同

为什么你跟另一个人、一个团体、一个国家一致一体？为什么你自称基督徒、印度教徒、佛教徒，或者，为什么你属于无数派别中的一个？一个人通过传统或习惯，由于冲动、偏见、模仿和惰性，在宗教上或政治上，将自己认同于这个或那个团体。这一认同终止了一切创造性的领悟，于是一个人就成了党派头目、牧师或特权领袖手中的工具。

一天有人说，他是个"克里希那穆提派"，而某某人却是另一派的。他侃侃而谈，完全没有意识到这种认同的暗示。他决不是个傻瓜，他博览群书，颇具文化修养，在这个问题上也并非感情用事；相反，他明确而坚定。

为什么他会成为一个"克里希那穆提派"呢？他跟随别人，属于许多令人生厌的团体和组织，最后发现自己认同某个特殊的人。依他所说，旅行显然已经结束，他已经采取了一个立场，那就完事了；他已做了选择，没有什么可以动摇他。他舒服地安营扎寨，热切地追随一切已经指明的和将要指明的。

当我们跟另一个人一致一体，那就标志着爱吗？认同意味着新的试验探索吗？认同不就是终止了爱和新的试验探索吗？认同必是占有，是拥有的声明；占有否定了爱，不是吗？拥有是安全，占有是捍卫，让自己不受伤害。认同中有粗俗的或微妙的反抗；爱是一种自我保护的反抗形式吗？有防卫还有爱吗？

爱是敞开无防的、柔软的、包容的。它是情感的最高形式，而认同则造成情感上的迟钝。认同和爱无法并肩而行，因为二者一个破坏另一个。认同根本上是一种由捍卫和扩张的头脑产生的思想过程；为了成为什么，它必须反抗和捍卫，它必须拥有和舍弃。在成为的过程中，头脑或自我变得愈发强硬和能干；但这不是爱。认同摧毁了自由，而只有在自由中才有最高形式的情感。

试验就必有认同吗？认同，这一行为本身不就是终止了疑问和发现吗？如果没有自我发现的试验，真实就不能带来幸福。认同终止了发现；它是惰性的另一种形式。认同是替代性的试验，因而完全是虚假的。

试验必须终止一切认同，试验必须无所畏惧。恐惧阻止了试验。正是恐惧造成了认同——对另一个人、一个团体、一种意识形态等等的认同。恐惧必须反抗和压制，在一种自我捍卫的状态下，怎么能在莫测的海上探险呢？没有在自我之路上身体力行的旅程，真实和幸福是不会来临的。你抛了锚就不可能远行。认同是个避难所，避难所需要保护，什么一旦被保护起来就会很快完蛋。认同给自身带来了毁灭，于是就会有种种认同感之间的不断冲突。

我们越是为赞成或反抗认同而挣扎，对领悟的阻力就越大。如果人觉知到认同的整个过程，内在或外在的；如果人明白它的外在表现就是其内在欲求的投射，那就会有发现和幸福的可能。一个确认自己的人永远不会了解自由，而一切真实只有在自由中才能产生。

## 流言飞语和担忧

流言飞语和担忧是多么奇怪的相似啊。它们都是心神不定的产物。一个不安的头脑必定有变化多端的表现和行为，它必定被占领；它必有高涨的情绪，短暂的兴趣，而流言飞语就具有上述一切因素。

流言飞语是专注和诚实的对立面。兴致勃勃地、不怀好意地议论他人，是一种对自我的逃避，而逃避是心神不定的起因。逃避的本质就是心神不定。大多数人似乎都忙于关注他人的事务，这一关注表现在阅读无数报刊杂志中的闲话专栏，对谋杀、离婚等等的描述。

就像关注他人会怎么看我们，我们也急于了解他人的一切；从而就产生了种种粗俗和微妙的势利与权威崇拜。于是我们变得越来越外化而内在空虚。我们越是外化，就会有越多的感觉和干扰，这就产生了一个永无宁日的头脑，无力深入探寻和发现。

对别人说流言飞语，是心神不定的一种表现；可是仅有安静也并不意味着心境宁和。宁和不是带着禁戒或否定而出现，它来自对"当下之是"（"what is"）＊的领悟，而领悟"当下之是"需要敏锐的觉知，因为"当下之是"并非静止。

如果我们不担忧，大多数人就会觉得自己没有活着；为了一个问题而斗争是我们多数人存在的标志。我们无法想象没有问题的生活；我们越是被问题所困扰，就越认为我们是警醒的。为一个由思想本身所造成的问题不停地紧张，只能使头脑呆滞、迟钝和疲乏。

为什么会有这种对一个问题没完没了的困扰？担忧能解决问题吗？还是头脑安静了答案就来了？可是对多数人来说，一个安静的头脑是非常可怕的事情；他们害怕安静，因为天知道他们会在自己身上发现什么，担忧是一种防护措施。一个害怕发现的头脑必定是步步为营的，不安就是它的防卫。

通过持续的紧张，通过习惯和环境的影响，头脑的意识层变得焦虑不安。现代生存鼓励这种肤浅的行为和干扰，这也是另一种形式的自我防卫。防卫是反抗，它阻碍着领悟。

---

＊ 译审注：原著中多次使用"what is"。对克氏的这一用语，一些中文版本的译法各各不同。从文中语境看，此语有"事实所是"、"现在（当下）之在"、"现在（当下）之是"之意。在本书中，一般译为"当下之是"。

"what is"是克氏思想中一个核心范畴。关于"当下之是"的意义，新儒家重要代表唐君毅等学者在《中国文化与世界》一文中，有如下精辟的论述：

西方人应向东方文化学习之第一点，我们认为是"当下即是"之精神，与"一切放下"之襟抱。西方文化精神之长处，在其能向前作无限之追求，作无穷之开辟。……而在真实生活中，其当下一念，实是空虚而无可在地上立足。……于是西方之个人与国家，必以向前之追求开辟，填补其当下之空虚。……中国文化以心性为一切价值之根源，故人对此心性有一念之自觉，则人生价值，宇宙价值，皆全部呈显，圆满具足。人之生命，即当下安顿于此一念之中，此即所谓"无待他求，当下即是"之人生境界。中国以知进而不知退为人生之危机，而此正西方文化之特点。其所以不知退，则因在其当下精神中实无可立足之地。则由当下即是之生活智慧，可与西方人以随时可有立足之地，……（引自《唐君毅全集》，台湾学生书局1991年版，卷四之二第54页）

作者的思想与克氏思想均表现出不凡的东方文化智慧，他们在对"当下之是"的解行上有着精深的相通。以上所引，可以帮助读者更好地理解克氏关于"what is"的阐述。

担忧，就像流言飞语，有着专注和严肃的外表；但如果你进一步观察，就会发现它来自诱惑而不是诚实。诱惑一直是变幻不定的，所以担忧和流言飞语的对象也变幻不定。变幻只是不断改头换面的延续。只有领悟了心神不定的状态，流言飞语和担忧才能终止。仅靠禁戒、控制或教规不会带来宁和，只会使头脑呆滞、迟钝和狭窄。

好奇心不是领悟之道。领悟来源于自知。受到阻碍的人并不奇怪，十足的好奇心，带着其投机取巧的暗示，只是自知的阻碍。投机正如好奇心是一种不安的表现；一个不安的头脑，无论有多大天分，也会破坏领悟和幸福。

## 思与爱

思想，虽有其情绪和感觉的内容，却不是爱。思想总是否定爱的。思想建立在记忆上，爱却不是记忆。当你想起你爱的那个人，那想法不是爱。你可能回忆起一个朋友的习惯、仪态和特质，想起你跟那人的关系中愉快或不愉快的事，但那想法唤起的画面不是爱。思想的本质是分离。时间感和空间感、分离和悲伤，均产生于思想的过程，只有当思想的过程停止时，才会有爱。

思想不可避免地会滋生占有的感觉，那种占有有意或无意地产生了妒忌。显然，哪儿有妒忌，哪儿就没有爱；然而对于大多数人来说，妒忌被认作爱的表现。妒忌是思想的结果，它是思想的情绪内涵的反应。当占有或被占有的感觉受阻时，你会如此空虚以至妒忌代替了爱。正因为思想充当了爱的角色，才产生了所有这些复杂和悲哀。

如果你不想起另一个人，你会说你不爱那个人。可当你想起那个人时就是爱了吗？如果你没有想起自以为爱着的那个朋友，你会被吓坏，不是吗？如果你不想念一个去世的朋友，你会觉得自己不忠、没有爱，等等。你会觉得这种状态是麻木、冷漠，于是你开始想念那人，你会有他的照片，用手或用脑制造的形象；但这只是让头脑的东西充斥你的心灵，爱却无处立足。当你跟一个朋友在一起时，当然不会想起他；只有当他不在时，思想才开始重建那已经逝去的情景和经历。这种将过去复活的内心活动被称作爱。所以，对我们大多数人来说，爱就是死亡，是对生命的否定；我们带着过去和死亡而生活，于是我们自己也死了，尽管我们把这称作爱。

　　思想的过程总是否定爱。正是思想才拥有情绪上的复杂性，而不是爱。思想是爱的最大障碍。思想造成了"事实是"和"应该是"的分裂。道德就基于这种分裂；但无论道德还是不道德都不懂爱。这种产生于头脑以维持社会关系的道德框架并不是爱，而是一个水泥般坚硬的程序。思想不会导致爱，思想不会培植爱；因为爱无法像花园里的植物被培植出来。培植爱的欲望正是思想的行为。

　　只要有一点觉知，你就会看到思想在你的生活中扮演了多么重要的角色。思想当然有它的地盘，只是跟爱无关。跟思想有关的可以通过思想去了解，但头脑无法捕捉跟思想无关的东西。你会问，那什么是爱呢？爱是思想不存在时的一种状态；但对爱做定义本身就是一个思想的过程，所以它不是爱。

　　我们必须懂得思想本身，不要尝试用思想去捕捉爱。对思想的否定不会产生爱，只有彻底弄清思想的深层要义时才能从思想中解脱出来；为此，深刻的自知，而不是肤浅和空虚的断言，才是根本的。默观而不做旧忆重复，觉照而不做语词定义，由此揭示思想的方式。没有对思维方式的觉知和当下体悟，就不会有爱。

# 独在与隔绝

太阳下山了，徐徐降临的暮色映衬着幽暗的树影。宽阔、雄壮的河流宁静而平和。月亮在地平线上隐约可见；她在两棵大树之间冉冉升起，尚未投下阴影。

我们走上陡峭的河岸，踏上了一条环绕绿色麦田的小径。此径是条古道，被无数的脚步踩踏过，安静而悠远。它在田野、芒果、罗望子树和被废弃的神寺中穿梭。大片的花园，甜豆沁人的芳香在空中飘散。鸟儿已栖息着准备过夜，宽大的池塘上星光闪烁。此夜，大自然悄无声息，树木扶疏，回归到它的黑暗和寂静之中。几个村民骑车闲聊着路过，万物回归自身时沉沉的宁谧再次降临。

这种万物的独在不是痛楚、可怕的孤独。它是存在之独在；它纯净、丰盈、完整。那罗望子树除了自身没有别的存在，它的独在也是如此。一个人也是独在的，像火焰，像花朵，但是人没有意识到它的纯净和无限。只有独在时，人才能真正地交流。独在不是拒绝和自我封闭的产物。独在是对所有动机、逐欲和结果的净化。独在不是头脑的最终产物。你不能盼望着独在，这样的愿望只是逃避无法交流的痛苦。

带着恐惧和痛楚的孤独是隔绝，是自我不可避免的行为。这种隔绝的作用，或广泛地或局限地，造成了迷茫、冲突和悲哀。隔绝永远不会产生独在；终止一个才有另一个。独在不可分割，而孤独是分离的。独在是柔韧的，它是如此持久。只有独在者才能和那没有因果的、不可估量的事物融为一体。对独在者来说，生命是永恒；对独在者来说，没有死亡。独在者永远不会消亡。

月亮刚刚爬上树梢，阴影浓重。我们路过那个村子返回河边时，狗叫了起来。静静的河面映照着星光和长桥上的灯火。孩子们站在高高的河岸上欢笑，一个婴儿在哭。渔夫们把渔网洗净收好。一只夜鸟静静地飞过。有人开始在那宽阔河流的对岸唱歌，歌词清晰而富有穿透力。之后仍是那笼罩一切的生命的独在。


## 弟子和大师


"你知道，我被告知是某某大师的弟子了，"他开口就说，"你认为我是吗？我真想知道你的想法。我属于一个你所了解的社团，那些代表着内部领袖或大师的对外负责人告诉我说，由于我为社团所做的工作，我被认作弟子。我被告知，今生我有机会成为初级的新弟子。"他煞有介事，我们谈了一会儿。

任何形式的奖励都特别令人满足，尤其是一个对世俗荣誉不屑一顾的人被授予的所谓精神上的奖励。当一个人在俗世不太成功时，能从属于一个团体是非常令人沾沾自喜的，尤其当这一团体是由某个公认在精神方面具有高深造诣的人所选择的，因为这样，个人就成为一个为伟大理想而奋斗之团体的一部分，自然就该因他的顺从、他为理想所做的牺牲受到奖励。如果不是那个意义上的奖励，那它就是对人的一种精神上进取的认可；或者，就像在一个管理有方的团体中，认可一个人的效率以激励他更有效地工作。

在一个崇尚成功的世界里，这种自我进取是被理解和鼓励的。但被另一个人告知说你是（或者你自认是）某个大师的弟子，显然会导致许多形式丑陋的利用。不幸的是，无论是利用者还是被利用者都对他们之间的相互关系洋洋自得。这种膨胀的自我满足被认作灵性上的进步，当那位大师在异国他乡或由于其他原因使你无法直接亲身接触，当你在大师和弟子之间尚需中介时，这种关系变得尤其粗陋。这种闭塞和缺乏直接联系为自我欺骗、为宏伟却幼稚的幻想打开了大门；而这些幻想被那些精明的、追逐权力和荣耀的人所利用。

没有谦恭，才有奖惩。谦恭不是修行和否定的终极结果。谦恭不是一项成就，不是可以培养的美德。培养的德行不是美德，只是另一种形式的成就、一项有待制造的记录。一种培养出来的德行不是对自我的放弃，而是一种对自我的消极的维护。

谦恭是对上级和下级、大师和弟子划分的无知无觉。只要在大师和弟子之间、在真实和你自己之间，还存在区分，就不可能领悟。在对真实的领悟中没有大师或弟子、也没有高级和低级之分。真实是对那瞬间又瞬间存在的"当下之是"的领悟，它不带有负担或过去时刻的残余。

奖惩只是强化自我，否定谦恭。谦恭是当下而不是将来。你无法**成为**谦恭。这种变化正是自我强调的延续，它隐藏在美德的修炼之中。我们要成功，要"成为"的意志多么强烈！成功和谦恭怎能并列？而那正是"神圣"的利用和被利用者所追求的，其中便是冲突和苦恼。

他问："你是说大师并不存在，我当弟子也是一种幻想，一种制造出来的信念？"

大师存在与否无关紧要，对利用者、对那些秘密的学派和社团是重要的；可是对探索真实并由此带来无上幸福的人，这必是毫不相干的问题。富人和苦力就像大师和弟子一样重要。大师存在与否，初级入门者、弟子等等有无区别，都不重要，而重要的是了解你自己。没有自知，你赖以推理的思想是没有基础的。不首先认识自己，你怎么能知道什么是真实的？没有自知，幻想是不可避免的。被告知从而接受你是这个或那个是幼稚的。要当心那个给予你今生或来世奖励的人。


## 富人和穷人

天气炎热而潮湿，空气中充满了大城镇的喧嚣。暖暖的海风吹来，有着柏油和汽油的味道。太阳下山了，在远处的水域中泛着红光，炎热没有丝毫的减退。满屋子的人群现已离去，我们出来走到大街上。

回家栖息的鹦鹉像一道道绿光闪过。它们在清晨飞向北方，那里有果园、绿地和开阔的乡村，晚上它们又回到城里的树上过夜。它们的飞行从来不平稳，但总是无畏、喧嚣而辉煌。它们从不像其他鸟一样直飞，总是左绕右拐，或忽地降落到一棵树上。它们是飞行中最爱闹的鸟儿，可是它们红红的嘴尖和光彩夺目的金绿是多么美丽啊。笨重而丑陋的秃鹰打着圈儿落在棕榈树上过夜。

一个人吹着风笛走过；他是个佣人。他吹着风笛上了山，我们跟着他。他转进一条小街，一直没有停止吹笛。在城市的喧嚣中听着风笛的歌唱有些奇异，那声音深深地渗透了心田。笛声非常优美，我们跟着吹笛人走了很长的路。我们穿街走巷，来到一条灯光较亮的大街上。远处，一群人在路边盘腿坐着，我们和吹笛人一起加入了人群。我们都围坐着听他吹笛，他们大多是司机、佣人、守夜人，还有几个孩子和一两条狗。汽车驶过，有个司机开着一辆车，一位衣着华丽的妇人独自坐在灯光明亮的车中。又一辆车驶来，司机下了车和我们坐在一起。他们谈笑风生，手舞足蹈，自得其乐，风笛声声悠扬如初，人人兴高采烈。

现在我们离开人群，走上一条通往海边灯火璀璨的富人住宅区的道路。富人有他们自己的独特氛围。无论怎么有教养，彬彬有礼，传统深厚，衣着光鲜，富人都带着一种高深莫测、自以为是的冷漠，那不可侵犯的不容置疑和坚硬性是难以打破的。他们不是财富的拥有者，而是被财富占有了，这比死亡更糟。他们以慈善事业而自傲；他们自认是自己财产的保管人；他们拥有慈善机构，创立基金；他们是创作者、缔造者、给予者。他们建立教堂、寺庙，可他们的上帝是财神。 人必得厚颜无耻才能在满目的贫困和衰退中致富。他们有人来询问、辩论，想看清真相。但是，无论富人还是穷人，都极难看清真相。穷人渴望有权有势，而富人已经陷入自己的行为之网；然而他们依旧崇信并拼命接近财富和权力。他们投机，不仅在市场上，也在终极价值上。他们两者都玩，但他们的成功仅是自己主观心理的成功。他们的信仰和仪式，他们的希望和恐惧与真相无关，因为他们内心空虚。外在的排场越大，内在越是贫乏。

放弃世俗的财富、舒适和地位还相对容易些；但是放弃要当什么、要成为什么的渴望却需要极大的智慧和悟性。财富所赋予的力量，就像天分和才干所赋予的力量一样，是认清真相的障碍。这种特殊形式的自信显然是自我的行为；虽有难度，但这种自信和力量还是可以置之不顾的。然而更为微妙和隐秘的在于渴望成为什么的力量和干劲。任何形式的自我扩张，无论通过财富还是通过德行，都是一个冲突的过程，造成对抗和混乱。一个担负着"成为"重任的头脑是永无宁日的；因为宁和既不能通过修炼而达到，也不能随着时间的推移而产生。宁和是一种领悟的状态，"成为"则拒绝这种领悟。"成为"造成时间感，那其实是推迟领悟。"我将是"是自我强调所产生的一种幻想。

大海像城镇一样骚动，可它的骚动有深度和内涵。夜晚的星星在地平线上闪烁，我们走回了那条挤满了大车小车和人群的街道。一个人赤裸着睡在人行道上；他是个乞丐，精疲力竭，奄奄一息，很难唤醒他。远处是绿色的草坪和街心花园绚丽多彩的鲜花。

## 仪式和转换

一堵高大的围墙里，一所教堂掩映在绿树丛中。褐色或白色皮肤的人们鱼贯而入，里面的灯光比欧洲教堂更明亮，可安排是一样的。仪式正在进行，很美。结束时，褐色和白色皮肤的人们互相很少交谈，我们就各走各的路了。

在另一个大陆上有一座寺庙，他们在哼唱梵语的经文；印度教的礼拜正在进行。这是另一种文化形式的集会。梵文的语调深入人心，富有力量，有一种奇异的分量和深度。

你可以从一种信仰转换到另一种信仰，从一种教义转换到另一种教义，但你无法转换对真实的领悟。信仰不是真实。你可以转换你的头脑、你的观点，可真实和神不是信念；它不是基于任何信仰和教条、或任何过往经验之上的一种经历。如果你有一种产生于信仰的经验，那么你的经验就是这一信仰的条件反射。如果你有一种意外的、自发的经验，并且建立在最初的经验之上，那么经验只是记忆的延续，是对现时接触的反应。记忆总是死的，只有在与现时生命接触时才会复活。

转换是从一种信仰或教条改到另一种，从一种仪式到更令人满足的另一种，可它并没有打开真实的大门。相反，这种满足对真实是一种障碍。而这就是宗教组织和宗教团体试图去做的：将你转换到一种更为合理或更不合理的教条、迷信或希望之中去。他们给你一个更好的笼子。它舒服或不舒服，视你的性情而定，但不管怎么说它是一个牢笼。

在不同的文化阶层，这种宗教或政治上的转换一直在进行。团体（及其领袖们）把人们维持在某种由他们提供的意识形态中并由此而发达，无论是在宗教上或是经济上。在这一过程中有互相利用。真实在任何形式之外，也在恐惧或希望之外。如果你要发现真实的无上幸福，就必须脱离一切仪式和意识形态。

头脑在宗教和政治形态中找到安全和力量，这就给团体注入了活力。总有些死党和新成员。这些人以他们的投资和财产维持着团体的运行，那种权势和声望吸引着那些崇尚成功和世俗智慧的人。当头脑发现旧的形式不再令其满足或给其活力时，它就转换到其他更舒服更强大的信仰和教条中去了。所以头脑是环境的产物，在感觉和认同中重塑和维持着自己；这就是为什么头脑依赖于行为准则、思维方式等等。只要头脑是过去的产物，它就永远不会发现真实或允许真实显现。

显然，仪式为参加者提供了一种令他们感觉良好的气氛。集体和个人的仪式均给予头脑某种程度的安宁，与相对单调的日常生活形成了重大反差。仪式中有某种优美和秩序，但基本上它们都是兴奋剂；和所有兴奋剂一样，很快就会使头脑和心灵麻木。仪式成为习惯；它们成为一种必需，人没有它不行。这种必需被认作一种精神上的更新，一种面对生活的力量积累，每周或每日的冥想，等等。但是如果人进一步地观察这一过程，就会看到仪式是无谓的重复，它提供了一种对自知的绝妙而令人尊敬的逃避。没有自知，行为就无足轻重。

那种哼唱、词语、句式的反复，尽管它暂时够刺激，其实在对头脑催眠，而在这种睡眠状态中，确实产生了经验，但它们是自我投射的。无论怎么令人满足，这些经验只是幻想。对真实的当下体悟不是来自任何重复和修炼。真实不是一个结局、一种结果、一个目标；它无法应邀而来，因为它不是头脑的东西。

## 知识

火车误点了，我们在等待。站台上又脏又吵，空气刺鼻。许多人都像我们一样等着。孩子哭闹，一位母亲在给婴儿喂奶，小贩们叫卖着茶和咖啡。总之，这是个忙乱嘈杂的地方。我们在站台上来回踱步，注视着自己的脚步和周围生命的活动。有个人朝我们走来，结结巴巴地说着英语。他说他一直在注视着我们，觉得有冲动要对我们说些什么。他由衷地保证，他将过一种清净的生活，从现在起他将永远不再吸烟。他说自己只是个三轮车夫，没受过教育。他目光炯炯，面带愉快的微笑。

火车来了。车厢里有个人在作自我介绍。他是一位著名学者；通晓好几国文字，可以信手拈来。他满腹经纶、卓有成就并雄心勃勃。他谈论禅修，但给人的印象是，他谈的不是自己的经验。他的上帝是书神。他对生活的态度是传统的和顺从的；他相信早期的包办婚姻，约定俗成的生活，他意识到自己的社会地位和阶层，以及不同社会阶层的知识水平差异。他对自己的知识和地位有一种奇怪的虚荣。

太阳下山了，火车经过美丽的乡村。耕牛在金色的尘埃中回家。地平线上飘浮着大块的乌云，远处雷声隆隆。绿色的田野包含着怎样的快乐，层峦起伏的山村又是多么令人喜悦啊！暮色降临。一头硕大的蓝鹿在田野上吃草，火车呼啸而过时，它连头也不抬。

知识是两片黑暗之间的闪电，但知识无法超越黑暗。知识对技术是重要的，就像燃料对引擎，但它无法触及未知。未知不是已知的囊中之物。知识必须为未知的出现而让位，但那有多么难！

我们拥有过去的存在，我们的思想建立在过去之上。过去是已知的，过去的反应遮蔽了现在和未知。未知不是将来，而是现在。将来只是过去一路推进，穿越无常的现在。这条鸿沟，这段间隙，充满了知识闪烁不定的光亮，覆盖了现时的空，然而这空里面包含着生命的奇迹。

对知识上瘾就像对任何东西上瘾一样，它提供了一种逃避，逃避对空、对孤独、对挫折的恐惧，逃避对什么也不是的恐惧。知识之光是一条精妙的盖毯，它的下面躺着头脑无法渗透的黑暗。头脑害怕这未知，于是它躲进了知识，躲进了理论、希望、想象；这种知识正是领悟未知的障碍。撇开知识是邀请恐惧，是否定头脑，而头脑是人类用以理解的唯一工具；这样，人就会对悲伤和喜悦更为灵敏。但撇开知识殊为不易。无知不是脱离知识。无知是缺乏自我觉知；没有对自我之道的领悟，知识就是无知。对自我的领悟才是对知识的脱离。

只有领悟了聚集的过程和积累的动机，才会有脱离知识的自由。积累的欲望就是安全和肯定的欲望。这种通过认同、谴责和辩护获得肯定的欲望，是破坏一切交流的恐惧的起因。有了交流，就不必积累。积累是自我封闭的反抗，知识加剧了这种反抗。知识崇拜是一种过度崇拜，它解决不了我们生活中的冲突和苦恼。知识的斗篷可以掩藏却无法将我们从日益加剧的困惑和悲哀中解脱出来。头脑之道不会引向真实及其幸福。知道就是否定未知。

# 可敬者

他声称自己不贪婪,生活对他不薄,他知足,尽管对人类生存的苦恼也感同身受。他是个安静的人,彬彬有礼,希望他的简单生活不被打扰。他说他没有野心,只为他拥有的东西、为自己的家人和平静的生活祷告,他对自己没有像亲戚朋友那样深陷问题和冲突而心怀感激。他很快就变得令人尊敬,也为自己成了精英分子满心欢喜。他不受其他女人的诱惑,尽管夫妻之间也有一般的口角,但家庭生活还算平和。他没有特殊的恶习,经常祷告,也膜拜神明。"我这是怎么啦?"他问,"因为我没有问题呀?"他不等回答,却满足而略带忧伤地谈起自己的过去,他做了什么,他给了孩子怎样的教育。他接着说,他不算慷慨,却也随处略加施舍。他确信每个人都应该为在世上拥有一席之地而奋斗。

名望是一种诅咒,它是腐蚀头脑和心灵的"邪恶"。它在不知不觉中蠢蠢欲动并把爱破坏殆尽。名望就是感到成功,渴望在世上有一席之地,在自己的周围筑起一道固定的墙,在那种固定中,金钱、权力、成功、才干或德行应运而生。这种唯我独尊的固定滋长了人际关系中的仇恨和对抗,那就是社会。有名望者总是社会的精英,所以他们从来就是争斗和苦恼的起因。可敬者,就像可鄙者,都是环境的恩赐。环境的影响和传统的分量对他们至关重要,因为这些隐藏了他们内在的贫乏。可敬者诚惶诚恐,步步为营。他们心怀恐惧,所以愤怒是他们的正义;德行和虔诚是他们的防卫。他们像鼓,里面是空的,敲起来却响当当。可敬者永远不愿接受真相，因为，正如可鄙者，他们被独善其身的关注所禁锢。幸福拒绝了他们，因为他们躲避真实。

不贪恋与不宽容是紧密相连的。两者都是自我封闭的过程，一种自我中心的消极形式。贪婪，你就得外出行动；你必须争斗、竞争、主动进攻。如果你没有这一动力，你并未脱离贪婪，只是自我封闭。外出是一种干扰，一种痛苦的斗争，所以，自我中心用"不贪"一词来掩盖。手头阔绰是一回事，心胸开阔又是一回事。手头阔绰是件简单的事，取决于文化模式等等；但心胸开阔具有更深层的要义，要求广泛的觉知和领悟。

不宽容也是一种盲目而乐天、没有外出倾向的自我专注。这种自我专注状态有其自己的活动，正如那些梦想家一样，但他们永远不会唤醒你。唤醒的过程是痛苦的过程，所以，无论年轻或年长，你宁可不被打扰，成为一个可敬者，然后死去。

和心胸开阔一样，手头阔绰也是一种外向的运动，但它常常是痛苦的，带有欺骗性和自我暴露。手头阔绰来得容易，心胸开阔却不是一件可以培养的事，它脱离了任何积累。原谅，就必有伤口；受伤，就必有骄傲的积累。有参照记忆，有"我"和"我的"，就不会有心胸开阔。

## 政治

高山上整日阴雨连绵。那不是一场柔和的蒙蒙细雨，而是暴雨如注，冲刷着山间小道，将树连根拔起，造成了山体滑坡，溪流咆哮，数小时后才安静下来。一个淋得湿透的小男孩在浅浅的水塘里玩耍，对他母亲愤怒的尖叫置若罔闻。我们上山时，一头牛正沿着泥泞的小道下来。云层似乎开了个口子，水漫金山。我们湿透了，脱去了大部分衣服，雨点打在皮肤上煞是痛快。那所房子在山上，而小镇却在山脚。西风劲吹，带来了更多黑压压的云团。

　　房间里生着火，几个人等着谈事情。大雨猛击窗棂，地上湿了一大滩，甚至连烟囱也进水了，火堆劈啪作响。

　　他是个非常著名的政治家，现实、极为虔诚，强烈爱国，既不头脑狭窄也不寻觅自我。他的雄心不是为自己，而是为理想、为人民。他不只是个滔滔不绝的传道士或拉选票的人，他为自己的事业受苦却不觉其苦。他看上去与其说像个政治家，还不如说像个学者。但政治是他生命的呼吸，他的党派诚惶诚恐地遵从他。他是位梦想家，但他为了政治对此完全置之不顾。他的朋友——一位出色的经济学家，也在那里，他掌握有关巨额税收分配的精深理论和事实，对左翼和右翼的经济学家都非常熟悉，他对于人类的经济拯救具有自己的理论，并轻松流利地谈论着。他们俩都曾在大庭广众演讲。

　　你曾注意到报刊杂志上留给政治家及其言论和活动的篇幅吗？当然也登其他新闻，但政治新闻占主导地位；政治经济生活统领一切。外部环境——舒适、金钱、地位和权势——似乎主导和塑造了我们的存在。外在的表演——头衔、装扮、敬礼、旗帜——变得越来越重要，生命的整个过程已被遗忘或故意地置之不理。把自己投入社会和政治活动比领悟完整的生命要容易得多，接触任何经过整理的思想、政治或宗教活动，提供了对烦琐日常生活的一种体面的逃避。心灵狭小的你也能谈论大事和大众领袖；你可以用世界大事的轻松遣词掩盖你的浅薄；你惴惴不安的头脑可以兴高采烈，在大众的鼓舞下安然地传播一种新的或旧的宗教理念。

政治是各种影响的调和；因为我们大多数人都关注影响，外在就起到了主导的作用。我们操纵影响并希望带来和平与秩序；但不幸的是，事情并不是那么简单。内在和外在，生命是一个完整的过程；外在必然影响内在，但内在也一定征服外在。你是什么就会在外部显现什么。内在和外在无法被放在滴水不漏的容器里分隔开来，因为它们永远在相互作用；但内在的渴望、隐藏的追求和动机总是更为强大。生命不依赖政治或经济活动；生命不只是一场外在的表演，就像一棵树不只是树叶和树枝。生命是一个完整的过程，它的美只能从整体去发现。这一整体不会在政治经济调和的表层中形成，而只有超越了因果才能发现。

因为我们玩弄因果关系，除了在口头上，从未超越它们，我们的生命是空虚的，没有多大意义。正因如此，我们成了政治刺激和宗教情感主义的奴隶。希望仅存于造就人类的那几个过程的整体。这一整体不会通过任何理念，或通过追随任何特定权威、宗教或政治而产生，它只能产生于广泛和深层的觉知。这种觉知必须进入意识的深层，而不是满足于表面的反应。

## 当下体悟

峡谷处在阴影之中，落日涂抹着远处的山顶，它们在傍晚的光芒像是从内部发出的。长路的北侧，一场大火使山脉暴露着光秃和荒芜；南侧的山脉则浓荫密布，绿意葱茏。大路笔直，划分着狭长而优美的山谷。在这个特殊的夜晚，山峦显得如此临近，如此虚幻，如此温柔轻盈。老鹰在天空自在地高飞盘旋，地上的松鼠们懒洋洋地穿过路面，远处传来飞机嗡嗡的低吟。道路两边是井井有条的橘园。炎热的一天之后，紫色的鼠尾草气味辛烈，饱受日照的土地和干草也散发出同样强烈的气味。垂着明亮果实的橘树黑黝黝的。鹌鹑叫唤着，一个过路人消失在树丛中。长长的蜥蜴被野狗骚扰了，扭动着钻进干枯的野草。夜晚的寂静在大地上蔓延。

经验是一回事，当下体悟是另一回事。经验是当下体悟状态的一种障碍。经验无论愉悦或丑陋，都阻止着当下体悟的开花。经验已是时间和过去的囊中之物，它成为一种记忆，只有在对当下作出反应时才复活。生命是当下，不是经验。经验的重量和强度笼罩着当下，于是当下体悟变成了经验。头脑是经验，是已知的，它永远不可能处在当下体悟的状态；因为它经历的是经验的延续。头脑只知道延续性，只要其延续性存在，它就永远无法接受新的东西。延续的东西永远不会是当下体悟。经验不是当下体悟的手段，当下体悟是一种没有经验的状态。当下体悟进行时，经验必须终止。

头脑只能招致其已知的自我投射。头脑不停止经历就不可能有对未知的当下体悟。思想是经验的表达；思想是记忆的反应；只要思想介入，就不会有当下体悟。没有手段、没有方式能够终止经验，因为那手段正是当下体悟的障碍。了解终止就是了解延续性。有了终止的手段就会去维持已知的东西。成就的欲望必须消退，正是这欲望产生了手段和终结。谦恭是当下体悟的关键。但头脑是多么热衷于将当下体悟吸收成经验！多么快捷地思考新的随之把它变成旧的！于是它造就了经历者及其经验，也就产生了双重性的冲突。

在当下体悟的状态中既没有经历者也没有经验。树木、狗和夜晚的星星不是被经历者所经历的，而是当下体悟的动态。观察与被观察之间没有裂沟；没有时空的间隔可供思想作自我认同。思想完全空缺，却有存在。这种存在之状无法被思索或冥想，它不是一件要去完成的事情。经历者必须停止经历，只有那时，存在才会显现。在那动态的宁静之中，就是永恒。

# 美德

大海平静安详，白色的沙滩波澜不兴。沿着辽阔的海湾，北面是城镇，南侧是几乎与水面相接的棕榈树。从海湾远眺，第一道捕鲨网隐约可见，再过去是渔船，几根圆木用结实的绳索捆扎着。他们正在棕榈树的南面营造一个小村庄。落日辉煌，出人意料地出现在东方，这是一个反向的落日，大块形态各异的云朵被缤纷的色谱点燃，妙不可言，美得几乎令人窒息。海水捕捉着绚丽的色彩，形成了一条指向地平线的光彩夺目的通道。

一些渔民从镇上走回自己的村子，海滩上安静得近乎寂寥。一颗孤星高悬于云层之上。在我们的归途中，一个女人加入了，开始聊一些严肃的话题。她说她属于某个社团，那里的成员修炼禅定并培养了基本的美德。每个月选出一种特殊的德行，在随后的日子里加以培养和修炼。她的态度和言谈显示了她已在自我约束方面颇有根基，对那些不合她情绪和目的的人多少有些不耐烦。

美德是心灵的而不是头脑的。当头脑培养德行时，那是巧妙的计算，是自我防卫，一种对环境聪明的调适。自我完善正是对美德的否定。有恐惧怎么可能有美德呢？恐惧是头脑的而不是心灵的。恐惧隐藏于各种不同的形式：德行、尊敬、调适、侍从等等。恐惧总会存在于头脑的关系和行为中，头脑离不开自身的活动，但又自我分裂，从而赋予其自身持续性和永久性。就像孩子练习钢琴一样，头脑也巧妙地修炼德行并使其在面对生命时成为恒久和主导，或达到它认为的制高点。面对生命必须敏感柔软，而不是自我封闭的德行那道可敬的围墙。制高点无法企及，没有通道，没有数学上的循序渐进。真实必须到来，你无法走向真实，你培养出来的德行不会把你引向真实。你得到的不是真实，而是自我封闭的欲望；只有真实中才有幸福。

头脑巧妙的调适能力在其自我恒性中维持着恐惧。正是这一恐惧需要深刻领悟，而不是如何具有德行。狭隘的头脑可以修炼德行，可它依然狭隘。于是德行是对其自身狭隘的一种逃避，它所积累的德行也同样狭隘。如果不明白这种狭隘，怎么可能有对真实的当下体悟呢？一个狭隘的、具有德行的头脑怎么会接受无限呢？

在对头脑的过程即自我的了解中，美德显现了。美德不是积聚反抗，而是自发的觉知和对"当下之是"的领悟。头脑无法领悟，它可以将自己的理解转化为行动，但它无法领悟。要领悟就得有认知和接纳的热情，这只有在头脑寂静时心灵才能给予。但头脑的寂静不是巧妙计算的结果。想要得到寂静的**欲望**，带着其无尽的冲突和痛苦，即是想要成就的祸因。对"**成为**"的主动的或被动的渴望，都是对心灵美德的否定。美德不是冲突和成就，不是持久的修炼和结果，而是一种存在的状态，它并不是自我投射的欲望之结果。有"成为"的奋斗就没有"在"。在"成为"的奋斗中有反抗和否定、更改和放弃，但这一切的结果不是美德。美德是脱离了对"成为"的渴望的宁静，这种宁静是心灵的，不是头脑的。因为心灵的美德是领悟，而通过修炼、强制、反抗，头脑可以使自己安静，但这种约束破坏了心灵的美德，没有心灵的美德就没有和平、没有赐福。

# 心灵的简单

天空辽阔而饱满，万里无云，也不见宽翅的大鸟在峡谷中翱翔。树木静谧，起伏的层峦浓荫密布。满怀好奇的鹿惴惴地观望着，我们一上前，它就忽地跳开了。灌木丛下，是一只和泥土同色的蟾蜍，目光炯炯，一动不动。西边的山脉在落日的映衬下轮廓清晰而分明。远处山下是一所大屋，有个游泳池，里面有些人。屋子周围是个可爱的花园，那地方看上去富足而与世隔绝，具有一种富人特有的氛围。沿着一条尘土飞扬的小路下去，在干裂的田间有一座小屋，甚至在远处都能够看到它的贫穷、肮脏和艰难。从高处眺望，两所房子相距不远，丑陋和美丽比肩而立。

心灵的简单远比物质上的简朴重要。满足于有限的几样东西相对来说还容易些。放弃舒适、抽烟或其他习惯并不表示心灵的简单。在一个热衷于服饰、舒适和消遣的世界里仅系一条缠腰带并不意味着自由的存在。有人放弃了世俗的种种，却被自己的欲望和狂热吞噬；他披上了和尚的袈裟，心里仍不能平静。他的目光一直在探寻，但他的心灵却被自己的疑虑和渴望所撕裂。表面上你可以修行和放弃，按图索骥地一步步到达终点。你依照德行的标尺衡量成就的进程：你如何放弃了这个或那个，如何控制自己的行为，你是如何仁慈和宽容，等等。你学会了静心的艺术，你归隐森林、修道院或暗室去冥想，你在祈祷和自省中度日。表面上你把生活搞得单纯，通过精心策划的安排，你希望得到超脱尘世的喜乐。

但是通过外部的控制和约束就抵达真实了吗？虽然外在的简单，放弃舒适，显然也是需要的，但这一姿态就能打开真实的大门吗？忙于舒适和成功给头脑和心灵增加了负担，旅行必须有自由，可是我们为什么如此在乎这种外在的姿态呢？我们为什么如此急切地决意要给自己的心愿一个外在的表情呢？是害怕自我欺骗吗，还是害怕别人会怎么说？我们为什么希望让我们自己确信我们是完整的呢？整个问题不就在于那种想要使我们自己"成为什么"的重要性得到确认、得到肯定的欲望吗？

"成为"的欲望是复杂的开始。受那种日益高涨的欲望驱使，我们既内在又外在地积累或放弃，培养或否定。眼看时间偷走了一切，我们便依赖于永恒。这种主动或被动地"成为"的奋斗，通过依赖或隔绝，永远无法以任何外在的姿态、约束或修炼来解决。可对这一奋斗的领悟将自然而然地产生一种脱离外在和内在的积累及其冲突的自由。隔绝不会抵达真实，任何手段都无法企及。一切手段和目的都是一种依赖的形式，而为了真实的存在，它们必须终止。


## 个体的多面性


他被自己的弟子簇拥着来看我们。各种人都有，富人和穷人、高层政府官员和遗孀、狂热的崇拜者和微笑的年轻人。这是一群兴高采烈的人。树影在白屋上跳舞，鹦鹉在浓密的树丛中尖叫，一辆大卡车隆隆驶过。那年轻人热切地坚持着宗师的重要性，当他清晰而客观地阐述其观点时，其他人高兴地微笑着、附和着。天空蔚蓝，一只白脖子老鹰在我们的头上盘旋，翅膀一动不动。这是非常明媚的一天。我们在怎样地互相摧残，弟子和宗师、宗师和弟子！我们又怎样地遵从、打碎再重建！一只鸟儿从潮湿的泥土里捉出一条长虫。

我们是多重的而不是单一的。只有多重停止，单一才能产生。喧闹的多重互相日夜作战，这场战争就是生命的痛苦。我们打碎一个，另一个马上接替了它，这个似乎没完没了的过程就是我们的生活。我们试着把单一强加于多重，但单一很快变成了多重。一种声音里有多重声音，这种声音成了权威，但它仍是一种嘈杂的声音。我们是多重声音，我们试图抓住一种安静的声音。如果多重声音静下来倾听一个声音，那么单一就与多重合一。多重里永远找不到单一。

我们的问题不是倾听一种声音而是了解它的合成，了解我们的多面组合。多面中的一面无法了解多面；一个实体无法了解组成我们的多个实体。虽然一个方面试图控制、约束和整合其他方面，但它的努力从来都是封闭和狭隘的。通过局部无法了解整体，这就是为什么我们从来未曾领悟。我们从来没有整体的视角，我们从来没有整体的觉知，因为我们如此忙碌于局部。局部自我分裂，成为多重，要觉知整体与多重的冲突，就必须了解欲望。欲望只有一种行为，尽管有多变并互相冲突的要求和追逐，它们都是欲望的产物。欲望不可被升华或压制，它必须被领悟者所领悟。如果存在进行领悟的实体，那么它就还是欲望的实体。没有经历者的领悟才是脱离了一和多的。

所有附和与否定、分析和接受的行为只会强化经历者。经历者永远无法领悟整体。经历者就是积累，在过去的阴影中没有领悟。依赖于过去可以提供一种行为方式，但一种手段的培养不是领悟。领悟不是头脑的、思想的；如果约束思想以进入一种安静来捕捉那不属于头脑的东西，那样的经历就是过去的投射。而对这一整个过程的觉知则有一种没有经历者的寂静。只有在这样的寂静中领悟才会显现。

## 🌼 睡眠

这是一个寒冷的冬日，树木凋零，光秃的树枝裸露在空中。极少的冬青树也经受着寒风霜冻。远处的高山白雪覆盖，被白浪似的云雾缭绕着。因为许多月份无雨，草都枯了，春雨还很遥远。 休耕的大地静静地沉寂着。绿色的树篱中也没有鸟儿欢快筑窝的动静，小路坚硬，满是尘土。湖面上有些在去往南方途中稍作停息的鸭子。山脉孕育着新春的希望，大地也酝酿着同样的美梦。

如果我们被剥夺了睡眠会发生什么？我们会有更多的时间斗争、谋划、制造危害吗？我们会更加残酷无情吗？会有更多的时间谦恭、同情、脆弱吗？我们会更富创造力吗？睡眠是件奇怪的事情，可是至关重要。对大多数人来说，白天的活动在他们夜间的睡眠中延续；无聊或兴奋，他们的睡眠是自身生活的延续，即同样枯燥或毫无意义的斗争在一个不同层次上的延伸。身体通过睡眠恢复活力；内在的机体有其本身的生命，它会自我更新。在睡眠中，欲望静止了，也就不会干扰机体；身体恢复活力，欲望的行为有更多促进和扩张的机会。显然，人越少干扰内在机体越好；头脑越少控制机体，其运作就越是自然和健康。但机体的疾病是另一回事，它是由其自身的弱点或头脑产生的。

睡眠至关重要。越是强化欲望，睡眠的意义越少。无论有为或无为，欲望在根本上总是有为的，睡眠是这种有为的暂停。睡眠不是欲望的反面，睡眠不是无为，而是一种欲望无法渗透的状态。意识的表层在睡眠中安静下来，所以它们能够接受深层的暗示；但这只是对整个问题的片面理解。无论在清醒时还是睡眠时，意识的所有层次显然都有可能互相交流，这当然是关键的。这种交流使头脑得以脱离其自以为是的状态，于是头脑不会成为主导因素。所以它自然而然地失去了其自我封闭的努力和行为。在这一过程中"成为"的冲动完全化解了，积累的动力也不复存在。

但是在睡眠中还发生了一些事情，从中我们可以找到问题的答案。当有意识的头脑安静时，它能够接受一个答案，这是件简单的事。然而，比这一切远为重要的是那种并非培养的更新。人能够刻意培养一种能力、一种才干，或开发一种技能、一种行动和行为模式，但这不是更新。培养不是创造。如果有任何来自塑造者的努力，这种创造性的更新就不会发生。头脑必须自动丧失其所有的积累欲望，不再把经验的累积作为进一步经历和成就的一种手段。正是这种积累的、自我保护的欲望滋养了时间的扭曲并阻止了创造性的更新。

我们知道意识是时间的，是在其不同层次上记录和储藏经历的一个过程。在这一意识中发生的一切都是其自身的投射；它有自身的品质，是可以衡量的。在睡眠中，要么这种意识被强化，要么发生截然不同的事情。对我们大多数人来说，睡眠强化经历，它是一种只有扩张没有更新的记录和储藏的过程。扩张给人一种昂扬的、有所成就、有所领悟及诸如此类的感觉；但所有这些都不是创造性的更新。这种"成为"的过程必须完全终止，不是作为进一步经历的手段，而是作为本身的终止。

在睡眠中，也常常在清醒时，当"成为"完全停止，当原因的作用停止时，那种超越时间、超越因果评判的东西才能产生。

## 人际关系中的爱

沿着农场有条小路，蜿蜒地攀上山坡，俯瞰着林林总总的屋舍、带着小牛犊的母牛、小鸡、骏马和许多农场的机械。这是一条令人愉快的小路，在树林中曲径通幽，是小鹿和其他野生动物常用的通道，柔软的土地上到处留下了它们的足迹。小路非常安静的时候，从农场传来的各种声响，笑声、收音机的声音可以传得很远。常常是在怒斥的声音之后，孩子们才安静下来。歌声在树林中响起，那怒斥之声甚至盖过了歌声。突然一个女人走出了屋子，嘭地关上了门；她走进牛棚，开始用棍子抽打一头牛。尖利的鞭打声传上山来。

破坏我们所爱的东西是多么轻而易举啊！我们之间的障碍来得多快，一个词儿、一个动作、一个微笑！健康、情绪和欲望就蒙上了阴影，明朗的东西变成了无趣和负担。我们通过利用来把自己消耗掉，于是灵敏和清醒变成了疲乏和困惑。经过不停的磨损、希望和挫折，美丽和简单变成了可怕和期待占有。人际关系变得复杂而艰涩，极少有人历经挣扎而完好无损。虽然我们想要它稳定、长久、恒常，但是人际关系是一种运动，一个必须被完全深刻地领悟的过程，而不是刻意建立并附和一种内在或外在模式的状态。附和即社会结构，只要有爱，它就失去了分量和权威。人际关系中的爱是一个净化的过程，因为它揭示了自我的形态。没有这种揭示，人际关系无足轻重。

但我们是如何挣扎着对抗这种揭示啊！那挣扎有许多形式：控制或

从属、恐惧或希望、妒忌或接受，等等。困难的是我们不爱；而我们一旦**的确**爱了，就想要它发挥某种作用，我们不给它自由。我们用头脑而不是用心去爱。头脑可以自我修正，但是爱却不能；头脑可以使自己无懈可击，但是爱不能；头脑可以随时撤退、关闭，变成个人或非个人的，爱却不是被比较和围困的东西。我们的困难在于，我们**所谓的**爱其实是头脑的。我们的心里充满了头脑的东西，它让我们的心永远空洞而渴望占有。是头脑在依赖、妒忌、维持和破坏。我们的生活被生理中心、被头脑所统治。我们不是去爱并给予自由，而是渴望被爱；我们给予是为了得到，那是头脑的慷慨而不是心胸开阔。头脑总是寻求肯定、安全；头脑能使爱变得肯定吗？头脑的要义是时间，而爱本身就是永恒，头脑能俘获爱吗？

然而，即便是心灵的爱也有它自身的诡计，因为我们对心灵的腐蚀已经使它变得犹豫和困惑，正是这些让生活变得如此痛苦和累人。这一刻我们认为自己有爱，下一刻又丢失了。有一种不可估量的力量，它不属于头脑，它的源头深不可测。这种力量再次被头脑破坏；因为在这场战斗中，头脑似乎是不容置疑的胜者。我们自身的这一冲突无法由精明的头脑或犹豫的内心来解决。没有手段，也没有办法终止这一冲突。对手段的寻求正是头脑的另一种欲望，想当家做主，想摆脱冲突取得和平，想拥有爱，想成为什么。

我们最大的困难，就是难以广泛而深入地意识到，作为头脑期待向往的目标的爱，是没有手段得到的。当我们真切地深刻地领悟这一点，才有可能接受某种超越尘世的东西。没有对那种东西的触摸，无论我们做什么，都不会在人际关系中享有持久的快乐。如果你接受到那种赐福而我却没有，你我自然会有冲突。你可能不会冲突，但我会；在痛苦和悲伤中，我将自我隔离。悲伤像快乐一样地排外，人际关系即痛苦，除非有不是故作姿态的那种爱。如果你有了那一种爱的赐福，那么无论我可能是什么，你都无法不爱我，因为那时，你不是根据我的行为去塑造你的爱。不管头脑玩什么花样，你我是分离的。虽然我们可能在某些点上互相接触，但是，完整不在与你的接触中，而在我的内心。无论何时，这种完整不会由头脑产生；它只能产生于头脑彻底寂静之时，产生于头脑走到无计可施的尽头之时。只有到那时，人际关系才没有痛苦。


## 已知和未知

夜幕将长长的阴影投在了静静的水面上，白天过后，河水安静下来。鱼儿跃出了水面，鸟儿来到大树上栖息。万里无云，天空蓝莹莹的。一条载满了人的小船下了河，人们拍手唱歌，远处传来了牛叫声。傍晚芬芳四溢。一个用金盏草扎成的花环漂浮在水面上，在落日中流光熠熠。河流、归鸟、树木和村民，这一切是多么美丽而又生机勃勃。

我们坐在一棵树下俯瞰着河流。树边有个小寺庙，几头瘦瘦的牛在周围徜徉。寺庙被打扫得干干净净，花丛也受到精心呵护。有人在做晚祈祷，他的声音具有忍耐力而忧伤。在最后的一抹阳光里，河水像初开的缤纷鲜花。有人加入我们并谈起了自己的经历。他说他多年来致力于追寻神明，修炼了多种苦行，放弃了许多心爱之物。他也对社会工作、建立学校等等给予很多的协助。他兴趣广泛，可他最投入的兴趣是追寻神明；历经多年，现在他的声音被听到了，事无巨细，这声音都指引着他。他没有自己的愿望，只听从内心神明的声音。那声音从未辜负过他，虽然他时常污染了它的清澈；他的祈祷总是在净化这条通道，它应该是值得接受的吧。

那种不可测量的东西能够被你我发现吗？那种不属于时间的东西能够用以时间面目出现的东西来寻求吗？一种刻苦修炼的自律可以把我们引向未知吗？有没有方法可以通向无始和无终呢？我们的欲望之网能够捕捉真实吗？我们能够捕捉的只是已知的投射，但已知无法捕捉未知。那些被命名的不是不可名状的东西，通过命名我们只唤醒了已知的反应。那些反应，无论多么高尚和愉悦，都不是真实的。我们对刺激作出反应，但真实不给任何刺激：它就**在**。

头脑是从已知到已知，它无法延伸进入未知；你无法思考你未知的东西，这不可能。你的思考来自你已知的、过去的东西，不管这过去是遥远的，还是刚过去的一刻。这过去就是思想，受到许多影响的限制和塑造，根据环境和压力修正自己，但永远维持着时间的进程。思想只能否定或宣扬，它无法发现或探寻新的东西。思想不会突然产生新的东西；但当思想安静下来，便会有新的东西——又随即被思想转成旧的、转成经验。思想永远在根据经验的模式塑造、修改和粉饰。思想的作用是交流，而不是处于一种当下体悟的状态。当下体悟一旦停止，思想马上接管并把它归入已知的种类里。思想无法渗透未知，所以它永远无法发现和体悟真实。

约束、放弃、脱离、仪式、德行的修炼——这一切无论多么高尚，都是思想的过程；思想只能朝着已知的目标和成就努力。成就是安全，是对已知自我保护的肯定。在无名的东西中寻求安全其实是否定它。安全只可能在过去的投射、在已知中找到。因此头脑必须完全地深深地沉静下来。而这种寂静无法通过牺牲、升华和压制来换取。只有当头脑不再寻求、不再禁锢于"成为"的进程中，寂静才会来临。这种寂静不是积累性的，不可能通过修炼建立起来。这种寂静对头脑来说必须是未知的，就像永恒对头脑是未知的一样。因为如果是头脑在经历安静，那就有经历者，他是以往经验的结果，他是对一种以往安静的认知；经历者所经历的东西只是自我投射的重复。头脑永远无法体悟新的东西，所以头脑必须彻底寂静。

头脑只有在它停止经历时才能静止，也就是在它不进行归类、命名、记录或储藏记忆时。这种命名和记录是意识不同层次的一个持续过程，并不仅限于头脑表层。而当头脑表层安静时，头脑深层可以提供它的暗示。当整个意识安静宁和，脱离了任何自发性的"成为"，那不可估量的才会显现。维持这种自由的欲望使"成为者"的记忆得以延续，这延续性就是真实的障碍。真实没有延续性，它是当下，总是新的，鲜活的。任何有延续性的东西永远不会是创新的。

表层头脑只是一种交流的工具，它无法测量那不可测量的。真实是不可谈论的，当它被谈论时，它就不再是真实。

头脑的彻静，这就是禅定。


## 探索真实


他不远万里，坐了船又换飞机，长途跋涉来到这里。他只说自己的语言，困难重重地使自己适应这扰人的新环境。他完全不习惯这里的饮食和气候；湿热使出生在高原的他疲惫不堪。他是位科学家，博览群书，也写了点东西。他看来对东西方哲学都耳熟能详，曾是罗马天主教徒。他说自己对此不满已有很长时间，为了家庭才继续下去。他的婚姻可谓幸福，他爱自己的两个孩子。他们眼下正在遥远国度的大学里，前程似锦。但他对自己生活和行动的不满逐年递增，几个月前导致了一场危机。为太太和孩子做好一切必要的安排之后，他离开家庭来到此地。他带了仅够生活的费用，前来寻找神明。他说他清楚自己的目的，没什么不平衡的。

平衡不是一件可以由受挫者或成功者来判断的事情。成功可能是不平衡的；受挫则变得尖酸刻薄，或者他们通过一些自我投射的幻想寻找一种逃避。平衡并不在分析师手中；纳入规范并不一定意味着平衡。规范本身可能是一种失衡文化的产物。一个有着模式和规范的贪得无厌的社会是不平衡的，无论它是左翼还是右翼，无论这种贪婪是属于国家还是国民。平衡是不贪。平衡或不平衡的念头仍在思想范围内，所以无法评判。思想本身，即带着评判标准的条件反射，是不真实的。真实不是一个念头、一种结论。

通过探索就可以找到神明吗？你能够探索不可知吗？要有所发现，你就必须知道自己要找什么。如果你通过寻找去发现，你发现的将是自我投射；它将是你所欲求的东西，欲望的创造不是真实。追求真实就是在否定它。真实没有固定的住所，没有途径，没有引路人，词语不是真实。　真实可以在某种特定的框架、气候、人群中被发现吗？它在这里而不在那里吗？那个才是真实的引路人而不是另一个吗？到底有没有引路人呢？当真实被探索时，你发现的东西只能来自无知，因为探索本身就是无知的产物。你无法找出真实；你必须停止，真实才会显现。

"但是我无法找到不可名状的东西吗？我来到这个国家，因为这里对探索有种更强烈的感觉。人在物质上也可以更为自由，不需要拥有那么多东西，这里不像别的地方，财产不会压迫人。那就是人要去修道院的部分原因。但是去修道院有一种心理上的逃避，因为我不想逃避到安排好的隔绝中去，我就在这里，一边生活一边寻找那不可名状的东西，我能够找到吗？"

这是能力问题吗？能力不就意味着遵从一个特定的行动纲领，一条事先设定的途径，作一切必要的调整吗？当你问那个问题时，你不就在问：你，一个普通人，有没有得到你渴求之物的一切必要手段？无疑，你的问题暗示，只有非凡者发现真实，而不是每一个人。真实只给予少数人，给予特别聪明的人吗？我们为什么问我们能否找到它？我们有模式，有那种找得到真实的榜样；那榜样被节节高升，给我们自己制造不安。于是榜样承担了重大意义，在榜样和我们之间有了竞争。"我有能力吗？"这个问题不就产生于人和自认的榜样之间有意无意的比较吗？

为什么我们要把自己和理想比较呢？比较会带来领悟吗？理想跟我们不同吗？它不是一种自我投射、一种自造的东西吗？那不就随之阻止了我们对本我的领悟吗？比较不是对领悟本我的逃避吗？逃避自我的方式如此之多，比较就是其中之一。无疑，没有对自身的领悟，对所谓真实的探索只是对自我的逃避。没有自知，你所探索的神明是幻想的神明；幻想不可避免地带来冲突和悲哀。没有自知，就没有正确的思考；那么所有知识都是无知，只能导致困扰和破坏。自知不是终端；它只是向无穷打开的契机。

"获得自知很难吗？要花很长时间吗？"

以为自知难以企及，正是这种想法成为达到自知的障碍。如果我可以建议的话，不要把它想得很难，或者认为要花费时间；不要事先决定什么是什么不是。开始，自知可以在人际关系的行为中找到，所有行为都是人际关系。自知不是来自隐退、自我隔绝；对人际关系的否定就是死亡。死亡是终极反抗。任何一种形式的压制、替代或升华都是反抗，是自知之流的障碍；但在人际关系和行为中可以发现反抗。反抗，无论是主动的或被动的，带着它的比较和调适、谴责和认同，都是对"当下之是"的否定。"当下之是"的存在是含蓄混沌的；对于这种含蓄混沌状态的不做选择的觉照，却使它变得清楚呈现了。这种明呈是智慧的开端。智慧对于未知之在、无穷之在的显现来说，是必不可少的。

## 敏感

这是个可爱的花园，凹陷的草坪，老树的荫翳。屋宇宽敞，结构匀称，空气清新。树林成了众多鸟儿和松鼠的家园，喷泉引来了种种鸟禽，老鹰也时作停留，但大多数时候是乌鸦、麻雀和唧唧喳喳的鹦鹉。屋宇和花园都地处僻静，高高的白色围墙更使它显得庭院深深。墙内令人愉悦，墙外则是道路和村庄的喧闹。道路经过大门，路边就是处于一个大城镇边缘的村庄。村里很脏，主干道是条狭窄的小巷，沿途是敞开的贫民区。那些平房都是草屋，屋前的台阶刷过了，孩子们在巷子里玩耍。一些纺织工拉出长长的灰色线股织着布，一群孩子在围观。这是一幅欢快的图景，明朗、喧闹，气味扑鼻。村民们刚洗完澡，因为天热穿得很少。到了晚上，一些人喝醉了，粗鲁地吵嚷起来。

仅是一道薄薄的围墙就隔开了可爱的花园和跃动的村庄。摒绝丑陋，抓攫美好，即是迟钝不敏。制造对立面总会使头脑狭隘、心灵有限。美德不是一个对立面，一旦它有对立面就不再是美德。感知村庄的美就是感觉绿地、鲜花盛开的花园。我们只想感知美好，而把自己和那些不美丽的东西隔绝开来。这种压制只能滋生麻木，它不会带来对美的欣赏。美好并不是存在于远离村庄的花园中，而在于超越这两者的敏感。拒绝或认同导致狭隘，也就是麻木。头脑只会分割和主宰，敏感不是一件靠头脑精心养育的东西。确有美好和丑恶，但是追求一面而逃避另一面，则不会引向敏感，这种敏感对于真实的生命来说是必不可少的。

真实不是幻想和虚假的对立面，如果你将它作为一个对立面来看待，它是不会显现的。只有当对立面消失，真实才会出现。谴责或认同滋生对立面的冲突，而冲突只能造成进一步冲突。一个事实，不带情绪地、没有拒绝或认同地看待它，它就不会引起冲突。一个事实本身是没有对立面的；一旦有了愉快或防卫的态度，才会有对立面。正是这种态度筑起了麻木的围墙并破坏了自发行为。如果我们更喜欢留在花园里，就会有对村庄的反抗；有反抗就不会有自发行为，无论在花园还是村庄。也许有行动，但没有自发行为。行动建立在一个意念的基础上，而自发行为不是。意念有对立面，无论怎样延续或改头换面，在对立面之间的运行只是行动。行动永远不会自由。

行动有过去和将来，而自发行为没有。自发行为总是在现在，也就是当下。改造是行动，不是自发行为，那些被改造的需要进一步改造。改造是缺乏自发行为，是由对立面产生的一种行动。自发行为是瞬间又瞬间地刻刻发生的，而且，十分奇怪的是它没有内在的矛盾；但是行动，虽然它可能看起来没有断开，却充满了矛盾。行动被矛盾所迷惑，所以永远无法自由。冲突、选择永远不会是一种自由的元素。一旦有选择，就有行动而不是自发行为；因为选择基于意念。头脑可以沉溺于行动，但它没有自发行为。自发行为出自一个截然不同的源泉。

月亮在乡村上空升起，在花园里投下了阴影。

# 个人与社会

　　我们在一条拥挤的街道上散步。人行道上挤满了人，大小车辆的废气充斥着我们的鼻翼。　商店里陈列着许多昂贵的或仿冒名牌的东西。天空呈浅灰色，我们走出喧闹的大街来到一个令人愉快的公园。我们走到公园深处坐下。

　　他说，随着军事化和立法化，国家对人的吞并无所不在，对国家的崇拜已经替代了对神的崇拜。在许多地方，国家已经渗透了国民的私生活；他们被告知要读什么想什么。国家监控着国民，用神圣的目光注视着他们，替代了教堂的作用。它是新的宗教。人曾经是教堂的奴隶，但现在是国家的奴隶。原先是教堂，现在是国家控制着教育；两者都没有关注人的解放。

　　个人和社会的关系是什么？显然，社会为个人而存在，而不是相反。社会为人的开花结果而存在；它的存在给个人以自由，于是人便有机会唤醒至高的智慧。这种智慧不仅是对技能或知识的培养，它将与那种创造性现实接触，创造性现实不是一个肤浅的头脑所拥有的。智慧不是积累的结果，而是从一步步的成就和成功中解放出来。智慧从来就不是静止不变的，它无法被复制和标准化，所以也是无法传授的。智慧只能在自由中发现。

　　集体的意志及其行动，也就是社会，不会给个人以自由；因为社会不是有机体，它是静止的。社会是拼凑起来的，是为了人的便利而结合在一起；它没有自身的独立机制。人可以掌控社会，根据他们的心理状态来引导它、塑造它、统治它；但社会不是人的主人。它会影响人，但人总是将其打碎。人与社会之间有冲突，是因为人自身就是有冲突的；那是静止和运动的冲突。社会是人的外在表现。他与社会的冲突就是他自身的内部冲突。这种冲突，无论内在的或外在的，都将永远存在，直到至高的智慧被唤醒。

　　我们既是社会的一员，也是一个个人；我们是公民也是人，是在痛苦和喜乐中单独的成长者。要有和平，我们必须领悟个人和公民之间的正确关系。当然，国家更愿意我们做完全的公民；但这是政府的愚蠢。我们自愿把个人交出去当公民，因为当公民比当个人容易。当个好公民就是在既定社会的模式中高效地发挥作用。对公民的要求是效率和一致，因为这使人变得强硬、无情；然后他就能牺牲个人成为公民。一个好公民不一定是一个好的个人，但一个好的个人肯定是一个不属于任何特殊社会和国家的健康的公民。因为他首先是一个好的个人，他的行动将不是反社会的，也不会反对他人。他会与其他好的个人合作，他不会追求权威，因为他没有权威；他能够高效率却不会无情。公民试图牺牲个人；但一个发现至高智慧的人将自然避免公民的愚蠢。所以国家将反对好的个人，反对有智慧的人；但这样一个人是不属于任何国家和政府的。

　　智者将带来好的社会；但一个好公民并不能创造一个于其中人能成为至高智者的社会。如果由公民掌控，个人和公民的冲突是不可避免的；而任何刻意忽视个人的社会是没有前途的。只有了解人的心理过程，公民和个人之间才有和解的可能。国家，即当前的社会，关注的只是外在的人，即公民，而不是内在的人。它会否定内在的人，但内在的人总会战胜外在的人，破坏为公民精心设定的计划。国家为将来而牺牲现在，为将来保护自己；它认为将来至高无上，而不是现在。但对智者来说，当下、现在最重要，而不是明天。只有让将来淡出，才能领悟"当下之是"。对"当下之是"的领悟会带来当下的彻变。这种彻变才是至关重要的，而不是怎么在公民和个人之间协调。当这种彻变发生时，个人和公民之间的冲突就停止了。

## 🪷 自我

对面坐着一个有权有势的人。他很清楚这一点，他的外表、姿势、态度都宣告着他的重要性。他在政府部门身居要职，周围的人无不蓄意奉承。他正大声地对某人说，如此庸常的公务也要烦扰他，真是岂有此理。他不停地评说着他手下员工的行为，听的人战战兢兢。我们在一万八千英尺的云层上空飞行，透过云层的缝隙可以看到蓝色的大海。当云翳稍稍散开，下面是白雪覆盖的山峦、辽阔的海湾和岛屿。那孤静的屋舍和小村庄多么遥远，多么美丽！一条河流从山上顺势而下汇入大海。它流过一个单调的大城镇，那里烟雾缭绕，这一段的河水也受到污染，而再往前一点，它又变得晶莹闪烁。不远的座位上是一位戎装的军官，胸前布满了勋章和绶带，自信而孤高。他属于一个遍布全球的特殊阶层。

为什么我们渴望被认可、吹捧、鼓励？为什么我们如此势利？为什么我们依赖自己的名声、地位和由此带来的一切？默默无闻就降级了，不为人知就可鄙了吗？为什么我们追求成名、出名？为什么我们做自己就不满足呢？我们害怕和羞于自身的状态，以至名声、地位和由此带来的东西高于一切吗？被认可、被叫好的欲望是多么强烈，真令人好奇。

由于战争中的兴奋，人因为做了不可思议的事情被授予荣誉；人因为杀了另一个人成为英雄。通过特权、机智或才干和效率，人似乎接近了顶峰——尽管这顶峰永远不是顶峰，因为总是有越来越多成功的陶醉。国家或事业就是你自己；你依靠事件，你就是权力。宗教组织提供地位、名望和荣耀；你也因此成了高高在上的大人物。抑或你成为跟从某个老师、教宗或大师的弟子，抑或你协助他们的工作。你依然重要，你代表他们，你分担他们的责任，你给予，别人接受。虽然以他们的名义，你还是方法和手段。你可以系上缠腰带或披上僧侣的袈裟，但还是**你**在作态，是**你**在放弃。

用这样或那样的方式，精细的或粗俗的，自我被滋养和维持着。除了其反社会的有害行为之外，自我为什么要维护其本身呢？虽然我们处在煎熬和忧愁之中，快乐稍纵即逝，自我为什么依赖外在和内在的满足，去追求那无疑会带来痛苦和烦恼的东西呢？作为对无为的抵抗，我们对积极行为的饥渴驱使我们为**在**而奋斗；这种奋斗令我们感到充满活力，我们的生活有了目标，我们会渐渐地甩掉冲突和忧伤的根源。我们觉得行为一旦停止，我们就什么也不是，我们将无所适从，生活将毫无意义；所以我们不断地投身于冲突、困惑和对抗之中。但我们也意识到还有更多的东西，在一切苦恼之上还有另一种东西。于是我们不停地和自己作战。

外在的场面越大，内在的贫乏越甚。但对这种贫乏的脱离不是缠腰带。这种内在贫乏的起因是"成为"的欲望；无论你做什么，这种空虚都无法填补。你可以粗鲁地或体面地躲避它，但它会像影子似的贴近你。你也许不想正视这空虚，但不管怎样它就在那里。自我热衷的装饰和放弃永远无法掩盖这种内在贫乏。通过其内在或外在的行为，自我试图找到丰富，把它称为经历，或根据便利和满足给它一个别的称呼。自我永远不是无名氏；它可能披上了新的袈裟，担当了不同的名分，但名分是它的实质。这种认同的过程阻止了其对自身本性的觉知。无论积极的或消极的，认同的积累过程建立了自我；不管它的范围有多广，其行为总是自我封闭的。生存或灭亡，自我的一切努力都是脱离它自身存在的一种运动。除了它的名称、秉性、特质和占有，自我是什么？自我，当它的品质被去掉后，还有"我"吗？就是这种无名的恐惧驱使自我去行动，但它就是什么也不是，它就是一种空。

如果我们能面对这种空，和那种痛切的孤独相处，那么恐惧就完全消失了，一种根本性的彻变发生了。这种发生必须有对"无"的当下体悟，经历者一旦存在，就会阻止这种体悟。一旦有一种欲望去经历那种空以便克服它、凌驾和超越它，那就没有当下体悟；因为自我作为一种名分延续着。如果体悟者有一种经验，那就不再有当下体悟的状态。正是对"当下之是"的不给它命名的当下体悟，从"当下之是"中带来了自由。

## 信仰

高山上气候异常干燥。很多个月没有下雨了，小溪也安静下来。松树已变成褐色，有些已经枯死了，但树林里有风。山脉绵延不绝，层峦叠嶂，直至天际。大多数野生动物早已去了凉爽的草原；只有松鼠和一些鸟儿留下来。还有更小的鸟儿，但它们白天是不出声的。一棵枯死的松树经过好几个夏天已转成白色。它在死亡中也是美丽的，挺拔优雅，毫不滥情。土地坚硬，道路上飞沙走石。

她说她曾属于一些宗教社团，但终于留在了其中的一个。她作为讲师和传道者为之工作，足迹遍布全球。她说她为这一组织放弃了家庭、舒适和其他许多事情；她接受了这一组织的信仰、教规和理念，跟从它的领袖，尝试禅修。她受到了教会成员和领袖的高度赞扬。现在她继续着，但听了我有关信仰、组织、自我欺骗的危险等演讲以后，她从这一组织及其活动中退出。她对拯救世界不再感兴趣，却为自己家里的琐事忙个不停，对这个困扰的世界只持一种远远的兴趣。她虽然表面慷慨仁慈，却颇有微词，因为她说自己的生命被浪费了。过去所有的努力和热情之后，她身在何处？发生了什么？她为什么如此疲乏困顿，在她的年龄又如此琐事缠身？

我们多么容易破坏自身存在的微妙感觉啊！不停的挣扎奋斗，焦虑的逃避和恐惧，很快使头脑和心灵变得迟钝；精明的头脑很快为生命的感觉找到了替代品。娱乐、家庭、政治、信仰和神明取代了明澈和爱。明澈由于知识和信仰而丧失，爱由于感觉而丧失。信仰会带来明澈吗？高墙紧闭的信仰会带来领悟？信仰的必要性是什么，它们难道没有使已经塞满的头脑更为黑暗吗？对"当下之是"的领悟不要求信仰，而是要求直接的观察，那就是没有欲望干扰的直接的觉照。欲望制造了困惑，信仰是欲望的延伸。欲望之道是微妙的，没有对它们的领悟，信仰只能增加冲突、困惑和对抗。信仰的另一个名字是信念，信念也是欲望的避难所。

我们转向信仰作为行动的手段。信仰给予我们那种来自禁锢的特殊力量；因为我们大多数人关注行动，信仰就成为一种必须。我们觉得没有信仰无法行动，因为正是信仰给予我们某种为之生活和努力的东西。对我们大多数人来说，生命本无意义，而只有信仰能赋予它意义，信仰比生命远为重要。我们认为生命必须依照信仰的模式来度过；因为如果没有某种模式的话，怎么可能有行动呢？所以我们的行动基于理念，或是一种理念的产物；所以行动就不像理念那么重要。

头脑的东西，无论多么辉煌和精妙，能够带来行动的完整性吗？能够带来一种个人存在乃至社会秩序的根本性彻变吗？理念是行动的手段吗？理念会引起一系列的行动。但那只是行动，行动和自发行为完全不同。人就是被这种行动给禁锢了；当行动出于种种原因而停止，人就会感到失落，生命变得空虚、毫无意义。我们有意无意地感觉到这种空虚，所以理念和行动变得至关重要。我们用信仰填补这种空虚，行动成了一种令人陶醉的必需。为了这一行动，我们放弃，我们调整自己以适应任何不便、任何幻想。

信仰的行动令人迷惑又具有破坏性；开始它可能看上去井然有序、富有建设性，但醒来却是冲突和苦恼。每一种信仰、宗教或政治，都阻止了对关系的领悟，而没有这种领悟就没有自发行为。

## 寂静

这是一辆很好的摩托，调试得很不错；它上山毫不费力，也没有磕磕碰碰，这顺风车搭得太棒了。出了山谷，道路陡峭地攀升。沿途果园夹道，满是橘树和高大茂盛的核桃树，果园从道路两侧向外延伸整整四十英里直至山脚。道路在穿过一两个小镇时变得笔直，然后继续进入开阔的乡村，遍地绿油油的苜蓿。之后再次蜿蜒穿越群山，道路终于抵达沙漠。

道路平坦，摩托的嗡鸣不绝于耳，交通十分稀疏。这时有一种对以下事物的强烈感觉：乡村、偶尔驶过的车、道路的信号、蔚蓝的晴空、车里坐的人；但头脑非常安静。这不是精疲力竭或闲散松弛的安静，而是一种非常警醒的安静。头脑并不在某一点上安静下来，这种宁静没有观察者；经历者完全缺席。虽然有随意的谈话，这寂静没有涟漪。车加速奔驰时，这个人可以听到风在呼啸，但这寂静和风声、车声、说话声浑然一体。头脑不记得以前的静止和它所知的寂静；它没有说："这就是宁静。"没有诉诸语言，语言只是对某种类似经历的认可和肯定。因为没有语言，也就没有思想。没有记录，所以思想无法认出寂静或思考它；因为"安静"一词不是安静。当语词不在时，头脑无法运行，于是经历者无法把储藏作为进一步愉悦的手段。没有积累的过程在进行，也没有接近和同化。头脑的运动完全不在。

车在屋前停下，狗叫了起来，司机从车上卸东西，一般的干扰对这非凡的寂静毫无影响。**没有**干扰，安静继续着。风从松树间穿过，暗影悠长，一只野猫溜进了灌木丛。在这种寂静中有着运动，而运动不是分散。在那种分散中不存在固定的注意力。主要兴趣偏移时才有分散；但在这寂静中没有兴趣，所以也没有游离。运动不是寂静的偏离而是**它的**组成。这不是死亡的、腐败的安静，而是完全没有冲突的生命的安静。对我们大多数人来说，痛苦和快乐的斗争，行为的冲动给予我们生命的感觉；一旦这一冲动被拿走，我们就会失落而顷刻分裂。但这种安静及其运动是一种永远自我更新的创造。这是一种无始无终的运动，它也不是一种延续性。运动意味着时间，但这里没有时间。时间是多与少、远与近、昨天与明天；但在这一安静中，一切比较都停止了。这不是一种周而复始的寂静；没有重复，完全没有精明头脑的种种诡计。

如果这寂静是一种幻想，头脑就会和它纠缠不清，反对或依赖，据理排斥或微妙而满足地认同；但因为它跟这种寂静没有关系，头脑就无法接受或反对它。头脑只有靠自我投射、自身的某种东西才能运转；但它和不属其本源的东西没有关系。这种寂静不属于头脑，所以头脑也无法培养或逐渐认同它。寂静的内涵不是用词语来衡量的。

## 放弃财富

我们坐在一棵大树的树荫下，俯瞰着翠绿的山谷。啄木鸟忙个不停，蚂蚁排着长队在两棵树之间来去匆匆。风从海上吹来，带来了远处雾霭的气味。山峦笼罩在蓝色的梦幻之中；它们看起来常常触手可摸，而现在却显得遥远。一只小鸟在一节破裂的竹管中饮水。两只灰色的松鼠拖着长长的蓬松尾巴上蹿下跳地在一棵树上互相追逐嬉闹。它们爬上树顶，又以疯狂的速度旋转而下，然后再上去。

他曾是个非常富裕的人，却放弃了自己的财富。他家财万贯并享受着它们的重负，因为他仁慈善良，慷慨解囊，不计得失。他善待受施者并为他们谋利，在一个热衷于赚钱的世界上轻松地赚钱。他不像那些银行账户庞大无边的投资人，不像那些人孤独、害怕人们和他们的欲求，把自己禁闭在其财富的特殊氛围里。他对家庭不是一种威胁，本人也不那么容易屈从，他并不是因为致富才有那么多朋友。他说他放弃财产是因为有一天他在读书时，突然悟到他积聚财富是多么愚蠢。现在他只有很少的东西，尝试过一种简单的生活以便寻求其意义，看看有没有某种超越以物质为中心的欲望的东西。

知足常乐是相对容易的；当一个人踏上寻求他物的征程时，摆脱诸多重负也并不困难。内在探索的紧迫性清除了众多财富的困扰，但摆脱外在的东西并不意味着一种简单的生活。外在的简单有序并不一定意味着内在的宁静和纯真。外在的简单是好的，因为它确实提供了一种自由，它是一种完善的姿态；但为什么我们总是开始于外在的而非内在的简单呢？是要自己和他人相信我们的意图吗？我们为什么要让自己相信？摆脱物质需要智慧，而不是姿态和信誓；智慧不是个人的。一旦人对众多财富的暗示有所觉知，这觉知就会解放你，戏剧化的宣言和姿态就没有必要了。只有当这种智慧的觉知尚未起作用时，我们才求助于限制和隔离。重点不在于多少，而在于智慧；知足常乐的智者才能摆脱财产的重负。

但满足是一回事，简单却完全是另一回事。想要满足或想要简单的欲望在束缚着你。欲望导致复杂。真正的满足来自对"当下之是"的觉知，而简单来自从"当下之是"中获得自由。外在的简单是好的，但内在的简单明晰却重要得多。明晰不是来自坚定不移和目标明确的头脑；头脑无法创造它。头脑能够调整自己，能够安排并将思想整理得井然有序；但这不是明晰或简单。

意志的行为导致困扰；因为意志，无论多么超脱，都是欲望的工具。想做，想成为的意志，无论如何值得和高尚，都会给予一种指示，可以在困扰中清出一条路；但这样的过程导致隔绝，而明晰不会来自隔绝。意志的行为也许会暂时照亮行动所需的前景，但它永远无法清理背景；因为意志本身就是出自这背景。背景滋养了意志，而意志则磨砺了背景，提高了它的潜能；但它永远无法清理背景。

简单不是来自头脑。刻意的简单只是一种巧妙的调适，对痛苦和快乐的防卫；它是孳生种种冲突和困扰的自我封闭的行为。正是冲突带来了内在和外在的黑暗。冲突和明晰无法共存；简单是摆脱冲突，而不是克服冲突。被征服的必须被一再地征服，所以冲突无穷无尽。对冲突的领悟就是对欲望的领悟。欲望也许把自己提升为观察者、领悟者；但这种欲望的升华仅仅是推迟而不是领悟。观察者和被观察的现象不是一个双重的过程，而是单一的；只有当下体悟这单一过程的真相，才会从欲望和冲突中获得自由。如何体悟这一真相的问题永远不会出现。它必须发生；而有了警醒和无为的觉照，它就发生了。你无法在房间里舒适地坐着，凭想象或思考了解遭遇毒蛇的真实体悟。要遭遇毒蛇，你得冒险走出熟知的街道和人工的灯光。

思想可以记录却无法体悟脱离冲突的自由；因为简单和明晰不属于头脑。

## 重复和感觉

城市的喧嚣和气息涌进了敞开的窗户。在开阔而方正的花园里，人们坐在树荫下读新闻，闲聊全球时事。鸽子大摇大摆地迈着腿寻觅美食，孩子们在绿色的草坪上嬉戏。太阳拉出美丽的阴影。

他是个记者，聪慧敏捷。他不但想采访，也想讨论一些自身的问题。当他为供职的报纸所做的采访结束后，他谈起了自己的职业及其价值——不是在经济上，而是在世界上的重要性。他身材魁梧，聪明、能干而自信。他在报界急剧攀升，前程无量。

我们的头脑充斥了那么多知识以至几乎不可能直接体悟。对快乐和痛苦的体悟是直接的、个人的；但对体悟的理解却在跟从他人、宗教和社会权威的模式。我们是他人的思想和影响的产物；我们被宗教和政治宣传所限制。庙宇、教堂和清真寺对我们的生活有着一种奇怪和遮蔽的影响，政治意识形态为我们的思想提供了表层物质。我们被宣传所塑造和摧毁。宗教组织是一流的宣传家，用尽种种劝说和掌控的伎俩。

我们是一堆混杂的反应，我们的中心像承诺中的未来一样无常。单是词语就对我们有着异乎寻常的重要性；它们有一种神经上的作用，其感觉比那些超越符号的东西重要得多。符号、形象、旗帜、声音都至关重要；替代物，而不是真实，成了我们的力量。我们阅读他人的经历、观看他人的戏剧、仿效他人的榜样、引用他人的话语。我们自身空虚，试图用词语、感觉、希望和想象来填补这空虚；但空虚依旧。

重复，带着它的感觉，无论多么快乐和高尚，都不是当下体悟的状态；对一种仪式、一个词语、一种祈祷的不断重复是一种令人满意的感觉并被冠以高尚的名称。但当下体悟不是感觉，感官的反应很快让位于真实。真实，即"当下之是"，仅仅通过感觉是无法领悟的。感觉的作用是有限的，但当下体悟是超越感觉之上的。当下体悟停止时感觉才变得重要；那时，词语是重要的，符号成了主导，留声机变得迷人。当下体悟不是一种延续性；因为有延续性的东西，无论在哪个层次上，都是感觉。对感觉的重复给予一种表面新鲜的经验，但感觉永远不会是新的。寻找新的东西不在于重复的感觉。有了当下体悟，新的东西才会显现；只有当对感觉的冲动和追求停止时，当下体悟才是可能的。

重复经验的欲望是对感觉的束缚，记忆的丰富是感觉的扩充。重复经验的欲望，无论是你自己的还是他人的，都会导致迟钝和死亡。对真实的重复是谎言。真实不能重复，不能被宣传或利用。可以被利用和重复的东西本身是没有生命的，它是机械的、静止的。死的东西可以利用，但不是真实。你可以抹杀和否定真实，然后再利用它；但它不再是真实。传导者才不管当下体悟；他们关心的是感觉的组合，宗教上的或政治上的，社会的或私人的。传导者，宗教的或世俗的，都不会是真实的发言人。

没有对感觉的欲望，当下体悟才会到来；命名、归类必须停止。没有语言就没有思想过程；被语言所禁锢就成了一个欲望之幻想的囚徒。


## 收音机和音乐


显然，收音机里的音乐是一种绝妙的逃避。隔壁人家的收音机一直开着，直至深夜。父亲很早就去上班了。母亲和女儿在房间或花园里做事；当她们在花园做事时收音机开得震天响。显然儿子也喜欢音乐和商业，因为他在家时收音机照样喋喋不休。有了收音机，人可以不停地听任何音乐，从古典的到最现代的；还可以听神秘剧、新闻和所有不断广播的东西。不必交谈，不用交流思想，因为收音机几乎为你做了一切。据说，收音机帮助学生学习，在挤奶时让奶牛听音乐，会出更多的奶。

奇怪的是，似乎收音机并没有改变生活的进程。它可能使某些事情更为方便；我们可能会更快地知道全球新闻，听到对谋杀案栩栩如生的描述；但信息不会使我们智慧。关于原子弹爆炸的恐怖、国际联盟、叶绿素的研究等等的浅层信息不会使我们的生活发生根本性的变化。我们有战争意识，我们痛恨另外一群人，我们鄙视这个政治领袖却支持那一个，我们被宗教组织愚弄，我们是民族主义者，我们的苦恼在继续；我们刻意逃避，越有组织、越受尊敬就越好。群体的逃避是安全的最高形式。面对"当下之是"，我们可以做一些事情，但逃避"当下之是"无疑使我们愚蠢和迟钝，成为感觉和困扰的奴隶。

音乐难道不是以一种非常微妙的方式给我们提供了一种从"当下之

是"解脱的快乐吗？好的音乐使我们脱离自己，脱离我们日常的忧伤、狭隘和焦虑，它让我们忘却；或者它给予我们面对生活的勇气，它鼓舞、激励和安慰我们。无论是作为忘却自身的手段，还是鼓舞我们的源泉，它都成为一种必需。依赖美好和回避丑陋是一种逃避，当这种逃避被中断时，它将变成一种折磨。当美好成为我们安宁的必需时，感觉就开始而当下体悟就终止了。当下体悟的瞬间与追求感觉截然不同。在当下体悟中没有经历者及其感觉。当下体悟停止，经历者的感觉就开始了；经历者要求和追寻的就是这些感觉。当感觉成为一种必需，那么音乐、河流、绘画只是获取进一步感觉的手段。感觉主宰一切，而不是当下体悟。渴望重复一种经验就是要求感觉；如果说感觉是可以重复的，那么当下体悟无法重复。

正是对感觉的渴望使我们依赖音乐，占有美好。对外在的线条和形式的依赖只能说明我们自身存在的空虚，于是我们用音乐、艺术和刻意的安静去填补它。正是因为这种不变的空虚被感觉所填补或掩盖，于是就有了对"当下之是"、对我们自己的无尽恐惧。感觉有开始和结束，它们可以被重复和扩充；但当下体悟不在时间的限制之内。最重要的才是当下体悟，它在对感觉的追求中被排拒了。感觉是有限的、个人的，它们造成冲突和苦恼；但当下体悟完全不同于对经验的重复，它是没有延续性的。只有在当下体悟中才有重生和彻变。

## 权威

阴影在绿色的草坪上跳舞；阳光灼热，碧空温柔。一头牛透过围栏望着草坪和人群。它对人群有点陌生，却熟悉草坪。尽管久未下雨，土地都炙焦了。一只蜥蜴在捕捉飞虫，橡树的树干上还有其他昆虫。远山云雾缭绕，诱人心魄。

在树下的谈话之后，她说，她来听老师的老师讲演。她十分诚恳，但眼下这诚恳变成了固执。这种固执被微笑和合理的宽容所掩盖，而这宽容也是刻意思考和培养出来的。它是头脑的东西，从而可以被燃烧成暴力、愤怒和偏狭。她身型丰满，柔声细语；但在她的信念和信仰滋养下，却潜伏着指责。她压抑而强硬，却把自己献给了团体归属及其美好的理想。停顿了一下，她又补充说，老师一旦讲演，她就会知道，因为她和她的团体有一种神秘的方法可以知道，却不可外传。从她说话的方式、手势以及她偏着头的姿态中，独占知识的快乐溢于言表。

封闭的、私有的知识给予深深的心满意足的快乐。知人所不知是一个取之不尽的满足的源泉；它给人一种与提供权威和名望的深层事物相接触的感觉。你有直接的接触，你有别人没有的东西，可见你有多重要，不仅对自己重要，对他人也重要。他人敬仰你，诚惶诚恐，因为他们要分享你的所有；但你给予，总是知道得更多。你是领袖、权威；这个位置来得轻而易举，因为人们想被说教、被领导。我们越是意识到自己的失落和迷茫，越是急切地想被指引和说教；于是以国家的名义、宗教的名义、大师或党派领袖的名义建立了权威。

对权威的崇拜，无论事情大小，都是可恶的，在宗教事务上尤其如此。你与真实之间没有媒介；如果有的话，他就是个歪曲者、危害制造者，无论他是谁都不重要，不管他是至高无上的救星，还是你最新的宗师或导师。那个博学的人什么也不知道；他只知道他的偏见、他自我投射的信仰和感觉的欲望。他无法知道深不可测的真实。地位和权威可以被建立、精心培养，但谦恭不能。美德给予自由，但培养的谦恭不是美德，只是感觉，所以是有害和破坏性的；这是一个需要一再被打碎的枷锁。

重要的不是发现谁是大师、圣徒、领袖，而是你为什么追随。你追随是因为你想成为什么，想得到，想变得明晰。而明晰是无法由另一个人给予的。冲突存在于我们的内心；我们既把它带来，就得将它清除。我们可能取得了一个令人满意的职位，一种内在的安全感，在有组织的信仰中占一席之地；但所有这一切只是导致冲突和苦恼的自我封闭的行为。你可能在自己的成就中感到暂时的快乐，你可以让自己相信你的地位是不可避免的、命中注定的，但只要你想成为什么，无论在哪个层次，必定会有烦恼和困惑。作为"无"的存在不是否定。意志的反应，无论积极的或消极的，都是被磨砺和提升了的欲望，总会导致纷争和冲突；这不是领悟之道。对权威的确立和追随是对领悟的拒绝。有领悟就有自由，自由无法认购，也不能由另一个人给予。购买的东西可能会丧失，给予的东西可能被剥夺；于是权威及其恐惧就产生了。恐惧不是靠安抚和烛光就能置之不理的；它随着"成为"欲望的停止而停止。

## 禅修

他练习了几年所谓的禅修；读了许多有关书籍后，他遵从了某些约束，去了某个修道院，在那里他们每天做几小时的禅修。他对此无动于衷，也没有被自我牺牲的眼泪所迷惑。他说，虽然多年后他对头脑控制良好，但有时还是会失控；在他的禅修中没有喜悦；自我强加的约束使他强硬而干枯。总之，他对整个事情非常不满。他加入过一些所谓的宗教社团，但他现在与他们都终止了联系，正在独立追寻他们承诺中的神明。他坚持了数年，开始觉得疲惫不堪。

正确的禅修对于净化头脑是必不可少的，因为头脑不清空就没有更新。仅有延续性是腐败。头脑在不断的重复中、在误用的磨损中、在单调和疲惫的感觉中衰退。控制头脑并不重要，重要的是发现头脑的兴趣。头脑是一堆互相冲突的兴趣，仅仅强化一种兴趣而对抗另一种是我们所谓的专注、约束的过程。约束是对抗养成的，有对抗就没有领悟。一个严加管束的头脑不是一个自由的头脑，只有在自由中才能有所发现。必须有在一切层次上揭示自我运作的自发性。虽然会有不甚愉快的发现，但必须揭示和领悟自我的运作；但约束破坏了发现的自发性。约束，无论如何严谨，把头脑固定在一种模式中。头脑会调整自己去适应它受到培训的状态；但它去适应的那种状态不是真实的。约束只是强制，所以永远不会是揭示的手段。通过自我约束，头脑会强化其自身的目的；但这目的是自我投射的，所以它不是真实的。头脑在它自己的形象中创造真实，约束给那个形象提供了活力。

只有在发现中才有喜悦——这种发现是从瞬间到瞬间的自我方式的发现。无论在哪个层次上，自我仍属于头脑。无论头脑思考什么，都属于头脑。头脑无法思考不是其本身的东西；它无法思考未知。自我在任何层次上都仍是已知；虽然自我会有表层头脑没有觉察的某些层面，但它们仍在已知的范畴之内。自我的运作显示在人际关系的行为之中；当人际关系没有被禁锢在一种模式中，它提供了一个自我揭示的契机。人际关系是自我的行为，要领悟这种行为必须有毫无选择的觉知；因为选择就是强调一种兴趣而对抗另一种。这种觉知是对自我行为的当下体悟，在这种当下体悟中既没有经历者也没有经验。于是头脑清空了它的囤积；

没有了"我"这个囤积者。囤积的东西，储藏的记忆就是"我"；"我"不是囤积之外的一个实体。"我"把自己从作为观察者、观望者和控制者的特征中分离出来，以便捍卫它自己，在无常中给自己以延续性。对整体和单一过程的当下体悟使头脑从它的双重性中释放出来。那么，头脑的整个过程，无论敞开的或隐蔽的，都能被体察和领悟了——不是一块一块，一个行为一个行为，而是它的整体。那么梦想和日常行为从此就是一个清空的过程。头脑必须彻底清空才能接受；但这种清空以便接受的渴望是一种根深蒂固的障碍，对此也必须彻底地、而不是在某个特殊的层次上领悟。对经验的渴望必须完全停止，而这，只有当经历者不再用经验及其记忆滋养自身时才会发生。

头脑的净化不能仅限于表面的层次，还必须进入隐藏的深处；这只有在命名和归类的过程终止时才会发生。命名只能强化经历者、强化对永恒的渴望以及某种记忆特征，并赋予其延续性。对命名必须有安静的觉知，对其领悟也是如此。我们命名不仅是为了交流，而且是为了给某种经验赋予延续性和实质性，激活它，重复其感觉。这种命名的过程必须停止，不仅在头脑的表层，而是贯穿其整个结构。这是一项艰巨的任务，无法轻易领会或体悟；因为我们的整个意识就是命名和归类、然后是储藏和记录经验的过程。正是这一过程给那个幻想的实体，那个从经历中明确分离出来的经历者，赋予了营养和力量。没有思想就没有思想者，思想创造了思想者，他把自己孤立起来并赋予永恒性，尽管思想总是无常的。

当整个的存在，无论是表面的还是隐藏的，都从过去净化出来，那就会有自由。意志就是欲望；如果有任何意志的行为，有任何争取自由、揭示自我的努力，那就永无自由，永无整个存在的彻底净化。当意识的所有层面都安静下来，彻底安静，只有那时，才会有无限性，有超越时间的狂喜，有创造性的更新。

## 愤怒

即便是在那样的海拔高度，炎热还是无孔不入。连窗框摸起来都是温热的。飞机引擎的低鸣催眠似的，许多乘客都昏昏欲睡。遥远的大地在热气蒸腾中若隐若现，无垠的褐色间或夹杂着一片绿洲。现在我们着陆了，热浪滚滚，令人难以忍受。这实在讨厌，甚至在建筑物的阴影下面，人还是觉得头都要炸了。炎夏正盛，乡间几乎成了一片沙漠。我们再次离地，飞机向上攀升，追寻着凉风。两个新乘客坐在对面高声交谈，想不听也不行。他们开始倒够安静，但不一会儿怒气使他们的嗓音提高，这是一种放肆而怨恨的愤怒。在自身的暴戾中他们几乎忘记了周围的乘客，他们互相如此厌烦，仿佛只有自己单独存在，没有别人。

愤怒具有特殊的隔绝性；就像悲伤，它将人隔绝，至少在眼下，所有人际关系都终止了。愤怒具有造成隔绝的短暂的力量与活力。在愤怒中有一种奇怪的绝望，因为隔绝是绝望的。失望、妒忌、带着伤害冲动的愤怒引起一种以自我辩护为乐的暴力。我们指责他人，那种指责就是自我辩护。没有某种态度，或自我辩护，或自我贬低，我们是什么？我们费尽心机支持自己；愤怒，就像痛恨，是一种最简易的方法。简单的愤怒，骤然蹿起又迅速忘记，那是一回事；而那种竭力打造，几经酝酿并蓄意伤害和破坏的愤怒则完全是另一回事。简单的愤怒可能有某种看得见的生理原因，可以痊愈；但出自心理原因的愤怒远为微妙而难以应付。我们大多数人对愤怒不以为然，并为它找借口。当他人和自我受到不公正待遇时，我们为什么不该愤怒？所以我们成了正义的愤怒。我们从不只说自己愤怒并仅止于此，我们会进一步解释原因。我们从来不只说自己妒忌或痛苦，而是为之解释和辩护。我们会问怎样才能毫不妒忌地去爱，或者说别人的行为让我们痛苦，等等。

正是解释、言语化，不管是沉默的还是说出口的，都支持了愤怒，给了它深度和广度。解释，不管是有声还是无声，都会像一道盾牌挡住了我们对自身存在的发现。我们想要被赞美和夸奖，我们期待着什么；当那些事情没有发生，我们就会失望，我们就会苦恼和妒忌。然后，我们激烈或温和地责怪他人；我们会说他人该对我们的痛苦负责。你至关重要，因为我的幸福、我的地位和名望全有赖于你，通过你，我成功了，所以你对我是重要的。我必须捍卫你，我必须占有你。通过你，我逃离自己；当我被扔回到自己中，由于害怕自己的状态，我变得愤怒。愤怒有很多形式：失望、怨恨、痛苦、妒忌，等等。

愤怒的积累就是怨恨，需要原谅这帖解药；但愤怒的积累比原谅远为重大。没有愤怒的积累，也就不需要原谅。如果有怨恨，原谅是重要的；但是，脱离奉承和受伤的感觉，没有冷漠的坚硬，才会有宽恕和仁慈。愤怒无法靠意志的行为驱除，因为意志是暴力的组成部分。意志是欲望的结果、"成为"的渴望，欲望的本质就是攻击和主宰。靠意志的行使来压制愤怒只是将它转移到另一个层面，给它一个不同的名称；但它还是暴力的组成部分。脱离暴力并不是对非暴力的培养，而必须有对欲望的领悟。欲望并没有精神上的替代品，它无法被压制或升华。必须对欲望有一种安静而不做选择的觉知，这种无为觉知是对欲望的直接体悟，并没有经历者为它命名。

## 心理安全

　　他说他已经非常透彻地研究了问题，尽可能多地阅读了有关议题的文章，他认为确有大师分布在世界各地。除了对其特殊弟子，他们并不显身，但他们通过别的方式跟其他人交流。他们施加着一种仁慈的影响，引导着世界上领袖们的思想和行为，尽管这些领袖们本身并未察觉；他们带来了革命与和平。他说他确信，每个大陆都有一群大师塑造其命运并为它祝福。他认识几位大师的弟子——至少他们告诉他是如此，他谨慎地说。他诚心诚意地渴望了解有关大师的认知。可能有直接体悟吗？能直接接触他们吗？

　　河流是多么安静！两只色彩绚丽的翠鸟在河面近岸处此起彼伏地飞翔，一些蜜蜂在为蜂窝蓄水，一条渔船泊在溪水中央。沿河的树木枝繁叶茂，浓荫密布。田野里，新种的庄稼绿意盎然，白色的禾雀啾啾鸣唱。在这么一派和平的景象中讨论我们微不足道的问题似乎有些可惜了。蔚蓝的天空夜色温柔。远方是喧嚣的城镇；河对岸有个村庄，沿岸透迤着一条蜿蜒的小径。一个男孩用他那高亢清亮的嗓音在歌唱，却对那片宁静没有丝毫的干扰。

　　我们是一群奇怪的人；我们辗转寻求一些远方的东西，而它们其实就在近旁。美丽永远在那里，而不是这里；真实永远不在家园而在远方。我们去到世界的那一头寻找大师，我们没有觉察到侍从；我们不明白生活中的俗事、日常的挣扎和喜悦，却企图抓住神秘和隐藏的东西。我们不了解自己，但我们却想追随和服务于那个承诺了回报、希望和乌托邦的人。只要我们困惑，那么我们的选择也必将是困惑的。我们在半盲的状态中是无法清楚地观察的；那时，我们所见只是片面的，因此也是不真实的。我们知道这些，但我们的欲望和渴求是如此强烈，以至把我们拖进了幻想和无尽的苦恼之中。

对大师的信仰造就了大师，信仰构成了经验。相信某种特殊的行为模式或意识形态，确实造成了你渴求的东西；但付出了何等的代价、何等的痛苦！如果个人有能力，那么信仰在他手里就成了件利器，那是比枪支更加危险的武器。对我们大多数人来说，信仰比真实具有更为重大的意义。对当下之是的领悟不需要信仰；相反，信仰、理想、偏见对领悟是一个确凿的障碍。但我们偏爱自己的信仰、自己的教义；它们温暖我们，它们承诺，它们鼓励。如果我们领悟了信仰的方式以及为什么依赖它们，对抗性的一大起因就消失了。

获取的欲望，无论是个人的或团体的，都会导致无知和幻想、破坏和苦恼。这个欲望不仅是为了越来越多物质上的舒适，也是为了权力：金钱的权力、知识和认同的权力。渴求更多是冲突和苦恼的开端。我们企图通过自我欺骗、压抑、替代和升华来逃避这种苦恼；但渴求也许在一个不同的层次上继续着。而在任何层次上的渴求仍是冲突和痛苦。最轻易的逃避方法之一就是教宗和大师。有人通过政治思想体系及其行为逃避，有人通过仪式和戒律的感觉来逃避，还有人就通过大师达到目的。于是，逃避的方式就变得非常重要，恐惧和固执捍卫了方式。那么你是什么无关紧要，大师才是重要的。你只是作为一个侍从或弟子是重要的，无论这意味着什么。要成为其中的一员，你必须做某些事情，遵照某种模式，经历某种困苦。你愿意做所有这些，甚至更多，因为认同给予快乐和权力。在大师的名下，快乐和权力变得令人尊敬了。你不再孤独、困惑、失落；你属于他，属于党派、理想，你安全了。

毕竟，这是我们大多数人想要得到的东西：安全、可靠。众人一起失落是一种心理安全的形式；认同于一个团体或一种理想，无论是世俗的或精神上的，会感到安全。这就是为什么我们大多数人依赖民族主义，尽管它会带来日益加剧的破坏和灾难；这就是为什么宗教组织能如此强有力地控制人类，尽管它分裂并制造对抗。对个人或团体安全的渴望造成破坏，而心理上的安全产生幻想。我们的生活是幻想和苦恼，明晰和喜悦的时刻极为有限，于是我们急切地接受任何承诺天堂的东西。有人认识到政治乌托邦的无用，继而转向宗教，即在大师、教义和理想那里找到安全和希望。由于信仰形成经验，大师们成为一种无法回避的真实。一旦经历了认同带来的快乐，头脑便受到坚固的保护，没有什么能够动摇它；因为其标准就是经验。

但经验不是真实。真实无法被经历。它即存在。如果经历者认为他经历了真实，那么他知道的只是幻想。一切有关真实的知识都是幻想。知识或经验必为真实的存在而停止。经验与真实无法相遇。经验形成知识，而知识屈从于经验；为了让真实呈在，两者都必须而停止。

## 分裂

他是个瘦小却好斗的人，任一所大学的教授。他是如此博览群书，以至他无法分清自己的思想始于何处，他人的思想又在哪里终止。他说自己是个热诚的民族主义者，为此多少吃了点苦头。他也曾是个修行的宗教人士；但现在他抛弃了所有那些垃圾，感谢上帝，总算脱离了迷信。他激烈地宣称，所有这些心理的谈话和讨论都将误导人们，至关重要的是人在经济上的重组；因为民以食为天，其他一切都随之迎刃而解。必须有一场激烈的革命，建立一个没有阶级的社会。应不惜一切手段达到目的。如有必要他们将掀起暴动，然后接管并建立正确的秩序。集体主义是根本性的，一切个人剥削都必须被消灭。他对将来非常清醒；因为人是环境的产物，他们将为未来去塑造人；他们将为未来、为即将来临的世界牺牲一切。对人之现状的清理无关紧要，因为他们了解未来。

我们可以依照自己的成见研究历史，阐述历史事件；但是，如此地确认将来，就是置身于幻想。人并不是一种影响的结果，他是错综复杂的；强调一种影响而将其他最小化，只会孳生不平衡，导致更多的混乱和苦难。人类是一个全体相连的历程。这种整体性而不仅是一个部分，必须得以领悟，不论这种部分暂时有多么重要。为将来牺牲现在，是那些权力迷的疯狂；权力是罪恶。这些人把指引人类的权利攥在自己手中；他们是新的牧师。手段和目的是不可分割的，它们是一个关联的现象；手段创造了目的。通过暴力永远不会有和平；一个警察国家无法滋养和平的公民；通过强制无法取得自由。如果党派主宰一切，一个没有阶级的社会就无法建立，它从来不是独裁的结果。这一切是显而易见的。

个人的分裂不是靠他认同一个集体或一种意识形态来消除的。替代并未排除分裂的问题，分裂也无法被压制。替代和压制可能会成功一时，但分裂会再次激烈地爆发。恐惧或许被推到背后，但问题依然存在。问题不是如何排除分裂，而是为什么我们每一个人都赋予它如此的重要性。正是那些渴望建立没有阶级的社会的人以其权力和主宰行为孳生了分裂。你与我分裂，我与另一个人分裂，这就是一个事实；但既然有这一切可恶的结果，为什么我们还要为这种分裂感赋予重要性呢？尽管我们之间有很多相同之处，然而我们毕竟是不同的；这种不同给予每一个处于分裂中的东西以重要的感觉：分裂的家庭、名字、财产，以及作为一个分裂的实体的感觉。这种分裂，这种单独感造成了巨大危害，随之而来的是对集体努力和行动的渴望，为整体牺牲个人，诸如此类。宗教组织试图让个别的意向服从于整体的意向；现在是党派，以国家的面目出现，竭尽全力淹没个人。

我们为什么依赖分裂的感觉？我们的感觉是分裂的，而我们靠感觉而生活；我们就是感觉。剥夺了我们的感觉，无论快乐的或痛苦的，我们就不是我们了。感觉对我们是重要的，它们认同分裂。私人生活和作为公民的生活在不同层次上有着不同的感觉，它们碰撞时就有了冲突。但无论在私人生活还是公民生活中，感觉总是互相争斗的。冲突是感觉所固有的，只要我想强大或谦恭，就必然有感觉的冲突，引起个人和社会的不幸。要变成这样或那样的持续欲望导致了个人的感觉及其分裂，如果我们能够不加谴责或辩护地维持这一事实，我们就会发现感觉并不构成我们生活的全部。那么作为记忆的头脑，即感觉，就平静下来了，不再被它自身的冲突所撕裂；只有那时，当头脑平静安和，才有可能不带着"我"和"我的"去爱。没有这种爱，集体行为只是强制的，只会孳生对抗和恐惧，并由此产生个人和社会的冲突。

## 势力

他是一个非常贫穷的人，但聪明能干；他心满意足，或至少看起来是如此，他拥有的很少，没有家庭负担。他常来商谈事情，对将来有伟大的梦想；他热情洋溢，有简单的愉悦，乐意为他人做小事。他说他对金钱和物质舒适没有太大的兴趣；但他喜欢描述一旦他**拥有**金钱会做什么，他会如何资助这个或那个，如何启动一个完备的学校，等等。他爱幻想，容易被自己和他人的热情所蛊惑。

几年过去了，一天，他又来了。他有了一种奇怪的蜕变。梦幻的神情消失了；他实际、坚定、观点武断、判断粗暴。经过旅行，他变得仪态世故，无懈可击；对自己的魅力收放自如。他继承了很多钱财并成功地使之成倍增长，他完全变了个人。他现在几乎不来了，当我们在偶然的机会相遇，他变得疏远而自我封闭。

贫困和富裕都是枷锁。有意识的贫困和富裕都是环境的玩物。两者都是腐蚀性的，因为两者都寻找腐蚀之物：势力。势力大于财产；势力大于财富和理念。这些的确都能提供势力，它们均可被置之不顾，而势力的感觉还在。人可以通过简单生活、德行、党派和放弃来得到势力；但这样的手段只是替代品，它们骗不了人。对地位、名望和势力——这种通过侵犯和谦恭、通过禁欲和学识、通过利用和自我否认而取得的势力——的渴望，具有着微妙的说服力而且几乎是本能的。任何形式的成功都是势力，而失败只是对成功的排拒。强势和成功就是专横，是对美德的否定。美德给予自由，但这不是一种获取的东西。任何成就，无论是个人的或集体的，都成了一种势力的手段。世上的成功，那种自我控制和自我否定带来的势力都是要避免的；因为两者都歪曲领悟。正是对成功的渴望阻止了谦恭，而没有谦恭怎么会有领悟？成功者是强硬和自我封闭的；他为自我的重要性、责任、成就和记忆所负累。必须脱离自设的责任和成就之负担，因为滞重的东西无法灵敏，而领悟需要一个灵敏而柔韧的头脑。成功否定了仁慈，因为它们无法了解生活的至美，也就是爱。

成功的欲望是主宰的欲望。主宰就是占有，占有是隔绝的途径。这种自我隔绝是我们大多数人通过名义和人际关系，通过努力和思维能力所追求的。隔绝中有势力，而势力孳生了对抗和痛苦；因为隔绝是恐惧的结果，恐惧终止了一切交流。交流是人际关系；无论人际关系如何愉悦或痛苦，其中有自我忽视的可能性。隔绝是自我的方式，所有自我的行为都引起冲突和悲哀。

## 诚心

绚丽的鲜花围绕着一方绿色的草坪。它被悉心照料，维护得非常美丽，不然，太阳会不遗余力地把草坪烤焦，把花儿晒蔫。在这片美妙花园的远处，越过许多房屋，蓝色的大海在阳光下闪烁，海面上有一叶白帆。这间房俯瞰花园、房屋和树冠，在清晨或黄昏向窗外望去，大海显得格外令人愉悦。白天的海水变得明亮而刺眼；但即便在中午，也总有一叶白帆。太阳向海面沉落，铺成了一条闪耀的红色小径；没有薄暮。晚星悬挂在远处的天际线，继而消失了。滑过的新月本将拥有夜空，但她也消失在骚动的大海，黑暗笼罩着海面。

他详细地讨论上帝、晨祷和晚祷、斋戒、誓言、燃烧的欲望。他清晰而明确地表达着自己，对正确的措辞毫不犹豫；他的头脑训练有素，因为职业要求如此。他目光炯炯，颇为警觉，身上有某种僵硬，举手投足缺乏柔韧，却显出对目标的执著。他显然被一种极为强大的意志所驱使，尽管轻松微笑，但他的意志一直警觉着、观察着、主宰着。他的日常生活很有规律，只有在意志认可的情况下他才会打破既定的习惯。他说，没有意志就没有德行；意志对击溃罪恶是至关重要的。好和坏之间的战争永远存在，只有意志能将罪恶置于死地。他也有温和的一面，因为他会看着草坪和快乐的花朵而微笑；但他从不让头脑游移到意志及其行为的模式之外。尽管他坚持避免严厉的措辞、愤怒和显露任何不耐烦，但他的意志令他变得奇怪的强硬。如果美适应他的既定模式，他会接受，但永远潜伏着对感性的恐惧，他试图对这种痛楚保持自制。他博览群书、彬彬有礼，他的意志像影子般跟着他。

诚心从来不是简单的；诚心是意志的孪生地，意志无法掩盖自我的方式。自知不是意志的产物；自知是通过对当下生命运动反应的觉知而产生的。意志关闭了这些自发的反应，而唯有这种反应才能揭示自我的构架。意志是欲望的根本；对欲望的了解来说，意志是一种障碍。任何形式的意志，无论是表层头脑的还是根深蒂固的欲望，永远不是无为的，而只有在无为中，在觉知的沉默中，才存在真实。冲突总是存在于欲望之间，无论欲望会被搁置在哪个层面。强化一种欲望以反对其他只能孪生进一步的对抗，这对抗就是意志。领悟永远不会来自对抗。重要的是领悟欲望，而不是用一种欲望抑制另一种。

想完成、想得到的欲望是诚心的基础；这种迫切欲望，无论是表面还是深层的，都是为了符合目标，也就是恐惧的开端。恐惧把自知限制在经验之内，所以也就没有超越经验的可能。在这样的限制下，自知只能养成更广、更深的自我意识，"我"会扩散到越来越多的不同层面和阶段；于是冲突和痛苦继续着。你可能在某些行为中刻意忘却和丧失自己，培植一个花园或一种意识形态，煽动一群人为战争而愤怒狂热；但你现在就是国家、理想、行为和上帝。认同越深，你的冲突和痛苦就越被掩盖，这就是为认同某事所作的持续不断的斗争。这种符合既定目标的欲望引起了诚心的冲突，从而完全否定了简单。你可以灰头土脸，或穿一件简单的衣服，或像个乞丐似的游荡，但这不是简单。

简单和诚心永远不会结伴。无论在何种程度上认同某事的人，可能是诚心的，却不是简单的。"成为"的意志正是简单的对立面。简单来自自由，它脱离了获取的动机和完成的欲望。完成即认同，认同就是意志。而简单是警觉，是经历者不记录经验的无为觉知，自我分析阻止了这种无为觉知；在分析中总是有动机的——要自由，要领悟，要获得——这种欲望只能强调自我意识。同样，内省的结论阻止了自知。

## 满足

她已婚，但没有孩子。从世俗角度讲，她说自己是快乐的；钱不成问题，还有车、豪华宾馆和广泛的旅游。丈夫是一个成功的商人，其主要兴趣就是装扮他的夫人，看着她舒舒服服，心想事成。夫妇俩都年轻友善。她对科学和艺术感兴趣，对宗教也有涉猎；但现在，她说，神圣的东西把其他一切都推至一边。她熟悉各种宗教的训导，但对他们的组织效率、仪式和教义不满，她诚心想要追求真正的东西。她欲壑难填，到世界各地请教过老师；但没有什么能给她持久的满足。她说她的不满并不是因没有孩子而起；她对此已经想透了。那不满也不是来自任何社会上的挫折。她去看过一位著名的分析师，但这种内在的痛楚和空虚依然如旧。

寻求满足引起挫折。没有自我满足，只有通过占有欲望的目标强化自我。占有，无论在什么层面，都能令自我感到能干、富有、充满活力，这种感觉被称为满足；但就像所有的感觉一样，它迅速消退，被另一种满足所代替。我们都很熟悉这种取代和替换，这是一个令我们大多数人都心满意足的游戏。然而，也有人渴望一种更为持久的、贯穿一生的满足；找到之后，他们希望永远不被打扰。然而，一种对干扰的持续而无意识的恐惧，培养了对抗的种种微妙形式，以便头脑能够掩于其后；于是，对死亡的恐惧在所难免。满足和对死亡的恐惧是同一过程的两面：强化自我。毕竟，满足是对某事的彻底认同——对孩子、对财产、对理念。孩子和财产都是相当冒险的，而理念则提供了更大的安全和可靠。词语，即带有感觉的理念和记忆，变得重要；而满足或完成又变为词语。

没有自我满足，只有自我永存，带着它日益增加的冲突、对抗和苦恼。于我们存在的任何层面上追求持久的满足都会引起冲突和悲哀；因为满足是永远不会持久的。你可能记得一次令人满足的经历，但经历是死的，只留下了记忆。这记忆本身是没有生命的，但你通过对当下做出的不适当反应赋予了它生命。像我们大多数人一样，你靠死亡的东西生活。对自我方式的无知导致了幻想；一旦陷入幻想之网，要破除它可谓难上加难。幻想是难以辨识的，因为，既然制造了它，头脑就无法觉知它。必须无为地、间接地靠近它。除非领悟了欲望的方式，幻想是不可避免的。领悟不是来自意志的实施，而是来自头脑的寂静。头脑无法被**制造**出寂静，因为制造者本身就是头脑和欲望的产物。对这一整个过程必须有一种觉知，一种不做选择的觉知；只有如此才有不生幻想的可能。幻想是非常令人满足的，于是我们才依附它。幻想可能带来痛苦，但正是这种痛苦暴露了我们的不完整，并驱使我们对幻想做完全的认同。这种幻想在我们生活中具有重要的意义；它有助于不从外部而从内心掩盖"当下之是"。这种对内在的"当下之是"的漠视导致了对外在的"当下之是"的错误解释，带来了破坏和苦难。对于"当下之是"的掩盖是由恐惧引起的。恐惧永远无法被意志的行为所克服，因为意志是对抗的结果。只有通过无为而又警醒的觉知才有摆脱恐惧的自由。

# 词语

　　他博览群书；虽然清贫，他认为自己在知识上是富有的，这给了他相当的快乐。他花了许多时间读书和独处。他太太去世了，两个孩子和亲戚同住。他说，他很高兴可以脱离一切人际关系的混乱。他有种莫名的自我满足、独立、十分自信。他说他来自远方，为了探讨禅修的问题，尤其是思考对某些圣歌和短语的运用，对此不断重复于头脑的平静极为有益。此外，词语本身也富有魔力；这些词语必须准确地发音和哼唱。这些词语是从古代流传下来的；正是词语的美感及其韵律的抑扬顿挫创造了一个有助于专注的氛围。他接着就哼唱起来。他有着非常悦耳的声音，有一种因对词语及其意义的热爱而衍生的醇厚；他用一种来自长期修行和投入的自在哼唱着。开始哼唱的一刻，他就忘乎所以了。

　　田野上传来了笛声；吹奏断断续续，曲调却清纯悠扬。吹奏者坐在一棵大树的浓荫下，背靠远处的群山。静默的山峦、哼唱和笛声好似相会又消散，周而复始。叽喳的鹦鹉飞过，笛声再起，然后又是深沉有力的哼唱。清晨，太阳越过树梢。人们从乡村走向城镇，谈笑风生。笛声和哼唱悠悠不断，一些过路人驻足倾听。他们在路边坐下，被优美的哼唱和早晨的光芒所俘获，远处火车的汽笛对此毫无干扰；相反，所有的声音似乎浑然一体，笼罩着大地，连公鸡高亢的啼鸣也不觉刺耳。

　　我们被词语的声音所俘获，多么奇怪，词语本身对于我们变得多么重要：国家、上帝、牧师、民主、革命。我们靠词语和由其产生的快感而生活；正是这些感觉变得如此重要。词语令人满足，因为它们的声音重新唤醒了被遗忘的感觉；当词语作为真实和"当下之是"的替代时，它们的满足感尤其强烈。我们试图用词语、声音、喧闹、行为充实内在的空虚；音乐和哼唱是一种对自我及其无聊和狭隘的快乐逃避。词语充斥着我们的图书馆；我们是如何不停地谈论！我们几乎不敢没有书、不敢什么也不做、不敢独处。当我们独处时，我们的头脑六神无主，到处乱蹿，担忧、回忆、挣扎；于是永远没有孤独，头脑永无宁日。

显然，对一个词语、一种哼唱或祈祷的重复可以使头脑静止。头脑可以被下药、催眠；它可以被愉快或粗暴地催眠，在这种睡眠中可能有梦。然而，一个因教规、仪式和重复而静止的头脑永远不会有警觉、灵敏和自由。这种对头脑的微妙的或粗暴的强化训练，都不是禅修。哼唱或聆听擅长此道的人哼唱都是令人愉快的；但感觉只有靠进一步的感觉而存活，感觉导致幻想。我们大多数人喜欢靠感觉而生活，发现更深更广的幻想是有快感的；但正因为对丧失幻想的恐惧才使我们否认和掩盖真实和当下。并非我们无法领悟真实；令人害怕的是我们拒绝真实而依赖幻想。在幻想中越陷越深不是禅修，装饰禁锢我们的笼子也无济于事。对幻想的孳生地即头脑思维的方式进行不做任何选择的觉知，才是禅修的开端。

很奇怪我们那么容易就找到了真实的替代，我们对此何等满足。符号、词语、形象变得至关重要，在这符号的周围我们竖起了自我欺骗的构架，再用知识加以强化；以至经验变成了领悟真实的障碍。我们命名，不仅为了交流，还为了强化经验；这种对经验的强化是自我意识，一旦陷入它的过程，要摆脱它，即超越自我意识，就难上加难。关键是要置昨日经验于死地，才有今天的感觉，不然就有重复；对某一行为、祈祷和词语的重复是徒劳的。重复中没有新生。经验的死亡才是创造。

# 想法和事实

她结婚好几年了，但没有孩子；她不能有孩子，为此不胜烦扰。她的姐妹都有孩子，为什么她会受诅咒？她很早就结婚了，因为习俗如此，她目睹了许多磨难，也知晓了不少快乐。她丈夫是大公司或政府部门的某种官僚。他也为他们没有孩子烦心，但看来他倒渐渐接受了这一事实。此外，她补充说，他是个大忙人。可以看出她是主宰他的，虽然不太严重。她依赖他，所以她无法不主宰他。因为她没有孩子，她试图用他来充实自己；但她对此很失望，因为他软弱，她必须料理一切。她微笑着说，在办公室，他被认为是个固执己见的人，一个呎五喝六的暴君；但在家却温和易处。她要他符合某种模式，她迫使他（当然是十分温和地）进入她的模具；但他却够不上标准。她无人可以依赖和施爱。

对我们来说，想法比事实更为重要；一个人"应该是什么"的想法比他"其实是什么"更为重要。未来总是比现在更有诱惑力。形象、符号比真实更有价值；我们试图在真实之上强加理念、模式。于是我们在"事实是什么"和"应该是什么"之间制造了矛盾。"应该是什么"是想法、虚构，于是在真实和幻想之间就有了冲突——不是它们本身，而是我们内在。我们喜欢幻想胜于真实；想法更具诱惑、更令人满足，所以我们依赖它。于是幻想成了真实，而真实却变得虚假，在这所谓的真实和虚假的冲突之中，我们深陷囹圄。

为什么我们会有意无意地依赖想法，而对真实置之不顾？想法、模式是自我投射的；这是一种自我崇拜、自我不朽的形式，所以令人满足。想法给予主宰、武断、指引、塑造的力量；在自我投射的想法中，永远没有对自我的否定和瓦解。所以，模式或想法丰富了自我；这也被认为是爱。我爱我的儿子或丈夫，我要他这样或那样，我要他成为他本身之外的另一种人。

如果我们要领悟"当下之是"，就必须放开模式和想法。如果你对"当下之是"没有领悟的迫切性，放开想法才是困难的。想法和"当下之是"的冲突见于我们内心，因为自我投射的想法提供的满足感比"当下之是"大得多。只有当你**必得**面对"当下之是"亦即真实时，模式才被粉碎了；所以这不是如何摆脱想法的问题，而是如何面对真实的问题。只有领悟了满足的过程、自我的方式，才有可能面对真实。

尽管方式不同，我们都追求自我满足，通过金钱或权力、通过孩子或丈夫、通过国家或理念、通过侍奉或牺牲、通过主宰或服从。但是自我满足**真有**吗？满足的对象总是自我投射、自我选择的，所以对满足的渴望是自我永恒的模式。无论是有意识的还是无意识的，自我满足的方式是自我选择，它基于对满足的渴望，那必是永久的；所以，对自我满足的追寻也是对欲望之永恒的追寻。欲望从来是短暂的，它居无定所；它可能会因其依附的对象持续一段时间，但欲望本身没有永久性。我们本能地觉知到这一点，所以我们试图使想法、信仰、对象、关系永久化；但因为这也是不可能的，就造出了作为永恒之要素的经历者，"我"脱身而出，有别于欲望，思考者脱身而出，有别于他的思想。这种分化显然是虚假的，会导致幻想。

对永恒的追寻是自我满足无尽的呼唤；但自我永远不会满足，自我是暂时的，对它的满足也必然是暂时的。自我的延续是腐朽的；其中没有彻变的因素和新鲜的呼吸。自我必须为新的存在而终止。自我就是理念、模式、记忆的包袱；每一次满足都是对理念和经验的进一步延续。经验总是制约的；经历者总是脱身而出，让自己有别于经验。满足是掩盖内在贫乏和空虚的方式，满足中有痛苦和悲哀。

## 延续性

对面座位上的人开始自我介绍，因为他想问几个问题。他说他读了从古到今几乎每一本认真讨论死亡及来世的书。他是神灵研究协会的会员，和卓有名望的媒介参加过多次降神会，目睹了多次决不是伪造的显灵。由于他如此认真地研究这一问题，有几次他本人也见过超自然的东西。当然，他补充说，它们可能出自他的想象，尽管他认为不是。然而，虽说他博览群书，和许多消息灵通人士交谈，又无可辩驳地目睹那些死者的显灵，他对自己在这方面的真实领悟仍不满足。他认真地探讨过信与不信的问题；他的有些朋友对人在死后的延续性坚信不移，还有些朋友却对此全盘否定，认为生命随着肉体的死亡而结束。尽管他在神灵问题上获得了相当的知识和经验，但他对此仍心存疑虑，因为他已经探索了那么多年，他想知道真相。他不怕死，但必须知道真相。

火车到了一个站，恰好有一辆双轮马车经过。车上有具尸体，用原色布包裹着，和两根新砍的绿色竹竿绑在一起，正从某个乡村运到河边火化。当马车在崎岖的道路上颠簸，尸体被剧烈地震动着，裹尸布下的头颅显然最受罪。赶车人的旁边只有一个乘客，可能是个近亲，因为他的眼睛哭得通红。天空是早春的那种美妙的蔚蓝，孩子们在道路的尘土中嬉戏喊叫。死亡可能是司空见惯的，因为每个人都各行其是。甚至连探究死亡的人都没有看见马车和包裹。

　　信仰限制经验，而经验强化信仰。你相信什么，就经历什么。头脑主宰和阐释经验，也邀请或拒绝经验。头脑本身就是经验的结果，无论在哪个层次上，它只能认可或经历其熟悉的、了解的东西，头脑不能经历未知的东西。头脑及其反应比经验远为重要；依赖经验并将其作为一种领悟真实的手段就是陷于无知和幻想。经历真实的欲望就是排拒真实；因为欲望会限制，信仰是另一件欲望的外衣。知识、信仰、信念、结论和经验都是真实的障碍；它们就是自我的框架。没有经验的积累效应就不会有自我；对死亡的恐惧就是对不存在、不经历的恐惧。如果有保证、有经验的确认，就不会有恐惧。恐惧只存在于已知和未知的关系中。已知一贯试图禁锢未知；但它只能禁锢已经了解的。已知永远无法经历未知；已知和经验必须为未知的出现而停止。

　　想要经历真实的欲望必须被发现和领悟；但如果在探索中有动机，真实就不会显现。会有不带动机（有意识的或无意识的）的探索吗？**有了动机，还有探索吗？**如果你已经知道自己要什么，如果你计划了一个目标，那么探索就是完成目标的一种自我投射的手段。那么探索就是为了满足，而不是为了真实；你将为了满足而选择手段。对"当下之是"的领悟不需要动机；动机和手段阻止领悟。探索，即无为的觉照，也不是**为了**什么"当下之是"，而是觉知到对目标的渴望及其手段。无为的觉照导致对"当下之是"的领悟。

　　很奇怪我们是多么渴望永恒、连续。这种欲望呈现出众多形式，从最粗糙的到最微妙的。有我们熟知的明显的形式：名义、形态、个性等等。但是更微妙的渴望，要揭露和领悟它，就困难得多。如在理念、存在物、知识、成为，无论在哪个层面上的渴望永续，都是难以察觉和发现的。我们只知道延续性，从来不知道非延续性。我们知道经验、记忆、事件的延续性，但我们不知道没有这种延续性的状态。我们称之为死亡、未知、神秘，等等，通过给它命名，我们希望能多少抓住它——这还是对延续性的渴望。

自我意识是经验、对经验的命名及对它记录；这一过程在头脑的各个层次上进行。不管它有短暂的喜悦、无穷的冲突、困惑和苦恼，我们都依赖这一自我意识的过程。这是我们了解的，这是我们的存在，这是我们的存在、理念、记忆、词语的延续性。这种理念，也就是那个构成"我"的理念，整体地或部分地持续着，但这一延续性会带来那种唯一蕴涵着发现和重生的自由吗？

有延续性的东西永远无法超越其自身的存在，有某些更改，但这些更改不会赋予其新意。它可能会披上一件不同的外衣，染上一种不同的色彩；但它还是理念、记忆、词语。这一延续性的中心不是精神的本质，因为它仍在思想、记忆和时间的范围里。它只能经历其自身的投射，通过其自我投射的经验，它赋予自身进一步的延续性。那么，只要它存在，它就永远无法有超越自身的经历。它必须死亡，必须停止通过理念、记忆、词语赋予自身延续性。延续是腐朽，只有置于死地而后生。只有中心的停止才有重生。那时重生才不是延续；那时死亡就如同活着，就是一种瞬间又瞬间的重生。这种重生就是创造。

## 自我防卫

他是个著名人士，处在一个危害别人（他对此毫不犹豫）的位置。他精明浅薄、全无慷慨之心，只做利己的事情。他说他并不太急于把事情谈清楚，但是环境逼迫他前来，于是他到了这里。从他谈及或未谈及的一切中显而易见，他野心勃勃，塑造其周围的人；他在认为值得时冷酷无情，有所企求时又文质彬彬。他对高高在上的人心思缜密，对平起平坐的人纡尊降贵地容忍，对底层的人则置若罔闻。他对给他开车的司机从来不看一眼。他的钱财令他疑心重重，他的朋友屈指可数。他谈起自己的孩子就像他们是取乐的玩具，他说他无法忍受独处。有人伤害了他，他不能报复，因为那人是他无法企及的；于是他就把气出在那些他**可以**触及的人身上。他无法理解自己为什么会这样毫无必要地残忍，为什么要伤害自己口口声声爱着的人。他一边说着，渐渐开始缓和了，变得几乎友善起来。这是一种暂时的友善，一旦受到阻碍或质疑，其热情会即时关闭。因为没有受到质问，他放松下来，当下里热情起来。

无论是用一个词、一个动作，或更深地伤害和刺痛他人的欲望，在我们大多数人心中都颇为强烈；它既普通又有着惊人的愉快。正是不受伤害的愿望制造了对他人的伤害；伤害他人是自我防卫的一种方式。这种自我防卫根据环境和倾向而采取特殊的形式。伤害他人多么容易，而不去伤害又需要多大的仁慈！我们伤害他人，因为我们自己受了伤害，我们被自己的冲突和悲哀搞得伤痕累累。我们内在的折磨越多，外向暴力的冲动就越大。内在的混乱驱使我们寻找外在的保护；一个人越是捍卫自己，对他人的攻击就越大。

我们捍卫、精心保护的是什么呢？无疑，是我们自己各个层次的理念。如果我们不捍卫理念，那个积累的中心，就没有"我"和"我的"。我们就会绝对灵敏，易受我们自身存在方式的伤害，无论它是有意识的还是隐秘的；可因为我们大多数人无意发现自我的过程，我们反抗对自我理念的任何侵蚀。自我理念完全是表面的；可因为我们大多数人都生活在表面上，我们满足于幻想。

伤害他人的欲望是一种深层的本能。我们积累起怨恨，它提供一种特殊的活力、一种行动的和生命存在的恶感；那些积累的东西必须通过愤怒、侮辱、贬低、固执，通过它们的对象来消耗。正是这种怨恨的积累使原谅必不可少———一旦没有了伤害的储存，原谅也就毫无必要了。

为什么我们要储存奉承和侮辱、伤害和情感呢？没有对经验及其反应的积累，我们就不存在。如果我们没有名字、没有依附、没有信仰，我们就什么也不是。对什么也不是的恐惧令我们积累；尽管我们进行着积累活动，然而正是这种恐惧，不论其是有意识的或无意识的恐惧，导致了我们的分裂和毁灭。如果我们能觉知到这一恐惧的真相，那么真相，而不是我们向往自由的刻意决心，就会把我们解放出来。

你什么也不是。你可能有名字和头衔、财产和银行账户，你可能有权有名；尽管有这些保护，但你什么也不是。你可能对这种空洞、这种虚无毫不觉知，也许你只是不想对此有所觉知；可它存在，无论你做什么去逃避它。你可以曲里拐弯地逃避它，通过个人或集体的暴力，通过个人或集体的膜拜，通过知识或娱乐；可无论你睡眠或清醒，它总是存在的。你只有通过对逃避的无为觉知，才能与这种虚无及其恐惧相关联。你无法作为一个分裂的、单独的实体与之联系；你不是袖手旁观的观察者；没有你，那个思想者和观察者，它就不存在。你和虚无是一体；你和虚无是一种关联的现象，而不是两个分裂的过程。如果你，那个思想者，怕它，把它当做与你相反或对抗的东西去看待，那么你对它采取的任何行动都将不可避免地导致幻想，乃至进一步的冲突和苦恼。有了这样的发现，有了对你虚无的当下体悟，那么恐惧——它只有当思想者与其思想分裂，因而要与之建立某种关系时才会存在——就完全被抛弃了。只有那时，头脑才可能静止；在这种宁静中，真实显现了。

# "我的路和你的路"

　　他是位学者，能说好几种语言，像有人沉迷于饮酒一般沉迷于知识。他没完没了地引用别人的说法来支持他自己的观点。他涉足于科学和艺术，当他陈述自己的观点时，总是微笑着摆摆头，用一种微妙的方式表明，那不仅是他自己的观点，而是终极真实。他说他有自己权威性和结论性的经验。"你有你的经验，可你无法说服我，"他说，"你走你的道，我走我的。通向真实有不同的途径，终有一天我们会在那里相逢。"他友善而疏离，却坚定不移。对他来说，大师们，尽管不一定是有头有脸的宗教领袖，是一种真实，成为他们的弟子是至关重要的。他和其他几个人一起，将弟子的头衔授予那些愿意接受这条道路及其权威的人；可他和他的团体不属于那些通过招魂术在死人中寻求指引的人。为了寻找大师你必须侍奉、努力、牺牲、服从和修炼某些德行；信仰当然是必需的。

　　依赖经验作为发现"当下之是"的手段，将会陷于幻想。欲望和渴求限制了经验；依赖经验作为领悟真实的手段是追求自我膨胀的方式。经验永远无法从悲哀中引出自由；经验不是对生命挑战的充分反应。必须新颖地、鲜活地面对挑战，因为挑战总是崭新的。要充分地对挑战作出反应，经验的限制性记忆必须废止，必须深刻领悟快乐和痛苦的反应。对于真实，经验是一种障碍，因为经验是时间的，它是过去的结果；作为时间和经验的结果，头脑怎么能领悟永恒呢？经验的真实并不取决于个人的特质和想象；只有当不做谴责、辩驳或任何形式的认同的觉照存在时，才能感知到经验的真实。经验不是对真实的接近；没有你的经验或我的经验，只有对问题的智慧的领悟。

没有自知，经验就孳生幻想；有了自知，经验作为对挑战的反应，就不会留下记忆那种积累的残余。自知是对自我方式及其意图和追求、其思想和欲望的当下发现。永远不会有"你的经验"和"我的经验"；正是"我的经验"这种说法表明了无知和对幻想的接受。可我们许多人都喜欢生活在幻想中，因为它令人心满意足；它是一个刺激我们并给予优越感的私人天堂。如果我有能力、天赋或精明，我就能成为一个领袖、一个媒介、某种幻想的代表；因为我们大多数都喜欢回避"当下之是"，于是就建立有道具和仪式、誓言和秘密集会的团体。幻想被依照传统包装起来，将其保持在可敬的范围内；因为我们大多数人都追求这样或那样的权势，等级制度就此建立，初学者和见习者、弟子和大师，甚至在大师中还根据灵修的程度划分等级。我们大多数人都喜欢利用和被利用，而这个体系提供了手段，无论它是隐密的或公开的。

利用就是被利用。利用他人作为自己心理必需的欲望会造成依赖。当你依赖时你就必须掌控、占有；你占有的东西也占有着你。没有依赖，不论它是轻微的还是严重的，没有对事物、人群和理念的占有，你就空了，就成了一件无足轻重的东西。你想成为什么，为避免"什么也不是"的恐惧的撕咬，你便归属这个或那个团体、这样或那样的意识形态、这个教堂或那个寺庙；于是你被利用了，而你再接着利用。这一结构为自我扩张提供了绝佳的机会。你可以需要团体归属，可如果你追求的是灵性的级别，又怎么能有团体归属呢？你可以对世俗的头衔报以微笑；可当你在灵性的范围承认大师、救世主、宗教领袖，你难道不是采取世俗的态度吗？在灵性的成长中、在对真实的领悟中、在对神明的认知中有等级和程度的区分吗？爱没有区分。你要么爱，要么不爱；可不要把爱的缺乏弄成一个以爱为终点的漫长过程。当你知道你不爱，当你对此有无为觉知，那才有彻变的可能；但兢兢业业地制造这种大师和弟子之间、得道和未得道之间、罪孽和救赎之间的区别，是对爱的否定。利用者继而被利用，并在这黑暗和幻想中发现了一片快乐的狩猎场。

你与神明或真实之间的隔阂是由你自己、由依附于已知、确定、安全的头脑引起的。这种隔阂无法克服；没有仪式、没有教规、没有牺牲可以带你跨越它；没有救世主、没有大师、没有宗教领袖能够引导你打破隔阂走向真实。隔阂不在你和真实之间，而是在你的内部，是对立欲望的冲突。欲望造成了其自身的对立；彻变不是专注于某种欲望的问题，而是脱离由渴望引起的冲突。人的存在中任何层次的渴望都会孳生进一步的冲突，对此我们想方设法试图逃离，却只能加剧内在和外在的冲突。这一冲突无法由其他人来解决，无论他多么伟大，也不管通过什么奇迹或仪式。这些可以让你愉快地入睡，但醒来之后问题依然如旧。然而我们大多数人不想醒来，于是我们生活在幻想之中。只有当冲突化解之时才有宁静，真实才会显现。大师、救世主、宗教领袖无关紧要，可关键是要领悟欲望所加剧的冲突；这种领悟只能来自自知和对自我动向的不断觉知。

自我觉知是艰难的，而因为我们大多数人都偏爱一种轻松的、幻想的方式，于是我们培育了给生活提供模式和形态的权威。这种权威可能是集体、国家；或者，它可能是个人、大师、救世主、宗教领袖。一切权威都是盲目的，它会让人没有思想；因为我们大多数人发现有思想就有痛苦，我们把自己交付给权威。

权威产生权势，而权势的集中就成了彻底的腐败；它不仅腐蚀了权势的操纵者，还有其追随者。知识和经验的权威是令人扭曲的，不管它被授予大师、他的代表，还是牧师。正是你自己的生命，这种看似无穷尽的冲突，而非模式或领袖，才是重要的。大师和牧师的权威引你偏离中心问题，也就是你内在的冲突。磨难永远无法通过寻找一种生活方式而被领悟和化解。这样的寻找只是逃避磨难，对一种模式的强迫接受就是逃避；任何逃避的东西只能溃烂，带来更多的不幸和痛苦。对自我的领悟，无论是痛苦还是短暂的快乐，是智慧的开端。

没有通往智慧的途径。如果有途径，那么智慧就是定式，它是被想象出来的、已知的。智慧可以了解或培养吗？这是一件需要学习和积累的东西吗？如果它是如此，那么它就变成了单纯的知识，一种经验或书本上的东西。经验和知识是持续不断的反应链，因而永远无法理解崭新的、鲜活的、尚未出世的东西。不断延续的经验和知识制造了一条通向其自我投射的途径，所以它们总是束缚人的。智慧是对"当下之是"的瞬时又瞬时的体悟，没有知识和经验的积累。积累的东西不会给你领悟的自由，没有自由就没有发现；而正是这种无穷的发现创造了智慧。智慧总是崭新的、鲜活的、没有积累方法的。方法则破坏了鲜活性、新颖性、本然而来的发现。

通往真实的多种途径只是一个偏狭头脑的发明；它们是一个培养宽容的头脑的产物。"我走我的路，你走你的道，可让我们做朋友吧，我们最终会相逢。"如果你向北我朝南，你我会相逢吗？如果你有自己一套信仰而我有我的，如果我是个谋杀者而你崇尚和平，我们能是朋友吗？友好意味着工作上的、思想上的关联，但在怀着恨的人与怀着爱的人之间有什么关系吗？幻想者和自由者之间有什么关系吗？自由者可能试图与被束缚的人建立某种关系；但幻想者和自由者是不会有什么关系的。

分裂者依靠他们的分裂去试图和其他同样自我封闭的人建立一种关系；但这种尝试不可避免地孳生冲突和痛苦。为避免痛苦，聪明的人发明了容忍，每个人越过自我封闭的屏障试图变得仁慈和慷慨。容忍是头脑的，不是心灵的。你恋爱时会谈论容忍吗？可当心灵空虚时，头脑就会用种种诡计和恐惧将它填满。有容忍就没有交流。

没有道路通往真实。真实必须被发现，可这种发现没有模式。形成模式的都不是真实。你必须从没有航标的大海起航，没有航标的大海就是你自己。你必须启程发现自我，可并不依照任何计划或模式，因为那样就没有发现。发现带来喜悦——不是记忆中的、相对的喜悦，而是永远鲜活的喜悦。自知是智慧的开端，它的宁静与安详是深不可测的。

## 觉照

云海无边，像翻腾的白浪，天空宁静而蔚蓝。我们脚下数百英尺是蓝色的海湾，远处是大陆。那是个美丽的夜晚，安详而自由，地平线上是汽船的烟雾。橘园一直绵延到山脚下，空气中充满了果树的清香。夜晚像往常一样越来越蓝；连空气也变蓝了，在这微妙的色彩中，白色的屋子失去了它们炫目的光华。大海的蓝色似乎泼洒出来，覆盖了大地，连山上都是近乎透明的蓝。景色让人沉醉，宁静无边无际。虽然有些许夜晚的音籁，也都包容在宁静之中，成为宁静的组成部分，我们也不例外。这种宁静让一切更新，洗刷着成百上千年来万物内核的悲哀和痛苦；人的眼睛清明了，头脑静止了。驴在嘶鸣，回声响彻峡谷，被宁静吸纳。一天的结束是所有昨天的死亡，这死亡中有重生，却没有对过去的感伤。生命在无限的宁静中更新。

有个男人在房间里等着，急切地想把事情谈清楚。他特别紧张，却安静地坐着。他显然是个城市居民，衣履光鲜，在这个乡村的屋子里显得格格不入。他谈起了自己的活动、职业的困难、家庭生活的狭隘以及他迫切的愿望。所有这些问题他都可以像任何人一样对付；可真正困扰他的是性欲。他已婚，有孩子，可不仅如此。他的性行为成了一个严重的问题，几乎快把他逼疯了。他和医生及分析师都谈过了，可问题依然存在，无论如何他也得把它搞个水落石出。

我们多么急切地想解决问题啊！我们多么坚定不移地寻找一个答案、一条出路、一种疗法！我们从来不考虑问题本身，而是带着急切和焦虑摸索一种必然是自我投射的答案。尽管问题是由自我创造的，我们却试图在它之外寻找答案。寻找答案就是回避问题——那正是我们大多数人想做的事。然后答案，而不是问题，就变得高于一切。问题与解决方法不是分离的；答案在问题之中，而不是远离它。如果答案和问题是分离的，那么我们又制造了另一个问题：如何认识答案，如何贯彻它、将它付诸实施，等等。因为寻找答案是对问题的回避，我们在理想、信念、经验这些自我投射的东西中迷失；我们崇拜这些闭门制造的偶像，从而变得越来越困惑和厌倦。得出结论是相对容易的；可要领悟问题是艰难的，它需要一种截然不同的心态，在这种心态中没有对答案的潜在欲望。

摆脱对答案的渴望是领悟问题的关键。这种摆脱释放了全部注意力；头脑没有被次要的事项分散。只要对问题有冲突和对抗，就不会领悟；因为这种冲突就是分散。有交流才有领悟，而只要有反抗或满足、恐惧或接受，交流就是不可能的。人必须和问题建立正确的关系，那是领悟的开端；可如果你只想着找到解决的办法把问题除掉，又怎么能和问题建立正确的关系呢？正确的关系意味着交流，而只要有积极或消极的抵抗，交流就无法存在。对问题的心态比问题本身远为重要；心态决定问题的形成和目的，手段和目的与这种心态并无不同。心态决定问题的命运。你怎么对待问题是至关重要的，因为你的态度和偏见、你的恐惧和希望会赋予它色彩。对心态的无为觉照将会引致你与问题的正确关系。问题是由自我创造的，所以必须有自知。你和问题是一体，不是两个分裂的过程。你**就是**问题。

自我的行为单调得可怕。自我是让人厌烦的，其内在是使人衰弱的、无意义的、徒劳的。它的对立和冲突的欲望、它的希望和挫折、它的真实和幻想是蛊惑人心的，也是空虚的；它的行为导致其自身的厌倦。自我不停地爬起又不停地跌倒、不停地追求又不停地受挫、不停地得到又不停地失去；在这令人厌倦的徒劳循环中，它不停地逃避。它通过外在的行为或通过令人满足的幻想，通过饮酒、性交、收音机、书本、知识、娱乐等等来逃避。它的孳生幻想的力量是复杂而巨大的。这些幻想是闭门制造、自我投射的；它们是理想，是对大师和救世主盲目崇拜的观念，是被作为自我扩张的一种手段的未来之事，等等。为了试图逃避其自身的单调，自我便追求内在和外在的感觉和刺激。这些都是自我放逐的替代物，自我试图迷失在替代物中。它经常得逞，可得逞只是增加了自身的厌倦。它追求一件又一件的替代物，各各制造自身的问题、自身的冲突和痛苦。

人们里里外外地寻找自我忘却，有的趋向宗教，另一些人转向工作和活动。可忘却自我是没有意义的，内在或外部的喧闹可以压制自我，可它立刻就以另一种形式，在另一种伪装下卷土重来；因为受压制的东西必须寻求一种释放。通过饮酒或性交，通过膜拜或知识而来的自我忘却制造了依靠，而你依靠的东西又产生了问题。如果你为了释放、自我忘却、快乐而依靠饮酒或大师，那么它们就会成为你的问题。依靠孳生占有欲、妒忌、恐惧；随后，恐惧和克服恐惧就成了你焦虑的问题。我们在寻找快乐中制造了问题并身陷其中。我们在性交的自我忘却中发现了某种快乐，于是我们将它作为达到自己欲望的一种手段。**通过某事而**

得的快乐势必导致冲突，因为那时，手段远远比快乐本身重要得多。如果我因为那把椅子的美得到快乐，那么椅子对我就至关重要了，我必须对抗其他东西来捍卫它。在这样的斗争中，我曾在椅子之美中获得的快乐完全遗忘、失落了，就剩下椅子。椅子本身没多少价值；但我赋予它异乎寻常的价值，因为它是我快乐的手段。于是手段成了快乐的替代物。

一旦我的快乐的手段是个活生生的人，那么冲突和困惑、对抗和痛苦就更为强大。如果关系是建立在利用的基础上，那么在利用者和被利用者之间，除了最表面的东西，还有什么关系可言吗？如果我为了自己的快乐利用你，我真正与你有关吗？关系意味着和他人在不同层次上的交流；当他人只是一个工具、一种自我快乐的手段，你与他人还有交流吗？在这种对他人的利用中，我寻找的不正是我以为可以乐在其中的自我隔绝吗？我把这种自我隔绝称作关系；可事实上在这一过程中没有交流。没有恐惧，交流才能存在；哪里有利用和依靠，哪里就有恐惧和痛苦的撕咬。因为没有什么可以在隔绝中存活，头脑自我隔绝的尝试导致了其自身的挫折和苦恼。为了逃避这种不完整的感觉，我们在理念、人和物中寻找完整，于是我们在寻找替代物中周而复始。

当自我的行为主宰一切时，问题将永远存在。要觉知哪些是、哪些不是自我的行为，需要不断的警醒。这种警醒不是被约束的注意力，而是一种不做选择的广泛觉照。被约束的注意力赋予自我以力量；它成为一种替代和依靠。另一方面，觉照是没有自我诱导的，也不是修行的结果；它是对问题全部内涵的领悟，无论是表面的还是隐藏的。必须领悟表面以使隐藏的东西能自我显露；如果头脑表面不安静，隐藏的东西是无法揭露的。这一完整的过程不是言语上的，也不仅是经验问题。言语化显示了头脑的沉闷；而积累的经验制造重复。觉照不是一种决心，因为有目标的方向就是导致封闭的对抗。觉照是对当下之是安静的、不做选择的观照；在这种觉照中问题自己展开了，也就被完全和整体地领悟了。

一个问题永远不是在它自身的层次上解决的；因其复杂，它必须放在整个过程中领悟。试图在一个层面上解决问题，无论是生理的还是心理的，都会导致更大的冲突和困惑。要解决问题，必须有觉知，这是揭示其整个过程的无为警觉。

爱不是感觉。感觉通过文字和符号孳生思想。感觉和思想替代了爱，它们成了爱的替代品。感觉是头脑的，性欲也是。头脑通过记忆孳生欲望、激情，从中得到令人满足的感觉。头脑由截然不同、互相冲突的兴趣和欲望构成，它们各自带有唯我独尊的感觉；当一个或另一个开始主宰时，它们就砰然相撞，于是问题产生了。感觉有愉快和不愉快的，头脑紧抓着愉快不放，便成为它们的奴隶。这种束缚造成了问题，因为头脑是互相冲突的感觉的贮藏室。对痛苦的逃避也是一种束缚，有其自身的幻想和问题。头脑是问题的制造者，所以无法解决问题。爱不是头脑的东西，可一旦头脑接管就有感觉，这感觉被称作爱。这种头脑的爱可以被思考、被包装和认同。头脑能够回忆或预料愉快的感觉，而这个过程就是欲望，无论它是在哪个层次上。在头脑的范围内，爱是无法存在的。头脑是恐惧和算计、妒忌和主宰、比较和否定的领域，所以爱是不存在的。妒忌，正如骄傲，是头脑的东西；可它不是爱。爱和头脑的进程是无法相通、无法合而为一的。当感觉主宰时，就没有爱的空间；于是头脑的货色充斥了心灵。于是爱就成了未知的东西，被追求和膜拜；它被做成一种理想，以供利用和信仰，而理想总是自我投射的。于是头脑彻底接管，爱成了一个词，一种感觉。然后爱变成相对的，"我爱得多，你爱得少。"可是，爱既不是个人也不是非个人的；爱是一种作为思想的感觉完全缺席的存在状态。

# 孤独

她儿子死了，她说她现在不知所措。她手上有大把时间，却如此无聊、厌倦和悲伤，以至随时准备一死了之。她带着关爱和智慧抚养他，他上的中学和大学都是一流的。她并未宠坏他，尽管他应有尽有。她对他寄予信心和希望，把所有的爱都给了他；因为没有其他人可以分享这种爱，她和她丈夫早就分居了。她儿子死于误诊和手术，虽然，她微笑着补充道，医生说手术是成功的。现在她孤身一人，生活变得如此徒劳，毫无意义。他死的时候她痛哭不已，眼泪都流干了，可现在只剩下无聊和厌倦的空虚。她为两人制订了那么多计划，现在一切都完了。

海面上吹来微风，凉爽而又清新，树底下非常安静。山峦色彩斑斓，蓝色的鸟儿叽叽喳喳。一头牛漫步而过，小牛犊紧随其后。一只松鼠蹭地蹿到了树上，吱吱呀呀地喋喋不休。它坐在一根树枝上开始尖叫，叫了好长一段时间，尾巴甩来甩去。它脚爪锋利，明亮的眼睛闪闪发光。一只蜥蜴出来暖暖身子，顺便抓了一只苍蝇。树冠微微晃动，一棵枯死的老树在天空的映衬下挺拔而伟岸，被阳光染成了金色。它的旁边还有一棵枯树，幽暗盘曲，才凋败不久。远山上停泊着几朵白云。

孤独是一件多么奇怪的事情，它多么令人恐惧！我们从来不容自己离它过近；一旦我们碰巧接近了，就赶紧从它身边逃离。为了逃避孤独、掩盖孤独，我们可以做任何事情。有意无意的，我们的当务之急就是逃避它或克服它。逃避和克服孤独同样是徒劳的；虽然被抑制或忽视，问题依然如旧。你可能在人群中迷失自我，却倍感孤独；你可能异常活跃，但孤独却静静地包围了你；放下书本，它就在眼前。娱乐和豪饮无法淹没孤独；你可以暂时避开它，可当笑声和酒力消退，孤独的恐惧又来了。你可能雄心勃勃，成功有加，你可能对他人大权在握，你可能学识渊博，你可以膜拜并在冗长无聊的仪式中忘却自我；但无论你做什么，孤独的痛楚绵绵不绝。你可以只为你的儿子、大师、为了表现你的天才而活着；可孤独就像黑暗般覆盖着你。你可以爱或者恨，根据你的脾性和心理需求逃避它；可是孤独就在那里，等待着，观望着，退却只是为了卷土重来。

孤独是对完全隔绝的觉知；我们的活动不是自我封闭的吗？尽管我们的思想和情感是扩张的，它们不也是排外和分裂的吗？我们在人际关系中、在权力和财产中，难道没有因为寻求主宰而形成对抗吗？我们不是把工作分成"你的"和"我的"吗？我们没有认同集体、国家或少数人吗？我们的整个倾向不是在隔绝自己、分割和离间吗？自我的活动，不管在哪个层次上，都是隔绝的方式；孤独是对自己没有活动的意识。活动，无论是生理的还是心理的，都成为自我扩张的一种手段；当什么活动都没有的时候，就有了对自我的空虚的觉知。我们寻求填补的就是这种空虚，无论是在高尚的或无知的层面上，我们在填补中度过一生。在一个高尚的层面上填补空虚，这在社会学范畴内没有危害；但幻想孳生了难以言喻的、或许不是立竿见影的苦恼和破坏。填补这种空虚——或者说逃避它，其实是一回事——的渴望无法被升华或压制；因为谁是那个压制或升华的实体？那个实体难道不又是另一种形式的渴望吗？渴望的对象可以变化，但所有的渴望难道不是一样的吗？你可以把你的渴望从饮酒转到构思；但没有对渴望过程的领悟，幻想是不可避免的。

没有实体可以与渴望分离；只有渴望，没有渴望者。渴望根据其兴趣，在不同时间戴上不同的面具。对这些不同兴趣的记忆遇上了新的兴趣，引起了冲突，于是选择者诞生了，把自己树立为一个脱离和有别于渴望的实体。但实体与其特性并无不同。那个试图填补或逃避空虚、不足、孤独的实体与其逃避的东西没有不同；他**即是**它。他无法逃离自我；他能做的就是领悟自己。他**就是**他的孤独、他的空虚；只要他将其作为与自身分离的东西，他将陷于幻想和无尽的冲突。当他直接体悟他就是自己的孤独，才会有脱离恐惧的自由。恐惧只存在于同理念的关系中，理念是作为思想的记忆的反应。思想是经验的结果；尽管它可以思考空虚，也可以对此有所感觉，却无法直接了解空虚。"孤独"一词，带着其关于痛苦和恐惧的记忆，阻止了对它的新鲜体悟。词语是记忆，当词语不再重要，经历者和经验的关系就全然不同了；那种关系是直接的，而不再通过词语、通过记忆；那么经历者就是经验，只有这样才会有脱离恐惧的自由。

　　爱和空虚无法并存；有孤独的感觉，就没有爱。你可以将空虚掩藏在"爱"这个词下，可当你爱的对象不复存在或没有反应，你就觉察了空虚，你就受挫了。我们利用"爱"这个词作为逃避自我、逃避自身不足的一种手段。我们依赖自己爱的人，我们妒忌，他不在的时候我们想念他，他死了我们就无所适从；然后我们在其他形式、在一些信仰中、在一些替代中寻求安慰。这都是爱吗？爱不是一个理念，不是联合的结果；爱不是被用来逃避我们自身不幸的东西。当我们如此利用它的时候，我们制造了无法解决的问题。爱不是一种抽象，只有当理念、头脑不再是绝对因素时，才能体悟它的本相。

## 一致

　　他显然聪明、活跃，热衷于有选择的阅读。虽然已婚，却不是个居家男人。他自称是个理想主义者和社会工作者；他因为政治原因进过监狱，交游广阔。他并不刻意为自己或党派制造名气，他认为两者是一体。他真正有兴趣做些能给人类带来快乐的社会工作。你可能把他称作宗教人士，但他既不感伤也不迷信，更不相信任何教条或仪式。他说他来讨论矛盾的问题，不仅是自身内部的，还有自然和俗世的。在他看来这种矛盾是不可避免的：聪明和愚蠢，自身内部冲突的欲望，词语和行为冲突，行为和思想冲突。他发现这种矛盾无所不在。

　　要一致就得没有思想。比起思想痛苦的冒险，不偏不倚地遵从一种行为模式，符合一种意识形态和传统，既容易又安全。服从权威，内在和外在都不需要提问；它排除思想及其焦虑和困扰。遵循我们自己的结论、经验、决心，不会在我们内心制造冲突；我们对自己的目标坚持不懈，我们选择了一条特殊的道路并循序渐进，坚定不移、毫不动摇。我们大多数人不是都在寻找一条干扰不多、至少有心理安全的生活之路吗？我们多么尊重依照自己理想生活的人！我们把这些人作为榜样去追随和膜拜。对理想的接近虽然要求某种程度的努力和奋斗，总的说来是令人愉快和满足的；毕竟，理想是闭门制造和自我投射的。你选择你的英雄，宗教的或世俗的，然后追随他。一致的欲望赋予一种特殊的力量和满足，因为真诚中有安全感。然而真诚不是简单，而没有简单就没有领悟。与一个深思熟虑的行为模式保持一致满足了有所成就的冲动，在成功中有宽慰和安全。建立一种理想并向它不断接近培养了对抗性，而适应性则仅限于模式的范畴内。一致性提供了安全和确定，这就是我们为何绝望地依赖它的原因。

处于自我矛盾中就是生活在冲突和悲伤之中。自我本身的构架就是矛盾的；它是由许多戴着不同面具而又彼此冲突的实体构成的，整个自我的构造就是矛盾的利益和价值的产物，是林林总总的欲望在不同层次上的体现；所有欲望都招致了它们自身的对立面。自我，那个"我"是一个错综复杂的欲望之网，每个欲望都有其自身的动力和目标，又常常和其他希望和追求相对立。这些面具根据即时的情景和感觉被采用；于是在自我的框架内，矛盾是不可避免的。这种矛盾在我们内部孳生幻想和痛苦，为逃避它，我们求助于各种形式的自我欺骗，而这只能增加自身的冲突和苦恼。当内在矛盾变得不堪忍受时，我们会有意无意地通过死亡和疯狂来逃避；或者我们把自己交付于一种理念、一个团体、一个国家、一些将完全吸纳我们存在的活动；或者我们转向宗教组织及其教规和仪式。于是我们自身的这种分裂，不是导致进一步自我扩张，就是走向自我毁灭和疯狂。试图成为我们自身之外的东西滋养了矛盾，对当下之是的恐惧导致了对其对立面的幻想，我们希望能通过追求对立面来逃避恐惧。整合不是培养对立面。整合不是通过对立达到的，因为一切对立面都有其自身对立面的因素。我们自身内部的矛盾导致了各种生理和心理的反应，温和的或暴戾的、体面的或危险的；一致性只是进一步混淆和隐藏了矛盾。对单一欲望和某种特殊利益一意孤行的追求导致了自我封闭的对立。内在的矛盾引起了外在的冲突，冲突显示着矛盾。只有领悟了欲望的方式才有脱离自我矛盾的自由。

完整永远不能局限于头脑的表层；这不是在学校里学的东西；它不会由知识和自我祭奠产生。完整本身带来脱离一致性和矛盾的自由，但完整不是把所有的欲望和诸多利益都融为一体的事情。完整不是符合某一模式，无论这一模式有多么高尚和精妙；它必须被接近，其方式不是直接的、积极的，而是间接的、无为的。有了完整的概念就是去符合某一模式，那只能孳生愚蠢和造成破坏。追求完整就是把它作为一种理想、一种自我投射的目标。因为任何理想都是自我投射的，它们不可避免地造成了冲突和敌意。自我投射的东西总是出于自身的本性，于是就有冲突和困惑。完整不是一种理念，不只是一种记忆的反应，所以它是无法培养的。对完整的欲望来自于冲突；但冲突是无法通过培养完整而超越的。你可以掩盖、否定矛盾，或没有意识到它；可它就在那里，伺机待发。

我们的顾虑是冲突，不是完整。完整就像和平一样，是一种副产品，自身不是目的；它只是一个结果，所以并不是最重要的。在对冲突的领悟中不仅有完整与和平，还有远为重要的意义。冲突无法被压制或升华，也没有替代品。冲突来自渴求，来自继续成就更多的欲望——这并不意味着它有一种固定的满足。"更多"是自我的持续不断的呐喊；它是对感觉的渴求，无论是过去的还是将来的。感觉是头脑的，所以头脑不是用以领悟冲突的工具。领悟不是口头的，它不是一个思维过程，所以也不是一个经验问题。经验是记忆，而没有语词、符号和想象，就没有记忆。你可以阅读关于冲突的书籍，可它与领悟冲突无关。要领悟冲突，必须没有思想的干扰；必须对冲突有一种非思想者的觉知。思想者就是选择者，总会站在愉快的、令人满意的那一边，从而维持了冲突；他可能驱除了某种特殊的冲突，但孳生进一步冲突的土壤依然存在。思想者辩护或指责，这就阻止了领悟。思想者不在场，就有对冲突的直接体悟，可又不是一种经历者正在形成的经验。在当下体悟的状态中，既没有经验者，也没有经验。当下体悟是直接的；于是关系也是直接的，而不是通过记忆。正是这种直接的关系带来了领悟。领悟又带来了脱离冲突的自由；有了脱离冲突的自由，就有了完整。

## 行为和理念

他温文尔雅，时时面带宜人的微笑，衣着十分简单，仪态安详而谦逊。他说他修习非暴力已有多年，对其力量和灵性上的意义有充分的认识。他就此写过几本书，还带来了其中的一本。他解释说，他已有多年没有故意屠杀任何生灵，是一个严格的素食者。他还对自己的素食主义详加说明，说自己的皮鞋和凉鞋都是用自然死亡的兽皮做的。他使自己的生活尽可能简单，研究饮食，只吃最基本的东西。他声称自己已经有好几年没有发怒了，尽管他偶尔也不耐烦，那只是他的神经的反应。他的言谈控制有度、温和有礼。他说，非暴力的能量可以改变世界，他愿意为此奉献一生。他不是那种轻易谈论自己的人，可在非暴力话题上则侃侃而谈，词语毫不费力地脱口而出。他补充说，他来，就是为了进一步探讨自己偏爱的话题。

对面的池塘宁和静谧，刚有一阵劲风刮过，水面被扰乱了，现在又安静下来，倒映着茂密的树叶。一两朵睡莲静静地漂浮在池面，一个花苞刚刚露出水面。鸟儿来了，几只青蛙也蹦出来，跳进了池塘。涟漪很快消失，水面又一次平静下来。在一棵高大树木的顶端坐着一只鸟儿，一边唱歌一边用嘴梳理着羽毛；它会作曲线飞行，再返回那孤高的栖息处；它无论对世界还是对自己都兴高采烈。附近有个胖子在看书，可心不在焉，他试图阅读，可头脑一次次开起了小差。他最终放弃了挣扎，让头脑自行其是。一辆卡车缓慢而疲惫地驶上山来，突然又改换了排挡。

我们是如此关注各种影响的协调、外在的姿势和面貌。我们首先寻求外在的秩序；在外部，我们根据自己的决心、自己建立的内部原则规整自己的生活。我们为什么要强制内外相符呢？我们为什么要依照一种理念行动呢？理念更为强大，比行动更为有力吗？

首先是理念的建立、推理或对它的本能感觉，然后，我们试图以行为去接近理念；我们试图符合它、实践它，以它来制约自己——把行为归入理念范畴之内的无穷无尽的挣扎。为什么会有这种依照理念规范行为的持续而痛苦的挣扎呢？这种要让内外相符的冲动是什么呢？是为了强化内在，还是当内在动摇不定时，想从外在获得肯定呢？从外在获得安慰，外在不就具有更大意义和更重要了吗？外在真实具有重要意义；可当它被视作一种真诚的姿态时，它不是更加显示了理念主宰一切吗？理念为什么变得势不可挡？为了让我们行动吗？理念是帮助我们行动，还是阻止行动？

无疑，理念限制行为；正是对行为的恐惧引起了理念。理念中有安全，行为中则有危险。为了控制无拘无束的行为，才培养了理念；为了给行为装上刹车，理念产生了。想一想，如果随心所欲会发生什么！于是，头脑的宽大会与心灵的宽大相对立；你每每到此为止，因为你不知道明天会发生什么。理念控制行为。行为是充分的、敞开的、广阔的；恐惧作为理念介入并掌控全局。于是，理念至关重要，而不是行为。

我们试图让行为符合理念。理念或理想是非暴力，那么我们的行为、姿态、思想都会依照头脑的模式来塑造；我们吃什么、穿什么、说什么，变得至关重要，因为我们由此来判断自己的诚意。诚意变得重要，而不是非暴力；你的凉鞋和你吃的东西变得引人注目，非暴力倒被忘却了。理念总是次要的，而次要的东西支配了主要的。关于理念，你可以写作、演讲、闲谈；在理念中有很大的自我扩张的空间，可在非暴力中没有自我扩张的满足。理念，因是自我投射的，所以也是给人刺激和满足的；但非暴力就没有那么光彩夺目了。非暴力是一种结果，一种副产品，其本身不是目的。只有当理念先入为主时，它本身才是目的。理念总是一种结论、一种目的、一种自我投射的目标。理念是已知范围的运动；可是思想无法规范什么才是非暴力。思想只能考量非暴力，可它无法成为非暴力。非暴力不是一种理念；它无法做成一种行为模式。

## 城市生活

这是一座结构匀称的房舍，安静舒适。家具品位高雅，地毯厚实柔软。大理石的壁炉火光融融，还有来自世界各地的老式花瓶。墙上，现代绘画和古典大师的作品比邻而悬。主人对房间的美丽温馨颇费心思，也反映出经济实力和艺术品味。房间俯瞰着一个小花园和一片经年修剪的草坪。

城市生活奇怪地和宇宙隔绝；人造建筑代替了高山峡谷，交通的喧嚣代替了溪水的欢闹。人在夜晚几乎看不见星星，想看也不行，因为城市的灯光耀人眼目；白昼，天空则局促而逼仄。城市居民一本正经、煞有介事；他们光鲜而脆弱，他们有教堂和博物馆，美酒和戏剧，漂亮服装和无尽的商店。到处人满为患，街道上、大楼中、房间里。天上飘过一片云彩，却没几个人抬头观望。来去匆匆、纷乱骚动。

但这间屋子安安静静，维持尊严，透着富人特有的氛围，一种疏离的安全和可靠的感觉，那种久已脱离索求的自由。他说他对东西方哲学颇感兴趣，说哲学起源于希腊是荒谬的，好像之前什么都不存在似的；现在他开始谈论自己的问题：如何给予，给予谁。拥有金钱以及随之而来的诸多责任，成为困扰他的问题。他为什么会把这个当成问题呢？他给予谁、怀着什么精神给予是要紧的吗？为什么它会变成一个问题呢？

他的太太进来了，机敏、开朗又好奇。他俩看上去博览群书，世事洞明，人情练达；他们聪明灵活、兴趣广泛。他们是城乡结合的产物，可大多数时间是心系城镇的。同情怜悯之心离他们如此遥远，头脑的品质倒是训练有素，有一种锐利无情的方式，可并不过分。她写点东西，而他是某种政客；他们的言谈多么挥洒自如。疑虑对于发现、对于进一步领悟，是多么重要；可当你如此博学，当你自我保护的盔甲擦得锃亮，当你内在的裂缝全部封死，又哪来的疑虑呢？对那些被感觉所束缚的人，线条和形式变得异乎寻常的重要；于是美丽是感觉，善良是一种感受，真实就关乎知识了。当感觉主宰时，舒适就变得重要，不仅是生理上，心理上亦是如此；舒适，尤其是头脑的舒适，是腐蚀性的，会导致幻想。

我们**就是**我们占有的东西，我们**就是**我们依附的东西。依附没有高贵可言。依附知识跟其他令人满足的沉迷大同小异。依附是自我吸收，在最低或最高层次均是如此。依附是自我欺骗，是对自我空虚的逃避。我们所依附的那些东西——财产、人、理念——变得至关重要，因为没有许多东西去填补其空虚，自我就不复存在。对这不复存在的恐惧，就造成了占有；恐惧产生出受种种结论束缚的错误想法。这些关于物质上的或观念上的结论，都会阻止智慧和自由的实现，而这自由是真实显现的唯一途径；没有这种自由，精明被当成智慧。精明的方式总是复杂而破坏性的。正是这种自我保护的精明造成了依附；当依附引起痛苦，也是同样的精明寻求逃避，在放弃的骄傲和虚荣中寻找乐趣。对精明方式、自我方式的领悟，才是智慧的开端。

# 困扰

　　他说他被狭隘的蠢事困扰，而这些困扰又在不停变化。他会担心一些臆想出来的身体缺陷，而在几小时之内，他的担忧又会固定到另一个故事或念头上。他的生活似乎就是从一个困扰到另一个困扰。他接着说，为克服这些困扰，他查过典籍，也跟朋友谈过，还去看过心理医生；可不知为何他还是没有找到解脱。甚至在一个严肃紧张的会议之后，这些困扰便会接踵而至。如果他找出原因，就能结束困扰吗？

　　发现原因会带来脱离结果的自由吗？对原因的认识会摧毁结果吗？我们了解战争的经济和心理根源，而我们还在鼓励野蛮和自我毁灭。毕竟，我们寻找原因的动机是要消除结果。这种欲望是另一种形式的对抗和谴责，而有谴责就没有领悟。

　　"那到底该怎么办呢？"他问。

　　为什么头脑被这些琐碎愚蠢的困扰所主宰呢？问"为什么"不是要去寻找你自身之外的、有待发现的原因；而只需揭示你的自我的思维方式。那么，为什么头脑会被如此占领呢？难道不是因为它的表面化、肤浅、琐碎，才专注于自身的诱惑吗？

　　"是的，"他回答，"看来确实如此；可也不尽然，因为我是个严肃的人。"

　　除了这些困扰，你又在想些什么呢？

　　"想我的专业，"他说，"我有岗位职责。整天，有时直至深夜，我的思绪全被业务占满。我偶尔阅读，可大多数时间都花在专业上。"

你喜欢手头的事情吗？

"喜欢，可也并不尽如人意。我一生中对自己所做的事情从未满意过，但我无法放弃现在的地位，因为我有某种义务——此外，已经有好几年了，这些困扰让我烦恼，我对人对事越来越甚的厌恶。我没有善以待人；我对未来的担忧有增无减，好像一刻都不得安宁。我的工作顺利，不过……"

你为什么要跟"当下之是"作对呢？我住的屋子可能脏乱嘈杂，家具或许难看，整个都缺乏美感；但是为了种种理由我可能不得不在那里居住，无法搬去另一个住所。这就不是接受的问题，而是看到明显的事实。如果我不明白"当下之是"，我就会为那个花瓶、那张椅子或那幅画忧心忡忡；它们将成为我的困扰，令我对人对事都心生厌恶，诸如此类。如果我能整个撇下重新开始，那又是另一回事，可是我不能。我对"当下之是"、对事实的反叛毫无益处。对"当下之是"的认识不会导致踌躇满志。当我顺从于"当下之是"，不仅会领悟它，也为头脑表层带来了某种安宁。如果头脑表层不得安宁，它就会沉浸于事实或想象的困扰之中；就会陷于某些社会变革或宗教结论之中：大师、救世主、仪式等等。只有当头脑表层安宁时，潜藏的东西才会显现。潜藏的东西必须被揭示；然而，如果头脑表层被困扰和担忧所重压，这一切就是不可能的。由于头脑表层永远处于某种焦虑之中，头脑的表层与深层之间的冲突就是不可避免的；只要这一冲突不解决，困扰就愈演愈烈。毕竟，困扰是我们逃避冲突的一种手段。所有的逃避都相差无几，尽管很显然其中的一些对社会更为有害。

当一个人觉知到困扰或任何问题的全部过程，才会有脱离问题的自由。要广泛地觉知，则必须没有对问题的谴责或辩护；觉知必须是无为的。这样的觉知需要宽广的耐心和灵敏；它需要热切和持续的关注，如此才能观察和领悟思维的整个过程。

# 精神领袖

他说，他的教宗之伟大难以言表，自己当他的弟子已有多年。他接着说，这位老师以粗暴的冲撞、以脏话、侮辱和对立的行为来教学；他补充说，追随者中有众多要人。正是这种粗暴的过程迫使人们去思考，它让人们打起精神、集中注意，这被认为是必须的，因为大多数人都昏昏欲睡，需要被震撼。这位老师对上帝出言不逊，好像当他的学生必须开怀畅饮，老师本人也常常在饭桌上喝得酩酊大醉。不过，教学是造诣精深的；有一段时间他们曾秘密进行，现在已经对所有人敞开了。

秋末的阳光从窗口泼洒进来，街上的繁忙喧嚣清晰可闻。枯萎的树叶缤纷杂呈，空气清新爽利。和所有的城市一样，这里在夜晚灯光的映衬下也会有一种压抑和莫名的伤感；刻意作出的快乐更显忧郁。看来我们已经忘却什么是自然，什么是自在的微笑；我们的脸庞因担忧和焦虑而紧绷。可眼下，树叶在阳光下闪烁，一朵白云悄然而过。

甚至在所谓的精神运动中，社会的等级依然存在。一个头戴桂冠的人被推至前排，受到了多么热烈的欢迎！追随者是怎样地包围着名人！我们对声望和标签是多么饥渴！这种对划分的渴求变成我们所谓的灵性成长：接近的人与远离的人、大师与新加入者、弟子和初习者的等级划分。这种渴求在寻常人世中显而易见，也是情有可原的；但在一个愚蠢的划分毫无意义的世界里居然也贯穿着同样的心态，这揭示出我们被自己的渴求和欲望限制得多深。没有对这些渴求的领悟，要从骄傲中寻求自由是徒劳的。

"然而，"他接着说，"我们需要指引者、教宗、大师。你可能超越了他们，可我们普通人需要他们，不然，我们就会像迷途的羔羊。"

出于困惑，我们选择自己的政治的或精神的领袖，于是他们也被搞混了。我们需要被劝诱和安慰、鼓励和满足，所以我们选择一个可以满足我们渴求的老师。我们不是在真实中探寻，而是追逐满足和感觉。创造老师和大师对我们的自身荣耀是至关重要的；当自我被否定时，我们失落、困惑、焦虑。如果你没有直接的、有头有脸的老师，你就编造一个遥远的、隐藏的、神秘的；前者依赖各种具体的情感上的影响，而后者是自我投射和闭门制造的理想，可两者都是你选择的结果，选择不可避免地基于偏见。你可能喜欢为你的偏见冠以更令人尊敬和舒服的名字，但你是出于自己的困惑和欲望而选择的。如果你追求满足，自然会发现你想要的，但是让我们不要称之为真实。当满足、对感觉的渴望终止时，真实才会显现。

他说："你并没有说服我，为什么我不需要一个大师。"

真实不是争论或说服的问题；它不是观点的产物。

他坚持说："可大师帮助我克服了贪婪和妒忌。"

另一个人，无论如何伟大，能够帮你在自己身上引起彻变吗？如果是这样，你并没有被改变，只是被主宰、影响了。这种影响可以持续一段时间，可你没有被改变。你被征服了；无论你是被妒忌或是被所谓的高尚影响所征服，你仍是个奴隶，你不是自由的。我们喜欢像奴隶一样，被某人占有，被大师或其他任何人，因为在这占有中有安全；大师成为避难所。占有就是被占有，可占有并不是对贪婪的摆脱。

"我必须抵制贪婪，"他说，"我必须与它斗争，尽一切努力摧毁它，只有这样它才能离去。”

如你所说，你与贪婪的冲突由来已久，你还没有脱离它。不要说你没有尽到努力，显然你的反应是如此。你能在冲突中领悟任何东西吗？征服不是领悟。你征服的东西必须被一次又一次地征服，但只有全然的领悟才有自由。要领悟必须有对抵制过程的觉知。抵制比领悟容易得多，何况，我们受的是抵制的教育。在抵制中不必有观照、思考、交流；抵制是大脑迟钝的一种迹象。一个抵制的头脑是自我封闭的，因此无法感知和领悟。领悟抵制的方式比驱除贪婪远为重要。实际上，你并没有听我说了什么，你在考虑自己经年以来的挣扎和抵制所产生的种种承诺。现在你陷于承诺，围绕承诺，你可能已经演讲写作，你聚集起了朋友；你在帮你抵制的大师身上有所投入，于是你的过去阻止你聆听我说了什么。

“我既同意又反对你的说法。”他评论。

那就说明你没有在听。你在以自己的承诺衡量我的说法，那不是倾听。你害怕倾听，所以你陷于冲突，同意，同时又反对。

“你可能是对的，”他说，“可我无法放弃所有自己积累的东西：我的朋友、知识、经验。我知道我必须放弃，可我就是做不到，如此而已。”

冲突会在他内部愈演愈烈；因为一旦你觉知了“当下之是”（无论多么犹疑地），再因为你的承诺而否定它，深层的冲突就此开始。这种冲突是双重的。不可能有使对立的欲望相通的桥梁，如果制造一座桥梁，那就是抵制，也就是一贯坚持。只有领悟“当下之是”，才能从“当下之是”中获得自由。

温柔也罢，严厉也罢，追随者喜欢被逼迫和引导，这是个奇怪的事实。他们认为严厉的对待是他们训练——灵性成长训练的一部分。对被伤害、被粗暴震撼的渴望是伤害快感的一部分；这种领袖和追随者彼此的退化是渴求感觉的结果。因为你想要强烈的感觉，于是追随并创造一个领袖、一个教宗；你将为这种新的满足而牺牲，忍受不适、侮辱和打击。所有这一切都是互相利用，跟真实没有任何关系，也永远不会通向幸福。

## 🌺 刺激

"山峦令我安静，"她说，"我去了安甘亭，它的美丽让我全然沉默；我在这样的奇景面前无话可说。这是一次绝妙的经历。我希望能保持那种安静，那种充满生机和活力的动人的安静。当你谈论安静时，我想你指的就是我曾有过的非凡经历。我真想知道你是否在说我经历过的那种同样的安静。这种安静的作用持续了相当一段时间，现在我又回去了，我试着重新抓住它并经历它。"

你因安甘亭而安静，另一个人是因为一种美丽的人类形态，还有一位因为大师、书籍或美酒。通过外在的刺激，人处于一种被称为安静的愉悦感觉之中。美丽与壮阔的作用是驱赶人的日常问题和冲突，那是一种释放。外在的刺激使头脑暂时安静；这可能是一种新的经验、新的愉悦，当头脑不再经历它时，就会回到对它的记忆中去。留在山区或许不可能，因为人要回去工作；然而，通过另一种形式的刺激，通过饮酒、通过一个人或者一种理念，去寻求这种安静的状态是可能的，我们大多数人就是这么做的。这些形式多样的刺激是令头脑安静的手段；于是手段变得重要、关键，于是我们变得依赖手段。因为手段给予我们安静的愉悦，他们成了我们生活中的主宰；他们是既得利益，一种我们捍卫的心理必需品。如有必要，我们会为此互相破坏。手段代替了已经成为记忆的经验。

刺激可以多种多样，根据个人条件各有其重要性。但所有的刺激都有一个相似之处：即一种欲望，想要逃避当下之是，逃避日常轨迹，逃避不再活跃的人际关系，逃避总是在变得陈腐的知识。你选择一种逃避，我选择另外一种，而我的特殊品牌总是要比你的更有价值；然而，一切逃避都是有害的，无论是理想、电影院或者教堂，都会导致幻想和危害。心理上的逃避比其他明显的逃避更有害、更微妙、更复杂，也更难发现。由刺激造成的安静，由教规、控制、积极或消极的对抗造成的安静，都是一种结果、一种效应，所以不是创造性的；它是死的。

有一种安静不是反应、结果；有一种安静不是出于刺激和感觉；有一种安静不是拼凑的、不是一种结论。领悟了思想的过程，它才会显现。有意无意地，思想是对记忆和既定结论的反应；记忆根据快乐和痛苦主宰行动。于是理念控制行动，这就有了行为和理念的冲突。这种冲突一直与我们同在，当它强化到一定程度，就会有一种突破它的冲动；然而，除非这种冲突被领悟和化解，任何突破它的尝试都是一种逃避。只要以行动去接近一种理念，冲突就不可避免。只有当行为脱离理念时，冲突才会终止。

"可行为如何才能脱离理念呢？无疑，没有事先的思维过程就不可能有任何行为。行为随理念而来，我无法想象任何一种行为不是理念的结果。"

理念是记忆的结果；理念是记忆的语言形式；理念是对挑战、对生活的不充分反应。对生活的充分反应是行为，而不是思维。我们用思维方式来反应，是面对行动的一种自我防卫。理念限制行为。在理念的范畴内有安全，而在行为中没有；于是行为就受制于理念。理念是行为的一种自我保护形式。在强烈的危机中才有脱离理念的直接行为。头脑对自身的制约正是为了对抗这种自发行为；就像我们大多数人一样，头脑是主宰一切的，理念被作为行为的刹车，于是就有行为和思维的摩擦。

"我发现自己的头脑老是在安甘亭的快乐经验中流连忘返。重回记忆中的经验也是一种逃避吗？"

显然。真实是你当下的生活：这拥挤的街道、你手头的事情、你当下的关系。如果这些令人愉快而满足，安甘亭就会淡出；可因为真实是困惑而痛苦的，你就转向过去的、已逝的经验。你可能记得那种经验，可它已经结束了；你只是通过记忆使它复活。这就像把生命注入死去的东西。当下是无聊、浅薄的，我们转向过去或者自我投射的未来。这种对当下的逃避不可避免地导致幻想。不带谴责或辩护地看待当下的真实就是领悟"当下之是"，那样才会有在"当下之是"中引起彻变的行为。

## 问题和逃避

"我有很多重大问题并试图解决它们，苦恼和折磨却因此有增无减。我黔驴技穷，不知所措。更有甚者，我还聋了，不得不用这该死的助听器来帮忙。我有几个孩子，丈夫离我而去。我对孩子们忧心忡忡，因为我不想自己经历的痛苦在他们身上重演。"

我们是多么急切地想为自己的问题找到一个答案！我们如此迫切地寻找答案以至无法研究问题；它阻止了我们对问题的无为观照。问题是重要的，而不是答案。如果我们寻找答案，我们会找到；可问题继续存在，因为答案和问题是无关的。我们的寻找是对问题的逃避，解决的办法是一种表面的疗法，因而没有对问题的领悟。所有的问题都来自一个制造者，没有对制造者的领悟，每一种试图解决问题的尝试只能导致进一步的困惑和苦恼。首先个人必须非常确定，他的领悟问题的意图是严肃的，他看到了脱离所有问题的必要性；因为只有这样，才能接近问题的制造者。没有脱离问题，就无法拥有宁静；宁静是幸福的本质，其本身并不是一种目标。好比微风止歇，池塘才平静下来；问题停止，头脑也寂静了。但是头脑不可能被迫寂静；如果这样，它就是死的，是死水一潭。这点清楚了，你就能观照问题的制造者。观照必须是无为的，而并非按照基于欢乐和痛苦的既定计划。

"但是，你在要求不可能的事情！我们的教育训练头脑去分辨、比较、判断和选择，要想对观照的东西不加谴责和辩护是很困难的。人怎么才能脱离这一先决条件而作无为观照呢？"

如果你明白那寂默的观照、无为的觉知是领悟的关键，那么你所觉察的真实就会把你从背景中解放出来。只有当你看不见当下无为而警醒的觉知的必要，才会产生"怎么办"，才会寻找一种化解背景的手段。解放你的是真实，而不是手段或系统。必须看到，只有寂默的观照才能领悟真实；这样你才能脱离谴责和辩护。当你遇到危险，你不会去问怎么才能避免它。因为你没有看到无为觉知的必要性，所以你才问"怎么办"。你为什么看不见它的必要性呢？

"我想看见，可我以前从未沿着这样的思路想过。我只能说，我想摆脱自己的问题，因为它们对我是一种真正的折磨，我想像别人一样快乐。"

我们有意无意地拒绝看清无为觉知的实质，因为我们并不真正想放弃自己的问题；没有了它们，我们又算什么呢？无论多么痛苦，我们宁可依附于已知的东西，而不愿冒险去追求那些前途渺茫的东西。这些问题至少是我们熟悉的；可是想到要追踪它们的本源，不知它将引向何处，造成了我们的恐惧和迟钝。没有问题可担心，头脑就会失落；它是靠问题养活的，无论是世界的或厨房的问题、政治的或个人的问题、宗教的或意识形态的问题；这些问题令我们狭隘而狭隘。一个为世界问题消耗的头脑与一个操心自身精神进程的头脑是同样狭隘的。问题让头脑担负着恐惧，因为问题给自我，给"我"和"我的"打气。没有问题，没有成功与失败，自我也就没有了。

"可没有自我，人又如何生存呢？它是一切行为的源头呀。"

只要行为是欲望、记忆、恐惧、快乐与痛苦的产物，它就不可避免地孳生冲突、困惑和对抗。无论在哪个层面，我们的行为都是自身限制的结果；我们对挑战的反应，既不充分也不完全，势必产生冲突，也就是问题。冲突正是自我的结构。没有冲突的生活是完全可能的，没有贪婪、恐惧和成功的冲突；然而，除非你通过直接体悟发现它，这种可能性将只是理论的而非实际的。只有你领悟了自我的方式，没有贪婪的存在才是可能的。

"你认为我的耳聋是由于我的恐惧和压抑吗？医生向我保证，生理结构上没有问题。我的听力有恢复的可能吗？我这一辈子总是受到这样、那样的压制；我从未做过自己想做的事情。"

无论是内在还是外在，压制比领悟来得容易。领悟是艰难的，尤其对那些从小就受到重大限制的人。尽管吃力，压制已成习惯。领悟永远无法成为习惯和常规；它需要持续的观照与警觉。要领悟，必须有韧性、灵敏、一种与感伤无关的热情。任何形式的压制都不需要觉知的灵敏；它是对付反应最容易也是最愚蠢的方式。压制是符合一种理念和模式，它提供表面的安全和尊敬。领悟是解放，而压制总是偏狭的、自我封闭的。对权威、不安全、观点的恐惧，与其相应的生理结构一起形成了一个意识形态的避难所，头脑就求助于它。这一避难所无论放在哪个层面，都会维持恐惧；由恐惧而孳生替代、升华或戒律，这些都是压制的某种形式。压制必须找到一个出口，可以是一种生理的疾病或某种意识形态的幻想。每个人按照自己的性格和特质付出代价。

"我注意到，每当听到不愉快的事，我就到这个挡箭牌后面避难，它帮我逃入自己的世界。可人又如何从多年的压抑中解脱呢？需要很长时间吗？"

这不是时间问题，不是挖掘过去或仔细分析的问题；这是认清压抑真相的问题。在对压抑的全过程没有任何选择的无为觉知中，很快便能看清它的真相。如果我们从昨天或明天的角度去想，就无法发现压抑的真相；真相不是通过时间的通道去理解的。真相不是一件需要获取的东西；看见它，或看不见，这是一个无法逐渐理解的问题。脱离压抑的决心是领悟其真相的障碍；因为决心就是欲望，无论肯定或否定，有欲望就不会有无为觉知。正是欲望与渴求引起了压抑；正是这一欲望，现在被称作意志，永远无法从它的自造的禁锢中解脱出来。重复一遍，意志的真相还是必须通过无为而警醒的觉知来领悟。分析家可以把自己从中隔离，可他还是被分析的一部分；由于他被其分析的东西所限制，他就无法脱离它。再说一次，必须认清这一真相。解放你的是真相，而不是决心和努力。

## "事实是"和"应该是"

"我结婚了，有孩子，"她说，"可我好像失去了所有的爱。我渐渐被榨干了。尽管我从事社会活动，那只是一种消遣，我也知道它们的无聊。似乎没有什么能引起我深层和充分的兴趣。我最近脱离我的家庭琐事和社会活动，给自己放了一个长假，我尝试绘画；可心不在焉。我感觉像行尸走肉，了无生趣，有种压抑和深层的不满。我还年轻，可将来好像一片黑暗。我想过自杀，可又觉得这愚蠢透顶。我变得越来越困惑，我的不满似乎没完没了。"

你对什么感到困惑呢？你在人际关系上有问题吗？

"不，那倒不是。人际关系我也经历过，并没有太多受伤；可我困惑不已，好像没什么能够满足我。"

你有一个特定的问题呢，还是笼统地觉得不满？你内心深处肯定有某种焦虑和恐惧，可能你没有察觉到。你想知道是什么吗？

"是的，我就是为这来找你的。我实在不能再这样下去了。好像什么都无关紧要，我又时不时地生病。"

你的病可能是一种自我逃避、对自我现状的逃避。

"我对此确信无疑，可该怎么办呢？我真是绝望得很。我离开之前一定得为这一切找到一条出路。"

这是两种事实之间的冲突呢，还是事实与臆想之间的冲突？你的不满意仅仅是容易解决的不满足呢，还是一种没有来由的苦恼？要是不满足，马上找到一条特殊的渠道就解决了；不满足可以很快疏导，但不满就不是思想可以减轻的了。这种不满是来自得不到满足吗？如果你得到了满足，你的不满会消失吗？你真是在寻找某种永久的满足吗？

"不，不是的。我真的没有寻找任何形式的满足——至少我认为没有。我只知道自己处于困惑和冲突之中，我似乎无法找到出路。"

当你说你处于冲突之中，那一定跟某些东西有关：有关你的丈夫、孩子、你的活动。假若如你所说，你的冲突跟这些都无关，那只能是你**是**和你**想**是的问题、真实和理想之间的问题、"事实是"和虚构的"应该是"之间的问题。你对自己应该是什么有一种理念，也许这冲突和困惑就产生于想符合一个自我投射的模式的欲望。你努力奋斗，想成为和你现在不一样的人。是吗？

"我开始明白自己的困惑在哪里了。我想你说得对。"

这是真实与虚构之间、你"是"和你"想是"之间的冲突。这虚构的模式在儿时就形成了，再逐渐地拓宽和加深，与真实形成对照，又在环境中不断改头换面。这种虚构，就像所有的理想、目标、乌托邦一样，是与当下之是、固有和真实对立的；所以，虚构即对你"是"的一种逃避。这种逃避不可避免地造成对立面的无益冲突；一切冲突，内在或外在的，都是徒劳的、无用的、愚蠢的，还造成困惑与对抗。

所以，我可以这么说，你的困惑来自你"是"和你"应该是"的虚构中。虚构和理想是不真实的；这是自我投射的逃避，它没有真实性。真实即你"是"。你是什么比你应该是什么重要得多。你能够领悟"是"，但你无法领悟"应该是"。没有对幻想的领悟，只有对其形成方式的领悟。虚构、臆想、理想没有真实性；它是一种结果、一个目标，重要的是领悟其产生的过程。

要领悟你是什么，不管愉快或不愉快，虚构、理想和自我投射的将来式都必须彻底终止。那时，你才能够抓住"当下之是"。要领悟"当下之是"，就必须摆脱一切分别。分别是对"当下之是"的谴责或辩护。分别是比较；是对真实的对抗和约束。分别对于领悟来说是刻意和强迫。所有分别都是对直接领悟"当下之是"的阻碍。"当下之是"并不静止，而是处于不断的运动之中，要跟上它，头脑必须不被任何信仰、任何成功的希望和失败的恐惧所束缚。只有在无为和警醒的觉知中，"当下之是"才得以显现，这种显现与时间无关。

# 矛盾

他是个著名的地位稳固的政治家，有些自负，因而也颇不耐烦。他受过高等教育，他的陈述既冗长又转弯抹角。他付不起灵敏的代价，因为他过于投入地哗众取宠；他就是公众、国家、权势。他伶牙俐齿，这种伶俐也有其弊病；他是个常胜将军，也因此牢固地控制着公众。他在房间里如坐针毡；政治家的角色离得很远，人倒是在那里，既紧张又局促。夸夸其谈和骄傲自大没有了，只有急切的询问、思考和自我揭露。

傍晚的阳光从窗外透进来，街上车来人往的嘈杂也随之涌入。鹦鹉，那鲜亮的绿色闪电，从它们日间的出行中返回镇上的树林安全过夜。沿路和私人花园里有些高大的树木。鹦鹉飞翔时发出可怕的尖叫。它们从不直线飞行，而是降落又升起，横穿斜插，叽叽喳喳，呼来唤去。它们的飞行和尖叫与其美丽的外表自相矛盾。远处的大海漂着一叶白色的孤帆。房间挤满了人，肤色和思想各各不同。一条小狗进来，环顾四周又出去了，几乎没人注意它；寺庙的钟声敲响了。

"为什么我们的生活中会有矛盾呢？"他问。"我们谈论和平与非暴力的理想，然而又打下了战争的基石。我们必须成为现实主义者，而不是梦想家。我们想要和平，但日常的活动又终将导致战争；我们想要光明，又关闭了窗户。我们的思想过程就是一种矛盾，要和不要。这种矛盾可能是我们天性中与生俱来的，所以，试图做到完整、成为整体，倒是没有希望的。爱和恨几乎总是并肩而行。为什么会有这种矛盾？它是不可避免的吗？人能够避免它吗？现代社会能够全然地趋向和平吗？它堪以成为一个全然完整的整体吗？眼下，它必须为和平努力同时又准备战斗；目标是通过备战实现和平。"

为什么我们有一个固定点，一种理想，因为偏离它会制造矛盾吗？如果没有固定的点，没有结论，就不会有矛盾。我们设立一个固定点，然后偏离它，并认定这是一种矛盾。我们通过迂回曲折，并在不同层次上得出结论，然后试图依照那个结论或理想生活。因为做不到，矛盾就产生了；然后我们试图在固定点、理想、结论和与之矛盾的思想或行为之间建一座桥梁。这座桥梁就是执著。我们多么仰慕一个始终如一的人，一个坚持自己的结论和理想的人！我们把这样的人当做圣人。可是狂人也是执著的，他们也坚持自己的结论。一个觉得自己是拿破仑的人是没有矛盾的，他是自己结论的化身；一个完全认同自己的理想的人显然是不平衡的。

我们称之为理想的结论可能建立在任何层面，它可以是有意识或无意识的；一经建立，我们试图用自己的行为去接近它，这就造成了矛盾。重要的不是怎么去符合模式和理想，而是去发现我们为什么要培植这样的固定点和结论；因为一旦我们没有模式，矛盾就消失了。所以，我们为什么有理想和结论呢？理想没有阻止行动吗？理想的产生没有修正行为、控制行为吗？没有理想的行为是不可能的吗？理想是背景和限制的反应，所以它永远不会成为把人从冲突与困惑中解放出来的手段。相反，理想、结论增加了人与人之间的隔阂，于是加速了分裂的进程。

如果没有与之偏离的固定点和理想，就没有因执著的欲望而起的矛盾；就只有当下的行为，那种行为总是完全和真实的。真实不是一种理想、一种虚构，而是事实。真实可以领悟和应对。对真实的领悟不会孳生敌意，而理想就会。理想永远无法引起基本的变革，而只是对过去的一种改头换面的延续。只有在当下的行为中才会有基本和持续的变革，它既不基于理想，也不拘于结论。

"可是一个国家无法按照这一原理运作。必须有一个目标，一种有计划的行动，在某一点上的集中努力。你说的对于个人或许是可行的，我觉得就我自己而言也大有裨益；可是这不适合集体行动。"

计划的行动需要不断地修正，必须根据环境的变化作调整。如果你不把生理因素和心理压力考虑进去，依照一幅既定的蓝图去行动是注定要失败的。如果你计划建一座桥，你不仅要画出图纸，还得研究建桥地点的土壤和地形，否则你的计划就是不充分的。只有领悟了人在整个过程中的生理因素和心理压力，才会有完全的行动。这种领悟不依靠任何蓝图。它要求迅速地调整，这就是智慧；没有智慧，我们才求助于结论、理想、目标。国家不是静止的，或许其领袖有些死板，可国家和个人一样，是活的、动态的，动态的东西无法被置入一幅蓝图的紧身衣内。我们通常在国家周围筑起高墙，结论和理想的高墙，想把它固定下来。可一种活的东西是无法固定的，除非杀了它，于是我们就把国家杀灭，然后再按照自己的蓝图和理想来铸造它。只有一件死的东西才能被强制符合某种模式；而因为生命是不断变化的，我们试图把生命归入一种固定的模式和结论的那一刻，矛盾就产生了。符合一种模式是对个人的肢解，国家也同样如此。理想并不高于生命，而我们令它高于生命，于是就产生了困惑、对抗与苦恼。

## 妒忌

　　明亮的阳光照射在对面的白墙上，耀眼夺目，令人的脸庞显得幽暗。一个小孩未经母亲招呼，自己进来坐在近旁，睁大眼睛好奇地看着周围的一切。她刚洗完澡，穿上了干净的衣服，头上别着花。像所有孩子一样，她起劲地观察着一切，却并没有记下多少。她扑闪着亮晶晶的双眼，有点不知所措，是哭，是笑，还是跳；她什么也没做，却捧起我的手全神贯注地看了起来。眼下，她把房间里的其他人都忘了，放松下来，把头枕在我膝盖上睡着了。她的头型很好，放得很妥帖；看上去一尘不染。她的未来像房间里的其他人一样困惑和苦恼。她的冲突和悲伤像墙上的阳光一样确定无疑；因为，要脱离痛苦和悲哀需要极高的智慧，她将受的教育和周围影响注定了她与这种智慧无缘。在这个世界上，爱是如此稀有，就像无烟的火焰；现在是烟雾笼罩，令人窒息，带来焦虑和眼泪。烟雾弥漫中几乎看不见火焰；当烟雾笼罩一切时，火焰就熄灭了。没有那爱的火焰，生命毫无意义，变得疲惫无聊；可火焰无法在黑烟中存在。两者无法并存；烟雾必须止息，光明的火焰才能燃起。火焰不是烟雾的对手；它没有对手。烟雾不是火焰，它无法包容火焰；烟雾也没有表明火焰的存在，因为火焰是没有烟雾的。

　　"爱和恨无法并存吗？妒忌没有表明爱的存在吗？我们双手交握，下一分钟就互相责备；我们言辞激烈，可不久又彼此相拥；我们争吵，然后又亲吻和解。这一切不是爱吗？妒忌的表露正是爱的体现；它们似乎并肩而行，犹如黑暗和光明。忽起的愤怒和爱抚——这不是爱的完整吗？河流湍急又平静；它流过阳光，流过阴影，河流之美尽现于此。"

我们所谓的爱是什么呢？就是这由妒忌、欲望、激烈言辞、爱抚、握手、争吵与和解构成的整个领域。这些就是在这片所谓爱的领域的事实。愤怒和爱抚是这个领域的日常事实，不是吗？我们试图在各种事实之间建立关系，或者我们把一个事实与另一个比较。在这同一领域中，我们利用一个事实去谴责另一个或为之辩护，或者我们试图在领域内的事实和领域外的某种东西之间建立关系。我们不是把每个事实分开，而是试图找出它们之间的相互关联。我们为什么这么做？只有当我们不把相同领域的另一个事实作为领悟的媒介时，才能真正领悟一个事实，否则只能造成冲突与困惑。可是，我们为什么比较相同领域的各种事实呢？为什么拿一个事实的重要性去抵消或解释另一个呢？

"我开始抓住你说的要义了。可我们为什么这么做呢？"

在理念和记忆的屏障下我们能领悟事实吗？因为我握着你的手就领悟妒忌了吗？握着你的手是一个事实，正如妒忌也是个事实，但因为我有握着你的手的记忆，就能领悟妒忌的过程了吗？记忆有助于领悟吗？记忆比较、修正、谴责、辩解或认同，可它无法带来领悟。我们带着理念和结论在所谓的爱情领域看待事实。我们不按原样接受妒忌的事实并静静地观照它，却想依照模式和结论歪曲事实；我们以这种方式看待它，因为我们并不真正想领悟妒忌的事实。妒忌的感觉与爱抚一样刺激；我们想要没有痛苦和不安的刺激，但这是不可避免的。于是在这个我们所谓的爱的领域就有了冲突、困惑和对抗。可这是爱吗？爱是一种理念、一种感觉、一种刺激吗？爱是妒忌吗？

"幻想中有真实吗？黑暗不是包容和隐藏着光明吗？束缚中不也有神吗？"

这些只是理念、观点，所以它们没有真实性。这样的理念只能孳生敌意，它们并不涵盖或包容真实。有光明的地方，黑暗就不存在。黑暗无法遮蔽光明，一旦遮蔽，就没有光明。有妒忌的地方，爱就不存在。理念无法涵盖爱。要交流，就必须有关系。爱与理念无关，所以爱与理念无法交流。爱是无烟的火焰。

## 自发性

她在一群前来讨论重大问题的人中间。她想必是出于好奇，或是由朋友带来的。她衣着讲究，庄重地把持着自己，显然觉得自己很好看。她完全被自我意识控制：意识到自己的身体、外貌、头发以及她给人留下的印象。她的举手投足几经研习，时不时煞费苦心地采取不同的姿态。她的整个外貌有一种长期训练有素的氛围，一种她决定无论如何都要维持的姿态。其他人开始讨论重大问题，而她在整整一个多小时里都保持着自己的姿态。在这些严肃和专注的脸庞中，可以看见这个自控的女孩试图跟上谈话、加入讨论；然而，她却一言未发。她想显示自己也意识到正在讨论的问题；可她的眼神有些茫然，因为她无法加入认真的谈话。眼看她退缩到自己的内在里面，依然保持着久已养成的姿势。所有自发性都被坚定地摧毁了。

每个人都会养成一种姿态。一个成功的商人有他的步态，成功人士有他的微笑；一个艺术家有他的眼神与姿态；一个可敬的教徒有他的姿态，一个循规蹈矩的修行者有他的姿态。像这个自控的女孩一样，所谓的宗教人士也采取一种姿态，他通过拒绝和牺牲，坚持培养自我约束的姿态。她牺牲自发换来了刻意，他则奉献自我去达到某一目标。两者都在不同层面上关注结果；在社会上看来，他的结果要比她的有益，而他们在根本上是相似的，谁都不比谁高明。两者都缺乏智慧，因为两者都体现了头脑的狭隘；一个狭隘的头脑总是狭隘的；它无法变得富有和丰满。尽管这样的头脑可以装饰自己，通过追求获取德行，可它还是依然如故，一种狭隘的、肤浅的东西，通过所谓的成长、经历，它只能增加自己的狭隘。一件丑陋的东西无法做成美丽的。一个狭隘头脑的神是一个狭隘的神。一个肤浅的头脑不管怎么用知识和聪明的言辞装点自己，或引用智慧的话语，或修饰其外表，也无法变得深不可测。无论内在或外在的修饰都无法造出一个深不可测的头脑；正是这种头脑的深不可测体现了美，而不是珠宝或培养的德行。头脑必须不做选择地觉知到自身的狭隘，美才能显现；必须有一种完全停止比较的觉知。

女孩养成的姿态、所谓的宗教苦行者的约束姿态，同样是一个狭隘头脑备受折磨的结果，因为两者都否认了基本的自发性。两者都害怕自发的东西，因为这向他们自己，也向他人揭示了他们的真实；两者都倾向于破坏它，其成功的手段就是去符合一种经过选择的模式或结论。然而，自发性是打开当下之是之大门的唯一钥匙。自发性反应揭示出头脑的真实；可是这种发现即刻被修饰或破坏，自发性也随之结束。对自发性的扼杀是一个狭隘头脑的方式，然后再于各个层面对外在加以修饰；这种修饰就是对头脑本身的膜拜。只有在自发中，在自由中，才会有发现。一个受约束的头脑无法发现；它可以有效地而因此而无情地运作，但无法揭示深不可测的东西。是恐惧造成了被称之为约束的对抗；但是，对恐惧的自发性发现是摆脱恐惧的自由。在任何层次上符合一种模式都是恐惧，它只能孳生冲突和对抗；可一个处于反抗中的头脑并不是无所畏惧的，因为对立永远无法了解自发和自由。

没有自发性，就不可能有自知；没有自知，头脑就会被经验的影响所塑造。这种经验的影响可以使头脑狭隘或宽广，可它还是在影响的范围之内。拼凑起来的东西可以拆散，非拼凑而成的东西只有通过自知才能了解。自我是拼凑而成的，只有自我瓦解才能自知，它不是影响的结果，也没有原因。

## 有意识和无意识

　　他既是个商人又是个政治家，两方面都很成功。他笑说商业和政治是很好的结合；他还是个奇特又迷信的老实人，一有空就阅读圣书，或一遍遍地重复他认为有益的词语，说它们给灵魂带来安宁。他上了年纪，十分富裕，但手头不慷慨，心胸也不开阔。看得出他工于心计，精于算计，可又迫切需要超越物质上的成功。生活几乎碰不了他，因为他谨慎地保护自己，免作任何暴露；无论是生理还是心理上，他都把自己搞得刀枪不入。心理上他拒绝认识自己的本我，他可以这么做，但事实已经开始初显端倪。他一不留意就会有一种深深困惑的眼神。只要现有政府稳坐江山，不闹革命，财政上他是安全的。他在所谓的精神世界也需要一种安全的投资，这就是为什么他玩起了理念，误把理念当做神圣的、真实的东西。除了众多财产，他并没有爱；他依赖它们就像孩子依赖母亲，因为他别无所有。他渐渐地意识到自己是个很可悲的人。就连这一认识他也能避则避；可生活在压迫他。

　　当一个问题无法有意识地解决，无意识可以接手帮助解决吗？何谓有意识，何谓无意识？一个结束和另一个开始之间有一条明确的界线吗？意识有其自身无法超越的界限吗？它能够把自己限制在本身的边界之内吗？无意识是游离于意识的东西吗？它们是不同的吗？当一个失败，另一个就开始运作吗？

我们所谓的意识是什么？要了解它的构成，我们必须观照自己是如何有意识地看待问题的。大多数人都试图为问题寻找一个答案；我们关注解决方法，而不是问题。我们想要一个结论，从问题中寻找一条出路；我们想要通过一个答案、一个解决办法回避问题。我们不去观照问题本身，却在摸索一个令人满意的答案。我们整个意识关注的是寻找一种答案、一种令人满意的结论。我们常常确实找到了自我满足的答案，于是就以为自己解决了问题。事实上我们所做的是用一个结论、一个令人满意的答案掩盖问题；然而，在结论的重压下，问题虽暂时被窒息，却依然存在。寻求一种答案是对问题的逃避。一旦没有令人满意的答案，意识或表层头脑便停止观察；然后所谓的无意识，即深层头脑接手寻找答案。

有意识的头脑显然在为问题寻找一条出路，一个令人满意的结论。有意识的头脑本身不就是以结论构成的吗？无论这些结论是肯定的还是否定的。它还能找到其他东西吗？表层头脑难道不是结论的仓库，而结论又是由经验的残余和过去的印迹构成的吗？无疑，有意识的头脑是由过去构成的，它建立在过去之上，因为记忆是结论的结构；头脑带着这些经验看待问题。不可能不透过结论的屏障来看待问题；对问题无法研究，只能无为觉知。头脑只知道结论，愉快的或不愉快的，它只能给自己增加进一步的结论、理念和决定。每一种结论都是一个决定，有意识的头脑不可避免地会寻找一种结论。

当有意识的头脑找不到一种令人满意的结论，它就会放弃追寻，从而变得安静；进入安静的表层头脑，无意识就冒出一个答案。那么，无意识的深层头脑在构成上与有意识的头脑有什么区别吗？无意识不也是由种族、团体和社会的结论、记忆构成的吗？确实，无意识也是过去和时间的结果，不过它潜伏着、等待着；每当受到召唤，它就抛出自己隐藏的结论。如果它们令人满意，表层头脑就接纳它们；如果不是，它们就挣扎辗转，指望出现奇迹，发现答案。如果找不到答案，头脑便无力地容忍问题，这些问题渐渐地侵蚀头脑。随之而来的是疾病和疯狂。

表层和深层头脑并无太大区别；两者均由结论和记忆构成，两者都是过去的结果。它们能够提供一种答案和结论，可无法解决问题。只有当表层和深层头脑都静止并不再投射任何肯定或否定的结论时，问题才得以解决。只有当整个头脑完全静止，不做选择地觉知问题，才能脱离问题；因为只有那时，问题的制造者没有了。

## 挑战和反应

河流饱满浩荡，某几处有数英里宽，眺望汹涌澎湃的河水，让人由衷地欢喜。北面是翠绿的山峦，在暴风雨之后显得格外清新。看着弯弯的河流上飘着白帆，真是美不胜收。白帆呈巨大的三角，在晨曦中分外迷人，仿佛刚从水里冒出来似的。白日的喧嚣尚未开始，河对岸的船工号子穿越水面漂浮过来。在那一刻，他的歌声笼罩大地，所有其他的声音都安静下来；就连火车的鸣笛声也变得柔和动听。

渐渐地村庄里喧闹起来：喷泉边的大声争执，山羊的低叫，奶牛呼唤着挤奶，笨重的货车上路了，公鸡高亢的啼鸣，孩子们的哭声和笑声。又一天开始了。太阳照耀在棕榈树上，猴子在墙上坐着，长尾巴却拖到了地上。猴子挺大，胆却很小；你一叫唤，它们就跳到地上，跑到田野里的一棵大树上去了。它们黑脸黑爪，看上去聪明，却没有那些小猴子狡猾。

"思想为什么如此不依不饶？它忐忑不安，固执得令人恼火。无论你做什么，它总是活蹦乱跳，就像那些猴子，那种活跃让人筋疲力尽。它毫不留情地跟着你，让你无从躲藏。你试图压制它，几秒钟后它又冒了出来，永无宁日，永不停歇；它总是在追逐、分析、折磨自己。无论睡去或醒来，思想一直在不停地翻腾，似乎一刻不得安宁。"

思想可能平和吗？它可以考虑平和、试图平和，强迫自己静止；然而思想本身可以宁静吗？思想的本质不就是不安分吗？思想不就是对不停挑战的持续反应吗？挑战没有停歇，因为生命的每一运动都是挑战；如果没有对挑战的觉知，就会有腐败与死亡。挑战与反应正是生命的方式。反应可以是充分或不充分的；正是对挑战的不充分反应唤起了思想及其不安。挑战要求行动，而不是言语化。言语化就是思想。词语、符号妨碍了行动；理念是词语，正如记忆也是词语。没有符号，没有词语，就没有记忆。记忆就是词语和思想。思想会是对挑战的真实反应吗？挑战是理念吗？挑战总是常新的、鲜活的；思想和理念会是常新的吗？每当思想遭遇常新的挑战，那种反应不是陈旧和过去的结果吗？

当旧的遭遇新的，对应难免是不完全的；这种不完全就是思想，它在焦躁不安地寻找完全。思想和理念会是完全的吗？思想和理念是记忆的反应，记忆总是不完全的。经验是对挑战的反应。这种反应被过去和记忆所限制；反应只是加强了限制。经验不是解放而是强化信仰和记忆，正是这种记忆对挑战作出反应；所以经验就是限制者。

"可思想的地位呢？"

你是说思想在行为中的地位吧？理念在行为中起作用吗？理念成了行为中的一个因素，以便修正它、控制它、塑造它；可理念不是行为。理念和信仰是抵御行为的防卫；它的地位是修正和塑造行为的掌控者。

理念是行为的模式。

"没有模式的行为存在吗？"

如果人追求结果，它就不存在。为了一个既定目标的行为根本不是行为，而是去符合一种信仰和理念。一旦人追求这种符合，思想和理念就占有一席之地。思想的作用就是创造一种所谓行为模式，也就扼杀了行为。我们大多数人都只顾扼杀行为；理念、信仰、教条都帮着破坏行为。行为暗示着不安全和对未知的脆弱；思想和信仰都是已知的，是对未知的有效阻碍。思想永远无法渗透到未知中去；它必须停止，未知才能显现。未知的行为超越思想的行为；思想觉察到这一点，便有意无意地依赖已知。已知永远只能对未知和挑战作出反应；从这不充分的反应中产生了冲突、困惑和苦恼。只有当已知和理念停止，才有不可估量的未知行为。


## 占有

他把夫人带来了，因为他说，这是他们共同的问题。她眼睛明亮，轻盈小巧，心神不定。他们是简单而友善的人；他说着流利的英语，而她则只能勉强听懂，简单提问。一旦有困难，她就转向丈夫，他用自己的语言为她解释。他说他们结婚已经二十五年了，有几个孩子；他们的问题不是孩子，而是自身的挣扎。他解释说，他有个工作，收入一般，接着说，要在这世上平和地生活有多难，尤其是你结了婚；他补充说，他并不是抱怨，可确实为难。他已经竭尽全力做好一个丈夫，至少他希望如此，可是那并不容易。

要他们直奔主题很难，一时间他们谈了各种事情：孩子的教育、女儿的婚姻、铺张的婚礼、某一家庭成员的近期死亡，如此等等。他们觉得放松、徐缓，因为对一个倾听者说话是好的，或许他还能理解。

谁耐烦聆听别人的麻烦？我们自己麻烦多多，才没空理别人。想他人倾听，你要付钱，或者付出祈祷和信仰。专业人员会倾听，那是他的工作，可那不会有持续的释放。我们想自由和自发地卸下重担，事后毫无悔意。告白的纯粹并不依赖于倾听者，而是那个渴望打开心扉的人。打开心扉是重要的，它会找到一个人，或许是一个乞丐，然后一吐为快。内向的交谈永远无法打开心扉；它是封闭的、压抑的，而且完全无用。打开就是倾听，不光是听你自己，还要听你周围能影响你的每一个人，每一个动静。对你听到的东西，你可能具体做些什么，也可能不做，但被打开这一事实产生了它自己的影响。这样的倾听净化你的心灵，清除头脑的东西。用头脑倾听是闲谈，那样的话，无论是你还是别人都没有放松；那只是痛苦的延续，即愚蠢。

他们不疾不徐地言归正传。

"我们来谈自己的问题。我们妒忌——我没有，可她有。尽管她过去不像现在这样公然妒忌，可还是有嘀嘀咕咕。我觉得自己并没有给她任何妒忌的理由，但她自找理由。"

你觉得有妒忌的理由吗？有妒忌的起因吗？了解起因之后妒忌会消失吗？你难道没有注意到，即使你了解起因之后，妒忌还在延续吗？我们不必找理由，让我们来领悟妒忌本身。如你所说，任何事情都可以拿来妒忌；需要领悟的东西是妒忌，而不是妒忌的内容。

"我心存妒忌由来已久。结婚时我对丈夫了解不多，你知道它是怎么发生的；妒忌渐渐蔓延开来，就像厨房里的烟雾。"

妒忌是掌控一个男人或女人的方式，不是吗？我们越是妒忌，占有欲就越强。占有什么让我们快乐；称某样东西为我们专有，甚至是一条狗，也令我们称心如意。独占给予我们确认与肯定。拥有什么让我们举足轻重；我们依赖的正是这种要义。想到我们拥有的不是一支铅笔或房屋，而是一个人，令我们感觉强大和奇特的满足。妒忌不是因为他人，而是因为我们自身的重要和价值。

"可我无关紧要，我是个无名之辈；我丈夫是我的一切。就连孩子也算不上。"

我们大家都只依赖一样东西，尽管形式不同。你依赖丈夫，别人依赖孩子，也有人依赖信仰；可意图是相同的。没有依赖的对象我们感到无望地失落，不是吗？我们害怕完全孤独。这害怕就是妒忌、憎恨和痛苦。憎恨和妒忌之间没有太大的差别。

"可我们彼此相爱。"

那你怎么会妒忌呢？我们不相爱，那才是不幸的部分。你在利用你丈夫，他也利用你，以便快乐、有一个伴侣、不感到孤独；你可能拥有不多，可至少你有一个人在一起。这种互相需要和利用我们称之为爱。

"但这太可怕了。"

这并不可怕，只是我们从来不看它。我们称之为可怕，给它一个名分就赶紧避开——你正是这么做的。

"我知道，可我不想看。我要像现在这样继续下去，尽管这意味着妒忌，因为我在生命中看不到其他东西。"

如果你能看到其他东西，你就不会妒忌丈夫了，是吗？但是你将会像现在依赖丈夫一样依赖其他东西，那么你也会为此而妒忌。你想要寻找丈夫的替代品，而不是脱离妒忌。我们都是如此：当我们放弃一样东西之前，我们想对另一样确信无疑。只有当你完全不确定，才没有妒忌的地盘。一旦确定，当你觉得拥有什么，就有妒忌。这种确定的感觉就是独占；拥有就是妒忌。占有孳生仇恨。我们其实憎恨自己拥有的东西，妒忌体现了这一点。哪里有占有，哪里就永远不会有爱；占有是对爱的破坏。

"我开始理解了。我从未爱过自己的丈夫，是吗？我开始明白了。"她哭了。

## 自尊

她是跟三个朋友一起来的；他们都是诚实而有智慧尊严的人。一个善于领会，另一个对同伴的敏捷难以忍受，第三个很迫切，可这种迫切并不执著。他们是很好的一组，因为他们都为朋友分担问题，没人提供建议或强硬的观点。他们都想帮她，让她做自己认为正确的事情，而不是仅仅依照传统、公众舆论或个人倾向。困难的是，什么是正确的事情呢？她自己也不能确定，她感到不安和困惑。可是当机立断的压力很大；必须作出决定，她无法再作拖延。这是从某种人际关系中解脱出来的问题。她再三重申，她想要自由。

屋子里很安静；紧张的焦虑消退了，他们急于深入问题，却并不期待一个结论、一个对正确事情的定义。当问题暴露时，正确的行为会自然而充分地显现。发现问题的内涵是重要的，而不是最终结果；因为任何答案只能是另一个结论、另一种观点、另一个建议，也解决不了问题。必须领悟问题本身，而不是怎么对问题作出反应或该对它怎么办。正确地看待问题是重要的，因为问题本身包含着正确的行为。

河水在舞蹈，阳光在水面上形成了一条金光灿烂的小道。一叶白帆穿越了小道，可河水的舞蹈丝毫未受干扰。这是一种纯粹快乐的舞蹈。树林里百鸟争鸣，它们梳理着羽毛，飞离又回归。几只猴子撕扯着鲜嫩的树叶朝嘴里填着；它们的重量把柔韧的树枝压成了悠长的曲线，可它们轻盈地攀缘着，毫无惧色，那么自如地从一根树枝移到另一根；它们虽然跳跃，却是那么飘逸，跃起和降落一气呵成；它们垂着长尾巴坐着，撩着树叶；它们高高在上，对过往人群毫不在意。当夜幕降临，鹦鹉成群结队地来到茂密的树林里安顿过夜。眼看它们飞来，又消失在浓密的树荫里。新月依稀可见。远处，一列火车鸣笛穿过横跨河湾的长桥。这河流是神圣的，人们远道而来在水里沐浴，或许能洗刷他们的罪孽。每一条河流都是美丽而神圣的，这条河的美丽在于它的宽阔，深广的水域绵延曲折，泥沙聚成的岛屿点缀其间；静静的白帆日复一日地在河流中来回穿梭。

"我想要摆脱某种关系的自由。"她说。

你想要自由是什么意思？当你说："我想要自由"，你是意指你不自由。你在哪一方面不自由呢？

"身体上我是自由的，我来去自由，因为在身体上，我不再是妻子了。可我想要完全的自由；我不想再跟那个人有任何关系。"

如果你在身体上已经自由，你跟那个人在哪方面还有关系？你在其他方面还跟他有联系吗？

"我不知道，可我对他深恶痛绝。我不想再跟他有任何关系。"

你想要自由，可你对他还有憎恨？那你并不自由。你为什么恨他？

"我近来认清了他是个怎样的人：吝啬、没有爱心、十足自私。我无法告诉你，我发现他是个多么可怕的人。我曾经妒忌他、崇拜他、屈从他！我以为他是个理想的丈夫，善良钟情，却发现他如此愚蠢狡诈，想到这些我就对他憎恨不已。想到自己曾经跟他有过牵连就觉得肮脏。

我想要彻底摆脱他。"

你可能在身体上摆脱了他，可只要你对他有恨，你就不得自由。如果你恨他，你就跟他绑在一起；如果你以他为耻，你仍在受他的奴役。你是对他恼火，还是对自己恼火？他就是那样，为什么要对他恼火？你的憎恨真是针对他的吗？抑或，你看见了真相，你为自己曾经与之有关而羞愧？无疑，你憎恨的不是他，而是你自己的判断、自身的行动。你为自己感到羞愧。因为不愿看到这些，你就责怪他整个人。当你认识到你对他的憎恨是对自己浪漫膜拜的逃避，那他就出局了。你不是为他羞愧，而是为自己曾与他有关羞愧。你是在对自己恼火，而不是对他。

"是的，确实如此。"

如果你真正看清这一点，把它作为事实来对待，你就摆脱了他。他就不再是你仇视的对象。恨会像爱一样束缚你。

"可我怎么才能摆脱自己的羞愧和愚蠢呢？我已看清了他是个怎样的人，也不去责备他；可我又怎么才能摆脱这种羞愧和憎恨呢？它们已经在我内心渐渐成熟，在这一危机中长成了果实。我怎么才能把过去一笔勾销？"

你为什么渴望把过去一笔勾销，比了解怎么勾销更为重要。你接近问题的意图比如何处置它们更为重要。你为什么要抹去与之有关的记忆？

"我不喜欢那些年来的记忆。它在我嘴里留下了苦涩。这个理由还不够充分吗？"

不怎么充分，不是吗？你为什么要抹去那些过去的记忆？其实，不是因为它在你嘴里留下了苦涩。即使你通过某些手段能够抹掉过去，你还是会陷入你为之羞愧的行为之中。仅仅抹掉不愉快的记忆并不解决问题，不是吗？

"我认为可以解决；但那样会有什么问题呢？你不必把它搞得过于

复杂吧？已经够复杂的了，至少我的生活是如此。为什么还要给它增加另一重负担呢？”

我们是在增加另一重负担，还是在试着领悟真实从而摆脱负担？请稍安勿躁，促使你抹掉过去的欲望是什么？它可能是不愉快的，可为什么要抹掉它？你对自己有某种理念或图像与这些记忆相抵触，于是你才要驱除它。你对自己有某种评估，不是吗？

“当然，否则……”

我们都把自己放在各种层面上，然后，不断地从这些制高点往下掉。正是这些堕落使我们羞愧。自尊是我们羞愧和堕落的起因。需要领悟的正是这种自尊，而不是堕落。如果你不把自己放到一个基座上去，怎么会有堕落呢？你为什么要把自己放到一个所谓自尊、人的尊严、理想等等的基座上去呢？如果你能领悟这个，那就不会有对过去的羞愧；它将完全离你而去。你就是你，没有基座。如果没有基座，那个你俯瞰或仰视的制高点，那么你就是自己一直在回避的那个你。正是这种对“当下之是”、对你之所是的回避产生了困惑和对抗、羞愧和憎恨。你不用把自己的本相告诉我或其他人，可你要觉知自己的本相，不管它是什么，愉快或不愉快：不带任何判断和抵触地与之共处。不加任何名目地与之共处；因为命名本身就是一种谴责或认同。无所畏惧地与之共处，因为恐惧阻碍交流，没有交流你就无法与之共处。交流就是去爱。没有爱，你就无法抹掉过去；有了爱，过去就没有了。有爱，时间就没有了。

# 恐惧

她长途跋涉，穿越了半个地球。她神色疲惫，小心接近，犹豫不决地张口，一旦有过于深入的询问就闭口了。她并不胆怯；可她不愿（尽管是无意的）暴露自己的内心状态。而她又想谈论她自己以及她的问题，她远道而来就是为此。她犹疑不定，不知如何措辞，神态疏离，同时又急于谈论自己。她读了许多心理学方面的书籍，她从未被分析过，却完全能够分析自己；事实上，她说，从孩提时代起，她就常常分析自己的思想和感觉。

为什么你这么想分析自己？

"我不知道，可自打我记事起，我就一直这么做。"

分析是否是自我保护的一种方式，排斥自我、排斥情感迸发和随之而来的后悔？

"我敢肯定那就是我分析、不断地质问的原因。我不想陷入周围那些个人的和众人的混乱。那太可怕了，我想避开它。我现在才明白，我把分析当做一种保护自我不受触动、不陷入社会和家庭纷争的手段。

你能够免于陷入吗？

"我一点都不肯定。我认为自己在某些方面成功了，可另一些方面却没有。谈论这一切，我看到自己做了一件多么特别的事情。我以前从未对此看得那么清晰。"

你为什么如此煞费苦心地保护自己，你在排斥什么？你说，排斥你周围的混乱；可那混乱里有什么，以致你不得不保护自己呢？如果它是你所认清的那种混乱，那你就不必为此自我保护。人只有在心存恐惧而缺乏领悟的时候才会自我保护。你恐惧什么？

"我不认为自己恐惧；我只是不想与生活的痛苦纠缠。我有一份自给自足的职业，可我想摆脱其他任何纠缠，我想我就是如此。"

如果你不恐惧，那为什么要反抗纠缠呢？人只有在不知如何对付某事时才会反抗它。如果你了解一辆摩托如何运作，你就不会担心它；如果什么坏了，你可以把它搞好。我们反抗那些自己不知就里的东西；只有当我们不懂它的结构和组成时，我们才会反抗困惑、邪恶和苦恼。你反抗困惑是因为你没有觉知它的结构和组成。你为什么没有觉知呢？

"可我从未那么想过。"

只有当你与困惑的结构有直接关系时，你才能觉知到它的运作机制。只有当两个人之间有交流时，他们才能互相理解。没有恐惧，交流和关系才能存在。

"我明白你的意思。"

那么你恐惧什么？

"你说的恐惧是什么意思呢？"

恐惧只能存在于关系之中；恐惧不能自身孤立地存在。不存在抽象的恐惧之物；存在的是对已知或未知的恐惧，对已经做的和可能做的事情的恐惧；对过去或未来的恐惧。一个人本身和他想要成为的人之间的关系引起了恐惧。当一个人用奖励和惩罚的眼光来阐释本我的真实时，恐惧就产生了。恐惧来自责任和想摆脱它的欲望。痛苦和快乐的对照中也有恐惧。恐惧存在于对立面的冲突之中。对成功的崇拜引起了对失败的恐惧。恐惧是头脑挣扎着符合目标的过程。要成为善良的，就会有对邪恶的恐惧；要变得完整，就会有对单独的恐惧；要变得伟大，就会有对渺小的恐惧。对比不是领悟，由于对与已知相关的未知有所恐惧，就引起了对比。恐惧是在寻求安全方面所处的不确知状态。

　　符合目标的努力是恐惧的开端，对成得了或成不了的恐惧。头脑，即经验的残余一向害怕莫名的挑战。头脑，即名目、词语和记忆，只能在已知的范围内运作；未知的，即当下的挑战遭遇到头脑利用已知进行的抵抗或诠释。这种对挑战的抵抗和诠释就是恐惧；因为头脑无法与未知交流。已知无法与未知交流；已知必须停止，未知才能显现。

　　头脑是恐惧的制造者；当它分析恐惧，寻找其起因以便摆脱恐惧时，它只会进一步自我隔绝从而增加恐惧。当你用分析去对抗困惑，你加强了对抗的力量；困惑的对抗只能增加对它的恐惧，也就阻碍了自由。自由在交流之中，而不在恐惧之中。

## "我该怎么去爱？"

　　我们在高山上俯瞰着峡谷，阔大的溪流在阳光下形成了一条银色的缎带。阳光穿透了茂密的树荫，百花芬芳吐艳。这是一个明媚的早晨，充足的露水滋润着大地。清香的微风掠过峡谷，带来了远方人们的声息、钟声和偶尔的水上鸣笛。山谷的雾霭直线上升，微风不够强劲，未能驱散它。直升的雾霭从谷底腾起，仿佛古老的柏树伸展着企及天堂。一只对着我们闹腾的黑松鼠终于作罢，蹿下树来再做探究，随后，带着几分满足跳开了。浅蓝的天空清朗柔和，只有一小片白云在慢慢凝聚。

　　他对这一切都视而不见。他被自己急迫的问题所占据，就像他过去一直被自己的问题所占据一样。问题运动着，在他身边陪伴左右。他是个非常富有的人，精瘦坚硬，但笑容可掬、十分随和。眼下他望着峡谷，可扑面而来的美景并未打动他；他的脸上没有柔和，线条依然强硬而坚定。他还在探寻，不是钱，而是他所谓的神。他一直在谈论爱和神。他的探寻甚为广泛，拜访了许多老师；因为他上了年纪，探寻变得更为急切。他来了几次谈论这些事情，可总有一种工于心计的神色；他一再强调寻找神明要花费多大的代价，他的旅行又多么昂贵。他知道他带不走自己拥有的东西；但他能否带些别的什么，一枚在他将去的地方值钱的硬币？他是个强硬的人，手和心都从未有过慷慨的表示，一点额外的付出也总是令他犹豫再三。他觉得每个人必须当得起他所获的酬劳，因为他也是适得其所。然而，那天早晨他想进一步自我揭示；因为，麻烦在酝酿，在他本来成功的生活中正在发生严重的困扰。总之，成功女神不再与他相伴。

"我开始意识到自己是什么了，"他说，"这么多年来我都在微妙地对抗和抵触。你的言论反对富有，说我们的话也不太好听，我生你的气；可我无法予以回击，因为我无法击中你。我试过不同的方法，可我动不了你。不过，你要我做什么呢？我向往神，我从未聆听或者接近过你。我现在夜不能寐，而以前我的睡眠一直很好，我常做噩梦，可过去几乎从不做梦。我怕你，默默地诅咒你——可我回不去了。我该怎么办？像你指出的那样，我没有朋友，也无法像过去那样收买他们——以前发生的事让我暴露太多。或许我可以做**你的**朋友。你提供过帮助，我在这里，我该怎么办？"

暴露是不易的；你暴露自己了吗？你有没有打开那个小心紧锁的橱柜，里面堆放着自己不想看的东西？你想打开它看看里面是什么吗？

"我是想看，可我该对它怎么办啊？"

你是真想看呢，还是只不过玩玩这个想法？一旦打开了，哪怕打开得再少，它也就关不上了。门会日夜开着，里面的东西会泼出来。你可能想逃，人总是想逃的；但它会在那里，等待和观望。你真想打开吗？

"我当然想，我就是为这个来的。我必须面对它，因为我已经走到了尽头。我该怎么办呢？"

打开看看。人要积累财富就得去伤害，就得冷酷、吝啬；肯定会有无情、狡诈的算计、不忠；肯定会寻求权势，那种自我中心的行为只不过被责任、义务、效率和权利等悦耳动听的词语给掩盖了。

"对，有过之无不及。我从不考虑任何人；宗教上的追求只是体面的外衣。现在我看着它，我看到一切都围绕我而旋转。我是中心，尽管我假装不是。我看到了这一切。可我该怎么办呢？"

首先，人必须看清事情的真相。然而，在这一切之外，如果没有感情，没有爱——那是无烟的火焰，人又怎么能消除这一切呢？只有这火焰能够消除橱柜里的内容，别无他途；分析、牺牲、放弃都办不到。有了这火焰，那它就不再是一种牺牲、一种放弃；那么你就会去迎接风暴，而不是等着它。

"可是我该怎么去爱呢？我知道自己对人没有热情；我很无情，该和我在一起的人都不在。我彻底孤独，我怎么去了解爱呢？我不是傻瓜，不认为我能靠一些刻意行动来获得它、通过一些牺牲、一些克制来收买它。我知道自己从未爱过，我也明白假如我爱过，就不会落到今天这光景。我该怎么办？我该放弃我的家产和财富吗？"

如果你发现自己精心培植的花园只生长毒草，你就必须将它们连根拔除；你必须把庇护它们的围墙推倒。你可做可不做，因为你有大量的花园，用墙精心围起，好生保护着。只有当别无选择时，你才会这么做。而你必须这么做，因为带着财富死去等于白活。然而，在这一切之外，必须有这种火焰，它更新一切事物，使头脑和心灵净化。那火焰不是头脑的，它不是可以培养的。善良的举动可以做得熠熠生辉，可那不是火焰；那所谓侍奉的举动，虽然有益和必要，也不是爱；修行和制约而成的忍耐，教堂和寺庙所培养的怜悯，文雅的谈吐，温和的举止，对救世主、形象、理想的膜拜——这一切都不是爱。

"我聆听和观照了，我觉察到这一切里都没有爱。可我的心是空的，怎么才能充实呢？我得做什么呢？"

依附排拒爱。苦行中找不到爱；妒忌尽管强大，也无法束缚爱。感觉与满足总会捉襟见肘；然而，爱是无限的。

"对我，这些只是词语。我如饥似渴，喂我吧。"

饿了才能喂。你饿了，自会找到食物。你是饿呢，还是只是贪婪，想尝尝其他东西？如果你是贪婪，你会找到满足自己的东西；可你会很快走到尽头，那不是爱。

"可我该怎么做呢？"

你一再重复那个问题。你做什么并不重要；关键要觉知到你在做什么。你关注将来的行动，那是逃避当下行动的一种方式。你不想行动，于是你不停地问该怎么做。你又在耍滑头，自我欺骗，因而你的心是空的。你想用头脑的东西填满它；然而，爱不是头脑的东西。让你的心空着好了。不要用词语、用头脑的行动填满它。让你的心完全空着；那时它就充实了。


## 结果的无益


他们来自世界各地，讨论了一些我们大多数人都碰到过的问题。讨论事情是好的；但是仅有词语、聪明的辩论和广博的知识，都不会带来脱离痛苦的问题的自由。聪明和知识可以被、也常常被证明是无益的，发现其无益令头脑安静。在那种安静中，对问题的领悟出现了；然而，寻求那种安静却会孳生另一个问题，另一种冲突。解释、对起因的揭露、对问题的分析性解剖，都不是解决的办法；因为问题无法靠头脑的方式去解决。头脑只能孳生更多的问题，它可以通过解释、理想和意图逃避问题；可无论它做什么，头脑本身无法脱离问题。头脑本身是问题和冲突生长和繁衍之地。思想本身无法安静；它可以披上一件安静的外衣，可那只是掩饰和姿态。思想能够依靠朝着一个既定目标的约束行为扼杀自己；可死亡不是安静。死亡比生命更为喧嚣。头脑的任何运动都是对安静的一种障碍。

从敞开的窗户传来嘈杂的声音：村里人大声说话和吵架的声音，汽船在发动引擎，孩子们的哭喊和放肆的大笑，过路卡车的隆隆轰鸣，蜜蜂嗡嗡，乌鸦刺耳的聒噪。在所有的声音中，有一种安静漫进了房间，不请自来。穿过词语和争论，穿过误解和挣扎，那种安静张开了翅膀。那种安静的本质不是声音、闲谈和词语的停止；要包容那种安静，头脑必须失却它扩张的能力。那种安静脱离了所有强制、符合、努力；它无穷无尽，永远新颖、永远鲜活。可词语不是那种安静。

为什么我们寻求结果、目标？为什么头脑永远追求终点？为什么它**不该**追求一个终点？我们来到这里，不也在寻找某种东西、某种经验、某种快乐？我们屡经尝试，被自己所玩弄的许多东西倒了胃口；我们厌恶它们，现在我们要一件新玩意来耍弄。我们从一件东西转到另一件东西，就像女人逛商店橱窗一样，直到发现某种令我们完全满意的东西；然后我们就安顿下来停滞不前。我们永远渴望某种东西；尝试过许多我们大都不甚满意的东西之后，现在我们要一样终极的东西：上帝、真实、或者任何你要的东西。我们想要一个结果、一种新的经验、一种新的能超越一切而延续的感觉。我们只看到某种特定的结果，而从未明白结果的无益；于是我们从一个结果转移到另一个结果，总是希望能找到一件一劳永逸的东西结束所有的追寻。

寻求结果和成功就是束缚和限制，它总会走到尽头的。获取就是一种终结的过程。到达就是死亡，而那恰恰是我们所寻求的，不是吗？我们在寻求死亡，只不过我们把它称作结果、目标、目的。我们想到达。我们厌倦了这没完没了的挣扎，我们想要到达那里——无论是哪个层次上的"那里"。我们没有看到挣扎的破坏性，却渴望通过获得一个结果来摆脱它。我们看不见挣扎和冲突的真相，于是我们把它当成一种获取自己所需的、尽如人意的手段；那种尽如人意的东西是由我们强烈的不满所决定的。这种对结果的渴望总能达到目的；可我们要一种一劳永逸的结果。那么我们的问题是什么？如何摆脱对结果的渴望，是那样吗？

"我想是的。对自由的渴望就是对结果的渴望，不是吗？"

如果追寻那条路线，我们将彻底陷入纠葛。我们无法看清结果的无益，无论我们将它搁置在哪个层面上，是那样吗？那是我们的问题吗？让我们看清自己的问题，然后，或许我们能够领悟它。看清一个结果的无益，从而摒弃对所有结果的渴望，是这个问题吗？如果我们觉察到一种逃避的无益，那么所有的逃避都是徒劳的。那就是我们的问题吗？显然，还不全是，对吗？或许我们可以从不同的角度看待它。

经验不也是一种结果吗？如果我们摆脱了结果，就必然摆脱了经验吗？因为经验不也是一个结果、一个终点吗？

"什么的终点？"

体验的终点。经验是对体验的记忆，不是吗？当体验结束，经验和结果就产生了。体验的时候是没有经验的；经验不过是对体验的记忆。当**体验着**的状态消失，经验就开始了。经验总是在阻碍体验和生活。结果和经验总是有限的；但体验却是无穷的。当无穷被记忆所阻隔，对结果的探寻就开始了。头脑、结果总是在寻求一个终点、一个目标，那就是死亡。没有经历者就没有死亡。只有那时才存在无限。

## 对极乐的渴望

广阔的草坪上孤单单地立着一棵大树，那是由树木、屋舍和湖泊所构成的小天地的中心，大树高高地矗立着、伸展着，周围的一切似乎都朝着它涌过去。它年轮久远，却散发着一股清新的气息，仿佛刚刚降临尘世，几乎没有任何枯枝，树叶也洁净鲜活，在阳光下熠熠生辉。由于它独树一帜，仿佛所有的东西都亲近它。尤其是在午间，鹿和野鸡、兔子和牛都在它的浓荫下聚集。那棵树的匀称之美使天空也显得有形，在晨曦中，大树仿佛是唯一有生命的东西。从树林里看，大树显得遥远；可从大树下望出去，树林、屋舍，就连天空都显得临近了——你甚至觉得过往的云彩都触手可及。

当他过来加入谈话时，我们已经在大树下坐了一会儿。他说自己对禅修有着正经的兴趣，已经修炼多年。他并未归属于任何学派，尽管他读了许多基督教神秘主义的东西，但印度教和佛教圣贤的禅修和教规更为吸引他。他接着说，他早就意识到禁欲主义的幼稚，虽然通过禁欲来积聚力量具有其特殊的诱惑，但他从一开始就避免一切极端。然而，他持行教规，实行一种持久不变的自我控制，决心要实现那贯穿并超越禅修的一切。他过着一种被视作严格而纯洁的生活，可那只是小事一桩，尘世的种种对他并无太大的吸引。他也曾在红尘滚滚中玩过一把，不过那已经是数年前的事了。他有过不同的工作，然而都浅尝即止。

禅修的目的就是禅修本身，寻求贯穿和超越禅修的东西是它的终极目标；这样，获取的东西就又丢失了。寻求一种结果是自我投射的延续；结果，无论多么高尚，还是欲望的投射。禅修是到达、获取和发现的一种手段，只能给予禅修者以力量。禅修者即禅修；禅修是对禅修者的领悟。

"我做禅修是为了发现终极的真实，或者让那种真实自动显现。我所要寻求的并不是一种结果，而是那种偶然感到的极乐。它是存在的；就像一个口干舌燥的人渴望清水，我想要那种难以言表的幸福。那种极乐远远超越了所有的快感。我把它作为一种心驰神往的欲望来追求。"

那就是，你通过禅修来获取你之所需。为了得到你渴望的东西，你严格地约束自己，遵从某些规则和条例；你设计了一条道路，沿着它前进，以便得到位于终点的东西。你希望通过坚持不懈的努力达到某种结果、某个冠冕堂皇的阶段，渐渐地体悟越来越大的喜悦。这条精心设计的道路可以确保你的最终结果。那么你的禅修是一件精打细算的事情，不是吗？

"被你这么一说，表面看来确实十分荒唐；可在深层意义上，有什么不对呢？寻求那种极乐在根本上有什么错吗？我想，对自己所有的努力，我当然想要一个结果；为什么不该要？"

这种对极乐的欲望意味着极乐是终极的、永恒的东西，不是吗？所有其他的结果都无法令人满意；你曾热情追求过世俗的目标，也看到了它们稍纵即逝的本性，现在你要求永恒的状态，一个没有终结的终结。头脑在寻求一个终极的、永存的避难所；于是它约束和训练自己，通过修习某种德行来得到它想要的东西。它也许经历过那种极乐，而且现在渴望着极乐，就像其他结果的追求者一样。你正在追求你的，只是你把它放在一个不同的层面；你可以给它一个更高尚的称呼，可那无关紧要。一个结果就意味着一个终点；到达意味着另一种"成为"的努力。头脑是永远不会停歇的，它总是不断地奋斗、不断地完成、不断地获得——当然，总是害怕失去。这个过程被称作禅修。一个陷于无休止地"成为"的头脑会觉知极乐吗？一个将教规强加于自身的头脑会自由地接纳那种极乐吗？通过努力和挣扎，通过对抗与排拒，头脑令自己变得麻木；这样一个头脑会是开放和灵敏的吗？通过对那种极乐的欲望，你有没有在自己的周围筑起一堵墙，以至那些不可思议的、未知的东西都无法渗透呢？难道你不是有效地把新的东西都拒之门外吗？你用旧的东西为新的东西铺了一条道；旧的里面包容新的东西吗？

头脑永远无法创新；头脑本身就是一种结果，所有结果都是旧的东西的结果。结果永远不会是新的；对结果的追求永远不会是自发的；自由的东西无法追求一个终点。目标和理想永远是头脑的投射，显然，那不是禅修。禅修是禅修者的自由化；只有在自由中才会有发现，才会有接纳的敏感。没有自由就不会有极乐；但是自由不是从戒律而来。戒律制造了自由的模式，但模式不是自由。打破模式才会有自由。打破模式即是禅修，但这种对模式的破除不是一个目标、一种理想。模式是在当下打破的。打破的一刻就是忘却的一刻。正是记忆的一刻形成了模式，模式的制造者，所有问题、冲突和苦恼的制造者，就随之产生了。

禅定是在所有层面上脱离头脑本身的思想。思想造就思想者。思想者与思想不是分离的；它们是同一个过程，而不是两个分裂的过程。分裂的过程只能导致无知和幻想。禅定者即禅定。那时头脑是单一的，而不是被刻意**制造**的单一；它是寂静的，也不是被刻意**制造**的寂静。单一是没有因果的，有了单一才有极乐。

## 思想和意识

万物回归自身。树木进入其自身的存在；鸟儿收起了翅膀，在白日的盘旋后栖息；河流失去了光彩，水花不再飞舞，归于宁静；山峦遥不可及，人回到了他的居所；夜幕降临，万籁俱寂。万物回归自身，兀然独立，没有交流。花卉、声音、交谈——一切都幽闭、无从打破。笑声传来，却显得孤寂和遥远；说话声压低了，从屋里传出。只有星辰引人入胜，敞开和交流着；可它们也十分遥远。

思想永远是一种外向的反应，它绝不能进行深层的反应。思想永远是外表物，思想永远是一种感受；思考则是感受的调和。尽管思想会把自己放在不同的层次，但它永远是表面的。思想永远无法渗透到深远和内涵中去。思想无法超越自身，每一次这样的尝试都是自我挫败。

"您说的思想是指什么？"

思想对任何挑战作出反应；思想不是行动和作为。思想是一种成就，一种结果的结果、记忆的结果。记忆是思想，思想是记忆的言语化。记忆是经验。思考的过程是意识的过程，既隐秘又开放。这整个思考过程就是意识；清醒或睡眠、浅层和深层都是记忆和经验的部分。思想不是独立的。没有独立的思考；"独立思考"是一种矛盾的说法。作为一种结果，思想反对或同意、比较或调整、谴责或辩护，所以它们永远无法自由。一个结果是永远无法自由的；它可以扭曲、操纵、徘徊，去到某一距离，但它无法脱离自己的停泊之地。思想在记忆中抛锚，它永远无法自由地发现任何问题的真相。

"你是说思想毫无价值吗？"

它具有调和感受的价值，但它本身作为行为方式是没有价值的。行为是革新，而不是对感受的调和。行为脱离了思想、理念和信仰，永远不会拘于一种模式。模式中有活动，那种活动不是暴戾和血腥，就是对立；但它不是行为。对立不是行为，而是活动在不断改头换面中延续。对立仍处于结果的范围之内，思想在追求对立面时陷入了其本身的反应之网。行为不是思想的结果；行为与思想无关。思想和结果永远无法创新；这种新是瞬间到瞬间都在变新的，而思想永远是陈旧的、过去的、被限制的。它有价值，但没有自由。所有的价值都是限制和束缚。思想受到珍视，所以它作茧自缚。

"意识和思想之间是什么关系？"

它们不是相同的吗？思考和意识之间有什么区别吗？思考是一种反应；意识不也是一种反应吗？当你意识到那把椅子，就是对一种刺激作出反应；思想不也是记忆对挑战的反应吗？我们称之为经验的正是这种反应。当下体悟是挑战和反应；这种体悟，及其命名或记录——这整个过程，在不同层次上，就是意识，不是吗？经验是结果，是当下体悟的结果。结果被赋予一个名目；名目本身就是一种结论，组成记忆的众多结论之一。这种推断的过程就是意识。结论和结果就是自我意识。自我就是记忆和众多结论；思想是记忆的反应。思想永远是结论，思考就是推断，因此它永远无法自由。

思想永远是表面的，是结论。意识是对表面的记录。表面把自己分成外在和内在，可这种分隔并未削弱思想的表面化。

"然而，有没有一种超越思想和时间的东西，一种不是头脑制造的东西呢？"

你可能听说或读到过这种状态，或者有过这样的当下体悟。这一当下体悟永远无法成为一种经验和结果，无法思考——一经思考，它就成了记忆而非当下体悟。你可以重复自己听说和读到的东西，可词语什么也不是；词语和重复都会阻止当下体悟的状态。有思考，就不会有当下体悟的状态；思想、结果和感受永远无法了解体悟的状态。

"那么思想怎么才会结束？"

看清这一真相：思想，那种已知的结果永远无法处于当下体悟的状态。当下体悟永远是新的；思考永远是旧的。看清这一真相，则真相带来自由——脱离思想和结果的自由。那时才会有超越意识的东西，它既非睡去也非醒来，它不可名状：它**存在**。

## 🌸 自我牺牲

他心宽体胖，自得其乐。他数次入狱，曾被警察殴打，而现在他成了一个即将当部长的著名政治家。他参加了几次聚会，低调地坐在人群中；可许多人察觉到了他，他也注意到众人。他发言时带着讲坛上的权威口气；众人望着他，他的声音传入了大家的耳朵。虽与众人共处，他还是鹤立鸡群；他是个大政治家，卓有名望；可人们的尊敬到了一定程度就停止不前了。讨论开始时人们就意识到这一切，有一种著名人士在场时的特殊气氛，一种惊讶和期待、友好而疑惑、纡尊降贵的疏离和愉悦并存的气氛。

他与一位朋友同来，友人开始解释他的情况：数次入狱，挨揍，为其国家的自由事业做出了巨大的牺牲。他是个富人，彻底欧化，有宽敞的花园洋房，汽车若干，等等。当友人叙述那个大人物的开拓历程时，他的声音中赞美敬仰油然而生；可是有一股潜流，一个念头似乎在说："他也许名不符实，可毕竟，看看他所做的牺牲吧，至少那也非同一般了。"大人物谈起了形势进展、水力发电的开发、给人民带来的繁荣、最近的共产主义威胁、庞大的计划和目标。人被遗忘，却保持了计划和意识形态。

放弃获取目标的行动，是以物换物；其中没有舍弃，只有交易。自我牺牲是一种自我扩张。自我牺牲是一种自我完善，而无论自我把本身搞得如何微妙，它仍是封闭、狭隘和有限的。为了目标而放弃，无论目标多么伟大、多么广博而重要，都是自我理想的替代品；目标和理念变成自我，"我"和"我的"。有意识的牺牲是自我的扩张，放弃是为了重新聚集；有意识的牺牲是反向的自我宣言。放弃是另一种形式的获得。你放弃**这个**是为了得到**那个**。**这个**被置于低层，而**那个**被放到了高层；为了获得高的，你"放弃"了低的。在这一过程中没有放弃，只有更大的满足的获得；寻求更大的满足没有放弃的因素。为什么要给众人乐此不疲的活动加上一个冠冕堂皇的词语呢？你"放弃"自己的社会地位是为了获得一种不同的地位，可能你现在拥有了它；那么你的牺牲带来了你梦寐以求的奖赏。有人想在天堂领赏，亦有人要在此时此地。

"这种奖赏随着事态的发展而来，可最初加入运动时，我从未有意识地寻求过奖赏。"

加入一种热门或不热门的运动本身就是一种奖赏，不是吗？人或许不是有意识地为了奖赏而加入，可促使人加入的内在动机是复杂的，没有对它们的领悟，人几乎不能说自己不是寻求奖赏。确实，重要的是领悟这放弃和牺牲的欲望，不是吗？我们为什么要放弃？要对此作出回答，人难道不需要首先发现自己为什么依附吗？只有当我们依附时，才谈论离弃；如果没有依附，离弃就没有挣扎。没有占据就没有放弃。我们占据，然后，为占据别的东西而放弃。这种得寸进尺的放弃被视作高尚和有教益的。

"对，的确如此。如果没有占据，也就不需要放弃了。"

所以，放弃和自我牺牲并不是一种要被赞美和仿效的伟大姿态。我们占据，因为没有占据我们就空了。占据名目繁多。一个没有世俗财富的人可能会依附知识、理念，有人或许依附德行，另有人依附经验，也有人依附名望，等等。没有占据，"我"就空了；"我"**就是**占据、储藏、德行、名声。出于对空的恐惧，头脑依附于名声、储藏、价值；为了到达一个更高的层次，它会丢弃这些，更高的存在更令人满足，更为永久。对不安和空的恐惧造成了依附和占据。当占据不尽人意时或引起痛苦时，我们为了一种更为令人愉快的依附而放弃它。令人满足的终极占据是上帝这个词，或是它的替代品：国家。

"但是害怕空也是很自然的事情啊。我听起来，你的意思是说，人应该爱空。"

只要你还在试图"成为"什么，只要你被什么占据，就会不可避免地有冲突、困惑和与日俱增的苦恼。你或许认为，由于自己的业绩和成功，你不会陷于这种愈演愈烈的分裂；可你无法逃避，因为你就是它的组成。你的活动、思想，你的生存的结构就基于冲突和困惑之上，因而也就处于分裂的过程之中。只要你不愿空，你确实不愿，那么你就会不可避免地孳生悲哀和对抗。空的意愿不是关涉放弃和强迫、内在和外在的问题，而是看清"当下之是"的真实。看清"当下之是"的真实就会脱离不安全的恐惧，这种恐惧培养了依附，导致了断绝、放弃的幻想。对"当下之是"的爱是智慧的开端。只有爱能够分享，只有爱能够交流；然而放弃和自我牺牲是隔绝和幻想的方式。

# 烟雾与火焰

整日炎热，出门成了考验。明晃晃的道路和水面本来就无孔不入地扎眼，那所白房子令这一切变本加厉；绿色的大地现在是明亮的金黄和焦裂。雨季要数月后才姗姗来迟。小溪干枯，眼下成了蜿蜒的泥沙带。几头牛躲在树荫下，放牛娃坐在一旁，在孤寂中边扔石子边唱歌。村庄在数英里之外，他独自一人，显得消瘦，食不果腹，却很快乐，他的歌声并不伤感。

房子在山上，我们在太阳下山时到达那里。从屋顶上可以看到绿色的棕榈树冠，绵延不尽地伸展着，在黄土地上撒下了阴影，它们的绿色也金光闪耀。越过黄土地是灰绿色的大海，白浪涌向沙滩，可深层的水域宁静依然。太阳在远处下落，海上的云团色彩斑斓。夜晚的星辰已依稀可见。凉风习习，可屋顶上余热尚存。一小堆人已在那里聚集有时了。

"我已婚，是几个孩子的母亲，但我从未感受到爱。我开始怀疑它是否存在。我们了解感觉、激情、兴奋和满足的快乐。可我在想，我们是否了解爱。我们常常声称自己在爱，却总是有所保留。我们或许在身体上毫无保留，起先我们完全地奉献自己；但即便在那时，我们还是有所保留的。给予是感觉的一种天赋，但仅仅是感觉上的给予并未觉醒，远远没有。我们在烟雾中相遇又迷失，而那不是火焰。我们为什么没有火焰？为什么燃烧的火焰被烟雾笼罩？我想，我们是不是过于聪明、过于知情才错失了那种芬芳。我想自己读书过多，过于摩登、愚蠢的浅薄。

尽管振振有词，但我觉得自己真的迟钝。"

然而，这是迟钝的问题吗？爱是一种光明的理想，一旦满足某些条件，那种不可企及的东西就垂手可得了吗？人有时间去满足所有的条件吗？我们谈论美，对它又写又画、舞蹈、鼓吹，可我们并不美，同样我们也不了解爱。我们只了解词语。

敞开和不设防是灵敏；有保留就有迟钝。不设防是不寻求安全感，摆脱了明天；开放就是含蓄的、处于未知状态的。敞开和不设防是美的；封闭就是迟钝和麻木。迟钝和聪明一样，是一种自我保护的形式。我们打开这扇门，却关上那一扇，因为我们只想要从一个特定的口子吹来的清风。我们从不走出去，或者同时打开所有的门窗。灵敏不是一件你可以从时间那里得到的东西。迟钝永远无法变成灵敏，迟钝永远是迟钝。愚蠢永远无法变成智慧。要想变得智慧的企图是愚蠢的。那是我们的困难之一，不是吗？我们一直试图成为什么——却迟钝依然。

"那么人该做什么呢？"

什么也不做，就做你自己，迟钝。做就是逃避"当下之是"，逃避"当下之是"是最大的愚蠢。无论怎么做，愚蠢还是愚蠢。迟钝无法变成灵敏；它能做的就是觉知当下之是，让当下之是的故事展开。不要去打扰迟钝，因为打扰本身就是迟钝和愚蠢。倾听，它就会对你说自己的故事；不要解释或行动，而是倾听，不要打断，不要解释，从头到尾地听故事。只有那时才会有行动。做什么不重要，倾听才是重要的。

要给予，就得有无尽的源泉。对给予的保留是对终结的恐惧，而只有在终结之处才会有无尽的源泉。给予不是终结。给予是或多或少的问题，无论多少都是有限的，是烟雾，是给和取。烟雾是欲望，比如妒忌、愤怒和失望；烟雾是对时间的恐惧；烟雾是记忆和经验。没有给予，只有烟雾的扩散。保留是不可避免的，因为没东西可给。分享不是给予；

分享和给予的意识阻止了交流。烟雾不是火焰，可我们把它误认为火焰。觉知烟雾，不要驱散烟雾去看火焰。

"可能有那种火焰吗？还是它只为少数人所有？"

它为少数人还是为许多人所有并不重要，是吗？如果我们寻求那条途径，它只能导致无知和幻想。我们关注的是火焰。你会有那无烟的火焰吗？找到它；安静地、耐心地观照烟雾。你无法驱散烟雾，因为你就是烟雾。当烟雾散去，火焰就出现了。这火焰是无尽的。一切都有起始和结束，很快就耗尽和用完了。当心灵没有了头脑的货色，头脑没有了思想，那时就会有爱。那种空就是无尽。

战斗不在火焰和烟雾之间，而是在烟雾中的不同反应之间。火焰和烟雾永远不会彼此冲突。有冲突必得有关系；它们之间有什么关系呢？一个存在，另一个就没有了。

## 头脑的占有

这是一条窄街，十分拥挤，交通倒不太繁忙。每有一辆公交车或汽车路过，人就得靠边站，几乎要掉进排水沟。有几家小店，一座门洞敞开的寺庙。这座寺庙异常洁净，当地人在那里，尽管为数不多。在一家小店的边上，一个男孩坐在地上做着花束和花环；他大概有十二或十四岁。绳子在一个小水罐里，他面前的一块湿布上，摊放着小堆的茉莉、玫瑰、金盏草和别的花。他一手拿着绳子，另一只手在不同的花堆里挑选，用绳子轻快敏捷地一扎，一束花就做成了。他几乎毫不在意手头的事情，目光在过路行人身上流连，对熟人微笑，眼睛回到自己手上，再望出去。眼下另一个男孩加入了他，他们开始谈笑，可他手上的活一直没耽误。现在已有很大一堆花束，可卖花还为时尚早。男孩停下来，起身走开了，可不一会又带了个比他更小的男孩回来，或许是弟弟吧。然后，他又轻快敏捷地重新开始了快乐的工作。现在人们进来买花了，零零星星或成群结队。他们一定是常客，笑着简洁地交谈。他有一个多小时没动窝。鲜花芬芳，我们彼此微笑。

大路引向小道，小道通往房屋。


我们是如何被过去所束缚！可我们不是为过去所束缚：我们就是过去。过去是一件多么复杂的事情，未经消化的记忆层层相叠，既珍贵又伤感。它跟我们日夜相随，偶尔有一次突破，露出一道清晰的光芒。过去像一道阴影，让事情变得沉闷而疲惫；在那道阴影中，当下失去了它的清晰和鲜活，明天也是阴影的延续。过去、现在和未来被长长的记忆之绳绑在一起；整束都是略带芬芳的记忆。思想从现在移向将来又折回过去，好比一头被绑在柱子上的动物，它总是在自己或窄或宽的半径内移动，但永远无法摆脱自己的阴影。这种移动就是头脑对过去、现在和未来的占有。头脑就是占有。如果头脑不被占有，它就不复存在；它的占有就是它的存在。对侮辱和奉承、上帝和美酒、德行和激情、工作和表现、储存和给予的占有，全都一样；它仍是占有、担忧和不安。无论被什么占有，储藏或是上帝，都是一种狭隘和浅薄的状态。

占有给予头脑一种活跃、生命的感觉。那就是头脑储存或放弃的原因；它靠占有来自我支撑。头脑必须忙碌，为什么忙碌无关紧要，重要的是它被占有，更理想的占有还具社会意义。被占有是头脑的本性，它的活动就是由此出发的。被上帝、国家和知识所占有是狭隘头脑的活动。被某事物所占有意味着限制，而头脑的神是一个狭隘的神，不管头脑把他放得多高。没有占有，头脑就空了；对空的恐惧令头脑不安和活跃。这种不安的活跃有一种生命的表象，可它不是生命；它总是导致死亡——这种死亡是同一活动的不同形态。

梦想是头脑的另一种占有，一种不安的象征。梦想是意识形态的延续，对清醒时刻没有活动的部分的一种延伸。头脑表层和深层的活动都是占有性的。这样的头脑会把结束作为一种继续的开始；它无法觉知结束，只能觉知结果，而结果永远在延续。寻求结果就是寻求延续。头脑、占有，没完没了；而有结束才有新生，有死亡才能复活。占有和头脑的死亡是寂静的开始，全然的寂静。这深不可测的寂静和头脑的活动之间毫无关系。要有关系，就必须有接触和交流；但头脑与寂静之间没有接触。头脑与寂静之间无法交流；它能接触的只是其本身的被它称为寂静的自我投射状态。但这种寂静不是寂静，它只是另一种形式的占有。占有不是寂静。只有当头脑对寂静的占有死亡时，才会有真正的寂静。

寂静是超越梦想、超越深层头脑之占有的。敞开或隐蔽的，深层头脑是一种残余，一种过去的残余。这种残余的过去无法体悟寂静；它可以梦想寂静，它常常这么做，但梦想不是真实。梦想往往被当做真实，可梦想和梦想者都是头脑的占有物。头脑是一个完整的过程，而不是一个孤立的部分。它的活动、残余和获取的整个过程无法与无尽的寂静交流。

## 思想的终止

他是个学者，对古典文学造诣颇深，每每在他自己的思想之上冠以古人的引言。人们不禁揣摩，他是否有脱离书本的独立思想。当然，没有独立的思想；所有的思想都是有依附和限制的。思想是影响的言语化。思考就是依附；思想永远无法自由。可他关注的是学问；他高举知识的大旗并为其所累。他一开始就说起了梵语，十分讶异甚至有些震惊地发现没人懂梵语。他几乎难以置信。 他说："从你在众多聚会上的发言可见，你曾广泛阅览过梵语著作，或研读过一些大师的翻译作品。"当他发现事实并不如此，我从未读过任何宗教、哲学或心理学的书籍，他公开表示不可思议。

我们赋予印刷文字和所谓圣书的重要性令人惊异。学者跟外行一样，是留声机；无论唱片换得多快，他们都是在不停地重复。他们关注知识，而不是当下体悟。知识是对当下体悟的一种阻碍。可知识是一个安全的天堂，是一些人的庇护；无知者对知识刮目相看，学者受到尊崇。知识像饮酒一样，是一种瘾；知识不会带来领悟。知识可以传授，而智慧却不能；必须脱离知识，智慧才会来临。知识不是购买智慧的钱币；可进入知识避难所的人并不冒险外出，因为词语饲养了他的思想，而思考则令他满足。思考是对当下体悟的一种阻碍；没有当下体悟就没有智慧。知识、理念和信仰是智慧之路上的障碍。

一个被占有的头脑不是自由和自发的，有自发才会有发现。一个被占有的头脑是自我封闭的；它无法被接近、不能敞开无防，那里有它的安全。思想正是由于它的结构，而成为自我隔绝的；它无法被造成敞开无防。思想不是自发的，它永远无法自由。思想是过去的延续，延续的东西无法自由。在终止处才有自由。

一个被占有的头脑出产它的工作成果，可以是牛车，也可以是喷气式飞机。我们可以自认为愚蠢，我们确实愚蠢。我们也可以自认为上帝，我们是自己的概念："我即彼。"

"然而，被上帝占有肯定比被俗物占有好，不是吗？"

我们想什么，就是什么；但重要的是领悟思想的过程，而不是我们想些什么。我们思考上帝还是美酒并不重要；各有各的影响，可两者都被自我投射所占有。理念、理想、目标，等等，都是思想的投射和延伸。人被自我投射所占有，无论在哪个层面上，都是自我崇拜。自我（Self）及大写的"S"无论写得多大，仍是思想的投射。思想被什么占有，它就是什么；除了思想，它什么也不是。所以，重要的是领悟思想的过程。

思想对挑战作出反应，不是吗？没有挑战，就没有思想。挑战和反应的过程是经验；经验的言语化就是思想。经验不仅是过去，它还是过去和当下的交会；它是意识也是隐藏物。经验的残余就是记忆和影响；对记忆和过去的反应就是思想。

"可这就是思想的一切吗？除了记忆的反应，它不再有更深沉的意义了吗？"

思想能够也确实把自己放在不同的层面上，愚蠢和深刻、高尚和鄙下；可它依然是思想，不是吗？思想中的上帝仍是头脑和词语的东西。上帝的思想不是上帝，它只是记忆的反应。记忆是长存的，并可能因此显得深刻；但它自己的结构决定了它永远不可能深刻。记忆可能被隐藏，不能一眼识破，可那并不令它深刻。思想永远无法深刻，也无法超越其本身。思想可以赋予自身更大的价值，可它依然是思想。当头脑被其自我投射所占有，它并没有超越思想，而只是担当了一个新的角色，采取了一种新的姿态；它在外衣之下依然是思想。

"可是，人怎么才能超越思想呢？"

那并不重要，不是吗？人无法超越思想。因为"人"，努力的制造者，就是思想的结果。对思想过程的揭示就是自知，"当下之是"的真相终结了思想过程。当下之是之真实无法在古今任何书本上找到，找到的是词语，不是真实。

"那么人如何才能发现真实？"

人发现不了它。发现真实的努力导致自我投射的结局；那结局不是真实。一个结果不是真实；结果是延伸或投射的思想的继续。只有当思想终止，才会有真实。通过强制、约束以及任何形式的对抗都无法终止思想。倾听"当下之是"的故事，带来了它自身的解放。正是那种解放，而不是向往自由的努力，才是真实。

## 欲望和冲突

这是一群快乐的人；他们大都很热切，有些人边听边反驳。倾听并非一种信手拈来的技巧，而是在那其中存在着优美的非同寻常的领悟。我们是带着自身不同深度的存在进行倾听，但我们的倾听总是带有先入之见或一种特定的观点。我们不是单纯地倾听，而是隔着自我的思想、结论和偏见的屏障。我们听时带着愉快或反感、会心或反对，可就是没有倾听。要倾听，就必须有一种内在的安静，一种脱离刻意紧张的自由，一种松弛的注意。这种既敏觉又无为的状态能够听到超越词语结论的东西。词语令人困惑，它们只是交流的外在手段；可是，要超越词语喧哗的交流，倾听时就必须有一种敏觉的无为。恋爱中的人可能会倾听；然而，寻找倾听者犹如大海捞针。我们大多数人都是追求结果、达到目标，我们永远在攻克和征服，所以没有倾听。只有在倾听中，你才能听到词语的歌唱。

"脱离所有欲望是可能的吗？没有欲望，还有生命吗？欲望不就是生命本身吗？寻求脱离欲望就是找死，不是吗？"

欲望是什么？我们是何时察觉到它的？我们何时说我渴望？欲望不

是一种抽象，它只存在于关系之中。欲望产生于接触和关系。没有接触，就没有欲望。接触可以是任何层次的，没有它，就没有感觉、反应和欲望。我们知道欲望产生的过程及其方式是观察、接触、感觉、渴望。我们何时觉察到欲望呢？我何时说我有一种欲望呢？每当有快乐或痛苦搅扰的时候，每当觉知到冲突和困扰的时候，我们就有了对欲望的认知。欲望是对挑战的未达满足的反应。对一辆造型优美的汽车的感知引起了快乐的搅扰。这种搅扰就是欲望的意识；由快乐或痛苦引起的对搅扰的注意就是自我意识。自我意识即欲望。每当出现对挑战作出未达满足的反应的搅扰时，我们便意识到了。冲突即自我意识。会有脱离这种搅扰和欲望冲突的自由吗？

"你是指脱离欲望的冲突呢，还是脱离欲望本身？"

冲突和欲望是两种分隔的状态吗？如果是，那我们的探询势必导致幻想。如果没有快乐或痛苦，也没有要求、寻找、完成等等的搅扰，无论是主动的或被动的，那么还会有欲望吗？我们想要排除搅扰吗？如果我们领悟了这一点，那么我们就能抓住欲望的要义。冲突是自我意识，通过搅扰而集中的注意就是欲望。你是要驱除欲望中的冲突因素，而保留其快乐因素吗？快乐和冲突都是扰人的，不是吗？莫非你认为快乐不扰人？

"快乐不扰人。"

真的吗？你从未注意过快乐的痛苦吗？对快乐的渴望难道从来不就是与日俱增、愈演愈烈的吗？渴望"更多"和逃避的急迫不是同样扰人吗？两者都会引起冲突。我们想要保留快乐的欲望，避免痛苦；可如果我们仔细观察，两者都是扰人的。但是，你想要摆脱干扰吗？

"如果我们没有欲望，就死了；如果我们没有冲突，就睡着了。"

你是在说经验呢，抑或只是对此有一种理念？我们想象一旦没有了冲突会怎样，从而阻止对冲突完全停止之状态的当下体悟。我们的问题是，冲突的起因是什么？没有冲突出现，我们就看不见美丽或丑陋的事物了吗？没有自我意识，我们就无法观照和倾听了吗？没有干扰，我们就无法生活了吗？没有欲望，我们就不存在了吗？无疑，我们必须了解干扰，而不是寻找一种克服或提升欲望的手段；必须了解冲突，而不是鼓吹和压制。

冲突的起因是什么？冲突产生于对挑战的反应不完全之时；这种冲突是意识作为自我的聚焦。自我，通过冲突而聚焦的意识，就是经验。经验是对某种刺激或挑战的反应；没有命名和归类，就没有经验。命名来自记忆的仓库；这种命名是词语化的过程，制造符号、形象和词语强化了记忆。意识，通过冲突对自我的聚焦，就是经验、命名和记录的完整过程。

"在这一过程中，是什么引起了冲突呢？我们能够脱离冲突吗？冲突之上是什么呢？"

正是命名引起了冲突，不是吗？无论在哪个层面上，你带着记录、理念、结论和偏见迎接挑战；也就是说，你为经验命名。这种名目赋予经验以特性，特性来自命名。命名是记忆的记录。陈旧遭遇新鲜；记忆和过去应对挑战。对过去的反应无法领悟生动、新鲜和挑战，对过去的反应是不充分的，冲突，即自我意识，便由此产生。没有命名的过程，冲突就停止了。你观照自己，就会看到命名几乎与反应同步。反应和命名之间的空隙是当下体悟。当下体悟，既无经历者也无被经历者，是超越冲突的。冲突是自我的聚焦，冲突一旦停止，所有思想全部停止，也就是无限的开始。

# 没有意图的行动

　　他归属并活跃地穿梭于众多不同的团体。他写作演讲，聚集钱财，参加组织。他咄咄逼人、坚定不移、行之有效。他是个有用之才，应接不暇，在大地上不停地来回奔波。他经历过政变，入过监狱，跟随领袖，现在，他自己也成了颇有权势的要人。他全力以赴，迅速实行宏伟蓝图；像所有饱学之士一样，他言必称哲学。他说自己是个行动者，不是个冥想者；他用一句梵文来传达整个行动哲学的要义。正是他的说自己是行动者的声明，意味着他是生活的重要组成要素之一——这生活大概不是指他个人的，而是他那一类型的。他把自己归类，也就阻止了对自我的领悟。

　　标签似乎令人满足。我们接受自己归属的那种类别，并把它作为对生命令人满意的解释。我们崇尚词语和标签；我们似乎从未超越某种符号并了解其价值。我们把自己叫做这个或那个，以便确保自己不再遭受更多的干扰，就高枕无忧了。意识形态和团体所相信的咒语之一，是它们提供的那种安慰和死气沉沉的满足。他们将我们催眠，我们在睡眠中做梦，又把梦想变成了行动。我们是多么容易游离！我们大都愿意游离；我们大都被不断的冲突所累，游离成为一种必需，它们变得比当下之是远为重要。我们可以玩弄游离的把戏，却无法玩弄当下之是；游离是幻想，其中有变相的快乐。

　　什么是行动？行动的过程是什么？我们为什么行动？无疑，仅仅活动肯定不是行动；保持忙碌不是行动，是吗？家庭主妇也很忙，你能称之为行动吗？

"不，当然不是。她关注的只是日常狭隘的事务。行动者是为更大的问题和责任而忙碌。为更深更广的事务忙碌可以被称作行动，不仅有政治上的，还有精神上的。它要求能力、效率、集体的努力，朝着目标持续挺进。这样的人不是冥想者、神秘者、隐士，他是一个行动者。"

你会把为大事忙碌称为行动。什么是大事呢？它们与日常生活是分隔的吗？行动和整个生活过程是分离的吗？没有层层相叠的生活的完整，哪来的行动呢？没有对整个生命过程的完整领悟，行动不就是破坏活动吗？人是一个完整的过程，行动必须是这种完整的产物。

"可那不仅意味着无为，还有不定的延宕。行动有紧迫性，把它哲学化是无益的。"

我们并没有哲学化，而只是想知道你所谓的行动是否并不制造无限的危害。改革总是需要进一步的改革。不完整的行动根本不是行动，它引起分裂。如果你有耐心，我们现在而非以后就可以发现，行动是全然无缺和完整的。

有意图的行动可以被称作行动吗？有一个意图，一种理想，为此而努力，那是行动吗？为了结果的行动是行动吗？

"那你还能怎么行动？"

你称之为行动的必有一个结果，一个看得见的终点，不是吗？你画好终点，或者你有一个理想、一种信仰，然后为之努力。为一个实际的或臆想的对象、终点、目标而努力，通常被称为行动。在与一些具体事实的关系中，我们可以了解这一过程，比如造一座桥；可心理意图也那么容易了解吗？无疑，我们在谈论你在为之努力的心理意图、意识形态、理想和信仰。你会把这种为心理意图的努力称作行动吗？

"没有意图的行动根本不是行动，那是死亡，无为是死亡。"

无为不是行动的对立面，它是一个十分不同的境界，跟眼下的问题无关；我们可以稍后再谈，先回到我们的要点上来。为一个目标、一种理想而努力通常被称为行动，不是吗？可理想是怎么产生的呢？它和"现实所是"是截然不同的吗？反理论和理论是不同并分隔的吗？非暴力的理想与暴力是完全两回事吗？理想不是自我投射的吗？它不是闭门造车吗？为着一个目标、一个理想行动，你在追求一种自我投射，不是吗？

"理想是自我投射吗？"

你是**这个**，而你想成为**那个**。无疑，那个就是你的思想成果。也许它不是你自我思想的成果，可它产生于思想，不是吗？思想投射理想；理想是思想的部分。理想不是超越思想的东西；它是思想本身。

"思想有什么不对？思想为什么不该创造理想？"

你是**这个**，你不满足，于是你想做**那个**。如果对**这个**有一种领悟，**那个**还会出现吗？因为你没有领悟**这个**，你创造**那个**，希望通过**那个**了解或者逃避**这个**。思想创造理想也制造问题；理想是一种自我投射，你为那种自我投射的努力就是你所谓的行动，有意图的行动。所以，无论是上帝还是国家，你的行动仍是在自我投射局限的范围之内。这种自我束缚的运动就是狗追逐自己尾巴的动作，不是吗？

"但是，没有意图的行动是可能的吗？"

当然可能。如果你看清有意图行动的真相，那就只有行动了。这样的行动是唯一有效的行动，它是唯一根本性的彻变。

"你是说没有自我的行动，不是吗？"

对，没有理念的行动。理念是自我对上帝或国家的认同。这种认同的行动只能制造更多的冲突、困惑和苦恼。然而，要所谓的行动者对理念置之不理是困难的。没有意识形态，他就会感到失落，确实如此；所以他并不是一个行动者，而是一个陷于自我投射的人，他的行动是自我的赞颂。他的活动造成隔离和分裂。

"那么人该做什么呢？"

领悟你的活动，唯独那时才会有自发行动。


## 原因和结果

"我知道你妙手回春，"他说，"你能治好我的儿子吗？他快瞎了。我看了不少医生，他们都无能为力。他们建议我把他带到欧洲或美国去，可我不是个富人，花不起这个钱。你可以做些什么吗？他是我唯一的儿子，我太太心都碎了。"

他是个小官，清贫但受过教育，像团体中所有人一样，他懂梵文及其文学。他不停地说，孩子受苦是他自己的因果报应，父母也一样。他们做了什么要受到这样的惩罚？他们前世或今生的早期犯了什么罪孽，要承担这样的痛苦？这样的不幸必有原因隐藏在过去某个行为之中。

医生可能没有发现失明的直接原因；它可能由某种遗传疾病引起。如果医生无法诊断病因，你为什么要从遥远的过去寻找一种超自然的理由呢？

"寻找原因，我可能会更好地领悟结果。"

你通过寻找原因领悟过什么吗？人知道为什么害怕，就脱离恐惧了吗？人可能知道原因，但那本身就带来领悟了吗？当你说你将通过了解原因领悟结果，你是说，知道这事儿是怎么来的，你就能从中得到安慰，不是吗？

"当然，所以我想知道过去的哪个行为造成了这样的失明。那才是最令人安慰的。"

那么你要的是安慰，不是领悟。

"可那不是一回事吗？领悟就是寻找安慰啊。如果领悟中没有快乐，那领悟有何益处呢？"

领悟一个事实可能会引起干扰，它未必带来快乐。你想要安慰，那才是你要找的东西。你被儿子罹病的事实所困扰，你想被安抚。这种安抚你称之为领悟。你出发，不是去领悟，而是被安慰；你的意图是要寻找一种平息困扰的方法，对此你自称寻找原因。你的主要关注点是被催眠、不受困扰，你在为此寻找一种方法。我们通过各种方式自我催眠：上帝、仪式、理想、美酒，等等。我们想要逃避困扰，一种逃避就是寻找原因。

"人为什么不该从困扰中寻求解脱呢？人为什么不该避免痛苦呢？"

通过逃避能够解脱痛苦吗？你可以对某件丑事、某种恐惧关上大门；可它还是在门后面，不是吗？那些被压抑和反抗的，并没有被领悟，是吧？你可以压制或管束你的孩子，但是，那样是肯定不会产生理解的。你为了避免困扰的痛苦寻找原因；你带着这个意图去看，自然会发现你要找的东西。只有当你观照痛苦的过程，觉知到它的每一个阶段，认识它的整体结构，才会有解脱痛苦的可能。逃避痛苦只能强化它。对原因的解释不是对原因的领悟。你无法通过解释脱离苦海；痛苦依然如旧，你只是用词语和结论（不管是自己的还是别人的）掩盖了它。学习解释不是学习智慧；只有当解释终止，智慧才有可能出现。你急切地寻求解释，那将是一种自我催眠，你会找到它们，可解释不是真实。只有在没有结论、解释和词语的观照中，真实才会来临。观察者是词语塑造的，自我是解释、结论、谴责、辩护等等造就的。只有在无观察者时，才会出现与被观察者的交融；只有那时才有领悟，并从问题中解脱。

"我想我明白了。可有没有因果报应这回事呢？"

你说那个词是什么意思？

"当下的环境是过去行为的结果，不久以前或是遥远的过去。这种错综复杂的因果过程，多少就是因果报应的意思。"

那只是一种解释，但是让我们越过词语。有一个确定的原因造成一个确定的结果吗？因果确定之后就没有死亡了吗？一切呆滞、僵化和特殊化的东西必然灭亡。稀有动物很快就灭绝了，不是吗？人是非稀有的，他才有延续生存的可能。柔韧的东西耐久，不柔韧的东西易碎。橡子只能长成橡树；因果都在橡子之中。但是，人并非如此完全封闭，特殊化；所以，如果他不通过种种方式破坏自己，他是可以生存的。因果是确定、固有的吗？当你用"因和果"之间的那个"和"字，不就意味着它们是固有的吗？可原因是从来固有的吗？结果总是不可改变的吗？无疑，因果是一个延续的过程，不是吗？今天是昨天的结果，明天是今天的结果；曾经的因变成了果，曾经的果变成了因。这是一个连锁的过程，不是吗？一件事流向另一件，没有一个停止的点。这是一个持续的运动，没有固定点。引起这一因果运动的因素有很多。

解释、结论是固定的，无论它们是左派还是右派，或者是那种有组织的信仰，即所谓的宗教。当你试图用解释去掩盖生命，生命就蒙上了死亡的阴影，而那是我们大多数人所渴望的；我们想被词语、理念和思想催眠。理性化只是另一条平息困扰状态的途径；可就是那种想被催眠、寻找原因和结论的欲望引起了困扰，于是思想作茧自缚。思想无法自由，也无法解放自己。思想是经验的结果，经验总是限制性的。经验不是真实的尺度。对虚假的觉知就是真实的自由。

# 迟钝

火车启动时，天色尚明，可阴影已经拉长了。城镇在铁路沿线伸展。人们出来看火车经过，乘客向朋友招手。在隆隆的轰鸣中我们开始穿越一座横跨一条蜿蜒大河的桥梁；这一段的宽度约有数英里，彼岸在渐暗的暮色中依稀可见。火车缓慢地穿过桥梁，仿佛边走边选择自己的道路；细数两岸之间的桥墩，共有五十八个。河流是多么美丽富饶、潜深流静！远处的岛屿看上去令人清凉而愉悦。喧闹肮脏、尘土飞扬的城镇被甩在后面，夜晚清新的空气从车窗涌入；可只要一下桥，又是灰天灰地了。

下铺的那个人非常健谈，因为我们有一整晚的时间，他觉得有权利提些问题。这个五大三粗的重量级人士开始谈起了他的家庭和生活、他的麻烦和孩子。他说印度应该像美国一样繁荣；过多的人口必须加以控制，人民应该感到匹夫有责。他谈到了政治局势和战争，最后描述了他的行程。

我们是多么迟钝，多么缺乏灵敏而充分的反应，观照的自由又少得可怜！没有灵敏，怎么会有灵活而迅速的觉知，怎么会有接纳、有脱离挣扎的领悟呢？正是挣扎阻止了领悟。领悟来自高度的灵敏，但灵敏不是可以培养的事情，培养的东西是一种姿态，一种人工的虚饰；这种包装不是灵敏，是一种习性，或浅或深，都有赖于影响。灵敏不是一种文化效应、一种影响的结果；这是一种敏感的、开放的姿态。开放是难以言表、未知、不可思议的。可是，我们小心翼翼地免于灵敏，因为它太痛苦、太精确，它要求不断的适应，即体察。要体察就要观照；但我们宁可被安抚、催眠，变得迟钝。报纸、杂志、书籍通过我们的阅读成癖留下了其呆滞的印记；因为阅读跟饮酒和仪式一样，是一种奇妙的逃避。我们想逃避生活的痛苦，迟钝是最有效的方式：迟钝来自解释、来自追随一个领袖或一种理想，来自对某些成就、标签或特性的认同。我们大都想变得迟钝。习惯是十分有效的催眠手段。教规、修行、要成为什么的不懈努力——要变得迟钝，有不少令人肃然起敬的方法。

"可是，人一旦灵敏又能做什么呢？我们会束手无策，丧失了有效的行动。"

迟钝和呆滞给世界带来了什么？人们有效行动的结果又是什么？战争、内在和外在的困惑、无情和为自身为整个世界感受到的与日俱增的苦恼。没有观照的行动不可避免地导致破坏、生理的不安和分裂。可灵敏不是信手拈来的；灵敏是对高度复杂的简单领悟，这不是一种退缩和袖手旁观的封闭过程。灵敏的行动是觉知行动者的整个过程。

"觉知自我的整个过程需要很长时间，同时，我的生意会垮掉，我的家人会挨饿。"

你的家人不会挨饿；即使你没有存放足够的金钱，也总有可能安排他们的温饱。你的生意无疑会垮掉，但你的生活中其他层面的瓦解已经发生了。你只关注外在的破裂，不想看到或了解你的内在发生了什么。你置内在于不顾，希望建立外在；但内在终究会攻克外在。没有内在的充实，外在将难以为继；但内在的充实不是宗教组织的重复感觉，也不是所谓知识的积累。为了外在的生存和健康，必须领悟这些内在追求的方式。不要说你没有时间，因为你有很多时间；这不是缺乏时间的问题，而是忽视与勉强。你没有内在的丰足，因为你在外部已经得到了富足，于是，也想在内部得到同样的富足。你不是在找赡养家庭的必要资金，而是找占有的满足。占有的人，无论占有财产还是知识，是永远无法灵敏的，他永远无法开放和敏觉。要占有就会变得迟钝，无论占有的是德行还是钱币。占有一个人就是对那人没有觉知；寻求和占有真实就是排拒它。当你想成为有美德的人，你就不再有美德；你对美德的追求只是在一个不同层面上获得满足，满足不是美德，而美德是自由。

迟钝的人、体面的人、没有美德的人怎么能自由呢？单个人的自由不是隔绝的封闭过程。在富或贫上、知识或成功上、理念或美德上的隔绝就是迟钝和呆滞。迟钝的人、体面的人无法交流；他们的交流只是自我投射。交流必须有灵敏、开放性，必须脱离"成为"，即"我该是"的状态。"成为"无法交流，因为它总是自我隔绝的。爱是敏觉的；爱是开放的、不可思议的、未知的。


# 🌱 行动中的清晰

这是一个明媚的早晨，雨过天晴。树上柔嫩的新叶在海面吹来的微风中飞舞。青草绿意盎然，牛群开怀大嚼，因为，几个月后草地将片叶无存。房间里满溢着花园的芬芳，孩童在高笑尖叫。椰树上垂着金黄的果实。硕大的香蕉叶轻盈摇摆，尚未经受岁月风霜的摧残。大地多么美丽，色彩绚烂，充满诗情画意！穿过村庄，越过高大的屋舍和树林，大海就在眼前，光芒四射，波涛汹涌。远处有一条小船，几根原木捆在一起，一个人独自垂钓。

她十分年轻，二十挂零，最近新婚，可往昔的岁月已经在她身上留下痕迹。她说自己家境优裕、知书达理，勤勉持家；她体面地获得了硕士学位，一眼便知是个聪明伶俐的人。一旦开口，她说得轻快流利，可是突然间，她变得紧张而沉默。她想卸下自己的负担，因为她说，她从未跟任何人甚至父母谈过自己的问题。渐渐地，一点一滴地，她的忧伤溢于言表。词语只在某种程度上传达了意思；它们多少有些扭曲，未能赋予其描述对象完整的旨意，在全然不知中制造了假象。她想要传达的远远超出了词语的含义，她成功了；她竭尽全力，对某些事情还是难以言表，可正是她的沉默传达了那些痛苦和无法承受的屈辱，她与丈夫的关系已只剩一纸契文。她遭到丈夫的殴打和遗弃，孩子尚幼，未能成伴。她该怎么办？他们目前分居，她该回去吗？

　　体面是如何强硬地掌控我们啊！人们会怎么说呢？人，尤其是一个女人，可以独居而不引起他人的非议吗？体面是一件虚伪的外衣；我们在思想中尽情地犯罪，但在外表上却无可指责。她是在寻求体面，因此困惑不已。很奇怪，当一个人内心清晰时，无论发生什么都是对的。有了这种内在的清晰，对错就不是根据个人的欲望来区分，而是"无论是什么"都是对的。安心来源于对当下之是的领悟。然而做到清晰是何等困难啊！

　　"我怎么才能弄清自己该干什么呢？"

　　行动不是随着清晰而来：清晰**就是**行动。你关心的是自己该做什么，而不是清晰。你在体面和自己该做什么之间、在希望和当下之是之间左右为难。对体面和某种理想行为的双重欲望引起了冲突和困惑，只有当你能够观照当下之是，才会有清晰。"事实是"并非"应该是"，后者是欲望扭曲的某种模式；"事实是"才是真实，不是欲望而是事实，才是真实的。可能你从未这样看待过问题；你思考或工于心计，权衡彼此，计划和反计划，这显然导致了你的困惑，以至你问该怎么办。在困惑的状态下，无论你做何种选择都只能导致进一步困惑。很简单而直接地观照它，一旦你这么做了，就能不带扭曲地看清当下之是。含义就是它本身的行动。如果当下之是是清晰的，那么你就会看到，没有选择，只有行动，你该怎么做的问题就从不会产生；只有举棋不定的时候才会产生这一问题。行动不是选择性的；选择的行动是困惑的行动。

"我开始明白你的意思：我必须看清自己，不受体面与否的左右，没有利己的算计，没有讨价还价的心态。我清楚了，可是，要保持清晰是困难的，不是吗？"

一点也不难。要保持就是对抗。你既不保持明晰，也不反抗困惑：你正在经历困惑，你会看到，由此产生的任何行动都不可避免地令人益发困惑。当你经历这一切时，不是因为你听人说，而是你自己直接看到它，那时当下之是的明晰就在那里了；你并不保持明晰，它就在那里。

"我很明白你的意思。是的，我清醒；那很好。可是爱呢？我们不了解爱的含义。我以为我爱过了，可现在我明白自己不爱。"

据你所说，你出于害怕孤独、出于生理需要和冲动而结婚；你发现所有这些都不是爱。你可能称之为爱，让它听起来体面些，但事实上，在"爱"这个字眼的外衣之下，这只是图方便而已。对大多数人来说，这**就是**爱。这种爱带着弥漫的烟雾：对不安、孤独、挫折、老年被遗弃的恐惧，等等。但所有这一切都只是思想的过程，那显然不是爱。思想造成重复，重复造成关系的僵化。思想是一个浪费的过程，它不会自我更新，只能延续；延续的东西都不会是新颖的、鲜活的。思想是感觉的，思想是官能的，思想是考虑性的问题。思想无法将自己停下来去创造；思想即感觉，它无法成为与此不同的别的某物。思想总是陈腐的、过去的、老旧的；思想永远不会是新鲜的。就像你所看到的，爱不是思想。爱是没有思想者的。思想者与思想没有什么区别；思想和思想者如出一辙，思想者就是思想。

爱不是感觉；它是无烟的火焰。你没有了作为思想者的自我，就会了解爱。你无法为爱牺牲自己、牺牲思想者。爱不会有刻意的行动，因为爱不是头脑的东西，爱的意愿和约束是思想的爱；思想的爱是感觉。思想无法思考爱，因为爱是头脑无法企及的。思想是延续的，爱是无限的。无限的东西永远是新鲜的，那些延续性的东西总是在害怕终止，而只有终止才会有爱之永恒的开始。

## 意识形态

"所有这些关于心理和头脑内在活动的讨论都是浪费时间；人需要工作和食物。当经济形势显然是需要攻克的头等大事时，你不是在刻意误导听众吗？你谈论的东西可能最终是有效的，可是，当人们忍饥挨饿的时候，这些玩意儿有什么好处？在胃没有填饱之前，你什么也想不了，什么也做不了。"

人当然得填饱肚子才能生存；但是要想所有的人都温饱，我们的思想方式必须有一个根本性的革命，因此攻克心理领域就具有重要性了。对你来说，意识形态比出产食物远为重要。你可以大谈穷人的温饱，关心他们，但你们不是更关注一个理念、一种意识形态吗？

"是的，我们是；但意识形态只是将人们聚合起来集体行动的一种手段。没有一个理念就不会有集体行动；理念和计划先行，行动随之而来。"

因此，你首先也是关注意识形态的，然后你所谓的行动才会随之而来。既然如此，你的意思就不是说，谈论心理因素是对人们的刻意误导。你的意思是，只有你的意识形态是有道理的，因而何必费心再深入思考呢？为了你的意识形态，你需要集体行动，所以你就说，对心理过程的进一步思考不仅浪费时间，而且还是偏离主题的，而主题是：建立一个没有阶级的、人人都有活干的社会。

"我们的意识形态是广泛的历史研究的结果，是根据事实来阐述历史；这是一种真实的意识形态，并不是宗教迷信。我们的意识形态背后有直接经验，而不是想象和幻觉。"

宗教组织的意识形态或教条也是以经验为基础的，或许就是那个布道者的经验。他们也建立在史实的基础之上。你的意识形态或许是研究和比较的结果，接受某些事实又否认另一些，你的结论可能是经验的产物，可是，为什么要把他人同样是经验产物的意识形态驳斥为幻想呢？你在你的意识形态下聚集了一群人，别人也聚集了自己的人群；你想要集体行动，别人在不同的方面也是如此。在每一个案例中，你们所谓的集体行动来自一种理念；你们两者都肯定或否定地关注理念，以导致集体行动。每一种意识形态背后都有经验，只是你驳斥他人经验的真实性，而他人也驳斥你的。他们说你的系统不切实际，将导致奴役，等等，而你把他们称作好战者，声称他们的系统将不可避免地导致经济灾难。那么你们两者都关注意识形态，不是让人们丰衣足食，不是给人们带来幸福快乐。两种意识形态打起仗来，人却被遗忘了。

"对人的遗忘是为了对人的拯救。我们牺牲现在的人拯救将来的人。"

你为了将来破坏现在。你以国家的名义借用神明的力量，就像教堂以上帝的名义行事。你们两者都有自己的上帝和圣经；两者都有忠诚的传道者、牧师——任何偏离那种忠诚和真实的人都要倒霉！你们并无太大的区别，大同小异；你们的意识形态不同，可过程是多少一致的。你们两者都要为将来的人牺牲现在的人——好像你们对将来了如指掌，好像将来是一件固定的东西任你操纵！可你们两者对明天就跟任何人一样不确定。现在有如此之多不可思议的事实造就未来。你们两者都承诺一种回报、一个乌托邦，一个将来的天堂；可将来不是一种意识形态的结论。理念总是关注过去或未来，而从不关注现在，因为现在是行动，唯一的行动。所有其他的行动都是拖沓和延宕，所以就称不上行动，而是对行动的逃避。基于理念的行动，无论是过去还是将来，都并非行动；行动只能是现在和当下。理念是过去和将来，不会有当下的理念。对一个思想家来说，过去和将来都是一种固定的状态，因为他自己就是过去和将来造就的。一个思想家永远不会活在当下；对他来说，生命总是在过去或者将来，而永远不是现在。理念总是过去经过现在穿针引线，通往将来。对一个思想者来说，现在是通往将来的一个渠道，所以无关紧要；手段不重要，结果才重要。不择手段达到目的。结果是固定的，将来是已知的，所以，在通往将来的道路上，应该摧毁任何挡道的人。

"经验对行动至关重要，理念和解释均来自经验。你肯定也不否认经验，没有理念框架的行动是无法无天的，是混乱，直指疯人院。你在提倡没有理念力量配合的行动吗？没有理念先行，你怎么能进行任何事情呢？"

如你所说，解释和结论是经验的产物；没有经验就没有知识；没有知识就没有行动。理念跟随行动，或者理念在先，行动在后？你说经验先行，行动随之，是那样吗？你所谓的经验是什么？

"经验是一个老师的、作家的或革命者的知识，是他从其研究和经验（自己或他人的）中积累的知识。在知识和经验上建立了理念，又从这一意识形态结构产生了行动。"

经验是量度的唯一依据和真实的标准吗？我们一起交谈是一种经验；你对刺激作出反应，这种对挑战的反应就是经验，不是吗？经验和反应几乎是同步的过程；它们是背景框架之内的持续运动。是背景对挑战作出反应，这种对挑战的反应就是经验，不是吗？反应来自背景，来自限制。经验永远是限制性的，理念随之而来。基于理念的行动是被约束和限制的行动。经验和理念对立于另一种经验和理念是无法统一的，只能导致进一步对立。　对立面永远无法合而为一。只有对立面消失，统一才会发生；可是，理念总是孳生对立面的。在任何情况下，冲突都无法带来统一。

经验是背景的对挑战的反应。背景是过去的影响，过去是记忆，记忆的反应是理念。意识形态由记忆，也就是经验和知识塑就，永远无法更新。它可能自称为更新，但只是过去在改头换面中的延续。一个对立的意识形态和教条仍是理念，理念必然总是过去的。没有一种意识形态是**唯一**的意识形态；但如果你说你的意识形态像其他任何意识形态一样，是有限的、偏颇的、受制约的，就没人会听从你了。你必须说它是唯一能够拯救世界的意识形态；我们大多数人都沉溺于公式和结论，我们亦步亦趋，被彻底利用，因为，利用者本身也被利用。

基于理念的行动永远不是自由的行动，而总是受到束缚的。向着一个终点、一个目标的行动从长远看并非行动；短期内它将以一种行动的面目出现，可这样的行动是自我破坏，这在我们的日常生活中是显而易见的。

"可是，人能够脱离所有的限制吗？我们相信这是不可能的。"

理念和信仰再次禁锢了你。你相信，别人不信；两者都是自己信仰的囚犯，两者都根据自己的限制来经历。人只有向限制和影响的整个过程追根究底，才会发现有没有自由的可能。对这一过程的领悟是自知。只有通过自知，才会有解脱束缚的自由，这一自由是没有任何信仰、任何理念的。

# 美

村子里很脏，可每座小棚屋的周围倒还干净。屋前的台阶每天洗刷，棚屋里面虽有炊烟，也是洁净的。全家都在，父母、孩子，老妇人该是祖母吧。他们看上去全都乐呵呵的，不可思议的满足。口头的交流是不可能的，因为我们不懂他们的语言。我们坐下，没有丝毫的尴尬。他们继续干活，可孩子就在一边，一个男孩和一个女孩坐着微笑。晚饭快准备好了，没有多少东西。当我们告别时，他们都出来目送；河面上的太阳躲在一片巨大的云层后面，云霞似火，水面像森林大火似的金光闪闪。

一排排的棚屋被略宽的小道所分割，小道的一边是藏污纳垢的臭水沟，眼看白色的虫子在黑乎乎的淤泥里挣扎。孩子们在小道上玩耍，全神贯注于他们的游戏，大笑、尖叫，对路人置若罔闻。河岸上，棕榈树在燃烧的天空映衬下挺立着。猪、牛、羊在棚屋的周围漫步，孩子们随手推开挡道的山羊和瘦骨嶙峋的奶牛。夜幕降临的村庄尘埃落定，孩子们也在母亲的叫唤声中安静下来。

宽敞的屋宇，带着白色高墙的美丽花园。园中鲜花盛开、绚丽缤纷，其中想必倾注了大量的钱财和精力。花园里异常宁静，欣欣向荣，美丽的大树似乎庇护着万物的生长。喷泉该是众多鸟儿的欢乐中心，而现在也静静地独自歌唱，没有任何干扰。一切都在夜晚回归自己。

她是个舞蹈家，不是出于职业而是出于爱好。有人认为她跳得很好。她想必为自己的舞艺感到骄傲，因为她颇为自负，不仅为自己的成就，也为其自身灵性价值的内在认知。像他人为自己的外在成功踌躇满志一样，她为自己的灵性高度而满足。灵性高度是一种自我投射的欺骗，可它令人志得意满。她珠光宝气，指甲鲜红，嘴唇涂得颜色很相配。她不仅跳舞，还演讲艺术和美，也讲灵性的进步。虚荣和野心溢于言表；她不仅想作为一个艺术家为人所知，也要在灵性上扬名。现在，她从灵性上得益匪浅。

她说自己没有个人问题，而是想讨论美和灵性。她不关心个人问题，那终究是愚蠢的，而是关心更广阔的事业。什么是美？它是内在还是外在？主观还是客观？抑或是两者的结合？她在自己的领地上如此胸有成竹，而"确定"是对美的排拒。确定就是自我封闭、不开放。没有开放，哪来的灵敏呢？

"美是什么？"

你在等待一个定义、一个公式，还是渴望探究？

"可是，人不是得有工具才能探究吗？没有认知、没有解释，怎么探究？我们在起步之前必须知道自己要到哪里去。"

知识不会阻碍探究吗？当你已经知道，还哪来的探究呢？不正是"知道"这个词表明了一种停止探究的状态吗？知道不是探究；所以，你只是在要求一种结论、一个定义。对美有一种衡量吗？美就是符合一种已知或想象的模式吗？美是一种没有框架的抽象吗？美是唯我独尊吗？唯我独尊能够完整吗？没有内在的自由，外在能够美丽吗？美是虚饰、装点吗？一种外露的美丽就是灵敏的迹象吗？你在寻求什么？一种内在和外在的结合？没有内在，怎么会有外在之美呢？你强调的是哪一个？

"我两者都强调；没有完美的形式，哪有完美的生命呢？美是内在和外在的结合。"

那么你对美是有一种公式的。公式不是美，而只是一连串字符。美不是"成为"美丽的过程。你在寻求什么？

"形式和灵性的双重美丽。完美的花必须有一个可爱的花瓶。"

没有灵敏，会有内在的和谐，或许还有外在的和谐吗？灵敏不是体察美丑的要素吗？美是对丑的逃避吗？

"当然是。"

美德是逃避、反抗吗？有反抗会有灵敏吗？自由不是灵敏所必需的吗？自我封闭能够灵敏吗？野心勃勃能够灵敏、能够觉知美吗？对"当下之是"保持灵敏和开放是最根本的，不是吗？我们想认同自己称之为美的东西，逃避我们称之为丑的东西。我们想认同美丽的花园，而对臭气熏天的村庄闭上眼睛。我们想抗拒也想接受。所有的认同不都是反抗吗？没有抗拒、没有比较地觉知村庄和花园，那才是灵敏。你只想对美和德行灵敏，抗拒邪恶和丑陋。灵敏和开放是一个完整的过程，它无法在某个令人满意的特定层面上切割。

"可是，我在寻求美和灵敏。"

果真如此吗？如果是，那么所有对美的关注必须停止。这种对美的思考和膜拜是对"当下之是"、对你自己的一种逃避，不是吗？如果你对存在和自我没有觉知，又怎么会灵敏呢？那些野心勃勃、工于心计的美的追求者只是在膜拜他们的自我投射。他们是完全自我封闭的，在自己周围竖起高墙；因为没有什么能够在隔绝中生存，苦恼就产生了。这种对美的追求和对艺术喋喋不休的讨论是对生命，即自我的逃避，这种逃避广受尊崇。

"可音乐不是一种逃避。"

当它替代了自我领悟，它就是一种逃避。没有自我领悟，一切行动都会导致困惑和痛苦。有了领悟——对自我和思维方式的领悟——带来的自由，才会有灵敏。

## 完整

　　小狗圆圆胖胖、干干净净，在温暖的沙堆里玩耍，一共有六只，都是白色或浅棕色。狗妈妈躺在近处的树荫底下。它消瘦疲乏，全身疥癣，几乎没有毛，还有几处伤，但它摇着尾巴，为那些小胖狗深感得意。它可能活不了一个月。它是那种流浪狗，靠在肮脏的街道和贫穷的村庄觅食生存，总是饥饿，总是奔忙。人类向它丢石子，把它从门口赶走，它们就得躲开。可眼下在树荫里，昨日的记忆已经远去，它筋疲力尽；小狗们就在身边，人们爱抚着它们，对它们说话。傍晚，微风从宽阔的河面上吹来，清新而凉爽，当下有一种满足。它去哪里找下一顿饭是另一回事，现在又挣扎什么呢？

　　穿过村庄，沿着河岸越过绿色的田野，在一条喧闹而尘土飞扬的道路末段坐落着一栋房子，人们等待着谈论各种各样的事情。各色人等都有：若有所思的、急不可待的、懒散的和善辩的，机智的和那些遵照定义和结论生活的人。若有所思的人颇有耐心，机智的人在抢白那些纠缠不清的；可是，慢的不得不跟上快的。领悟是瞬间的闪光，必须有安静的空隙让闪光出现；但是，快的人急不可耐，没有给这些闪光留下空间。领悟不是口头的，也没有智力上的领悟。智力上的领悟只是在口头的层面上，所以什么也没领悟。领悟不是作为思想成果出现的，因为思想说到底还是口头的。没有不带记忆的思想，记忆就是词语、符号和制造形象的过程。在这一层面是没有领悟的，领悟来自两个词语之间的空隙，在词语形成思想之前的空隙。领悟既不为机智者也不为迟钝者而存在，而是为了那些觉知到这一片深不可测的空间的人。

"什么是分裂？我们看到世上人际关系的迅速分裂，我们自身内部的分裂更甚。怎么才能阻止这种分裂？我们怎么才能完整？"

如果我们能够观照分裂的方式，就会有完整。完整不是在我们存在的一两个层面上，它是整个一起来的。在那之前，我们必须发现自己所说的分裂的含义，不是吗？冲突是分裂的迹象吗？我们不是在寻找一种定义，而是词语背后的要旨。

"奋斗不是不可避免的吗？整个生存就是奋斗；没有奋斗就会腐烂。如果我不为一个目标奋斗，就会退化。奋斗像呼吸一样重要。"

一种绝对的陈述阻止了一切探究。我们试图发现分裂的要素是什么，或许冲突、奋斗就是其中之一。我们说冲突、奋斗是什么意思呢？

"竞争、拼搏、努力，成功的意志、不满足，诸如此类。"

奋斗不仅是在生存的一个层面上，而是在所有层面上。"成为"的过程就是奋斗和冲突，不是吗？职员成为经理、牧师成为主教，弟子成为大师——这种心理转化就是努力和冲突。

"我们没有这个转化过程能行吗？它不是一种必需吗？人怎么才能摆脱冲突？在这种努力背后没有恐惧吗？"

我们在努力去发现、去经历造成分裂的东西，不仅是在口头上，而且深入地去做，而不是为如何摆脱冲突或其背后的东西而努力。生存和"成为"是两种不同的状态，不是吗？生存也许包含着努力；可我们考虑的是"成为"的过程，做得更好的心理冲动，靠奋斗去把"当下之是"变成它的对立面。这种心理转化可能就是今日常生活变成痛苦、竞争和巨大冲突的要素。我们说"成为"是什么意思？牧师想当主教、弟子想当大师的心理转化，等等。这一转化过程中就有努力、肯定或否定；这是把"当下之是"变成其他某种东西的奋斗，不是吗？我是**这个**，而我想成为**那个**，这种转化就是一连串的冲突。当我变成了**那个**，还会有另一种**那个**，于是就没完没了。由此及彼的转化是没有尽头的，所以冲突也没完没了。那么，我为什么要成为自身以外的人呢？

"因为我们的限制，因为社会影响，因为我们的理想。我们无能为力，这是我们的天性。"

仅仅说我们无能为力，就把讨论终止了。这是一个迟钝的头脑在作逆来顺受的愚蠢声明。我们为什么如此受限制？谁在限制我们？因为我们甘愿受限制。我们自己制造那些限制。当我们是**这个**的时候，是理想让我们奋斗去成为**那个**的吗？是目标、乌托邦造成了冲突吗？如果我们不为一个目标奋斗就会退化吗？

"当然啦。我们会停止不前，越变越糟。掉进地狱容易，可要攀上天堂就难了。"

另一而，对于将会发生什么事情，我们还有着理念和观点，但是我们并未直接体悟事情。理念阻止领悟，结论和解释同样如此。是理念和理想让我们为成功和成为而奋斗吗？我是**这个**，而理想让我奋斗，去成为**那个**吗？理想是冲突的起因吗？理想和"当下事实"是截然不同的吗？如果两者是完全不同的，如果两者之间毫无关系，那么"当下事实"就无法转化为理想。要转化，"当下事实"和理想、目标之间就必须有所联系。你说理想给了我们奋斗的动力，那就让我们来发现理想是如何产生的。理想是头脑的一种投射吗？

"我要像你一样。那想法是一种投射吗？"

当然是。头脑有一种也许令人愉悦的想法，它想去符合这个想法，即你的欲望的一个投射。你是**这个**，你不喜欢，你想成为你所喜欢的**那个**。理想是一种自我投射；对立面是"当下事实"的延伸；它根本不是对立面，它或许改头换面，但还是"当下事实"的延续。投射是自我的意愿，而冲突是迎合这一投射的奋斗，"事实是"的东西把自己投射为理想并且向着它奋斗，而这种奋斗即所谓的"成为"。对立面之间的冲突被认为是必须的、基本的。冲突是"事实是"的东西力求成为"不是"的东西；"不是"的东西就是理想、自我投射。你在为成为某种东西奋斗，而那某种东西其实是你的组成部分。理想是你自己的投射。看看头脑是如何对自己玩弄把戏的吧。你跟在词语后面挣扎，追求你自己的投射、自己的阴影。你是暴力，你为了非暴力的理想而奋斗；可理想是"当下之是"的一种投射，只是以不同的名目出现罢了。这种奋斗被认为是必须的、神圣的、进化的，等等。但它完全陷于头脑的牢笼之内，只能导致幻想。

当你觉知到你对自己玩弄的把戏时，就看清了虚假是虚假。为了一个幻想的奋斗是分裂的要素。所有的冲突和转化都是分裂。当头脑对自己玩弄的这个把戏有所觉知时，就只有"当下之是"存在了。当头脑被剥去所有转化、所有理想、所有比较和谴责时，当它的自身构架坍塌时，"当下之是"就经历了完全的彻变。只要还有对"当下之是"的命名，头脑和"当下之是"之间就还有联系；当这命名的过程——即记忆、头脑本身的构架——不存在时，它跟"当下之是"的关系也没有了。唯有在这种彻变中才有完整。

完整不是意志的行动，不是"成为"完整的过程。当分裂没有了，也就没有了冲突和"成为"的奋斗，那时才会有完整的、全然无缺的存在。

## 恐惧和逃避

　　我们随着飞机稳步上升，察觉不到任何动静。下面是宽广的云海，雪白耀眼，目之所及，云浪翻滚，看上去有一种令人惊异的纯粹，引人入胜。偶尔，当我们升得更高，云开雾散之处，似浪花飞溅，美不胜收，云层下面是绿色的大地。我们头上是清澈蔚蓝的冬日天空，柔情万种，深不可测。大片白雪覆盖的山峦自北向南绵延不绝，在璀璨的阳光下熠熠生辉。现在所处的高度是一万四千英尺，我们攀缘直上，尚未止歇。周围熟悉的群峰近在眼前，宁和静谧。北面有更高的山峰，我们朝南进发，到达了两万英尺的高度。

　　邻座的乘客十分健谈。他对那些山地不熟，飞机上升时他在打瞌睡；可现在他醒来，急于攀谈。看来他是第一次出差；他似乎有很多爱好，话题所及有相当的信息量。现在，大海在我们下面，黝黑遥远，各处停泊着数艘船舶。机翼没有任何震颤，我们越过了一个又一个灯火闪烁的村庄。他说，没有恐惧是多么困难，倒不是特别怕飞机失事，而是怕生活中的一切遭遇。他结了婚，有孩子，却总是害怕——不仅是怕将来，还怕所有的一切。这是一种没有明确对象的恐惧，尽管他是成功的，这种恐惧使他的生活疲惫而痛苦。他以前总是善解人意，现在却变得异常固执，噩梦连连。他的太太知道他的恐惧，可尚未意识到其严重性。

　　恐惧只存在于和某事的关系之中。抽象来看，恐惧只是一个词语，可词语不是真实的恐惧。你清楚地了解自己到底害怕什么吗？

"我从来无法触及它，我的梦也模糊不清，只有恐惧这根主线贯穿始终。我跟医生和朋友都谈过，可他们不是笑着打发过去，就是无能为力。它老是对我躲躲闪闪，我想摆脱这该死的东西。"

你是真想自由呢，还是说说而已？

"我可能听起来漫不经心，可为了驱除这恐惧我付出很多。我并不是个信教的人，奇怪的是，我做祈祷，希望能除掉这恐惧。当我有兴趣工作或游戏时，它常常不来光顾；可它就像伺机以待的魔鬼，我们很快又形影不离。"

你现在有那种恐惧吗？你现在觉得它们在某个地方吗？这种恐惧是有意识的呢，还是潜伏的？

"我可以感觉到，可我不知道它是有意识还是无意识的。"

你能感觉到它的远近吗——不是空间或距离，而是感觉上？

"当我感觉到它时，它似乎很近。可那有什么关系呢？"

恐惧只产生于和某事的关系之中。那可能是你的家庭、工作，你对将来、对死亡的担忧。你怕死吗？

"没有特别的恐惧，尽管我愿意有一个快速的死亡，而不是拖沓的那种。我不认为自己是在为家庭焦虑，也不是为了工作。"

那么肯定是某种比表面关系更深层的东西引起了这种恐惧。也许有人能够指出它是什么，可如果你能够自己发现它，那将具有更为深远的意义。你为什么不害怕表面的关系呢？

"我太太和我彼此相爱；她根本没想过找其他男人，我也没有被其他女人吸引。我们在彼此中找到了完整。孩子是一种焦虑，而我们也尽了自己所能；可在全球经济的变幻莫测中，你无法给他们财富上的保障，他们将不得不好自为之。我的职业颇为安稳，可很自然地会担心我太太会发生什么事情。"

那么你对深层关系也很确定，你凭什么这么确定？

"不知道，可我就是确定。人总会把某些事情视作理所当然的，不是吗？"

那没有问题。我们再深入一些好吗？你凭什么对亲密关系如此确定？当你说你和太太在彼此中找到了完整，是什么意思？

"我们在彼此身上找到快乐：陪伴、理解等等。在更深的意义上，我们相互依赖。一旦我们中有一个人发生意外，那将是一个巨大的打击。"

你说"依赖"是什么意思？你是说，没有她你就会迷失，就会觉得彻底孤独，是那样吗？她也有同样的感觉，所以你们互相依赖。

"可那有什么不对吗？"

我们没有谴责或辩护，只是探究。你真的愿意深入下去吗？你确定？好吧，让我们继续。

没有你太太，你将会孤独，你会有一种深层的迷失；于是她对你不可或缺，不是吗？你的幸福有赖于她，这种依赖被称之为爱。你害怕孤独。她总在那里掩盖你孤独的事实，而你也掩盖她的；可事实仍在那里，不是吗？我们互相利用来掩盖这种孤独；我们有诸多途径、众多形态各异的关系来逃避它，所有这一切关系都成为一种依赖。我听收音机，因为音乐让我快乐，它让我脱离自己；书籍和知识也是自我逃遁的一种非常便利的手段。我们依赖所有这一切。

"为什么我不该逃避自己呢？我没什么可以自豪的，我认同我的太太，她比我强多了，这样我就脱离了自己。"

当然，绝大多数人都逃避自己。可逃避自我让你变得依赖。依赖与日俱增，随着对生存恐惧的加剧，越来越逃避更为本质的东西。太太、书籍、收音机，变得异常重要；逃避独占鳌头、至高无上。我利用太太作为自我逃遁的一种手段，所以我依附她。我必须占有她，因为她也在利用我。逃避是共同的需要，我们共同彼此利用。这种利用被称之为爱。你不喜欢自己，于是逃离自己、逃离真实。

"那已经很清楚。我明白了，有道理。可人为什么逃离？人在逃避什么？"

逃避你自身的孤独、自身的空虚、你的真实。如果你在逃离中对真实视而不见，你显然无法领悟它；所以首先你得停止逃跑、逃避，那时你才能观照自我的真相。但是如果你一直在评判真实，不管你喜欢它或不喜欢它，你就无法观照它。你称之为孤独，然后逃避它；而这种对真实的逃离正是恐惧。你害怕这种恐惧和空虚，依赖是它的遮蔽。于是恐惧持续不断；只要你还在逃避真实，恐惧就持续不断。完全地认同于某事、某人或某种理念，不是终极逃避的保障，因为这种恐惧永远在背景之中。当认同断裂时，它由梦而来；认同总会有断裂的，除非人失去平衡。

"那么我的恐惧来自本身的空虚、匮乏。我明白了，这是对的；可我该怎么办呢？"

你什么也做不了。无论你做什么都是一种逃避的行动。那是需要认识的最为本质的东西。那么你就会看到，你与那种空虚既无区别也不分裂。你就是那种匮乏。观照者就是被观照的空虚。那时，如果你再进一步深入，就没有孤独的称呼了；对它的命名终止了。如果你再走进去，那是相当险峻的，你所知道的孤独没有了；孤独、空虚、思想者的思维，都完全终止。惟其如此，恐惧才能终止。

"那么爱是什么？"

爱不是认同；它不考虑被爱的人。有爱的时候你不会去想它；只有当你缺了它，当你和你爱的对象之间存在距离的时候，你才会想它。有了直接的交流，就没有思想、没有形象、没有记忆的复活；只有当交流中断，无论在哪个层次，思维和想象的过程开始了。爱不是头脑的东西。头脑制造烟雾：妒忌、占有、失去、唤醒过去、渴望明天、悲伤和担忧；这一切都有效地窒息了火焰。烟雾散去，火焰就在眼前。两者无法共存；两者并存的想法只是一种意愿。意愿是思想的投射，思想不是爱。

# 利用与活跃

清晨，快乐的鸟儿叽叽喳喳叫个不停。阳光刚刚照上树梢，大片的亮光还没有钻进树荫深处。草地上方才肯定有条蛇爬过，抹去了一长溜的露珠。白色的云团在凝聚，天空尚未失去本色，忽地，鸟鸣止歇了，随着那警告的、刁蛮的叫声越来越近，一只猫过来躺在了树丛中，一只老鹰捉了一头黑白相间的小鸟，正用锋利而弯曲的尖嘴撕扯它。老鹰凶猛地霸占着它的猎物，威吓着两只临近的乌鸦。老鹰的黄眼睛里夹杂着黑色的细纹，一眨不眨地瞪着乌鸦和我们。

"为什么我不该被利用？我不介意被伟大的事业利用，我要完全认同它。他们用我做什么无关紧要。你知道，我是无名之辈。我在这世上干不了什么，所以我就帮助那些能干的。可我有一点个人依附的问题干扰了工作。我要领悟的就是这种依附。"

但是，你为什么应该被利用呢？跟利用你的个人或团体比起来，你难道不是同样重要的吗？

"我不介意被事业所利用，我觉得它在世上既壮美又有价值。跟我一起工作的那些人是具有崇高理想的圣人，我该做什么，他们比我知道得更清楚。"

为什么你认为他们能够比你做得更好？你怎么知道他们具有更广阔的视野，用你自己的话说，是"神圣的"呢？毕竟，当你在提供服务的时候，你想必思考过这一问题；或者你被吸引，情感上受到鼓动，所以在工作中奉献自己呢？

"这是一个美丽的事业，我献出自己的劳动，是因为我觉得必须鼎力相助。"

你像那些为了高尚的事业参军，去屠杀或被杀的人。他们知道自己在干什么吗？你知道自己在干什么吗？你怎么知道自己为之服务的事业是神圣的呢？

"当然你是对的，在上一场战争中我在部队服役四年；像许多人一样，我参军是为了爱国。我觉得自己并没想过杀人的含义；这事儿该做，我们就参加了。可我现在帮助的人是神圣的。"

你知道神圣是什么意思吗？首先，雄心勃勃显然不是神圣的。他们不是雄心勃勃吗？

"恐怕是的。我从未想过这些事情，我只是想帮助做一些美好的事情。"

雄心勃勃，再用许多关于大师、人性、艺术、团体的高调词语去掩盖它，这是美好的吗？被自我中心所负累，还要向邻里和对岸居民扩展，这是美好的吗？你在帮助那些被视作神圣的人，对此一无所知，却甘愿被利用。

"是的，这很不成熟，不是吗？我不希望自己在做的事情受到干扰，可我有个问题；而你所说的更加令人不安了。"

你不该被干扰吗？毕竟，只有当我们受到干扰，觉醒之后，才开始观照和发现。我们由于自己的愚蠢被利用，被聪明人以国家、上帝和某种意识形态的名义来利用。被工于心计的人利用的愚蠢能在世界上干什么好事呢？当精明利用愚蠢，他们同样愚蠢，因为他们不知道自己的行动会引向何处。那些对自己的思维方式毫无觉知的愚蠢的人，他们的行动不可避免地导致冲突、困惑和苦恼。

你的问题未必是一种干扰。既然它存在，那它是如何干扰你的呢？

"它干扰了我为之奉献的工作。"

因为你有一个令人不安的问题，你的奉献是不完全的。你的奉献可能是个轻率的行动，而问题可能是一种暗示、一种警告，让你不要陷入自己目前的行动。

"可我喜欢我正在做的事。"

这就是整个麻烦所在。我们想在某种行动中消失；行动越令人满足，我们就越依赖它。求满足的欲望令我们愚蠢，任何层次上的满足同样如此；没有高级或低级的满足。尽管我们会有意无意地用高尚的词语来伪装我们的满足，正是对满足的渴望令我们变得呆滞、迟钝。我们从某种活动中得到满足、安慰、心理安全；我们获取它，或想象我们已经获得了它，我们不愿被打扰。但打扰永远存在，除非我们死了，或者领悟了冲突和挣扎的全部过程。我们大都巴不得死板、迟钝，因为活着是痛苦的；我们筑起反抗和限制的围墙抵御痛苦。这些看似保护的围墙只能孳生更深的冲突和苦恼。领悟问题难道不比寻找出路更为重要吗？你的问题也许是真的，而你的工作也许是无甚意义的逃避。

"这一切都令人不安，我必须仔细思考一下。"

树下也热起来了，我们离开。但一个浅薄的头脑怎么才能有用呢？"有用"不就是一个浅薄头脑的标志吗？头脑无论怎样的聪明、精妙、博学，不总是浅薄的吗？浅薄的头脑永远无法"成为"无限之深；这种"成为"正是浅薄的方式。"成为"就是自我投射的追求。投射可能是口头上的高调，它可能是一种宏大的幻想、计划或方案；但它总还是浅薄的产儿。任其为所欲为，浅薄永远无法变得深刻；头脑的任何行动、任何运作，仍是浅薄的。要浅薄的头脑看清自身行为的无益和徒劳是十分困难的。正是浅薄的头脑才是活跃忙碌的，这种活跃忙碌将它保持在那种状态。它的活跃忙碌就是它自身所受的限制。这种限制，无论有意识的或潜藏的，都是想从冲突和挣扎中解脱的欲望，这种欲望筑起围墙抵挡生命的运动，抵挡未知的清风；在这些结论、信仰、解释、意识形态的围墙中，头脑僵化了。只有浅薄才会僵化、死亡。

就是这想要通过限制而获得庇护的欲望孳生了更多的冲突和问题；因为这种限制就是分裂和分离，隔绝的东西无法生存。分裂的部分嫁接在其他分裂的部分之上是无法形成整体的。分裂总是隔绝的，哪怕它可以积累、聚集、扩张、允入和认同。限制是破坏的、分裂的；但是浅薄的头脑无法看清这一真实，因为它在忙于寻找真实。正是这种活跃忙碌阻止了对真实的接纳。真实是行动（acction），不是雄心勃勃者的、探索者的、浅薄者的活动（activity）。真实是好的美的，不是舞蹈家、策划者、词汇操纵者的活动。是真实解放了浅薄，而不是自由的计划。浅薄的头脑永远无法令自己自由；它只能从一种限制转向另一种，以为另一种有更多自由。这"更多"永远不是自由，而是限制，自由越来越少。"变成为"的运动，一个人想成佛或想成为经理的，就是浅薄的行动。浅薄者永远害怕自己的本相；而他们的本相才是真实的。真实是对当下之是的静观，正是真实才使当下之是彻变。

## 学者还是智者？

大雨冲刷了尘埃和数月的炎热，洁净的树叶闪闪发亮，新叶开始抽芽。空气中整夜充满了低沉的蛙鸣；它们会稍息片刻，周而复始。河水潺潺，空气柔和。大雨正酣，乌云密布，太阳躲了起来。大地、树木和整个自然似乎都在等待再一次的洗礼。深褐色的道路，孩子们在水坑里嬉戏；他们在做泥饼，搭建城堡和带围墙的房屋。数月的炎热之后，空气里充满了快乐，青草开始覆盖大地。万物复苏。

这种复苏是纯真的。


那个人自以为博学，对他来说，知识是生命的本质。没有知识的生命比死亡更糟。他的知识不是一两个方面，而是覆盖了生活的诸多领域；无论是原子和共产主义，天文及河水的年流量，饮食和人口过剩，他都能侃侃而谈。他对自己的知识有一种莫名的骄傲，就像一个聪明的艺人，他是为了唬人，让人佩服得无话可说。我们是多么畏惧知识，我们对学者的尊敬是多么诚惶诚恐！他的英文有时很难懂。他从未出过自己的国家，却拥有其他国家的书籍。他对知识上了瘾，就像有人喝酒或吃东西上瘾似的。

"智慧是什么，如果它不是知识？为什么你说要抑制一切知识？知识不是必不可少的吗？没有知识，我们在何方？我们仍是原始的，对我们所处的奇妙大千世界一无所知。没有知识，任何层面的生活都是不可能的。你为什么坚持说，知识是领悟的障碍呢？"

知识是限制。知识没有给予自由。人可能知道怎么制造飞机，并在几小时之内飞到世界的另一端，可这不是自由。知识不是创造的要素，因为知识是延续性的，延续性的东西永远无法引向难以言表的、不可思议的、未知的东西。知识是对开放和未知的阻碍。未知永远无法用已知来包装；已知总是移向过去；过去总是覆盖现在、未知。没有自由，没有开放的头脑，就不会有领悟；领悟不是来自知识，而是来自词语、思想的空隙；这一空隙是未被知识打断的安静，它是开放、不可思议、难以言表。

"知识不是有用的、根本的吗？没有知识，哪来的发现？"

发现不是在头脑里塞满知识的时候发生的，而是在知识缺席的时候；只有安静和空间，只有在这样的状态下领悟和发现才会出现。知识在某一层面上无疑是有用的，而在另一个层面肯定是有害的。当知识被用作一种自我夸大、自我膨胀的手段时，它就是有害的，孳生分裂和敌意。自我扩张是分裂，无论是以上帝、国家的名义，还是以一种意识形态的名义。在某种层面上，知识尽管有限，还是必要的：语言、技术等等。这种条件对外在生存来说是基本保障。但当这种条件被在心理上加以利用时，当知识成为一种心理安慰和满足时，它就不可避免地孳生冲突和困惑。再说，我们所说的知识到底是什么？你事实上知道什么？

"我知道很多事情。"

你的意思是说，你有许多事情的信息和数据。你收集了某些事实；然后怎样呢？关于战争灾难的信息阻止了战争吗？我肯定，关于个人及社会内部的愤怒和暴乱，你拥有大量的数据；但这种信息结束了憎恨和对抗吗？

"有关战争影响的知识或许没能立即结束战争，但它终将带来和平。人们必须受教育，他们必须看到战争和冲突的影响。"

人们就是你自己和他人。你有众多的信息，于是你的雄心、激情、自我中心就有了丝毫的减退吗？因为你研究革命、不平等的历史，你就不再感到高人一头、自以为是了吗？因为你对世上的痛苦和灾难具有广泛的知识，你就去爱了吗？再说，我们知道什么？我们所拥有的知识是什么？

"知识是经验在岁月中的积累。它的一种形式是传统，另一种形式是本能，既是有意识，又是无意识。潜藏的记忆或经验，无论是传授的还是获得的，都可以作为塑造我们行动的一种向导；这些记忆，无论是种族的还是个人的，都至关重要，因为他们帮助和保护人类。你要废除这种知识吗？"

由恐惧塑造和引导的行动根本不是行动。来自种族偏见、恐惧、希望和幻想的行动是有限制的；如我们所说，所有的限制只会孳生进一步的冲突和悲哀。你被依照几百年沿袭下来的传统限定为婆罗门＊教徒；你作为一个婆罗门教徒对刺激、对社会变革和冲突作出反应。你按照你的限定、你过去的知识、经验作出反应，于是新的经验受到进一步限制。依照信仰、意识形态而来的经验只是信仰的延续、理念的持守。这样的经验只能加深信仰。理念是分裂的，你依照理念、模式而来的经验只能令你更加分崩离析。经验作为知识和心理积累只会加以限制，于是经验成了自我膨胀的另一种方式。知识作为心理层面的经验是领悟的障碍。

"我们是根据自己的信仰来经历的吗？"

那是显而易见的，不是吗？你被一个特定的社会所限制——那是你处在一个不同层面上的自我——去信仰上帝、社会团体；另一个受到限制的人又遵从一种截然不同的意识形态，相信世上没有上帝。两者都根据自己的信仰来经历，可这样的经验是对未知的阻碍。经验和知识就是记忆，在某些层面上是有用的；可经验作为在心理上强化"我"、强化利己的手段，只能导致幻想和悲哀。如果头脑充满了经验、记忆和知识，我们能够知道什么？已知难道没有阻碍当下体悟吗？你可能知道那种花的名字，但你就因此对花有体悟了吗？先有当下体悟，命名只是强化那种体悟。命名阻止进一步体悟，当下体悟的状态难道不该脱离命名、联系、记忆的过程吗？

知识是表面的，表面的东西可以导致深入吗？头脑，即过去和已知的产物，能够超越其自身的投射吗？要发现，就要停止投射。没有投射，头脑就没有了。知识和过去只能对已知的东西有所投射，已知的手段永远无法成为发现者。必须终止已知才能发现；必须终止经验才能当下体悟，知识是领悟的阻碍。

"没有了知识、经验和记忆，我们还剩下什么？我们什么也不是。"

---

＊ 译注：婆罗门，古印度的僧侣贵族。世代以祭祀、诵经、传教（婆罗门的教）为业，掌握神权，垄断知识，享有特权，是社会精神生活的统治者。

你以为自己现在比这更多吗？当你说"没有知识，我们就什么也不是"的时候，你只是在作一个口头的声明，并没有当下体悟那种状态，不是吗？在作那个陈述时，你有一种恐惧感，对赤裸的恐惧感。没有这些附加，你什么也不是——这就是真实。为什么不如此呢？为什么要有这一切骄傲和自负呢？我们用幻想、希望和令人安慰的理念来包装这种虚无；在这些掩饰之下，我们什么也不是，不像某些哲学的抽象概念，而是真正虚无。对那种虚无的当下体悟才是智慧的开端。

我们是多么羞于说自己不知啊！我们用词语和信息掩盖无知的事实。实际上，你不了解自己的妻子、邻居，当你连自己也不了解的时候，怎么会了解他们呢？你关于自己有一大堆信息、结论和解释，但是你没有觉知到那"所是"的，那种难以言表的东西。解释、结论被称作知识，阻止对"当下之是"的体悟。没有纯真，哪来的智慧？没有过去的死亡，哪来纯真的新生？死亡是当下的；死亡就是不加积累；经历者必须为当下体悟而消亡。没有经验、没有知识，经历者也就没有了。刻意求知是愚昧，不知是智慧的开端。

## 安静和意志

长长的海岸蜿蜒曲折，几乎空无一人。棕榈树下，走着一些回村的渔民。他们边走边用棉线在赤裸的大腿上搓成绳子绕在线轴上；绳子又好又结实。他们中有些优雅自在地走着，另一些则拖着步子。他们瘦瘦的，食不果腹的样子，被太阳烤得黝黑。一个男孩唱着歌走过，乐呵呵地迈着大步；大海涨潮了。没有强劲的海风，可大海仍是波涛汹涌。圆月刚从蓝绿色的海面升起，洁白的礁石映衬着黄色的沙滩。

简单生活是那么重要，我们又是怎样地把它复杂化了啊！生活是复杂的，可我们不知道如何简单处之。复杂必须以简单处之，不然我们永远无法领悟它。我们知道太多，这就是为什么生活令我们困惑；过多的堆砌几近于无。我们就用那少得可怜的东西来面对无限；我们又怎么去估量那不可估量的呢？虚荣钝化了我们，经验和知识束缚我们，生命之河从我们身边流过。和那个男孩一起歌唱，和那些渔民一起拖着疲惫的步子，在自己的大腿上搓绳子，像那些村民和车上的那对夫妻——正如那一切一样需要爱，而不像某种认同的诡计。爱是简单的，而头脑令它复杂。我们过多地陷在头脑之中，对爱的方式却一无所知。我们懂得欲望的方式和意志，可我们却不懂得爱。爱是无烟的火焰。我们对烟雾了然于胸，它充斥着我们的头脑和心灵，我们在黑暗中观望。我们不是与美丽的火焰简单共处，我们用它来折磨自己。我们不是与火焰共处，紧跟它的引领。我们知道太多又太少，我们为爱开了一条路。爱迷惑我们，可我们空有一副框架。那些知道自己无知的人是简单的；他们行得远，因为他们没有知识的负担。

他是个颇有地位的出家人；他身着金黄色衣袍，神色冷淡。他说自己遁世多年，已接近了对今生来世都漠不关心的境界。他修炼苦行，劳其筋骨，对呼吸和神经系统都严加控制。这给了他巨大的力量，尽管他对此并无追求。

对领悟来说，这种力量与雄心和虚荣一般有害吗？贪婪，像恐惧一样，产生行动的力量。一切力量和主宰的感觉都会强化自我，"我"和"我的"；自我难道不是真实的阻碍么？

"低级的必须被制约，或使之与高级的相符。头脑的各种欲望和身体之间的冲突必须停下来；在控制的过程中，驾驭者尝到了力量，这种力量被用来向更高处攀登，向更深处进发。力量在用于自我的时候是有害的，用于扫清通往至高境界的道路则是无害的。意志就是力量，是指引；当它用于个人目标时，它是破坏性的，可一旦用于正确的方向，它又是有益的。没有意志，就没有行动。"

每个领袖都把权力作为达到目标的手段，常人也一样；可领袖自称是以此来为全体谋福利，而常人只是为自己；独裁者、掌权者和领袖的目标和被领导者是一样的；他们相差无几，前者是后者的扩张；两者都是自我投射。我们谴责一个，赞美另一个；然而，所有目标难道不都是人自身的偏见、倾向、恐惧和希望的产物吗？你运用意志、努力、权势为至高境界开路；那至高境界是由欲望即意志塑造的，意志创造自己的目标，并为此牺牲或压制一切。其终极就是欲望本身，只是它被称作至高境界，或国家，或意识形态。

"没有意志的力量，冲突会终结吗？"

没有对冲突的方式及其产生方式的领悟，仅仅压制冲突或将其升华，或为之找个替代品，又有什么价值呢？你可以压制一种疾病，但它往往以另一种形式再次显身。意志本身就是冲突，是奋斗的产物；意志是有目的、有方向的欲望。不了解欲望的过程，仅仅控制它无异于火上浇油、加剧痛苦。控制是逃避。你可以控制一个孩子或一个问题，但你对两者都没有领悟。领悟比达到目的远为重要。意志的行动是破坏性的，因为，通向一个目标的行动是自我封闭的、分裂的、隔绝的。你无法让冲突和欲望安静下来，因为这种努力的制造者本身就是冲突和欲望的产物。思考者及其思想亦是欲望的产物；不理解欲望，即处于或高或低任何层面的自我，头脑将永远陷于愚蠢之中。通往至高境界的道路不是靠意志、靠欲望铺就的。没有努力的制造者，至高境界才会显现。正是意志孳生了冲突，孳生了想要成就最高境界，或为至高境界开路的欲望。当通过欲望形成的头脑在不通过努力的情况下停息，在那种并非目标的寂静之中，真实就显现了。

"但是简单不是安静的本质吗？"

你说的简单是什么意思？你指的仅仅是简单呢，还是对简单的认同？

"如果你本身对于简单没有既外在又内在的认同，你就无法简单。"

你**变得**简单，是那样吗？你是复杂的，可你通过认同，即对农民和僧侣道袍的认同而变得简单。我是**这个**，我成为**那个**。但是这一成为的过程是导致了简单呢，还是仅仅导致了简单的理念？对所谓简单这一理念的认同并不是简单，是吗？我简单是因为我一再声明自己是简单的，或者一再认同于某种简单的模式吗？简单孕育于对"当下之是"的领悟之中，而不是试图把"当下之是"变成简单。你能够把"当下之是"变成其自身以外的东西吗？无论是对上帝、金钱还是美酒，贪婪会变成寡欲吗？我们认同的东西永远是自我投射的，无论是至高境界、国家或家庭。认同在任何层面上都是自我的过程。

简单就是领悟"当下之是"，无论它可能显得怎么复杂。"当下之是"是不难领悟的，但阻止领悟的是比较、谴责、偏见，不管是肯定的还是否定的，等等。正是这些造成了复杂。"当下之是"本身从来就不是复杂的，它一贯是简单的。你的真实相简单易懂，只是被你接近它的方式搞复杂了；所以必须领悟接近它并制造复杂的全部过程。如果你不责备孩子，他就可能顺其自然地行动。责备的行为导致了复杂；顺其自然的行动就是简单。

对安静来说，没有什么比安静本身更为重要；它是其自身的开端和结束。它没有什么形成的要素，因为它本来就存在。没有手段可以导致安静。只有当安静作为某种被获取和完成的目标时，手段才变得至关重要。如果安静是可以购买的，那么钱币就变得重要；可钱币和它购买的东西不是安静。手段是喧闹的、激烈的，或是可巧妙获取的，结果在本质上相差无几，因为结果就在手段之中。如果开始是安静，那么结束也是安静。安静没有什么手段；安静就是没有声音。声音不会通过努力、教规、苦行和意志这些更大的聒噪安静下来。看清这真实，安静就在眼前。


## 雄心

　　婴儿整夜哭闹，可怜的母亲竭力让他安静下来。她唱歌、责骂，又拍又摇；可什么也不管用。那孩子肯定在出牙期，这一夜把全家折腾得疲惫不堪。可现在，黎明爬上了幽暗的树梢，孩子终于安静下来。天色渐渐放亮，有一种特别的宁静。纤细赤裸的枯枝清晰地映衬着天空；孩子在喊，狗在吠，一辆货车隆隆经过，又一天开始了。现在母亲把小心包裹的孩子抱了出来，沿着村卜的大路走着，在那儿等一辆公共汽车。想必她是带孩子去看医生吧。一夜无眠的她显得如此疲乏憔悴，孩子却酣睡不已。

　　太阳挂上了树梢，露珠在绿草地上熠熠生辉。远处传来火车的鸣笛，遥看山峦，浓荫密布，清爽宜人。一只大鸟聒噪着飞过，因为我们打扰了它孵蛋。我们的进入想必十分突兀，因为它还来不及用干树叶把蛋盖住，有十几个吧，虽然没盖，也看不太清楚，它把蛋藏得很巧妙，眼下，它在远处一棵树上观望着。几天后我们看见鸟妈妈和它的孵窝，鸟巢空了。

　　阴凉的小径通往远处山顶潮湿的树林，金合欢花到处盛开。几天前大雨如注，大地柔软肥沃。田野里大片的新土豆，远处的峡谷里坐落着城镇。这是一个美丽的金色早晨。翻过山，小径领我们回到那所房子。

她非常聪明，读遍了所有新出版的书籍，观摩最新的戏剧，对最新出现的某种哲学思潮了如指掌。她接受过分析，显然读过大量的心理学著作，因为她懂得行话。她执意要见所有的重要人物，偶然认识了带她来的人。她言谈自如，表达清晰平稳。她已婚，可没有孩子；人们感觉到这些已事过境迁，现在她踏上了一条不同的征程。她想必很富裕，因为她散发着一种财富特有的气息。她一开始就问："你以什么方式拯救处于危机的当今世界？"这该是她常备的问题之一吧。她接着更为热切地探询关于防止战争、共产主义的影响和人类的未来的问题。

战争、与日俱增的灾难和痛苦难道不是来自我们的日常生活吗？对于这种危机，我们难道不是匹夫有责吗？现在孕育着未来；如果没有对现在的领悟，未来也不会有什么不同。可你难道不认为我们每一个人都对这种冲突和痛苦负有责任吗？

"可能是，然而，这种对责任的认知引向何处？我微薄的行为在巨大的破坏性行为中有什么价值？我的思想以什么方式影响人类普遍的愚蠢？世上发生的一切是十足的愚蠢，我的智力对它不会有丝毫的影响。另外，想一想一个人做出惊世之举需要多少时间。"

世界与你是不同的吗？社会的结构不是由你我这样的人建立的吗？要给这个结构带来根本性的改变，你我难道不是必须有我们自身的根本性的彻变吗？如果不从我们开始，价值观念怎么会有深刻的革命呢？要拯救当今的危机，人难道不是必须寻找一种新的意识形态、一种新的经济计划吗？或者说，人难道不是必须开始领悟自身之内的冲突和困惑，而其投射就是世界？新的意识形态能带来人与人之间的统一吗？信仰难道没有造成人与人的对立吗？我们难道不是必须摒弃自己意识形态的屏障——因为所有屏障都是意识形态的——不是通过结论的和公式的偏见，而是直接地、不带成见地来体察我们的问题吗？我们与我们的问题从来没有直接的联系，而总是通过某些信仰或者公式。我们必须直接触及问题才能解决问题。造成人与人之间对立的不是我们的问题，而是我们关于问题的理念。问题把我们聚在一起，可是理念把我们分开。

也许有人会问，你为什么如此明确地关注危机？

"哦，我不知道，我看到那么多磨难，那么多痛苦，我感到必须为此做点什么。"

你是真正关注呢，抑或你只是有干一番事业的雄心？

"被你这么一说，我想我是有雄心做一些可能成功的事情。"

所以，我们中极少有人在思考时是诚实的。我们想要成功，或直接为自己，或为我们认同的理想和信仰。理想是我们自己的投射，它是我们头脑的产物，而我们的头脑是根据我们所受到的制约去体验的。为着这些自我投射，我们工作，我们鞠躬尽瘁、死而后已。国家主义，就像对上帝的膜拜，只是自我的荣耀。在事实上或思想意识上，是人自己，而非灾难和痛苦，才是重要的。我们并不想就危机做些什么；这只是聪明人的一个新话题，一个社会活动和理想主义者的园地。

我们为什么雄心勃勃？

"如果我们不这样，在世上就干不了什么事情。如果不是雄心勃勃，我们到现在还在赶马车。雄心是进步的另一种称谓。没有进步，我们将腐朽、枯萎。"

为了在世上成就事业，我们也引发了战争和无言的痛苦。雄心是进步吗？眼下我们想的是雄心，不是进步。我们为什么雄心勃勃？我们为什么想成功，成为大人物？我们为什么挣扎着要做上等人？为什么这么努力地表白自己，或是直接地，或是通过一个意识形态或国家？这种自我表白不是我们冲突和困惑的主要原因吗？没有雄心，我们就灭亡了吗？我们不雄心勃勃就无法自然生存了吗？

"谁活着不想成功、不想赢得赞誉呢？"

这种成功和赢得赞誉的欲望没有带来内在和外在的冲突吗？脱离雄心就意味着腐朽吗？腐朽就是没有冲突吗？我们可以麻醉自己，用信仰和教条自我催眠，于是就没有深层冲突。对我们大多数人而言，某种活动就是药品。显然，这种状态就是一种腐朽、分裂。可是，当我们觉知到虚假的本相，就会导致死亡吗？觉知到任何一种形式的雄心，无论为了幸福、上帝或成功，都是内在和外在冲突的开端，这无疑并不意味着一切行动的结束、生命的结束。

我们为什么雄心勃勃？

"如果我不致力于为达到某个目标而奋斗，我就会无聊。我曾经为了丈夫雄心勃勃，我想你会说，这是我通过丈夫来成全自己；而现在我雄心勃勃是通过理念来成全自己。我从来不曾想过雄心，我只是一贯如此。"

我们为什么聪明又雄心勃勃？雄心难道不是一种逃避"当下之是"的强烈欲望吗？这种聪明实际上不就是愚蠢吗？我们不就是如此吗？我们为什么如此害怕"当下之是"？如果无论我们事实是什么，这总是存在着，那么逃避有什么好处呢？我们可能成功地逃避，但我们的事实所是依然存在，并孳生冲突和苦恼。我们为什么如此害怕孤独和空虚？偏离"当下之是"的任何活动都将带来悲哀和对抗。冲突是对"当下之是"的否定或逃避；除此之外，没有其他冲突。我们的冲突变得越来越复杂和难以解决，因为我们没有面对"当下之是"。"当下之是"中没有复杂，复杂在于我们寻求的诸多逃避之中。

# 满足

天空乌云密布，微风和树叶在嬉戏，炎热依旧。远处雷声隆隆，雨点洒在大路的尘埃上。鹦鹉到处乱飞，叫得声嘶力竭，一只大鹰坐在高高的树枝上梳理着羽毛，俯瞰着底下的一切把戏。一只小猴坐在另一节树枝上，与大鹰隔着安全的距离彼此相望。眼下一只乌鸦加入了它们。早晨的梳妆之后，大鹰一时里非常安静，接着就飞走了。除了人类之外，这又是新的一天，一切都跟昨日不同。树木和鹦鹉不同了，青草和灌木完全变了。昨日的记忆只能使今天变得幽暗，比较阻止观照。那些红红黄黄的花是多么美妙啊！美妙是没有时间的。我们日复一日地背着我们的重负，没有一天不带着许多昨天的阴影。我们的日子是一种延续的运动，昨天、今天和明天纠缠不清，没完没了。我们害怕终止，可没有终止，怎么会有更新？没有死亡，怎么会有生命？我们对两者的了解都少得可怜！我们拥有一切词语、解释，它们令人满足。词语歪曲了终止，没有词语，才有终止。我们只知道词语意义上的终止；可没有词语的终止、没有词语的安静，我们却一无所知。已知是记忆；记忆总是延续的，欲望是把日子绑在一起的绳索。欲望的结束是更新。死亡就是更新，作为延续的生活只是记忆，一件空洞的东西。有了这种更新，生命和死亡合而为一。

一个男孩迈着大步，边走边唱。他不断地对过路人微笑，似乎有很多朋友。他衣衫褴褛，头上包着块破布，可他眼睛明亮、神气活现。他跨着急速的大步超过了一个戴帽子的胖子。那胖子低头蹒跚而行，忧心忡忡。他听不见男孩唱的歌，对唱歌的人也置若罔闻。男孩跨进大门，穿过美丽的花园，越过河上的桥，拐了个弯朝大海走去，在那里和同伴汇聚，夜幕降临，他们开始齐声高唱。车辆的灯光照亮了他们的脸庞，他们的眼底深处有着莫名的快乐。现在，大雨瓢泼，一切都湿透了。

他是个医生和心理分析师。清瘦、安静、自足，他来自大海彼岸，在这里待得够长，已经习惯了烈日和大雨。他说自己在战争期间就当过医生和心理分析师，可谓竭尽全力，但他还是不满足于自己的贡献。他想要更多地给予，在更深的层次上提供帮助；他的贡献微不足道，在他所做的一切里若有所失。

我们默默地坐了很长时间，他的苦恼的重压在心头积聚。安静是一件奇怪的事情。思想不会导致安静，也不是安静的构成部分。安静无法组装，也不是来自意志的行动。对安静的记忆不是安静。房间里的安静是充满活力的沉静，交谈并没有打扰它。安静中的交谈颇有深义，安静是词语的背景。安静让思想得以表达，但思想却不是安静。此刻没有思考，只有安静；安静渗透、凝聚并给出表达。思考永远无法渗透，而安静中有交流。

医生说，他对一切都不满：自己的工作、能力和所有精心培植的理念。他尝试过各种学派的思想，一切都无法令他满足。他来到这里，月复一月地到处拜师，每每带着有增无减的不满离去。他尝试了许多主义，包括犬儒主义，可不满依然如旧。

那么你是在寻求满足，而迄今尚未发现？是对满足的欲望引起了不快吗？寻求意味着已知。你说自己不满，而你还在寻求；你寻求满足而未得。你要满足，那就意味着你不满。如果你真正对一切不满，就不会在其中寻找一条出路。不满在寻求满足，它很快就在和一些占有、和一个人或者和某种主义相连的某种关系中如愿以偿。

"这一切我都经过了，完全没有满足。"

你可能对外在的关系不满，但是，或许你在寻求令人完全满足的心理依附。

"这一切我也经过了，可我还是不满足。"

我想知道你是否真正不满？因为如果你完全不满，那就不会朝着一个既定方向行动，是吗？如果你对待在房间里感到不满，那么你就不会去找一间更大的、家具更好的房间；然而，这种找一间更好房间的欲望就是你所谓的不满。你并不是对所有房间不满，而只是对这一间不满，并且想逃避它。你的不满在于找不到完全的满足。你事实上在寻找满足，于是你不停地行动、判断、比较、衡量、否定，你自然就不满了。是这样吗？

"看来确实如此，不是吗？"

所以你**并不是**真正不满；只是迄今为止没有能够在任何东西中找到完全的、持续的满足。那才是你所要的：完全的满足，某种持久的、深层的、内在的满足。

"可我想提供帮助，这种不满阻止了我完全地奉献自己。"

你的目标是提供帮助，并在其中找到完全的满足。你并不是真正想提供帮助，只是想在帮助中找到满足。你在帮助中寻找满足，另一个人在什么主义中寻找满足，还有一个在某种沉溺中寻找。你在找一种完全令人满意的药品，目前你称之为帮助。在准备提供帮助的过程中，你也期待完全的满足。你真正需要的是持久的自我满足。对我们大多数人来说，不满很容易找到满足。不满很快被催眠了；它很快被麻醉，变得既安静又体面。表面上看，你也许已经跟所有主义都作了断绝，但在心理上，深层之下，你正在寻找某种你能够攀附的东西。你说你了断了一切私人关系。可能你在私人关系中并没有找到持久的满足，于是你就寻求跟一种理念的关系，那永远是自我投射的。你寻求将有完全满足的关系，寻求一个可以经受任何风吹雨打的安全避难所，寻寻觅觅中你不正丢失了能给你带来满足的东西吗？或许，满足是个丑陋的词，但真正的满足并不意味着僵化、妥协、抚慰、迟钝。满足是对"当下之是"的领悟，"当下之是"从来都不是静止的。头脑在阐释、演绎"当下之是"，并陷入其自我满足的偏见。阐释不是领悟。

无尽的爱、温柔、谦恭来自对"当下之是"的领悟。或许那就是你在寻求的；但那是无法寻求和发现的。无论你做什么，你永远找不到它。它将出现在所有的寻求都停止的时候。你只能寻求自己已知的、更令人满足的东西。寻求和观照是两个不同的过程；一个束缚人，一个带来领悟。寻求，眼前永远有一个目标，也就是永远被束缚；无为观照带来对瞬时又瞬时所在的"当下之是"的领悟。瞬时又瞬时所在的"当下之是"总是有一种终止；而寻求却只有延续。寻求永远找不到新事物；只有在终止中才有常新。常新是无尽的，只有爱才总在获得新生。

## 智慧不是知识的积累

小屋坐落在高山上，去那里要坐车穿过广袤的荒漠和诸多城镇，穿过茂密的果园和富饶的农场，那是通过辛勤的耕耘和灌溉从荒漠上开垦出来的。有一个草色青青、绿树成荫的城镇尤其赏心悦目，附近有一条河流从远山上下来，直抵荒漠的中心。越过小镇，沿着奔腾的河流，一条道路通往白雪覆盖的山顶。大地被太阳烤得坚硬、荒芜、焦裂。可河流沿岸树木林立。道路蜿蜒曲折，越攀越高，穿过了青松古柏、散发着阳光气息的森林。空气变得凉爽而清新，不久，我们就到了小屋。

几天之后，一只红黑相间的松鼠熟悉了我们，过来坐在窗台上，似乎在责备我们。它想要坚果。每个来访者肯定都喂过它；可眼下来人稀少，而它却急于把食物储藏起来过冬。那是一只好动、快乐的松鼠，总是抓紧机会准备储存食物，因为白雪皑皑的寒冬腊月即将来临。它把家安在一个枯萎多年的大树洞里。它会抓住一个坚果，跑过巨大的树枝，窸窸窣窣、虚张声势地攀上大树，消失在树洞之中，然后再下来，快得令人担心它要摔倒；可它从未跌倒过。我们一个早上给了它整整一袋坚果；它变得非常友好，直接跑进屋来，它的皮毛闪闪发光，珠子般的大眼睛也亮晶晶的。它爪子锋利，尾巴蓬松，是一只开心的、尽职的小动物，看来附近一带全是它的地盘，因为它与其他松鼠不相往来。

这是个令人愉快的人，渴望智慧。他像松鼠收集坚果那样收集智慧。尽管并不过分富有，他想必旅行过很多地方，因为他似乎在许多国家遇到过各色人等。他显然博览群书，因为他会提及某个哲学家和圣人的话语。他说自己能够轻松阅读希腊文，对梵文略有所知。他年事渐长，迫切地收集智慧。

人可以收集智慧吗？

"为什么不？经验使人聪明，知识是智慧的要素。"

一个积累的人可以是智慧的吗？

"生命就是积累的过程，品质的逐步塑造，一种缓慢的展开。毕竟，经验是知识的积累。知识是一切领悟的要素。"

领悟随着知识和经验而来吗？知识是经验的残余，过去的积累。知识和意识永远是过去；过去可以领悟吗？领悟不是来自那些思想静止的空隙吗？试图延长或积累那些静止空隙的努力能够带来领悟吗？

"没有积累，我们就不会存在；就没有思想和行动的延续。积累是品质，积累是美德。没有积累，我们就无法存在。如果我不知道那辆摩托的构造，我就无法了解它；如果我不知道音乐的构成，我就无法深入地欣赏它。唯浅薄者才享受音乐。要欣赏音乐，你必须知道它是怎么构成、聚合的。了解就是积累。没有对事实的了解就没有欣赏。某种积累对领悟是必要的，那就是智慧。"

要发现，就必须有自由，不是吗？如果你被束缚、重压，就走不了多远。有积累怎么会有自由呢？一个积累的人，无论是积累金钱或知识，永远不会自由。你可能脱离对物质的欲求，可对知识的贪婪仍是束缚，它把你紧抓不放。一个被拴在任何形式的欲求上的头脑能够远游并发现吗？美德是积累吗？一个积累德行的头脑就是有美德的吗？美德不就是脱离"成为"的自由吗？品质也许是一种束缚。美德从来不是束缚，但一切积累都是束缚。

"没有经验怎么会有智慧呢？"

智慧是一回事，知识是另一回事。知识是经验的积累；它是经验的延续，即记忆。记忆可以培养、强化、塑造、限制；可智慧是记忆的延伸吗？智慧有延续性吗？我们有知识，有岁月的积累；但我们为什么不明智、快乐、富于创意呢？知识产生极乐吗？知识即经验的积累，而不是当下体悟。知识阻止当下体悟。积累经验是一个延续的过程，每一种经验都强化这一过程，给它注入生命。没有这种记忆的不断反应，记忆将迅速消退。思想是记忆、词语、经验的积累。记忆是过去，意识也是如此。这种过去的整个负担就是头脑和思想。思想是积累性的；思想怎么能自由地发现新事物呢？它必须停止，新事物才能出现。

"我能够在某种程度上理解这一点；可没有思想，怎么会有领悟呢？"

领悟是一种过去的过程呢，还是当下？领悟意味着当下的反应。你没注意到领悟是瞬间的，而并不是时间的产物吗？你是渐渐领悟的吗？领悟总是当下、现在，不是吗？思想是过去的产物；它建立在过去之上，是一种过去的反应。过去是积累的，思想是积累的反应。那么，思想又怎么能领悟呢？领悟是一个有意识的过程吗？你刻意地出发去领悟吗？你选择去享受一个美妙的夜晚吗？

"可领悟不是一种有意识的努力吗？"

我们所说的意识是什么意思？你什么时候是有意识的？意识不是对挑战和刺激、愉快或痛苦的反应吗？对挑战的反应就是经验。经验是命名、归类、联系。没有命名，就没有经验，不是吗？这个挑战、反应、命名、经验的全部过程，就是意识，不是吗？意识永远是一个过去的过程。有意识的努力、领悟、聚集的意志、成为的意志，就是过去的延续，或许改头换面，可依然如故。当我们努力去做或成为什么，那件东西就是我们自己的投射。当我们作出有意识的努力去领悟，我们听见的就是自己积累的声音。正是这种声音阻止了领悟。

"那么智慧是什么？"

智慧是知识的终止。知识有延续性；没有延续性就没有知识。有延续性的东西永远不会是自由的、新鲜的东西。有终止才会有自由。知识永远不是常新的，它总是在转化成旧的。旧的总是在吸收新的，从而增添了力量。旧的必须终止，新的才能出现。

"你是说，换言之，思想必须终止，智慧才能出现。但思想怎么终止呢？"

通过任何教规、修行、强制，思想都不会终止。思想者就是思想，他无法拿自己开刀；他一旦这么做，也只是自我欺骗。他**就是**思想，他和思想密不可分；他可能以为自己不同，假装不同，可那只是思想的伎俩，以赋予自己永恒性。当思想试图终止思想，它只是在强化自己。思想无论做什么，都无法终止其本身。只有看清了这一真实，思想才走到了尽头。只有在对"当下之是"之真理的领悟之中才有自由，智慧是对真实的观照。"当下之是"永远不是静止的，对它的无为观照必须脱离一切积累。

# 分心

　　这是一条又长又宽的运河，从河流引向陆地。运河比河流略高，进入的水流是由一套水闸系统控制的。运河沿岸平和宁静；满载货物的驳船在河内来回穿梭，白色的三角船帆映衬着蔚蓝的天空和黝黑的棕榈。这是一个美丽的夜晚，宁和而闲散，波澜不兴。棕榈和芒果树在水面的倒影如此清晰而分明，给人亦真亦幻的感觉。落日让河水变得透明，水面上泛溢着夜晚的光芒，风平浪静，夜空的星星开始在倒影里闪烁。平时大声交谈的过路村民安静下来。树叶的低语也止息了。草地上悄无声息地来了些动物；它们饮水，然后又悄无声息地消失了。静谧笼罩大地，似乎覆盖了一切。

　　声音终止了，可寂静无所不在，无穷无尽。人可以把声音关在外面，却无法封闭安静，没有墙可以把它拒之门外，没有什么能与之对抗。声音把一切都拒之门外，它排斥、隔绝；寂静却包容一切。寂静就像爱，是无法分割的；寂静和声音没有分隔。头脑无法跟从它或被迫安静下来接受它。**被迫**安静的头脑只能反映其自身的形象，它们清晰而分明，在封闭中喧闹着。一个被迫静止的头脑只能对抗，而一切对抗都是骚动不安。那本来**就是**寂静的而非**被迫**寂静的头脑一直就在经历着寂静；思想、词语就在寂静之中，而不是在外部。多么奇妙啊，在这种寂静中，头脑是宁静的，是一种并非刻意制造的宁静。因为宁静不是适于销售的，没有标价，也没用处，它有一种纯粹的品质、单独的品质。可用之材很快就耗尽了。宁静既不开始也不结束，一个如此宁静的头脑觉知到的极乐并非其自身欲望的反映。

她说她总是被这事或那事骚扰；不是家庭就是邻居或一些社会活动。她的生活充满骚动，她从来未曾找到这持久动荡的原因。她不太快乐；就这么一个世界，让人怎么快乐得起来？她有过往日的快乐，可这些都已过去，眼下她在寻找某种能够为生命赋予意义的东西。她经历过许多当时看来颇有价值的事情，可事后却一切成空。她从事过许多严肃的社会活动；她热诚信仰宗教的事情，她因为家人的去世而遭受痛苦，她曾面临过一次大手术。她又说，生活不易，世界上和她境遇相似的有数百万人。她想要超越这一切，愚蠢也好，必须也好，要寻找真正有价值的东西。

有价值的东西是找不到的。它们无法购买，它们必须是发生；那种发生是无法精心策划的。任何意义深远的事情总是发生的，而不是造成的，这不是真的吗？发生是重要的，而不是寻找。寻找是相对容易的，可发生完全是另一回事情。它并不困难，但是，探索、寻找的欲望必须完全终止，该发生的才会发生。寻找意味着失落，你必先拥有，才会失落。占有或被占有永远无法自由地领悟。

但是为什么总会有这种骚动、这种不安呢？你以前认真地询问过吗？

"我三心二意地尝试过，可从未专注。我总是分心。"

如果可以指出的话，那不是分心；而是这对你来说从来不是至关重要的问题。有了至关重要的问题，就不会分心。分心是不存在的；分心意味着头脑偏离中心的兴趣；但如果有一个中心的兴趣，就不会分心。头脑在一件事到另一件事之间游移不定，那不是分心，而是逃避当下之是。我们喜欢在远处游荡，因为问题迫在眉睫。游荡让我们有事可做，比如担心、唠叨等等；尽管游荡往往痛苦，但我们喜欢的还是游荡，而不是当下之是。

你是真想深入这一切呢，还只是闹着玩？

"我真正想深入到它的尽头。我就是为那个来的。"

你不快乐是因为没有泉水把这口井注满，是那样吗？你可能曾经听到过流水在卵石上低语，但现在河床干枯了。你了解快乐，可它总是消退，它总是过去的事情。你在搜寻的东西是泉水吗？你能够搜寻它，或者，你该不期然地遇见它？如果你知道它在哪里，你就会发现得到它的手段；但不知道，就无路可走。知道就是阻止它的发生。那就是问题之一吗？

"肯定是。生活是如此乏味而呆板，如果那事可以发生，那么，人就别无他求了。"

孤独是一个问题吗？

"我倒不介意孤独，我知道怎么对付它。我不是外出散步，就是静坐相伴，直至它离去。何况，我喜欢孤独。"

我们都知道孤独是什么：一种痛苦而可怕的、无法减轻的空虚。我们也知道如何逃避它，因为我们开拓了诸多逃避之道。有的陷于一条特定的道路，其他的继续开拓；可两者都与"当下之是"没有直接的联系。你说你知道怎么对付孤独，如果可以指出的话，对孤独采取的那种行动正是你逃避它的方式。你外出散步，或静坐相伴，直至它离去。你总是在对付它，你不容它说自己的故事。你想要主宰它，克服它、逃避它；你与它的关系是恐惧。

满足也是一个问题吗？让自身在某事中满足，意味着逃避人的真实，不是吗？我是微不足道的，可如果我认同于国家、家庭，或某种信仰，我就感到了满足、完整。这种对完整的寻求就是对当下之是的逃避。

"对，的确如此；那也是我的问题。"

如果我们能领悟"当下之是"，或许所有这些问题都会终止。我们对待问题的方法是逃避它；我们想对它做些什么。那种"做"阻止了我们的生活与它的直接联系，这种方式阻止了对问题的领悟。头脑忙于寻找一种对付问题的方法，而其实是对问题的逃避；因此问题永远没有被领悟，它依然存在。要让问题亦即"当下之是"展露，并且完整地述说它的故事，头脑就必须灵敏，快速紧跟。如果我们通过逃避，通过了解如何对付问题，或者通过为问题寻找解释或起因（那只是个口头结论）来麻醉头脑，那么头脑就被弄得迟钝，而无法快速紧跟问题亦即"当下之是"正在展露的故事。看清这一真实，头脑就是灵敏的；而只有那时，它才能接纳。头脑围绕问题的一切活动只能令它迟钝，从而无法密切注意和倾听问题。当头脑灵敏而不是被迫灵敏（那只是令其迟钝的另一种方式）时，那么"当下之是"，亦即空，就有了全然不同的含义。

让我们边走边体悟，不要停留在口头的层面上。

头脑和"当下之是"的关系是什么呢？迄今为止，"当下之是"被赋予一个名字、一种说法、一种联系的符号，这种命名阻止了直接联系，令头脑迟钝、呆滞。头脑和"当下之是"不是两个分离的过程，但命名分裂了它们。只有当这种命名停止，才会有直接联系；头脑与"当下之是"合而为一。那时，"当下之是"就是不做命名的观察者本身，只有那时，"当下之是"才发生彻变；它不再是那种带有恐惧等附属品的、被叫做空虚的东西。那时头脑就处于当下体悟的状态，其中，经历者和经验都没有了。那时就会有不可估量的深度，因为估量者没有了。那种深远是安静、宁和，在这宁和之中就是无穷无尽的源泉。头脑的躁动是词语的运用。没有了词语，就有了无限。

# 时间

　　他上了年纪，却保养得很好，长长的灰发，白白的胡须。他在世界各地的大学开设哲学讲座。他安静，学养深厚的样子。他说自己不做禅修；也不是一般意义上的宗教人士。他只关注学问；尽管他开设哲学和宗教的讲座，自己却没有宗教经历，对此也不作任何探究。他来是谈关于时间的问题。

　　有财富的人得到自由是多么困难啊！要一个富人放下他的财富真是难上加难。只有其他更大的诱惑才能使他放弃自己身为富人的安慰和舒适；他必须找到能在任何一个层面上满足自己雄心的东西，才会放弃现在的拥有。对富人来说，金钱就是力量，而他是主宰者；他会给出大笔钱财，可他是施舍者。

　　知识是另一种形式的拥有，学者对此深感满足；对他来说，这本身就是目标。他有一种感觉——至少这个人有——知识只要能在世界范围多多少少地传播，它就能以某种方式解决我们的问题。一个学者脱离他拥有的知识比一个富人脱离其财富更为困难。奇怪的是知识竟如此轻易地取代了领悟和智慧的位置。如果我们有某些东西的信息，我们就以为领悟了；我们以为，知道或被告知一个问题的起因会让它不复存在。我们寻找自己问题的起因，正是这种寻找延宕了领悟。我们大多数人知道起因；憎恨的起因藏得并不很深，可在寻找它的过程中，我们依然享受着它的影响。我们关注怎么与影响妥协，而不是对整个过程的领悟。我们大多数人依附自己的问题，没有它们，我们就会失落；问题让我们有事可做，问题的活动充满了我们的生活。我们**就是**问题及其活动。

时间是一种非常奇怪的现象。时间和空间是一体；两者互相包容。时间对我们至关重要，每个人都赋予其独特的意义。时间对野蛮人几乎毫无意义，可对文明人却至关重要。野蛮人相忘于岁月；可一旦受过教育的人如此，他就会失业或进疯人院。时间对一个科学家是一回事，对一个外行又是另一回事。对历史学家来说，时间是对过去的研究；对一个股民来说，它是证券价位；对一个母亲，它是对儿子的记忆；对一个精疲力竭的人，它是树荫下的休息。每个人都根据自己特殊的需求和满足来阐释它，把它塑造成适合自己精明头脑的东西。可我们不能没有时间。如果我们活着，按年代顺序排列的时间就像四季一样重要。然而，有心理的时间吗？抑或，它只是头脑的一种欺骗性的便利？无疑的，只有按年代顺序排列的时间，其他一切都是欺骗。生长有时，死亡有时，播种有时，收割有时；但是心理的时间，即"成为"的过程不是彻底虚假的吗？

"时间对你是什么？你思考时间吗？你觉知时间吗？"

除了按年代顺序排列的意义，人还能思考时间吗？我们可以将时间作为一种手段，但其本身几乎没有意义，不是吗？作为一种抽象的时间仅仅是一种思考，而所有的思考都是徒劳的。我们把时间作为一种手段去获得具体的或心理上的成就。去车站需要时间，可我们大多数人都把时间作为通往一个心理目标的手段，目标林林总总。当我们要完成目标时出现了障碍，或者，离达到成功还有一个间隔，我们就觉知到时间。时间就是存在于"是"和"可能是"、"应该是"或"将是"之间的空间。从开始到结束就是时间。

"没有其他时间吗？那么，科学所揭示的时空呢？"

有按年代顺序排列的时间和心理的时间。按年代顺序排列的时间是必须的，它存在；可另一种就完全不同了。因果据称是一种时间的过程，既是生理的，也是心理的。因果之间的间隔被认为是时间；可是间隔存在吗？一种疾病的因果可能被时间分隔，那又是按年代顺序排列的；可是，心理因果之间存在间隔吗？因果不是单一的过程吗？因果之间没有间隔。今天是昨天的果和明天的因；这是一种运动，一种持续的流动。因果之间没有分隔、没有明确的界限；可为了转化和完成，我们在内心分隔它们。我是**这个**，我将成为**那个**。要成为**那个**，我需要时间——按年代顺序排列的时间被用于心理目的。我愚昧，可我将变得聪明。愚昧变得聪明只是愚昧的递增；因为愚昧永远无法变得聪明，正如贪婪无法变成寡欲。愚昧正是成为的过程。

思想不是时间的产物吗？知识是时间的延续。时间就是延续。经验是知识，时间是经验作为记忆的延续。时间的延续是一种抽象，思考是愚昧的。经验就是记忆、头脑。头脑是时间的机器。头脑是过去，思想也永远是过去；过去是知识的延续。知识永远是过去的；知识永远跳不出时间，永远处于时间中，属于时间。这种记忆和知识的延续就是意识。经验永远属于过去；它**就是**过去。过去与现在相接，移向未来；未来就是过去，或许改头换面，可依然是过去。这一整个过程就是思想、头脑。除了时间，思想无法在任何领域运作。思想可能会思考永恒，可它将是其自身的投射。所有的思考都是愚昧。

"那你为什么还要提及永恒呢？永恒是可以了解的吗？永恒是可以认识的吗？"

认识意味着经历者，经历者总是属于时间的。要认识某事，思想必须经历它；一旦经历，它就是已知的了。无疑的，已知不是永恒。已知永远处于时间之网当中。思想无法了解永恒；永恒不是进一步获取、进一步完成；没有通向永恒的途径。它是一种没有思想和时间的存在状态。

"它有什么价值？"

没有价值。它不是适于销售的。它无法由一个目的来衡量。它的价值是未知。

"可它在生命中起到怎样的作用？"

如果生命是思想，那它就毫无作用。我们把它作为快乐平和的源泉、抵挡一切麻烦的盾牌或集合人群的手段来获取它。它无法被用于任何目的。目的意味着达到目标的手段；于是我们又回到了思想的过程。头脑无法阐述永恒，并按其目标来塑造它；它无法利用。有了永恒，时间才有意义；否则，时间就是悲哀、冲突和痛苦。思想无法解决任何人类问题，因为思想本身就是问题。知识的终止是智慧的开端。智慧不属于时间，不是经验和知识的延续。时间中的生命是困惑和苦恼；然而，当当下之是是永恒的，极乐就显现了。

# 痛苦

一头动物的硕大死尸顺流而下，几只秃鹰在撕扯着畜体；它们打跑了其他秃鹰，直到自己吃饱，这才飞走了。其余的鹰在树上、岸上等待，或在空中盘旋。太阳刚刚升起，草地上露水湿重。河对岸的绿地雾气迷蒙，农民们的声音穿过水流清晰地传了过来。这是一个迷人的早晨，鲜活而清新。一只幼猴在母猴身边的树枝上玩耍，它会顺着树枝奔跑，跳上另一根树枝，再跑回来，或者在母猴身边上蹿下跳。母猴对这些把戏腻味了，就从树上下来，再上另一棵。当母猴开始爬下，幼猴会跑过来攀着它，趴在它背上，或吊在它下面。幼猴的脸那么小，眼睛充满既顽皮又惊恐的狡黠。

我们是多么害怕新的和未知的东西啊！我们喜欢一直封闭在自己日常的习惯、常规、争吵和焦虑中。我们喜欢用同样的陈旧方式思考，取同一条道，看同样的脸和有同样的担忧。我们不喜欢遇见陌生人，一旦遇见就疏离和心烦意乱。每当遭遇一种陌生的动物，我们是多么恐惧！我们进入自己思想的围墙，一旦冒险外出，也仍在那些围墙延伸的范围之内。我们没完没了，总是在滋养着这种延续。我们日复一日地背负着昨天的包袱；我们的生活是一种漫长的延续运动，我们的头脑迟钝而呆滞。

他几乎抽泣不止。这不是一种自控或抑制的呜咽，而是整个身体震颤不已的哭泣。他已不再年轻，神情警觉，有一双见过世面的眼睛。他一时间说不出话来；当他终于开口时，他的嗓音颤抖，爆发出阵阵大哭，不觉羞耻，也不加控制。现在他说：

"自从我妻子去世的那一天，我就没有哭过。我不知道为什么哭成那样，不过这是一种释放。她还活着的时候，我跟她一起哭过，那时，哭泣像大笑一样清纯；但自从她死后一切都变了。我过去常常画画，可现在连画笔都不想碰，也不想看以前的画作。前六个月我几乎已经死了。我们没有孩子，但她是想要一个的；现在她走了。我直到现在几乎还回不过神来，因为我们做什么都在一起。她是如此美丽如此善良，我现在怎么办呢？我很抱歉那么哭，上帝知道我为什么会这样；可我知道哭出来是好的，尽管一切都不同了；我生命中的某种东西离去了。有一天我拿起画笔，觉得它们对我变得陌生。以前，我根本察觉不到自己拿着画笔；可现在它沉甸甸的，碍手碍脚。我常常走到河边，再也不想回来；可又总是回来了。我无法见人，因为她的脸总在眼前。我睡觉、做梦、吃饭，都跟她在一起，可我知道现在一切都不同了。我分析过这一切，试图合理地对待这件事、领悟它；可我知道她不在了。我夜夜都梦见她；可我试了又试，一直睡不好。我不敢碰她的东西，它们的气息几乎把我逼疯。我试图忘却，可无论我做什么，一切总是不同了。我过去常常聆听鸟鸣，可现在却只想摧毁一切。我不能再这样下去了。从那以后我没有见过任何朋友，没有了她，他们对我毫无意义。我该怎么办？"

我们沉默了很长时间。

爱转化成悲伤或憎恨，那就不是爱。我们知道爱是什么吗？当爱受到挫折，就变成暴怒，这是爱吗？有得有失，还有爱吗？

"在对她的爱中，所有的东西都不复存在。我对它们完全置若罔闻，我甚至对自己视而不见。我知道这样的爱，我对她还有这样的爱；可我现在还觉察到了其他东西，我自己、我的悲哀、我痛苦的日子。"

转爱成恨、成妒忌、成悲伤，是多么的快啊！我们在烟雾中陷得多么深，爱是如此的咫尺天涯！现在我们察觉到其他东西，它们突然变得更加重要。我们察觉到自己是孤独的，没有伴侣、没有微笑和熟悉的巧言妙语；现在我们察觉到自己了，而不只是他人。在过去，他人是一切，我们则微不足道；现在他人不在了，我们就是当下之是。他人是一个梦，真实的是我们的真实所在。他人曾经是真实的吗？抑或是我们自己梦幻的创造，披着我们愉快而又稍纵即逝的美丽外衣？消退是死亡，生命是我们的真实所在。无论我们多么渴望，死亡永远无法覆盖生命；生命比死亡强大。当下之是比"虚无"强大。我们是多么钟爱死亡，而不是生命！对生命的否定是如此令人乐而忘忧。当他人在时，我们就没有了；当他人在时，我们是自由的、无拘无束的；他人是鲜花、邻居、芳香、记忆。我们都想要他人，我们都认同他人；他人是重要的，而不是我们自身。他人是我们自身的梦幻；从梦中醒来吧，我们就是"当下之是"。"当下之是"是不死的，但我们却想给"当下之是"安上一个完结。对完结的渴望产生了延续，延续的东西是永远无法了解永恒的。

"我知道不能这样半死不活地下去。我完全没把握自己是否明白了你的意思。我六神无主，吸收不了东西。"

你有没有经常发现，尽管你没有全神贯注地读书或听别人说话，可毕竟在听，或许是无意识的，可还是有某种东西渗透了你呢？虽然你没有注视那些树，可它们的形象突然在你眼前纤毫毕现——你发现有这样的情况发生吗？当然你被最近的打击弄得六神无主；可尽管如此，你还是出来了，你将记得我们现在的谈话，然后它就会有所帮助。但重要的是认识到这一点：当你从震惊中出来，痛苦会愈加强烈，你的渴望将是逃避，逃离自己的苦恼。会有太多的人会帮助你逃避；他们会提供一切自己或他人得出的似是而非的解释和结论以及各种理论；抑或你自己会找到某种逃避的方法，愉快的或不愉快的，去淹没你的苦恼。现在你离事件太近，但随着时间的推移，你会渴望某种安慰：宗教、犬儒主义、社会活动，或者某种意识形态。但任何形式的逃避，上帝或美酒，只会阻止对悲伤的领悟。

悲伤必须被领悟而不是忽视。忽视它就是继续痛苦；忽视它就是逃避。领悟痛苦需要一种实验性的操作方式。实验不是寻求一种固定的结果。如果你寻求一种固定的结果，实验就是不可能的。如果你知道要什么，然后去追逐它，这不是实验。如果你寻求克服痛苦，即谴责它，那你就无法领悟其全部过程；当你试图克服痛苦，你的惟一关注就是逃避它。要领悟痛苦，头脑必须没有维护它或克服它的主动行为：头脑必须完全被动无为地、安静地观照，那么它就能毫不迟疑地注视着悲伤的打开。如果头脑受到任何希望、结论或记忆的束缚，它就无法关注悲伤的故事。要跟上"当下之是"敏捷的步伐，头脑必须自由；自由不是最终的拥有，而是一开始就必须存在。

"整个这种悲伤的意义是什么？"

悲伤不是冲突及其苦乐的体现吗？悲伤不是宣告着无知吗？无知并非缺少有关事实的信息，而是对自身的整个过程没有觉知。没有对自我方式的觉知就必然有痛苦；而只有在关系的行为中，才能发现自我的方式。

"可我的关系已经结束了。"

关系没有结束。可能有某种特定关系的结束；但关系永远不会结束。生活就是关联，没有什么能够隔绝地生存，尽管我们试图通过某种特定关系隔绝自我，这样的隔绝不可避免地孳生悲伤。悲伤是隔绝的过程。

"生活还能依然如旧吗？"

昨日的欢乐能在今日重复吗？只有当今天没有欢乐，重复的欲望才会产生，当今天是空虚的，我们就注视过去和未来。重复的欲望是延续的欲望，在延续中永远没有新的东西。欢乐不在过去或将来，而就在当下的运动之中。

## 感觉和快乐

我们在蓝绿色的大海上空翱翔，螺旋桨拍打着空气，排气装置的轰鸣让人难以交谈。一群大学生到岛上去参加运动会；其中一个有把五弦琴，他弹奏乐器，唱了好几小时。他怂恿别人，大家都加入进来一起歌唱。弹五弦琴的男孩有一副好嗓音，唱的是美国牛仔和民歌手的曲子，或是爵士。他们都唱得很好，就跟唱机里的录音一样。他们三三两两地聚在一起，只关心当下，除了及时行乐，他们别无杂念。明天掌控着一切麻烦：工作、婚姻、老年和死亡。可这里，高悬在大海上空，就是美国歌曲和画报。他们对乌云中的闪电视而不见，也不看大海沿岸的蜿蜒陆地，以及阳光下遥远的村庄。

岛屿几乎就在我们脚下。它绿意葱茏，被雨水洗刷得清新鲜亮。在这样的高度，一切显得多么洁净而井然有序！最高的山地平复了，白浪纹丝不动。一艘褐色带帆的渔船在暴风雨之前匆匆赶回；它将安全抵达，因为港口就在眼前。河流蜿蜒汇入大海，大地呈金褐色。人在那样的高度可以观望沿河两岸发生的一切，过去和将来相遇。将来在拐角处，却并未隐藏。在那样的高度，没有过去，也没有将来；播种有时，收获有时，蜿蜒的空间尽显无遗。

邻座的男人开始谈起生活的艰难。他抱怨自己的工作，连续的旅行，家人的漠视，现代政治的徒劳。他在长途出差的行程中，离家时依依不舍。他谈着谈着，越来越严肃，越来越关注世界，尤其是他自己以及家庭。

"我想离开这一切到一个安静的地方去，做一点工作，快快乐乐。我想我一生中很少快乐，我不知道这意味着什么。我们生存、孕育、劳作和死亡，像任何其他动物一样。我除了赚钱以外，失去了所有的热情，现在就连赚钱也变得乏味起来。我工作干得很不错，报酬也够体面，可我实在搞不清楚这一切到底是怎么了。我愿意快乐，你认为我应该怎么做呢？"

这事儿理解起来比较复杂，这里也不是认真探讨的地方。

"我想我没有时间了；飞机降落的那一刻我就得走人。我的讲话听起来也许不认真，但在我内心是有一些认真的；唯一的麻烦，它们似乎从未聚集在一起。我内心实在是非常认真的。我的父亲和长辈们都是出了名的真诚，可现有的经济现状不容一个人十分认真。我已经离开了这些，但我愿意回归真，忘掉一切愚蠢。我想我是软弱的，抱怨环境；可无论如何，我愿意真正快乐。"

感觉是一回事，快乐是另一回事。感觉总是在越来越宽的领域里寻找更多的感觉。感觉的愉悦是没有尽头的；它们不断生发，可在达到时总有不满；总有想要得到更多的欲望，对更多的要求是没完没了的。感觉和不满是密不可分的，因为贪多的欲望把它们绑在一起。感觉是既想得到更多又想得到更少的欲望。在满足感觉的行为中，更多的要求产生了。更多总是在将来；这是对过去的持续不满，过去和将来之间的冲突永远存在。感觉总是不满。人可以把感觉包裹在宗教的外衣之下，可它依然如故：它也是头脑的一种东西以及冲突和担忧的源头。生理感觉总是呼唤着更多；当它们受阻的时候，就有愤怒、妒忌、憎恨。憎恨里面亦有快感，妒忌未尝不令人满足；当一种感觉受挫时，就会在由挫折引起的对抗中找到满足。

感觉总是一种反应，它从一种反应游移到另一种反应。游移者就是头脑；头脑就是感觉。头脑是愉快的和不快的感觉的仓库，而所有的感受都是反应。头脑是记忆，说到底也是反应。反应或感觉永远贪得无厌；反应永远不会满足。反应总是否定的；没有的东西永远不会存在。感觉永不知足。感觉、反应必然孳生冲突，而这种冲突就是进一步的感觉。困惑孳生困惑。头脑的行为，在所有不同层次上，都是进一步的感觉，而当它的扩张被否定，它就在收缩中得到满足。感觉和反应是对立面的冲突，在这种对抗和接受、屈从和排拒的冲突中，满足总是在寻求更大的满足。

头脑永远无法找到快乐。快乐不像感觉，是一件可以追求和发现的东西。感觉可以一次又一次地找到，因为它一再失落；但快乐是无法找到的。记忆中的快乐仅仅是一种感觉，一种支持或对抗当下的反应。过去的存在不是快乐；对往昔快乐的经验是感觉，因为记忆是过去，而过去是感觉。快乐不是感觉。

你对快乐曾有过觉知吗？

"当然有，感谢上帝，否则我就不知道快乐为何物了。"

无疑，你知道的是所谓快乐的一种经验的感觉；可那不是快乐。你知道的是过去，而不是当下；过去是感觉、反应、记忆。你记得自己曾经快乐；过去能够说明快乐是什么吗？它可以回忆，却不复存在了。识别不是快乐；知道什么是快乐的，并不就是快乐。识别是记忆的反应；头脑、复杂的记忆、经验，这些能够快乐吗？正是识别阻止了体验。

当你觉知到自己快乐时，还有快乐吗？有快乐的时候，你觉知它了吗？意识来自冲突，更多记忆的冲突。快乐不是更多的记忆。有冲突，就没有快乐。冲突就是头脑所在。思想在一切层次上都是记忆的反应，所以思想永远孳生冲突。思想是感觉，感觉不是快乐。感觉总是在寻求满足。感觉是结果，但快乐不是结果；它是找不出来的。

"但是感觉怎么才能结束的呢？"

结束感觉就是引发死亡。禁欲只是另一种形式的感觉。在生理或心理的禁欲中，被摧毁的是灵敏，而不是感觉。自我禁锢的思想只是在寻求进一步的感觉，因为思想本身就是感觉。感觉永远无法结束感觉；它可能在其他层次上呈现不同的感觉，但不是感觉的结束。摧毁感觉就是呆滞、死亡，也就是隔绝。我们的问题截然不同，不是吗？思想从不会带来快乐；它只能回忆感觉，因为思想就是感觉。它无法培养、制造，或走向快乐。思想只能朝着其已知的方向前进，但已知不是快乐；已知是感觉。无论它做什么，思想都不可能是也找不到快乐。思想只能觉知其本身的结构和运动。当思想努力终止自己，它只是在寻求更大的成功，去达到一个目标、一个更为令人满意的结果。知识越多，但不是快乐就越多。思想必须觉知到它本身的运作方式，觉知到它本身狡猾的诡计。在对自己的觉知中，没有任何想要存在或灭绝的欲望，头脑进入一种静止的状态。静止不是死亡；它是一种思想全然静止的无为观照，它是灵敏的最高境界。只有当头脑在所有的层次上全然静止，自发行为就产生了。头脑所有的活动只是感觉，对刺激和影响的反应，而不是自发行为。

头脑没有活动时，就有了自发行为；这种自发行为没有起因，只有那时，才会有极乐。

## 看清虚假是虚假

　　这是一个美丽的夜晚。稻田映衬着火红的天空，挺拔修长的棕榈树在微风中摇曳。满载乘客的公共汽车喧哗着爬上了山坡，河流环绕群山汇入大海。牛肥菜壮，百花争艳。敦实的男孩们在田野里玩耍，女孩子则瞪大惊奇的眼睛观望。附近有一所神祠，有人在一座塑像前点燃了一盏灯。在一所僻静的屋舍中，有人在做晚祷，房间里灯光昏暗。全家在此聚集，似乎都沉浸在祷告之中。一条狗在路上酣睡，骑车人都绕道而行。夜色渐深，行人悄然路过，萤火虫照亮了他们的脸庞，一只虫子陷入了一个女人的头发，在她头顶泛着柔和的光晕。

　　我们的天性是多么善良，尤其是远离城镇，在田野和小村落里！生命在学历不高的人群中显得更为亲近，雄心之火尚未燎原。孩子向你微笑，老妇好奇观望，男人踯躅着经过。一群人停止了喧哗转过头来饶有兴致地看着你，一个女人停下脚步等你走过。　我们对自己所知甚少；我们知道，可不明白，跟他人也没有交流。我们不了解自己，又怎么能了解他人？我们可以和他人说话，却永远无法了解他人。我们可以了解死亡，却永远无法了解生命；我们所知的，是消亡的过去，而不是生命。觉知生命，我们必须在心中埋葬死亡。我们知道树、鸟和商店的名字，而对于我们自己，除了某些词语和欲望之外，我们还了解些什么？我们对许多事物都有信息和结论，可所谓的快乐、平和都是死水一潭。我们的生活沉闷空虚，或者如此充满词语和活动，以至于遮蔽了本相。知识不是智慧，而没有智慧就没有快乐与平和。

他是个年轻人，教授之类，不满、担忧、肩负重任。他开始叙述自己的麻烦，人的疲厌的命运。他说自己受过良好教育，主要就是学会了阅读和从书籍中收集信息。他还说自己尽可能多地交谈，接着解释说，他试图戒烟已有多年，可从未完全戒除。他想戒烟是因为这既费钱又愚蠢。他尽了一切努力戒烟，可总又恢复旧习。这是他的诸多问题之一。他清瘦、紧张、神经质。

如果我们谴责什么，我们还能领悟它吗？推开它或接受它是容易的；但谴责和接受就是对问题的逃避。斥责一个孩子就是把他从你身边推开，免受打扰；可孩子仍在那儿。斥责就是忽视，不予理会；斥责之中没有领悟。

"我为抽烟一次又一次地自责，不自责也难。"

是的，不自责也难，因为我们所受的限制是建立在否定、辩护、比较和放弃之上的。我们对待每一问题时起作用的限制条件，这就是我们的背景。正是这种限制孳生了问题和冲突。你试图用理性来脱离烟瘾，不是吗？当你说它是愚蠢的，你思前想后得出了它是愚蠢的结论。可是合理化并没有使你放弃。我们以为只要了解一个问题的起因就能解脱它；但了解只是信息、一种口头的结论。这种知识显然阻止了对问题的领悟。了解问题的起因和领悟问题是两件截然不同的事情。

"可是人还能怎样对待问题呢？"

那就是我们正要发现的。当我们发现了什么是虚假的方式，我们就会知道唯一的方式了。对虚假的领悟是对真实的发现。要看清虚假是虚假，是困难的。我们是通过比较和思想的衡量来看待虚假的；通过思想的过程能够看清虚假是虚假吗？思想本身不也是受到影响的，从而亦是虚假的吗？

"但是没有思想过程，我们又怎么能够看清虚假是虚假呢？"

这就是我们的全部麻烦，不是吗？当我们用思想解决一个问题，无疑我们在运用一个不得力的工具；因为思想本身就是过去和经验的产物。经验总是过去的。要看清虚假是虚假，思想就必须觉知到其本身是一个死亡的过程。思想永远无法自由，而发现必须有自由，脱离思想的自由。

"我不太明白你的意思。"

你的问题之一是抽烟。你以谴责对付它，或者你试图用理性脱离它。这种方式是虚假的。你怎么发现它是虚假的呢？肯定不是通过思想，而是通过对你如何看待问题的无为观照。无为观照并不要求思想；相反，一旦思想运作就不存在无为了，思想的运作只是谴责或辩护，比较或接受；如果对这一过程有一种无为觉知，就能体察其真实相。

"对，我明白了；可这又怎样应用到我的抽烟上呢？"

我们来试验一下，看看人是否能够不带谴责、比较等等来对待抽烟问题。我们可以不带过去的阴影来重新看待问题吗？不带任何反应地看待问题异常困难，不是吗？我们似乎不能无为地觉知它，总有某种过去的反应在那里。一旦要重新观察问题，我们就显得多么无能，看到这一点是有趣的。我们一路背负着自己所有过去的努力、结论、意图；我们只能通过这些窗帘来看待问题。

从来没有陈旧的问题，但我们以陈旧的公式去看待它，这就阻止了我们的领悟。无为地观照这些反应。只是无为地觉知它们，看到它们解决问题的无奈。问题是真实的，它是一个事实，可是措施完全不适当。对"当下之是"的不适当反应孳生冲突；冲突就是问题。如果领悟了这一全部过程，那么你会发现你对抽烟问题将采取适当的行动。

# 安全

溪水沿着稻田边的小径缓缓流淌，水面上挤满了深紫色带金蕊的睡莲，水光晶莹，香气缭绕，美不胜收。天空阴沉，起先细雨濛濛，雷声在云团里回响。可远处的闪电已朝我们避雨的那棵大树移过来，顿时大雨滂沱。荷叶上聚集着水珠，雨滴越积越大，从荷叶上滑落下来，再重新聚集，闪电已接近树顶，耕牛吓得拼命想挣脱缰绳。一条黑色的小牛犊浑身湿透，不住地颤抖和哀鸣；它挣脱了束缚跑到附近的小草屋去了。睡莲把自己紧紧地包裹起来，对着积聚的黑暗关闭了金色的花蕊，直到阳光来临。它们在睡梦中还是那么美丽。闪电移到镇上去了，只听得溪水在喁喁低语。

小径穿过村庄通向大路，把我们引回喧闹的城镇。

他是个二十出头的年轻人，丰衣足食，上过大学，也走过些地方。他有点紧张，眼神里不乏焦虑。为时已晚，可他还想交谈；他要别人探究他的头脑。他简单地自我表白，没有丝毫的犹豫和做作。他的问题很清楚，在他看来却不是如此，他还在摸索。

我们不去倾听和发现当下之是，我们把自己的理念与观点强加于人，试图迫使他人进入我们的思维框架。对我们来说，自己的思维和判断比发现当下之是远为重要。当下之是从来是简单的；复杂的是我们。我们把简单即当下之是搞得复杂，又迷失在其中。我们只听到自己与日俱增的困惑心声。要倾听，我们必须自由。倒不是说非得毫不分心，因为思考本身就是一种分心的方式。我们必须自由地进入安静，只有那时才能倾听。

他说，正当他要入睡时，会因为强烈的恐惧猛地坐起来。这时房间完全变形：墙壁成了水平面，屋顶没有了，地板也消失了。他会惊恐万状，大汗淋漓。如此已有多年。

你害怕什么？

"不知道；可当我吓醒过来，就去找姐姐或是父母，跟他们谈一会儿，让自己冷静下来，然后再去睡。他们理解，但我已经二十几岁了，这样很蠢。"

你为将来焦虑吗？

"是的，有点。尽管我们有钱，我仍然为此焦虑。"

为什么？

"我想结婚，为我未来的妻子提供舒适。"

为什么对将来焦虑？你还很年轻，可以工作，提供她生活所需。为什么对此忧心忡忡？你是怕失去社会地位吗？

"有点。我们有一辆汽车，也有财产和地位。我自然不想失去这一切，这可能是我恐惧的起因。可也不尽然。这是一种对迷失的恐惧。当我被吓醒时，觉得自己迷失了，什么都不是，我在分崩离析。"

毕竟，一个新政府一来，你可能失去自己的财富和家产；可你还很年轻，总能够工作。百万富翁也会失去他们的财产，你也可能不得不面对这一切。何况，尘世的财物应该分享而不是独占。在你的年龄，为什么如此保守，如此害怕失去？

"你知道，我想跟一个女孩结婚，什么也不能阻止，我为此焦虑。似乎并没有什么要阻止我们，但我思念她，她也思念我，这可能是我恐惧的另一个起因。"

那是你恐惧的起因吗？你说通常不会有什么阻止你娶她，那为什么会有恐惧呢？

"对，我们确实可以随时结婚，所以这并非我恐惧的起因，至少现在不是。我想自己真正害怕的是迷失，失去自己的身份和名字。"

即使你现在不介意自己的名字，也拥有财富等等，你还会害怕吗？我们所说的身份意味着什么？是对一个名字、一个人、财富和理念的认同，是与某种东西联系在一起，被认作这个或那个，被贴上标签从属于某个团体或国家，诸如此类。你害怕失去自己的标签，是那样吗？

"是的，否则，我是什么呢？对，就是那样。"

那么你**就是**你的财产。你的名字和地位、汽车和家产，你将要迎娶的女孩，你的雄心——你**就是**这些东西，加上某些品性和价值，就构成了你所谓的"我"；你是所有这一切的总和，你害怕失去它。对他人来说，大家都有丧失的可能；或许一场战争来临，也可能有革命，或者政府变革，向左翼倾斜。现在或明天，某些事情可能发生，剥夺你这些东西。可为什么害怕不安全？不安全不是一切东西的特性吗？为了对抗这种不安，你筑起了自我保护的围墙，但这些围墙可能或许已经被砸碎了。你可以躲避一时，但不安的危险永远存在。你无法逃避"当下之是"；无论你喜欢或不喜欢，不安全都存在。这并不是说你必须把自己交付给它，或者你必须接受或否定它；可你还年轻，为什么害怕不安全呢？

"现在被你这么一说，我觉得自己不是害怕不安全。我真的不介意干活；我现在的工作每天干八小时，尽管我并不特别喜欢，却也能对付。不，我不是害怕失去财产、汽车等等；未婚妻和我也可以随时结婚。我现在明白了，让我害怕的并不是这些。那又是什么呢？"

让我们一起来发现。我或许能告诉你，但这就不是你的发现了；也只是停留在口头层面上，所以完全无用。对它的发现将是你自己的体悟，那才是真正重要的。发现就是体悟；我们一起来发现。

如果你害怕失去的不是这些东西，如果你不害怕外在的不安全，那么你在焦虑什么呢？不要马上回答；只是倾听、观照、发现。你肯定自己害怕的不是物质上的不安全吗？在自身可以确认的程度上，你说你不怕。如果你肯定这不仅是口头声明，那你害怕什么？

"我非常肯定自己不怕物质上的不安全；我们可以结婚并应有尽有。我怕的是别的东西，不只是物质上的失去。可到底是什么呢？"

我们会发现的，可让我们静静地体察。你是真正想发现，对吗？

"当然是，尤其我们已经走到这一步了。我究竟在害怕什么？"

要发现它，我们必须静观，而不是压迫。如果你害怕的不是物质上的不安全，那你是否害怕内在的不安，害怕无法完成你为自己设定的目标呢？不要回答，听下去。你感到无法成为某个人吗？或许你有一种宗教理想；你是不是发现自己没有能力去完成？你对此有一种绝望、内疚或挫折感吗？

"完全正确。几年前，我还是个男孩的时候，就听过你谈话，这成了我的理想，要像你一样，可以这么说吧。宗教是我们血液中的东西，我觉得自己也一样；但总有一种深深的恐惧，怕自己永远无法靠近它。"

让我们慢慢来。尽管你不害怕外在的不安全，却害怕内在的不安。他人在外部以地位、名望、金钱等来为自己构筑安全，而你却以一种理想作为内在的安全。为什么你想成为或贯彻一种理想？只是可靠、觉得安全吗？你把这个避难所叫做理想；可事实上你想要安全、受庇护。是那样吗？

"这下你说中了，确实如此。"

现在你发现了，不是吗？可让我们再进一步。你看清了外部安全的浅显；可你明白通过完成理想寻求内在安全的虚假了吗？你的避难所是理想，而不是金钱。你真的明白了吗？

"是，我确实明白了。"

那就做你自己吧。当你明白了理想的虚假，它就从你身上剥离了。你就是"当下之是"。由此开始领悟"当下之是"——但不要朝向一个既定的目的，因为目的、目标总是偏离"当下之是"的。"当下之是"就是你本身，既不是任何既定目标，也不是某种特殊的情绪，而是你当下的自身。不要谴责自己或成为你所看到的东西，而是不受干扰地观照"当下之是"的运动。这将是辛苦的，但乐在其中。有自由才会快乐，自由来自"当下之是"的真实。

## 工作

他是一个政府部门的部长，神情疏离，略带嘲讽。他由一个朋友带来，或许是被硬拖来的，对于自己会在这里出现颇感惊奇。那位朋友想谈一些事情，觉得让他来听听自己的问题也好。部长既好奇又优越。他是个高大的人，目光敏锐，谈吐流利。他在生活中已经功成名就，高枕无忧。旅行是一回事，到达又是另一回事。旅行是不停地到达，不再继续上路的到达就是死亡。我们是多么容易满足，然后又很快在满足中发现不满！我们都需要某种避难所，一个脱离一切冲突的天堂，我们一般都能找到。聪明也好，愚蠢也罢，人们都找到了自己的天堂，并乐在其中。

"几年来我一直试图领悟自己的问题，可我无法追根究底。我的工作中老是出现对抗，在我试图帮助的那些人中间蔓延着敌意；为了帮助一些人，我却在其他人中播下了对抗的种子。我一手在给予，另一只手似乎又在伤害。这种情况持续了多少年，我都记不清了。眼下出现了一种状况，我必须当机立断。我实在不想伤害别人，真是不知所措。"

哪一样更重要：不要伤害、不要产生敌意，或者干一件工作？

"我在工作过程中确实伤害过他人。我是那种全身心投入工作的人；如果我承担了一项工作，就要将它完成。我一贯如此。我觉得自己卓有成效，讨厌拖沓。我们毕竟承担了某种社会工作，那就必须将它进行到底，那些拖沓延宕之辈自然就受到伤害，成为对立面。帮助他人的工作是重要的，在给有需要的人提供帮助的时候我伤害了那些挡道的人。可我实在不想伤害别人，我开始认识到自己必须对此做些什么。"

哪样对你更重要：工作，还是不要伤害别人？

"当人看到如此之多的苦难，投身于改革的时候，在那种工作过程中会无意伤害到某些人。"

为拯救一群人，另一群人被摧毁了。一个国家以另一个国家为代价得以生存。那些所谓的高尚人士，在其改革热情中拯救一拨人又摧毁另一拨；他们带来祝福，也带来诅咒。我们总是善待一些人又蹂躏另一些。为什么？

哪样对你更重要：工作，还是不要伤害别人？

"毕竟，人不得不伤害某些人，懒散的、拖沓的、自私的人，这似乎是不可避免的。你的谈话难道没有伤过人吗？我认识一个人，你说的有关财富的话深深地伤害了他。"

我不想伤害任何人。如果有人在某项工作的进程中受到伤害，对我来说，那种工作就得停止。我没有工作，没有任何革新或革命的计划。对我来说首要的不是工作，而是不要伤害别人。如果富人觉得被我说的话伤害，他不是被我伤害，而是被当下之是的真实刺痛，那是他不乐意的；他不想被揭露。我无意揭露他人。如果一个人当下面对了当下之是的真实，而又对自己看到的事实恼火，他就怪罪别人；可那只是对事实的逃避。对事实恼火是愚蠢的。通过愤怒逃避事实是最常见也是最愚蠢的反应之一。

可你还没有回答我的问题。哪样对你更重要：工作，还是不要伤害别人？

"工作必须进行下去，你不认为如此吗？"部长插话了。

为什么它应该完成？如果在使一些人受益的过程中伤害或摧毁了他人，又有何价值呢？你拯救了自己的国家，却利用或毁坏了另一个。你为什么如此关心你的国家、党派、意识形态？你为什么如此认同于你的工作？为什么工作如此重要？

"我们不得不工作、努力，不然我们还不如死去。当房子着火时，我们无法在那一刻关注根本问题。"

对只需努力的人来说，根本问题永远无关紧要；他们只关心活动，带来表面的利益和深层的伤害。但如果我可以问我们的朋友：为什么某种工作对你那么重要？为什么你如此依附它？

"哦，不知道，可它给予我很多快乐。"

那么你真正感兴趣的不是工作，而是你从中得到的东西。你可能不靠它赚钱，却从中取乐。正如另一个人从拯救他的党派和国家中获取权利、地位和名望，你从工作中得到快乐；正如另一个人从侍奉他的救世主、教宗和大师中找到他所谓恩赐的巨大满足，你同样在自己所谓的利他主义工作中得到满足。事实上对你来说，重要的不是国家、工作或救世主，而是你从中得到的东西。你自己的快乐才是至高无上的，你特殊的工作使自己如愿以偿。你对自己将要帮助的人并不真正感兴趣；他们只是你获得快乐的工具。这是一个残酷的事实，可我们巧妙地用服务、国家、和平、上帝等等高调词语来掩盖它。

因此，如果人们可以指出的话，你的工作给你快乐，你并不真正介意伤害那些妨碍工作效率的人。你在某种工作中找到快乐，那种工作，无论是什么工作，就是你。你对获取快乐感兴趣，工作为你提供了手段；

于是，工作变得非常重要；于是，为了那种给你快乐的东西，你当然变得高效、无情、主宰一切。所以，你不介意伤害别人、孳生敌意。

"我以前从未就那个角度看过，确实如此。可我该对此怎么办呢？"

发现你为什么会花那么多年才看清一个简单的事实，难道不重要吗？

"我觉得，正如你所说，只要能如愿以偿，我并不真正关心自己是否会伤人。我通常确实如愿以偿，因为我总是非常直接有效——你会称之为无情，完全正确，可我现在该怎么办呢？"

你花那么多年才明白一个简单的事实，因为在这之前你不愿去看；因为看见它，对你的生存基础是一个打击。你寻找快乐并发现了它，可这总是带来冲突和对抗；现在可能是你平生第一次面对自己的真实。你该怎么办？有没有不同的工作态度呢？快乐并工作，而不是在工作中寻求快乐，这是可能的吗？如果我们利用工作或他人作为达到目的的手段，那么显然，我们无论跟工作还是跟他人都没有联系、没有交流；我们就不能去爱。爱不是一种达到目的之手段，而是其本身永恒的真实。当我利用你，你也在利用我，那是一般的所谓人际关系，我们是作为达到目标的手段才对彼此重要；那么我们彼此根本无关紧要。在这种互相利用之中不可避免地产生冲突和对抗。那么你该怎么办？让我们各自发现该怎么做，而不是从他人那里寻找答案。如果你能找出来，你的发现将是你的当下体悟；那么它将是真实的，而不只是一种确认或结论，一个纯粹口头的答案。

"那么，我的问题是什么？"

我们可以不这么说吗？你对这一问题自发的第一反应是什么：工作第一吗？如果不是，那什么才是？

"我开始明白你试图表达的意思了。我的第一反应是震惊；我对自己在多年工作中的所作所为深感震惊。这是我平生第一次面对你所谓的

"当下之是"的事实，我可以明确告诉你，这不甚愉快。如果我可以超越它，或许我会明白什么是重要的，那时工作就自然而然了。可到底是工作第一，或是其他什么，我还不是很清楚。"

为什么不清楚？清楚是时间问题，还是心态问题？欲望难道愿意看到自己在时间的进程中自动消失吗？你看不清难道不是因为一个简单的事实，那就是你不想看清，因为它将动摇你日常生活的整个模式？一旦你觉知到自己在故意延宕，不就马上清楚了吗？正是这种逃避带来了困惑。

"现在，一切对我变得非常清楚了，我将怎么做无关紧要。或许我还将把手头的事情做下去，却是以一种全然不同的心态去做。我们看吧。"

## 富于创造力的快乐

宽广的大河边有一座城市。宽阔的长长的台阶一直延伸到岸边，整个世界仿佛就维系在这些台阶上。从早到晚，那里总是拥挤喧闹的。人们坐在紧贴水面的凸出的小台阶上，沉浸在憧憬与渴望中，沉浸在他们的神明与颂歌里。寺院的钟声响了，宣礼员*在召唤，有人在唱颂，巨大的人群聚拢来，在感恩的寂静中倾听。

极目远眺，在河湾处及更上游的地方，散布着许多建筑物，绿树成荫的小径和开阔的街道间错交织，向内陆绵延伸展数英里。沿着河岸，穿过一条狭窄肮脏的小巷，就来到这星罗棋布的校区。有这么多学子从

---

\* 译注：Muezzin，清真寺内按时召唤穆斯林做礼拜的人。

全国各地汇聚于此，他们热情、活跃、吵闹。教师们却自私自利，终日孜孜于厚禄高位。似乎没有人真正关心那些学生离开学校以后会发生什么。教师只灌输些聪明人一学就会的一成不变的知识和技能；待学生们一毕业，便到此为止了。教师们有稳定的工作，有家庭，有保障。但是学生们离校之后，他们将不得不直面生活中的混乱与"无保障"。到处都是这样的学校、这样的教师以及这样的学生。有些学生获得了世上的荣誉与地位；另一些则生育后代、奋斗，然后死去。国家需要有才干的专家、官吏来指导和统治，于是就总有军队、教堂和生意存在。全世界都一样。

只为了学习一门技艺并找到一份工作、一个职业，我们便这样经历了在意识里塞满事相和知识的过程，不是吗？显然在现代世界，一个优秀的技术专家拥有更好的谋生机会。但是然后呢？难道一个掌握了技术的人就比没有技术的人更有能力应对生命中的复杂问题吗？职业仅仅是生命的一部分，但是还有一些隐匿的、微妙的、神秘的部分。过分强调一点而否认或忽略其他部分必然会导致极端失衡、分裂的行为。这正是在当今世界明白无误地发生着的事，伴随着不断上演的冲突、混乱和痛苦。当然也会有少数例外的富于创造力的、快乐的人，他们是那些接触到非人为所造的事物的人，那些不依赖头脑的人。

你我都具有内在的潜力，能满怀喜悦，富于创造力，能接触到超越时间控制的事物。富于创造力的快乐不是专为少数人预备的礼物，但是为什么绝大多数人都不知道这种快乐呢？为什么当其他人在各种环境、事件中被毁掉的时候，有人却能够在相同的条件下保持与奥秘的连接呢？为什么有些人具有弹性、接受性，而其他人却一味地固执并且最终被毁掉呢？尽管都学习过知识，当其他人被技术与权威扼杀的时候，有些人却始终对那些任何人或书本都不能提供的东西敞开大门。为什么？非常明显头脑需要被束缚和固定在某种行为模式中，它无视更广大更深刻的问题，这样它就能站在较为安全的立场上。于是它所受过的教育，它所接受的训练，它的活动都在那个层面上受到鼓励和支持，并且还为阻止超越找到了借口。

在被所谓的教育污染以前，许多孩子都与"未知"相连接，并且以那么丰富的方式来展现这种连接。但是很快那种境界开始在他们周围关闭，过了一定的年龄孩子们就失去了那种光彩、那种美——那是在任何一本书或任何一所学校里都找不到的。为什么？不要说生活对他们来说太艰难；不要说他们不得不面对严酷的现实；不要说这是他们的业；不要说这是他们父辈的罪过。所有这些全都是胡说八道。富于创造力的快乐是属于所有人的而不是属于少数个人的。也许你用这种方式表达而我用那种方式，但它是属于所有人的。富于创造力的快乐在市场上没有价格，它不是一件出售给开价最高的人的商品，但是它的确能够属于所有人。

富于创造力的快乐是可以实现的吗？就是说，头脑能够保持接触那一切快乐的源头吗？这种打开能否不顾知识、技术、教育以及生活中其他杂七杂八的事情而坚持下去呢？可以的——只有当教育者接受过面向这种真实的教育，只有当教育者自身已经触到富于创造力的源头的时候才可以。因此我们的问题不是学生和孩子，而是教师与父母。在我们没有认识到这种至高无上的快乐的重要性、压倒一切的根本必要性的时候，教育就是一个恶性循环。总之，对一切快乐之源开放是最高的信仰，但是要实现这种快乐，你必须给予很好的关注，就像你对生意那样。教师这个职业不仅是例行公事的工作，而且还是对美与喜悦的传达，无法用成就和成功的形式来衡量。

当自我的所在处——头脑虚构了束缚，这种真实的光芒及其狂喜就被毁灭了。自知是智慧的开始；离开自知，学习只能导向无知、争斗和悲伤。

# 制约

　　他一直非常热衷于帮助人们、做善事，并活跃于不同的社会福利机构。他说他简直从来没有休过长假，自从大学毕业后他就坚持不懈地为人类的进步而工作。当然他从来不为他所做的工作收取任何报酬。对他而言他的工作永远是非常重要的，他非常执著于他的工作。他已经成为一名第一流的社会工作者，并且热爱着他的工作。他偶然听到了一次关于使头脑受到制约的各种逃避的演讲，于是他想要探讨一番。

　　"您认为做一名社会工作者是一种制约吗？它是否只会导致进一步的冲突呢？"

　　让我们来看看制约究竟是什么意思。我们在什么时候觉知到我们是被制约的呢？我们是否曾经觉知到它呢？你觉知到你是被制约的，或是只能认识到在你生活各个层面上的冲突与挣扎呢？毫无疑问，我们觉知到的并非我们的制约，我们只感受到了冲突、痛苦和快乐。

　　"您说的冲突是什么意思？"

　　有各种各样的冲突：国家之间的冲突，各种社会团体之间的冲突，个体之间的冲突，以及个体内在的冲突。只要行为者和他的行为之间、挑战和回应之间不存在完整性，冲突不就是不可避免的吗？冲突是我们的问题，不是吗？不是任何单个的特殊的冲突，而是全体的冲突——观念、信仰、意识形态之间的争斗，对立面之间的争斗。如果没有冲突就没有问题。

　　"您是在建议我们都应该去寻求与世隔绝、玄思冥想的生活吗？"

冥想是很难的，它是最难了解的事情之一。与世隔绝呢，尽管每个人都在有意无意地以自己的方式寻求这种生活，但它并不解决我们的问题，相反，它制造出更多问题。我们正在试着理解什么是导致进一步冲突的制约的组成要素。我们只感受到冲突、痛苦和快乐，然而我们并没有觉知到我们的制约。是什么导致了制约呢？

"是社会或环境的影响：我们出生的社会，我们成长的文化环境，经济和政治的压力，等等。"

确实如此，但那就是全部吗？这些影响是我们自己的产物，不是吗？非常明显，社会是人际关系的产物。这是一种有用的、必需的、令人舒服的、令人满意的关系，而它同时制造了束缚我们的影响力和价值观。这束缚就是我们的制约。我们是被自己的思想与行为所束缚的，但是我们并没有觉知到我们是被束缚的，我们只感觉到快乐与痛苦之间的冲突。我们似乎从未超越它；即使我们去超越，也只是陷入进一步的冲突当中。我们没有觉知到我们的制约，而在觉知到之前，我们只会制造出更多的冲突与混乱。

"一个人怎样才能觉知到他的制约呢？"

只有通过了解另一个过程——执著的过程，人才有可能觉知到他自身的制约。如果我们能够了解我们为什么执著，那么我们也许就能觉知到我们的制约。

"这不是绕了一大圈又回到直接的问题上了吗？"

是吗？试试看直接觉知你的制约。你只能通过与其他事物的比较间接地了解你的制约。你不可能像了解一个概念一样觉知到你的制约，因为那样的话它就只是字面上的，并没有多少实义。我们只是感觉到冲突。当挑战与回应之间不存在整合的时候，冲突便会存在。这种冲突是我们的制约的结果。制约就是执著：执著于工作、传统、财产、人民、观念，等等等等。如果没有执著，还会有制约吗？当然不会有。那么我们为什么还要执著呢？我执著于我的国家，因为通过认同它我变成了某个人。我通过我的工作认同我自己，于是工作变得重要。我等同于我的家庭，我的财产；我执著于它们。我们所执著的事物提供给我们方法以逃避我们自身的空虚。执著就是逃避，逃避又加强了制约。如果我执著于你，那是因为你已经成了我逃避我自己的途径，所以你对我来说变得非常重要，并且我必须占有你，抓住你不放。你成了制约的要素，而逃避就是制约。如果我们能够觉知到我们的逃避，那么我们就能洞察到那些导致了制约的要素与影响。

"我正在通过社会工作逃避我自己吗？"

你执著于你的工作吗？你被它束缚吗？如果你不做社会工作，你会觉得失落、空虚、厌倦吗？

"我肯定会的。"

执著于你的工作就是你的逃避。在我们生活的所有层面都存在着逃避。你通过工作逃避，另一些人则通过酗酒、宗教仪式、知识、上帝来逃避，还有人沉溺于享乐。所有的逃避都是相同的，没有高下之分。只要上帝和酒精都是对我们的当下之是的逃避，那么这两者就是同一层面的东西。当我们觉知了我们的逃避，只有在那时我们才能了解我们的制约。

"如果我停止通过社会工作来逃避，那么我该做什么呢？我能做任何不是逃避的事情吗？我的一切行为不都是对我的真实存在的逃避吗？"

这个问题只是说说而已呢？还是反映了你的真实状况，一种你正在体验着的事实呢？如果你不逃避，会发生什么呢？你曾经尝试过吗？

"恕我直言，您说得太消极了。您并没有提出任何一件可以替代工作的事情。"

所有的替代不都是逃避的另一种形式吗？当某种形式的行为不能令我们满意或者导致了进一步冲突的时候，我们就转向另一种。用一种行为来替代另一种行为而不去了解逃避本身实在是徒劳无益，难道不是吗？正是这些逃避和我们对它们的执著导致了制约。制约引起问题、冲突。正是制约阻碍了我们对挑战的了解；在被制约的状况下，我们的回应必然不可避免地制造出冲突。

"那么怎样才能从制约中解脱出来呢？"

只有通过了解、觉知我们的逃避，才能从制约中解脱出来。我们对某个人，对工作，对某种意识形态的执著，都是制约的要素；这正是我们必须领悟的事，而不是去寻求更好的或更聪明的逃避。所有的逃避都不是智慧的，因为它们都不可避免地导致冲突。修习遁世独处是另一种形式的逃避与隔绝。它是对所谓遁世的观念和理想的执著。这个理想是虚构出来的，是由自我制造的，而实现这个理想就是对"当下之是"的逃避。只有当头脑不再寻求任何逃避的时候，才会有对"当下之是"的领悟，以及充分的趋向"当下之是"的行动。对"当下之是"的思考恰恰是对"当下之是"的逃避。思考问题就是对问题的逃避，因为思考正是问题，而且是唯一的问题。头脑不愿意成为它本来真实的样子，害怕它真实的样子，它寻求各式各样的逃避；而逃避的途径就是思考。只要思考存在，那么，只会使制约得到加强的逃避和执著就必然存在。

从制约的解脱伴随着从思考的解脱一起发生。只有当头脑完全停止时，真实显现，而自由才会发生。

## 对内在孤独的恐惧

每天、每时每刻，让一切、让许多的昨天，甚至刚刚消逝的那一刻死掉，是多么必要啊！没有死亡就没有重生，没有死亡就没有创造。过去的负担衍生出它的延续，昨天的烦恼产生出今天的烦恼。昨天孕育了今天，明天依然如昨。除非死亡，否则无法从这种延续中解脱。在死亡中喜乐降临了。这崭新的早晨，新鲜、洁净，脱离了昨天的光亮与黑暗。小鸟的歌声是第一次被听到，孩子们的吵闹也不是昨天的。我们带着昨天的记忆，它笼罩着我们现在的生活。只要头脑还是呆板的记忆机器，它就不会知道休息、安静和沉默，它总是把自己弄得筋疲力尽。那可以重生的东西就在连续不停的造作中消耗殆尽，变得毫无用处。大好春光已到尽头，生几近于死。

她说她曾经跟随一位著名心理学家学习多年，并且耗费了相当多的时间被他做心理分析。尽管她是被作为基督徒抚养长大的，也曾研究过印度教哲学及印度教大师，但是她从来没有参加过任何一个团体，也未介入过任何一个思想体系。她一如既往地感到不满足，甚至一度中断过心理分析；现在她投身于社会福利工作。她曾经结过婚，已然知道家庭生活的所有不幸和乐趣。她以各种方式实现逃避：社会声望、工作、金钱，在海滨的乡村里享受温馨快乐。虽然忧伤成倍地增加，她还能够忍受；但是她从未能够超越　定的深度，　切都不够深入。

差不多每件事都浅尝辄止，然后很快走到尽头，又开始另一次肤浅的尝试。头脑的任何活动都无法发现这种重复的无穷无尽。

"从一个行为到另一个行为，从一次不幸到另一次不幸，我总是被驱赶而又总是要追求。现在我已经达到了某种急切渴望的极限，在我开始另一次将持续好多年的行动之前，我被另一个更强烈的冲动所左右，于是我来到这里。我一直过着不错的生活，快乐而富有。我对很多事物都有兴趣，并对一些学科进行了相当深入的研究。但是不知道为什么，多年以后，我依然还在外围；我似乎无法穿透某个点；我想要更加深入，但我做不到。人们说我在我所做的事业上表现优秀，而正是这种优秀束缚了我。我的制约都是慈善型的：与人为善，助人为乐，善解人意，慷慨大方，等等。但是它们束缚着我，正如其他制约束缚着我一样。我的问题就是我要解脱，不仅从这种制约中解脱，还要从所有制约中解脱，并且超越。这已经变成了一种急切的需要，不仅是因为听了演讲，这也来源于我自己的观察与经验。我已经中断慈善工作有一段时间了，是否会继续下去，以后再说吧。"

为什么以前你没有问过自己所有那些行为的理由呢？

"以前我从来没有想过要问问我自己为什么要做社会工作。我一直想要帮助别人，想要做善事，而那并不是空洞的感情用事。我发现与我一起生活的人并不真实，他们只是一些面具。那些需要帮助的人反倒是真实的。与戴面具的人一起生活实在是无趣又愚蠢，但是与另一些人在一起却又存在挣扎、痛苦。"

你为什么要从事慈善工作或其他工作呢？

"我想这只是为了过下去。人总得活着并且做点事，而我的制约就是要尽可能体面地做点事。我从来没有问过自己为什么要做这些事，现在我必须弄明白。但是在我们深入探讨以前，我要声明我是一个遁世者。尽管我见过许多人，可我总是独自一人，而且我喜欢这样。在独处中有某种让人愉悦的东西。"

在最高的意义上独处是至关重要的。但是由冷漠产生的孤独感也会给你一种充满能量、不可伤害的感觉。这样的独处其实是一种隔绝，它其实是逃避，是一个避难所。为什么你从来不问自己为何要做那些你自认为的善举？难道弄清楚这一点不重要吗？难道你不应该好好探究一下吗？

"好的，让我们就这么做吧。我想正是对内在孤独的恐惧促使我去做所有这些事。"

对于内在的孤独你为什么使用"恐惧"这个词呢？你并不介意外在

的独处，但你却逃避内在的孤独。为什么呢？恐惧不是一个抽象概念，它只存在于与其他事物的关系中。恐惧不能自己单独存在；它只是一个词，它只有在与其他事物的关系中才能被感知到。你到底害怕什么呢？

"害怕内在的孤独。"

只有在与其他事物比较的时候才会有对内在孤独的恐惧。你不可能害怕内在的孤独，因为你从来没有正视过它；现在你是在用你已经知道的东西测度它。你知道你作为一个社会工作者、母亲、有能力有效率的人以及其他等等的价值，如果可以这样评价的话；你知道你的外在孤独的价值。于是你就在与这一切的比较中揣摩、试探内在的孤独。你知道那已经是的，但是你并不知道那"现实所是"的。"已知"查看着"未知"，它带来了恐惧；正是这种行为引起了恐惧。

"是的，正是如此。我正在把内在的孤独与我通过经验得知的东西加以比较。正是这些经验引起了我对完全没有经验过的东西的恐惧。"

所以你的恐惧并不真的源自于内在的孤独，而是"过去"在害怕它所不知道的、没有经验过的事物。过去试图吸收新事物，把它变成一种经验。但是那个过去——就是你——能够经验到新的未知的事物吗？已知只能经验自身的东西，它永远不可能经验到新的未知的事物。通过给"未知"一个名字，通过称其为内在的孤独，你只是在字面上确认了它，然后那个词将取代经验的过程，因为那个词正是恐惧的屏障。"内在的孤独"这个词正在掩盖事实，掩盖"当下之是"，正是这个词在制造恐惧。

"但是不知道怎么地我似乎不能正视它。"

让我们先来了解为什么我们没有能力去看事实，以及是什么在阻碍我们被动无为地观照事实。现在不要试图去看，请安静地听我说。

已知，过去的经验，正在试图吸收所谓内在的孤独，但是它不可能经验到内在的孤独，因为它不知道那是什么。它知道那个词，却不知道隐藏在词背后的东西。未知无法被经验。你也许可以思考或者臆测未知，或者害怕未知。但是思想不能理解它，因为思想是已知和经验的产物。因为思想无法知道未知，因此它就害怕。只要思想渴望去经验、了解未知，恐惧就会存在。

"那么……？"

请听好。如果你正确地听，所有这一切的真实将会被看到，而那时真实将是唯一的行动。无论思想对内在的孤独做什么都是一种逃避，对"当下之是"的回避。在回避"当下之是"的过程中，思想创造了它自己的制约，这种制约阻碍了对新的"未知"的体验。恐惧是思想对未知的唯一回应，思想也许会用不同的词来称呼它，但它仍然是恐惧。你只要看到思想不可能操控未知，不可能操控隐藏在"内在的孤独"这个词背后的"当下之是"，只有那时"当下之是"才会呈现它自己，而它是无穷无尽的。

现在，也许可以这样建议，让它去吧；你已经听过了，然后让它自发地工作。在耕耘和播种之后的寂静，就是给予创造以生命。

## 仇恨的过程

她是个教师，或者说曾经是教师。她慈爱而友善，而这几乎已经成了习惯。她说她教书已超过二十五年并且乐在其中；尽管到最后她已经想要摆脱这一切，却依然坚持着。最近她开始认识到深深地埋藏在她本性里的是什么。她在一次讨论当中突然发现了它，而这发现真的让她感到意外和震惊。它就在那儿，它并非只是自我谴责；现在当她审视过去的岁月，她能够看到它一直就在那儿。她其实一直在恨。这不是对某个特定的人的憎恨，而是一种普遍的恨的情绪，一种针对每一个人和每一件事的被压抑的敌视。第一次发现的时候，她以为这是非常肤浅的、可以轻而易举摆脱的东西，但是随着时间流逝她发现那并不只是无关紧要的小事，而是伴随了她整整一生的根深蒂固的仇恨。让她震惊的是她一直认为自己是慈爱而友善的。

爱是奇怪的东西；一旦和思想交织在一起，它就不是爱了。当你想到某个你爱的人，那个人就变成了令人愉快的感觉、记忆、形象的象征，但那不是爱。思想是感觉，而感觉不是爱。思考的过程正是对爱的否定。爱是火焰，没有思想、嫉妒、敌视、利用等等这类头脑产物的烟雾。只要心灵负担着头脑的产物，就必然有恨；因为头脑是仇恨、敌视、对立、冲突的温床。思想是反应，而反应总是以这样那样的方式成为仇恨的根源。思想就是对立、仇恨；思想总是在竞争，总是在寻求结果、胜利；它的实现就是快乐，而它的挫折就是仇恨。冲突就是被对立面困住的思想，而对立面的综合仍然是仇恨、敌视。

"您看，我一直以为我爱孩子。甚至当他们长大后，遇到麻烦时他们还会常常到我这里来寻求安慰。我想当然地认为我爱他们，特别是那些离开了学校的我曾经宠爱的学生，然而现在我看到一直存在着一股仇恨的、根深蒂固的敌视的暗流。我该怎么对待这个发现呢？您不知道这发现让我感到多么害怕。您说我们用不着自责，那么这个发现能够让我受益匪浅。"

你也发现了仇恨的过程吗？看到起因，知道你为什么仇恨，是相对容易的；但是你觉知到仇恨的过程吗？你有没有像观察一头新奇的动物那样观察过它呢？

"对我来说它是完全陌生，我从来没有观察过仇恨的过程。"

让我们现在就观察吧，然后看看会发生什么；当仇恨呈现自己的时候，让我们被动地观照。不要被吓着，不要责备或找借口；只是被动地观照。仇恨是挫折的一种形式，难道不是吗？实现与挫折总是如影随形。

你对什么感兴趣呢——不是指职业的，而是内心深处的？

"我一直想画画。"

那你为什么不画呢？

"我父亲一直坚决主张我不应该做任何不赚钱的事情。他是个非常有进取心的人，金钱对他来说是一切的目的；他从来没有做过任何跟钱无关的事，或不能带来更多声望、更大权力的事。"更"是他的神，而我们全都是他的孩子。尽管喜欢他，我还是想方设法反对他。金钱重要的观念深深地铭刻在我的心里；我喜欢教书，很可能是因为它给了我掌控局面的机会。我经常在假期里画，但是这完全不能让我满意；我想把生命奉献给绘画，而实际上每年我却只有两个月的时间。最后我停止绘画，但是它在我的内心燃烧着。现在我能看到这件事是如何滋生出敌意的。"

你结过婚吗？你有自己的孩子吗？

"我曾经爱上过一个已婚男人，并且秘密同居。我疯狂地嫉妒他的妻子和孩子，然而我却害怕有孩子，尽管我极想要孩子。一切天经地义的事，每日的厮守等等，都拒我于千里之外，于是嫉妒演变成了毁灭一切的怒火。他不得不搬到另一个城市，而我的嫉妒从未减弱。这是无法忍受的事。为了忘记这一切，我更加集中精力教书。但现在我看到我依然嫉妒，不是嫉妒他，因为他已经死了，而是嫉妒所有幸福的人，所有已婚的人，所有成功的人，几乎每个人。我们本可以一起拥有的一切都被剥夺了。"

嫉妒就是仇恨，难道不是吗？如果一个人在爱，就没有空间留给别的东西。但是我们没有在爱，黑烟使我们的生命窒息，而爱的火焰熄灭了。

"现在我可以看到与已婚的姐妹之间，在学校里，在几乎所有的人际关系里，都在发生着战争，只是它被掩盖了。我成了理想的教师，做一个理想教师是我的目标，而且人们就是这么认可我的。"

理想越强烈，压抑就越深，冲突与敌意也就越深。

"是的，现在我全都看到了；可奇怪的是，当我观察的时候，我并不在乎成为我真实的样子。"

你不在乎是因为有一种粗暴的确认，难道没有吗？正是这种确认带来了某种快乐；它会提供能量，一种认知自己的自信感。就像嫉妒，尽管痛苦，也会给你一种快感。所以现在，对你的过往经验的知识会给你一种有把握的感觉，这让你感到快乐。现在你已经为嫉妒、挫折、被抛弃找到了一个新名词：那就是仇恨以及对仇恨的认同。在认同中有傲慢，那是敌视的另一种形式。我们从一种替换转到另一种替换，但是本质上，所有的替换都是一样的，尽管从字面上看它们可能不一样。所以你是被你自己思想的网困住了，不是吗？

"是的，但还能怎么样呢？"

不要提问，只是观照你自己思考的过程。它是多么狡猾，多么具有欺骗性啊！它许诺解脱，却只是制造了另一个危机，另一种敌视。你只要被动地观照它，让它的真实自己呈现。

"有可能从嫉妒、仇恨、无休止的被压抑的争斗中解脱出来吗？"

当你在期待某种东西的时候，无论是积极地还是消极地，你都是在投射你自己的欲望。你的欲望将会得到满足，但那只是另一个替代，然后争斗会再次发生。这种要获得或避免的欲望依然是在对立的范畴内，不是吗？看到虚假的就是虚假的，这样就是真实了。你不必去寻找真实。你将发现的，即是你所追求的，但它不会是真实。这就像一个猜疑的人，所疑之心看到所疑之相，这是相当容易而愚蠢的。只是被动地观照整个思想过程吧，也观照想要从思想中解脱的欲望。

"所有这一切对我来说都是非同寻常的发现，并且我已经开始看到您所说的话的真实性。但愿不用花太多时间来超越这冲突。我又在期待了。我应该静静地观照，然后看看会发生什么。"

## 进步与革命

　　寺院里，他们正在唱着颂歌。这是一座洁净的寺院，用切割好的坚不可摧的巨大石头建成。那里有三十多位僧侣，上身袒露；他们的梵音精确而清晰，而且他们熟知颂歌的含义。那些词句的力度和音调几乎使墙壁和柱子震颤，恰好在那里的人们本能地变得安静。世界的起源、创世、人类是如何被创造的，所有这些正在被唱颂。人们合上双眼，颂歌营造出一种令人愉悦的悸动：对童年时光的追忆，对于自青年时期以来所取得的进步的思考，梵文词句的奇妙作用，重温这些颂歌的喜悦。一些人正在跟唱，他们的嘴唇蠕动着。空气里洋溢着强烈的情感，而僧侣们继续唱颂，诸神依然沉默。

　　我们是多么执著于进步的观念啊！我们喜欢认为我们应该达到更好的状态，变得更仁慈、安静而高尚。我们喜欢执著这个幻象，几乎没有人深刻地觉知到这是一场骗局，是一个让人满意的神话。我们喜欢想象有朝一日我们将变得更好，但是同时我们继续混着日子。进步是这样一个让人舒服、让人安心的词，一个我们借以自我催眠的词。实然所"是"的东西不可能变成别的东西，贪婪永远不可能变成不贪婪，再多的暴力也不可能变成非暴力。你可以把生铁块做成一部庞大复杂的机器，但是当牵涉到"我要成为"的时候，进步就只是一个幻觉。"我"要变成某种光彩夺目的东西的想法只是那个想要变得"伟大"的欲望耍的一个小花招。我们崇拜国家的胜利，意识形态的胜利，自我的胜利，并且用令人舒服的进步的幻觉来欺骗自己。思想也许可以进步，变得更丰富，走向更完美的目标，或者让它自己沉默；但是只要思想是一种获得或放弃的活动，它就永远只是反应。反应永远在制造冲突，而冲突中的进步只是进一步的混乱，进一步的敌视。

他说他是个革命家，随时准备为他的目标、他的主义而杀人或者被杀。他准备为更好的世界而杀人。摧毁现有的社会秩序当然会制造更多的混乱，但是这种混乱可以被用于建立一个没有阶级的社会。在建立一个完美社会制度的过程中造成少许破坏或大量破坏又有什么关系呢？重要的不是现在的人，而是将来的人。他们将要建立的新世界没有不平等，人人有工作，到处充满欢乐。

你怎么能对未来这么肯定呢？是什么让你对它这么肯定的呢？有宗教信仰的人许诺有天堂，而你许诺在未来有更好的世界；你有你的经典和你的传教士，就像他们有他们的经典和传教士一样，所以你们之间其实没什么差别。那么是什么让你这么肯定你清楚地预见到了未来呢？

"从逻辑上讲，如果我们遵循特定的程序，结果就是一定的。另外还有大量的历史证据支持我们的主张。"

我们都根据我们特有的制约来解释过去，并且为了迎合我们的成见而解释过去。你像我们其他人一样对明天不能确定，谢天谢地正是这样。但是为一个虚幻的将来牺牲现在，显然是极其不合逻辑的。

"你相信改变吗？或者你只是资产阶级的工具？"

改变是修正了的延续，你也许称其为革命；但是根本性的革命是完全不同的过程，它与逻辑或者历史证据没有任何关系。只有在对行动的整个过程的了解中——不是指某个特定层面的行动，无论是经济层面还是意识形态层面，而是作为一个不可分割的整合的行动——才会存在根本性的革命。这个行动不是反应。你只知道反应，只知道对立的反应，以及进一步的你称之为综合的反应。整合不是智力的综合，一个基于历史研究的书面结论。整合只能随着对反应的了解而来。头脑是一系列反应；基于反应和观念的革命根本不是革命，而只是对过去的修正了的延续。你可以称之为革命，但实际上它不是。

"那对你来说什么是革命呢？"

基于一种观念的改变不是革命；因为观念是记忆的回应，它还是一种反应。只有当观念不再重要并且因此停止的时候，根本性的革命才有可能发生。诞生于敌视的革命并不像它所宣称的那样；它只是对立，而对立永远不可能具有创造力。

"你所说的那种革命只是纯粹的概念，在现代社会无法实现。你是个暧昧的理想主义者，完全不切实际。"

恰恰相反，理想主义者都是具有观念的人，而他恰恰是不革命的。观念会造成分裂，而分裂是不完整的，它根本不是革命。一个带着某种意识形态或观念的人只关心观念、语言，而不关心直接的行动；他躲避直接的行动。意识形态是对直接行动的妨碍。

"难道你不认为通过革命会实现平等吗？"

基于一种观念的革命，无论多么有逻辑并符合历史证据，都不可能带来平等。观念的功能正是分裂人民。宗教信仰或政治信仰使人与人相互对抗。所谓的宗教已经并且还在继续分裂人民。被称为宗教的有组织的信仰，就像任何其他意识形态一样是头脑的产物，并且因此是分裂的。你和你的意识形态正在做同样的事情，不是吗？你正在组织一个围绕一种观念的核心或团体。你想要把每个人都纳入你的团体，就像宗教信徒们所做的那样。你想要用你的方式拯救世界，正如他想用他的方式拯救世界。你们互相谋杀和消灭，都是为了一个更好的世界。你们对那个更好的世界其实都不感兴趣，只对按照你们的观念塑造世界感兴趣。观念怎么能带来平等呢？

"在观念的围栏里我们都是平等的，虽然我们也许有不同的职能。我们首先是观念的代表，然后我们各司其职。但是不像代表观念时那样，在职能中我们有不同的等级。"

这正是每一个有组织的信仰所宣称的。在神的眼里我们都是平等的，但是在能力上有差别；生命是一样的，但是社会分工不可避免。用一种意识形态替代另一种意识形态并没有改变基本事实——某个团体或个人凌驾于其他人之上。事实上在生活的每个层面都有不平等。有人有能力有人没有能力；有人领导有人跟随；有人迟钝有人敏感、警觉、适应力强；有人绘画或写作，有人挖矿；有人是科学家有人是清洁工。不平等是事实，革命不可能消除这个事实。所谓革命所做的就是以一个团体来取代另一个团体，随后新团体便继承了政治权力和经济权力；它成为继续用特权等手段来巩固自己的新上层阶级；它知道其他被打倒的阶级的所有伎俩。它并没有消除不平等，不是吗？

"最终它会的。当全世界都以我们的方式来思考的时候，那时就会有意识形态上的平等。"

对另一个世界的梦想根本就不是平等而仅仅是一个观念、一个理论，就像宗教信徒的梦想一样。你们是多么相像啊。观念会造成分裂，它们是隔阂的、对立的，正在制造着冲突。某种观念永远不会带来平等，甚至在它自己的世界里也不会。如果我们全都在同一时间、同一层面，相信同样的事情，就会有一种平等；但那是不可能的，那纯粹是一个只能导致幻想的推测。

"你是在嘲笑所有的平等吗？你是愤世嫉俗的吗？并且谴责给所有人带来平等机会的努力吗？"

我并非愤世嫉俗，只是在陈述显而易见的事实。我也不是在反对平等的机会。诚然，只有在我们领悟事实、"当下之是"之时，才有可能超越这个不平等的问题，并发现一种行之有效的办法来解决它。带着一种观念、结论、梦想来看待"当下之是"，并不能了解"当下之是"。带着偏见的观察根本就不是观察。事实是，在意识、生命的各个层面都存在不平等；而无论我们做什么，我们都不可能改变事实。

现在，有可能解决不平等的事实而又不产生更多的对立、更多的分裂吗？革命把人当成达到目标的工具。目标是重要的，而人不重要。宗教则主张——至少在口头上主张——人是重要的；但是他们也同样在信仰、教义的建立过程中把人当作工具。为了某个目标而利用人必然会产生高下之感，这个人近而那个人远，这个人知道而那个人不知道。这种分别是心理上的不平等，而它正是社会分裂的一个因素。现在我们知道关系只是一种利用；社会利用个体，正如个体之间相互利用一样，以便以各种方式获利。这种对他人的利用正是人与人心理上隔阂的根本原因。

只有当观念不再是关系中的激发性要素的时候，我们才能停止利用别人。伴随着观念产生了剥削，而剥削造成对立。

"那么当观念停息之后会产生什么要素呢？"

爱，那是唯一可以导致根本性革命的要素。爱是唯一真正的革命。但爱不是一种观念，观念不存在时爱才会存在。爱不是宣传工具；爱不是某种可以站在屋顶上呐喊宣传的东西。只有当有计划行动的旗帜、信仰、引导和观念渐渐消失以后，爱才有可能存在，而爱是唯一具有创造力的并且永续不断的革命。

"但爱不会开机器，不是吗？"


## 厌倦

雨已经停了，街道是那么清洁，树上的灰尘被冲刷一净。泥土清新，青蛙正在池塘里大声聒噪。它们体型很大，喉头兴奋地鼓胀着。微细的水珠在小草上闪闪发光。倾盆大雨过后，大地一片宁静。牛群被淋得湿透，刚才它们没有任何地方可以躲雨，现在它们正心满意足地咀嚼青草。几个孩子正在路旁雨水汇聚成的小溪边嬉戏，他们没穿衣服，看着他们光洁的躯体和明亮的眼睛真让人高兴。他们正在享受生命，而且他们是多么快乐啊。没有什么重要的事，别人对他们说话的时候他们因为欢乐而微笑，尽管一个字也听不懂。太阳升起来了，在地上投下浓重的日影。

对头脑来说，清空它自己的所有思想，持续地空，不是**被造成空**，而只是空，这是多么必要啊！让所有的思想、所有昨天的记忆以及下一刻死掉！死掉很简单，而延续却很难，因为延续是保持"是"或"不是"的努力。努力就是欲望，只有当头脑停止获得的时候欲望才能死掉。仅仅活着是多么简单啊！但这不是停滞。不想要什么、不想成为什么、不想去任何地方，这其中蕴涵着巨大的喜悦。当头脑清空了一切思想，只有那时富有创造力的宁静才会存在。只要头脑还在为了达到而运转，它就不会安静下来。对头脑来说，达到就是成功，而成功永远都是一样的，不管是在起点还是终点。只要头脑仍在编织"我要成为"的蓝图，头脑就无法清空。


她说她过去一直以这样或那样的方式忙碌，要么忙孩子，要么忙社会活动，要么忙于体育运动；但是在这种忙碌背后一直隐藏着厌倦、压力和单调。她厌倦一成不变的生活、快乐、痛苦、客套奉承，以及其他每一件事。在她的记忆里，厌倦始终就像乌云一般笼罩着她的生活。她曾经试图逃避，但是每一项新的爱好很快就演变成进一步的厌倦，如死一般的沉闷。她读过很多书籍，也曾卷入过家庭生活的寻常纷争，然而贯穿始终的就是这令人筋疲力尽的厌倦。这与她的健康无关，因为她身体很好。

为什么你觉得厌倦呢？它是某些挫折、某些最基本的欲望被阻碍而无法实现的结果吗？

"并没有特别严重的挫折。有一些表面的障碍，但那些从来没有让我心烦；有时它们也会打扰我，我可以很聪明地应付并且从来没有被难倒过。我不认为我的麻烦就是那些挫折，因为我总是能够得到我想要的。我从不要求不可能的事情，我的需要总是合理的。尽管如此，我对每件事，我的家庭和我的工作，还是心生厌倦。"

你说的厌倦是什么意思呢？你是指不满意吗？没有一件事令你完全满意吗？

"不完全是这样。我就像任何一个普通人一样感到不满意，但我一直能够让自己对不可避免的不满意安之若素。"

你有什么爱好吗？在你的生活中有什么浓厚的兴趣爱好吗？

"没什么特别的。如果我有浓厚的兴趣爱好，我就不会感到厌倦了。我天生就是一个热情洋溢的人，我向你保证，如果我有一项爱好我是不会轻易放弃的。我曾经有过许多断断续续的爱好，最后无一例外地湮没在厌倦的阴云里。"

你说的爱好是什么意思呢？为什么会有从爱好到厌倦的转变呢？爱好到底是什么意思？你爱好那些让你高兴、满意的东西，难道不是吗？难道爱好不是一个获得的过程吗？如果你无法从一件事物中获得什么，你是不会对它感兴趣的，不是吗？只要你还在获得，就会有持续的兴趣，获得就是爱好，难道不是吗？你试图从和你有关的每一件事物中获得满足感，而当你彻底榨干它以后，自然而然地你就开始厌倦它。每一种获得都是某种形式的厌倦、烦闷。我们想要换换玩具。一旦对这一个失去兴趣，马上就换另一个，永远有新玩具可以换。我们为了获得而翻新花样；我们从快乐、知识、名誉、权力、能力、拥有家庭等等中获得。当从一种信仰或一位救世主身上无法获得更多的时候，我们就失去兴趣并转向另一个。有的人在一个组织中酣睡，再不醒来；而那些醒来的人却加入另一个组织，再次入睡。这种获得的行为被称为思想的拓展和进步。

"兴趣爱好都是获得物吗？"

事实上，你对不能带给你任何东西的事物感兴趣吗——无论它是一场游戏、一场比赛、一次谈话、一本书或者一个人？如果一幅画没有给你什么感觉，你就会忽略它；如果一个人没有用某些方式刺激或干扰你，如果在一种特定的人际关系中没有快乐或痛苦，你就会失去兴趣，你会厌倦。难道你没有注意到吗？

"是的，但是以前我从来没有从这个角度考虑过。"

如果你什么也不想要，你就根本不会到这里来。你想从厌倦中解脱。因为我不能给你那种解脱，你就将再次厌倦。但是如果我们能够把获得、兴趣、厌倦的过程结合起来了解的话，那么也许你就会解脱。解脱不可能被获得。如果你获得了解脱，那么你还是会很快厌倦。难道不是获得使头脑变得麻木吗？获得，无论积极的或消极的，都是一个负担。一旦获得你就失去了兴趣。在努力去占有的过程中，你是机警的、兴致勃勃的；但占有就是厌倦。你想要占有更多，而追求更多只是在奔向厌倦。你尝试各种形式的获得，而且只要有获得的努力，兴趣就会存在；可是获得总是会有尽头，所以永远会有厌倦。这一切难道不是一直在发生着吗？

"我想是这样，但我还是不能领会全部含义。"

现在我就解释给你听。

占有令头脑疲倦。获得——无论是知识、财富还是美德——导致麻木。头脑的本能就是获得、吸收，难道不是吗？确切地说，头脑为它自己创造的模式是一种攫取的模式；而头脑恰恰就是在那个行动中为自己埋伏下了厌烦和厌倦。那很快演变成厌倦的兴趣、好奇心是获得的开始；而那个想要从厌倦中解脱的急切欲望是占有的另一种形式。于是头脑从厌倦到兴趣又到厌倦，直到它完全筋疲力尽。而这种兴趣与厌倦的连续的起伏颠簸被视为理所应当。

"那么怎样才能从获得中解脱而又不陷入更多的获得呢？"

只有允许获得的整个过程的真相被体验到，才有可能解脱，而不是通过试图变成不获得、遁世。不获得正是会很快变成厌倦的获得的另一个形式。困难，如果可以使用这个词的话，不在于从字面上理解上面所说的话，而是在于体验到虚妄就是虚妄。在虚妄中看到真相就是智慧的开始。困难在于让头脑停止，头脑总是在焦虑，总是在追求、获得或拒绝，搜索并寻获。头脑从不停止，它总是处于连续不停的造作中。过去笼罩着现在，创造出它自己的将来。它是一个在时间中的运动，念头之间几乎没有停顿。一个念头紧跟着另一个念头，头脑总是让自己紧张，并因而筋疲力尽。如果一支铅笔总是很尖，那么很快什么都不会剩下。同样的道理，头脑不停地使用并耗尽自己。头脑总是害怕结束。但是，生命一天一天都在结束；它一直在对一切获得、记忆、经验、过去永别。假如经验存在怎么还会有生命呢？经验是知识，是记忆；而记忆难道是"正在经历着"的状态吗？在"正在经历着"的状态中，难道还有经验者的记忆吗？头脑的清空就是生命，就是创造。美存在于"体验"当中，而不是经验中。因为经验永远是过去的，过去不是现前的体验，它不是生命。头脑的清空就是心灵的镇静剂。

## 🌸 戒律

我们驱车穿过拥堵的车流，离开主干道驶进了一条隐蔽的小巷。下了车，我们沿着一条小路前行，穿过棕榈树丛，周围是大片碧绿的、即将成熟的稻田。那些稻田狭长曲折，被高大的棕榈树环绕着，多美啊！这是一个凉爽的黄昏，微风在肥厚的树叶间吹拂。小路拐弯的地方意外地出现了一个湖。湖水颇深而湖面并不宽阔，两岸的棕榈树排列得异常紧密，几乎无法穿行。轻风拨弄起涟漪，沿着湖滨传来低语声。那边有几个男孩正在洗澡，赤身露体，坦然自若。那些湿漉漉的躯体晶莹优美，比例匀称，柔韧修长。他们会游到湖心，再游回来。这条小路一直通向一个村庄，满月在我们的归途投下浓重的暗影；男孩们走了，月光倾泻在水面上，阴凉的黑暗中棕榈树仿佛白色的石柱。

他来自远方，急切盼望找到征服头脑的方法。他说他曾经刻意隐遁，与一些亲戚们过着非常简单的生活，把他的时间都用在征服头脑上。他已经修习某种戒律达数年之久，但他的头脑依然不能被控制，它总是伺机胡思乱想，就像一头被拴住的野兽。他曾经断食，但也没用；他也曾尝试过节食，确实有一点帮助，可他从未感受到片刻安宁。他的头脑无休止地产生影像，回忆起过去的场景、感觉和事件；或者头脑会考虑明天该如何安静下来。但是明天从未到来，整个过程变成了一场彻头彻尾的噩梦。在非常偶然的场合，头脑也会安静下来，但是那安静很快就变成了回忆，变成了过去的东西。

曾经被制伏的东西必然一次又一次地重新被制伏。压抑是制伏的一种形式，正如替代和升华一样。制伏的欲望滋生出进一步的冲突。为什么你想要制伏头脑，让头脑平静呢？

"我一直对宗教问题感兴趣；我研究过各种不同的宗教，它们都说要想知道神，头脑就必须宁静。自从我记事起我就一直想要找到神，找到遍布于世界的美，遍布于稻田和尘土飞扬的村庄的美。我曾经有过非常有前途的职业，曾经经历过出国以及所有诸如此类的事。然后一天早晨，为了寻找那种宁静，我出走了。几天前我听说您的演讲与此有关，于是我就来了。"

为了找到神，你努力压制头脑。可头脑的平静就是通向神的道路吗？头脑的平静就是开启天堂之门的硬币吗？你想要买通通向神、真实或者随便你叫它做什么的道路。难道你能用美德、自制、禁欲买到永恒吗？我们认为如果我们做某些特定的事，修习德行，追求纯洁，从俗世隐退，就应该能够测度那无法测度的；所以那只是交易，不是吗？你的"美德"是达到目的的一个手段。

"可是戒律对于控制头脑是必要的，否则不会有平静。我只是没有完全持戒；那是我的错，不是戒律的错。"

戒律是达到目的的一个手段。然而目的是未知的。真实就是未知，它不可能变成已知。如果它是已知的，它就不是真实。如果你能够测度那不能测度的，那么它就不是无法测度的。我们测得的是语言，而语言不是真实。戒律是手段，但手段和目的并非两个不同的东西，不是吗？毫无疑问，目的和手段是同一的，手段就是目的，唯一的目的，不存在独立于手段之外的目的。若将暴力作为实现和平的手段，那么暴力将永不停止。重要的是手段，而不是目的；目的由手段决定；目的不是独立的，存在于手段之外的。

"我将倾听并努力理解您所说的，当我听不懂的时候，我会提问。"

你用戒律、控制作为获得平静的手段，不是吗？戒律意味着遵从一种模式；为了变成这样或那样你控制自己。难道戒律就它的本性而言不是暴力？它也许给予你自制的快乐，但是那种快乐不正是只能滋生出进一步冲突的某种形式的反抗吗？修习戒律不正是在防卫什么吗？而被防卫的东西总是要被攻击的。难道戒律不是意味着为了达到所渴望的目的而压抑"当下之是"吗？压抑、替代和升华只会增进努力并激起进一步的冲突。你也许可以成功地抑制某种疾病，但是它将继续以不同的形式不断出现直到被根除。戒律是对"当下之是"的压抑和压制。戒律是暴力的一种形式。所以，我们希望借助"错误的"手段得到"正确的"结果。通过反抗，怎么会有解脱、真实呢？解脱存在于开始的时候，而不是在最后。目标就是第一步，手段就是目的。第一步就必须是解脱，而不是到最后。戒律意味着微妙的或粗暴的、外在的或内在的强迫；然而哪里有强迫，哪里就有恐惧。恐惧、强迫被用作达到目的、达到那个被称为"爱"的目的的手段。通过恐惧会有爱吗？只有当任何一个层面都没有恐惧的时候，爱才会存在。

"可是离开某种的强迫、某种的服从，头脑究竟怎么运作呢？"

头脑的活动恰恰是它自身进行领悟的障碍。你从未注意到只有当思想的头脑不再运作的时候，领悟才会发生吗？随着思想过程的结束，领悟就在两个念头之间的空隙中出现。你说头脑必须停止，但至今你仍希望它运作。如果我们能够完全处于警觉中，我们将会领悟；但我们的方法是如此复杂以至于妨碍了领悟。当然，我们现在关心的并不是戒律、控制、压抑、反抗，而是思想自身的过程和结束。当我们说头脑在胡思乱想的时候，到底是什么意思呢？简单地说，思想永远从一个吸引物被诱惑到另一个吸引物，从一个联想跳到另一个联想；并且处于持续的躁动中。对思想来说有没有可能结束呢？

"那正好是我的问题。我想要结束思想。现在我能够看到戒律的徒劳无益；我真的认识到了它的错误和愚蠢，我再也不要在那条路线上追求了。但我如何结束思想呢？"

我再说一次，不要带着成见去听，不要插入任何结论，不管是你自己的或是别人的那些结论；要为了领会而听，而不要只是为了驳斥或接受而听。你问如何才能结束思想，那么现在，你——那个思想者，是一个独立于你的思想之外的实体吗？你不正是你自己的思想吗？思想也许会将思想者置于一个很高的层面，并且给他一个名字，把他从它自身区分开；然而思想者依然处在思想的过程当中，不是吗？只有思想存在，并且正是思想创造了思想者；思想赋予思想者作为永恒的、独立的实体的形象。在连续不断的变化中，思想认为它自己是无常的，所以它培养思想者作为一个永恒的实体，独立并且不同于它自身。于是思想者作用于思想；思想者说"我必须结束思想"。可事实是只存在思想的过程，并不存在独立于思想的思想者。体验到这种真实是至关重要的，它不只是语词的简单重复。只存在思想，并不存在进行思想的思想者。

"那么思想最初是如何生起的呢？"

通过观念、接触、感觉、欲望以及认同；"我要""我不要"等等。那是相当简单的，不是吗？我们的问题是，思想如何才能结束呢？任何形式的有意识或无意识的强迫都是完全徒劳的，因为它意味着有一个控制者，一个持戒的人；而这样一个实体——正如我们所看到的那样——是不存在的。戒律是一个谴责、比较、评判的过程；当你清楚地看到并没有一个作为思想者、持戒者的独立实体存在的时候，那时将只有思想、思想的过程存在。思想是对回忆、经验、过去的反应。这又是必须被洞察的，不是在文字的层面，而是必须有真切的体验。那时就只存在被动无为的观照，思想者不存在了，思想也不存在了。那个总是处在过去的头脑、经验的总和、自我意识，只有当它不再自我投射的时候，它才会平静；而这个投射就是"成为"的欲望。

只有当思想不存在的时候，头脑才是空的。除非通过对每个念头的无为观照，思想是不可能结束的。在这种观照当中，没有观照者与审查者；审查者不存在，只有体验存在。在体验中，既没有体验者也没有被体验者。被体验者就是那制造出思想者的思想。只有当头脑在体验的时候，那不是被虚构出来、拼凑起来的寂静才会发生 。只有在那种寂静里，真实才会显现。真实是非时间性的，也是不可测度的。

## 冲突——解脱——关系

"命题与反命题之间的冲突是必然的和必要的；它产生综合，从中又生出一个命题和与之对应的反命题，如此等等。冲突永无止境，而只有通过冲突才会一直有成长、发展。"

是冲突带来了我们对问题的理解吗？它导向成长、发展吗？它也许会带来次要的进步，但是就它的本性而言，冲突难道不正是分裂的一个要素吗？为什么你坚持说冲突是必不可少的呢？

"我们都知道在我们生活的每一个层面都存在着冲突，所以为什么要否认或无视它呢？"

一个人不能无视内部或外部的持续不断的冲突；但是请允许我问，你为什么坚持说冲突是必不可少的呢？

"冲突不能被否认，它是人类结构的一部分，并且我们利用它作为到达目的的手段，那个目的就是个体的合适的生存环境。我们向那个目标努力，并利用一切手段来实现这个目标。野心、冲突，是人类的生存方式，而它可以被用来反对或支持人类。通过冲突我们发展得更伟大。"

你说的冲突是什么意思？是什么之间的冲突呢？

"已经是和将要是之间的冲突。"

"将要是"是对已经是和现在是的进一步的反应。我们认为冲突的意思是两个对立观点之间的斗争。但是任何形式的对立会有利于了解吗？什么时候才会有对任何问题的了解呢？

"有阶级冲突，民族冲突，意识形态的冲突。冲突是由对特定的基本历史事实的无知而引起的对立、对抗。通过对立，才有成长，才有进步，而这整个过程就是生活。"

我们知道在生活的各个不同层面都存在冲突，否认这一点是愚蠢的。但是这种冲突是不可避免的吗？迄今为止，我们一直想当然地认为它是不可避免的，或者用狡猾的理由来证明它是不可避免的。在自然界中，冲突的含义有很大不同；在动物中，据我们所知，冲突也许根本不存在。但是对我们来说，冲突已经成为极端重要的因素。为什么在我们的生活中它变得如此意义重大呢？竞争，野心，成为"是"或"不是"的努力，获得的欲求，诸如此类——所有这些都是冲突的一部分。为什么我们把冲突作为存在的必然而接受呢？这并不是在暗示我们应该转而接受懒惰。但是，为什么我们要忍受内在和外在的冲突呢？冲突对于问题的了解和解决是至关重要的吗？难道我们不是更应该先调查研究，而非直接肯定或否定吗？我们难道不应该设法发现真实，而非坚持我们的结论与观点吗？

"没有冲突，怎么可能从一种社会形态进步到另一种社会形态呢？'既得利益者'永远不会主动放弃他们的财产，他们必须被强迫，而这个冲突将产生新的社会秩序，新的生活方式。这不可能和平地实现。我们也许不想要暴力，但是我们不得不面对现实。"

你假定你知道新社会应该是什么样的，但是其他人不知道；只有你拥有这非凡的知识，并且你想要清除那些挡你道的人。你只是在用这种你认为必不可少的方式制造对立与仇恨。你所知道的只是另一种形式的偏见，另一种不同种类的制约。你的历史研究，或你的领袖们的历史研究，是依照一个决定了你的反应的特定背景被解释的；而你称这个反应为新进展，新意识形态。所有思想的反应都是被制约的，而掀起一场基于头脑或观念的革命是以一种修正的形式延续过去。你是必要的改造者，但不是真正的革命者。基于观念的改革和革命在社会中是衰退的因素。

你说过命题与反命题之间的冲突是不可避免的，而这种对立面之间的冲突将产生综合，不是吗？

"当前社会与它的对立面之间的冲突，通过历史性事件的压力等等，将最终导致一个新的社会秩序。"

对立面区别于或不同于"当下之是"吗？对立面是怎样出现的呢？难道它不是"当下之是"的被修正了的投射吗？难道反命题不具有它自己的正命题的要素吗？一个事物不会完全不同或区别于另一个，综合依然是一个被修正了的正命题。通过周期性地被包裹上不同的色彩，通过根据环境与压力被修正、改造、重塑，正命题永远是正命题。对立面之间的冲突完全是破坏性的和愚蠢的。你能够从理智上或字面上证实或证伪任何事物，但不可能改变某些显而易见的事实。现代社会是建立在个体贪婪的基础上的；而它的对立面，连同因而产生的综合，就是你所说的新社会。在你的新社会里，个体的贪婪遭到国家的贪婪的对抗，国家变成了统治者；现在国家是首要的，而非个体。从这个反命题出发，你说最终将会发生综合，所有个体都将是重要的。这个未来是虚构的，是一个幻想；它是思想的投射，而思想一直都是记忆、制约的反应。它真的是一个恶性循环，没有出路。这种在思想牢笼里的冲突、冲撞，就是你所谓的进步。

"那么，你是说我们必须保持现状，与现代社会的一切剥削和堕落相安无事吗？"

完全不是。但你的革命不是革命，它只是权力从一个集团转移到另一个集团，一个阶级替代另一个阶级。你的革命只是一个用相同材料打造的、在同一个基本模式范畴内的不同结构。有一种彻底的、非冲突的革命，它不是建立在自我制造的投射、理想、教条、乌托邦的思想的基础上的；但是只要我们仍然按照把这个改造成那个、变得更多或更少、达到某种目的的方式来思考的话，就不可能发生这种根本性的革命。

"这样的革命是不可能的，你是在认真地提出建议吗？"

它是唯一的革命，唯一根本性的变革。

"那么您建议如何使它发生呢？"

通过看到虚妄就是虚妄；在虚妄中看到真实。显而易见，在人与人的关系中必须发生一次根本性的革命；我们都知道事物不可能按照它们的现状继续下去而不带来日益增多的悲伤与不幸。但是所有的改革者就像所谓的革命者一样，都有一个期待的目的，一个要达成的目标，并且两者都在利用人作为达到他们的目的的手段。为了一个目标而对人加以利用才是真正的问题，而非某个目标的实现。你不能把目的和手段分开，因为它们是同一的、不可分的过程。手段就是目的，通过阶级冲突的手段不可能产生无阶级的社会。为一个所谓的正当目的而使用不正当手段的后果是非常明显的。通过战争或者备战不可能实现和平。所有的对立面都是自我投射的；理想是来自于"当下之是"的反应；通过冲突去实现理想只是在思想牢笼里的徒劳虚假的挣扎而已。通过这种冲突不可能给人类带来释放和解脱。没有解脱，就不可能有快乐；而解脱不是一个理想。解脱是达到解脱的唯一方法。

只要人在精神上和肉体上被利用，无论是以神的名义还是国家的名义，那么都将产生一个基于暴力的社会。为了目的而利用人是政客和教士耍的一个诡计，它否定了人际关系。

"您说的是什么意思呢？"

当我们为了彼此的满足而相互利用的时候，我们之间还可能存在人际关系吗？当你为了你的安逸而利用别人，就像利用一件家具似的，你跟那个人还能发生人际关系吗？你跟家具有人际关系吗？你可以把它叫做你的家具，仅此而已；但是你跟它之间不存在人际关系。类似的，当你为了你的精神或物质上的利益而利用另一个人的时候，你通常称那个人为你的，你占有他或她；而占有是人际关系吗？国家利用个体并称他们为它的公民；但是它跟个体之间不存在人际关系，它只是把他作为工具利用。工具是死的东西，跟死的东西不可能发生人际关系。当我们为了某个目的而利用他人，无论那个目的是多么高尚，我们都是让他人成为工具、死的东西。我们不能利用活的东西，所以我们所要求的是死的东西；我们的社会是建立在对死东西的利用的基础上的。对另一个人的利用使那人变成了满足我们的工具。人际关系只能在活人之间存在，利用是一个隔绝孤立的过程。正是这种隔绝产生了人与人之间的冲突和敌对。

"您为什么如此强调人际关系呢？"

生存就是人际关系；活着就是发生着关系。人际关系就是社会。目前社会的结构是建立在相互利用的基础上的，它导致暴力、破坏和苦难；而如果所谓的革命国家不能彻底改变这种利用，它也许依然只能在另一个不同的层面上制造出进一步的冲突、混乱和敌对。只要我们在精神上相互需要并相互利用，就不可能存在人际关系。人际关系就是沟通，如果存在剥削怎么可能有沟通呢？剥削意味着恐惧，而恐惧不可避免地导致各种各样的幻想和灾难。冲突只会存在于剥削中，而不会存在于人际关系中。把他人作为取乐、成就的手段而加以利用的时候，冲突、对立、仇恨就在我们中间存在。很明显这种冲突不可能通过利用它作为达到自我投射的目的的手段而被解决；所有的理想，所有的乌托邦都是自我投射出来的。看到这一点至关重要，因为那样我们将体会到任何形式的冲突都会破坏关系、破坏了解这一真相。只有当头脑安静下来时领悟才会发生；而当头脑被意识形态、教条或信仰束缚的时候，或者当它被束缚在它自己的经验、记忆的模式里的时候，它是不会安静的。当头脑在获得或成为的时候，它不是安静的。所有的渴求都是冲突；所有的成为都是隔绝的过程。当头脑服从、被控制的、被抑制的时候，它不是安静的；这样的头脑是死的头脑，这样的头脑正在通过各种形式的防御隔绝它自己，而这样一来它就不可避免地为自己和他人制造出痛苦。

只有当头脑不被思想束缚的时候，它才是安静的，那思想正是它自己行动的罗网。当头脑停止，而不是被"制造成"停止的时候，真实的要素——爱，将不期而至。

## 努力

刚开始雨势很弱，突然之间天堂之门似乎被打开，大雨倾盆而下。街上的积水几乎齐膝深，直漫到人行道上。树叶纹丝不动，它们也被惊呆了。一辆路过的汽车熄了火。全身湿透的人们兴高采烈地 水穿过街道。花坛里的土被冲走，草坪上覆盖了几英寸厚的棕色泥浆水。一只浅黄褐色翅膀的深蓝色鸟在厚密的树叶间避雨，可是它越来越湿并且急剧地颤抖着。暴雨持续了一段时间，然后就像开始时那样突然停止了。一切都被冲刷得干干净净。

变得单纯是多么简单啊！没有单纯，就不可能变得快乐。感官的愉悦不是单纯的快乐。单纯是从经验重压下的解脱。经验的记忆会腐坏，而体验自身不会腐坏。知识、过去的负担，就是腐坏。积累的能力，要成为什么的努力，在摧毁着单纯；可没有单纯，怎么可能有智慧呢？仅有好奇永远不可能了解智慧；他们将会找到，但是他们找到的将不是真实。怀疑者永远不可能知道快乐，因为怀疑正是对他们自身的生存状态的焦虑，而恐惧滋生了腐坏。不恐惧不是勇敢，而是从积累的解脱。

"我不遗余力地要在世间有所成就，并且已经成了一个非常成功的善于赚钱的人，在那个方向上的努力已经产生了我想要的结果。我也曾努力尝试营造快乐的家庭生活，但您知道那是怎么回事。家庭生活跟赚钱或经营企业不一样。你可以在生意场上应付自如，但家庭生活是不同的层面。家庭中有大量看起来非常琐碎的争吵摩擦，而在这个领域的努力似乎只会加剧局面的混乱。我不是在抱怨，因为那不是我的性格，但是婚姻制度是完全错误的。我们通过结婚来满足性欲，互相并不真正了解；即使我们住在一栋房子里，碰巧或有意地生出一个孩子，我们彼此还是像陌生人一样；而那种只有已婚人士才知道的紧张感一直萦绕不去。我认为我已经尽了义务，但并没有产生最好的结果，使事态缓和一些。我们双方都是具有侵略性和支配欲的人，所以这很不容易。我们试图和平相处的努力并没有在我们之间形成密切的伴侣关系。尽管我对心理学非常感兴趣，但它对我没有很大帮助，我想更为深入地探讨这个问题。"

太阳已经出来，鸟儿正在歌唱，暴雨过后天空明净蔚蓝。

你说的努力是什么意思呢？

"努力追求某样东西。我曾经努力追求金钱和地位，并且都取得了成功。我同样努力地想要获得幸福的家庭生活，却一直不是非常成功，所以现在我将奋力追寻某些更加深刻的东西。"

我们努力追求一个期待中的目标；我们努力追求成功；我们不断主动地或被动地努力去成为什么。奋斗总是要以某种方式获得实现，它总是在接近什么或远离什么。事实上努力是一场无止境地"获得"的战斗，难道不是吗？

"获得是错误的吗？"

现在我们就来探讨这个问题；我们所谓的努力就是这个持续不断的奔向和到达的过程，在不同的向度上获得的过程。我们厌倦了一种方式的获得，就转向另一种；当获得之后，我们再次转向其他东西。努力就是获得知识、经验、能力、美德、财产、权力等等的过程；它是无止境的实现、扩张、增加。向着一个目标的努力，不管是有价值的还是没价值的，必然永远会产生冲突；冲突就是敌对、对立、反抗。而那是必需的吗？

"对什么来说必需呢？"

让我们来看看吧。物质层面的努力也许是必需的：造一座桥、生产石油和煤的努力，这些是或者也许是有利的；但是工作如何完成，产品如何被生产和出售，利润如何分配，则完全是另一回事。如果人们在物质层面被利用去实现某个目的、某个理想——不管是为个体利益还是为国家利益，这种努力只会制造出更多混乱和不幸。为了个体、国家或宗教组织而努力占有必然会产生对立。没有对这种奋斗求取的了解，在物质层面的努力将不可避免地在社会上产生灾难性的后果。

在物质层面上的努力——努力去成为，获得，成功——是必需的或有益的吗？

"如果我们不这样努力的话，我们不是就会堕落或分裂吗？"

我们会吗？迄今为止，我们通过物质层面的努力创造了什么呢？

"不是很多，我承认。努力一直被用在错误的方向上。方向是重要的，向着正确方向的努力是最重要的。正是由于缺少正确的努力，我们才会处在这样一团糟的困境中。"

那么你是说有正确的努力和错误的努力之分，是吗？让我们不要在语言上吹毛求疵吧，你如何区别正确与错误呢？你依据什么标准下判断呢？什么是你的标准呢？它是传统，或者未来的理想，或者'应当'吗？

"我的标准由那个产生的结果来决定。重要的是结果，失去目标的吸引，我们就不会做任何努力。"

如果结果是你的衡量标准，那么你当然不会关心方法；或者你关心方法吗？

"我将依照目的来使用方法。如果目的是幸福，那么就必须找到幸福的方法。"

幸福的方法不就是幸福的目的吗？目的存在于方法中，难道不是吗？所以只有方法存在。方法本身就是目的，就是结果。

"以前我从未这样观察过，但是现在我看到是这样的。"

我们正在探究什么是实现幸福的方法。如果努力制造出内在和外在的冲突、对立，努力还能够导向幸福吗？如果目的在方法中，通过冲突与敌对怎么会有幸福呢？如果努力制造出更多的问题，更多的冲突，显而易见它是破坏性的和分裂的。那么我们为什么还要努力呢？难道我们不是在努力变得更怎样，努力前进，努力获得吗？努力是在一个方向上变得更多，而在另一个方向上变得更少。努力意味着为某个人或某个团体而获得，不是吗？

"是的，正是那样。为某个人的获取就是在另一个层面为国家或教会获得。"

努力就是主动地或被动地获得。那么，我们正在获得的是什么呢？在一个层面上我们努力获得物质必需品，在另一个层面上我们利用这些物质必需品作为自我扩张的手段；或者，当我们已经满足于物质必需品之后，我们转而追求权力、地位、荣誉。统治者们、国家的代表们，也许外在过着简朴的生活，只拥有很少东西，但是他们已经获得了权力，于是他们固守并控制一切。

"您认为所有的获得都是有害的吗？"

让我们来看一看。得到基本物质保障的安全感是一回事，而获得是另一回事。正是"获得"在以人类或国家的名义，以神的名义，或者以个人的名义，正在毁灭为人类的安康而生产物质必需品的合理而高效的机构。我们全都必须拥有足够的食物、衣物和住所，这是简单明了的。

现在，除了这些东西之外，我们正在追求获得什么呢？

有的人追求金钱作为获得权力、获得某种社会和心理满足感的方法，作为获得为所欲为的自由的方法。有的人努力奋斗以获得财富和地位，以便在各个方面变得有力量；获得外在的成功以后，正如你所说，现在他想要在内在也获得成功。

我们说的力量是什么意思呢？变得有力量是为了支配、征服、压制、感觉高人一等、能干等等。修行人也有意识或无意识地与世俗人有一样的感受，并且也在力争获得这种力量。力量是最完整的自我表现之一，无论它表现为知识的力量，还是自我超越的力量，世俗的力量或节制的力量。力量、支配的感觉异乎寻常地令人陶醉。你也许通过权力寻求满足，有人通过酗酒，有人通过崇拜，有人通过知识，还有人通过尽力变得道德高尚。也许每个人都有自己特殊的社会和心理因素，但是所有的获得都是满足。而任何层面的满足都是一种感觉，难道不是吗？我们正在努力去获得更好或更多的各种有微妙差别的感觉，这感觉有时我们称之为经验，有时是知识，有时是爱，有时是对神或真理的追求；还会有一种正义感，或某种意识形态的称职代理人的感觉。努力是要获得满足，满足就是一种感觉。你已经在一个层面找到满足，现在你转到另一个层面追求它；当你在那里获得满足以后，你将转移到其他层面，并且就这样不停地追求下去。这种对于满足的无穷无尽的欲望，对于各种形式的越来越微妙的感觉的欲望，被称为进步，而它却是永无休止的冲突。对不断膨胀的满足感的追求是没有止境的，于是冲突、敌对也就不会停止，因此也不会有幸福。

"我明白您的观点了。您是说对任何形式的满足的追求实际上是对痛苦的追求，追求满足的努力是永久的痛苦。但是应该怎么办呢？放弃寻求满足，过死气沉沉的日子吗？"

如果一个人不追求满足，就必然是死气沉沉的吗？难道无嗔的状态必然是毫无生命力的状态吗？毫无疑问，任何层面的满足都是感觉。感觉的精妙只是语言的精妙而已。语言、术语、符号、形象，在我们的生活中扮演着极为重要的角色，不是吗？我们也许不再去追求触觉，追求肉体接触的满足，而语言、形象却变得非常重要。我们在某个层面用原始的方法积累满足感，在另一个层面用更精致微妙的方法积累满足感；但是语言的积累与物质的积累是为了同一个目的，不是吗？我们为什么要积累呢？

"噢，我想是因为我们都如此地不满足，如此彻底地厌倦我们自己，以至于我们不择手段地逃避我们自己的浅薄。真的是这样——正好给了我当头一棒，使我明白我恰恰处在那个状态中。这太不同寻常了！"

我们的获得是掩盖我们自身空虚的方法；我们的头脑就像一面腹中空空的鼓，被每一只路过的手击打并发出许多噪音。这就是我们的生活，永远无法让人满足的逃避和不断增加的痛苦之间的矛盾。多么奇怪啊，我们从来不曾单独，从来不曾全然地单独！我们总是和某些东西在一起，一个问题、一本书、一个人；而当我们独自一人的时候，我们就和我们的思想在一起。成为单独的、成为无牵无挂的是至关重要的。所有逃避，所有积累，所有成为"是"或"不是"的努力，都必须完全停止。只有在那时，才出现单独，它才能够接收那单独的、不可测度的事物。

"一个人如何才能停止逃避呢？"

通过看清那个真相——所有逃避只会导致幻觉与痛苦。真实是自在的；你不可能对真实做什么。你的停止逃避的行动正是另一个逃避。无为的最高状态就是真实的行动。

## 虔诚与崇拜

一位母亲正在打她的孩子，孩子发出痛苦的尖叫声。那位母亲非常生气，一边打一边粗暴地责备着孩子。不久后我们返回时，她正拥抱着那个孩子，她紧紧地搂着他，似乎要把他的魂儿挤出来似的。她的眼里含着泪水。那孩子完全摸不着头脑，只是微笑地看着母亲。

爱是一桩奇妙的事物，而我们却那么轻易地丢失了温暖的爱之火焰！火焰熄灭了，只留下一缕青烟。那烟在我们的心灵和思绪中萦绕，于是我们的日子便在泪水和痛苦中度过。歌曲已被忘怀，词句已失本意，芬芳已逝，我们两手空空。我们从来不知道如何去除烟雾而保存火焰，那烟雾总是令火焰窒息。但爱不是头脑的，它不在思想的罗网中，它不可能被搜寻出来，不可能被培养，被抚育；当头脑安静、心中不再有那些头脑的产物时，爱便出现了。

房间俯视着大河，太阳高悬在空中。

他一点儿都不愚蠢，而是充满着激情——那是一种充沛的情感，他必定因此非常快乐，那激情似乎带给他极大的愉悦。他热切地想要谈话，当他看到一只金绿相间的小鸟时他便激情迸发并对此滔滔不绝起来。然后他谈到大河的美，还唱了一首关于大河的歌。他有悦耳的嗓音，只可惜屋子实在太小了。那只金绿相间的小鸟与另一只会合了，两只小鸟紧挨在一起，用喙梳理着羽毛。

"难道虔诚不是通向神的道路吗？难道虔诚的供奉不是心灵的净化

吗？难道虔诚不是我们生命中的最重要的部分吗？"

你说的虔诚是什么意思呢？

"那是最高的爱，在象征神的圣像前供奉的鲜花。虔诚是完全的专注，它是超越欲爱的爱。有一次我曾经静坐了好几个小时，完全沉浸在对神的爱之中。在那种状态里我什么都不是什么都不知道。在那种状态里一切生命都是一个整体，看门人与国王是合一的。那是一种神奇的状态。当然您一定知道我说的是什么。"

虔诚就是爱吗？它是存在于我们日常生活之外的某种东西吗？它是一种奉献给某个对象、知识、宗教仪式或者行动的牺牲行为吗？当你迷失在你的虔诚当中的时候，那是牺牲自我吗？当你完全认同于你为之虔诚的对象的时候，那是对自我的舍弃吗？迷失在一本书、一首颂歌、一个观念当中就是无我吗？虔诚是对某个偶像、人、象征符号的崇拜吗？真实有任何象征符号吗？一个象征符号能代表真实吗？难道象征符号不是静态的吗？而静态的东西能够代表那活生生的东西吗？你的照片就是你吗？

让我们看一看我们说的虔诚是什么意思。有一天你在你称之为爱、称之为对神的冥想的事情上花了几个小时。那是虔诚吗？把生命献给社会进步的人，是奉献给了他的工作，而一个将军、一个以策划毁灭为业的人，也奉献给了他的工作。那就是虔诚吗？也许我可以这样说，你把时间花在对神的形象或观念的陶醉上了，而其他人用不同的方式在做着同样的事情。两者之间有根本性的不同吗？虔诚不都是有一个对象的吗？

"可是对神的崇拜耗尽了我全部的生命。除了神之外我一无所知。他完全占据了我的心。"

崇拜工作、领袖、意识形态的人也同样是被他的事业耗尽的。你用"神"这个词塞满了你的心，而别人用其他活动来塞满，那就是虔诚吗？

你为你的偶像、你的象征符号而感到愉悦，别人为他的书或者音乐而感到愉悦；那就是虔诚吗？让自己迷失在某种事物中就是虔诚吗？一个男人为了各种令他满意的理由而对妻子虔诚；满意就是虔诚吗？认同于自己的国家是非常令人陶醉的；认同就是虔诚吗？

"但是把我自己交付给神不会对任何人构成伤害。相反地，我既不受伤害也不伤害别人。"

那倒是有这么回事。但是虽然你也许没有构成外在的伤害，难道在更深的层面上幻想不是对你和社会都有害吗？

"我对社会没有兴趣。我的需求极少，我已经控制住我的情欲，而且我所有的时光都是在神的庇护下度过的。"

难道弄明白庇护的背后有没有隐藏其他东西不重要吗？崇拜幻象是对执著于一个人自己的满意，而屈服于任何层面的欲望都是贪欲。

"您真是太让我不安了，我完全不能确定我是否要继续这场谈话。您看，我像您一样来到同一个圣殿朝拜，但是我发现您的崇拜是完全不同的，而您所说的超出了我的理解范围。但是我想知道您所崇拜的东西到底有什么好。您没有任何画像、圣像，甚至没有仪式。您的崇拜的本质是什么呢？"

崇拜者就是被崇拜的对象。崇拜别人就是崇拜自己；偶像、符号都是自我的投射。归根到底，你的偶像，你的书，你的祈祷，是你的背景的反映，那都是你的创造，尽管是由别人制造出来的。你根据自己的心意做出选择，你的选择就是你的偏见。你的偶像就是你的陶醉，那是由你自己的记忆雕刻出来的，你是在崇拜由你的思想创造出来的偶像。你的虔诚是对披着你自己头脑的颂歌外衣的"你自己"的爱。那偶像就是你自己，它是你头脑的反映。这样的虔诚只是一种自我欺骗的方式，它只能导致狭隘和隔绝，那就是死亡。

寻求就是虔诚吗？寻求某样东西不是探索；寻求真实并不是真的要

找到真实。我们通过寻求来逃避我们自己，那寻求就是幻想；我们不择手段地设法逃避我们的真实所是。在我们内在我们是如此卑微，从根本上一无是处，而对某种比我们更伟大的东西的崇拜，其实和我们自己一样卑微而愚蠢。对"伟大"的认同依然是"渺小"的一个投射。"更多"只是"更少"的延伸。寻求"大"的那个"小"只能发现它所能够发现的。逃避的方法很多且各式各样，但逃避中的头脑依然是恐惧的、狭隘的和无知的。

对逃避的领悟就是从"当下之是"中解脱。只有当头脑不再寻求答案的时候，"当下之是"才能被领悟。寻求答案是对"当下之是"的逃避。那寻求可以被冠以各种不同的名称，其中之一就是虔诚；但是要领悟"当下之是"，头脑必须要安静。

"你说的'当下之是'是什么意思呢？"

"当下之是"就是那瞬间接瞬间的所在。了解你的崇拜、你对所谓神的虔诚的整个过程，就是对"当下之是"的觉知。但是你并不渴望去领悟"当下之是"；因为你称之为虔诚的对"当下之是"的逃避是你更大的快乐源泉，因此幻想变得比真实更加重要。对"当下之是"的领悟并不依赖思想，因为思想本身就是一种逃避。思考问题并不是领悟问题。只有当头脑安静下来的时候，"当下之是"的真实才会展现。

"我对我已有的非常满足。我和我的神、我的颂歌以及我的虔诚在一起很快乐。对神的虔诚是我心中的歌，在那首歌里有我的欢乐。您的歌也许比我的更纯粹更敞开，但是当我歌唱的时候我的心是充实的。还能要求比一颗充实的心更多的东西吗？在我的歌声中我们是兄弟，而我并不被你的歌声所打扰。"

如果那歌是真实的，则不存在你也不存在我，而只有永恒的寂静。那歌不是声音而是寂静。不要让你的歌声堵塞了你的心灵。

## 🌸 兴趣

　　他是一位拥有好几个大学学位的校长。他曾经非常热衷于教育，也曾致力于各种不同的社会改革；但是他说尽管他现在依然相当年轻，却已青春不再。他几乎是机械地在继续尽他的职责，在厌倦乏味中完成每天的例行公事；他对他做的事再也没有热情，曾经感受到的动力一去不返。过去他一直有宗教倾向，并曾竭力在宗教信仰上有所发展，但是那也逐渐枯竭了。他在任何行动中都看不到任何价值。

　　为什么？

　　"所有行动都通向混乱，制造出更多问题、更多伤害。我曾经尝试按照理性与智慧去行动，但是无一例外地导致了各种各样的混乱；我曾经从事的活动全都让我感到沮丧、焦虑和厌烦，并且没有出路。现在我害怕行动，而对造成危害大于益处的恐惧迫使我退出了一切活动，只保留最最低限度的活动。"

　　这种恐惧的原因是什么呢？是对造成危害的恐惧吗？你从生活中隐退就是因为对引起更多混乱的恐惧吗？你害怕你可能制造的混乱，或者你自己内在的混乱吗？如果你的内在是清晰的，并且由那个清晰发出行为，那么你还会对任何可能由你的行为制造出来的外在混乱感到恐惧吗？你害怕内在的或外在的混乱吗？

　　"以前我从来没有从这个角度审视过它，现在我必须认真考虑您说的话。"

　　如果你内心是清晰的，你还会介意产生更多问题吗？我们喜欢躲避我们的问题——不管用什么手段，因此我们只是增加了问题。暴露我们的问题表面上也许会让人心烦意乱，但是应对问题的能力取决于方法的清晰程度。如果你是清晰的，你的行为还会让人混乱吗？

"我不是清晰的。我不知道我想做什么。我可以加入左派或右派，但是那不会导致行为的清晰。一个人也许可以无视某种学说的荒谬而为之奋斗，但是事实摆在那里，从根本上讲所有学说的行为都是弊大于利。如果我的内在非常清晰，我将直面那些问题，并尽力解决它们。但是我并不清晰。我已经失去一切行动的动力。"

为什么你失去动力了呢？你是在有限精力的过度消耗中失去动力的吗？你已经在那些对你根本没有吸引力的事情上耗尽了你自己，是吗？或者你还没有发现什么才是你真正感兴趣的？

"您看，大学毕业后我非常关注社会改革，并且为此热心地工作了好几年；但是我开始看到它的狭隘，所以我停止并转而从事教育。我确实努力地在教育界奋斗了好多年，不关心任何其他事；但是最后我也停止了，因为我越来越困惑。我有抱负，不是为我自己，而是为了工作能成功；但是与我一起工作的人们总是不停地争吵，他们嫉贤妒能并充满野心。"

野心是一件怪异的东西。你说你不是为自己而野心勃勃，而是为了工作的成功。个体的野心与所谓非个体的野心之间有任何区别吗？你不认为认同于某种意识形态并雄心勃勃地为之奋斗是个体的或狭隘的；你会称它为高尚的抱负，不是吗？但它是吗？毫无疑问，你只是在用一个词代替另一个词，用"非个体的"代替"个体的"；但是那动力、那个动机是相同的。你想要在你认同的工作中获得成功。那个词"我"，已经被替换成"工作"、"制度"、"国家"、"神"，但你仍是重要的。冷酷的、嫉妒的、恐惧的野心依然在运转。你是因为工作不成功而放弃的吗？假如工作成功了你会继续下去吗？

"我认为不会。我的工作相当成功，就像任何你为之付出时间、精力、聪明才智的工作一样成功。我放弃它是因为它没有出路；工作带来暂时的缓和，但是不会发生根本性的、长久的改变。"

当你在工作的时候你有动力，然后发生了什么事呢？那冲动、激情发生了什么呢？那才是问题，不是吗？

"是的，那才是问题。我曾一度充满激情，但现在激情消失了。"

激情睡着了吗？或者它在错误的使用中燃烧掉，只剩下灰烬了吗？也许你还没有发现你真正的兴趣所在。你感觉挫败吗？你结婚了吗？

"不，我不认为我是失败的，我也不觉得需要家庭或某人的陪伴。金钱上我少欲知足。从较深的意义上讲我一直被宗教吸引，但是我猜我也想在那个领域中'成功'。"

如果你并不失败，为什么你不满足于就这样过下去呢？

"我不会再年轻了，而我不想变得老朽，一事无成。"

让我们换个角度来谈这个问题。你对什么感兴趣呢？不是你**应该**感兴趣的，而是你事实上感兴趣的？

"我真的不知道。"

你没有兴趣去发现吗？

"但是我如何发现呢？"

你认为存在一个方法、一种途径可以发现你对什么感兴趣吗？对你来说，发现自己对哪方面感兴趣真的很重要。到目前为止你已经做过一些尝试，你已经为它们付出了精力和才智，但是它们没有令你感到真正满意。不是你已经耗尽自己去做那些根本不吸引你的事，就是你真正的兴趣依然沉睡着，有待被唤醒。现在到底是哪个原因呢？

"我还是不知道。您能帮助我发现吗？"

你不想亲自知道事情的真相吗？如果你已经耗尽了自己，那么问题取决于某种方法；但是如果你的激情依然沉睡着，那么它的觉醒是重要的。现在到底是哪个原因呢？如果没有我告诉你是哪个原因，难道你就不想亲自发现此事的真相吗？"当下之是"的真相就是它自身的行动。如果你已筋疲力尽，那么这就是治愈、康复、休养的问题。这种富于创造力的休养是耕耘与播种的行为的结果；这是为了将来大显身手而暂时停止行动。或者也许你真正的兴趣还没有被唤醒。那么请好好地听并去发现你真正的兴趣。如果你有发现它的愿望，那么你将发现它，不是通过不停地提问，而是通过在你的愿望中变得清晰和热切来发现。然后你会看到在清醒的时候将有一种敏锐的观照，从中你将捕捉到那潜在兴趣的每一个征兆，甚至连梦也会起一些作用。换句话说，愿望将启动发现的机制。

"但是我怎么知道哪个兴趣是真的呢？我曾经有过一些兴趣，但是它们都逐渐淡漠了。我怎么知道我将发现的那个真正的兴趣不会也逐渐淡漠呢？"

当然这是无法保证的；但是既然你已经感觉到逐渐淡漠的现象，那么就会有能发现那个真正兴趣的敏锐的观照。也许可以这样说，你并不是去寻找真正的兴趣，而是处于一种被动观照的状态中，这样真正的兴趣将自然地显现。如果你努力要发现你真正的兴趣是什么，你将选择一个并否定另一个，你将衡量、算计、判断。这个过程只是培养了对立；你耗费精力去怀疑你是否做了正确的选择等等。当你被动地觉知而不是从你的角度去积极努力地寻找的时候，那时进入觉知状态，兴趣的萌动将会出现。去实践一下，然后你将发现你真正的兴趣。

"我想我将尽快开始去认识我真正的兴趣。那将是一次重要的复苏，将产生一种新的活力。"

# 教育与整合

这是一个美丽的黄昏。夕阳落在巨大黑暗的云层后面，对面矗立着一丛高挑细长的棕榈树。河面已被染成金黄色，远处的山丘沐浴在落日的余晖里。天际传来隆隆的雷声，群山顶上的天空依然明净碧蓝。一个小男孩正驱赶着牛群从牧场返回。他至多不超过十岁或十二岁，他独自一人度过了一整天，现在愉快地哼着歌走过，偶尔挥鞭把离群或掉队的牛赶回来。他微笑着，黝黑的脸庞容光焕发。他由于好奇而停下来开始提问，既不热情也不冷淡。他是个山里孩子，没有受过教育；他将永远不会读书写字，然而他已经知道和自己单独在一起是什么。他不知道他是单独的；他也许甚至永远不会想到这些，也不会因此而沮丧。他只是单独，并且心满意足。他不因为什么而满足，他只是满足。因为什么而满足就是不满足。通过关系寻求满足就是处在恐惧中。依赖于关系的满足只是欲望的暂时实现。满足是一种非依赖的状态。依赖总是带来冲突和对立。在满足的状态中必然有自由。自由是而且必然永远是在开始的时候；自由不是一个被达到的目标。一个人永远不可能在将来解脱。将来的解脱没有任何真实性，那只是一个观念。真实就是"当下之是"；对"当下之是"的无为觉知就是满足。

教授说，自从大学毕业他已经教了许多年的书，在一家公立学校中教导了一大批男孩子。他培养出那些能通过考试，政府与父母们想要的学生。当然，有些出类拔萃的男孩被给予特殊的机会，被授予奖学金等等，但是绝大多数人都庸庸碌碌、愚蠢、懒惰，多少有点淘气。他们中有些人在他们所从事的领域里颇有成就，但是只有极少数人拥有创造的热情。在他执教的那些年里，出众的男孩非常稀少；偶尔会冒出一个具有天才品质的人，但通常发生的事情是他很快就被环境扼杀了。作为一名教师，他访问了世界上许多地方以研究天才少年的问题，但是每个地方都一样。他现在已经退出了教师行业，因为经过这些年之后他变得非常伤心。无论那些男孩被怎样好好教育，总的来说他们都被培养成了愚蠢的家伙。有些人聪明或有冲劲并获得较高的地位，但是在显赫与优越的掩饰之下，他们跟其他人一样狭隘，焦虑而痛苦。

"现代教育体制是一个败笔，因为它已经制造出两次毁灭性的战争和骇人听闻的灾难。学习读书写字以及获得各种技术只是记忆的培养，这显然是不够的，因为那已经造成了无法形容的伤害。您认为什么才是教育的最终目的呢？"

教育难道不是为了培养完整的个体吗？如果那是教育的"目的"，那么我们就必须澄清关于个体是为社会而存在，还是社会是为个体而存在的问题。如果社会为了自身的目的需要并利用个体，那么它不会关心培养一个完整的人；它想要的是一部高效率的机器，一个循规蹈矩、受人尊敬的公民，而这只需要一种非常表面化的完整。只要个体服从并愿意完全被制约，社会就将发现他是可利用的，并将在他身上花费时间和金钱。但是如果社会为个体而存在，那么它必然帮助个体从它自身的制约性影响力中解放出来。社会必然教育他成为一个完整的人。

"您说的完整的人是什么意思呢？"

要解答这个问题，必须间接地从反面入手；不可能从肯定的角度考虑。

"我不理解您的意思。"

正面地说明什么是一个完整的人，只是创造出一个模式、模型，一个我们要努力去模仿的样本；难道对模式的模仿不正是分裂的表现吗？当我们试图复制一个样本的时候，还可能存在完整吗？毫无疑问，模仿是一个分裂的过程；而这不就是世界上正在发生着的事吗？我们全都变成了极好的留声机唱片；我们重复所谓宗教教给我们的东西，或最新的政治、经济、宗教领袖们说的话。我们拥护意识形态，参加大型政治集会；还有集体体育活动，集体崇拜，集体催眠。这是完整的表现吗？循规蹈矩不是完整，难道不是吗？

"这将引向关于纪律的极为根本的问题。您反对纪律吗？"

你说的纪律是什么意思呢？

"有许多形式的纪律：学校里的纪律，公民的纪律，党派的纪律，社会与宗教的纪律，自我约束的纪律。纪律也许是依据一个内在的或外在的权威而定的。"

从根本上说，纪律意味着某种服从，不是吗？纪律是对某种观念或权威的服从；纪律是对反抗的培养，必然会滋生出对立。反抗就是对立。纪律是隔绝的过程，无论是与某个特殊群体的隔绝，还是个体反抗的隔绝。模仿是反抗的一种形式，不是吗？

"您的意思是纪律摧毁了完整吗？如果在一所学校里没有纪律会发生什么呢？"

了解纪律的本质含义，而不是直接跳到结论或举出例证，难道这不重要吗？我们正在试着发现不完整的要素，或者是什么阻碍了完整。从服从、反抗、对立、矛盾的意义上讲，纪律难道不是分裂的要素吗？我们为什么要服从呢？我们服从不仅是为了物质上的安全，也是为了心理上的安慰与保险。对不安全状态的恐惧，有意或无意地导致了外在与内在的服从。我们都必须拥有某种物质上的安全感；但除了极少数人以外，正是心理上对不安全的恐惧使得物质的安全感变得不可能。恐惧是一切纪律的基础：对不成功的恐惧，对被惩罚的恐惧，对索取而求不得的恐惧等等。纪律是模仿、压抑、反抗，无论有意识的还是无意识的，它都是恐惧的结果。难道恐惧不是分裂的要素之一吗？

"您用什么来代替纪律呢？没有纪律，甚至会发生比现在更多的混乱。难道某种形式的纪律对行为来说不是必要的吗？"

领悟到虚妄就是虚妄，从虚妄中看到真实，并且看到真实就是真实，这就是智慧的开始。这不是一个替代的问题。你不可能用别的东西替代恐惧；如果你这样做了，恐惧将依然存在。你也许可以成功地掩盖或躲避恐惧，但是恐惧将延续着。重要的是消除恐惧，而不是给它找一个替代品。任何形式的纪律无论如何不可能导致从恐惧中解脱。恐惧必须被观察、研究，并领悟。恐惧不是一个抽象概念；它只在与某事物的关系中发生，并且正是这个关系必须被领悟。领悟不是反抗或对立。那么在更深更广的意义上，难道纪律不是分裂的一个要素吗？难道恐惧以及随之发生的模仿和压抑不是形成分裂的一个推动力吗？

"但是一个人如何从恐惧中解脱呢？在一个有许多学生的班级里，除非某种纪律——或者，如果您更愿意称之为恐惧——否则如何维持秩序呢？"

通过拥有非常少的学生以及恰当的教育。当然只要国家还对批量生产公民感兴趣，这就是不可能的。国家喜欢批量教育；统治者们不希望鼓励不满情绪，因为那样他们的地位将很快动摇。国家控制着教育，为了自己的目的国家插手并制约个体；而做到这些的最简单的方法就是借助恐惧、纪律、惩罚和奖励。从恐惧的解脱是另一回事；恐惧必须被领悟而不是被反抗、压抑或升华。

分裂的问题是十分复杂的，正如其他每一个人类问题一样。难道冲突不是分裂的另一个要素吗？

"但冲突是必不可少的，否则我们将停滞不前。没有斗争就没有进步，没有发展，没有文明。没有努力、冲突，我们将仍是野蛮人。"

也许我们依然是野蛮人。当某些新的东西被提出的时候，我们为什么总是跳跃到结论或反对呢？当我们为了某种原因或其他原因，为了我们的国家杀死成千上万人的时候，显而易见我们是野蛮的；杀死另一个人是野蛮的顶点。但是让我们继续刚才的讨论。难道冲突不是分裂的一个表现吗？

"您说的冲突是什么意思呢？"

每一种形式的冲突：丈夫与妻子之间的冲突，持相互矛盾观点的两群人之间的冲突，"当下之是"与传统之间的冲突，"当下之是"与理想、"应该是"、未来之间的冲突。冲突是内在与外在的斗争。目前，我们生活的所有层面都有冲突，既有有意识的也有无意识的冲突。我们的生活就是一连串的冲突，一个战场——而这是为什么呢？通过斗争我们能有所了解吗？如果我跟你有冲突我还能够了解你吗？要了解必须要有一定程度的和平。只有在和平、快乐中创造才会发生，而不是在冲突、斗争的时候。我们一直在"事实是"与"应该是"之间挣扎，在命题与反命题之间挣扎；我们已经把这冲突作为不可避免的事接受下来，并且这不可避免的事已经成了一个准则，一个事实——尽管它可能是错误的。"当下之是"能够通过和它的对立面的冲突而转化吗？我是这个，通过努力变成作为对立面的那个，那么我改变了这个吗？难道对立面、反命题不是"当下之是"的一个被修正了的投射吗？难道对立面不总是它自己的对立面的因素吗？通过比较会有对"当下之是"的领悟吗？难道任何关于"当下之是"的结论不都是领悟"当下之是"的障碍吗？如果你要了解任何事物，难道你不是必须观察、研究它吗？如果你怀有支持它或反对它的偏见，你还能够自由地研究吗？如果你想了解你的儿子，你不是必须既不支持也不责备地研究他吗？毫无疑问，如果你跟你的儿子有冲突，就不会了解他。所以，冲突对于了解来说就是重要的吗？

"难道没有另外一种冲突——学习如何做一件事、获得一项技术的冲突吗？一个人也许对某些事物具有直觉的洞察力，但它必须被证明，而实现它就是斗争的过程，这包含大量的麻烦与痛苦。"

从一定程度上讲，这是真的；但是难道创造本身不就是手段吗？手段与目的是不可分割的；目的取决于手段。表达取决于创意；风格取决于你必须要说的内容。如果你有话要说，那件事就会创造出它自己的风格。但是如果一个人只是一个技师，那么就不存在至关重要的问题。

任何领域中的冲突都产生了解吗？难道在努力中，在成为、变成的愿望中——无论是积极的还是消极的——不存在一条连续的冲突的线索吗？难道冲突的起因不是变成了结果，而这个结果又转而变成了起因吗？除非领悟"当下之是"，否则就不可能从冲突中解脱出来。"当下之是"不可能通过观念的屏障被领悟；"当下之是"必须被全新地接触。由于"当下之是"从来不是静态的，所以头脑绝不能被束缚在知识、意识形态、信仰、结论上。冲突从本质上是分裂的，就像所有对立一样；难道排斥不是分裂的因素吗？任何形式的权力——无论是个体的或是国家的，任何要变得更多或更少的努力，都是一个分裂的过程。所有观念、信仰、思想体系都是分裂的、排外的。努力、冲突不可能在任何情况下带来了解，因此无论对社会还是对个体，它都是一个退化的因素。

"那么，什么是完整呢？我或多或少了解了什么是分裂的要素，但那只是一种否定。一个人不可能通过否定达到完整。我也许知道什么是错的，但那并不意味着我知道什么是对的。"

毫无疑问，当虚妄被看到是虚妄时，真实就显现了。当一个人觉知到退化的因素，不仅是概念上而是深刻地觉知的时候，那时完整难道还没有呈现吗？完整是静态的吗？是可以被获得和达成的吗？完整不可能被达成；达成就是死亡。它不是一个目的，一个目标，而是一种存在的状态；它是一个活的东西，一个活的东西怎么可能变成一个目的、一个目标呢？变得完整的欲望跟其他欲望没有差别，而一切欲望都是冲突的起因。冲突不存在的时候完整就存在。完整是一种全然关注的状态。只要有努力、冲突、对抗、专注，就不可能有全然的关注。专注是一种固定；专注是一个分裂、排斥的过程，有排斥的时候全然的关注是不可能的。排斥就是狭隘化，而狭隘不可能觉知到完整。谴责、判断、认同存在的时候，或头脑被结论、推测、理论蒙蔽的时候，全然、充分的关注是不可能的。只有当我们了解那些障碍的时候才会有解脱。对牢狱中的人们来说，解脱只是一个抽象概念；但是无为的观照除去了那些障碍，伴随着从这一切的解脱，完整便呈现了。

## 贞洁

　　水稻正在成熟，落日将青苗染成了淡金色。田里散布着许多狭长的水沟，渐渐黯淡下去的光线照射在水面上。稻田边长着高大的棕榈树，树丛里影影绰绰散布着一些小房子。一条小径蜿蜒穿过稻田与树丛。这是一条非常具有音乐感的小路。一个男孩正在稻田那边吹奏长笛。他的身体洁净健康，匀称而灵活，只在腰间围了一条干净的白布；夕阳正照在他的脸上，他的眼睛在微笑。他正在练习音阶，腻烦的时候，他会吹一个曲子。他真的是悠然自得，他的欢乐很具有感染力。尽管我在离他很近的地方坐着，他却根本没有停止吹奏。黄昏的光线，稻田里金绿色的海洋，棕榈树间闪烁的阳光，还有这个吹长笛的男孩，似乎赋予了这个黄昏少有的魔力。不久他停止吹奏，走过来坐在我身边；我们谁也不说话，但他微笑着，天空也似乎布满了微笑。他的妈妈从隐藏在棕榈树间的一所房子里喊他，他没有立刻答应，唤第三次的时候他站起来，笑着走开了。更远的路上，一个女孩正在伴着一种弦乐器唱歌，嗓音非常甜美。稻田的另一边有人接上她的歌，声音洪亮而从容，女孩停下来静听，直到那个男声唱完。现在天色已暗。晚星悬在天上，青蛙开始呱呱鸣叫。

我们多么想要占有这些椰子、这个女人和这片天空啊！我们想要独占，并且通过占有，事物似乎具有了更大的价值。当我们说"它是我的"的时候，那幅图景看起来就更加美丽，更有价值；它似乎变得更精美、更深刻、更丰富。在占有中有一种奇特的暴力的品质。当一个人说"它是我的"的时候，它就变成了一个可以被照顾、被保护的东西，而正是在这个行为里有一种滋生出暴力的抵抗。暴力不断地寻求成功；暴力就是自我实现。有成功就总是有失败。达到就是死亡而旅行是永恒的。在这个世界上获得、取胜，就是浪费生命。我们是多么急切地追求目标啊！但目标永远存在，于是对它的追求的冲突也永远存在。冲突是连续不断的征服，而那个被征服的不得不被一次又一次的征服。胜利者永远处在恐惧中，他所占有的一切正是他的黑暗。那渴望着胜利的失败者，失去了他所获得的东西，而作为胜利者时，他也一样。让碗空着就是拥有不死的生命。

他们结婚的时间不长，还没有孩子。他们看起来这么年轻，未经世事，羞涩腼腆。他们想安静地谈话，不是被催促着，也不带着那种正在让别人等待的感觉。这是一对可爱的夫妇，可是他们的眼睛里闪烁着紧张；他们轻松地笑着，但是在笑容背后暗藏着焦虑。他们外表光鲜，可是内在隐隐传出斗争的声音。爱是一件奇怪的东西，它枯萎得有多快啊！那浓烟多么迅速地窒息了火焰啊！那火焰不是你的，也不是我的；它只是火焰，明亮而充分；它既不是个体的也不是非个体的；它既不是昨天的也不是明天的。它有治愈一切的温暖，还有一种从不持续的芳香。

它不可能被占有，被独占，被掌握在某人手里。如果它被掌握，它将燃烧并毁灭，浓烟将充满我们的生活；那时将再也没有空间留给火焰。

他说他们结婚已经两年，如今安静地生活在一个离镇子不远的地方。他们有一个小型农场，二三十英亩的稻田和果树，还有一些牛。他对改良品种感兴趣，而她的兴趣是当地医院的工作。他们的生活是充实的，但不是那种逃避的充实。他们从来没有试图逃避任何事情——除了那些非常传统而又相当乏味的亲戚。他们不顾家庭的反对而结婚，一直独立生活不接受资助。结婚之前他们讨论并决定不要孩子。

为什么呢？

"我们都认识到这个世界处在一种多么可怕的混乱当中，生更多的孩子似乎是某种犯罪。孩子们几乎将不可避免地变成纯粹的官僚，或某种宗教经济制度的奴隶。环境将使他们变得愚蠢，或者聪明而愤世嫉俗。此外，我们没有足够的钱来供孩子受适当的教育。"

你说的适当是什么意思呢？

"为了适当地教育孩子，我们将不得不送他们到学校去，不仅是在这里，还要送往国外。我们将不得不开发他们的智力和对价值与美的鉴别力，并且帮助他们过上富裕幸福的生活，这样他们将会拥有内在的平静；当然他们必须被教会某些不会摧毁灵魂的技能。除此以外，考虑到我们自己是这样的愚蠢，我们都觉得不应该把我们自己的反应和制约传给孩子。我们不想繁殖一些经过改良的自己。"

你是说你们两个在结婚前就有逻辑地、冷静地考虑过所有这些了吗？你们草拟了一个很好的契约；但是这个契约能够像拟订的那样被轻易地履行吗？生活比一个口头契约更加复杂一些，难道不是吗？

"那正是我们所发现的。我们没有跟任何其他人谈过这些，无论是在婚前还是婚后，而那已经成了我们的一个难题。我们不认识任何可以与之自由交谈的人，因为大部分上了年纪的人都如此傲慢地乐于反对或赞成我们。我们听过您的一次演讲，我们俩都想来与您讨论我们的问题。另一个问题是，在结婚前，我们发誓绝不与对方发生性关系。"

这又是为什么呢？

"我们两个都非常具有宗教倾向，并且我们想要过一种精神化的生活。从孩提时代起我就一直渴望过非世俗的生活，过一种修道者的生活。我曾经读过大量宗教方面的书，它们只是增强了我的渴望。事实上，我穿红袍已将近一年了。"*

（对女方说）那么你呢？

"我不像他那么聪明有学问，但是我有很强的宗教背景。我的祖父有一份很好的工作，但他离开他的妻儿成为一位修道者，现在我的父亲也想这么做；迄今为止我的母亲还占据上风，但总有一天我父亲也会离去的。我也有同样的冲动想要过宗教生活。"

请允许我问，那么你们为什么结婚呢？

"我们需要相互的陪伴，"他答道。"我们相爱并有共同之处。自从很小的时候我们就同时感觉到这一点，我们看不到任何不能正式结婚的理由。我们考虑过不结婚而没有性关系地同居，但是这将会引起不必要的麻烦。婚后将近一年一切都很好，可是我们相互之间的欲望变得几乎不能忍受，以至于最后我曾一度出走；我不能工作，不能思考任何别的事，我还曾想入非非。我变得喜怒无常，急躁易怒，尽管我们互相从来没有说过一句刺耳的话。我们相爱并且不可能在语言或行动上伤害对方；但我们就像正午的烈日一样因对方而燃烧，最后我们决定来找您谈这件事。我简直不能继续履行与她立下的誓言。您不知道这种感觉像什么。"

（对女方说）那么你怎么样呢？

"什么样的女人不想跟她所爱的男人生小孩呢？我知道我不能这样

---

    *   译注：saffron robe，橘黄色或绛红色的长袍，是佛教、印度教的出家人所穿的衣服。

去爱，我也在日夜受着煎熬。我变得歇斯底里，为一点点小事动辄哭泣，在每个月的特定时间这变成了一场噩梦。我一直希望发生些什么，可即使我们反复讨论也不见好转。那时附近开了一家医院要我去帮忙，我很高兴逃开这一切。但是仍然没有好转。每天都这么近地面对着他……"现在她正在哭泣，发自她的内心深处。"所以我们来到这里与您探究。您怎么说呢？"

宗教生活就是惩罚自己吗？身体或头脑的禁欲是觉悟的标志吗？苦行是通向真实的道路吗？贞洁就是克制吗？你们认为通过放弃可以走得更远吗？你们真的认为通过冲突能达到宁静吗？难道手段不是比目的无限重要得多吗？目的是**可能**，而手段是**事实**。事实、"当下之是"必须被领悟，而不能被决心、理想和聪明的合理化所窒息。悲伤不是快乐的途径。那个被称为情欲的东西必须被领悟而不是被压抑或升华，为它找一个替代品也没有任何好处。无论你们做什么，无论你们设计了什么样的方法，都只是加强了那还没有被爱过的和领悟过的。去关爱那所谓的情欲就是去领悟它。爱就是处于直接的交流中；如果你们怨恨它，如果你们已经对它持有观念和结论，你们就不可能爱上任何东西。如果你们立下一个反对它的誓言，你们怎么可能关爱并从而领悟情欲呢？誓言是反抗的一种形式，你们所反抗的东西从根本上战胜了你们。真实是无法被战胜的；你们不可能对真实狂轰滥炸；如果你们试图抓紧真实，它就会从你们的手里溜走。真实悄悄地降临，不为你们所知。你们知道的不是真实，而只是观念、符号。那个影子不是真实。

毫无疑问，我们的问题是要了解自己而不是毁灭自己。毁灭相对而言比较容易。你们有某种你们希望会引向真实的行为模式。那个模式永远是由你们自己制造的，它是按照你们自己的制约制造的，而目的同样也是按照你们自己的制约制造的。你们制造一个模式，然后立下誓言来实现这个模式。这是对你们自己的根本性的逃避。你们不是那个自我投射的模式及其过程；你们是你们实际的样子，你们是情欲、渴望。如果你们真的想要战胜并且免于情欲，你们就不得不彻底了解它，既不谴责也不认可；但那是一门艺术，只能通过深刻的被动观照而发生。

"我读过一些您的演讲并且能够理解您的意思。但实际上我们该怎么做呢？"

那是你们的生活，你们的痛苦，你们的快乐，另一个人怎么敢告诉你们该做什么不该做什么呢？难道别人不是已经告诉你们了吗？别人是过去，是传统，是那个你们也是其中一分子的制约。你们已经听了别人，也就是你们自己，而你们仍身陷困境；你们还要从别人，其实就是你们自己那里寻求建议吗？你们将会听，但是你们将接受合意的然后拒绝不合意的，可这两者都是束缚。你们立下一个反对情欲的誓言，这就是痛苦的开始，就像对情欲的放任一样；但重要的是领悟这理想、誓言的订立、戒律、痛苦的整个过程，所有这些都是对内在深层贫乏的逃避，对内在匮乏、孤独的痛楚的逃避。这整个过程就是你们自己。

"但是孩子呢？"

再说一次，没有"是"或"否"。通过头脑寻找答案是没有出路的。我们利用孩子作为妄想的游戏的赌注，然后我们积累痛苦，我们利用他们作为逃避自己的另一个手段。当孩子不被作为工具利用的时候，他们将具有一种不同于你们或社会或国家可能赋予的意义。贞洁不是头脑的东西；贞洁正是爱的真实本性。没有爱，无论你们做什么，都不可能有贞洁。如果有爱，你们的问题将找到真实的答案。

他们继续留在那个房间里，沉默了很长时间。语言与肢体语言完全停止了。

## 对死亡的恐惧

　　房子前面的红土地上盛开着许多金色花蕊的喇叭形的花，紫红色的花瓣很大，香味淡淡的。白天它们被一扫而空，在夜晚的黑暗里它们重又铺满了红土地。这爬藤长得极茂盛，锯齿状的叶子在清晨的阳光中闪闪发亮。几个孩子毫不当心地践踏着那些花，一个男人匆忙地钻进他的汽车，甚至都没有看它们一眼。一个路人捡起一朵闻了闻，拿在手里带走了。这朵花不久就会被丢弃。一个女仆从房子里跑出来，捡起一朵花插在发际。那些花多美啊！它们在阳光下又枯萎得多迅速啊！

　　"我总是被某种恐惧折磨着。当我还是孩子的时候，我非常胆怯、害羞而敏感，而现在我害怕年老和死亡。我知道我们都必定要死去，但是并不因为合理就似乎能平息这种恐惧。我加入了灵魂研究学会，参加过一些降神会，并且读过大师们对于死亡的谈论，但是对死亡的恐惧依然存在。我甚至尝试了心理分析，但那也没什么用处。对我而言这种恐惧已经成为相当严重的问题。我经常在半夜被噩梦惊醒，那些梦绝大多数都跟死亡有关。我对死亡和暴力格外感到恐惧。战争对我而言是一场持续的噩梦，现在我真的是心绪烦乱。我还没有神经衰弱，但是我预见到我极有可能神经衰弱。我在竭尽所能地控制这种恐惧，我一直试图逃避，可是最后我还是不能摆脱。我曾经听过一些非常愚蠢的关于轮回再生的演讲，还多多少少读了一些与此有关的印度教和佛教作品。但是所有这些都让我很不满意。我并不只是浅薄地害怕死亡，而是对之怀有一种很深的恐惧。"

你如何看待未来、明天、死亡呢？你试图要发现事情的真相吗？还是寻求安慰，寻求一个令人满意的延续或断灭的断言呢？你想要真相，还是一个让人舒服的答案呢？

"当您这样说的时候，我真不知道我害怕的是什么，但是那种恐惧却是实在而急迫的。"

你的问题是什么呢？你是想从恐惧中解脱，还是要寻求关于死亡的真相呢？

"您说的关于死亡的真相是什么意思呢？"

死亡是一个无可回避的事实，无论你怎么做，死亡都是不可改变的、最终的和真实的。但是你想知道那超越死亡的真实吗？

"从我已经学过的知识以及我在降神会上见到的几件具体事例来看，很明显有某种死亡之后的延续。思想以某种方式延续，这是您自己声称的。就像歌曲、语言和图像的传播需要在另一端有一个接收器，死后延续的思想需要一个可以传递它自己的仪器。那仪器也许是个中间介质，或者思想也许可以用其他方式使自己拥有肉身。这是相当清楚并且可以被实验和理解的，可是尽管已经相当深入地研究过这类事情，我还是非常不安，我想肯定是和死亡有关的恐惧。"

死亡是必然的。延续可以被终止，或者被滋养和维持。具有延续性的事物永远不可能自我更新，它不可能是新的，它永远无法了解未知。延续就是持久，可以一直持续的却不是永恒。凭借时间、持续，永恒无法存在。为了新的诞生，必然要有终结。那个新的不在思想的延续之中。思想是在时间范围内的连续活动，这种活动不可能令自己进入一种非时间性的状态。思想是建立在过去的基础上的，思想的存在是时间性的。时间不仅是时间序列，它还是贯穿过去、现在直至将来的思想的活动；它是记忆的活动，是语言、图像、符号、记录和重复的活动。思想、记忆，是通过语言和重复连续起来的。思想的终结是新的开始，思想的死亡是生命的永恒。为了让新的诞生，必须有持续不断的思想的终结。新的不是延续而来的，新的不可能处在时间的范畴内。新的只存在于一刻接一刻的死亡中。必须每天都死亡，以便让未知出现。终结就是开始，但是恐惧阻碍了终结。

"我知道我有恐惧，可我不知道什么是超越它。"

我们说的恐惧是什么意思呢？什么是恐惧呢？恐惧不是一个概念，它不能独立地存在于隔绝中。它只能在与某种东西的比较中存在。在比较的过程中，恐惧证明它自己；没有比较就没有恐惧。现在你害怕的是什么呢？你说你害怕死亡。我们所说的死亡是什么意思呢？虽然我们有理论、推测，还有某些看得见的事实，死亡仍然是未知的。关于死亡无论我们知道些什么，死亡本身不可能被带入已知的领域，我们伸出手想要抓住它，但抓住的并不是它。凡有联系的都是已知的，而那未知的不可能变得熟悉，习惯不可能俘获它，于是就产生了恐惧。

那已知的、那个头脑，有可能了解或包容未知吗？那只伸出的手只能触到可知的，它无法掌握不可知的。对经验的渴望令思想得以延续，对经验的渴望给过去以力量，对经验的渴望令已知得以延伸。你想要经验死亡，难道不是吗？虽然你还活着，你想要知道什么是死亡。但是你知道什么是活着吗？你只知道生命中的冲突、混乱、敌对、刹那即逝的快乐与痛苦。但那些就是生命吗？挣扎和痛苦就是生命吗？在这种我们称之为生命的状态里，我们想要经验一些不在我们知觉范围内的东西。这痛苦，这挣扎，这与快乐一起成熟的仇恨，就是我们所谓的生命；而我们想要经验某种与我们所谓的生命对立的东西。对立面就是现实的延续，也许是修正过的延续。但死亡不是那个对立面。死亡是未知。已知渴望体验死亡，体验未知。但是无论怎么做，已知都无法经验死亡，所以它感到恐惧。是这样吗？

"您已经阐述得很清楚了。如果我可以在活着的时候知道或经验死亡，那么毫无疑问恐惧将会停止。"

因为你无法经验死亡，所以你就害怕。意识能够经验那不由意识而产生的状态吗？能够被经验的都是意识、已知的投射。已知只能经验已知。经验永远是在已知的范围内。已知不可能去体验超出它范围的东西。体验是和经验完全不同的，体验不在经验者的范围之内。但是随着体验的消退，经验者和经验开始出现。于是体验被带入了已知的范畴。那个知者，那个经验者，渴望着体验的状态，渴望未知；而因为经验者、知者无法进入体验的状态，所以他害怕了。他就是恐惧，他并不独立于恐惧之外而存在。恐惧的经验者并不是恐惧的观察者，他就是恐惧本身，就是那个恐惧的工具。

"您说的恐惧是什么意思呢？我知道我害怕死亡。我并不觉得我**就是**恐惧，而是我**对**某些东西感到恐惧。我恐惧并且独立于恐惧之外。恐惧是一种独立于那个看着它、分析它的'我'之外的感觉。我是观察者，恐惧是被观察的。观察者和被观察的怎么会是同一个呢？"

你说你是观察者，而恐惧是被观察的。但事实是这样吗？难道你是一个独立于你的品质之外的实体吗？难道你和你的品质不是同一的吗？难道你不就是你的思想、情绪等等吗？你不是独立于你的品质、思想之外的，你**就是**你的思想。思想创造了"你"这个假设的独立的实体；没有思想，就没有思想者。由于看到自身的无常，思想创造了思想者，赋予他恒久、不朽的形象；于是思想者就变成了那个脱离了转瞬即逝的状态的经验者、分析者、观察者。我们都渴望某种永恒，由于看到自身的无常，思想就创造出那个被假设为永恒的思想者。那个思想者进而建立起其他更高的、永恒的状态：灵魂，大我，更高的自我，等等。思想是这整个结构的基础。但那是另一回事。我们关心的是恐惧。什么是恐惧呢？让我们来看看恐惧是什么。

你说你害怕死亡。因为你无法经验死亡，所以你害怕死亡。死亡是未知的，而你害怕未知。是这样吗？可是你怎么能害怕你不知道的东西呢？如果某些东西对你来说是未知的，你怎么可能害怕它呢？你真正害怕的不是未知，不是死亡，而是已知的损失，因为那可能会造成痛苦，或者带走你的快乐、你的满足。是已知造成了恐惧，而不是未知。未知怎么可能产生恐惧呢？它的快乐和痛苦是无法测度的：它是未知的。

恐惧不可能独自存在，它在与其他事物的比较中出现。实际上你是在害怕与死亡相关联的已知，不是吗？因为你执著于已知、执著于经验，你被将来可能的状态吓坏了。但是那个"可能是"，那个将来，仅仅是一种反应，一个推测，是"当下之是"的对立面。就是这样，不是吗？

"是的，似乎是这样。"

那么你知道"当下之是"吗？你了解它吗？你打开过已知的橱柜并审视过它呢？你难道不也被可能会在那里被发现的东西吓坏了吗？你有没有曾经探究过已知，探究过你所拥有的呢？

"不，我没有。我总是把已知视作理所应当。我接受过去就像接受阳光雨露一样。我从来没有考虑过这一点；人对此几乎是没有意识的，就像一个人对他的影子无知无觉一样。既然您提起了，我想我也对发现可能在那里的东西感到害怕。"

难道我们大多数人不都害怕审视自己吗？我们也许会发现令人不快的事情，所以我们宁可不看，我们宁可对"当下之是"一无所知。我们不仅害怕将来会有什么，也害怕现在会发生什么。我们害怕按照我们真实的样子了解我们自己，而这种对"当下之是"的逃避使我们害怕那可能存在的。我们带着恐惧看待所谓的已知、未知，以及死亡。逃避"当下之是"是对满足感的渴望。我们寻求保障，不断要求将来没有烦恼，而正是这种对"没有烦恼"的渴望令我们逃避"当下之是"并且害怕那**可能**存在的真实。恐惧是对"当下之是"的无知，而我们的生命都浪费在持续不断的恐惧的状态中。

"但是如何才能消除恐惧呢？"

要想消除某种东西你就必须了解它。恐惧存在吗？或者只是不想看到恐惧的欲望存在呢？是不想看到的欲望造成了恐惧，而当你不想领悟"当下之是"的完整意义的时候，恐惧就像障碍一样发生作用。你可以通过故意回避一切对"当下之是"的探究而过上一种让你满意的生活，并且许多人就是这么做的，但是他们并不快乐，那些以肤浅的对"当下之是"的研究自娱自乐的人也同样不快乐。只有那些在探究中最为热忱的人才能感受到快乐，只有他们才能从恐惧中解脱。

"那么如何去了解'当下之是'呢？"

"当下之是"只能在关系中、在与一切事物的关系的镜子里才能被看到。"当下之是"不可能在封闭、隔绝中被领悟；如果是心怀拒绝或接受的解释者、翻译者，"当下之是"就不可能被领悟。只有在头脑彻底无为，只有当头脑不再对"当下之是"指手画脚的时候，"当下之是"才能被领悟。

"无为的觉知不是极其困难吗？"

是的，只要思想存在。

## 思想者与其思想的融合

这池塘很小，然而非常美丽。青草覆盖着堤岸，几级台阶延伸至水边。池边是一座小巧的白色寺院，环绕着高挑修长的棕榈树。寺院建得很好，维护得也很好，一尘不染。此时太阳正落在棕榈树丛后面，悄无一人，甚至连那些怀着深深敬意照看寺院的僧侣也不见踪影。这座精美的寺院给池塘笼罩上祥和宁静的气氛；这里是如此寂静，连小鸟都不唱了。风渐渐停息；天上微云浮动，在夕阳的映照下显出无比灿烂的色彩。一条蛇游过池塘，在莲叶下悄然出没。池水十分清澈，静卧着粉红色和紫色的睡莲，幽香弥漫在水面上和绿岸上。万籁俱寂，这一小片天地的魔力似乎遍满了整个世界。那些花真美！它们非常宁静，有一两朵开始因夜色降临而闭合，把黑暗挡在外面。那条蛇已经游过池塘到了岸上，正从附近经过；它的眼睛就像明亮的黑色珠子，它分叉的舌头就像一小团闪烁的火焰，在它面前开辟出一条前进的道路。

思索与幻想是对真实的障碍。思索的头脑永远无法知道"当下之是"的美；它被它自己的想象和语言的迷网牢牢困住了。无论它在自己想象的世界里流浪多远，它依然是在它自己结构的阴影里，并且永远不可能看到超越它之上的东西。敏感的头脑不是一个好幻想的头脑。创造想象的才能限制了头脑；这样一个头脑被束缚在令它变得迟钝的过去、回忆中。只有宁静的头脑才是敏感的。任何形式的积累都是负担；当头脑负担很重的时候它怎么可能解脱呢？只有解脱的头脑是敏感的；那种打开就是那不可估量的，那不可言说的，那未知的。幻想与思索妨碍了打开，妨碍了敏感性。


他说他花了许多年探索真理。他曾经跟随在许多大师身边，而且一直都在朝圣，为了请教他在这里停留下来。他是一个苦行者，已经放弃了这个世界并离开了遥远的祖国。他由于长期流浪而皮肤黝黑，身体羸弱。通过修炼某些特殊的、极为困难的戒律，他学会了集中精神，并降伏了欲望。他是一个学者，满腹经纶，擅长辩论，能迅速做出推论。他曾经学习梵文，那些宏亮的词句对他来说非常容易。所有这些令他的头脑变得很敏捷锐利；但是一个被磨炼得很锋利的头脑并不是柔韧的、自由的。

要达到了解和发现，头脑在刚开始的时候不就必须是自由的吗？一个被控制、压抑的头脑有可能是解脱的吗？解脱不是最终的目的；解脱必须在一开始就被实现，难道不是吗？一个被控制、被操纵的头脑在它自己的模式里面是自由的；但那不是解脱。戒律的目的是服从；它的道路是通向已知的，而那个已知的绝不是解脱。戒律以及它的恐惧是对成就的贪欲。

"我开始认识到所有这些戒律犯了某种根本性的错误。尽管我已经花了许多年试图把我的思想塑造成我渴望的模式，但我发现我并没有任何长进。"

如果方法是模仿，目的就必然是一个复制品。方法造就了目的，不是吗？如果头脑在开始的时候就是被塑造的，那么结束的时候它必然也是被制约的。一个被制约的头脑有可能是解脱的吗？方法就是目的，它们不是两个割裂的过程。认为通过某种错误的方法，真实可以被达到——这是一个幻想。当手段是压抑的时候，目的也必然是恐惧的产物。

"对于戒律我有一种隐隐约约的不足的感觉，甚至在修习的时候，我依然有这种感觉；现在戒律差不多成了一种无意识的习惯。从小我的教育就一直是一个服从的过程，自从我第一次穿上这件长袍，戒律已经几乎成了我的本能。我读过的大部分书籍，我参访过的所有导师，都规定了各种形式的控制。您根本不知道我有多努力。所以您的话听起来几乎是一种亵渎。这真的令我震惊，但是您显然是对的。我的岁月都浪费了吗？"

如果你的修炼障碍了对真实的了解和接受，那么确实就是浪费。也就是说，如果那些障碍没有被智慧观照、被深刻地了解，那么一切都是浪费。我们如此固守我们自己的虚妄，以至于我们大部分人都不敢正视它或超越它。对于了解的急切愿望正是解脱的开始。那么我们的问题是什么呢？

　　"我正在追寻真实，并且已经修习了各种戒律和训练以求达到这个目的。我内心最深处的本能促使我去探索，我对任何别的东西都没有兴趣。"

　　让我们由近及远地开始。你说的探索是什么意思？你在寻找真实吗？真实能够通过追求被找到吗？要探索真实，你必须知道真实是什么。探索意味着预先知道，某些东西已经被感觉到或知道，不是吗？真实是可以被知道、推断、把握的东西吗？难道这个暗示不是过去的投射从而根本就不是真实而只是回忆吗？寻求意味着向外或向内的过程，不是吗？而头脑不是必须停止从而让真实呈现吗？寻求是获得更多或更少的努力，是积极或消极的贪求；只要头脑还专注、聚焦在努力、冲突上，它有可能停止吗？头脑可能通过努力来停止吗？它可能通过强迫来**造成**停止；但是被造出来的东西也可以被毁灭。

　　"难道某种努力不是必不可少的吗？"

　　我们来看看。让我们来探究寻求的真相。要寻求，必然有追求者，一个独立于他所寻求的东西的实体。那么有这么一个独立存在的实体吗？那个思想者、经验者是区别于、独立于他的思想、经验的吗？没有探究过这整个问题，禅修就没有意义。所以我们必须了解头脑，了解自我的过程。那个在寻求、抉择、感到恐惧、拒绝和判断的头脑是什么呢？思想是什么呢？

　　"我从来没有从这个角度触及过这个问题，现在我有点困惑；但是请接着说。"

　　思想是感觉，不是吗？通过知觉和接触有了感觉；由感觉产生了渴望，渴望这个而不渴望那个。渴望是认同的开始，"我的"和"非我的"的开始。思想是文字化了的感觉；思想是记忆、语言、经验、印象的反应。思想是转瞬即变化、无常的，然而它在寻求永恒。所以思想创造出思想者，然后那个人变成了永恒；他假定自己为思想的检查者、指导者、控制者、制造者。这个虚幻的永恒的实体正是思想、那个转瞬即逝的东西的产物；这个实体就是思想，没有思想他就不存在。思想者由各种特性构成；他的特性不能从他自身分离出来。控制者就是被控制的，他只是在跟他自己玩一场欺骗性的游戏。在虚妄被看到是虚妄之前，真实不会存在。

"那么谁是那个看的人、那个经验者、那个说'我了解'的实体呢？"

只要还存在记得经验的经验者，真实就不会存在。真实不是某种被记忆、储藏、记录，然后公之于众的东西。可以被积累的不是真实。对经验的渴望创造了经验者，然后他积累并记忆。欲望导致了思想者从他的思想的分离；要成为、要经验、要变得更多或更少的欲望导致了经验者与经验的分离。对欲望的过程的觉知就是自知。而自知才是禅修的开始。

"怎样才能发生思想者与他的思想的融合呢？"

不是通过意志的行为，也不是通过戒律，也不是通过任何形式的努力、控制或专注，也不是通过任何其他方法。方法的使用意味着一个行动着的执行者，不是吗？只要有行动者，就有分裂。只有当头脑完全停止而不是试图停止的时候，融合才会发生。会有这样的停止，但不是在思想者终结的时候，而只是在思想本身终结的时候。从制约条件的反应中，亦即思想中解脱是一定会发生的。只有当观念、结论都不在的时候，所有问题才能被解决；结论、观念、思想都是头脑的骚动。当头脑充满骚动的时候怎么可能有领悟呢？热忱必须以自发性的灵动来加以调节。你将发现，如果你已听取了所有说过的话，那么在你不期盼真实的那些瞬间，真实就会降临。或许我可以这么说，头脑要向着瞬间又瞬间所在的"当下之是"敞开、敏觉、进行完全的觉照。不要在你自己周围构筑一道坚不可摧的思想的围墙。当头脑不被它自己的活动及斗争占据的时候，真实的狂喜就会降临。

## 对权力的追逐

一头奶牛正在分娩，两三个平时为她挤奶、喂食和清洗的人正和她在一起。她观察着他们，如果有人有事走开了，她就轻轻地叫一声。在这关键时刻，她需要所有朋友都在身边；她感到很满意，因为他们都在，可是她的分娩非常吃力。小牛生下来了，是一头漂亮的小母牛。母亲站起来，绕着她的新生儿转着圈子，时不时地用蹄子轻轻地推它；她太高兴了，以至于要把我们都赶开。这样过了很长时间，最后她终于累了。我们抱起小牛喝奶，这让母亲相当激动。最后她平静下来。一位女士坐在地上，新妈妈躺下来，把头枕坐在她的膝上。她突然之间对她的小牛犊失去了兴趣，现在她的朋友们对她来说更重要。天气很冷，但是太阳终于从山后升起来，渐渐变暖和了。

他是一名政府议员，然而羞于提及他的重要性。他谈到他对他的人民的责任；他解释他的党派是如何比对手优秀、更有办事能力，以及他们如何竭尽全力去整治贪污腐败和黑市，而找到不被腐蚀的而能干的人是多么困难，不了解内幕的人批评政府没有尽到责任又是多么轻而易举。他接着说当人们活到他这把年纪时应该更心平气和；但是大部分人都贪图权力，甚至那些没才干的人也一样。在内心深处我们都是不快乐的、自私自利的，尽管我们中有些人善于掩盖我们的不快乐和对权力的欲望。为什么会有这种对权力的强烈欲望呢？

我们说的权力是什么意思呢？每一个个体和团体都在追逐权力：为自己，为党派，或者为了意识形态。党派和意识形态是自身的扩展。苦修者通过放弃来追求权力，母亲通过孩子做同样的事。有冷酷无情的工作效率的权力，在少数人控制之下的政治机器的权力；有人对人的统治，有聪明人对笨人的剥削，金钱的权力，名称与用词的权力，还有头脑高于物质的权力。我们都想拥有某种权力，无论是用于控制我们自己的或控制别人的。这种对权力的强烈欲望带来一种快乐，一种并非转瞬即逝的满足感。通过放弃而求取的权力和财富的权力一样。它是对满足感、对快乐的渴望，这驱使我们去追逐权力。我们是多么轻易就获得满足感啊！获得某种形式的满足感的安逸蒙蔽了我们。所有满足感都是盲目的。我们为什么追逐权力呢？

"我猜想主要是因为它给了我们物质上的舒适、社会地位，由于被认可而获得尊重。"

对权力的欲望只存在于我们生活的一个层面吗？我们没有像向外追逐一样向内追求权力吗？为什么？为什么我们崇拜权威，无论是一本书的，一个人的，还是一个国家的，或一种信仰？为什么会有执著于某个人或某种观念的强烈欲望呢？那曾经控制我们的神职人员的权威，现在则变成了专家、专业人员的权威。难道你没有注意到现在你是如何对待有头衔、有地位、有实权的人的吗？某些形式的权力似乎统治着我们的生活：一人凌驾于众人的权力，一人被另一人利用，或相互利用。

"您说的被另一个人利用是什么意思呢？"

这是相当简单的，不是吗？我们为了各自的满足感而相互利用。当代社会的结构，也就是我们相互之间的关系，是建立在需要和利用的基础上的。你需要选票让你得到权力，你利用人们来获得你想要的东西，而他们需要你承诺的东西。女人需要男人，男人需要女人。我们现在的关系是建立在需要和利用的基础上的。这样的关系天生就是暴力的，那就是为什么我们社会真正的基本原则就是暴力。只要社会结构是基于相互的需要与利用，它就必然是暴力的和分裂的；只要我为了我个人的满足感而利用他人，或为了我认同的某种意识形态的实现而利用他人，就只会存在恐惧、不信任和对立。那么人际关系就是一个自我孤立和分裂的过程。所有这一切在个体生活和群体事务中显然是痛苦的。

"但是没有相互需要而生活是不可能的！"

我需要邮递员，但是如果我利用他来满足某些内在欲望，那么社会需要就变成了一个心理上的必需，而我们的关系就经历了一次根本的改变。正是这种心理上对他人的需要和利用导致了暴力和痛苦。心理需要制造了对权力的追逐，权力被用来实现我们生活不同层面的满足感。那个为他自己或他的党派而充满野心的人，或想要实现某个理想的人，显然都是社会中的分裂因素。

"难道野心不是不可避免的吗？"

只有当个体没有发生根本转变的时候，野心才是不可避免的。为什么我们应该把野心当做理所当然的东西来接受呢？人对人的残忍是不可避免的吗？难道你不想终止它吗？把它作为不可避免的事来接受不正说明人已经完全失去理智了吗？

"如果你不对别人残忍，别人就会对你残忍，所以你不得不往上爬。"

往上爬是每个个体、每个团体、每种意识形态竭尽全力要做的事，因此他们也都支持残忍和暴力。只有在和平中才会有创造；如果存在相互利用怎么可能有和平呢？只要我们与一个人或许多人的关系是建立在需要与利用的基础上，那么谈论和平就是胡说八道。对另一个人的需要与利用必然导致权力和统治。观念的权力和刀剑的权力是类似的；它们都是破坏性的。观念和信仰使人们互相对立，就像刀剑所做的。观念和信仰是爱的真正的对立面。

"那么为什么我们会有意识或无意识地被权力的欲望所吞噬呢？"

难道对权力的追逐不是一种被认可的且体面的对我们自己、对"当下之是"的逃避吗？每个人都设法逃避他自己的匮乏，他内在的贫穷、孤独和隔绝。真实是令人不快的，但逃避是有魅力的、吸引人的。想想如果你将要被剥夺权力、地位、你辛苦挣来的财产将会发生什么。你将反抗，不是吗？你认为你对于社会的幸福安定是至关重要的，所以你将以暴力反抗，或以理性而狡猾的论证来反抗。如果你主动地放弃你在不同层面上的所有获得物，你将一无是处，难道不是吗？

"我想是的——这非常让人沮丧。当然我不想一无是处。"

所以你拥有所有外在的虚饰，唯独缺乏内在的实质，那不被腐蚀的内在的财富。你要你的外在的虚饰，别人也是这样，从这个冲突中产生出仇恨与恐惧，暴力与腐朽。你和你的意识形态就像对立面一样是不充分的，因此你们正在相互毁灭，以和平、富足、高就业率的名义毁灭，或者以上帝的名义毁灭。由于几乎每个人都拼命往上爬，我们已经建立了一个充满暴力、矛盾和敌意的社会。

"那么如何根除所有这一切呢？"

通过不要有野心，不要奢求权力、名誉、地位；通过成为真实的你，单纯而无足轻重。相反的思考是智慧的最高形式。

"但是世界上的残忍与暴力不可能通过我个人的努力被制止。而且不是要花费无限的时间让所有人去改变吗？"

你说的别人正是你自己。这个问题来源于那个回避你自己的直接立刻的转变的欲望，不是吗？实际上，你在说，"如果其他人都不改变，那么我的改变有什么好处呢？"你必须从你自身开始改变，然后才是别人的事。但是你实在不想改变；你想要事情照旧，尤其是当你高高在上的时候，因此你说通过个体的转变来转变世界要花无限长的时间。世界就是你；你就是那个问题；问题不是独立于你之外而存在的；世界是你自己的投射。只要你还是老样子，世界就不可能转变。快乐存在于转变中而不存在于获得中。

"我还是比较快乐的。当然在我内心有许多我不喜欢的东西，可是我没有时间或愿望去追究它们。"

只有快乐的人才能带来一种新的社会秩序；而认同某种意识形态或信仰，或沉湎于任何社会或个体行为里的人是不快乐的。快乐不是一个目的。快乐伴随着对"当下之是"的领悟而来。只有当头脑从它自己的投射中解脱出来的时候，才可能有快乐。交换来的快乐只是满足感而已；通过造作、权力得到的快乐只是感觉；当感觉很快消失的时候，就会涌出越来越多的欲望。只要贪得无厌是实现快乐的手段，结果将永远是不满足、冲突和痛苦。快乐不是回忆；快乐是随着真实而呈现的状态，永远是崭新的，从不延续。

## 什么令你无精打采

他有一份不起眼的工作，收入微薄；他是跟妻子一起来的，她想要谈谈他们的问题。他们都还年轻，尽管已经结婚好几年，他们还没有孩子；但那不是问题。他的薪水刚够在这艰难时期填饱肚子，而因为没有孩子，还足以维持生计。没有人知道如何把握未来，尽管情况不可能比现在更糟。他不愿意说话，但他的妻子指出他必须说。她把他带来，差不多是强拉来的；但他毕竟来了，她很高兴。他说，他无法从容地谈话，因为除了妻子以外他从来没有对任何人谈论过自己。他只有很少几个朋友，甚至对他们他也未打开过心扉，因为他们不会理解他。说着说着，他慢慢放松下来，他的妻子热切地听着。他说他的工作不是问题，勉强还算有趣，而且不管怎么说这份工作给了他们食物。他们是淳朴、谦逊的人，两个人都上过大学。

最后她开始说出他们的问题。她说几年来她的丈夫似乎失去了生活的所有乐趣。他做他的办公室工作，那差不多就是全部；他早出晚归，他的老板从来没有抱怨过他。

"我的工作是事务性的差事，不需要花太多精力。我对我做的事有兴趣，但是不知何故那完全是一种紧张。我的难题不是在办公室里或跟那些同事们在一起，而是在我的内心。正如我妻子所说，我已经对生活失去了乐趣，而我完全不明白我到底怎么了。"

"以前他总是热情、敏感、温情脉脉，但在过去的几年里他变得无精打采，对什么都无所谓。过去他一直很爱我，而现在我们的生活变得很悲惨。他看起来丝毫不意我在还是不在，生活在同一屋檐下已经变成了一桩苦事。他不是冷酷无情或诸如此类，而是变得麻木不仁和彻底漠不关心。"

这是因为你们没有孩子吗？

"不是因为那个，"他说。"我们的夫妻关系还算正常，马马虎虎吧。没有一桩婚姻是完美的，何况我们的情绪也有高低起伏，但我不认为我的无精打采是性关系失调的结果。虽然现在由于我的状况我们已经挺长时间没过性生活了，我并不认为是因为没有孩子而导致了这种状况。"

你为什么这么说呢？

"在这突然发生以前，我妻子和我认识到我们不能有孩子。这件事从来没有让我烦恼，尽管她经常为此哭泣。她想要孩子，但是显然我们中有一个无法生育。我曾经建议过几种方法也许能让她有一个孩子，但是她不愿意尝试。她只想要跟我生的孩子，她为此深深地烦恼。毕竟，一棵不结果实的树只是一个装饰而已。我们已经开诚布公地讨论过所有这些事，可问题还是存在。我认识到人不可能在生活中拥有一切，不是因为没有孩子导致了这种无精打采；至少，我相当肯定不是的。"

是由于你妻子的悲伤，由于她的挫折感吗？

"您看，先生，我的丈夫和我已经完全陷入这种状况了。没有孩子让我太过伤心，我祈求上帝有朝一日赐给我一个孩子。当然，我的丈夫想让我快乐，但他的无精打采不是因为我的悲伤。如果现在我们有一个孩子，我会欣喜若狂，但对他来说这只是一个小插曲，我猜对大部分男人都是这样。在过去两年里，这种无精打采就像某种内部疾病似的悄悄地缠上他。以前他跟我无所不谈，谈他的工作、他的抱负、他对我的关心和爱；他曾对我敞开心扉。可是现在他的心门已经关闭了，他的思想在远方某处漂移。我曾经跟他谈过，但是没有用。"

你们有没有分开过一段时间看看效果如何呢？

"我曾回到父母家大概六个月，我们互相通信；但是这次分离没有带来任何改善。如果有的话，就是使事情变得更糟。他自己做饭，很少出去，远离他的朋友，越来越退缩在自己里面。总之，他从来就不太合群。甚至在这次分离之后他也没有表现出任何恢复活力的迹象。"

你认为这种无精打采是一种掩饰、伪装，对某种无法满足的内在欲望的逃避吗？

"恐怕我完全不理解您的意思。"

你也许有一种强烈的渴望想要实现什么，由于这种渴望没有被释放，也许你正在通过变得无精打采来逃避痛苦。

"我从来没有考虑过这样的事，以前我从未想过这一点。我该怎么弄清楚呢？"

为什么以前你从来没有想到过呢？你有没有曾经问过自己为什么会变得无精打采呢？难道你不想知道吗？

"这确实很奇怪，但我从来没有问过自己什么是这愚蠢的无精打采的原因。我从来没有把那个问题摆在自己面前。"

既然你现在问了自己那个问题，你的回答是什么呢？

"我不认为我有任何答案。但是发现自己已经变得这么彻头彻尾地无精打采让我真的非常震惊。我绝不希望这样。我对自己的状态惊骇不已。"

毕竟，知道自己处于什么样的实际状态是有好处的。至少那是一个开始。以前你从来没有问过自己为什么无精打采，昏昏沉沉；你刚刚全盘接受了它并且任其继续，不是吗？你想要发现是什么使你变成这样吗？还是对你目前的状态听天由命呢？

"恐怕他已经毫不反抗地接受了。"

你确实想要克服这种状态，不是吗？你想要你妻子离开，单独谈吗？

"不用。在她面前我无话不说。我知道不是性关系的缺乏或过度导致了这种状态，也没有另一个女人。我不可能找别的女人。也不是因为没有孩子。"

你绘画或写作吗？

"我曾经一直想要写作，但是我从不画画。从前散步的时候我经常会有灵感，但是现在甚至连那些也没了。"

你为什么不试着在纸上写点什么呢？多傻都没关系；你不需要给任何人看。为什么你不试着写作呢？

言归正传。你想要找出是什么导致你无精打采吗？还是想要维持现状呢？

"我希望独自到某个地方去，放弃一切，然后找到一些快乐。"

那就是你想做的吗？那你为什么不做呢？你犹豫不决是因为你妻子吗？

"我这样子对我妻子没有任何用处，我只是一个失败的人。"

你认为从生活中隐退、隔绝自己就能找到快乐吗？难道现在你还没有充分地隔绝自己吗？为了获得而放弃根本就不是放弃；这只是一场交易，一次狡猾的讨价还价，一个为了获得某些东西而盘算好的步骤。为了得到那个你放弃这个。为了一个被期待的目的而放弃，只是向进一步获得的妥协。你能够通过隔绝、通过脱离关系而拥有快乐吗？生活不就是联系、接触、交流吗？你可以从一种联系中退出，在另一种联系中找到快乐，但是你不可能从所有接触中完全退出。甚至在完全独处的时候你还是在跟你的思想接触，跟你自己接触。自杀是隔绝的最彻底的形式。

　　"当然我不想自杀。我要活下去，但是我不想照目前的状况继续下去。"

　　你肯定你不想再这样下去了吗？你看，相当清楚有某样东西使你无精打采，而你想要逃离它进入更深的隔绝。从"当下之是"逃离，就是隔绝自己。你想要隔绝你自己——也许是暂时的——以企求快乐。而你已经隔绝了你自己，并且相当彻底；你称为放弃的进一步的隔绝，只是从生活中进一步退出。而你能够通过越来越深的自我隔绝找到快乐吗？自我的本性就是要隔绝自己，它的真正的特质就是排他性。排斥一切就是为了获得而放弃。你越是从联系中退出，冲突、反抗就越是强烈。没有什么东西能够在隔绝中生存。无论关系怎样痛苦，都不得不被耐心地、彻底地了解。冲突导致了无精打采。努力成为什么只是在有意识或无意识地引起问题。你不可能无缘无故变得无精打采，因为你曾经一度是敏锐、热情的，正如你自己说的。你不是一直无精打采。是什么导致了这种变化？

　　"您看来知道，您不能告诉他吗？"

　　我可以，但是那样做有什么好处呢？他将根据心境或喜好接受或拒绝；但是他应该自己去发现，这难道不重要吗？难道对他来说亲自揭开整个过程并看到它的真实不是至关重要的吗？真实不能被告诉另一个人。他必须有能力接受真实，而没有人能够为他做准备。对我来说这无关紧要；但是他必须坦然地、自愿地、没有期待地看到真实。

是什么让你无精打采？难道你不应该自己去了解吗？冲突、反抗导致无精打采。我们认为通过斗争我们将了解，通过竞争我们将变得聪明。斗争当然导致尖锐，但那个尖锐的将很快被磨钝；不停地被使用的东西将很快被耗尽。我们把冲突当作必然来接受，并在这种必然性上构筑起思想和行为的结构。但冲突是必然的吗？难道就没有不同的生活方式吗？如果我们能够了解冲突的过程和意义，就会有不同的生活方式。

再问一次，你为什么把你自己变成无精打采？

"是我把自己变得无精打采的吗？"

除非你心甘情愿被变得无精打采，有任何东西能够让你无精打采吗？这种愿望也许是有意识的或者隐藏的。为什么你让自己变得无精打采呢？在你的内心有深层的冲突吗？

"如果有的话，我也完全没有意识到。"

但是你不想知道吗？你不想了解吗？

"我开始了解您的用意了，"她插进来说，"但我也许不能告诉我丈夫他无精打采的原因，因为我自己也不十分确定。"

你可能看到也可能没有看到这无精打采突然降临到他身上的原因；但是如果你用语言向他指出的话，这能够真正帮助他吗？他自己去发现难道不是至关重要的吗？请注意这一点的重要性，那样你将不会不耐烦或焦躁不安。一个人可以帮助另一个人，但是他必须独立地承受发现之旅。生活不容易。生活是非常复杂的，但是我们必须简单地处理。我们就是问题；问题不是我们所谓的生活。只要我们知道如何看待问题，我们就能够领悟问题，它也就是我们自己。看待问题是首要的，而不是问题。

"但是我们该做什么呢？"

你们一定已经听到了所有的话；如果是，那么你将看到只有真实会带来解脱。请不要担心，只是让种子生根。

几个星期以后，他们双双回来。在他们的眼中有希望，在他们的唇上有笑容。

## 业

寂静不是被培养出来的，它不是被刻意引发的；它不是被找出来的，被想出来的，或者禅定修炼出来的。那种对寂静的刻意培养就像某些令人渴望的享乐一样；想要让头脑安静的欲望只不过是对感觉的追求。这样的寂静只是一种压制，一种会导致消亡的隔绝。买来的寂静是一件来自充满喧嚣造作的集市的商品。寂静伴随着欲望的消失而来。欲望迅捷，狡猾，而且埋藏很深。记忆切断了寂静的蔓延，而困在经验中的头脑不可能是寂静的。时间，那从昨天流转到今天再到明天的运动，不是寂静。寂静随着这运动的停止而出现，只有那时那不可言说的才会呈现出来。

"我来这儿是要和您探讨业的问题。当然关于这一点我有一定的看法，但是我想知道您的观点。"

观点不是真实；我们必须抛开观点来发现真实。有数不尽的观点，但是真实不属于这个或者那个团体。为了领悟真实，一切观念、结论、观点必须像枯萎的树叶从树上掉落一般被丢弃。真实不会从书本上、知识里、经验中被发现。如果你是在寻求观点，你将在这里一无所获。

"但是关于业我们可以谈论并且试着了解它的意义，难道不行吗？"

那个，当然，是完全不同的另一回事。要了解，观点和结论就必须停止。

"您为什么强调这一点呢？"

如果你已经做了决定，或者不断念叨着另一个结论，那么你还能领悟什么事情呢？要发现事情的真相，难道我们不是必须带着一个没有被偏见蒙蔽的头脑重新审视吗？更重要的是，难道我们不是必须摆脱结论、偏见，或对某些抽象概念的思索吗？发现真实不是比争论什么是真实更为重要吗？关于真实是什么的意见并不是真实。发现业的真实难道不重要吗？看清虚妄是虚妄，就是开始领悟真实，难道不是吗？如果我们的头脑被传统、语言以及解释僵化了，我们如何能够洞察真实或者虚妄呢？如果头脑被信念所束缚，它如何能走得远呢？要远行，头脑必须是自由的。自由不是在漫长努力的尽头获得的某种东西，自由必须存在于旅行的起点。

"我想知道对您来说业是什么意思。"

先生，让我们一起踏上发现之旅吧。仅仅重复别人的语言是没有任何深刻意义的。那就像放唱片。重复或者模仿不会带来自由。你说的业是什么意思呢？

"这是一个梵语词汇，意思是做、成为、行动等等。业是行动，而行动是过去的产物。行动不可能没有背景的制约。通过一系列的经验，通过习惯制约以及知识，传统的背景被建立起来，不仅仅在个体或群体的这一世，而是贯穿许多世。在被称为'我'、社会、生命的背景间的持续不断的作用和相互作用就是业；而业束缚了头脑，那个所谓的'我'。我在过去世做过的事，抑或是昨天做的事，束缚和影响着我，在此刻带来痛苦或者快乐。既有个体的业，也有群体的业。群体和个体都是被束缚在因果链上的。根据我过去的所作所为，将会有痛苦或者快乐，惩罚或者奖赏。"

你说行动是过去的产物。这样的行动根本不是行动，而只是反应，不是吗？习惯制约、背景，对刺激发生反应；这种反应是记忆的反应，不是行动，而是业。到目前为止我们还没有涉及什么是行动。业是起源于特定起因并且产生特定结果的反应。业就是这条因果链。本质上讲，时间的过程就是业，难道不是吗？只要有过去，就一定有现在和将来。今天和明天是昨天的结果；昨天和今天联手制造出明天。业，通常被理解为报偿的过程。

"照您的说法，业是时间的过程，而头脑是时间的产物。除极少数幸运儿能够逃脱时间的掌控外，我们其余人都被时间所束缚。我们过去做的善事或恶事决定了我们现在是什么。"

背景、过去，是静态的吗？难道它不是在经历持续不断的改变吗？今天的你和昨天的你不一样；生理上和心理上都有一种持续不断的变化在发生，难道不是吗？

"当然。"

所以头脑不是固定的状态。我们的观念刹那地、不断地变化着；它们是背景的反应。如果我在某个特定的社会阶层、某个特定的文化中被抚养长大，我将根据我的习惯制约对挑战、刺激做出反应。对我们大多数人来说，这种制约是如此根深蒂固，以至于反应几乎总是千篇一律。我们的思想是背景的反应。我们就是背景；那个制约不是与我们分离或相异的。随着背景的变化我们的思想也在变化。

"但思想者与背景肯定是完全分离的，不是吗？"

是吗？思想者难道不是他的思想的产物吗？难道他不是由他的观念所组成的吗？难道有脱离于他的思想的独立实体、思想者吗？难道不是思想创造了思想者，在思想的无常性中赋予他永久性吗？思想者是思想的隐蔽所，而且思想者把自己安置在不同层面的永久性上。

"我想是这样的，但是认识到思想在它自己身上耍的花招还是让我相当吃惊。"

思想是背景、记忆的反应；记忆是知识，是经验的结果。这种记忆，借助更多的经验和反应，变得越来越坚硬、庞大、敏捷和高效。一种形式的制约可以被另一种形式的制约替代，但它仍然是制约。这种依照制约做出的反应就是业，难道不是吗？记忆的反应被称为行动，但它只是反应；这种"行动"滋生出进一步的反应，于是就有了所谓的因果链。但是难道因不就是果吗？因和果都不是静态的。今天是昨天的结果，而今天是明天的因；因变成了果，果变成了因。一个融入另一个。当因即是果时，中间没有间隔。只有特定事物的因果才是固定的。橡树子除了变成橡树外不可能变成别的东西。在特定情况下会有终结；但人不是一个特定的实体，他可以成为他想成为的。他可以突破他所受的制约——而且如果他想发现真实的话，他就必须突破。你必须停止做所谓的婆罗门，以便真正了解神。

业是时间的过程，过去通过现在流转到将来；这链子就是思想的路线。思想是时间的结果，只有当思想的过程停止的时候，那不可测度的、非时间的才可能出现。头脑的停止不可能被诱发，不可能通过任何练习或者戒律被培养出来。如果头脑被有意弄得停止，那么无论发生什么都只是自我的投射，记忆的反应。随着对头脑的制约的领悟，随着对它自己的例如思想和感情那样的反应有了不做选择的觉知，寂静就在头脑中降临了。这业的锁链的打破不是一桩时间性的事情；因为通过时间，非时间的不会出现。

业必须被作为一个完整的过程来了解，而不仅仅是作为过去的什么东西。过去是时间，也就是现在和将来。时间就是记忆、语言、观念。当语言、名称、想象、经验不存在的时候，只有那时头脑才会停止，不仅仅是在表面上停止，而是全然地、完整地停止。

# 个体与理想

"我们在印度的生活多多少少是被毁坏的，我们想要重新让生活像样起来，但是不知道从哪里开始。我可以看到群众运动的重要性及其危险性。我曾经追随非暴力思想，但那却充满了流血和不幸。自从被瓜分以来，这个国家一直双手沾满鲜血，而我们现在却在扩充军备。我们一边谈论非暴力一边却在备战。我和政治领导人一样感到困惑。在监狱里的时候我曾经博览群书，但那也没能帮助我弄清自己所处的位置。"

"我们能不能一次只谈论一件事情并且多少对它有所深入呢？首先，您非常强调个体，但是群体运动不也是必要的吗？"

本质上个体就是集体，而社会就是个体创造的。个体和社会是相关联的，不是吗？他们不是割裂的。个体构筑了社会结构，而社会或环境塑造了个体。尽管环境制约了个体，他总是可以摆脱他的背景，释放自己。个体正是那个控制着他的环境的制造者；但是他也有力量从中突破并创造一个不会让他的头脑或精神愚钝的环境。只有在有能力将自己从制约中解脱出来并了解真实的意义上，个体才是重要的。只会在自己的制约中冷酷无情的个体构筑了一个建立在暴力和对抗基础上的社会。个体只能在关系中生存，否则他就不存在；而正是对这种关系缺乏了解才滋生了冲突和困惑。如果个体不了解他和人民、财产、理想、信仰的关系，仅仅强加给他一个集体或任何其他模式，只会阻挠他自己的目标。要想强加新模式将需要所谓的群众运动；但是新模式是少数个体的发明，而群众是被最新式的口号、新型乌托邦的许诺所催眠的。群众和过去一样，只是现在他们有了新的领导人，新的用语，新的教士，新的教条。群众是由你我组成的，他们是由个体组成的；群众是虚构的，它是一个供剥削者和政治家玩弄的方便词汇。多数人被少数人推入运动、战争等等；而少数人代表了多数人的意愿和渴望。个体的转变才是至为重要的，但不是依照任何模式。模式总是制约，而一个被制约的实体内在总是有冲突的，社会也一样。用制约的一种新模式来替代旧模式是相对容易的；但是对个体而言，将自己从一切制约中解脱出来就完全是另一回事了。

"这要求谨慎详尽的思考，我想我正在开始了解。您强调个体，但不是作为社会中分裂的、敌对的力量来强调。

"现在看第二点。我一直为理想而工作，而我不了解您为什么反对它。您不介意深入讨论这个问题吧？"

我们现在的道德是建立在过去或将来、建立在传统或"应当"的基础上的。"应当是"是这样的理想，它和过去已然的事实是相反的，它是和过去冲突的将来。非暴力是理想，是"应该是"；而"过去已然是"是暴力。"过去已然是"投射出了"应该是"；理想是闭门造出来的，它是由它自己的对立面和现实投射出来的。反命题是命题的扩延，对立面包含了它自身的对立面的要素。暴力的头脑投射出它的对立面——非暴力的理想。据说理想有助于战胜它自己的对立面，是这样的吗？难道理想不是对"过去已然的事实"或现在的"事实"的一种回避，一种逃离吗？真实和理想之间的冲突显然是一种对真实的了解的拖延手段，而这冲突只能引发有助于掩盖当前问题的另外一个问题。理想是对真实的绝妙、体面的逃避。非暴力的理想，像集体乌托邦一样，是虚构的；理想，即"应该是"，帮助我们掩盖和回避"事实是"。追随理想是在寻求回报。你也许会回避愚蠢和野蛮的世俗回报，它们确实如此；但是你对理想的追逐是在不同层面上寻求同样愚蠢的回报。那理想是一种补偿，一种头脑幻化出来的虚构状态。暴力的、孤立的、一心为自己谋求的头脑投射了令人满意的补偿，虚构了它称为理想、乌托邦、未来的东西，然后徒劳地追逐它们。那个追逐就是冲突，但它也是对真实的合人心意的逃避。理想，"应当是"，无助于领悟"事实是"；相反，它阻碍了领悟。

"您的意思是不是说我们的领导人们和导师们在倡导和维护理想上做错了？"

你怎么看？

"如果我正确地理解了您的话……"

拜托，这不是理解别人的言论的问题，而是要发现什么是真实。真实不是观点，真实不依赖任何领袖或导师。对观点的衡量只会妨碍洞察真实，无论理想是不是一种包含了其对立面的虚构的幻想。关于这点没有第二条路。不能依赖任何教师，你必须亲自洞察真实。

"如果理想是虚构的——这种说法颠覆了我的思想。您的意思是说我们对理想的追求是完全徒劳的吗？"

那是徒劳的奋斗，令人感觉满足的自我欺骗，难道不是吗？

"这非常令人不安，但我只得承认是这样。我们对这么多事情都视为理所应当，却从不允许自己对所拥有的东西进行细致彻底地观察。我们一直在欺骗自己，而您指出的一切彻底颠覆了我的思想和行为的结构。这会让教育、让我们生活和工作的整个方式发生革命性的变革。我想我瞥见了一个从理想和应当中解脱出的头脑的含义。对这样一个头脑，行动具有的意义与我们现在所赋予它的意义完全不同。补偿性的行动根本不是行动，而只是反应——但我们吹嘘那是行动！……但是离开理想，一个人如何对待现实或过去呢？"

只有当理想、"应该是"从头脑中被抹去以后，对真实的领悟才有可能发生；只有当虚假被看清是虚假时，对真实的了解才有可能发生。那"应该"的也是"不应该"的。只要头脑以积极或消极的补偿来看待真实，就不可能领悟真实。要领悟真实，你必须与它直接交流，你和它的关系不能透过理想的屏障，或透过过去、传统、经验的屏障发生。从错误的对待方式中解脱是唯一的问题。这意味着对习惯性反应，即头脑有真实领悟。问题在于头脑自身，而不是它所滋生的问题；对头脑所滋生的问题的解决仅仅只是效果的调和，而那只会导致更多混乱和幻想。

"一个人怎样领悟头脑呢？"

头脑的方式就是生活的方式——不是理想的生活，而是悲伤和喜悦、欺骗和清明、狂妄和故做姿态的谦卑的生活。领悟头脑就是觉知欲望和恐惧。

"对不起，这对我来说有点太高深了。我怎么领悟我的头脑呢？"

要领悟头脑，难道你不是必须觉知它的行为吗？头脑只是经验，不仅是即刻的经验还有积累的经验。头脑是过去对现在的反应，这造就了将来。头脑的整个过程必须被了解。

"我该从哪里开始呢？"

从唯一的开端：关系。关系就是生活。活着就是关系着。只有在关系的镜子里头脑才能被了解，而你必须开始从这面镜子里去看你自己。

"您的意思是说与我妻子、邻居等等的关系吗？这难道不是一个非常局限的过程吗？"

看起来也许是微不足道的、有限的事物，如果正确地看待，它们将揭示深不可测的内涵。这就像烟囱，由狭窄通向宽阔。当以无为的敏觉观察的时候，有限的将会揭示无限的。毕竟，源头都是微细的，几乎不值得注意的。

"所以我必须从我自己和我当前的关系开始。"

当然。任何一种关系都不是狭隘的或微小的。与一人或多人的关系是一个复杂的过程，而你可以狭隘地或自由而敞开地对待它。再说一次，看待的方式依赖于头脑的状态。如果你不从你自己开始，你要从别的什么地方开始呢？即使你从某些外在的地方开始，你也处在与它的关系中，而头脑是它的中心。无论你从近处还是远处开始，你都在那儿。没有对自己的了解，无论你做什么都将不可避免地导致混乱和悲伤。开始就是结束。

"我一直四处流浪，已经历经沧桑，像许多人一样痛苦过也欢笑过，而现在我必须回归我自己。我就像启程寻求真实的修道者一样。他花了许多年走访一位又一位老师，而每一位都指出一条不同的路。最后他疲倦地回到家，发现珍宝就在他自己的房子里！我看到我们是多么愚蠢，为了在头脑的造作被清空的时候只能在我们自己心中被找到的喜乐而寻遍全世界。您是完全正确的。我将从我曾经开始的地方开始。我将从我自己开始。"

## 不设防是生，退缩是死

飓风已经毁坏了庄稼，海水在陆地上纵横肆虐。火车徐徐爬行，铁道两旁的树木都已倒下，房屋没有了屋顶，田地被彻底毁坏。风暴已经在大范围内造成了严重破坏；生物被毁灭，荒芜的大地仰望着苍天。

我们从未单独；我们被人群和我们的思想所包围。即使远离人群的时候，我们也在透过我们思想的屏障看事物。思想几乎无时无刻不存在，或者只在很少的时候不存在。我们不知道单独是什么，不知道从一切关系、连续性、语言和形象中解脱出来是什么。我们孤独，但是我们不知道单独是什么。孤独的伤痛充满我们的心，而头脑用恐惧笼罩着它。孤独，深深的隔绝，是我们生命中的阴霾。我们尽一切所能逃脱，冲向每一条我们所知的逃避之路，但是它尾随着我们而我们永远无法摆脱。孤独是我们的生活方式，我们罕有和别人的融合，因为在内在我们是破碎的、撕裂的、不健康的。在内在我们不是整体的、完全的，而与他人的融合只有内在完整的时候才有可能发生。我们害怕独处，因为这打开了朝向我们在内贫穷、匮乏的生存状态的大门，但正是单独治愈了孤独那不断加深的伤口。单独行走，不被思想和我们欲望的轨迹所阻碍，就是超越头脑的势力范围。正是头脑在隔绝、分裂并切断交流。头脑无法被拼凑成一个整体；它无法使自己完整，因为努力正是隔绝的过程，它是那无法掩盖的孤独的一部分。头脑是许多东西的产物，而被拼凑起来的东西永远不可能是单独的。单独不是思想的结果。只有当思想彻底停止时，才会有从单独到单独的飞越。

这栋房子离开道路相当远，园子里花团锦簇。那是个凉爽的早晨，天空湛蓝；早晨的阳光令人心情愉快。在这背阴低洼的花园里，汽车的噪音、商贩的叫卖声、路上的马蹄声，一切似乎都非常遥远。一只山羊游荡进园子，甩着短尾巴咀嚼着鲜花，直到园子的主人跑来把它轰走。


她说她感到被打扰，而又不想被打扰；她想躲避那种不安定的痛苦状态。她为什么这么害怕被打扰呢？

你说的被打扰是什么意思呢？你为什么害怕被打扰呢？

"我想要安静，独自待着。甚至和您在一起我都感到被打扰。虽然我只见过您两三次，害怕被您打扰的恐惧还是强烈地涌上心头。我想知道为什么我会怀有这种内在的不安定的恐惧。我想要安宁并且平静地和自己相处，但我总是被这个或那个打扰。直到最近我才终于设法或多或少做到与自己相安无事；但是有位朋友带我听了一次您的演讲，现在我异常地心烦意乱。我原以为您会使我在我的安宁中巩固，但是您反而几乎把它击得粉碎。我不想来这里，因为我知道我将会使自己出丑，但是，我还是来了。”

为什么你如此坚持你应该处在安宁中？为什么你把这变成了一个问题呢？那个想要安宁的要求正是冲突，不是吗？如果我可以问的话，你想要什么呢？如果你想要独自待着，不被打扰并处于安宁之中，那么你为什么允许你自己被动摇呢？关上一个人的生活的所有门窗，隔绝他自己并生活在隔绝中生活是完全可行的。那是大多数人想要的。有些人刻意培养隔绝，而其他人则通过他们的欲望和行为，或隐或显地达到这种隔绝。那些虔诚的人变得对他们的理想和美德自以为是，而那只是一种防卫；而那些没有思想的人由于经济压力和社会影响也进入隔绝中。我们大多数人都寻求在我们周围建造围墙以便不受伤害，但不幸的是总会有一个生命蹑足而入的缺口。

“我已经基本上设法做到避开大部分打扰，但是在过去的一两个星期里因为您，我比以前更加烦乱了。请告诉我为什么我心烦意乱。原因是什么？”

你为什么想知道你心烦的原因呢？显而易见，你希望通过知道原因来根除这种影响。你不是真的想知道你为什么心烦，不是吗？你只是想要躲避打扰。

“我只是想要独自呆着，不被打扰，太太平平的；但是为什么我不断地被打扰呢？”

你一辈子都在保护自己，不是吗？你真正感兴趣的是找出如何堵住所有出口的办法，而不是如何没有恐惧、不依赖地生活。从你已经说的和留着没说的话中，很明显你一直试图让你的生活在任何内在打扰面前安全可靠；你从任何可能造成痛苦的关系中撤退。你已经相当成功地在所有冲击面前保护了你自己，生活在关闭的门窗后面。有些人在这种事情上是很成功的，而如果推究得足够远的话，最终的结局将是精神病院；有些人失败并变得愤世嫉俗，悲悲惨惨；还有些人用物质或知识充实自己，那是他们的保护伞。大多数人，包括所谓宗教徒，都渴望持久的安宁，一种所有冲突都告结束的状态。于是就会有那些将冲突吹捧为生活的唯一真实表现的人，而冲突是他们防御生活的盾牌。

通过在你的恐惧和希望的围墙后面寻求保障，你曾经有过安宁吗？你一生都在退缩，因为你想要在你可以支配的有限关系的围墙后面太平度日。这不就是你的问题吗？因为你必须依靠，所以你想要占有你依靠的东西。你害怕因而躲避任何你无法支配的关系。不是吗？

"您这样说相当残忍，但也许就是这样的。"

如果你能够支配现在让你烦乱的原因，你将处在安宁当中；但是因为你不能支配，所以你非常忧虑。当我们不了解的时候，我们都想要支配；当我们对自身有恐惧的时候，我们都想要占有或者被占有。我们自身的不安定性导致了优越感、排外感和隔绝。

请允许我这样问，你害怕什么呢？你害怕独处、被遗弃、变得心神不宁吗？

"您看，我一直为别人活着，或者想为别人活着。我一直赞成某种理想，并因为在某些被认为有益的工作中表现出色而备受赞扬；我过的是自我否定的生活，没有保障，没有孩子，没有家庭。我的姐妹们婚姻幸福，社会地位显赫，而我的哥哥们是政府高官。当我拜访他们的时候，我觉得自己已经浪费了生命。我感到痛苦，而且我深深地后悔我还没有做过许许多多事情。现在我讨厌我曾经从事的工作，它不再带给我任何快乐，我已经把工作交给了别人。我完全背弃了它。正如您指出的，我已经在自我保护中变得坚硬。我把自己寄托在一个不走运的自认是上帝的寻求者的弟弟身上。我一直试图让我的内心无忧无虑，但这却是一场漫长而痛苦的挣扎。正是这个弟弟把我带到您的演讲会上，而那间我一直在小心营造的藏身之所开始倒塌。我但愿我没来听您演讲，可是我不可能重建它了，我不可能再次经历所有那些痛苦和焦虑。您不知道对我来说看到我的兄弟姐妹们拥有地位、声望和金钱是什么滋味。但是我不会掺和进去。我把自己和他们隔离开，很少见他们。正像您说的，我已经对所有关系关闭了大门，除了一两个人之外；但是就像注定在劫难逃，您来到这个城镇，现在一切都再次被暴露在光天化日之下，所有旧伤都复发了。我深深地感到悲哀。我该怎么办呢？"

我们越是防卫，越会受到攻击；我们越寻求保障，保障越少；我们越想要安宁，冲突越大；我们要求得越多，拥有得越少。你一直试图让自己不可伤害，岿然不动；除了对一两个人以外，你让自己的内在不可接近，并且对生活关闭了所有的门。这是慢性自杀。你为什么做这些事呢？你曾经问过自己这个问题吗？难道你不想知道吗？你既不是来寻求办法关闭所有门的，也不是来发现如何对生活敞开、对生活不设防的。你想要的是什么呢——不是选择答案，而是自然地、自发地回答？

"当然我现在已经看到关闭所有的门确实是不可能的，因为总会有个缺口。我明白了我一直在做的事；我看到自己对不安定的恐惧导致了依赖和支配。显而易见我无法支配每一种情况——无论我多么希望这样，而这就是为什么我把我的接触范围局限在一两个我可以支配和把握的人身上。我全都看到了。但我该如何释放并摆脱对内在不安定的恐惧而再次打开呢？"

你看到敞开和不设防的必要了吗？如果你没有看到那个真相，那么你将再次悄悄建造起包围你的围墙。看到虚假中的真实就是智慧的开始；看到虚假就是虚假，是最高的领悟。看清你这些年来的所作所为只能导向进一步的挣扎和痛苦——要切实地体验到，而不仅是口头上赞同——将使那种行为画上句号。你不可能自动地打开自己；愿望的行动不可能让你不设防。而就是那个不设防的愿望产生了抗拒。只有通过了解虚假就是虚假才能从中解脱。无为地观照你的习惯性反应；只是觉知它们而不要抗拒；无为地观照，就像照看孩子那样，不带喜欢或厌恶的情绪。

无为观照本身就是从防卫、从紧闭心扉中解脱。不设防就是生，退缩就是死。

## 绝望与希望

小鼓击打着欢快的节奏，不久一种簧乐器加入进来，合奏的乐声在空气中回荡。小鼓主导着乐曲，但它却附和着簧乐器。簧乐停顿了，但是鼓声继续，急促而清晰，直到簧乐再次加入。离天亮还早，鸟儿静默无声，但是音乐填补了这寂静。村子里正在举行婚礼。头天晚上那里喜气洋洋；歌声与欢笑声一直持续到深夜，现在参加宴会的人们正在被音乐唤醒。过不多久，遒曲裸露的树枝又开始在灰白天空的映衬下展露身姿；星星一颗接一颗隐去，乐声渐渐消失。围绕着村子里唯一的水龙头，传来孩子们的大呼小叫、各种嘈杂纷乱的声音。太阳依然隐伏在地平线下，然而新的一天已经开始了。

爱就是要经历一切，离开爱的经验就是生活在空虚里。爱是不设防的，没有了这种不设防，经验只会增强欲望。欲望不是爱，欲望也不可能束缚爱。欲望很快就会耗尽，在它的消耗过程中充满了悲伤。欲望不可能被停止；通过意愿、通过任何头脑可能设计出来的方法而达到的对欲望的终结只会导向衰亡和痛苦。只有爱能够驯服欲望，而爱是不属于头脑的。作为观察者的头脑必须停止从而让爱呈现。爱不是一件可以被策划和培养的东西；爱不可能通过虔诚和崇拜被交易。不存在达到爱的方法。对方法的寻求必然导致爱的终结。率性天真的人想必懂得爱的美，但追逐爱的人将失去自由。只有自由存在的地方才会有爱，而自由绝不发号施令，也绝不占有。爱就是它自己的永恒。

她说话从容，言辞自然流畅。尽管依然年轻，却充满忧伤；遥远的记忆令她微笑，但她的微笑是勉强的。她已经结婚但没有孩子，她的丈夫不久前去世了。那不是包办婚姻，也不是基于相互欲望的婚姻。她实在不想用那个字——"爱"，因为那个字已经被每一本书写滥了，被每一条舌头嚼滥了。他们的关系有些不同寻常。从结婚那天直到他死的那天，从来没有过一句口角或一个不耐烦的手势，他们也从未分开过，一天都没有。在他们之间有一种融合，其他一切，诸如孩子、金钱、工作、社会，一切都成了第二重要的。这种融合不是浪漫的两情相悦或在他死后想象出来的东西，而是一开始就存在的事实。他们的快乐不是出于欲望，而是基于某种超越并高于肉体的事物。然后突然之间，两个月前，他在一次事故中丧命。一辆公共汽车转弯时速度太快。事情就是这样。

"现在我处于绝望之中；我曾经试过自杀，但是怎么也下不了手。为了忘记，为了变得麻木，我做了一切，只差把自己扔到河里去，这两个月来我没睡过一夜好觉。我处在完全的黑暗中；这是一种我不能理解的、超过我的控制能力的危机，而我完全不知所措。"

她用双手捂住脸。过了一会儿她继续说下去。

"这不是一种可以被治愈或抹去的绝望。随着他的死，一切希望都破灭了。人们曾说我将忘记并再次结婚，或去做别的事。即使我能够忘记，热情之火也已熄灭；那不可能被替代，我也不想找替代品。我们都怀着希望生活并死去，但我什么也没有了。我没有希望，因此我并不痛苦；我处于绝望与黑暗中，而我不想要光明。我的生命犹如行尸走肉，而我不需要任何人的同情、爱或怜悯。我想要留在我的黑暗里，没有感觉，没有回忆。"

这就是你为什么来这里的原因？为了变得更加麻木，为了证实你的绝望？这就是你想要的吗？如果是，那么你将获得你想要的。欲望就像头脑一样迅速易变；它将调节自己以适应任何东西，塑造自己以适应任何环境。欲望筑起围墙以阻挡光明。它的绝望正是它的快乐。欲望创造它想要崇拜的对象。如果你渴望生活在黑暗里，你将获得成功。这就是你为什么来这儿吗？来这儿加强你自己的绝望吗？

"您看，我的一个朋友向我谈起您，我一时冲动就来了。如果停下来想一想，也许我是不会来的。我总是任性而为，这从来没有对我造成任何损害。如果您问我为什么来，我所能说的就是我不知道。我猜我们都想要某种希望；人不可能永远生活在黑暗里。"

融合在一起的不可能被拆散；完整的不可能被破坏；如果有融合，死亡不可能使之分离。完整不是跟另一个人的，而是自己与自己的整合，在自己内部是完整的。与他人的融合依然是不完整。完整的实体不是由于另一个人而完整；因为如果他是完整的，那么在他所有的关系中都有完整存在。不完整的不可能在关系中变得完整。认为我们是由于他人而变得完整的想法是一种错觉。

"我是由于他而变得完整的。我了解个中的美妙和快乐。"

但是这已经走到了尽头。不完整的事物总会有一个尽头。与他人的融合总是脆弱的；它总是会终止。完整必须始于一个人的内在，并且只有那样融合才是坚不可摧的。完整的途径是被动观照的过程，那是最高的领悟。你是在追求完整吗？

"我不知道我在追求什么，但我想要了解'希望'，因为'希望'似乎在我的生活中扮演着一个重要的角色。当他活着的时候，我从不考虑未来，我从不考虑希望或者幸福；对我来说明天不存在。我只是活着，无忧无虑。"

因为你曾经是快乐的。但是现在不快乐、不满足正在制造未来、希望，或者是它的对立面——失望和绝望。这很奇怪，不是吗？当一个人快乐的时候，时间不存在，昨天和明天全都不存在；他不考虑过去或未来。可是忧愁却产生了希望和绝望。

"我们生来就怀有希望，而且我们一生与之相伴，带着它直到死去。"

是的，那正是我们所做的；或者不如说，我们生来就是痛苦的，是希望引领我们走向死亡。你说的希望是什么意思呢？

"希望是明天，未来，对幸福、现状的改善、自身进步的渴望；它是拥有更美好的家园、更好的钢琴或收音机的期望；它是社会发展的梦想，对一个更快乐的世界的梦想。诸如此类。"

希望仅仅存在于未来吗？难道希望不也存在于已经发生的过去吗？希望存在于思想的向前和向后两个方向的运动中。希望是时间的过程，不是吗？希望是延续已有的快乐的欲望，是延续那些可以被改进、被优化的事物的欲望，而它的反面就是失望、绝望。我们在希望与绝望之间摇摆。我们说我们因为有希望才活着；而希望存在于过去，或者，更经常地，存在于未来。未来是每一个政治家、改革家和革命家的希望，是每一个美德和所谓上帝的追求者的希望。我们说我们因希望生活，但我们是吗？当未来或过去支配我们的时候，那还是生活吗？生活是过去向未来的运动吗？你心中充满对明天的忧虑，你是在生活吗？正因为明天变得如此重要，才会有失望和绝望。如果未来是首要的，而你为它而活，依它而活，那么过去就变成了绝望的手段。为了明天的希望，你牺牲了今天；但是快乐永远是在现在。正是那些不快乐的人用对明天的忧虑——他们称之为希望——充塞了生活。快乐地生活就是不怀希望地生活。有希望的人不是一个快乐的人，他心中是绝望的。绝望的状态投射了希望或愤怒的未来，绝望或光明的未来。

"您是在说我们必须不怀希望的生活吗？"

难道不存在一种既不希望也不绝望的状态吗？难道不存在一种喜悦的状态吗？毕竟，当你认为你自己快乐的时候，你并不希望什么，不是吗？

"我明白您的意思。我曾经不希望什么因为他就在我身边，我一天又一天快乐地生活着。但是现在他走了……只有当我们快乐的时候我们才免于希望。正是在我们不快乐、饱受病痛折磨、被压抑、被剥削的时候，明天才变得重要；如果明天是不可能的，我们就会陷于完全的黑暗、绝望中。可是怎么才能一直保持快乐的状态呢？"

首先要看到希望与绝望的真相。只是看着你是如何被虚妄控制，被时而希望时而绝望的幻象所控制。被动地观照这个过程——这可不像听起来那么容易。你问怎样才能停留在快乐的状态里。难道这个问题本质上不正是建立在希望的基础上的吗？你希望再次获得你已失去的，或通过某种手段再次占有。这个问题表明了获得、成为、达到的欲望，不是吗？当你有一个期待的对象、目标的时候，就会存在希望；所以你将再次被你自己的忧愁缠住。希望的道路是未来的道路，但是快乐从来不是时间性的。当快乐存在的时候，你从来不问如何延续快乐；如果你问了，那么你一定已经尝到了忧愁的滋味。

"您的意思是说只有当处在冲突、痛苦中的时候，整个问题才会发生。可是一个人痛苦不堪的时候，他自然而然地想要摆脱。"

寻找出路的欲望只会产生另一个问题。在没有了解这个问题的情况下，你又引入了许多其他问题。你的问题是不快乐，要了解它必须从其他所有问题中摆脱出来。不快乐是你唯一的问题；不要通过进一步引入如何摆脱它的问题把自己弄糊涂了。头脑在寻求希望，寻求问题的答案，寻求一条出路。看到这种逃避的虚妄性，然后你将直接面对那个问题。正是这种与问题的直接关系产生了一个我们始终都在回避的危机；然而只有在充分、强烈的危机中，问题才有可能被解决。

"自从那次不幸的事故以后，我觉得我必须沉湎在我自己的绝望中，滋养自己的绝望；但是不知何故它对我来说太沉重了。现在我认识到我必须不带着恐惧，不带着对他不忠的感觉来面对这个问题。您看，我深深地觉得如果我继续快乐地生活就是某种对他的不忠；但是现在那负担已经卸下了，我感受到一种非时间性的快乐。"

## 头脑和已知

日常生活的模式围绕着村庄里唯一的水龙头重复着；水缓缓地流淌，一群女人正排队等候。其中三个正在激烈地高声争吵；她们完全沉浸在自己的愤怒里，丝毫不在意其他人，也没有任何人注意她们。这一定已经成了一种日常仪式。就像所有仪式一样，它正在产生刺激，而这些女人正在享受这刺激。一个老女人帮助一个年轻女人把一只擦得锃亮的大罐子顶到头上。她轻松地提着一只罐子，步履庄重，仪容高贵。一个小女孩安静地走来，轻巧地把罐子放到水龙头下，又一声不响地带走了。其他女人来了又走了，而争吵在继续，看来似乎会永远吵下去。突然三个人不吵了，在她们的容器里灌满水，各自走开好像什么事都没有发生过。现在阳光越来越强，炊烟在村庄的茅草屋顶上冉冉升起。人们正在做早饭。宁静来得多么突然啊！除了乌鸦，几乎一切都寂静无声。一旦嘈杂的争吵声停止，你可以听到从房屋、花园和棕榈树之外的远方传来的大海的咆哮声。

我们就像机器一样重复着令人厌倦的日常程序。头脑是多么热切地接受生存的模式，并且多么顽强地执著于此啊！就像被钉子钉住一样，头脑由观念聚集而成，它围绕着观念生活并存在。头脑从来不是解脱的、有弹性的，因为它总是被牢牢拴住；围绕着它自己的中心，头脑在有限的、或窄或宽的范围内活动。它不敢离开它的中心游离出去；当它这样做的时候，它将陷入恐惧。头脑不是害怕未知，而是害怕失去已知。未知不会激起恐惧，但是对已知的执著会激起恐惧。恐惧总是跟那种想要更多或更少的欲望在一起。头脑及其永不停歇的对模式的编排，是时间的制造者；有了时间就有了恐惧、希望和死亡。希望导向死亡。

他说他曾是一个革命家；他想要摧毁每一个社会结构，然后从头再来。但是一切都以失败告终。

你说的革命是什么意思呢？

"对现有社会结构进行彻底改变，是不是流血，视明确的计划而定。要有效，它必须被彻底周详地考虑过，每一个细节都井然有序和一丝不苟地被执行。这样的革命是惟一的希望，在这种混乱中没有其他出路。"

但是难道你不会再次获得同样的结果吗——专制以及它的官僚们？

"也许一开始会那样，但是我们将克服它。将一直有一个政府之外的独立的联合组织来监督并指导它。"

你想要按照一种模式发动一次革命，你的希望是在明天，为此你情愿牺牲你自己和别人。那么有可能发生根本性的革命吗——如果革命是建立在观念的基础上？观念必然孳生进一步的观念、进一步的反抗和压制。信仰造成对抗；一种信仰会引起许多东西，并且其中充满敌意和矛盾。信仰的统一不是和平。观念或主张总是产生出令那些掌握权力的人必然要努力压制的对立。一次基于观念的革命会造成一次"反革命"，而革命者将终其一生与其他革命者斗争，组织得较好的那些革命者将会去杀戮较弱小的革命者。你将重复同样的模式，难道不是吗？我们有没有可能讨论一下革命的较为深刻的意义呢？

"除非这将导致一个明确的结果，否则就毫无价值。一个新社会必须被建立，一次有计划的革命是实现它的唯一途径。我不认为我将改变我的观点，但是让我们来看看你要说什么。你将说的或许已经被佛陀、耶稣和其他宗教大师们说过了，那么他们把我们带到哪里了呢？对于积德行善的鼓吹已经有两千多年的时间了，那么看看资本家们制造的混乱吧！"

建立在观念之上的依据某种特定的模式来塑造的社会，将会孳生暴力并处在一种持续的分裂状态中。一个模式化的社会只能在它自己投射的信仰的体制下运作。社会——这个大团体，永远不可能处在革命的状态下；只有个体可以。但是如果他是根据一个计划、根据一个被精心论证过的结论而革命的革命者，那他就只是在遵从一个自我投射的理想或希望。他是在实施他自己的被制约的反应，这反应或许是经过修正的，但是仍然是被制约的。有限的革命根本不是革命；就像改良，那其实是一次退化。一次基于观念、演绎和推论的革命只是一次对旧模式加以改良后的延续。为了一次根本性的、永久的革命，我们必须了解头脑与观念。

"您说的观念是什么意思呢？您是指知识吗？"

观念是头脑的投射；观念是经验的产物，而经验就是知识。经验总是依照头脑的有意识或无意识的制约被加以解释。头脑就是经验，头脑就是观念；头脑与思想的品质不是分离的。已经积累的与正在积累的知识，都是头脑的过程。头脑就是经验、回忆、观念，它就是反应的整个过程。在我们了解头脑、意识的运作之前，人以及构成社会的人际关系不可能发生根本的转变。

"您是在暗示知识性头脑是革命的真正敌人，并且头脑永远不可能制造出新的计划、新的国家吗？如果您的意思是由于头脑依然与过去连接，因此头脑永远不可能了解新的事物，而且它计划或创造出的任何东西都是旧的产物，那么如何才能发生改变呢？"

让我们来看。头脑是被控制在一个模式里的；头脑的真正的存在是那个它在其中运作与活动的框架。模式是关于过去或未来的，那是绝望或希望，混乱或乌托邦，"已经是"和"应该是"。这些我们都非常熟悉。你想要打破旧模式并用一个新模式代替，那个新模式正是经过修正的旧模式。你出于你自己的目的和策略称它为新的，但它依然是旧的。那个所谓的"新"是根植在"旧"里的：贪婪，嫉妒，暴力，仇恨，权力，排斥。你被埋在这些里面，却想要创造一个新世界。那是不可能的。你可以欺骗自己和别人，但是除非旧模式被彻底打破，否则不可能发生根本的转变。你可以玩玩，但你不是世界的希望。模式的打破——旧的和所谓新的都要包括在内——是极端重要的，如果那种秩序是从混乱中诞生出来的话。头脑只在已知的、经验的领域内运作，无论是有意识的还是无意识的。可能有脱离于模式的行动吗？迄今为止，我们只知道行动与模式有关，而这样的行动总是与"过去"或"应该"近似。到现在为止，行动还是对希望或恐惧、过去或未来的一个调节。

"如果行动不是一种从过去到未来的活动，或处于过去与未来之间，那么还有什么行动有可能发生呢？您不是在鼓励我们'无为'，是吗？"

如果每个人都觉知到真正的无为——那可不是行动的对立面——将会有一个更好的世界。但那是另一回事。对头脑来说有可能脱离头脑吗？有可能从欲望的来回摇摆中解脱出来吗？无疑，这是有可能的。生活在现在；不怀着希望、不怀着对明天的担心而生活；那不是无望或心不在焉。可我们**并不是**在活，我们一直在追寻死亡，即过去或未来。活着是最伟大的革命。活着没有模式，但是死亡有模式：过去或未来，已经发生的或乌托邦。你在为乌托邦而活，因此你是在邀请死亡而不是生命。

"那当然也很好，但是它并没有带我们到任何地方。您的革命在哪里呢？行动在哪里？哪里有新的生活方式？"

那不是在死亡中而是在生命中。你在追寻理想、希望，这个追求你称为行动、革命。你的理想、你的希望是远离"当下之是"的头脑的投射。头脑——作为过去的结果——正在为"新"制造出一个模式，而你称此为革命。你的新生活只是旧瓶装新酒。过去和未来不会容纳生命；它们有生活的记忆和生活的希望，但它们不是活的。头脑的造作不是活的。头脑只能在死亡的框架中造作，而基于死亡的革命只是更加浓重的黑暗，更多的破坏和痛苦。

"您把我留在彻底的空虚里，几乎一无所有。也许在精神上这对我有好处，心灵和头脑获得了一种轻松。但是就大众的革命行动而言，这并没有多大帮助。"

## 服从和解脱

清晨时分，一场暴雨挟着雷电倾盆而下，现在雨势已趋于平缓；雨整天都没有停，红土吸收着雨水。牛群在大树下避雨，那里有一个小型的白色寺庙。树根巨大无比，周围的田野都呈现出明亮的绿色。田野的另一边有一条铁路，火车吃力地爬上微陡的斜坡，在坡顶发出得意的汽笛声。沿着铁路线漫步的时候，偶尔会遇到一条花纹美丽的大眼镜蛇被刚驶过的火车轧成两截，鸟儿们很快会扑上去，只一小会儿那条蛇将尸骨无存。

单独生活需要伟大的智慧；单独地、具有接受性地生活是艰难的。拆除自我封闭的满足感的壁垒而单独生活需要极度警觉；因为独居的生活会助长让人感觉舒服的怠惰和各种习气，极难破除。独居生活会助长与世界的隔绝，只有智者才能单独生活，既不伤害自己也不伤害他人。

智慧是单独的，但是孤独的道路并不通向智慧。与世隔绝是死亡，智慧不是在封闭中找到的。压根儿不存在通向智慧的道路，因为所有道路都是分裂的、排他的。就道路的本性而言，它们只能通向隔绝，尽管这种隔绝被称作统一、完整、一，等等。道路是一个排除的过程；手段都是排斥性的，而目的跟手段一样。手段不是与目的、与"应该是"割裂的。随着对人与土地、与过路人、与一闪而过的念头之间的关系的了解，智慧逐渐产生。为了有所发现而隐遁、与世隔绝，只是在终止发现。关系导向一种不同于与世隔绝的单独。必须有一种单独，不是封闭的头脑的单独，而是自由的单独。完整的就是单独的，而不完整会追求与世隔绝的道路。

她曾是一位作家，她的书发行量很大。很多年前她来到印度。第一次出发的时候她完全不知道她的目的地在哪里；但是现在，经过这么长时间以后，她的目的地已经非常清晰。她的丈夫及全家都对宗教感兴趣，不是那种随意的兴趣而是非常严肃的；然而她下定决心离开他们所有人，怀着对某种安宁的憧憬动身启程。初来时她不认识这个国家的任何一位导师，第一年过得非常艰难。她首先来到一个她曾读到过的修行社区。那儿的老师是一位温和的老人，曾有过一些宗教体验。他不停地重复一些他的门徒能够听懂的梵文格言。在那个地方她受到了欢迎，而且她发现调整自己以适应那里的规则并不困难。她在那儿呆了几个月，可是没有找到安宁，所以有一天她宣布离开。那些门徒对她居然会想要离开这样一位有智慧的大师而惊骇不已；可是她离开了。然后她来到一个位于山区的静修中心并逗留了一段时间，一开始是愉快的，因为那里风景优美，有绿树、溪流和自然的生活。戒律相当严格，她并不介意；但是那种生活还是死的。门徒们膜拜死的知识、死的传统，和一位死的老师。当她离开的时候，他们也很震惊，并且以精神上的黑暗相威胁。后来她又去了一处非常著名的静修中心，在那里他们反复宣讲各种各样的宗教主张并有规律地练习禅定；但是渐渐地她发现自己正在被诱骗陷入圈套并毁掉。无论是老师还是门徒都不想要解脱，尽管他们谈论解脱。他们所关心的全都是如何维持那个中心，如何以大师的名义控制门徒。她再次断然离开，又到了别处；相同的故事再次发生，只是方式略有不同而已。

"我向您保证，我已经拜访了大多数严肃的修行社区，而他们全都想要控制人，把人碾碎磨光直到符合他们称为真理的思想模式。为什么他们都想让人服从某种由老师规定的特殊的戒律和生活方式呢？为什么他们从不给予自由而只是许诺自由？"

服从是令人满足的；它向门徒保证安全，也给予老师以权力。服从加强了世俗或宗教的威权，服从也导致了他们称之为和平的死气沉沉。如果一个人想要通过某种形式的反抗来免于受苦，他为什么不去追求那条路呢？当然那也意味着一些痛苦。服从令头脑对于冲突变得麻木。我们想要变得死气沉沉，麻木不仁；我们想要断绝丑恶，因此我们也让自己对美变得迟钝。服从死的或活的权威给了我们强烈的满足感。老师知道而你不知道。当你所服从的老师已经知道的时候，对你来说你亲自去努力寻找任何东西都是愚蠢的；所以你变成了他的奴隶，而奴隶总比混乱强。大师与门徒靠互相利用而兴旺发达。你并不是真的为了解脱而到静修中心去的，不是吗？你到那里去是为了得到安慰，去过一种封闭的持戒与信仰的生活，去崇拜并转而被别人崇拜——所有这些都被称为对真实的探索。他们不可能提供解脱，因为那将是对他们自己的毁灭。解脱不可能在任何静修中心被找到，不可能在任何制度或信仰里被找到，也不可能通过被称为戒律的服从与恐惧被找到。戒律不可能带来解脱；他们可以许诺，但是希望不是解脱。模仿作为解脱的手段恰恰是对解脱的拒绝，因为手段就是目的；复制会导致更多复制，而不是解脱。但是我们喜欢欺骗自己，那就是为什么强迫或回报的承诺以各种微妙的形式存在。希望是对生命的拒绝。

"现在我就像躲避瘟疫一样避开所有的修行社区。我为了寻求安宁到那里去，然而我被强迫，被灌输权威的教条和空洞的承诺。我们是多么热切地接受老师们的承诺啊！我们是多么盲目啊！最后，这么多年以后，我完全失去了去追求他们所承诺的回报的欲望。就像您看到的，我已经筋疲力尽，因为我确实非常愚蠢地尝试了他们的方案。在其中一个地方，那里的老师正处于上升阶段，他非常受欢迎。当我告诉他们我将要来见您时，他们猛烈地挥手，有些人还含着眼泪。那是最后的救命稻草！我来到这里，因为我想要透彻地讨论那些正在撕扯我的心的东西。我向一位老师暗示过，而他的回答是我必须控制我的思想。就是这样。孤独的痛楚超过了我的承受能力；不是身体上的孤独——身体是受到欢迎的，而是内心深处的孤单的痛苦。我该拿它怎么办呢？我该如何对待这种空虚呢？"

当你询问方法的时候，你变成了一个跟随者。因为有一种孤独的痛苦，你需要帮助，正是对指导的需求开启了强迫、模仿和恐惧的大门。那个"如何"根本不重要，所以让我们来了解这痛苦的本质而不是试图去克服、避免或超越它。除非完全了解这种孤独的痛苦，否则就不可能有安宁和平静，而只有持续不断的斗争；而且不管我们是否觉知到它，我们大部分人都在或激烈或微妙地试图逃避它的恐惧。这痛苦只跟过去有关，跟"当下之是"没有任何关系。"当下之是"必须被发现，不是语言上和理论上的，而是直接地体验到。如果你带着一种痛苦或恐惧的感觉去看待，怎么会有对当下真实之是的发现呢？为了了解，你不是必须清除过去关于它的知识，自由地来到它的面前吗？你不是必须带着一个新鲜的、不被记忆和习惯性反应所扰乱的头脑吗？请不要问头脑怎么才能自由地看到那个"新"的，而要倾听它的真实。只有真实才能解脱，而不是你的想要解脱的欲望。那个想要解脱的欲望和努力正是解脱的障碍。

要领悟那个"新"的，难道头脑连同它的一切结论和保护不是必须停止吗？它不是必须停止，不再追寻一条逃避或消除这种孤独的道路吗？孤独的痛苦连同它的绝望与希望的活动不是必须被观察吗？不正是这种活动导致了孤独和它的恐惧吗？头脑的活动不正是一个隔绝、反抗的过程吗？头脑的每一种关系形式不正是隔绝、封闭的途径吗？难道经验本身不正是自我隔绝的过程吗？所以问题不是孤独的痛苦，而是那个投射了问题的头脑。头脑的了解是解脱的开始。解脱不是未来的什么东西，它正是第一步。只有在对每一种刺激反应的过程中，头脑的活动才能被了解。刺激与反应是所有层面上的关系。任何形式的知识、经验、信仰的积累，都阻碍了解脱；而只有当解脱的时候，真实才能存在。

"但是努力——了解的努力不是必要的吗？"

通过斗争，通过冲突，我们了解过任何事物吗？当头脑彻底停止时，当努力的行动彻底停止时，领悟不是降临了吗？被**弄得**停止的头脑不是一个宁静的头脑；它是一个死的、麻木不仁的头脑。当欲望存在的时候，宁静的美就没有了。

## 时间和延续

傍晚的阳光照在水面上，暗沉沉的树木背对着落日。一辆拥挤的公共汽车经过，后面跟着一辆载着时髦人物的大轿车。一个孩子玩着滚圈经过。一个负重的女人停下来稍作调整，然后继续疲劳的路程。一个骑自行车的男孩向某人致意，然后一心一意往家赶。几名妇女走过。一个男人停下来，点上一支烟，把火柴扔到水里，四处张望了一下，走了。似乎没有人注意到水面的色彩和直指天空的阴暗树林。一个女孩抱着一个婴儿走来，她跟婴儿说着话并指点着渐渐暗下去的水面来逗他开心。灯光在屋子里亮起来，夜星正在开始天堂的旅程。

有一种我们几乎无法感知的哀伤。我们知道个体的争斗和混乱的痛苦及悲伤；我们知道挫折的徒劳和痛苦；我们知道喜悦的满足和它的转瞬即逝。我们知道我们自己的悲哀，但是我们不知道别人的悲哀。当我们被自己的不幸和磨难包围的时候，如何能够知道呢？当我们的心是疲劳和迟钝的，我们怎么能感觉到别人的疲倦呢？悲伤是如此的隔绝，具有排斥性和破坏性。笑容那么快就消逝了！每件事似乎都在哀伤那最终的隔绝里走到尽头。


她博览群书，能干而直率。她学习过科学和宗教，曾从事过现代心理学。尽管还非常年轻，她已经结婚——伴随着婚姻的寻常痛苦，她补充说。现在她自由自在并渴望发现超乎寻常制约的东西，超越头脑的限制去探索她的道路。她的学习已经令她的头脑对超越意识与过去的集体积累的可能性敞开。她说她已经参加过几次谈话和讨论，并且感觉到有一个所有大师们的共同的源头在活跃着；她仔细聆听并了解了许多，现在前来讨论时间的无穷性及其问题。

"什么是超越时间的源头，那种不在头脑逻辑的范围内的存在状态呢？什么是非时间的——那种您曾经说过的创造力呢？"

有可能觉知到非时间吗？什么是知道或者觉知非时间的检测标准呢？你如何确认它呢？你用什么来衡量？

"我们只能通过它的效用来判断。"

但判断是时间性的；而非时间的效用是以时间的尺度来衡量的吗？

如果我们可以理解我们所说的时间的意思，也许就有可能理解非时间；但是有可能讨论什么是非时间吗？即使我们两个都觉知到非时间，我们有可能谈论非时间吗？我们也许可以谈谈，但是我们的经验不会是非时间的。除非通过时间的方式，否则非时间永远不可能被谈论或者交流；但语言并不就是它，而通过时间，非时间显然不可能被了解。非时间是一种只有当时间不存在的时候才会发生的状态。所以我们还是考虑一下我们说的时间是什么意思吧。

"有不同种类的时间：成长的时间，距离的时间，运动的时间。"

时间是年代序列上的，也是心理上的。成长的时间是小的变成大的，小牛车进化为喷气机，婴儿长大成人。宇宙间充满了成长，地球上也是。这是明显的事实，否认这一点是愚蠢的。距离的时间更复杂。

"人们已经知道一个人可以同时出现在两个不同的地方——在一个地方待几个小时，同时在另一个地方待几分钟。"

当思想者待在某个地方的时候，他的思想可以也确实在远方游荡。

"我不是指那种现象。我们已经知道一个人或物质实体可以在两个相距甚远的地方同时存在。不管怎么说我们的关注点是时间。"

昨天利用今天作为到达明天的通道，过去通过现在流向未来，这是同一个时间的运动，不是三个独立的运动。我们知道作为年代序列上的和心理上的时间，作为成长和成为过程的时间。有从种子到树的成长，也有心理生成或转化的过程。成长是相当明显的，所以让我们把它暂且搁在一边。心理上的生成或转化意味着时间。我是**这个**而我应该变成**那个**，利用时间作为通道、手段；那"已经是"正在变成"将要是"。我们非常熟悉这个过程。所以思想就是时间，它是关于"已经是"的思想和"将要是"的思想，是关于当下事实和理想的思想。思想是时间的产物，而没有了思想的过程，时间也就不存在。头脑是时间的制造者，它就是时间。

"显然那是真实的。头脑是时间的制造者和使用者。没有头脑的过程，就没有时间。但是有可能超越头脑吗？有没有一种非思想的状态呢？"

让我们一起来看看有没有这样一种状态。爱是思想吗？我们也许认为我们爱某个人；当那人不在的时候，我们想念他，或者有一张他的肖像或照片。分离产生了思想。

"您的意思是不是说当'合一'存在的时候，思想停止了而只有爱存在？"

"合一"意味着二元性，而那不是关键。爱是一个思想过程吗？思想是时间性的；而爱是束缚于时间的吗？思想是被时间束缚的，而你在问是否有可能从时间的束缚中解脱出来。

"一定可以，否则就不可能有创造。只有在延续的过程停止的时候，创造才有可能发生。创造是全新的，新的视点，新的表达，而不是旧的延续。"

延续是创造的死亡。

"那么如何才能终止延续呢？"

我们说的延续是什么意思呢？是什么导致了延续？是什么把片刻片刻衔接起来，就像丝线把珠子串成项链呢？"一刻"就是"新"，但是"新"被吸纳入"旧"，于是延续的链子形成了。曾经有过"新"吗，还是只是有被"旧"确认的"新"呢？如果"旧"确认了"新"，那还是"新"吗？"旧"只能确认它自己的投射；它也许称其为"新"，但那不是。"新"是无法确认的；那是一种非确认、非关联的状态。"旧"通过自己的投射延续自己；它永远不可能知道"新"。"新"也许可以被翻译为"旧"，但它不可能与"旧"合并。"新"的经验就是"旧"的缺席。经验和它的表达就是思想、观念；思想根据"旧"来翻译"新"。正是"旧"在延续；"旧"就是记忆、语言，就是时间。

"如何才能结束记忆呢？"

有可能吗？那个渴望结束记忆的实体本身就是记忆的锻造者；他和记忆是无法分离的。就是那样，难道不是吗？

"是的，努力的制造者诞生于记忆、思想；思想是过去的产物，无论是有意识的还是无意识的。那么该怎么办呢？"

请听好，然后你要自然地去做，不加努力，这是最重要的。欲望就是思想；欲望锻造了记忆的链子。欲望就是努力、愿望的造作。积累是欲望的方式；积累就是延续。聚集经验、知识、权力或者物质，导致了延续，而否定这些则是消极的延续。积极的延续和消极的延续是类似的。积累的中心是欲望，想要更多或者更少。这个中心就是依据一个人的制约状况而被安置在不同层面的自我。这个中心的任何行为只会导致它自己的进一步延续。头脑的任何运作都是被时间束缚的；它阻碍着创造。非时间的永恒不能与记忆的时间束缚性并存。无限是不能被记忆、经验测度的。只有当经验、知识完全停止时，那不可名状的才会出现。只有真实才能将头脑从它自己的束缚中解脱出来。

# 家庭和对安全感的渴望

满足感是一件多么丑陋的东西！满足是一回事，而满足感是另一回事。满足感令头脑迟钝心灵疲惫；它导致迷信和僵化，令敏锐的锋刃不再。正是那些寻求满足感和已经获得满足感的人们带来了混乱和不幸；正是他们造出了发臭的村庄和吵闹的城市。他们为偶像建造寺庙并举行让人获得满足感的仪式；他们鼓动阶级、种族的隔离和战争；他们无休止地成倍增加获得满足感的方式：金钱、政治、权利和宗教组织都是他们的方式。他们让地球负担他们的消耗，置地球的哀叹于不顾。

而满足则是另一回事。要变得满足是艰难的。满足不可能在秘密的地方被找到；也无法被追逐到，就像追逐感官欲乐；它不可能被获得或者以"弃绝"的价格被买到；它根本无法被标价；它不是以任何方式可以达到的；禅定的修习和累积也是枉然。对"满足"的追求只是对更大的满足感的追求。满足是对瞬间又瞬间的"当下之是"的圆满领悟；满足是无为的领悟的最高形式。满足感中充满了挫折和成功，而满足根本不理会那些对立面及其空洞的冲突。满足是高于并超越于对立的。它不是一个综合命题，因为它与矛盾不发生关系。矛盾只能制造更多矛盾，繁衍出更多的幻觉和悲哀。随伴满足而发生的行动是非矛盾、非对立的。心灵的满足让头脑从它的混乱和分裂的行为中解放出来。满足是一种非时间的活动。


她说她刚刚以优异成绩获得科学硕士学位，她教过书，从事过社会活动。毕业后的短暂时间内她已经游历全国并做过各种各样的事情：在某地教过数学，又在另一个地方帮助她母亲做社会工作，还组织过一个社团。她没有参与政治，因为她认为那只是在追求个人野心，愚蠢且浪费时间。她已经看穿了那一切，现在她将要结婚。

你的婚事是你自己决定的吗？还是你父母安排的？

"我父母安排的。也许那样更好些。"

为什么呢？

"在别的国家，男孩和女孩互相爱恋；开始的时候也许一切都好，但是很快就会发生争执、痛苦、裂痕、凑合，要么喜新厌旧，要么单调乏味。这个国家的包办婚姻则以同样的方式结局。这两种制度并没有什么区别，都非常糟糕，根本没有快乐可言。可是该怎么办呢？毕竟人总得结婚，一个人不可能一辈子保持单身。虽然终归是不幸的，但至少丈夫给予了一定的保障，而养育孩子也算是个乐趣；你不可能只选一样而不要另一样。"

那么你花费数年时间拿到硕士学位又是为了什么呢？

"我想对那不必当真。孩子和家务将占用大部分时间。"

那么你的所谓教育有什么用处呢？为什么花费那么多时间、金钱和努力，最终却在厨房里收场呢？难道你不想在婚后从事某种教育或者社会工作吗？

"只是在有空的时候。除非一个人很富有，否则拥有仆人和其他便利是不可能的。恐怕我一旦结婚，所有那些日子就都过去了——而我想要结婚。您反对婚姻吗？"

你认为婚姻是用来建立家庭的制度吗？家庭难道不是与社会对立的单位吗？难道它不是一个发出所有行为的中心吗？难道它不是一种支配着其他一切关系形式的排外关系吗？难道它不是导致分裂，导致高低强弱的隔阂的自我封闭的行为吗？家庭作为一个体系似乎在对抗整体；每一个家庭都与其他家庭、其他团体对立。难道家庭以及它的财产不是战争的原因之一吗？

"如果您反对家庭，那么您一定赞成男人和女人群居而他们的孩子属于国家。"

请不要跳跃到结论。按照规则和体系思考只能导致对立和争执。你有你的体系，别人有别人的体系；两种体系一争高下，每一种都试图消灭另一种，但是问题依旧存在。

"但是如果您反对家庭，那么您赞成什么呢？"

为什么那样考虑问题呢？如果出现了一个问题，按照个人的偏见偏袒某一方不是愚蠢的吗？了解问题不是比制造对立和敌意从而增加问题来得更好吗？

现代家庭是一个有限关系的单位，排外而自我封闭。改革者和所谓革命者试图消灭这种孳生出各种反社会行为的、排外的家庭精神；但它是一个对抗不安定感的稳定的中心，现今遍及全世界的社会结构缺乏这种安定感就无法存在。家庭不只是一个经济单位，任何要在那个层面解决问题的努力显然必定会失败。对安全感的渴望不只是经济上的，而是更深刻更复杂得多。如果人类摧毁了家庭，他将通过国家、团体、信仰等等找到其他形式的安全感，将转而产生与那种形式相关联的问题。我们必须了解内在的渴望、心理的安全感，而不仅仅是以某种方式的安全感来取代另一种。

所以问题不是家庭，而是对安全感的渴望。难道任何层面的对安全感的渴望不是排外的吗？这种排外性以家庭、财产、国家、宗教等等的形式显现自己。难道不正是这种对内在安全感的渴望建立了总是在排外的外在安全形式吗？正是对安全感的渴望毁灭了安全本身。排外、割裂必然不可避免地产生分裂；民族主义、阶级冲突和战争，是它的症状。家庭作为内在安全感的一种手段，正是混乱和社会浩劫的一个根源。

"那么一个人该如何生活，如果不按照家庭的方式？"

为什么头脑总在寻找一种模式、一张蓝图呢？难道这不是很奇怪吗？我们的教育局限在公式和结论的范围内。那个"如何"是对公式的需求，但是公式不可能解决问题。请了解这其中的真相。只有当我们不再寻求内在安全感的时候，我们才有可能拥有外在安全的生活。只要家庭还是安全的中心，社会就会分裂；只要家庭被用来作为达到自我保护目的的方式，就一定存在矛盾和痛苦。请不要显得迷惑不解，这是非常简单明了的；只要我为了我内在的心理上安全去利用其他人，我就必然是排外的；**我**是全部的重要性，**我**具有最为重要的意义；这是**我的**家庭，**我的**财产。利用的关系是建立在暴力基础上的；家庭作为共有的内在安全感的方式导致了冲突和混乱。

"我从理智上了解您所说的，但是有没有可能不带着这种内在安全感的渴望而生活呢？”

理智上的了解根本不是了解。你的意思是你听到了那些词句并明白了它们的意思，而那就是全部；但是这不会产生行动。利用别人作为满足感和安全感的一种手段不是爱。爱永远不是安全感；爱是一种身处其中而没有了对安全感的渴望的状态；爱是一种不设防的状态；它是唯一不可能存在排外、敌意和仇恨的状态。在那种状态里一个家庭也许会出现，但它不会是排外的、自我封闭的。

“可是我们不知道那样的爱，如何……”

觉知到自己的思考方式是很好的。对安全感的内在渴望通过排外和暴力在外在表达它自己，只要它的过程没有被完全了解就不可能有爱。爱不是在寻求安全感的过程中的又一个避难所。对安全感的渴望必须完全停止以便让爱出现。爱不是可以通过强迫发生的。任何形式、任何层面的强迫，正是对爱的否定。带着某种意识形态的革命者根本不是革命者；他只是提供了一个替代品，不同品种的安全感，一个新的希望；而希望就是死亡。只有爱可以在关系中引发根本性的革命或者转变；而爱不是头脑的东西。思想可以设计并规划希望的庞大结构，但是它只会导致进一步的矛盾、混乱和痛苦。当狡猾的、自我封闭的头脑不存在的时候，爱就会出现。


## “我”


“禅修对我来说是最重要的；我已经非常规律地每天坐禅两次超过二十五年。开始的时候极其困难，我控制不了念头并且杂念纷飞；但是我逐渐把它们彻底摒除。我越来越多地把我的时间和精力投到最终的目标上。我参访过很多师父，并且已经实践了几种不同体系的禅修，但是不知为什么我从来没有对其中任何一种感到满意——也许"满意"这个字眼不太恰当。它们都根据特定的体系引导我到某个终点，而我发现自己只是变成了体系的结果而不是最终目标。但是从所有这些实践中我已经学会了完全控制念头，而我的情绪也完全在控制之下。我曾经练习深呼吸来让身体和头脑平静；我曾经重复念咒语并且断食很长时间；道德上我毫无瑕疵，世间的事务对我也没有吸引力。可是经过这么多年的奋斗和努力、持戒和自制之后，并没有出现那些大师们所说的宁静、喜乐。在少数几次偶然的机会中曾经有过深刻喜悦的觉悟瞬间，对伟大存在的直觉肯定；但是我似乎不能穿透自己头脑的幻觉，我总是无休止地被它纠缠。令人困惑的绝望的乌云笼罩着我，而悲伤在日渐增长。"

我们坐在大河岸边，靠近水面。城市在河的上游，有一段距离。一个男孩在河对岸唱歌。夕阳在我们身后落下，在水面上投下浓重的暗影。那是个美丽、宁静的黄昏，大片的云彩向东方涌去，深深的河水似乎停止了流淌。对所有这些广阔浩瀚的美景，他完全视而不见；他完全沉浸在他的问题中。我们都沉默着，他闭上眼睛，棱角分明的脸非常平静，但是内在正在发生剧烈的挣扎。一大群鸟栖息在岸边；它们的叫声一定传到了河对面，因为不久另一群鸟从对岸飞来加入了它们。一种永恒的宁静弥漫在大地上。

在这些年里，你曾经停止过为最终目标奋斗吗？难道不正是愿望和努力拼凑出了"我"吗？时间的过程能够通向永恒吗？

"我从来没有有意识地停止过，那是我的心、我整个的存在所渴望的东西。我不敢停止；如果我停止我将会退转、堕落。一切事物的真实本性就是向上奋斗，离开了愿望和努力就会停滞不前；没有这种目标明确的奋斗，我将永远无法提升和超越我自己。"

"我"有可能使它从它自己的捆绑和幻觉中解脱它自己吗？"我"难道不是必须停止以便让那不可言说的出现吗？无论它的欲望有多么专注，难道这无休止的为最终目标的奋斗不是只会加强自我吗？你为最终目标奋斗，而别人追求世间的事情；你的努力也许更高贵，但那依然是获得的欲望，不是吗？

"我已经克服了所有情欲、所有欲望——除了这个。它不只是欲望；它是我活着的唯一目的。"

那么你必然也会对此死心，就像你对其他欲望和渴求死心一样。通过这些年的奋斗和不断的过滤，你已经在这一目标上加强了自己，但是还是在"我"的范畴内。而你想要体验那不可言说的——那才是你渴望的，不是吗？

"当然。越过疑惑的阴影，我想到达那最终的目标，我想要体验上帝。"

经验者永远被他的经验所制约。如果经验者感觉到他正在经验的，那么那经验就是他的自我投射的欲望的产物。如果你知道你在经验上帝，那么那个上帝就是你的希望和幻想的投射。对于经验者不会有解脱，他永远被自己的经验所纠缠；他是时间的制造者，并且他永远无法体验永恒。

"您的意思是不是说那个我用相当可观的努力和经过了明智选择后坚持不懈地建立起来的东西必须被摧毁？而我必须亲自摧毁它吗？"

"我"有可能断然地着手放弃自己吗？如果它放弃了，它的动机、它的意图是获得那还没有被占有的东西。不论它任何造作，不论它的目标如何高尚，任何就"我"而言的努力依然是在它自己的记忆、特质和投射的范围内的，无论是有意识的还是无意识的。"我"也许会把自己分成器质性的"我"和"非我"或"超我"；但是这二元性的分裂是头脑正被困于其中的幻觉。无论头脑、"我"怎样运作，它永远不可能解放自己；它也许会从一个层面到另一个层面，从愚蠢的选择转到比较聪明的选择，但是它的运作永远局限在它自己制造的圈子里。

"您似乎在断绝一切希望。该怎么办呢？"

你必须是完全赤裸的，清空过去的重负或者充满希望的将来的诱惑——那并不意味着绝望。如果你处于绝望中，那就不是清空、赤裸。你不能"做"任何事情。你可以也必须是静止的，不带着任何希望、欲望或绝望；但是你不可能下决心变得宁静，停止一切躁动，因为正是在努力中有躁动。宁静不是躁动的对立面。

"但是就我目前的状态，我该做什么呢？"

如果可以指出的话，你是如此热切地盼望进展，如此急不可耐地要获得积极的知道，你并没有真正在听。


晚星映照在平静的河面上。


第二天一早他回来了。太阳刚刚在树梢上露面，河面上铺着一层薄雾。一艘扬着宽大蓬帆的满载木柴的船，正懒洋洋地顺流而下；除了舵手之外，所有人都还在睡梦中。非常安静，一天的水上劳作还没有开始呢。

"虽然我外在急不可耐，但我的内心一定警觉到了您昨天所说的，因为今早我醒来的时候体会到一种解脱和清澈的感觉。我在日出前做了一个小时的日常功课，我完全不能肯定我的头脑是否被一些更广大的幻想困住。我们可以从昨天停下来的地方继续说下去吗？"

我们不可能精确地从停下来的地方继续，但我们可以重新审视我们的问题。外在的和内在的头脑不停地运作，接收着印象；被记忆和反应纠缠，它是许多欲望和冲突的集合。它只能在时间的范畴内运作，而那个范畴充满了矛盾，希望或欲望的对立面，也就是努力。这种心理上的"我"以及"我的"必须停止，因为这种造作制造了问题并且导致了各种各样的骚动和混乱。但是任何停止这种造作的努力只会产生更多的造作和骚动。

"确实如此，我已经注意到这一点。越是试图让头脑停止，就会有越多的反抗，而努力全都消耗在克服这种反抗上；所以这变成了一个恶性的牢不可破的循环。"

如果你觉知到这循环的错误并且认识到你不可能打破它，那么随着这种了解，那个检查者、观察者将会停止。

"那似乎是最难完成的事情：抑制观察者。我已经试过了，但迄今为止我从来没有成功过。怎么做到呢？"

难道你不是仍然按照"我"和"非我"的方式在思考吗？难道你不是正在通过语言，通过不断重复的经验和习惯在头脑里维持这种二元性吗？归根到底，思想者和他的思想不是两个不同的过程，但是我们为了达到所欲求的目标使它们变成了这样。检查者随着欲望而出现。我们的问题不是怎样压制检查者，而是去了解欲望。

"肯定有一个能够了解的实体，一种区别于无知的状态。"

那个说着"我了解"的实体仍然在头脑的范畴内；它还是观察者、检查者，难道不是吗？

"当然它是的；可是我不明白这个观察者如何能够被根除。这**可能**吗？"

让我们来看看。我们说了解欲望是至关重要的。欲望可以也确实把自己分割为快乐和痛苦，智慧和无知；一种欲望反对另一种，利益更大的与利益较小的发生冲突，等等。虽然它因为不同的理由而分割自己，欲望事实上是一个不可分割的过程，不是吗？

"这是一件很难理解的事。我太习惯于把一种欲望与另一种欲望对立起来，压制并且转化欲望，以至于到目前为止我还不能完全把欲望作为一个独立、统一的过程来观照；但是现在您已经指出了这一点，我开始感觉到是这样的。"

欲望也许会把自己分割成许多对立的、相互冲突的欲望，但它还是欲望。这许多欲望共同拼凑出"我"，连同它的记忆、烦躁、恐惧，等等，而这个"我"的整个活动是在欲望的范围内的；它没有其他活动领域。就是那样，难道不是吗？

"请继续说。我正在以我全部的生命倾听，尽量超越语言，深入而不加努力。"

那么我们的问题是这样：欲望的活动是否有可能自愿地、自由地、没有任何形式的强迫而走向终点呢？只有当这发生的时候头脑才有可能停止。如果你觉知到这是事实，欲望的造作难道还不结束吗？

"只有在非常短暂的时候；然后习惯性的行为又开始了。这怎么才能被停止呢？……但是在我提问的时候，我看到了这问题的荒谬！"

你看我们有多贪婪；我们永远想要更多更多。那个停止"我"的要求变成了"我"的新的造作；但它不是新的造作，它只是欲望的另一个形式。只有当头脑自发地停止的时候，那个不同的、非头脑的，才会出现。

## 欲望的本性

这是一个宁静的黄昏，湖上有许多白帆。远处一座白雪覆盖的山峰仿佛从天空悬挂下来。来自东北方的晚风开始在湖面上掀起阵阵涟漪，越来越多的船消失在远方。这是一个大湖，只在晴朗的日子里可以看到湖那边的镇子。这个僻静的、被遗忘的小港湾非常安静；不见旅游者，汽艇也从来不到这儿来。附近有一个小渔村；只要天气允许，直到深夜都会有点着灯笼的小船在湖中捕鱼。他们在黄昏的迷人景致里准备着渔网和船。山谷里已经暮色昏沉，群山依然托举着夕阳。

步行了一段时间后，我们在路边坐下，他开始谈论一些事。

"在我的记忆中，我一直充满着无休无止的矛盾，大部分是在我的内心，尽管有时也表现在外面。我不太担心外在的冲突，因为我已经学会调整自己以适应环境。然而这种调整一直是痛苦的，因为我不是轻易就能被说服或支配的。生活是艰难的，但是我有足够的能力过上好日子。但所有这些都不是我的问题。我不能理解的是这种我无法控制的内在冲突。我经常深更半夜从充满暴力的梦中惊醒，在这种冲突中，我几乎从未有过一刻喘息；它隐藏在日常事物之下，并且频繁地在我更亲密的关系中爆发出来。"

你说的冲突是什么意思呢？它的实质是什么？

"外在我是一个非常忙碌的人，我的工作需要集中和专注。当我的头脑因此被占据的时候，我内在的冲突就被忘记了；一旦工作稍有停顿，我就回到我的冲突中。这些冲突具有多种实质，而且处在不同的层面。我想要在工作中成功，在我的行业里出人头地，赚大笔的钱以及其他所有好处。我知道我可以做到。在另一个层面，我意识到我的野心的愚蠢。我热爱生活中的奢侈品，但我又反对那样，我想要过一种简单的、类似于苦行的生活。我恨许多人，而我又想要遗忘并宽恕。我可以继续给您举例子。我肯定您能够了解我的冲突的实质。我天生是一个平和的人，然而我也很容易发怒。我非常健康——也许这是一种不幸，至少对我来说是的。外在我显示出一种沉着镇定的表象，但是我被我内在的冲突搅扰，困惑不安。我已三十出头，我确实想要冲破自身欲望带来的混乱。您看，我的另一个难题就是我发现几乎不可能跟任何人谈论这些事。许多年来这是我第一次吐露吐露心声。我不是遮遮掩掩的人，可是我讨厌谈论自己。我也不可能对任何一个心理学家说这些。知道了这些以后，您是否能够告诉我对我来说有没有可能获得某种内在的平静呢？"

与其试图摆脱冲突，倒不如让我们来看看是否能够了解这种欲望的纠结。我们的问题是要看到欲望的实质，而不是仅仅去克服冲突；因为正是欲望引起了冲突。欲望是被联想和回忆激发起来的；回忆是欲望的一部分。愉快的和不愉快的回忆滋养了欲望，并且将之划分为互相对立和冲突的欲望。头脑认同愉快的欲望，同时反对不愉快的欲望；通过痛苦与愉快的抉择，头脑把欲望分成不同种类的追求与价值。

"尽管有许多冲突并对立的欲望，所有的欲望都是相同的。是那样吗？"

正是那样，难道不是吗？而领悟这一点是真正重要的，否则对立的欲望之间的冲突将永无止境。这种头脑产生的欲望的二元性只是一个幻象。在欲望中没有二元性，只有不同类型的欲望。只有在时间与永恒之间才存在二元性。我们所关心的是看到欲望的二元性的不真实。欲望确实把它自己分割成要和不要，而对这个的回避和对那个的追逐依然是欲望。通过欲望的任何对立面都不能解决这种冲突，因为欲望本身孳生了它自己的对立面。

"我非常模糊地认识到您所说的是事实。但是这也是事实——我在许多欲望之中被撕裂。"

这是事实，所有欲望都是一个，都是同样的，我们不能改变这个事实，不能扭曲它以适应我们的便利与喜好，或利用它来作为我们从欲望的冲突中解脱的工具；但是如果我们认识到它的真实，那么就会有力量把头脑从其孳生的幻象中解放出来。所以我们必须觉知到欲望把它自己分成互相冲突的部分。我们就是这些相互对立的、冲突的欲望，我们就是这整个乱七八糟的一堆，每一个欲望都往不同的方向拉扯。

"是的，但是我们能够对此做些什么呢？"

缺乏对欲望作为独个单元的最初一瞥，无论我们做什么都不会有任何意义，因为欲望只会繁殖欲望，头脑则深陷在这个矛盾中。只有当那个用记忆和认同拼凑出"我"的欲望终结的时候，才能从冲突中解脱。

"当您说只有随着欲望的终结，冲突才会停止的时候，这意味着一个人的生命的终结吗？"

也许是也许不是。在我们的位置上猜测什么样的生命才没有欲望是愚蠢的。

"您的意思当然不是说机体的需求必须终止。"

机体的需求是被心理上的欲望塑造并扩大的；我们正在讨论这些欲望。

"我们能够更深入地探究这些内在的欲望吗？"

欲望有公开的和隐藏的，有有意识的和隐蔽的。那些隐蔽的欲望比明显的欲望具有重大得多的意义；但是如果那些浅层的欲望不能被了解和降服，我们将不可能接近那更深的。不是说有意识的欲望必须被压抑、升华，或被塑造成为任何模式，而是它们必须被观察和平服。随着浅层骚动的平服，更深层的欲望、动机和企图就有可能浮到表面上来。

"如何平服浅层的骚动呢？我认识到您说的话的重要性，但我不太清楚如何着手解决问题，如何尝试。"

尝试者与他正在尝试的东西不是分离的。这一点的真相必须被看到。正在拿你的欲望做试验的那个你并不是脱离于那些欲望的一个实体，难道不是吗？那个说"我将抑制这个欲望而去追逐那个欲望"的"我"，他自己正是一切欲望的产物，难道不是吗？

"一个人可能会感觉到就是那样，但真实的领悟则完全是另一回事。"

如果每一个欲望生起的时候都伴随着对真实的觉知，那么就会发生从这种认为尝试者是一个独立分离的实体并且和欲望毫不相干的幻象的解脱。只要"我"还在竭尽全力想从欲望中解脱，那么这只会在另一个方向上加强欲望，并因此让冲突永远延续。若能够一刻接一刻的觉知这一事实，那个充当审查者的欲望就会停止。当经验者就是经验本身的时候，那时你将发现欲望以及它千变万化的冲突就都结束了。

　　*"所有这些能有助于过上更宁静更充实的生活吗？"*

　　当然不是在一开始的时候。这肯定会引起更大的干扰，并且将不得不进行更深入的调整；而对这个关于欲望与冲突的复杂问题里进入得越是深广，它就会变得越简单。


## 🌸 生命的目的


　　房子前的小路一直通向大海，沿着小路行进会经过许多小商店、大型公寓、加油站、寺院，以及一个积满灰尘的被人遗忘的花园。到达海边的时候，小路变成了宽阔的大道，挤满了出租车、隆隆作响的公共汽车和所有现代城市的噪音。在这大路的一端有一条安静隐蔽的林荫道，路旁矗立着巨大的雨树。清晨与黄昏时，这条路上会挤满赶往某个带高尔夫球场和可爱花园的时髦俱乐部的汽车。我沿着林荫道散步，人行道上躺满了各式各样的乞丐；他们一点儿都不吵，甚至都不向行人伸手。一个大约十岁的女孩头枕一只罐头躺着，眼睛睁得很大；她很脏，头发纠结在一起，但是当我向她微笑的时候，她也笑了。再走几步，一个不到三岁的小女孩伸着手迎上来，脸上洋溢着迷人的微笑。她的妈妈躲在附近的一棵树后面注视着。我牵着她的手蹒了几步，把她带回她妈妈那里。因为没带零钱，所以隔天我带了一枚硬币回到那儿。可那个小女孩没要硬币，她想要玩。于是我们玩了一会儿，那硬币交给了她妈妈。无论何时我去那里，那小女孩总在，眼神明亮清澈，羞涩地微笑着。

　　一个乞丐坐在地上，正对着俱乐部的大门；他盖着一条污秽的黄麻袋，他的头发满是尘土。有几天我路过的时候，他是躺着的，他的头没在尘土里，他赤裸的身躯上盖着黄麻袋；其他的日子他端坐着，凝然不动，似看非看，巨大的雨树悬在他头上。一天傍晚俱乐部里有庆祝活动，到处灯火通明，闪亮的汽车满载着兴高采烈的人们鸣着喇叭飞驰而来。从俱乐部的房子里传出响亮欢快的乐声。大门口有许多警察，一大群人在那里聚集围观那些坐车路过的衣冠楚楚、养尊处优的人们。那个乞丐转身背对着所有这些。有个人给他些食物，另一个给他一支烟，但他都沉默地拒绝了，连一个动作也没有。他正在慢慢地死去，一天又一天，而人们匆匆经过，视而不见。

　　那些雨树在昏暗天空的映衬下显得气势雄伟，形状诡谲奇异。它们的叶子极细小，树枝看起来却很粗壮，在那个过分拥挤的充满了嘈杂与痛苦的城市里，它们拥有一种令人惊叹的庄严和超然的态度。

　　大海在汹涌咆哮着，浩瀚无垠而又永不平静。白色帆船在广阔的海面上只是一些微不足道的斑点，月光在起伏不定的海面上铺设下一条银色的水径。丰美的大地，遥远的星辰，不灭的人类——不可测度的茫茫无际似乎笼罩了一切。


　　他是一个小伙子，来自这国家的另一头，真是一次无聊漫长的旅程。他立誓不结婚直到找到生命的意义与目的为止。他意志坚定，雄心勃勃，辞职已有一段时间，以便致力寻找他要探索的答案。他有一个忙碌而好争辩的头脑。他十分相信自己，别人的回答他几乎听不进去。他的语速很快，而且无休止地引用哲学家和大师们说过的关于生命目的的言论。他在精神上饱受折磨，陷于深深的焦虑之中。

"不知道生命的目的，我的存在没有任何意义，我的所有行为都是破坏性的。我谋生只是为了活下去；我在受苦，死亡在前头等着我。这就是人生之路，可它的目的究竟是什么呢？我不知道。我曾拜访过许多学者和老师；他们都各自有一套理论。您怎么说呢？"

你提问是为了把这里听到的与在其他地方听到的加以比较吗？

"是的，然后我才能选择。我的选择取决于我认为什么是真实的。"

你认为对何为真实的领悟是个人观点的问题并取决于选择吗？通过选择你将发现什么是真实吗？

"如果不通过分辨、选择，还有什么办法能够发现真实呢？我将非常仔细地听您说，如果您所说的吸引我，我将拒绝其他人的说法，并让我的生活照您所设定的目标去追求。我极其热切地渴望发现人生的真正目的。"

先生，在深入以前，难道问一下你自己你是否有能力辨别真实不是很重要吗？这是完全出于尊敬而提的建议，没有任何贬损的意味。真实是一个关于判断、愉悦或满足感的问题吗？你说你将接受吸引你的东西，这就意味着你对真实不感兴趣，你是在追求你能找到的最满意的东西。为了得到那最终让你愉快的东西，你随时准备去经受痛苦和强迫。你在追求快乐，而不是真实。真实必定是超越于喜欢与不喜欢之上的，不是吗？谦卑必须是一切探索的起点。

"那就是我来见您的原因，先生。我真的是在探索；我指望那些老师们告诉我什么是真实，而我将以一种谦卑而忏悔的精神追随他们。"

追随正是在否定谦卑。你追随是因为你渴望成功，达到目的。一个有野心的人绝不可能谦卑，不管他的野心是多么隐蔽。追逐权威并将之奉为圭臬正是在摧毁洞察和了解。对某种理想的追逐阻碍了谦卑，因为那理想是对自我的赞颂。一个试图从另一条途径增强"自我"的傲慢的人怎么可能是谦卑的呢？离开谦卑，真实永远不会显现。

"可是我到这里来唯一关心的就是找到什么是人生的真正目的。"

请允许我这样说，您只是被一个观念缠住了，而这正在成为一种固执。这是必须时刻警觉的。为了想要知道生命的真实目的，你已经读了许多哲学家的书，也拜访了许多老师。有的这样说，有的那样说，而你想要知道真实。现在，你想要知道他们所说的真实还是你自己探询的真实呢？

"您的问题非常直接，我一时答不上来。许多人的学识和经验都远胜于我，而我却在我的位置上狂妄地抛弃他们所说的可能帮助我揭示生命意义的话，这是荒谬的。但每个人都是依据他自己的经验和理解来说话的，有时他们之间还互相抵触。请帮助我在其中找到真实。"

看到虚妄就是虚妄，在虚妄中看到真实，看到真实就是真实，这并不容易。清晰地观照，就必然会从扭曲和制约头脑的欲望中解脱。你如此急切地想要知道生命的真实意义，正是你的急切变成了你了解自己的问题的障碍。你想要知道你读过的书和你的老师们说过的话是否真实，不是吗？

"是的，非常正确。"

那么你就必须自己在所有这些论述里发现什么是真实的。你的头脑必须有能力直接洞察；如果不行，它将迷失在观念、观点和信仰的丛林里。如果你的头脑没有能力看到什么是真实的，你就会像一片随风飘浮的树叶。所以重要的不是别人的结论和主张——无论他们是谁，而是你自己必须洞察到什么是真实。难道这不是最重要的吗？

"我想是的。但我如何才能拥有这种天赋呢？"

领悟不是少数人的天赋，它会降临到那些最为热切地想要认识自己的人身上。比较不会产生领悟；比较是另一种形式的分心，就像判断就是逃避一样。为了让真实显现，头脑必须没有比较，没有评价。当头脑在比较、评价的时候，它不是安静的，它被占据了。一个被占据的头脑是没有能力进行清晰而单纯的洞察的。

"那么是不是意味着我必须剥去所有我已经建立起来的价值观、我已经积累的知识？"

难道头脑不是必须自由地去发现吗？那些知识、信息——自己或别人的结论和经验，这庞大的、日积月累的记忆的重负——带来解脱了吗？只要那个一直在判断、谴责和比较的审查者存在，还会有解脱吗？如果头脑总是在获取和计算，它就不会安静下来；难道头脑不是应该静止以便让真实显现吗？

"我只想要一样东西，那就是知道人生的真实目的，而您给了我大量我不能理解的东西。难道您不能用简单的语言告诉我什么是人生的真实意义吗？"

先生，您必须一步一步走。您想要那广大无边的东西，却不想看就在眼前的东西。您想要知道生命的意义吗？生命没有开始也没有结束；它既是死也是生；它是绿叶，以及随风飘落的枯叶；它是爱与不可思议的美；它是孤独的悲哀与单独的狂喜。它是不可测度的，头脑不可能找到它。

## 评价一次经验

灼热的阳光下，村妇们正在滚烫的岩石上铺晒储存在仓库里的稻谷。她们把大捆的稻子搬运到平整、倾斜的石头上，两头被拴在树上的公牛不久将要踩踏稻谷以脱出米粒。这山谷远离城镇，高大的罗望子树浓荫蔽日。一条尘土飞扬的小路穿过山谷一直通向村子，继而伸向远方。山坡上都是牛和数不清的山羊。稻田里积水很深，白色的禾雀懒洋洋地拍着翅膀从一块田飞到另一块田；它们对人似乎并不怕，只是有点害羞，不愿让人靠近。芒果树开始开花，清澈的河水缓缓流淌，唱着欢快的歌。这是一块乐土，然而贫穷就像瘟疫似的笼罩着它。自愿的贫穷是一回事，被逼无奈的贫穷就完全是另一回事了。村民们贫病交加，尽管现在有一个医疗诊所并有食物分发，然而几个世纪的匮乏所造成的伤害不是在短短几年里就可以消除的。饥饿不是一个社会或国家的问题，而是整个世界的问题。

随着夕阳落下，一阵微风从东方吹来，从山上刮来的风也开始增强。这些山丘不高，但也足够给空气带来一些温和的凉意，这与平原是如此不同啊。星幕低垂，似乎离山顶很近。偶尔可以听到美洲豹的咳嗽声。那个夜晚，从黑沉沉的山丘后面射出的光芒似乎赋予了这万有一体的天地以更伟大的意义和美。因为看到桥上坐着人，路过的村民突然停止了交谈，直到他们消失在黑暗中时话题才又接续下去。头脑能够想象的场景是如此空虚而沉闷；当头脑不再用它的素材——回忆和时间——进行造作的时候，那无可名状的东西就会呈现。

一辆点着风灯的牛车从路上走来，铁制轮子缓慢地碾在坚硬的地面上。车夫昏昏欲睡，但是牛知道回家的路；他们走过去，同样淹没在黑暗里。一时间四野寂静。晚星悬在山顶上，很快就会在视野中消失。远处传来猫头鹰的叫声，万有一体的夜晚的昆虫世界活跃而又忙碌；但是寂静没有被打破。它容纳了一切，星星、孤独的猫头鹰、无数的昆虫。一个人若倾听这寂静，就会失去它；可是如果成为它的一员，他就会受到欢迎。观察者永远不可能融入这寂静；他是一个顺道拜访的局外人，但他不是它的一员。观察者只能经历，他永远不是那个经验本身，那个事物本身。

　　他曾经周游世界，做过教授与外交官，通晓数种语言，青年时代曾在牛津工作。他一辈子都在拼命奋斗，现在他提早退休了。他非常熟悉西方音乐，但最喜爱的还是自己国家的音乐。他研究过不同的宗教，对佛教留下了特别深刻的印象；但归根结底——他补充说——剥去迷信、教理和仪式，从本质上它们说的都是一回事。某些仪式有它们的美，但是资本和传奇故事已经接管了大部分宗教，而他自己已摆脱了一切仪式和教条。他曾钻研过传心术和催眠，对透视术也很熟悉，但他从来没有把它们视为目标。人可以开发出许多特异功能，比如视觉力的扩展、对事物更强的控制力等等，但所有这些对他来说都是极其自然、平淡无奇的。他曾吸食毒品，包括最新型的毒品，那暂时给了他某种强烈的感觉和超越肤浅感官的经验；但是他并不认为这些经验具有重大意义，因为它们没有以任何方式揭示出他所感觉到的超越于所有短暂事物之上的意义。

　　"我曾经尝试过不同形式的禅修，"他说。"有整整一年我退出所有活动，独自生活并修习禅定。我读过您写的关于禅修的书，并且被深深地吸引。从孩提时代起，'禅定'这个词以及它的梵语同义词，对我就有着非常神奇的作用。我总是能在禅修中发现不同凡响的美与喜乐，这是我在生活中真正享受的少数几件乐事之一——如果对禅修这样奥妙的事情可以用这个词来形容的话。那种享受从未离我而去，而是在这些年里不断加深扩大，而您所说的关于禅定的话为我开启了新的天堂。我不想问您更多任何关于禅定的事，因为我已经几乎读遍了迄今为止您写的所有有关书籍。如果可以，我希望向您请教的是一件最近发生的事。"他停了一会儿，然后说下去。

　　"从我告诉您的事情中，您可以看出我不是那种制造偶像然后崇拜它们的人。我小心翼翼地避开任何自我投射的宗教观念或形象的认同。一个曾读过或听说过圣人的人会幻想克利须那\*、耶稣、卡利女神\*\*、圣母玛利亚，等等。我知道一个人通过某种信仰催眠他自己以及唤起一些可以从根本上改变人的生活方式的幻象是多么容易。但我实在不希望处于任何错觉中；说完这些以后，我想描述一下几个星期前发生的事。"

"我和我的朋友们经常频繁聚会谈论一些严肃的话题，一天晚上当我们非常热烈地讨论着问题的时候，突然一个端坐的人影出现在房间里，他穿着黄色的长袍，剃着光头。我吓了一跳。我揉着眼睛并看我的朋友们的脸。他们完全没看到那个人影，他们如此专注于他们的讨论，根本没注意到我的沉默。我摇头，咳嗽，再次揉眼睛，但是那个人影依然在那里。我不能向您转述那张脸有多美——那不仅是形象上的，而是某种比形象无限伟大的东西的美。那张脸太吸引我了，我不能从那张脸上转移视线，同时我也不想让我的朋友们注意到我的沉默、惊讶和全神贯注，我站起来走到阳台上。夜晚的空气新鲜而凉爽。我来回踱步，不久又回到房间。他们还在讨论；但房间里的气氛已经改变了，那个人影还在刚才的地方，就坐在地板上，昂着它的非比寻常的剃得很干净的头。我无法继续刚才的讨论，过了一会儿我们全都离开了。回家的路上，那人影就走在我前面。那是几个星期前的事，它一直没有离开我，尽管它已经不再是不可抗拒地无所不在。当我闭上眼睛，我就能看到它，有些非常神奇的事情发生在我身上。在开始探讨以前，我想请问，这次经验究竟是什么？那是来自无意识的过去的自我投射吗？或者那是一种跟我的意识没有任何关系、完全独立于我的东西吗？对这件事我想了很多，还是一无所知。"

---

\* 译注：印度教主神的名字。

\*\* 译注：the Mother of Kali，印度教女神，形象可怖，既能造福生灵，也能毁灭生灵。

既然你已经有了这个经验，那么你重视它吗？请问它对你重要吗？你执著它吗？

"从某种程度上讲，说实话我想是的。它带给我一种创造力的释放——不是指写诗或绘画，而是这经验带来了一种深刻的解脱与安宁的感觉。我重视它，因为它已经在我内心引起了意义深远的转变。它确实对我至关重要，无论如何我都不能失去它。"

难道你不害怕失去它吗？你是在有意识地追逐那个人影吗？或者它是一个永存的东西吗？

"我想我确实担心会失去它，因为我一刻不停地想着那个影像，并总是利用它来产生我渴望的状态。以前我从来没有这样想过，但现在您问了，我才看到我所做的事。"

那是一个活人的影像吗？还是某种昙花一现的东西的记忆？

"我几乎害怕回答这个问题。请不要认为我感情用事，但是这经验对我而言确实具有极其重大的意义。尽管我来到这里与您讨论此事并希望找到真相，但是现在我觉得非常犹豫，不想探讨下去了；然而我必须继续。有时它是一个活的东西，但更多时候是对过去的经验的回想。"

你看，要觉知到"当下之是"，而不被你所**期望**的东西缠住，是多么重要啊！创造出一个幻象并活在里面是容易的。让我们耐心地探究这件事。活在过去——无论是愉快地还是有益地——都障碍了对"当下之是"的体验。"当下之是"永远是崭新的，而头脑要发现不在成千上万个昨天活着的真理，则是极端艰难的。因为你执著于那个记忆，所以活生生的体验就被拒绝了。过去会结束，而那活生生的却是永恒的。那个影像的记忆迷惑了你，激发了你，给了你释放的感觉；正是那个死去的在给予那活着的以生命。我们大多数人从不知道什么是活着，因为我们跟死人生活在一起。

请允许我指出，先生，那种对失去某种非常珍贵的东西的恐惧已经悄悄混进来了。恐惧已经在你内心发生。由于那一次经验，你已经产生了好几个问题：获得，恐惧，经验的重负，你自身存在的空虚。如果头脑能够从一切获得的强烈渴望中解脱出来，这次体验将具有完全不同的意义，而恐惧也将完全消失。恐惧是一个阴影，在它里面一无所有。

"我开始看到我一直做的事了。我不是在为自己辩解，由于那个经验是如此强烈，所以我一直渴望抓住它。不被一种深刻的感情经验缠住是多么困难啊！经验的记忆与经验本身一样具有动人的吸引力。"

区分体验和记忆是最困难的，不是吗？体验是什么时候变成了记忆、过去的东西呢？那微妙的差别在何处呢？那是时间的问题吗？当体验存在的时候，时间就不存在。每一种经验都变成了进入过去的运动；此时此刻、体验的状态，正在难以察觉地流入过去。每一种活生生的体验，一秒钟之后，已经变成了记忆、过去的东西。这是我们都知道的过程，而那似乎是不可避免的。然而那是不可避免的吗？

"我正在仔细地听您正在揭示的东西。我非常高兴，因为我觉知到在我生命的任何一个层面，我只是一系列的记忆。我就是记忆。有可能活在体验的状态中吗？那正是您在问的问题，不是吗？"

语言对我们所有人来说都具有微妙的含义，而如果有一个片刻我们能够超越这些参照物及其反应的话，也许我们就可以发现真实。就我们大多数人而言，体验总是在成为记忆。为什么呢？难道不正是头脑的连续不停的造作在吸纳收罗、推开拒绝吗？难道它没有执著于愉快、有益、有意义的东西，并试图消灭所有那些对它没用的东西吗？而它到底能够摆脱这个过程吗？当然，这是一个徒劳的问题，因为我们恰恰在对它的提问里面发现了这个过程。

现在让我们更深入些。这积极的或消极的积累、这头脑的评价过程，成为了检查者、观察者、经验者、思考者、自我。在体验的瞬间，经验者不存在；但是当选择开始的时候，经验者就存在了。就是说，活的东西结束的时候，积累就开始了。获得的欲望毁灭了那个活生生的体验，把它解释成过去的、记忆的东西。只要观察者、经验者存在，就必定有获得、收集的过程；只要在观察着、选择着的独立实体存在，经验就总是一个成为的过程。当独立实体不存在的时候，真实或体验的状态就会呈现。

"独立实体怎样停止呢？"

你为什么要问这个问题呢？"怎样"就是获得的一个新途径。现在我们关心的问题是渴望获得，而不是如何从这种渴望获得中得到解脱。从某种东西解脱根本不是解脱；那只是一个反应、一种反抗，只会导致进一步的对立。

且让我们回到你最初的问题。那个影像是自我投射的吗？或者它的产生是不受你影响的吗？它是独立于你的吗？意识是一个复杂的东西，给出一个确定的答案是愚蠢的，难道不是吗？但是一个人能够看到，确认是以头脑的某种制约为基础的。你钻研过佛教，而且据你所说，佛教对你的影响超过其他任何宗教，所以制约的过程就发生了。正是那个制约投射了那个影像，即使有意识的头脑正被一件完全不相干的事占据着。同样，你的生活方式、你与你的朋友们的讨论令你的头脑变得敏感而锐利，也许你"看见"的是披着佛教外衣的思想，就像其他人也许会看见披着基督教外衣的思想。可是无论那是自我投射或是别的什么，那都不重要，是吗？

"也许不重要，可它向我揭示了许多东西。"

是吗？它并没有向你揭示你自己的头脑的造作，而你却成了那个经验的囚徒。只有伴随着对自我的了解，一切经验才有意义，那是释放或整合的唯一要素；离开对自我的了解，经验就是导致各种幻象的重负。

# 爱的问题

一只小鸭子浮在开阔的河道上，仿佛一艘行进中的船。它单独地、得意洋洋地嘎嘎叫着。看不到别的鸭子，可这一只就制造了足够多的噪音，就像有一群鸭子似的。河道贯穿了小镇。那些听到的人毫不在意，但那跟鸭子没有关系。它并不害怕，它感觉到自己在河道中是个显眼的人物；它配得上。牧场位于远离城镇的乡下，景色迷人，几头肥大的、黑白相间的奶牛游荡在绿野间。地平线上浓云堆积，天幕低垂，紧贴大地，从天空投下似乎是世上绝无仅有的光线。地平如掌，只在河道处略有起伏。这是一个美丽的黄昏；夕阳沉入北海，晚霞映射着落日的色彩。蓝色和玫瑰红色的巨大光影在空中闪过。

她是一位众所周知的政府要员的妻子，丈夫的事业距离顶峰只有一步之遥。她衣着得体，举止从容，具有一种罕见的权势与财富的风度，一种习惯于长期掌控一切、受众人遵从的自信。她说了一两件事，显然她的丈夫足智多谋而她渴望权力。他们一起飞黄腾达。正当更加显赫的权位即将属于他们的时候，他却身染重病。讲到这里的时候，她几乎无法自持，泪水在她的脸颊上滚落。她进门的时候带着自信的微笑，但迅速消失了。落座以后，她沉默了一会儿，然后说下去。

"我读了一些您的演讲并参加了一两次。听您演讲的时候，我知道您所说的话意义重大，可是那些话很快就被忘得一干二净。现在我遇到了很大的麻烦，我认为我需要来见您。您肯定了解发生了什么事。我的丈夫病得很重，我们为之生活和奋斗的一切都破碎了。政党及其工作将继续下去，但……尽管有护士和医生，我还是一直亲自照看他，几个月来我睡得很少。我不能忍受失去他，尽管医生说他几乎不可能痊愈。我焦虑得快要病倒了。正如您所知，我们没有孩子，我们对彼此而言意义重大。而现在……"

您确实想严肃地谈话并切入正题吗？

"我只感到绝望和烦恼，我不相信我能严肃认真地思考；但我必须在我内心恢复某种清晰。"

您爱您的丈夫吗？还是爱通过他而产生的某些东西呢？

"我爱……"她吃惊得连话都说不下去了。

请不要认为这个问题是残忍的，您必须找到真正的答案，否则悲伤将永远持续。在对这个问题的真相的揭示中，您有可能发现什么是爱。

"就我目前的状态，我不能竭尽全力思考这个问题。"

难道这个关于爱的问题从未闪过你的脑海吗？

"也许有一次吧，但我迅速逃开了。他生病以前，我总有许多事要做；而现在，当然，所有思考都成为痛苦。我是因为他的地位和权力而爱他呢，还是只是爱他呢？我说到他的时候好像他已经不在了！我真的不知道我是以哪种方式在爱他。眼下我太混乱了，我的大脑拒绝工作。如果可以的话，我希望换个时间再来，也许在我接受那个不可更改的事实以后。"

请允许我指出，接受也是一种死亡的形式。


几个月后我们再次会面。报纸上曾经连篇累牍地报道了他的死讯，此时他已经被遗忘了。他的死在她的脸上烙下了印记，很快辛酸和怨恨就在她的谈话中流露无余。

"我从来没有向任何人谈过这些事，"她解释道。"我从过去的所有活动中退出，隐居到乡下。一切都糟透了。希望您不介意我只说一点。我一辈子都怀有极大的野心，结婚前我沉湎于各种慈善活动。婚后不久——很大程度上是因为我丈夫——我抛下所有慈善活动的琐碎小事，全身心地投入政治。那是一个广阔得多的战场，我享受它的每一分钟，那些宦海沉浮、阴谋诡计、尔虞我诈。我丈夫才华出众，加上我的野心驱动，我们一直一帆风顺。我们没有孩子，所以我的时间和思想都用来辅佐我的丈夫。我们的合作极为成功，我们一直以非同凡响的方式互相弥补。一切都按我们的计划发展着，但是总有一种恐惧折磨着我，一切都太顺利了。然后两年前的一天，当我丈夫为一些小病做检查的时候，医生说有一个肿瘤，必须立即检查。它是恶性的。一度我们还能保守秘密；但六个月前病症全面复发，并且成了一次极其痛苦的经历。上次我来见您的时候，我太悲痛以至于无法思考，但也许现在我能够较为清晰地审视这些事。您的问题深深地困扰着我，我实在无法向您形容。您也许记得您问我是爱我的丈夫呢，还是爱他带来的东西。关于这一点我想了很多；但这是一个过于复杂的问题，我无法自己回答？"

也许吧。但是除非一个人自己发现什么是爱，否则痛苦的、令人悲伤的失望将永远存在。发现爱在何处结束，烦恼在何处开始是很难的，不是吗？

"您问我对我丈夫的爱里有没有掺杂进我对权力地位的欲望。我爱我丈夫是因为他给了我满足野心的手段吗？有一部分是的，也有对那个男人的爱。爱是许多东西的混合物。"

与另一个人完全一致一体，那就是爱吗？这种认同不正是一条间接地赋予自我以重要性的途径吗？孤独的悲伤，被剥夺了某些似乎赋予生命以意义的东西的痛苦，这些就是爱？被断绝了自我实现的途径，被剥夺了那些自己赖以生存的东西，以及对自我重要性的否定，这些导致了孤独的清醒、辛酸和苦涩。而这痛苦就是爱吗？

"您正在试图告诉我，我根本不爱我的丈夫，难道不是吗？您说这些的时候我确实心惊胆寒。可是没有其他的解释，不是吗？我从来没有想过这些，只有当打击袭来的时候，在我的生命中才有那么一点儿真实的悲伤。当然，没有孩子是巨大的遗憾，但它被另一个事实——我拥有我的丈夫和工作——所缓解，我把那当成了我的孩子。死亡是一个可怕的结局。突然之间我发现自己形单影只，没有任何事需要我去做，我被撂在一边，被遗忘了。现在我认识到您所说的话的真实；但如果您在三四年前对我说这些，我是不会听的。即使现在我也怀疑我是否在听，或者只是在寻求一些理由为自己辩护！我可以再次拜访并与您交谈吗？"

## 🌸 什么是教师真正的职责

菩提树和罗望子树统治着这个小山谷，雨季过后，满目葱茏，生机盎然。旷野中阳光强烈而刺眼，浓密的树荫下却凉爽宜人。古老的树姿态优雅地在碧蓝的天空下矗立着。山谷里的鸟多得惊人，种类繁多，它们飞到树上并立刻消失在繁枝密叶间。可能会连续好几个月滴雨不下，眼下这里却覆盖着绿色与安宁，水井是满的，大地充满希望。堕落的城镇远离这些山间的美景，而临近的乡村污秽不堪，村民们饥肠辘辘。政府只是许诺，村民看来却丝毫不介意。到处洋溢着美和欢乐，可他们对此毫无感觉，也没有意识到自己内在的富足。置身于如此美妙的境界，人们依然迟钝而空虚。

他是一位教师，收入微薄却家累沉重，但他对教育感兴趣。他说他曾一度陷入困境，最后想方设法熬过去了。贫穷不是一个干扰因素。尽管食物并不充足，还是能够吃饱，而且他的孩子们可以在他任职的学校免费念书。他对自己的课程很精通，也兼授其他课程，他说那些课程任何教师只要聪明就能教。他再次强调他对教育的浓厚兴趣。

"教师的职责是什么呢？"他问。

教师仅仅是信息的传送者、知识的传授者吗？

"他必须至少是那样的。在任何一个特定的社会，男孩和女孩必须为谋生做好准备，自食其力，等等。教师的一部分职责就是传授知识给学生以便他们到时候能够找到一份工作，也许还有可能帮助建设一个更好的社会结构。学生必须准备好面对人生。"

就是那样，先生，但是难道我们不应该尝试发现教师的真正职责吗？教师仅仅是为学生准备一个成功的职业吗？难道教师没有更重要更广大的意义吗？

"当然有。比如说，他可以成为一个榜样。通过他的生活方式，通过他的行为、态度和见解，他可以影响和激励学生。"

教师的职责就是给学生做榜样吗？不是已经有足够的榜样了吗——英雄们，领袖们，还没有算上冗长名单上的其他人？榜样就是教育的方式吗？教育的职责难道不是帮助学生变得自由，具有创造力吗？在模仿与服从中会有自由吗——无论是内在的还是外在的？当学生被鼓励去追随一个榜样的时候，难道恐惧不是以一种深刻而微妙的方式在延续吗？如果教师变成了榜样，那个榜样不是会塑造并扭曲学生的人生吗？难道您不是在激发"他是"和"他应该是"之间的无止境的冲突吗？教师的职责难道不是帮助学生了解他自己吗？

"但是教师必须引导学生走向更好更高尚的人生。"

要引导，你就必须知道；但是你知道吗？你知道什么呢？你知道的只是你通过你的偏见的屏障所学到的东西，是作为一个印度教徒、一个基督教徒或其他派别信徒的制约；而这种形式的引导只会带来更多的痛苦和流血，就像全世界正在展示的。难道教师的职责不是帮助学生有智慧地从一切制约的影响力之下解脱出来吗？这样他就能够深刻而充分地经历人生，不怀着恐惧，也没有侵略性的不满足。不满足是智慧的一部分，但不是指那种轻易就能安抚的不满足感。渴望获得的不满足感可以很快被平息，因为它追寻的是陈腐的获得的行为模式。难道教师的职责不是驱散那些令人获得满足感的指导、榜样和领袖幻象吗？

"那么至少教师可以激励学生去追求更伟大的东西。"

先生，再说一次，难道你不是在错误地看待问题吗？如果作为教师的你灌输思想和情感给学生，这不就是让学生在心理上依附于你吗？当你充当他的灵感，当他仰慕你就像仰慕一位领袖或一个理想时，毫无疑问他是依赖你的。依赖不是会孳生恐惧吗？而恐惧不是会削弱智慧吗？

"可是如果教师既不是激励者、榜样，也不是引导者，那么他真正的职责究竟是什么呢？"

一旦你不是所有这些东西，你是什么呢？你跟学生的关系到底是什么样的呢？以前你跟学生有过任何关系吗？你跟他的关系是建立在观念——什么对他有好处，他应该是这个或那个——的基础上的。你是教师而他是学生，你作用于他，你根据你的特定的制约对他施加影响，所以，你有意识或无意识地按照你自己的想象来塑造他。一旦你停止对他施加作用，那么他自己就会变得重要，那意味着你将不得不了解他，并且不再要求他应该了解你或你的理想——总之那些都是虚妄的。那样的话你就必须去应对"事实是"而不是"应该是"。

确实的，若教师把每一个学生都看作是独一无二的个体并因此无须与任何人进行比较的时候，那时他就不用再关心体制或方法。教师唯一关心的是"帮助"学生领悟他周围的和他自己内心的有制约力的影响，这样学生就能智慧地、没有恐惧地应对人生的复杂过程，而不是在已经存在的混乱之上再添加更多的问题。

"难道您不是在向教师提出远远高于其能力的艰巨任务吗？

如果你没有能力做到这些，那么你为什么做教师呢？除非做教师对你而言不仅仅是一个职业、一份工作——就像其他任何工作，否则你的问题就没有意义，因为我觉得对真正的教育者来说没有什么是不可能的。

## 你的孩子及他们的成功

这是一个迷人的黄昏。山顶被落日映得通红。穿越山谷的小路的沙地上，四只啄木鸟正在洗澡。它们用长喙挖着地下的沙子，拍打着翅膀把身子深深地埋到沙子里去。它们一次又一次地重复着，头上的冠毛上下摆动。它们互相招呼，尽情享受这愉快时光。为了不打搅它们，我们离开小路踏上雨露未干的低矮浓密的草坪，几英尺外伏着一条大蛇，身色微黄，头部浑圆，色彩斑斓，相貌凶恶。它紧盯着那些鸟儿，根本没注意我们。它的黑眼睛一动不动地注视着，分叉的黑色舌头咝咝地吞进吐出。它几乎难以察觉地向鸟儿移动，鳞片在草地上悄无声息地滑过。这是一条眼镜蛇，在它四周弥漫着死亡的气息。最近它一定褪过皮了，强壮的躯体在昏暗的光线下闪闪发光，危险而美丽。突然之间那四只鸟惊叫着冲向天空，然后我们看到一件不同寻常的事情发生了：眼镜蛇松弛下来。它曾经那么热切，那么紧张，而现在它却几乎失去了生气，变成了泥土的一部分——但是在顷刻之间，它就能致人于死地。它悠闲地游动着，在我们低声交谈的时候只是微微抬了一下头，伴随着一种特有的静谧，恐惧与死亡的静谧。

她是一位瘦小的老夫人，满头白发，保养得很好。尽管谈吐文雅，她的体形、步伐、手势，以及昂首挺胸的方式，全都流露出一种她的嗓音所无法隐藏的根深蒂固的侵略性。她有一个大家庭，儿女众多。她的丈夫已去世多年，她独自抚养孩子们成人。她带着毫不掩饰的自豪感，提到她的一个儿子是出色的外科医生，同时开着一家大诊所。她的一个女儿是聪明而成功的政客，在政治生涯中一帆风顺。她说这些的时候面带微笑，暗示"你知道女人是怎么回事"，接着她说这位女政客有着精神上的渴望。

你说的精神上的渴望是什么意思？

"她想要成为某个宗教或哲学团体的领袖。"

通过一个组织获得凌驾于他人之上的权力毫无疑问是邪恶的，难道不是吗？那是一切政客的方法，无论他们是不是在政治领域中。您可以在令人愉快而具欺骗性的词汇之下掩盖它，但对权力的欲望不都是邪恶的吗？

她听着，但我说的话对她没有任何意义。她正挂念着什么，这一点就写在她的脸上，而这不久就会浮现出来。她继续讲述其他孩子的活动，所有人都精力充沛，事业发达，除了她真正爱的那一个。

"什么是悲伤呢？"她忽然问道。"在私下里什么地方，我似乎一辈子都是悲伤的。尽管除了一个之外，我的所有孩子都很幸运而满足，我却总是忧心忡忡。我不能明确地指出，但悲伤缠绕着我。我经常失眠，思索这到底是怎么回事。我担心我的小儿子。您看，他是一个失败者。有关他的一切都土崩瓦解：他的婚姻，他跟兄弟姐妹的关系，还有跟朋友们的关系。他几乎从来没有工作过，当他得到一份工作的时候，总会有什么事发生，然后他就被赶走。他似乎不能被帮助，我为他担忧。尽管他加重了我的悲伤，我并不认为他就是根源。什么是悲伤呢？我焦虑、失望、身体疼痛，而这无所不在的悲伤凌驾于一切之上。我找不到原因，我们可以谈谈这事吗？"

你很为你的孩子们自豪，尤其是为他们的成功自豪，不是吗？

"我认为任何父母都会的，因为他们全都成功了，除了最小的那个。他们富裕而快乐。但是您为什么问这个问题呢？"

那也许跟你的悲伤有关系。你确定你的悲伤和他们的成功无关吗？

"当然；恰恰相反，我为此感到非常快乐。"

你认为你悲伤的根源是什么呢？如果可以问的话，你丈夫的死对你刺激很深吗？你依然受这件事的影响吗？

"那是一次重大打击，他死后我非常孤独，但我很快就忘记了我的孤独和悲伤，因为孩子们需要照料，我没有时间考虑我自己。"

你认为时间可以抹去孤独和悲伤吗？它们是否依然在呢？就掩埋在你头脑的深层，即使你可能已经遗忘了它们。那有可能是你意识层面的悲伤的原因吗？

"正如我所说，我丈夫的死是一次打击，但无论如何那是意料之中的，我含着眼泪接受了。结婚之前，我还是小女孩的时候，我目睹了父亲的死，若干年后又是我的母亲；但我从来不对任何官方宗教感兴趣，所有关于死亡和来世的啰哩啰嗦的解释从来没让我烦心过，以后也不会。死是不可避免的，就让我们尽可能心平气和地接受吧。"

那也许是你看待死亡的方式，但孤独能够这么轻易地被某个理由排解吗？死亡也许是明天需要面对的事，当它来临的时候；但孤独不是一直都在吗？也许你小心翼翼地把它关在门外，但它依然在那儿，就在门后。难道你不应该邀请孤独进来，并见见它吗？

"我不知道。孤独是最令人不快的，我怀疑我是否能够达到那个程度去领略那么可怕的情感。孤独真的非常令人恐惧。"

难道你不是必须充分地了解孤独吗？因为那有可能是你悲伤的原

因。

"可是我如何才能了解孤独呢？那正是给我带来痛苦的东西。"

孤独并没有让你痛苦，但是孤独的观念引起了恐惧。你从来没有经验过孤独的状态。你总是带着忧虑、恐惧，带着逃避或找一个办法克服的强烈愿望来看待它；所以你一直在逃避，不是吗？事实上你从来没有直接接触过它。为了把孤独从你身边赶走，你躲进你孩子的生活和他们的成功里。他们的成功成为了你的成功；但是在这种对成功的崇拜后面，难道没有某种深层的忧虑吗？

"您怎么知道呢？"

那些你逃避于其中的东西：收音机、社会活动、某种特殊的宗教信条、所谓的爱，等等——变成了首要的，就像酒对酒鬼必不可少一样。人会在对成功、偶像的崇拜里，或在某种理想中迷失自己；但一切理想都是虚幻的，焦虑正是在他自己的迷失中产生的。如果可以指出的话，你的孩子们的成功对你来说已经成了痛苦的根源，因为你对他们和你自己有更深的担忧。无论你对他们的成功和他们从公众获得掌声有多么赞赏，难道在背后不是有一种羞耻、厌恶和失望的情绪吗？请原谅我的提问，难道你没有为他们的成功深深地苦恼吗？

"您知道，先生，我从来不怕承认这苦恼的本质，甚至是对我自己，然而事实正如您所说。"

你想要深入探讨吗？

"当然，现在我确实想深入探讨。您看，我一直信奉宗教，但我不属于任何宗教。我阅读各种宗教书籍，但我从来不加入任何所谓的宗教组织。有组织的宗教看起来太遥远，而且感觉不够亲近。然而在我的世俗生活之下，一直有一种模糊的宗教探索。我生孩子以后，这种探索就表现为一种深切期盼，我希望我的孩子具有宗教倾向。但一个都没有；他们全都变得富有而庸俗，除了最小的一个，他是所有东西的混合体。

他们全都庸庸碌碌，就是这在刺痛着我。他们全神贯注在世俗生活上，如此肤浅而愚蠢。我从来没有跟他们中的任何一个讨论过此事，即使我做了，他们也不会理解我在说什么。我想至少有一个孩子会有所不同吧。我对他们以及我自己的平庸极端厌恶，我想就是这引起了我的悲伤。我应该怎么去突破这愚蠢的状态呢？"

在自己身上还是在别人身上突破呢？人只能在自己身上突破平庸，然后才有可能与其他人发生一种不同的关系。知道自己是平庸的就已经是改变的开始，不是吗？但是一个狭隘的头脑，由于对它自己开始有所了解，因而疯狂地想要改变。这个强烈的欲望正是平庸。任何自我改善的欲望都是狭隘的。当头脑知道它是狭隘的并且不再遵照它自己的方式行动的时候，就会发生对平庸的突破。

"您说的'遵照它自己的方式行动'是什么意思？"

如果一个狭隘的头脑认识到它是狭隘的，做出努力去改变它自己，它不是依然狭隘吗？改变的努力来自于一个狭隘的头脑，因此那个努力也是狭隘的。

"是，我明白，但是该怎么办呢？"

任何头脑的造作都是渺小的、有限的。头脑必须停止造作，只有那时平庸才会终结。

## 追寻的欲望

两只拖着长尾巴的金绿色小鸟每天清晨经常到那个花园去，栖在一根特定的树枝上，互相嬉戏鸣叫。它们顽皮好动，闹个不停。它们是可爱的小东西，似乎从来不会对飞行和玩闹感到厌烦。这是一个幽僻的花园，许多小鸟不断地飞进飞出。两只年轻的猫鼬在矮墙上互相追逐，然后从一个洞溜进花园。它们圆滑而敏捷，浅黄色的毛皮在阳光下闪闪发光。即使在玩耍时它们也小心翼翼，紧贴着墙根，小红眼睛警惕而戒备。一只肥胖的老猫鼬偶尔从同一个洞慢悠悠地钻进花园。它一定是它们的父亲或母亲，因为有一次它们三个在一块儿，一个接一个地从小洞钻进花园，排成一溜穿过草坪，消失在灌木丛中。

"为什么我们要追寻呢？"P 问道。"我们追寻的目的是什么呢？人对这永无止境的追寻该多么厌倦啊！难道就没有终点吗？"

"我们寻求我们想要发现的，"M 回答。"在找到我们寻求的东西以后，我们继续进一步的发现。如果我们不去追寻，一切生命都将终结，生命将停滞并没有意义。"

"'寻找，就寻见'"，R 引用了一句《圣经》中的话。"我们将找到我们想要的，找到我们有意识或无意识中渴望的。我们从来没有质疑过这种追寻的强烈欲望；以前我们总在追寻，无疑将来我们也将一直追寻下去。"

"追寻的欲望是不可避免的，"L 说道。"您不妨问为什么我们要呼吸，或为什么头发要生长。追寻的欲望就像昼夜更替一样是必然的。"

当你如此明确地宣称追寻的欲望是必然的时候，对问题真相的发现就已经被障碍了，难道不是吗？当你接受任何东西作为最后的、盖棺论定的结论时，所有的探究不是都结束了吗？

"但是存在某种固定不变的律法，就像地心引力，更明智的做法是接受而不是白白地撞得头破血流。"L 答道。

我们由于各种不同的心理原因而接受某种教条或信仰，而且随着时间的流逝，被接受的东西变成了"必须如此"、人们所谓的必然性。

"如果 L 认为追寻的欲望是必然的，那么他将继续追寻下去，对他来说那就不是问题。"M 说。

科学家、狡猾的政客、不幸的人、病人——每个人都在用自己的方式追寻，而且不时更换追寻的对象。我们都在追寻，但我们似乎从来没有问过我们自己为什么追寻。我们不是在讨论我们追寻的对象——无论那是高尚的还是下流的，我们正在努力发现我们究竟为什么要追寻，不是吗？这孜孜不倦的追寻、持续不断的冲动到底是什么呢？它是不可避免的吗？它是永无止境的延续吗？

"如果我们不追寻，"Y 问道，"我们不是会变得懒惰并停滞不前吗？"

各种形式的冲突显现为生活方式，我们认为离开了它们我们的人生就没有意义。对我们大多数人来说，斗争的停止就是死亡。追寻意味着斗争、冲突，而这个过程对人类而言难道是至关重要的吗？有没有一种没有寻求与斗争的不同的生活"方式"呢？我们为什么追寻？追寻什么呢？

"我寻找方法和手段来保障我自己的生存，还有我的国家的生存。"L说。

国家的生存与个体的生存之间存在如此巨大的区别吗？个体将自己与国家或某个特殊的社会形态认同为一体，于是需要国家或社会生存。这个或那个国家的生存也就是个体的生存。难道个体不是永远在通过与某种比他自己更伟大、更高尚的东西的认同来寻求生存、获得延续吗？

"难道就不存在一个点或一个瞬间，我们突然发现自己不再追寻、不再斗争了吗？"M 问。

"那个瞬间也许只是厌倦的结果，"R 回答，"再次陷入追寻与恐惧的恶性循环之前的短暂停顿。"

"或者它也许超出了时间的范畴。"M 说道。

我们正在谈论的这个"瞬间"是在时间以外的吗？或者它只是一个

再次开始追寻以前的暂停点？我们为什么追寻？这追寻有可能终止吗？除非我们自己发现我们为什么要追寻和斗争，否则追寻已经结束的状态对我们来说将依然是一个幻象，没有任何意义。

"不同的追寻对象之间没有区别吗？"B问道。

当然有区别，但是在所有的追寻中，欲望在本质上都是一样的，不是吗？无论我们寻求个体的生存还是国家的生存；无论我们到老师那里，还是到上师或救世主那里；无论我们信奉某种特殊的戒律，还是找到什么别的改进我们自己的手段，难道我们中的每个人不都是在以他自己的有限或稍微广泛的方式寻求某种形式的满足感、延续或恒常吗？所以我们现在问自己，不是我们要寻求什么，而是我们究竟为什么要寻求？寻求有可能终结吗？不是由于强迫或挫折，或因为已经找到，而是那个欲望彻底停止了。

"我们被困在不断寻求的习气中，我猜想那是我们的不满足感的产物。"B说。

因为不称心、不满意，所以我们寻求称心、满意。只要这种想要称心、满意的欲望存在，就必然会有寻求与斗争。追求满足感的欲望总是与恐惧的阴影相伴随，不是吗？

"我们如何能够从恐惧中逃脱呢？"B问道。

你想要实现欲望而没有恐惧的痛苦；但是曾有过持久存在的实现吗？毫无疑问，正是那个实现的欲望本身是挫折和恐惧的原因。只有当实现的意义被看清，欲望才会终结。"成为"和"在"是两种完全不同的状态，你不可能从一种状态转到另一种状态；而只有当"成为"停止的时候，另一者才会在。

## 🌸 倾听

满月高悬在河上；天气寒冷，薄雾给月亮蒙上了一层浅浅的红色。烟从许多村庄里袅袅升起。河面上没有一丝涟漪，但是湍流暗藏，强大而深沉。燕子飞得很低，翅尖掠过水面，并未扰动水面的平静。远处拥挤城镇中的清真寺塔尖上挂着刚刚露面的晚星。鹦鹉们开始飞回巢穴，它们不是笔直地飞，而是尖叫着落下，啄起一颗谷子，斜刺里飞走。它们总是先飞到一株茂密的树上，成百上千地聚集在那里；然后一起飞到另一株更加隐蔽的树，当黑夜降临时将会寂静无声。月亮正悬在树顶，在寂静的河面上铺设了一条银色的路。

"我明白倾听的重要性，但我怀疑我是否曾经真的听过您说的话，"他说道。"不管怎么样，我很努力地在听。"

当你努力去听的时候，你在听吗？那个努力不是正在分散、阻碍你的倾听吗？听那些让你感兴趣的东西的时候，你需要努力吗？毫无疑问，这个倾听的努力是一种强迫的形式。强迫就是反抗，不是吗？而反抗孳生出问题，所以倾听变成了问题中的一个。倾听本身从来不是问题。

"对我来说那是问题。我想要正确地听，因为我感到您说的话有深刻的含义，但是我不能超越这些话的字面意思。"

请允许我这样说，现在你没有在听我正在说的话。你已经把倾听变成了一个问题，而这个问题正在阻止你听。每一件我们接触到的东西都变成了一个问题，一个问题制造出许多其他问题。请观照这一点，究竟有没有可能不制造问题呢？

"那就太棒了，可是如何达到那种幸福的状态呢？"

又来了，你看，"如何"、达到某个状态的方法，一如既往地成为了另一个问题。我们正在讨论不要产生问题。你必须觉知到头脑制造问题的方式。你想要达到完美倾听的状态，换一句话说，你不是在听，而是想要达到某种状态，你需要时间和兴趣去达到那种或其他任何状态。对时间和兴趣的需求制造出了问题。你完全没有觉知到你没有在听。当你觉知到的时候，正是那个你没有在听的事实将有它自己的行动；那个事实的真相会发生作用，你不用对事实做什么。但是你想要影响、改变，培养它的对立面，去制造一个你渴望的状态等等。你的想要影响事实的努力孳生了冲突，反倒是看到事实真相会令你解脱。只要你的头脑被任何形式的努力、比较、判断或谴责所占据，你就不会觉知到真实，你也不会看到虚妄就是虚妄。

"您说的也许是对的，但是所有这些冲突和矛盾在我内心继续发生，看起来我仍然几乎不可能倾听。"

倾听本身是一个完整的行动；正是倾听的行动带来了它自身的解脱。但是你真的关心倾听吗？还是关心改变内在的混乱呢？如果你愿意倾听，先生，在觉知到你的冲突和矛盾而不强迫它们变成任何特定模式的思想的意义上，也许它们会完全停止。你看，我们坚持不懈地努力变成这个或那个，达到某种特殊状态，获得某种经验或避免另一种经验，因此头脑永远被某些东西占据着。头脑从不停下来去听听它自己的斗争和痛苦的哀嚎。简单一些，先生，不是试图去成为什么或获得某种经验。

# 不满足的火焰

　　大雨已经下了好几天，溪流变得高涨而喧哗。混浊的褐色溪水从每个谷口涌出来，汇聚成一条较宽的溪流从山谷中间穿过，汇入大河向数英里之外的大海奔腾而去。河的水位很高且流速很快，席卷过果园与空旷地带。即使是夏天，河流也从不干涸，尽管所有哺育它的溪流都露出了光秃秃的岩石和干燥的沙砾。现在河水流得很急，比人走路还快。人们在两岸观察混浊的河水，水位这么高是不多见的。人们很兴奋，两眼放光，因为观看快速流动的河水是一件赏心乐事。靠近大海的城镇也许要遭殃了，河水可能会冲出堤岸，淹没田地和树林，毁坏房屋；但在这儿，在孤零零的桥下，棕色的河水在歌唱。有人在捕鱼，但他们不可能捉到许多，因为水流太急，裹挟着所有邻近溪流的垃圾。又开始下雨了，人们还在看，在简单的事物中乐而忘返。

　　"我是一个真理追寻者，"她说道。"我读书，哦，这么多书，主题五花八门。我曾是天主教徒，但是离开那个教派加入了另一个；然后又离开，参加了另一个宗教团体。最近我在阅读东方哲学，佛陀的教诲。此外，我还做过心理分析。但是那些都没能阻止我的追求，现在我在这儿跟您谈话。我差点去印度寻访一位上师，只是碍于环境没有成行。"

　　她继续说她已经结婚并有两个聪明伶俐的孩子，都在大学读书；她一点儿都不为他们担心，他们能够照顾自己。社会的影响再也没有意义。她曾经认真地练习禅定但是毫无进展，而她的头脑跟从前一样愚蠢而飘忽不定。

"您说的关于禅修与祈祷的话跟我曾经读到和想到的是如此不同，那让我非常困惑，"她补充道。"但是经过这些烦人的混乱之后，我真的想要找到真实并领悟其中的奥妙。"

你认为通过寻求你能找到真实吗？所谓的真理追寻者不是可能永远找不到真理吗？你从来没有探究过这个寻求的欲望，不是吗？然而你还在继续寻求，怀着找到你想要的你称之为真实并弄得很神秘的东西的希望。

"可是寻求我想要的东西有什么错呢？我一直在寻求我想要的，而我时常得不到。"

也许吧。但是你认为你能够像收集钱财和油画那样收集真理吗？你认为真理是填补人的空虚的另一个摆设吗？抑或那个只知获得的头脑是否必须完全停止以便让别的东西呈现呢？

"我想我太过心急了，才找不到真理。"

完全不是。你将在你的急不可耐中找到你所追寻的，但那并不是真实。

"那么我做什么么呢？只是躺下来过单调无聊的口了吗？"

你在跳到结论，不是吗？难道弄清楚你为什么要追求不重要吗？

"哦，我知道我为什么追求。我对每件事都彻头彻尾地不满足，即使是我已经找到的。不满足的痛苦一再重现；我以为我抓住什么了，但它很快就会消失，然后不满足的痛苦再一次淹没了我。我尝试了每一种我能想到的办法来克服，可是不知何故它在我内心太强大了。我必须找到某种能带给我平静和满足的东西，不管那是真理或是别的什么。"

难道你不应该感激你还没有成功地熄灭这不满足的火焰吗？要克服不满足已经成了你的问题，不是吗？你一直在寻求满足，幸运的是你还没有找到；如果你找到那就是停滞，生活归为死寂。

"我想那正是我在寻求的：某种对于这折磨人的不满足的逃避。"

大多数人都是不满足的，不是吗？但是他们在生活中的简单事物里获得满足感，比如登山或某些抱负的实现。那不眠不休的不满足被肤浅地转化为让人获得满足感的成就。一旦我们的满足感被动摇，我们马上找寻方法去克制这种不满足。因此我们活在表层，并且从来不去探究不满足的深度。

"如何才能深入到不满足的表层下面呢？"

你的问题表明你依然希望逃避你的不满足，不是吗？与那痛苦在一起，不要试图逃避或改变，就能洞穿不满足的深度。只要我们试图逃到别处去，或成为什么，就必定会产生冲突的痛苦，然后我们就想从痛苦中逃避；我们确实逃到每一种活动中去。与不满足在一起，并成为不满足的一部分，没有观察者迫使它进入满足感的窠臼或接受它作为不可避免的现象，就是允许那非对立性的"不二"呈现出来。

"我理解您说的，但是我已经与不满足斗争了这么多年，现在对我来说要成为它的一部分是非常困难的。"

你越是和某个习惯斗争，你投注在它上面的生命就越多。习惯是一个死的东西，不要与它斗争，不要去对抗它；随着对不满足的真相的洞察，过去将失去它的意义。尽管非常痛苦，但是不用知识、传统、希望、成就来熄灭那不满足的火焰而是保持着不满足，这是一件了不起的事。我们在人类成就的幻象中迷失了，在教会和喷气式飞机的幻象中迷失了。再说一次，所有那些都是肤浅而空虚的，只会导致毁灭与不幸。有一种超出头脑的权力与能量的奥秘。你不可能搜寻它或者邀请它；它必须不请自来，随之而来的是人类之福。

# 一次狂喜的经验

那天异常的炎热潮湿。公园里，许多人在草地上散步或者坐在浓密的树荫下；他们喝着冷饮，大口呼吸着清爽洁净的空气。天色灰白，一丝风也没有，机械化城市的大量废气弥漫在空气中。此时的乡村一定非常可爱。正是春夏交接的光景，一些树木即将生出新叶。辽阔的、波光闪烁的大河之畔的路边开满了鲜花。密林深处有一种特别的静谧，身处其中你几乎可以听到万物诞生的声音。还有蓝色的群山，芬芳馥郁的深谷……可这里是城市！

想象歪曲了对"当下之是"的洞察力；然而我们对我们的想象和推测是多么自负啊！那个推理的头脑，以及它的复杂思想，对根本性的转化无能为力。它不是一个革命性的头脑。它已经给自己穿上了"应该是"的外衣，并且遵循着它自己的受局限而封闭的投射模式。"善"并不在"应该是"之中，善孕育在对"事实是"的领悟中。想象——正如比较——阻碍了对"事实是"的洞察力。头脑必须抛开一切想象和推测以便让真实呈现。

他相当年轻，已经结婚，是个颇有声誉的商人。他看起来非常烦恼而痛苦，急切地想要说些什么。

"前些日子我经历了一件极不寻常的事。我从未对人说过，我也拿不准是否可以对您说。我希望可以，因为我不能到任何其他人那里去。

那次经历完全抓住了我的心；但那已经过去，现在我所有的只是对它的空洞回忆。也许您可以帮助我把它找回来。我将尽量完整地告诉您那种幸福是什么。我曾经读过一些相关文字，但那些都是空泛的词句，只能诉诸理智；但是发生在我身上的那件事超越了一切思想、想象和渴望，现在我已经失去了它。请一定帮助我把它找回来。"他暂停了一会，继续说下去。

"一天早晨我醒得很早；城市还在睡梦中，那些含混低沉的嘈杂尚未开始。我感到我必须出去，于是我很快穿好衣服走到街上。此时甚至连牛奶车都还没上路。时值早春，天空是灰蓝色的。我有一种强烈的感觉我应该到一英里外的公园去。从走出前门的那一刻起，我就有一种奇特的轻盈的感觉，就好像是在空中行走。路对面那一片土褐色的平房，看起来一点儿都不丑陋了，每一块砖块都生动而无瑕疵。每一件我平时永远不会注意的小事似乎有了某种非凡的品质，更奇怪的是，一切似乎都是我的一部分。没有一件事物是与我分离的；事实上，那个作为观察者、感觉者的'我'不存在了——如果您知道我说的意思。那个独立于那棵树、那本书，或那对互相呼唤的小鸟的'我'不存在。那是一种我从来不知道的意识状态。"

"去公园的路上有一个花店，"他继续说道，"我曾经几百次打那儿路过，并经常在走的时候扫上一眼。但在那个特殊的早晨，我在花店前停下了脚步。镀金的玻璃窗因为里面的热气和湿气稍微结了点儿霜，但这没有妨碍我看到里面各种各样的鲜花。当我驻足欣赏的时候，我发现自己怀着从未体验过的喜悦微笑着，继而大笑起来。那些花在对我说话，我也在对它们说话；我在它们中间，而它们是我的一部分。说这些的时候，也许我给了您一种歇斯底里、神经错乱的印象，但事实并非如此。我穿戴得非常仔细，我清楚地知道我穿上了干净的衣服，看了手表，看了店招牌，包括我的裁缝的店，并且读了书店橱窗里的书名。每样东西都是鲜活的，而我爱每样东西。我就是那些鲜花的香味，但是那儿并没有嗅着花香的'我'，如果您知道我的意思。在它们和我之间没有分别。那家花店难以置信地充满了各种色彩，它一定美得令人晕眩，因为时间仿佛停止了。我一定在那里站了超过二十分钟，但我向您保证没有时间的感觉。我几乎不忍把自己和那些花分开。世界痛苦而又悲伤，可世界又并非如此。您知道，在那种状态里，语言没有意义。语言是描述性的、分裂的、比较的，但是在那状态里不存在语言。不是'我'在经验那个状态，只有那个状态、那个体验存在。时间已经停止了；没有过去、现在或者未来。只有——哦，我不知道怎么说，但是那不重要。那是'当下'——不，不是那个词。就仿佛地球以及地球上的一切都处在一种狂喜的状态里。正走向公园的我也是其中的一分子。走近公园时，我完全被那些平日见惯了的树木的美迷住了。颜色从浅黄到深绿的树叶们随着生命的韵律翩翩起舞；每片树叶都独自伸展着，大地的华美与富足都蕴藏在小小的一片叶子里。我感到我的心在快速跳动；我的心脏很健康，可是进入公园的时候我几乎无法呼吸，我想我快要晕倒了。我坐在凳子上，眼泪从脸颊上滚落。有一种令人无法承受的寂静，而那寂静正在净化一切痛苦和悲伤。我走入公园深处，空中飘荡着音乐。我感到惊讶，因为附近并没有房屋，也不会有人在那个时候带收音机到公园来。那音乐也是整个事件的一部分。世间的一切美善、一切慈悲都在那个公园里，上帝也在那里。"

"我不是神学家，也不是宗教徒，"他继续说道。"我曾经去过教堂大约十二次，但是那对我从未有任何意义。我无法忍受教堂里那些喋喋不休的胡言乱语。但在那个公园里有一位神——如果可以用这个词的话——世间万物都活在祂里面，并各得其所。我双腿颤抖，不得不再次背靠一棵树坐下。那树干是一个活生生的东西，就像我一样，而我就是树的一部分，神的一部分，世界的一部分。我一定是晕过去了。这一切对我来说太多了：那鲜活生动的色彩，那些树叶，那些石头，那些花，每件事物都美得不可思议。而笼罩一切的是那祝福……"

"我醒来时太阳已经升起来了。我花了大约二十分钟走到公园，但是从我离开房子已将近两个小时了。我似乎没有力气走回去；所以我坐在那里，积攒体力并且不敢思考。当我慢慢走回家的时候，那个体验都和我在一起；它持续了两天，然后就像出现时一样突然消失了。接着折磨开始了。整整一个星期我没有靠近办公室。我想要那奇特的活生生的体验重现，我想再经历一次并且永远待在那个幸福的世界里。这件事发生在两年以前。我曾经认真地考虑过放弃一切远走高飞，去到荒无人烟的天涯一隅，但是我心里知道不可能以那种方式找它回来。没有任何一所修道院或烛火通明的教堂能够给予我那种经验。我曾考虑到印度去，但也抛诸脑后了。然后我尝试了一些药物，它们让事物显得更鲜活，如此等等，但鸦片并不是我想要的。那是一种廉价的体验方式，是个骗局而不是真实。"

"所以我来到这里，"他总结道。"我愿意献出一切，我的生命和我所有的财产，只为了在那个世界再经历一次。我该怎么做呢？"

它降临到您身上，先生，不请自来。你从未去找寻。而只要你找寻，你将永远不会找到它。正是那个要再次经历那种令人心醉的状态的欲望妨碍着新的、鲜活的狂喜体验。你看看发生了什么：你曾经有过那种体验，而现在你跟昨天已死的记忆生活在一起。曾经发生过的正在妨碍新的发生。

"您的意思是我必须放下并忘记已经发生的一切，忍受内在的饥渴，继续我的琐碎日子吗？"

如果你不频频回顾并要求更多——那非常困难——也许那个你无法控制的东西就可以按照它的意愿行动。贪欲产生痛苦，即使是对崇高事物的贪欲。贪多的欲望打开了朝向时间的大门。那种狂喜不可能被任何祭品、美德、药物买到。那不是一种回报，一个结果。它只在它愿意的时候到来；不要去找寻它。

"但那经验是真实的吗？它是最高的吗？"

我们想要别人肯定，以便我们自己肯定那曾经发生过的事，并在它里面躲藏。想要在曾经发生过的事上被肯定或者保证——即使那曾经是真实的，也会加强不真实并产生幻想。让现在处于过去——无论那过去是愉快的还是痛苦的——就是阻碍真实。真实没有延续性。真实是瞬间又瞬间存在的，非时间的，不可测度的。

## 想要行善的政治家

夜里下雨了，泥土潮湿而芳香。小径穿过古老的树林和芒果园从河边蜿蜒而来。这是一条被成千上万人踩过的朝圣之路，因为有一项已超过二千年的传统，所有虔诚的朝圣者必须走过这条小路。可现在并不是朝圣时间，这个早晨只有村民在那里行走。他们身着色彩斑斓的衣服，背对着太阳，头顶干草、蔬菜和木柴。他们是美丽的风景。他们优雅而庄重地走着，笑着谈论着村里的轶闻。小路两侧，目力所及是绿色的耕种过的冬小麦田，点缀着大片豌豆以及其他集市上常见的蔬菜。那是个可爱的早晨，晴朗的蓝天，土地上有着赐福。泥土真是充满生命力的东西，慷慨、丰饶而神圣。那不是人造物品、寺庙、僧侣和书籍的神圣；那是全然的和平与全然的寂静的美。人们沐浴其中；树木、青草、大公牛，都是它的一部分；在尘土中玩耍的孩子们感觉到它，尽管他们不了解。那不是转瞬即逝的东西，它没有开始也没有结束。

他是个想要行善的政治家。他说他自己不像其他政客，因为他真的关心人民的福利，关心他们的需要、他们的健康和他们的成长。当然他有野心，但是谁没野心呢？野心帮助他变得更活跃，缺乏野心他会变得懒惰，没有能力为别人做许多好事。他想成为内阁成员，而且进展顺利。在他成为内阁成员后，他的想法将被实现。他曾经周游世界，访问过不同的国家，并研究不同政府的制度，经过仔细思考后，他已经可以设计出一个将真正有利于他的国家的计划。

"可是现在我不知道是否能够付诸实施，"他带着显而易见的痛苦说道。"您看，最近我的健康状况一点也不好。医生们说我必须放松，而且我也许得接受一次危险的手术；但我不可能接受这样的情况。"

可不可以问一下，什么在妨碍你放松呢？

"我拒绝接受在有生之年成为一个病人的前景，而且还不能做我想做的事。我知道，至少口头上知道，我不可能无限期地维持过去的步调，可是一旦我躺下了，我的计划也许永远无法施行。还有其他野心勃勃的人，这本来就是残酷的竞争。我曾几次到过您的会场，我想我必须来和您谈一谈。"

先生，你的问题是不是关于挫折的呢？长期卧病的可能性，以及影响力和声望下降，而你发现你无法接受这些，因为离开了你的计划，生活将索然无味。是这样吗？

"就像我说的，我和别人一样野心勃勃，但是我也想做好事。另一方面，我真的病得很重，而我就是不能接受这场病。所以我内心一直充满痛苦的冲突，而我非常清楚这令我的病情益发严重。还有另一种恐惧——不是因为我的家庭，他们一直被供养得很好——对一种从来不能用语言表达的东西的恐惧，我说不清。"

你是说对死亡的恐惧吗？

"是的，我想就是它；或者更确切些，是对已经开始着手做的事情还没实现，生命就已走到尽头的恐惧。也许这是我最大的恐惧，而我不知如何减轻它。"

这种疾病会彻底中断你的政治生涯吗？

"您知道那像什么。除非我处于事件的中心，否则我将被忘记，而我的计划将没有任何希望。事实上那意味着从政界退出，而我不愿意那样。"

所以，或者自愿而轻松地接受你必须隐退的事实，或者明知你的疾病的严重性而继续快乐地工作。无论哪条路，疾病都将阻挠你的雄心。生活是非常奇妙的，不是吗？如果可以建议的话，为什么不能没有痛苦地接受那不可避免的事呢？若你内心痛苦或愤世嫉俗，你的头脑将使疾病更趋恶化。

"我完全清楚这些，可我还是不能接受我的身体状况——至少不能像您建议的那样高高兴兴地接受。我也许可以继续做一点政治工作，但那是不够的。"

你认为对你来说，实现要做好事的雄心是生活的唯一方式，而且只有靠你和你的计划，你的国家才能被拯救，是吗？你是所有这些假定的好事的中心，是吗？你并不真的深切关心人民的利益，而是关心通过你而体现的利益。**你**才是重要的，而不是人民的利益。你已经把你自己和你的计划以及所谓的人民利益相认同，你把自己的满足感当成了他们的快乐。你的计划也许是出色的，如果幸运的话也可能会给人民带来利益；但是你想让你的名字和那些利益被视为一体。人生是奇妙的；疾病已经袭击了你，并阻止你进一步增加你的名望及重要性。这就是在你内心导致了冲突的东西，而非什么唯恐人民得不到帮助的焦虑。如果你爱人民并且不仅仅满足于口头承诺，那将会自发地发生效用，这种效用会带来显著的帮助；但是你并不爱人民，他们只是你的野心和虚荣心的工具。

做好事是通向你自己的荣耀的道路。我希望你不介意我说这些。

"很高兴您如此坦率地说出这些深深隐藏在我内心的东西，这对我大有帮助。我已经多少有所感觉，但我从未允许自己直接面对这些问题。听到您这么直接地说出来让我如释重负，但愿我能了解并抚平我的冲突。我想看看事情会如何发展，我已经感觉到焦躁和希望稍稍减弱了一些。可是先生，关于死亡呢？"

这问题更复杂，要求深入的洞察，不是吗？你可以合理地打发死亡，说一切终归要死，春天的鲜嫩绿叶被秋风吹走，诸如此类。你可以推究并找到死亡的解释，或者尝试依靠意志克服对死亡的恐惧，或者找到一种信仰作为恐惧的替代品；但是所有这些依然是头脑的造作。而所谓的有关转世投胎或者死后生命的直觉认识也许只是一种继续生存的愿望。所有这些推理、直觉、解释，都在头脑的范畴内，不是吗？那些都是用来战胜死亡恐惧的思想的造作；但是对死亡的恐惧不会这么温顺地被驯服。一个人的想要通过国家、通过家庭、通过名声和理想，或是通过信仰而继续生存的欲望，依然是他的想要自身延续的渴望，不是吗？正是这种渴望，连同它错综复杂的抵抗和希望，必须自愿地、轻松地、快乐地归于终结。一个人必须每天将他所有的记忆、经验、知识和希望埋葬；快乐和悔恨的积累，美德的积累，必须瞬间又瞬间地停止。这些不只是语言，而是对真实的阐述。延续的东西永远不可能了解那未知的狂喜。不要积累，而是在每一天、每一分钟死掉，那就是非时间性的生命状态。只要实现的欲望及其冲突存在，死亡的恐惧就将永远存在。

# 生命的竞争之道

　　一群猴子正在马路上。路中央有只小猴子在玩它的尾巴，母猴正密切地注视着它。它们都知道有人在附近，就在安全距离之外。成年公猴个头很大，强壮而凶恶，其他猴子避之唯恐不及。它们在吃从一棵枝叶繁茂的大树上掉下来的浆果。雨水涨满了河道，窄桥下的溪流潺潺流动。猴子们避开路上的水和泥坑。一辆轿车驶过溅起泥浆，它们在一秒钟内就撤出了马路，母猴带着它的小猴，几只猴子爬到树上，其他的跳下两侧的路堤。轿车一过去，它们立刻回到马路上。如今它们对于人类的存在已经相当习惯。它们像人类的头脑一样永不安分，并且通晓所有的诡计。

　　路边的稻田在温暖的阳光下闪烁着诱人的绿色，背对蓝色山丘田野那边，禾雀正慢慢地伸展着白色的翅膀。一条长长的褐色的蛇从水里慢吞吞地爬出来，趴在太阳下休息。一只毛色鲜亮的蓝色翠鸟停在桥上，正准备再扎一个猛子。这是个美丽的清晨，不太热，散布在田野上的孤零零的棕榈树倾诉了许多故事。绿色田野和蓝色山丘之间回荡着一种交流、一首歌。时间似乎过得很快。鸢在蓝天盘旋；偶尔降落到树枝上梳理一番羽毛，然后尖啸着腾空而起。还有几只鹰，白色的脖子，翅膀和身体的颜色金褐相间。刚萌芽的青草丛里躲着大红蚂蚁，它们会迅速前行，突然停下，然后反方向后退。生命是如此丰富，如此充沛，而又容易被忽略。也许这就是所有这些大大小小的生物们想要的。

　　一头脖子上挂着铃铛的小公牛拉着一辆精心打造的轻型牛车，两个大车轮由一条薄薄的铁杆连接，上面安置了一张木质平板。一个男人坐在平板上，为一溜小跑的公牛和整套装备深感自豪。那头结实而苗条的公牛赋予了他重要性；现在每个人都会看他，比如那些路过的村民。他们停下来，用羡慕的眼神看他，评头论足，然后走开。那个男人是多么自豪而笔直地坐着，直视着前方！无论是为小事情还是大成就的骄傲，本质上都是一样的。一个人所做的和所拥有的赋予了他重要性和声望；而他内在的那个"人"，作为一个完整的生命存在，似乎根本没有任何意义。

他是和两个朋友一起来的。他们每个人都有名牌大学的学位，在各自的行业里发展得很好。他们都已结婚生子，看起来对生活很得意。然而他们也有烦恼。

"如果可以，"他说道。"我想提一个问题作为开始。这不是一个无聊的问题，自从几天前听您演讲之后，这个问题已经让我非常不安了。您在说另一个主题的时候，提到如果人类想要生活在一个和平的社会中，那么竞争和野心就是他必须了解并从中解脱的破坏性欲望。但是难道斗争和冲突不正是生存的本质吗？"

当前制度的社会是建立在野心和冲突的基础上的，几乎每个人都把这当做不可避免的事实来接受。个体被它的不可避免性所制约；通过教育，通过不同形式的外在和内在强迫，他被改造成具有竞争性的人。如果他要完全适应这个社会，他就必须接受社会规定的制约，否则他就会过得很糟。我们似乎认为我们不得不适应这个社会；但为什么应该适应呢？

"如果我们不去适应，我们将失败。"

假如看到问题的整个意义，我怀疑那是否还会发生。我们也许不会按照通常的模式生活，但是我们具有创造力地、快乐地生活，带着一种完全不同的视野。如果我们把当前的社会模式作为不可避免的事实来接受，那么那种状态将不可能发生。让我们回到你的问题：野心、竞争和冲突构成了一种预先注定而不可避免的生活方式吗？显然你假设是的。现在从这里开始。为什么你把这种竞争性的生活方式当作生存的唯一过程呢？

"我具有竞争性，充满野心，就像所有周围的人。这是一个经常带给我快乐有时也带来痛苦的事实，我只能毫不挣扎地接受，因为我不知道任何其他他生活方式。即使我知道，我料想我也害怕去尝试。我肩负许多责任，如果我突然离开寻常的思想和生活习惯，我会担心孩子们的未来。"

你也许对别人负有负责，先生，但是难道你不也对营造一个和平的世界负有责任吗？只要我们——个体、团体和国家——把这种竞争性的生存作为不可避免的事实来接受，对人类来说就不可能有和平，不可能有持久的快乐。竞争、野心，意味着内在的和外在的冲突，不是吗？一个有野心的人不是和平的人，尽管他也许会谈论和平和兄弟情谊。政客永远不可给世界带来和平，那些属于任何有组织信仰的人同样也不能，因为他们都被制约在某个领袖、救世主、上师和榜样的世界里，当你跟随另一个人的时候，你是在寻求你自己的野心的实现，无论是在这个世界还是在那个观念化的所谓精神世界。竞争、野心，意味着冲突，难道不是吗？

"我知道那些，但是该怎么办呢？被困在这竞争的罗网中，该如何摆脱呢？即使有人摆脱了，如何保证人与人之间将会和平相处呢？除非我们大家同时看到事情的真相，一两个人洞察真相根本没有任何价值。"

你想要知道如何摆脱这冲突的、实现的、挫折的网。正是那个"如何"的问题意味着你想要保证你的努力不会白费。你还是想要成功，只是换了一个不同的层面。你没有看到正是野心、各个向度上的成功欲望制造了内在和外在的冲突。"如何"是野心和冲突的方式，正是这个问题阻止了你看清问题的真相。"如何"是通向进一步成功的阶梯。但我们现在不是以成功或失败的方式来考虑问题，而是考虑冲突的终结；难道离开冲突，停滞是不可避免的吗？毫无疑问，和平不是靠安全措施、批准和保护发生的。当你——带着你的野心和挫折、成为冲突之动因的你——不存在的时候，和平就发生了。

先生，你的另一个问题——所有人必须同时看到这个问题的真相，显然是不可能的。然而对你来说，看到真实是可能的；在你看到的时候，那个你已经看到并带给你解脱的真实，将影响其他人。这一切必须从你开始，因为你就是世界，正如别人就是世界一样。

野心孳生出头脑和心灵的平庸；野心是肤浅的，因为它无休止地寻求结果。想要成为圣徒、成功的政客或总经理的人，只是关心个人成就。无论是认同某个理想、国家，还是一种宗教或经济体系，想要成功的欲望加强了自我，那个结构恰恰是脆弱、肤浅、狭隘的。如果你仔细观照的话，所有这些都是非常明显的，不是吗？

"对您来说也许是明显的，先生，但是对我们大多数人而言，冲突给了一种存在的感觉，一种我们还活着的感觉。离开野心和竞争，我们的生活将单调而无价值。"

由于你继续维持这种竞争性的生活方式，你的孩子以及孩子的孩子将制造进一步的对抗、嫉妒和战争；你和他们都不可能拥有和平。你已经被这种传统的生存方式制约了，你又去教育你的孩子来接受它；所以世界才以这种痛苦的方式延续着。

"我们想要改变，但是……"他意识到自己的轻言，打住了话头。

# 禅定——努力——意识

大海在山谷的那一边，一条河流从容地流经山谷汇入大海。那条河一年到头水量充沛，即使从大城市旁经过时它也是美丽的。城市居民在河里做每一件事——钓鱼，洗澡，饮用，污水处理，工厂的垃圾排放到河里。但是河流澄清了人类的所有污秽，经过居民区后不久又变得清澈而湛蓝。

一条宽阔的道路沿着河流向西延伸，往上直通山里的茶园；道路曲折，有时看不见河流，可大部分时间可以看到。沿着河流循路攀升，茶园显得更大了，到处是烘干和加工茶叶的工厂。不久这个巨大的种植园完全展现在我们眼前，河流也因瀑布而变得喧嚣。清晨你会看到服饰鲜亮的妇女从树上采卜柔嫩精巧的叶子，她们的身体弯曲着，皮肤被强烈的阳光晒得黝黑。在早晨的某个特定时间以前茶叶必须被全部采下，并在气温变得太高之前运到附近的工厂。在那个高度阳光非常强烈，照射在皮肤上十分灼痛。尽管她们对此已经习以为常，一些妇女还是用衣裙的一角把头遮盖起来。在工作中，她们是快乐而娴熟的，不久一天的工作定额即将完成；而她们大部分是妻子和母亲，还得煮饭并照看孩子。她们有一个工会，种植园主对她们还不错，因为举行一次罢工而让嫩叶长到正常尺寸将损失惨重。

道路越升越高，空气变得非常寒冷。在八千英尺的地方不再有茶园，但人们在土地上劳作，种植许多东西运到山下的沿海城市去。从那个高度俯瞰森林和平原真是宏伟壮阔，犹如银带一般的河流此刻尤其醒目。

我们从另一条路下山，这条路在青翠油亮的稻田和浓密的树林中逶迤穿过，到处是棕榈树、芒果树和鲜花，路边生长着许多植物，从最小的那些到甘美的水果。这里的人们看来都心情愉快，懒散而随和，并且似乎食物充足，不像那些在艰苦、贫瘠而拥挤的低地上生活的人们。

他是个修道者、一位僧侣，但不属于任何特定的等级，他提及自己就像在说别人一样。他年轻时就抛弃了世俗世界及其生活方式。他周游全国，和一些知名的宗教导师在一起，跟他们交谈并遵循他们独特的戒律和仪轨。他长期断食，独居在山中，并做那些据说是修道者都应该做的事情。他曾经修习极为严苛的苦行因而损害了自己的身体，那是很久以前的事，如今他的身体依然承受着那次伤害的后遗症。然后有一天他决定放弃所有这些修炼、仪轨和戒律，因为那是徒劳的，毫无意义。他移居到偏远的山区，在那里他花了许多年修习禅定。事情照例就发生了，他微笑着说，这回轮到他变得远近知名并有一大群追随的门徒。他教给他们一些简单的东西。他曾经阅读古梵文经书，现在早已放弃了。尽管简要地描述过去的生活是必要的，他补充道，但那不是他到这里来的原因。

"在一切美德、奉献和平等布施之上的是禅定，"他说道。"没有禅定，知识和行动就变成了令人厌烦的、几乎毫无意义的负担；但是极少有人知道禅定是什么。如果您愿意的话，我们必须对此详尽讨论。有些在禅定中达到不同觉知状态的人讲述过他们的经验，说那是所有发愿上进的人们迟早要经历的，比如形象清晰的克里须那、基督、佛陀。他们都是人自身的思想和教育的产物，以及所谓文化的产物。有许多不同种类的形象、经验和能量。不幸的是，大多数探索者都被困在他们自己的思想和欲望的罗网中，即使是某些最伟大的真理倡导者。由于具有治疗能力和语言天赋，他们变成了他们自己的能力和经验的囚徒。述说者自己已经通过这些经历和危险，尽最大的努力领悟并超越这些境界——至少我们希望这样。那么什么是禅定呢？"

毫无疑问，在考虑这个问题的时候，努力和努力的制造者必须被了解。正确的努力导致一个结果，错误的努力导致另一个结果，但两者都是束缚，不是吗？

"据说您没有读过《奥义书》或其他任何经典，但是听起来您就像读过并领悟了其深意。"

我确实没有读过那些东西，但那并不重要。正确的努力和错误的努力都是束缚，而正是这束缚必须被了悟和破除。禅定是一切束缚的破除；它是一种解脱的状态，但并不是从任何事物中解脱。从某种事物的解脱只是在培养反抗。意识到自由并不是自由。意识是对自由或束缚的经验。意识是那个经验者、努力的制造者。禅定是经验者的粉碎，而这不可能被有意识地做到。如果经验者被有意识地粉碎了，愿望就会被加强，那也是意识的一部分。我们的问题是关于意识的整个过程的，而不是关于它的或大或小、或主导或从属的一部分。

"您说的似乎是对的。意识的途径是复杂的、欺骗性并且矛盾的。只有通过冷静的观察和仔细的研究，这混乱才能被辨析并澄清，秩序才能奏效。"

但是先生，辨析者依然还在；也许可以称他为更高的自我、灵魂等等，但他仍是意识的一部分，努力的制造者，那个没完没了地造作的人的一部分。努力就是欲望。一个欲望可以被更大的欲望所压制，而那个欲望又被另一个所压制，依次类推无穷无尽。欲望产生欺骗、幻象、冲突和人所希望的梦想。不顾一切要达到终极目标的欲望，或者要达到那"不可名状的"愿望，依然是意识的习惯，是正确的或错误的经验者的习惯，是在等待着、观察着、期盼着的经验者的习惯。意识不是某个特定层面的，它是我们存在的总体。

"到现在为止您说的话都是精彩而真实的；但是如果可以问的话，是什么给意识带来和平与安宁呢？"

没有任何东西能够给意识带来和平与安宁。诚然，头脑永远在寻求一个结果，一个达到某些成就的方法。头脑是被拼凑起来的仪器，是一个时间的构造，只能按照结果、成就、获得或者消除的方式来思考。

"是这样。您说过只要头脑在活动着、选择着、寻求着、经验着，就必定会有创造了自己的形象并用不同的名字来称呼它自己的努力的制造者，而思想就被困在这个网中。"

思想自身就是罗网的制造者；思想就是那个网。思想是束缚；思想只能导致时间的巨大浪费，只能导向那个赋予知识、行为、美德以重大意义的领域。无论多么精致或多么简化，思考不可能破除思想本身。作为经验者、观察者、选择者、审查者、愿望的意识，必须自愿而愉快地停止，不带着任何回报的期望。寻求者停止了，这就是禅定。头脑的寂静不可能通过愿望的行为而产生。愿望停止时寂静就会呈现。这就是禅定。真实不可能被搜寻到，寻求者不在的时候真实就出现了。头脑就是时间，而思想不可能揭示那不可测度的。

## 心理分析与人类的问题

鸟儿与山羊们都在别处，这里出奇的安静，远处辽阔的旷野里独自伫立着一棵树冠硕大的树，树荫下是茂盛的草地。较远处的山丘在正午的阳光下显得荒凉，毫无吸引力。但树荫底下却幽暗、凉爽宜人。这棵树巨大无比，令人难忘，在它的孤寂中积淀着伟大的力量与谐调。这是一个充满活力的生命，虽然形单影只，却似乎统治着周围的一切，甚至包括远处的山丘。村民们崇拜它；正对巨大的树干放置了一块切割过的石头，有人在上面供奉了浅黄色的鲜花。黄昏时分，没有人到树那儿去；它的孤寂太强烈了，在有浓密树荫、叽叽喳喳的鸟鸣和人声的白天去膜拜它比较好。但这个时候，所有村民都在他们的小屋附近，树下非常安静。阳光从来没有照到树的根部，花将摆放到后天，那时新的贡品将被献上。一条狭窄的小路通向这棵树，并延伸穿过草地。羊群被小心地沿着这条小路驱赶到山丘附近，然后随意放牧，吃任何够得到的东西。树的全盛时光是在快天黑的时候。太阳落到山后，旷野绿得更加浓烈，只有树的顶部还留有最后的光线，金黄色的透明的光线。随着黑夜到来，树似乎从周围环境中隐退，被夜色所包裹；它的神秘似乎增长，渐渐与万物的神秘融为一体。

他是一位心理医生和精神分析师，已开业多年，治愈过许多病人，很有声誉。他在一家医院任职，同时也自己开业。他的许多富有的病人让他也致了富，他有昂贵的汽车，乡间别墅，以及其他一切。他认真地对待他的工作，那不仅仅是一件赚钱的事，他还根据病人的情况使用不同的分析方法。他钻研过催眠术，并试验性地在一些病人身上施行过催眠术。

"催眠术非常神奇，"他说道。"在催眠状态中，人们是那么直率地、不费力地袒露出他们隐秘的冲动和反应，每当一个病人被置于催眠状态下，我就感觉到它的奇异。我本人是诚实而谨慎的，我也完全明白催眠其实非常危险，尤其是被不道德的医生或其他什么人掌握的时候。催眠可能是也可能不是一条捷径，我不认为它应当被用于治疗，除非在某些棘手的病例中。治愈一个病人要花费很长时间，通常要几个月，这是一个相当累人的行业。"

"不久前，"他继续说道。"一个我已经治疗了好几个月的病人来见我。她一点儿都不蠢，她博览群书，兴趣广泛；她带着一种我许久未见的不寻常的兴奋和笑容告诉我，她被朋友说服参加了几次您的演讲。似乎在演讲期间，她感觉到自己从非常严重的悒郁中被释放了出来。她说第一次演讲令她完全不知所措，那些思想和语汇对她而言是全新的，而且似乎自相矛盾，她不想参加第二次演讲。但她的朋友解释说这种事经常发生，她应该听上几次再做决定。最后她参加了所有演讲，而且正如我说的，她有一种被释放的感觉。您说的话似乎触到了她意识中的某个点，而且不费吹灰之力就让她从她的挫折和悒郁中解脱了出来，她发现它们无影无踪了，它们真的停止发作了。那是几个月以前。那天我又见到她，那些悒郁确实已经被清除干净；她正常而快乐，跟她家人的关系尤其和睦，看起来一切都很好。"

"这些都只是序言，"他接着说。"您看，多亏这位病人，我阅读了您的一些教诲，而我真正想向您请教的是：有没有一种途径或方法，通过它我们能够快速发现人类一切痛苦的根源呢？我们目前的技术很花时间，并需要做大量的病情研究。"

先生，如果可以问的话，您试图对您的病人做什么呢？

"不用心理分析的行话，简单地说，我们设法帮助他们克服他们的困难、悒郁等等，以帮助他们适应社会。"

您认为帮助人们适应这个堕落的社会是非常重要的吗？

"它也许是堕落的，但社会改良不关我们的事。我们的行业是帮助病人调节自己以适应他的环境，成为一名更快乐有用的公民。我们处理非正常病例，而不是试图创造超乎寻常的人。我不认为那是我们的职责。"

您认为您能够将自己与您的职责分开吗？请允许我这样问，创造一个没有战争、敌对、竞争欲望的全新的制度和世界难道不也是您的职责吗？难道不是所有这些欲望和冲动导致了一个催生出许多非正常人的社会环境吗？如果一个人关心的只是帮助个体去遵从这里或别处的现存的社会模式，那么他不正是在维护造成挫折、不幸和毁灭的源头吗？

"您说的当然是重要的，但是作为一名心理分析师，我不认为我们已经做好准备如此深入地去探究人类不幸的整个因果关系。"

先生，那么似乎您关心的不是人类的整体发展，而是他全部意识中的某个特定部分。治愈某个部分也许是必要的，但是不了解人类的整个过程，我们也许会引起其他形式的疾病。当然，这不是一个辩论或推测的问题；这是一个必须加以考虑的显而易见的事实，不只是专家们要考虑，我们每个人都得考虑。

"您正在引向一个我不习惯的话题，而且我发现这已经超出了我的理解范围。我只是模糊地想到过这些事，还想过除了通常程序之外我们事实上还应对我们的病人做些什么。您看，我们大多数人既没有意愿也没有时间去研究所有这些；但是我想我们确实应该研究这些事，如果我们自己想要解脱，并帮助我们的病人从现代西方文明的混乱与不幸中解脱出来。"

混乱与不幸不仅是西方的问题，全世界的人类处在相同的困境里。个体的问题同样也是世界的问题，它们不是两个分离的、截然不同的过程。毫无疑问，我们关心人类的问题，不论这个人是东方的还是西方的。把人分为东方的或西方的是一种专横的地理上的划分。人类的整体意识都在关心上帝、死亡、公正幸福的生活、孩子和他们的教育、战争与和平。没有对所有这些的了解，就不可能有人类的治愈。

"您是对的，先生，但是我认为我们极少有人有能力做如此广泛而深入的研究。我们大多数人都被错误地教育了。我们成为专家、技师，那自有它的用处，但不幸的是那就是我们的尽头，无论他的专长是心脏疾病还是心理情绪。每个专家都建造起他自己的小天地，就像教士们所做的那样，尽管偶尔他也会另外读些什么，总之他将维持现状直到死去。您是对的，但是现实就是这样。"

"现在，先生，我希望回到我的问题上：有没有一种方法或技术，通过它我们能够直接到达我们的不幸的根源，尤其是那些病人的，从而迅速地根除它们呢？"

请允许我再问一次，您为什么总是从方法或技术方面考虑呢？难道某种方法或技术能够使人解脱吗？还是仅仅将他塑造成期望中的目标模式呢？那个他所期望的，作为人类的焦虑、恐惧、挫折、压力的对立面而存在的目标，本身就是这些东西的产物。对立的反应不是真正的行动，无论在经济领域还是在心理世界都是如此。除了技术或方法，可能还有一个能够真正帮助人类的因素。

"那是什么呢？"

或许是爱吧。

## 对过去的清除

一条被精心维护的道路向上一直延伸到山脚下，一条小径从那儿继续延伸。山顶上有一座年代久远的城堡废墟。几千年前那是一个令人敬畏的地方，一座由巨石砌成的堡垒，有铺着镶嵌图案地板的富丽堂皇的圆柱大厅、大理石浴室和房间。越是接近这座城堡，它的城墙就显得越发高大厚重，它的防守也就越发顽强；然而它还是被攻克了，被摧毁了，然后又被重建。外墙用巨石一块一块堆砌而成，没用任何灰浆黏合。墙内有一眼古井，数英尺深，有台阶通向井底。台阶平坦光滑，井沿因潮气而反光。现在它已是一片颓垣断壁，空留下绝妙景色供人们从山顶眺望。左首远远的是波光粼粼的大海，毗邻着山峦起伏的开阔平原。近处是两座较小的山，在久远的年代也曾建有堡垒，但绝不能与这座俯视邻近山丘及平原的巍峨城堡相比。这是一个美丽的早晨，从海上吹来的微风摇晃着废墟间的鲜艳花朵。这些花非常美，色彩丰富而浓艳，它们生长在特别的地方，岩石上、坍塌围墙的裂缝里、院子里。它们在那里生长，蓬勃而自由，不知经过了多少个世纪，踩踏它们似乎是一种亵渎，因为它们遍布在小径上。这里是它们的世界，我们是闯入者，而它们却并不令人有那种感觉。

从山顶上眺望风景并不是那么惊心动魄，比如那些在不经意间被瞥见的令意识湮没在庄严和寂静中的景致。这里不像那样。这里充满了宁静的魅力，温文尔雅而开阔；你可以永远生活在这里，没有过去也没有未来，你是独自一人与这整个令人心醉神迷的世界在一起。你不是人类，一个来自陌生国土的外人，你就是这些山，你就是这些山羊及牧羊人。你是天空和繁花似锦的大地；你不是独立于它之外的，你是属于它的。但是你不会意识到你是属于它的，正如那些鲜花一样。你就是那含笑的田野，蔚蓝的大海，远方疾驰的满载乘客的列车。那个选择、比较、造作和追求的你不存在；你与万物同在。

有人说时间太晚必须走了，于是我们沿着山另一边的小路下来，然后沿路一直走到大海边。

我们坐在一棵树下，他正在诉说青年和中年时期，自己在两次世界大战时期在欧洲各地工作的情况。在第二次大战中，他无家可归，经常挨饿，差点为一桩什么事情被某支占领军枪毙。他在监狱里彻夜难眠饱受折磨，因为在流浪途中丢了护照，没有人相信他自己声明的出生地和国籍。他说好几种语言，曾是一名工程师，后来做过一点生意，现在绘画。他笑着说，现在他有一本护照，还有地方住。

"有许多人像我一样，被毁掉然后又重新回到生活中来，"他继续说道，"我不感到惋惜，但是我莫名其妙地与生活失去了密切的关系，至少与所谓的生活。我对军队和国王，旗帜和政治厌烦透了。他们引起了与官方宗教同样多的危害和悲伤，还流了更多的血。我曾经是个愤世嫉俗的人，但那也过去了。我独自生活，因为我妻子和孩子在战争中死了，而任何国家只要是暖和的，对我来说就足够好了。我不很在乎怎么过，偶尔我卖画维持生活。有时要收支平衡非常困难，但事情总会有转机。由于我的需求非常简单，我也不太担心钱的问题。在内心我是个僧侣，但外部世界对僧侣而言无疑是一所监狱。我告诉您这些，不只是信口漫谈，而是给您一个有关我的背景的梗概，因为在与您探讨的过程中我可能会开始了解一些对我来说生死攸关的东西。没有什么能再引起我的兴趣，甚至是我的画。"

"有一天，我带着画具上山区，因为我曾在那儿看到一些想画下来的风景。一大清早我就赶到那个地方，几片云在天上飘。从我站的地方可以越过山谷看到气势恢宏的大海。我陶醉在这单独中，开始画画。我一定是画了一段时间，然后事情就美妙地发生了。当我意识到有些事正在我的脑子里发生的时候，没有任何紧张或压力，如果可以那样说的话。我全神贯注地画画，以至于有好一会儿我都没注意到发生在我身上的事，然后我突然意识到了。我不能继续画下去。我非常安静地坐着。"停了一会儿，他继续说道。

"请不要认为我疯了，因为我没有疯。坐在那里的时候我感受到一种非同寻常的创造性的能量。不是我具有创造力，而是在我里面的某种东西，某种也存在于那些蚂蚁和好动的松鼠里面的东西。我不认为我阐释得很好，但是您当然理解我的意思。那不是随便哪个人写首诗或者我自己涂一幅画的创造力；那就是创造力，单纯而直接，由头脑或双手制造出来的东西只是出于这种创造的外围，几乎没有意义。我似乎沐浴在其中，有一种神圣、一种祝福环绕着。如果我可以用宗教语言来表达的话，我会说……但我不能。那些宗教语言在我口中凝固了，它们不再有任何意义。那是宇宙的中心，上帝本身……又是这些话！但我告诉您，那是神圣的，不是教堂里人造的神圣、奉承和赞美诗，全都是幼稚的胡言乱语。那是某种没有被污染、不可思议的东西，眼泪在我的脸颊上流淌；我所有的过去都被冲刷干净。松鼠已经停止了为下一顿饭的奔忙，有一种震撼人心的寂静——不是夜晚万物沉睡时的寂静，而是一切都觉醒过来的寂静。"

"我一定在那儿一动不动地坐了很长时间，因为太阳已西沉；我有一点僵直，一条腿失去了知觉，但我还能支撑着站起来。我没有夸张，先生，但是时间似乎停止了——或者不如说没有时间。我没有手表，但从我放下画笔到站起来一定有好几个小时过去了。我不是歇斯底里，也没有失去知觉，正如有些人会推测的；相反，我完全地警觉、觉知到在我周遭发生的一切事情。我收拾好东西小心地放进背包离开，在那种非同寻常的状态里步行回家。小镇里的所有吵闹都不能以任何方式扰乱这种状态，在我回家后它持续了好几个小时。第二天早晨我醒来的时候，它完全消失了。我看看我的画，很好，但没有任何突出的地方。"

"对不起说了这么多，"他总结道。"但我已经强忍了很长时间，而我不可能向任何其他人倾诉。如果我做了，他们会召来牧师，或提议去见某个心理分析师。现在我不是在请求一个解释，而是想知道这事是怎么发生的？什么是它发生的必要环境？"

你问这个问题因为你想要再次经验它，不是吗？

"我想这是隐藏在问题背后的动机，但是……"

对不起，让我们从这儿继续说下去。重要的不是它发生过，而是你不应该追求它。贪欲孳生出傲慢，而谦卑是必要的。你不可能培养谦卑；

如果你做了，它就不再是谦卑而是另一种获得。这是重要的，倒不是说你本应该有另一个这样的经验，而是应该保持无知，从好的或坏的、愉快的或痛苦的经验的记忆中脱身出来。

"天哪，您是在告诉我要忘掉对我来说已经成为头等重要的事情。您在要求不可能的事。我不能忘掉它，也不想忘掉。"

是的，先生，那正是麻烦所在。请耐心地、仔细地听我说。现在你有什么呢？一个死的记忆。当它发生的时候它是活生生的，没有"我"在经验那个活生生的东西，没有记忆死死抱住已经发生的不放。那时你的头脑处在一种无知的状态，没有追求、要求或占有；它是自由的。而现在你在追求并抓住死的过去不放。哦，是的，它是死的；你的记忆已经毁了它，并制造出二元性的冲突，过去与希望之间的冲突。冲突就是死亡，而你正与黑暗生活在一起。当自我不在的时候，这事就发生了；但是对它的记忆，对更多的欲望，加强了自我而阻碍了活生生的真实。

"那么我该如何消除这激动人心的记忆呢？"

再说一次，你的问题正表明了想要重温那个状态的欲望，不是吗？你想要消除那个状态的记忆，为的是进一步经验它，因此欲望依然存在，尽管你愿意忘掉已经发生的。你对那个不同寻常的状态的欲望与一个人对酒或毒品上瘾类似。首要的不是对那个真实的进一步经验，而是这个欲望必须被了解并且应该没有抵抗、没有行动愿望地自动消解。

"您的意思是正是对那个状态的记忆以及再次经验它的强烈欲望，阻碍了类似的或者也许不同性质的事情的发生吗？我是不是应该有意识或无意识地什么都不做，以使它发生？"

如果你确实了解的话，正是那样。

"您在要求几乎不可能的事，但是谁知道呢。"

Jiddu Krishnamurti

空无者乃幸福者　Happy is the man who is nothing

范佳毅 李立东 史芳梅 徐文晓 译　[印]克里希那穆提 ／ 著

# 生命的注释（下）

九州出版社 JIUZHOUPRESS｜全国百佳图书出版单位

# 目 录

**下卷**

权威与合作　403

平庸　405

积极的教导与消极的教导　409

帮助　415

头脑的寂静　419

满足　424

演员　427

知识的伎俩　431

信念——梦　434

死亡　438

评价　443

嫉妒和孤独　448

头脑中的暴风雨　453

思想的控制　458

有深邃的思考吗　464

浩渺无垠　466

思考从结论开始吗？　467

自知还是自我催眠？　471

逃避当下之是　476

一个人能知道什么是对人民有益的吗？　479

"我想找到快乐之源"　484

快乐、习惯和简朴　487

"您不想加入我们的动物福利社团吗？"　491

制约与渴望自由　496

内在的空　501

寻找的问题　506

心理革命　510

没有思考者，只有受束缚的思考　518

"为什么它要发生在我们身上？"　524

生、死和死里逃生　531

头脑的退化　535

不满足的火焰　542

外在的修正和内在的解体　548

要改变社会，你必须摆脱它　551

有自我处没有爱　555

人类的分裂使他生病　561

知识的空虚　568

"生活是什么" 574

没有善和爱，就不是一个有教养的人 581

仇恨与暴力 587

对敏感的培养 592

"为什么我没有洞察力？" 597

改革、革命和寻找上帝 603

吵闹的孩子和安静的头脑 611

有注意的地方，真实就在 619

自我利益腐蚀头脑 626

改变的重要性 633

杀生 641

要有智慧就要单纯 649

困惑与确信 655

没有动机的注意 664

在没有航标的大海上航行 671

超越孤独的单独 677

"为什么你解散了世界明星社？" 684

什么是爱？ 689

寻找和察看的状态 697

"为什么经典都谴责欲望？" 704

政治可以灵性化吗？ 711

觉知和停止梦想 719

认真意味着什么？ 725

有什么永恒之物吗？ 732

为什么要迫切地占有？　741

欲望和矛盾的痛苦　746

"我该做什么？"　751

不完整的活动和全然完整的行动　760

从已知中解脱　765

时间、习惯和理想　769

上帝可以通过有组织的宗教来寻找吗？　774

禁欲主义和全然完整的存在　779

当下的挑战　784

自怜的悲哀　789

不敏感和抵制噪音　793

单纯的品质　797

# 权威与合作

她说她曾经是一家大企业经理的秘书，与他一起工作了许多年。她一定非常能干，因为这在她的举止和措辞上显露出来。存了一些钱以后，两年前她辞职了，因为她渴望帮助世界。她依然相当年轻而且精力旺盛，她想要把下半生奉献给有价值的事业，所以她关心各类灵性组织。上大学前她在一所女修道院受过教育，但是那里教给她的东西现在看来是有限、教条而专制的，自然她不可能参加这样一个宗教组织。研究了一些别的宗教组织以后，她最终着落在一个似乎比大部分组织更具伟大意义的组织里。现在她活跃于那个组织的核心部分，协助一位主要领导人。

"最后我找到某种东西，它可以给我关于存在的整件事情的满意解释，"她继续说道。"当然他们有他们的权威大师，但是一个人不必非得相信他们。我碰巧就是，但是那与本题无关。我属于一个内在的团体，就如您所知，我们修习某种特殊形式的禅定。现在大师们很少为人开示，不像以前那么多了。这些日子他们更加谨慎了。"

如果可以问的话，你为什么要说所有这些？

"一天晚上我出席了您的讨论会，您声称所有追随都是邪恶的。自那以后我又参加了几次这类讨论，自然而然地我被您说的弄糊涂了。您看，为大师们工作并不意味着一定要追随他们。确实存在权威，但是我们需要权威。他们不要我们服从，但我们却向他们或他们的代表献上我们的服从。"

如你所说，如果你参加了那些讨论，你不认为你现在说的话是非常幼稚的吗？逃避到大师们或他们的代表那里——他们的权威必定建立在他们自己的选择和意愿上——本质上与逃避到教会的权威那里是一样的，不是吗？一个人可能被认为是狭隘的，而另一个是宽广的，但两个人显然都是被束缚的。人困惑的时候会寻求指导，但是他所找到的始终是他自己的混乱的产物。导师与在冲突与痛苦中选择了这位导师的追随者一样充满困惑。追随另一个人，无论是导师、救世主，还是大师，都不会带来清晰与幸福。只有了解混乱以及它的制造者，才能从冲突与痛苦中解脱。这是显而易见的，不是吗？

"对您来说也许是显而易见的，先生，但我仍然不能理解。我们需要沿着正确的路线行进，而那些已经知道的人能够并且确实制定出某些方案作为我们的指导。这并不意味着盲目的追随。"

不存在非盲目的追随；所有追随都是邪恶的。无论是在高层次的人中间还是在没脑子的人中间，权威都在败坏。没脑子的人不可能因为追随另一个人而变得有脑子，无论那个被追随者多么伟大或高贵。

"我希望与我的朋友合作从事一些在世界范围内有意义的事。为便于一起工作，我们需要某种高于我们的权威。"

当权威的强制性影响存在的时候，无论那是令人愉快的还是不快的，那还是合作吗？当你为别人制定的计划而工作的时候，那是合作吗？难道那时你不会由于恐惧、期待回报等等而有意识或无意识地服从吗？服从是合作吗？当权威凌驾于你的时候，无论是仁慈的或是专横的，还可能有合作吗？毫无疑问，只有在没有惩罚或失败的恐惧、没有成功或认可的渴望而只有爱的时候，合作才会发生。只有从嫉妒、获得中解脱，从个体或集体的控制、威权下解脱的时候，合作才有可能。

"您在这些事情上不是过分严苛了吗？如果我们只是等待，直到我们从所有这些显然邪恶的内在原因中解脱，那么什么也不会实现。"

可是现在你要实现什么呢？如果会出现一个不同的世界的话，就必然要有深切的热忱以及内在的革命；必须起码有一些人已经有意识或无意识地不再延续冲突或痛苦。个体的野心、集体的野心，必须一一散去，因为任何一种形式的野心都将对爱造成妨碍。

"您说的话太让我心烦了，我希望改天再来，等我平静下来以后。"

许多天以后，她回来了。

"见过您之后我独自离开，尽量客观而清晰地思考所有这一切，我度过了好些不眠之夜。我的朋友警告我不要太为您说的话烦心，但是我还是心烦意乱，而我不得不自己清理一些事。我更加仔细地、不带任何抵触地阅读了您的一些演讲，事情渐渐变得明朗起来。我不会回头，我也不是在演戏。我已经从组织中辞职，跟他们毫不相干了。我的朋友们自然都迷惑不解，他们认为我会回去；但我恐怕不会。我这样做是因为我看到了您所说的真实。我们将看到现在会发生什么。"

## 平庸

暴风雨已经持续了好多天，伴随着一阵阵疾风骤雨。大地吸收着雨水，树叶上积存了好几个夏天的尘垢被冲刷一净。这个地区已经有好几年没有真正下过雨了，现在老天爷正在补偿，至少每个人都希望如此，欢乐在雨声和河水奔流声中涌动。我们全都睡下的时候，雨还在下个不停，雨滴重重地砸在屋顶上，是节奏，是舞蹈，是千溪万壑的低语。随后的那个清晨是多么美妙啊！乌云散尽，四周的山峦沐浴在清晨的阳光下；它们被大雨冲洗得很干净，天地间洋溢着祝福。再也没有什么是躁动不安的，只有高高的山顶被阳光照得通红。几分钟之后喧闹的一天将要开始，可现在山谷里充满着深邃的宁静，尽管溪流潺潺，远处一只公鸡已经开始打鸣。所有色彩都苏醒过来。新生的小草和那棵似乎统治了山谷的巨大的树，一切都显得生意盎然。万物复苏，诸神将接受人们喜悦而慷慨地奉上的祭品；大地已为下一季的水稻准备了充足的养分，奶牛和山羊的草料也很丰盛；水井是满的，婚礼将在喜庆中举行。大地喜气洋洋，盛宴即将开始。

"我完全觉知到我头脑的状态，"他说道。"我上过大学受过所谓的教育，我的阅读面也非常广泛。我曾一度在政治上雄心勃勃，寄希望于一个更好的世界；但是我已经看透了那个游戏，尽管我本可以大有前途。很久以前我认识到真正的改革不是借助政治实现的；政治和宗教不能混为一谈。我知道有人说我们必须把宗教带入政治，而我们一旦做了，它就不再是宗教，它会变成纯粹的胡说八道。上帝不以政治的方式对我们说话，但我们却按照我们的政治或经济的制约制造出我们自己的上帝。

"但我不是来与您谈论政治的，您也一定会拒绝谈论政治。我要谈一些真正在折磨我的事情。有一天晚上您谈了平庸。我听了但不能理解，我完全一头雾水。可是您说的时候，那个词'平庸'强烈地震撼了我。我从来没有想过我自己是平庸的。我不是在社会意义上用这个词，正如您所指出的，它与阶级或经济差别或门第身世没有任何关系。"

当然，我说的平庸完全不在那种武断的社会划分的范畴内。

"我想是的。如果我记得不错的话，您还说真正的宗教徒是唯一的革命者，只有这样的人是不平庸的。我是在谈论头脑的平庸，不是职业或地位的平庸。那些位高权重的人和那些拥有万众瞩目的职业的人依然可能是平庸的。我既没有显赫的地位也没有特殊的引人注目的职业，可我觉知到我头脑的状态。它太平庸了。我学习西方哲学和东方哲学，我还对许多东西感兴趣，但是尽管如此，我的头脑仍然非常普通；它有一些协调思考的能力，但它依然是平庸的，没有创造力。"

那么问题是什么呢，先生？

"首先，我真的为我所处的状态、为我自己的绝对愚蠢感到非常羞愧，而我这样说并不带有任何自怜。尽管我学了许多知识，我从心底里知道在大部分深奥的事情上我是没有创造力的。一定有可能拥有您几天前提到过的那种创造力，但如何着手去做呢？这是一个太蠢的问题吗？"

我们能不能简单地考虑这个问题呢？是什么使头脑和心灵变得平庸了呢？一个人也许具有百科全书式的知识，强大的能力等等；但是在这些表面的学识和技能之外，是什么令头脑愚蠢至极呢？除了它一直以来的状态，头脑还能够在任何时候是别的什么吗？

"我开始看到头脑无论有多聪明多能干，也许都是愚蠢的。它不可能被转变成别的东西，因为它将一直是它所是的样子。也许它在推理、思虑、谋划、算计上有无限的能力，但不管怎样扩展，它将永远停留在同一个范围里。我刚刚领会到您的问题的重要性。您在问拥有如此惊人本领的头脑是否能够通过它自己的意愿和努力超越它自己。"

那是提出的问题之一。如果头脑无论多么聪明能干依然是平庸的，那么它能够通过它自己的意志超越它自己吗？仅仅谴责平庸以及它那广泛的偏执绝不可能改变事实。当谴责连同它的所有暗示停止的时候，有可能发现是什么导致了平庸的状态吗？现在我们了解了那个词的重要性，因此让我们循此继续下去。平庸的要素之一不是对获得、结果、成功的欲望吗？当我们想要变得具有创造力的时候，我们依然是在肤浅地对待问题，不是吗？我是**这个**，而我想要变成**那个**，所以我问怎么办。当创造力成为某种可以被争取的东西、被获得的结果时，头脑已经把它压缩到头脑自己的制约中去了。这是一个我们必须了解的过程，不要试图把平庸变成别的东西。

"您的意思是：就头脑而言，任何改变目前状况的努力只会导致它自身的延续，最多改头换面而已，根本没有任何实质性改变吗？"

正是如此，不是吗？头脑已经通过它自己的努力、欲望和恐惧、希望、快乐和痛苦造成了它目前的状况；就它来说，任何改变那个状态的企图依然是在同一个向度上的。一个狭隘的头脑想要**变得不**狭隘，但它依然是狭隘的。毫无疑问，问题在于头脑必须停止在任何一个向度上想要成为什么。

"当然是的。但这并不是意味着消极、空虚的状态，不是吗？"

如果一个人只是听到语言而没有领会其中的含义，没有尝试或体验，那么任何结论都是不正确的。

"所以创造力不是可以被争取到的。它无法被学习、练习，或通过任何行为、任何形式的强迫而达成。我看到这是真实的。如果可以，我想一边思考一边说，与您一起慢慢地找出解答。我为其平庸而感到羞愧的头脑，现在觉知到谴责的意义。这种谴责的态度是由改变的欲望产生的；但这种改变的欲望正是狭隘的产物，所以头脑依然如故，根本没有任何改变。这就是迄今我了解到的。"

当头脑不试图改变自己，不试图成为什么的时候，它是什么样的呢？

"头脑接受它所是的。"

接受意味着有一个接受的实体，不是吗？这种接受不也是为了得到、为了进一步的经验而努力的一种形式吗？所以一个二元性的冲突运转起来了。这是同一个问题，正是冲突导致了头脑与心灵的平庸。从平庸的解脱是所有冲突停止时才会发生的状态；接受只是听天由命。或者"接受"这个词对你来说还有别的意思吗？

"我能看到'接受'所隐含的意思，因为您已经让我洞察它的含义。一个不再接受或谴责的头脑的状态是什么样的呢？"

你为什么要问，先生？这是需要被发现的东西，而不是仅仅被解释的东西。

"我不是在寻求一个解释或苦思冥想。可是头脑停止，没有任何活动，也不觉知到它自己的停止，这有可能吗？"

觉知到它引起了二元性的冲突，不是吗？


## 积极的教导与消极的教导

崎岖不平、尘土飞扬的小路通向山下的一个小镇。几棵幸存的树散布在山顶上，大部分树已经被砍伐做了木柴，你不得不爬到相当的高度才能找到浓密的树荫。在高处，树木不再低矮稀疏并饱受人们的摧残；它们生长到充分的高度，有粗壮的树枝和正常的树叶。人们会砍下一根树枝让他们的羊吃树叶，吃完后就劈开当木柴。低处的树木已经所剩无几，现在他们止在向高处去，攀登并破坏。雨水已经不像从前那样充沛；人口增加，人们必须活下去。他们忍饥挨饿，犹如行尸走肉般度日。附近没有野生动物，它们一定已经迁徙到更高的地区。几只鸟在灌木丛里刨地，连它们都显得疲惫不堪，羽折毛断。一只黑白毛色的松鸦粗声粗气地叫唤着，在一棵孤零零的树的枝桠间飞来飞去。

温度越来越高，正午时分会非常炎热。多年来雨水一直不够。土地干裂，不多的几棵树蒙着黄褐色的尘土，连清晨的露水也没有。太阳残酷无情，日复一日，月复一月，而那悬而未决的雨季依然遥不可及。几只羊爬上山，一个男孩照看着它们。他吃惊地看到那里还有人，但他没有笑，板着脸跟在羊群后头。这是一个人迹罕至的地方，只有即将袭来的热浪的沉默。

两个女人头顶着木柴沿小路走来。一个年老，另一个非常年轻，她们的负荷相当重，两人都头顶着一大捆用绿藤扎起来的干树枝。她们踩着轻盈流畅的步伐从山上走下来，身体随意地摆动着。路面粗糙，可她们脚上什么都没穿。脚似乎能自己认路，因为她们从不往脚下看；她们笔直地昂着头，眼睛里布满血丝和冷漠。她们非常瘦，肋骨凸出，年长女人的头发肮脏而纠结，女孩的头发一定曾经梳理过并涂过油，因为依然有几缕干净油亮的头发。但她也筋疲力尽了，厌倦环绕着她。不久前她一定还在与其他孩子一起唱歌、游戏，但那全都结束了。现在上山捡木柴是她的生活，一直到死为止，偶尔因为生小孩暂停一下。

我们沿着小路下山。小镇在几英里之外，在那里她们的木柴将换得很少一点钱，刚刚够活到明天。她们有一搭没一搭地聊着。突然女孩告诉她妈妈她饿，母亲回答说她们饿着出生，饿着度日，并将饿着死去，那就是她们的命。这是对事实的陈述，她的声音里没有责备，没有愤怒，没有希望。我们沿着石砌的路继续往下走。没有观察者走在她们身后，在倾听，在怜悯。他不是因为爱和怜悯而成为她们的一部分；他**就是**她们；他已经消失了而她们存在着。她们不是他在山上偶遇的陌生人，她们和他是相联系的。他是负重的手；那些汗水、疲惫、气味、饥饿都不是她们的，而是被一起分担、一起悲痛着。时间与空间停止了。在我们的脑子里没有念头，我们太疲倦了，无法再想什么；如果我们确实在想什么的话，也就是卖掉木柴，吃，休息，再开始。踏在石路上的脚从未受过伤，头顶上的灼热太阳也从未造成过伤害。只有我们俩下了那座熟悉的山，路过我们常喝水的井，并走过一条记忆中曾是溪流的干枯河床。


"我阅读并听了您的一些演讲，"他说道。"对我而言，您所说的似乎非常消极。其中并没有积极的、指导性的生活方式。这种东方的人生观是最具破坏性的，看看它在东方造成了什么吧。您的消极态度极大地误导了我们这些在气质上和需求上上活跃而勤奋的西方人，特别是您坚决主张我们必须从所有思想中解脱出来。总之您的教导与我们的生活方式完全背道而驰。"

请允许我指出，这种将人划分为西方和东方的做法是地域性的且武断的，不是吗？这没有根本性的意义。无论我们以某种方式生活在东方还是西方，无论我们是黑人、白人、黄种人或棕色人，我们都是人类，都在受苦并希望，恐惧并信仰；快乐与痛苦在这里存在，同样也在那里存在。思想不是西方的或东方的，但是人依据他的制约来划分思想。爱不是地域性的，在一个洲被认为是神圣的东西不会在另一个洲被否定。人类划分是为了经济和剥削的目的。这并不意味着个体在气质等方面没有差别；有相似之处，但也有差异。所有这些都是非常心理上的明显的事实，不是吗？

"对您来说也许是，但我们的文化、我们的生活方式与东方的完全不同。我们的科学知识自从古希腊时代以来逐渐发展，到现在已经极其可观。东方和西方沿着两条不同的道路发展。"

看到有不同时，我们还必须认识到相似之处。外在的表达可能并且确实千变万化，但在这些外在的形式和表象背后，那些欲望、冲动、渴求和恐惧是相同的。让我们不要被语言所蒙蔽。这里和那里的人们都想拥有和平与富裕，都想寻找高于物质快乐的东西。文明也许会因气候，环境，食物等因素而不同，但是全世界的文化根本上都是相同的：慈悲，免于邪恶，慷慨，不嫉妒，宽恕，等等。缺乏这些根本的文化，任何文明都将是分裂的或者被消灭，无论在这里还是那里。知识可以被所谓落后的人们很快学会，他们可以非常迅速地学习西方的技术，他们也可以成为战争贩子、将军、律师、警察、暴君，建立集中营以及其他一切。但文化是完全不同的。上帝的爱和人类的解脱不是轻易就能得到的，而离开了这些，物质繁荣并没有多大意义。

"在那些方面您是对的，先生，但我希望您考虑我说的关于您的教导是消极的这一点。我真的愿意去了解，请不要认为我无礼，如果我的表述看起来有些直接的话。"

什么是消极，什么是积极呢？我们大部分人习惯于被告知应该做什么。方向的给予和追随被认为是积极的教导。被引导似乎是积极的、有建设性的，而对于那些由于制约而追随的人而言，追随是邪恶的这一真相却似乎是消极的、破坏性的。真实是对虚妄的否定，而非虚妄的对立面。真实是完全不同于积极和消极的，而一个从对立的角度来思考的头脑永远不可能觉知到真实。

"恐怕我不能完全理解您说的。您可以再多做些解释吗？"

你看，先生，我们习惯于权威和指导。对指导的渴望来源于对安全的渴望，被保护的渴望，也来源于成功的欲望。这是我们更深的欲望之一，不是吗？

"我想是的，若没有保护和安全，人将……"

对不起，请让我们细细地探究而不要直接跳到结论。在我们对安全的渴望中——不仅是个体，群体、民族与国家都渴望安全——我们不是已经建立一个无论在内部和外部，战争都成为了主要焦点的社会吗？

"我知道，我的儿子就在大洋彼岸的战争中被杀害了。"

和平是头脑的一种状态；它是对安全的一切渴望的解脱。寻求安全的头脑和心灵必然永远处在恐惧的阴影下。我们的欲望不仅是关于物质上的安全，更多的是内在的心理的安全，而正是这种通过道德、信仰、国家来获得内在安全的欲望制造出局限的且冲突重重的集团和观念。这种对安全、对所贪求的目标的欲望孳生出对教导的接受，对榜样的追随，对成功的崇拜，以及领袖、救世主、导师、上师的权威，所有这些都被称为积极的教导。而那才是真正的不动脑筋和模仿。

"我明白那些。若不把自己或别人变成一位权威或救世主，就不可能引导他人或被他人引导吗？"

我们正在设法了解被引导的欲望，不是吗？这个欲望是什么呢？难道它不是恐惧的产物吗？感到不安全，看到人的无常，就产生了对某种安全、持久的东西的欲望，但这欲望正是恐惧的推动力。与其了解什么是恐惧，我们宁愿逃避，而逃避正是恐惧。人们逃到已知中，这已知就是信仰、仪式、爱国主义、宗教导师们的令人安慰的教条、教士的抚慰等等。这些转而在人与人之间制造出冲突，所以问题一代一代传下来。若要解决问题，就必须探索并了解其根源。这些所谓的积极教导、关于"应该想些什么"的宗教，都在延续恐惧。所以积极的教导都是破坏性的。

"我想我开始明白您的方式了，我希望我的理解是正确的。"

这不是一种个人的、自以为是的方式；就发现真实而言，并没有某种个人的特殊的方式，正如研究科学现象不存在什么特殊方法一样。那种所谓真实有不同的方面且有另外的道路可通向真实的观点是幻想出来的。那不能并存的试图变成可并存的，因而产生了这个纯理论的推测。

"我知道必须在用词方面非常谨慎。如果可以，我希望回到先前的论题。既然我们大部分人已经被教导去思考——或者已经被教导**如何**思考，正如您指出的——那么当您继续用各种不同的方式宣称一切思想都是被制约的且人必须超越一切思想的时候，这不是只会带给我们更多混乱吗？"

对我们大多数人来说，思考是格外重要的。但它是吗？它确实具有一定的重要性，但思想不可能发现任何不是思想产物的东西。思想是已知的结果，因此它不可能测度未知、不可知。难道思想不是对物质必需品或最高的精神目标的欲望吗？我们正在讨论的不是科学家在实验室里的思想，或者一位全神贯注的数学家的思想，而是在我们的日常生活中、在每天的联系和反应中运作着的思想。为了生存，我们被迫思考。思考是一个生存的过程，无论对个体还是对一个国家。思考——在它最低和最高的形式中都是欲望——必然永远是自我封闭的、被制约的。无论我们在思考宇宙、我们的邻居、我们自己，还是上帝，我们的一切思考都是有限的、被制约的，难道不是吗？

"就您所使用的'思考'这个词的意义而言，我想是的。但是知识对于粉碎这种制约难道毫无帮助吗？"

知识有帮助吗？我们已经积累了这么多方面的关于生命的知识——医学、战争、法律、科学，多少也有了一些关于我们自身、我们自己的意识的知识。拥有了这巨额的信息储备，我们从悲伤、战争、仇恨中解脱了吗？更多的知识能够解放我们吗？人们也许知道只要个体、团体或国家野心勃勃、追逐权力，战争就不可避免，然而人们继续着导致战争的生活方式。那个孳生出敌对、仇恨的中心能够通过知识从根本上被转变吗？爱不是仇恨的对立面。若通过知识，仇恨被转化成了爱，那么它就不是爱。这种由思想、愿望导致的转变不是爱，而仅仅是自我保护的另一项便利措施。

"请原谅，我完全不能理解。"

思想是对过去、记忆的反应，不是吗？记忆是传统、经验，而它对一切新经验的反应都是过去的产物。所以经验总是在加强着过去。头脑是过去、时间的结果；思想是许多个昨天的产物。当思想寻求改变自己的时候，试图成为或不成为这个或那个的时候，它只是在以不同的名义令自己不朽。作为已知的产物，思想永远无法经验到未知；作为时间的结果，思想永远不可能了解非时间、永恒。思想必须停止以便让真实呈现。

您看，先生，我们如此害怕失去我们认为我们所拥有的东西，以至于我们从未真正深入地探究这些事情。我们看着我们自己的表面，重复着几乎没有任何意义的字眼。因此我们依然是狭隘的，我们就像生孩子似地不动脑筋地生出敌意。

"正如您说的，表面的深思熟虑之下我们其实是不动脑筋的。如果有可能，我会再来的。"


## 帮助

街道上熙熙攘攘，商店里琳琅满目。这儿是城里的富人区，街上的行人却形形色色，有富人也有穷人，有苦力也有白领。人们来自世界各地，少数人穿着民族服装，大多数人身着西装。街上行驶着许多新旧不一的汽车。在那个春光明媚的早晨，昂贵汽车的镀铬表面被擦得锃亮。商店里也挤满了人，人们喜笑颜开，几乎没有人注意到碧蓝的天空。商店橱窗吸引着他们，服装、鞋子、新汽车，还有陈列的食物。鸽子在许多双脚和汽车长龙间穿梭往来。一家书店里摆放着无数作家的所有新近出版的书。人们似乎对世界漠不关心。战争远在地球的另一边；金钱、食物和工作相当充裕，收入与支出都很庞大。街道犹如高楼大厦之间的峡谷，一棵树都没有，人声嘈杂。在这拥有一切而又一无所有的人群中暗藏着不可思议的躁动。

一座宏伟的教堂矗立在时尚商店丛中，对面是一家规模不相上下的银行；二者都令人印象深刻，并且显然都是必要的。大教堂里，一位身着白色法衣和披肩的教士正在布道，他在颂扬为了人类受难的耶稣。烛光、神像和缭绕的香烟中，人们跪下祈祷，教士吟诵着，教徒们附和着。终于他们站起来，出门融入到阳光普照的大街上和货物丰富的商店里。现在教堂内鸦雀无声，只留几个埋头深思的人。那些富丽堂皇的陈设，色彩鲜艳的窗子，讲台，圣坛和蜡烛——每一件陈设都在抚慰人们的头脑。

上帝是在教堂里被找到的吗？抑或是在我们的心里？需要被安慰的渴望制造出幻想，正是这个渴望创造了教堂、佛寺和清真寺。我们迷失在其中，或迷失在万能状态的幻想中，而那真实的东西擦肩而过。那些无关紧要的变成了最为重要的。真实不可能被头脑找到。思想不可能追上它，没有通向它的途径，它不可能用崇拜、祈祷或牺牲买到。若我们想要安慰、慰藉，我们将以这种或那种方式得到；但随之而来的是进一步的痛苦与不幸。对安慰、安全的欲望，具有创造出每一种形式的幻想的能力。只有当头脑停止时，才有真实呈现的可能性。


我们几个聚在一起，B问道如果我们想要了解整个生活的棘手问题，得到帮助是不是必要的。难道不应该有一位已经觉悟的能够指示我们真实之路的引导者吗？

"难道这些年来我们还没有探讨得足够深入吗？"S问道。"举例来说，我就不寻找上师或导师。"

"如果你真的不寻求帮助，那你为什么还在这儿？"B坚持说。"你的意思是你放弃了对教导的一切渴望吗？"

"不，我不认为我放弃了，我愿意探究这种寻求教导或帮助的渴望。现在我不再像我过去那样逛商店似的奔向古代与现代的各类导师；我确实需要帮助，而我希望知道这是为什么。究竟会不会有一天我不再需要帮助了呢？"

"如果没有任何人会提供帮助的话，我不会亲自到这儿来。"M说道。"以前我曾被帮助过几次，那就是为什么我现在会在这里。先生，我曾经被您帮助过，我将继续尽可能地来参加您的演讲与讨论，尽管您已经指出了追随的危害。"

难道我们是在证明我们是否在被帮助吗？一名医生，一个孩子或过路人的笑容，一种关系，一片随风飘落的树叶，一次天气变化，甚至一位导师，一位上师——一切都可以提供帮助。对一个警觉的人来说帮助无处不在。我们大多数人的情况则是，除了对某位导师或某本书，我们对周围的一切麻木不仁，这就是问题所在。我说话的时候你全神贯注，不是吗？其他人说同样的话的时候——也许用词不同，你就充耳不闻。你只听那个你认为的权威所说的话，其他人说的时候你就毫无警觉。

"我已经发现您所说的通常都是重要的，"M回答道。"所以我很留意地听您说。别人说的话经常是地道的陈词滥调，愚蠢的回答——或许我自己就是愚蠢的。关键是听您的话确实帮助了我，所以为什么我不应该听呢？即使每个人都坚持说我只是在追随您，只要允许我还是会尽可能地来。"

为什么我们对来自于某个特殊方向的帮助敞开，而对其他方向关闭呢？你有意识或无意识地给了我你的爱、你的同情，你可能帮助我了解我自己的问题；但我为什么要坚持你是帮助的唯一来源、唯一的拯救者呢？为什么我要尊奉你为我的权威呢？我听你的，我留意你说的每句话，但我对别人的陈设却无动于衷或充耳不闻。为什么？难道这不是问题吗？

"您没有说我们不应该寻求帮助，"L说道。"您在问我们为什么赋予那个提供帮助的人以重要意义，使他成为我们的权威。不是吗？"

我同时也在问为什么你要寻求帮助。当一个人寻求帮助时，隐藏在背后的动机是什么呢？当一个人有意识地、深思熟虑地着手寻求帮助，他需要的究竟是帮助，还是逃避、安慰呢？我们正在寻求的是什么呢？

"有许多种类的帮助，"B说道。"从家庭服务员到最优秀的外科医生，从中学教师到最伟大的科学家，他们提供了各种帮助。在任何文明中帮助都是必要的，我们不仅需要寻常的帮助，还需要已经觉悟的精神导师的指引和帮助以带给人类秩序与安宁。"

请让我们撇开普遍性，考虑指引和帮助对我们每一个人意味着什么。难道它不是意味着个体的困境、痛苦、悲伤的解决吗？如果你是一位精神导师或一名医生，我来见你是为了被引导向人生的幸福之路或被治愈某种疾病。我们从觉悟者那里寻求人生之路，从学者那里寻求知识或信息。我们想获得，我们想成功，我们想要快乐，所以我们寻找某种帮助我们获得我们所渴望的东西的人生模式，无论那是神圣的或世俗的。在尝试了许多其他东西之后，我们把真实看作最高目标，终极的安宁与快乐，我们想获得它。因此我们小心翼翼地寻求我们渴望的。但是欲望究竟有没有可能通向真实呢？对某些东西的欲望，不管它有多么高尚，不都是在制造幻想吗？当欲望运作的时候，不正是它在构建起权威、模仿和恐惧的结构吗？这是实实在在的心理过程，难道不是吗？而这是帮助吗？抑或只是自我欺骗呢？

"不被您的话说服简直是不可能的！"B惊呼。"我明白了这个推论及其意义。我知道您已经帮助了我，而我应该拒绝吗？"

如果有人帮助了你而你把他当成你的权威，那么你不是在拒绝来自于你周围除他之外的一切帮助吗？难道帮助不是无处不在的吗？为什么只盯着一个方向呢？当你是如此封闭、被束缚的时候，帮助还有可能触到你吗？在你敞开的时候，就会有数不清的帮助显现在一切事物中，从鸟儿的歌唱到某人的呼唤，从青草的叶片到广阔无垠的天空。若你希望某个人做你的权威、你的指引、你的拯救者时，毒害和堕落就开始了。就是这样，不是吗？

"我想我理解您说的，"L说道。"可我的困难就在于此。许多年来我一直是一个追随者，追逐指引的人。当您指出追随的深层含义时，我从理智上同意，但我的另一部分在反抗。现在我如何能够整合这内在的冲突以让我不再追随呢？"

两个对立的欲望或冲动不可能被整合，当你引入第三个要素——欲望的整合时，你只是在让问题复杂化，你并没有解决它。当你洞察了寻求帮助、跟随权威——无论是另一个人的权威，还是你自我强加的模式的权威——的全部意义时，正是那个洞察将终结所有的追随。

## 头脑的寂静

遥远的薄雾后面是白色的沙滩和清凉的大海，这里却酷热难挡，即使在树荫底下或房子里。天空不再是湛蓝的，太阳似乎吸收了每一粒水分子。从海上吹来的风已经停息。身后近在咫尺的山反射着太阳的强烈光线。连好动的狗也趴着直喘粗气，仿佛它的心脏将在这无法忍受的高温里爆炸。将会有无数个晴朗的、烈日炎炎的日子，一周又一周，连续好几个月。被春雨滋润得青翠温柔的群山将被烤成褐色，泥土将干枯而坚硬。即使是现在，这些山丘依然是美的，阳光洒在长在贫瘠的山地岩石上的绿橡树和金黄色的干草上。

穿过山丘通向高山的小路满是灰尘和乱石，崎岖不平。没有溪流，听不见奔流的水声。山中温度极高，只在干枯河床沿岸的树荫下还有几缕山谷里吹来的微风。从这个高度能看到数英里之外的蓝色大海。非常安静，连小鸟们都屏气息声，甚至那只一向爱吵闹的蓝鸟现在都休息了。一头敏捷而警惕的棕色鹿沿着小路走到干枯溪床里的一个水塘去。它十分安静地在岩石上移动，大耳朵抽动着，大眼睛监视着灌木丛里的动静。它喝足了水，原本要在水塘边的树荫里躺下，但是它一定已经察觉到有人在场，因为它不安地沿小路跑掉了。在山里要观察山狗——某种野狗——是多么困难啊！它的颜色与岩石完全一样，它努力地不暴露行踪。你必须紧盯着它，即使那样它也会消失得无影无踪，而你休想再找到它。你使劲地找，但什么也没有，也许它到水塘去了。不久前在这里发生了一次可怕的火灾，野生动物都逃跑了，现在有些又回来了。一只母鹌鹑正带领着她新出生的超过一打的小宝宝们穿过小路，她温柔地鼓励、带领它到一处茂密的树丛里去。它们圆滚滚的，就像浅黄色与灰白色间杂的柔软脆弱的小毛球，它们对这危机四伏的世界如此陌生，却生气勃勃、欣喜不已。在树丛下，有几只小鹌鹑爬到了妈妈的背上，大多数仍蜷缩在她舒适的翅膀下面，在经历了出生的斗争之后稍事休息。

是什么把我们绑在一起了呢？不是我们的需要把我们绑在一起的。既不是商业或大工业，也不是银行或教堂把我们绑在一起的，这些都只是观念和观念的结果。观念没有将我们绑在一起。也许我们是由于利益走到一起的，因为必需品、危险、仇恨或崇拜走到一起，但这些都不足以让我们团结起来。它们必然都会离开我们，因此我们是单独的。在这单独中有爱，而正是爱让我们团结。

一个带着先入之见的头脑绝不是自由的，无论那先入之见是崇高的还是琐碎的。

他来自遥远的国家。尽管曾患小儿麻痹症——一种致人瘫痪的疾病——现在他仍能够行走并驾驶汽车。

"就像很多其他人，尤其是那些处在与我相同境地的人们一样，我曾属于不同的教会和宗教团体，"他说道。"可他们都不能让我满意。我从未停止寻找，我想我是认真的。但我的问题之一是我的嫉妒。我们大多数人被野心、贪欲或嫉妒所驱使，它们是人类的冷酷无情的敌人，然而人们看来似乎离不开它们。我尝试了各种方法来抵制嫉妒，尽管我做了所有努力，可还是一次又一次地被它控制。它就像水从屋顶上渗下来一样，我发现在意识到我的处境以前，我已经变得比从前更加强烈地嫉妒了。您也许已经回答过同样的问题很多次，我如何将自己从这嫉妒的混乱中解救出来呢？"

你一定已经发现随着不要嫉妒的愿望而来的是对立面的冲突。不要成为**这个**而成为**那个**的欲望或意志导致了冲突。通常我们认为这种冲突是人生自然的过程，但它是吗？"事实是"和"应该是"之间的斗争被认为是崇高的、理想主义的；但那个想要不嫉妒的欲望或企图与想要嫉妒的欲望是一样的，不是吗？如果一个人真正了解这一点，就不会有对立面之间的斗争，二元性的冲突将会停止。这不是一个你可以回家去考虑的问题，这是需要立刻被看到的事实，这个洞察才是重要的事情，而不是如何从嫉妒中解脱的问题。从嫉妒中的解脱并非来自于它的对立面的冲突，而是随着对"当下之是"的领悟而来；只要头脑还在惦记着改变"当下之是"，这领悟就不可能发生。

"难道改变不是必需的吗？"

通过一个意志的行动可能带来改变吗？难道意志不是浓缩的欲望吗？在孳生了嫉妒以后，现在欲望寻求一个没有嫉妒的状态。这两者都是欲望的产物。欲望不可能带来根本性的改变。

"什么将带来根本性的改变呢？"

对"当下之是"的领悟。只要头脑或欲望寻求从**这个**变成**那个**，所有改变就都是表面的和无关紧要的。这个事实的完整意义必须被感知和领悟，只有那时根本的彻变才有可能发生。只要头脑还在计较、评判、寻找结果，就不可能改变，只会发生一连串无休止的所谓生命的斗争。

"您说的看来非常正确，可甚至在听您说话的时候，我还是发现自己陷在改变、达到目的、获得结果的斗争里。"

越是挣扎反抗一个习惯——无论这习惯的根扎得有多深——就越是

强烈地执着于它。觉知到一个习惯而不去选择或培养另一个习惯，这就是习惯的终结。

"那么我必须对'当下之是'保持沉默，既不接受它也不拒绝它。这是一个艰巨的考验，但我看这是唯一的出路，如果确有解脱的话。"

"现在我可以提另一个问题吗？难道不是身体影响头脑，头脑又反过来影响身体吗？在我自己身上我尤其注意到这点。与我现在的状况比较的时候，我的思想被曾经的记忆——健康，强壮，身手矫健——和我希望的样子占据着。我似乎无法接受我目前的状况。我该怎么办呢？"

这种现在与过去、将来的连续不断的比较导致了头脑的痛苦和退化，不是吗？它使你无法考虑你目前状况的事实。过去永远不可能再来，而未来是不可预知的，你拥有的只是现在。只有当头脑从过去记忆和未来希望的重担下解脱的时候，你才可能充分地考虑现在。当头脑关注现在、没有比较的时候，那时才有可能发生其他事情。

"您说的'其他事情'指的是什么呢？"

当头脑被它自己的痛苦、希望和恐惧占据的时候，就再没有空间留给解脱了。思想的自我封闭的过程只是进一步削弱了头脑，于是恶性循环开始了。被偏见占据令头脑琐碎、狭隘、浅薄。一个被占据的头脑不是自由的，而被自由占据的头脑依然孳生出狭隘。当头脑被上帝、国家、美德，或自己的身体占据的时候，它是狭隘的。被身体占据使头脑无法适应现在，无法获得活力并运动，无论那是多么有限。自我以及自我的充塞导致了它自己的痛苦和问题，从而影响了身体。而对身体疾病的过多关心只是进一步妨碍了身体。这不是说身体健康应该被忽视，然而被健康问题占据，就像被真相、观念占据一样，只是令头脑固守在它自己的狭隘中。在一个被占据的头脑和一个有活力的头脑之间存在巨大的差异。一个有活力的头脑是寂静的，觉知的，不做分别的。

"在意识层面把所有这些都消化理解是非常困难的，但也许无意识将吸收您所说的。至少我希望如此。

"我想再问一个问题。您看，先生，有几个片刻我的头脑是寂静的，但这些片刻非常罕见。我深入思考过禅修的问题，也读了您的书。我的身体对我来说太过沉重已经很长时间，现在我已经或多或少地习惯于我的身体状态，我觉得培养这种寂静是重要的。如何着手开始呢？"

寂静是被培养出来的吗？是被小心翼翼地加以训练而加强的吗？谁是培养者呢？难道他是脱离你的整体而独立存在的吗？当一个人渴望控制所有其他人或建立起对他们的抵抗时，有寂静，亦即一个静止的头脑吗？当头脑被戒律禁锢、塑造、控制的时候，有寂静吗？所有这些不都意味着一个检查者，一个在操控、评判、抉择的所谓高级自我吗？但是有这样的一个实体吗？如果有，难道他不是思想的产物吗？思想把自己分为高的和低的、永久和无常的，它依然是过去、传统、时间的产物。在这种划分里潜伏着它自己的安全感。现在思想或欲望在宁静中寻求安全，并因此寻求一种提供它所需要的东西的方法或体系。现在它期望宁静的愉悦来代替世间的事物，因此它在"事实是"和"应该是"之间制造出冲突。有冲突、压抑、反抗的地方不会有寂静。

"人不应该寻求寂静吗？"

只要还有寻求者就不可能有寂静。只有当寻求者、欲望消失的时候，头脑的停止、寂静才会发生。不要回答，把这个问题留给你自己：你的整个存在有可能寂静吗？整个头脑，包括意识与无意识，有可能静止吗？

# 满足

机舱里都是人。飞机正在大西洋上空两万多英尺的高度飞行，下面有一片厚厚的云层。上方的天空湛蓝无比，太阳正在我们后面，我们正向西方飞去。孩子们刚才还在走道里来回奔跑、嬉戏，现在他们都累了，睡着了。经过漫长的黑夜之后，其他人都已醒来，抽着烟喝着饮料。前座的男人正在跟另一个人说他的生意，后座的女人正用愉快的音调描述她买的东西并计算着必须支付的税额。在这个高度，飞机飞行平稳毫无颠簸，尽管在我们下面有大风。机翼在明亮的阳光下闪着光，螺旋桨平稳地旋转着，以不可思议的速度切入空气；风在我们下方，我们以超过每小时三百英里的速度飞行。

狭窄过道对面的两个男人正在大声交谈，不听到他们的谈话是很难的。他们身材高大，其中一个有一张红色的、饱经风霜的脸。他正在解释捕鲸生意有多么危险，有多少利润，而大海是多么狂暴可怕。有些鲸鱼重达几百吨。怀孕的母鲸不允许被宰杀，也不允许在一定的时间内捕捉超过规定数量的鲸鱼。杀死这些庞然大物的方法显然是被最为科学地设计过的，每个团队都有一个需要技术训练的特殊职位。捕鲸船的气味几乎令人难以忍受，但人们已经习惯，就像人类能够习惯几乎任何事情。如果一切顺利的话，从中可以赚到大笔的钱。他开始解释屠杀的神奇魔力，正在那时饮料端了上来，话题也随之改变。

人类喜爱杀生，无论是相互屠杀，还是杀死密林深处一头眼睛明亮的、无害的鹿，或是捕杀家畜的老虎。公路上一条蛇被故意碾过；布下一个陷阱，一头狼或山狗被逮住。衣冠楚楚、笑容可掬的人们带着贵重的枪出门去射杀不久前还在相互呼唤的鸟儿。一个男孩用气枪射死一只叽叽喳喳的蓝鸟，周围的大人们连一句怜悯或责备的话都没有。相反，他们夸他射得好。为了所谓的体育运动杀生，为了食物杀生，为了一个人的国家杀生，为了和平杀生——所有这些都没有太大区别。辩解不是回答。回答是唯一的：不要杀生。在西方，我们认为动物之所以活着是为了人们的口腹之欲，为了让人杀死取乐，或为了它们的皮毛。在东方，几世纪以来每一位父母都反复地教导说：不要杀生，要慈悲，要有同情心。在这里，动物没有灵魂，所以它们被杀死，杀的人不受惩罚；在那里，动物也有灵魂，所以要考虑仔细并让你的心知道爱。在这里，吃动物或鸟被认为是平常、自然的事，被教会和广告所支持；在那里不是，通过传统和文化，学者与僧侣决不支持杀生，而这也在迅速地被打破。在这里，我们一直以上帝或国家的名义杀生，而现在到处都是这样。杀生到处传播。几乎一夜之间，古老的文化被扫地出门，功利、冷酷无情和毁灭的手段被精心地培养与加强。

和平不是由政客或教士带来的，也不是由律师或警察带来的。当有爱的时候，和平是头脑的一种状态。


他是一个小商人，苦苦拼搏，还能收支相抵。

"我不是来谈我的工作的，"他说道。"它给了我所需要的，因为我的需求很少，我还能过活。由于没有过多野心，我不处在人吃人的游戏里。有一天我看到一群人围在树下，于是我停下来听您演讲。那是两年以前。您说的话激活了我内心的某种东西。我没有受过很好的教育，但现在我读您的书并且来到这里。过去我对我的生活、我的思想，以及轻飘飘地待在我的头脑里的少量四分五裂的信仰是满足的。但是自从那个星期六早晨我驾车闲逛到这个村子并碰巧听到您演讲以后，我已经不再感到满足了。不是对我的工作不满足，而是不满足已经控制了我的整个存在。以前我怜悯那些不满足的人们。他们是如此痛苦，没有什么能让他们满足，而现在我也加入他们的行列了。我曾经对我对生活，朋友、我所做的事感到满足，而现在我不满足不快乐。"

请允许我问，你说的"不满足"是指什么呢？

"在那个星期天早晨听您演讲之前，我是一个心满意足的人，我想这相当令别人讨厌。现在我明白当初我是多么愚蠢了，我竭尽全力要变得聪明，对周围的每一样事物保持警觉。我想要有所作为，取得一些成就，而这种欲望自然而然导致了不满足。以前我是昏睡的，如果可以这样说的话，现在我觉醒了。"

你觉醒了吗？抑或你是在努力通过成为什么而让自己再次昏睡？你说你以前在昏睡，而现在你觉醒了。但这个觉醒的状态让你不满足，不快乐，让你痛苦。为了逃避这痛苦你试图变成什么，追随一个理想，等等。这种模仿让你再次堕入昏睡，难道不是吗？

"但是我不想退回到我旧有的状态，我真的想要觉醒。"

这不是非常奇怪吗？头脑是如何地欺骗它自己啊！头脑不喜欢被打扰，它不喜欢从它旧有的模式、思想与行为的舒适习惯里被摇醒；被打扰的时候，它寻求方法和手段来建造新的边界和场地，以便在里面安全地活着。这正是我们大多数人所寻求的安全地带，而正是对安全、保险的渴望令我们昏睡。环境、一句话、一个手势、一次经验，都有可能唤醒我们，打扰我们，但我们想要再次昏睡。这一直发生在我们大多数人身上，而这不是觉醒的状态。我们必须了解头脑让它自己昏睡的方法。就是这样，不是吗？

"但是头脑必然有很多令自己昏睡的方法。有可能知道并全部避免吗？"

有几种方法可以被指出来，但这并不能解决问题，是吗？

"为什么不能？"

仅仅是得知一些头脑用以令自己昏睡的方法，只不过是再次找到一个也许会有所不同的不被打扰的、安全的手段。重要的是保持警觉，而不是追问如何保持警觉。对**如何**的追问也是想要安全的欲望。

"那么该怎么做呢？"

与不满足在一起而不要期望去平息它。正是不想被打扰这一欲望必须被领悟。这个有许多种形式的欲望正是那个想要逃避"当下之是"的欲望。只有当这欲望离去的时候——不是通过任何形式的强迫，无论是有意识的还是无意识的——不满足的痛苦才会停止。"事实是"与"应该是"的比较产生了痛苦。比较的停止并非满足的状态；满足是没有自我的造作的觉醒状态。

"所有这些对我来说都非常新鲜。我似乎觉得您使用的语词的含义与众不同，只有当我们同时赋予相同语词以相同含义的时候，沟通才有可能发生。"

沟通就是人际关系，不是吗？

"您跳到了目前我还没有能力把握的更为广阔的含义。我必须更为深入，也许那样我将有所了解。"

## 演员

漫无尽头的道路曲折地穿过低矮的山丘。午后烈日的灼热光线铺在金色的山丘上，疏落的树下是浓重的阴影，诉说着它们孤独的存在。方圆几英里没有任何聚居点，几头牛稀稀落落地散布着，偶然会有一辆汽车出现在平坦的、保养良好的道路上。北方的天空格外湛蓝，而西方阳光刺目。虽然贫瘠而偏僻，乡村却异常地有生气，远离人类的痛苦与欢乐。不见鸟类，除了几只迅速穿过道路的松鼠，你再也看不到任何野生动物。除了一两处有牛的地方再看不到水。随着雨水的降临，山丘将变得青翠、温柔而令人愉快，现在它们却荒凉、严峻，呈现出伟大的寂静的美。

这是一个不可思议的黄昏，圆满而深邃，当道路在起伏的山丘中迂回蜿蜒的时候，时间已经停止了。路牌指示离向北的主干道还有18英里，到那里需要大约半个小时。在那一刻，凝视着道旁的路牌，时间和空间都停止了。这不是一个可被测度的时刻，没有起点也没有终点。蓝天与连绵起伏的金色山丘静默着，辽阔而恒久，它们也是这"无始无终"的一部分。眼睛和头脑注意着公路，阴暗孤独的树鲜明而强烈，起伏的山丘上的每一片干草的叶片都那么突出、简单而清晰可辨。那个傍晚，环绕着树木和散落在山丘上的光线非常宁静，唯一活动的物体就是疾驰的汽车。言语之间的静默是属于那不可测度的寂静的。这条公路将到尽头，与另一条会合，而那条也将逐渐消失在某地。那些寂静、灰暗的树将倒下，它们的灰烬将飞散不知所终。柔嫩的绿草将在雨水的滋润下发芽生长，它们也终将灰飞烟灭。

生命与死亡是不可分的，在它们的不可分里是永久的恐惧。分离是世界的起点，对终点的恐惧产生出起点的痛苦。在这个轮子里，头脑被困住并编织出时间之网。思想是时间的过程与结果，而思想不可能培育出爱。


他是一位小有名气的演员，正在努力为自己赢得更大声望。他还足够年轻去探询并承受。

"人为什么要表演呢？"他问道。"对某些人来说，戏剧仅仅是一项谋生手段；对另一些人而言，它提供了一个表达他们自身空虚的途径；对还有一些人来说，扮演不同的角色是一个强烈的刺激。戏剧也提供了一个绝妙的对'生活的真实'的逃避途径。我表演是为了所有这些原因，也可能是因为——对这点我有些含糊——我希望通过戏剧做些好事。"

难道表演不是加强了自我吗？我们装模作样，我们戴面具，渐渐地伪装和面具变成了日常习惯，掩盖了自相矛盾、贪婪、仇恨等等许多个自我。理想就是一个掩盖了事实、真相的伪装和面具。通过戏剧你还能做好事吗？

"您的意思是不可能吗？"

不，这是一个问题，不是一个判断。在写剧本的时候，作者有某些他想要诠释的观念和意图。演员是媒介、面具，而公众被娱乐并教育。这种教育是在做好事吗？或者它只是令头脑被制约到一个由作者设计的或好或坏、或聪明或愚笨的模式里去吗？

"天哪，我从来没有想过所有这些。您看，我能够成为一名相当成功的演员。在我完全投身进去以前，我问自己表演是否将是我的人生道路。表演天生具有一种古怪的魔力，有时极具破坏力，有时又非常令人愉快。你可以严肃地对待表演，可它本质上又不是非常严肃的。当我倾向于严肃时，我曾疑惑我是否应该以戏剧作为我的事业。在我内心有些东西在反抗它的一切可笑与浅薄，但我仍被它深深地吸引。所以我心烦意乱。我是以严肃的态度来说这些话的。"

一个人有可能决定另一个人的人生道路应该是怎样的吗？

"不可能。但是在与他人的讨论中，有时事情会变得明朗。"

如果可以指出的话，任何强调我、自我的行为都是破坏性的，它带来悲伤。这是原则问题，不是吗？你先前说你想做好事；而当自我被任何职业或行为有意识或无意识地激发并支持的时候，做好事肯定是不可能的。

"所有行为不都是建立在自我的存活的基础上的吗？"

也许不总是这样。也许在外在它表现为自我保护的行为，而内在它也许根本就不是。关于这点别人说什么或想什么都不重要，但是人不应该欺骗自己。在心理上自我欺骗是非常容易的。

"看来如果我真的关心放弃自我的话，我将不得不躲到修道院里或过隐士的生活。"

放弃自我就必然要过隐士的生活吗？你看，我们有一个关于无我的生活的观念，正是这个观念妨碍了我们去了解没有自我的生活。观念是自我的另一个形式。若不逃避到修道院或其他什么地方，难道就不可能被动地警觉到自我的活动吗？这种觉知可能会产生一种完全不同的、不会带来悲伤和不幸的行动。

"某些职业显然对健全的生活是有害的，而我就身处其中。我依然年轻。我可以放弃戏剧，在完全探讨了所有这些以后，我相当肯定我能做到。但是我该怎么做呢？我具有某些也许是有用的、成熟的天赋。"

天赋可能会变成祸根。自我将利用天赋并在才能中保护自己，那样的话天赋将变成自我的手段和荣耀。有天赋的人在了解了天赋的危险之后，也许会将他的天赋献给上帝；他必然意识到了他的天赋，否则他不会奉献它们，而正是这种"拥有"某种天赋的意识必须被了解。为了成为谦逊的而奉献他所拥有的正是空虚。

"我开始对所有这些略有领会，但它依然非常复杂。"

也许吧。重要的是无选择地觉知到自我的明显与微妙的行为。

# 知识的伎俩

太阳已经落到群山背后，玫瑰色的光线依然照射在东方的山脉上。小路向下延伸，在绿色的山谷中弯曲蔓延。这是一个宁静的黄昏，枝叶间吹拂着微风。地平线上的晚星刚刚露面，因为没有月亮，天空将很快变得黯淡。那些曾经蓬勃而令人愉快的树木，也隐退到夜色里。山丘间凉爽而静谧，夜空中布满了星辰，群山在璀璨的星光下显得明朗而清晰。夜晚特有的气息在空气中弥漫，远处传来阵阵犬吠。这静谧似乎穿透了岩石、树木，穿透了万有而合为一体，连崎岖山路上的脚步声也没有打扰到这一切。

头脑也彻底停止了。毕竟，禅定不是一种制造出某个结果、产生出某个已经存在或可能存在的状态的手段。如果禅定是带有目的的，则所渴望的结果就可能被达成，但那样一来，它就不是禅定了，而只是欲望的实现。欲望从来不会被满足，欲望没有尽头。了解欲望，而不努力将它停止或继续维持，就是禅定的开始与结束。但还有些东西超越于此。奇怪的是禅定者总是坚持；他寻求延续，他变成了观察者、经验者、一部回忆的机器，变成那个评价、积累、拒绝的人。当禅定属于禅定者的时候，它只是加强了那个禅定者、经验者。头脑的寂静是经验者的不在场，是那个觉知到"他是寂静的"的观察者的不在场。当头脑停止时，就有一种觉醒的状态。你能够断断续续地警觉到许多东西，你可以探索、寻求、询问，但这些都是欲望、愿望、确认与获得的行为。那永远觉醒着的既不是欲望也不是欲望的产物。欲望产生出二元性的冲突，而冲突就是黑暗。

她出身名门，非常富有，现在正在追求精神方面的事物。她找过天主教和印度教的大师，向苏非派信徒学习过，涉猎过佛教。

"当然了，"她补充道。"我也研究过神秘学，现在我来这儿向您学习。"

难道知识存在于大量的堆积中吗？恕我直言，你寻求的是什么呢？

"在我生命的不同阶段，我寻求不同的东西，我所要的东西基本上都找到了。我积累了许多经验，过着充实而丰富的生活。我读过各种学科的许多书籍，曾经找到一位赫赫有名的精神分析学家，可我还是在寻求。"

你为什么做这些事呢？为什么会有这样的寻求呢——无论是肤浅的还是深入的？

"这问题太奇怪了！人如果不寻求就会停滞不前，如果不经常学习，生命将没有任何意义，那跟死没什么两样。"

我再问一次，你学的是什么呢？在阅读别人所写的关于人类结构与行为的文章的时候，在分析社会与文化差异的时候，在学习各种不同类别的科学或哲学的时候，你积累的是什么呢？

"我认为一个人若具备足够的知识，这将令他免于争斗与不幸，所以我尽我所能积累知识。知识对于了解来说是必不可少的。"

了解是通过知识获得的吗？或者正是知识障碍了了解？我们似乎认为通过积累事件与信息，通过掌握百科全书式的知识，我们将摆脱我们的枷锁。事实完全不是这样。敌对、仇恨与战争并没有停止，尽管我们都知道它们是多么具有毁灭性和劳民伤财。知识并不是必然能阻止这些事情的，相反，它倒是有可能刺激和鼓励它们。所以发现我们为什么要积累知识不是很重要吗？

"我与许多教育家讨论过，他们都认为如果知识能够被充分广泛地传播，这将驱散人们之间的仇恨，并阻止世界的彻底毁灭。我认为这是大多数教育家都关心的问题。"

尽管现在我们在众多的领域中拥有这么多知识，但依然没有停止人对人的野蛮行径，甚至同一个团体、国家或宗教中的野蛮行径也从未停止。也许正是知识令我们无视于其他某些恰恰能够真正解决所有这些混乱与不幸的因素。

"那是什么呢？"

你出于什么问这个问题呢？一个文字的答案可以被给出，但这只是在一个已经超负荷的头脑里再添上更多的语言。对大多数人来说，知识是语言的积累或他们的偏见与信仰的加强。语言、思想是自我的观念赖以生存的框架。这个观念通过经验和知识建立并扩展，而自我的核心部分依然存在，仅靠知识或学问不可能消解它。自我革命是对这个核心、观念的自发的解决，反之，令自我长存不灭的知识中产生的行为只能导向更大的不幸与破坏。

"您曾经提出可能有一个能真正解决我们一切不幸的不同的要素，而我正在十分认真地询问这个要素是什么。如果有这样一个要素存在，若人能够知道并以它为核心构建整个生活，那么一个完全崭新的文化将会产生。"

思想永远不可能发现它，头脑永远不可能找到它。你想要知道并围绕它构建你的生活，然而那个"你"及其知识、恐惧、希望、挫折与幻象，将永远不可能发现它。没有对它的发现，仅仅是学到更多知识和学问，那只会产生对那种状态的障碍。

"如果您不指导我去发现它，我将不得不自己去寻找，同时您却暗示所有的寻找必须停止。"

如果有指导，就不会有发现。必须有发现的自由，而不是指导。发现不是奖赏和回报。

"恐怕我完全不明白您的意思。"

你为了发现而寻求指导，但如果你被指导你将不再自由，你将变成一个已经知道的人的奴隶。那个宣称他知道的人已经是他的知识的奴隶，而他也必须被解放以便去发现。发现是一刻接一刻的，因此知识成了一个障碍。

"请您再多解释一点好吗？"

知识总是过去的。你所知道的已经是过去了的，不是吗？你不知道现在或将来。对过去的强调是知识的伎俩。那将被揭示的也许是全新的，而你的知识、过去的积累，不可能测度那全新的、未知的事物。

"您的意思是如果想要找到上帝、爱或不管什么，就必须清除所有知识吗？"

自我就是过去，那个积累事物、美德、观念的力量。思想是昨天的制约的产物，而你试图用这个工具去揭示那未知的。这是不可能的。知识必须停止以便让那另外的呈现。

"那么如何让头脑里的知识清空呢？"

没有"如何"。方法的练习只会进一步制约头脑，因为那样你将得到一个结果，而不是从知识、自我中解脱的头脑。没有方法，只有关于知识的真相的被动观照。

## 信念——梦

这个拥有沙漠、良田、森林、河流、高山、数不清的飞鸟、野兽与人类的地球多美啊！有污秽而混乱的村庄，因为多年的降雨量不足，所有的井几乎都干涸了。牛瘦得皮包骨头，田地干裂，花生枯萎，甘蔗再也不能种植，河水已经好几年不再奔流了。他们乞讨、偷窃并且挨饿，他们到死都在等待下雨。然而也有富裕的城市，那里的街道干净，崭新的汽车在路上奔驰，人们梳洗整齐、穿着考究，商店里堆满无数货物，有图书馆、大学和贫民窟。地球是美丽的，圣殿边和贫瘠沙漠里的土壤都是神圣庄严的。

想象是一回事，看到"事实所是"是另一回事，但两者都是束缚。看到"事实所是"是容易的，从中解脱就是另一回事了，因为洞察被判断、比较、欲望所笼罩。没有检查者的干涉的洞察是极其困难的。想象建造起自我的幻象，思想就在它的阴影下运作。从这个自我的观念里生长出"事实是"与"应该是"的冲突，这是一种二元性的冲突。对事实的洞察和关于事实的观念是两个完全不同的状态，只有当头脑不被判断、比较的价值观束缚的时候，才有能力洞察到什么是真实。


她坐火车和汽车长途跋涉而来，最后一段路她必须步行。由于天气凉爽，爬山还不算太辛苦。

"我有一个非常紧迫的问题希望讨论，"她说。"当两个相爱的人在他们的针锋相对的信念上互不相让的时候，该怎么办呢？一个人或另一个必须让步吗？爱能够弥合这种分裂的、破坏性的隔阂吗？"

如果确实有爱的话，还可能有这些造成分裂与束缚的固执信念吗？

"也许不会，可现在已经超出了爱的范围，那信念已变得坚硬、冷酷、顽固。也许其中一个人可以通融，但如果另一个人不能的话，就一定会爆发出来。能做些什么来避免吗？其中一个也许愿意让步、妥协，但若另外一个完全不妥协的话，和那个人一起生活就变得不可能了，无法再跟他有任何关系。这种不妥协将导致危险的后果，但当事人似乎并不介意为他的信仰做出牺牲。一旦认清虚幻不实是观念的本质的时候，这一切看起来就非常荒谬。可是当一个人除了观念以外一无所有的时候，观念就会根深蒂固。厚道与体贴在观念的刺眼强光下化为乌有。当事人完全坚信他从阅读中获得的观念、理论将通过给所有人带去和平与富裕而拯救世界，并且他认为杀戮和破坏在必要的时候作为实现那个空想目标的手段是正当的。目的是首要的，而非手段。只要目的被实现，一切都没有关系。"

对于这样一个头脑，他所谓的拯救就是那些持不相同信念者的毁灭。过去有些宗教曾认为这是通向上帝的道路，他们还有逐出教会、堕入永恒地狱的威胁等等。你讲的是最新的宗教。我们在教会、观念、"飞碟"、大师、导师中间寻求希望，所有一切都只会导向更大的不幸与毁灭。一个人必须从内在摆脱这种固执己见的态度。因为一切观念——无论多伟大、精妙而有说服力——都是虚幻的，它们造成分裂与毁灭。当头脑不再陷入观念、主张、信念的罗网的时候，就会有完全不同于头脑投射的东西出现。头脑不是解决我们问题的最后的救命稻草。相反，它是问题的制造者。

"我知道您从来不向人们提建议，但我仍然想问，先生，我怎么办呢？几个月来我一直问自己这个问题，可我还是没找到答案。即使是现在，在我提出这个问题的时候，我都看到并没有明确的答案。人必须一刻接一刻地活着，事情发生的时候就接受并忘掉自己，那样我也许就会变得柔和、宽容。可是事情变得多么困难啊！"

当你说"这将变得多么困难"的时候，你就已经停止带着爱与柔和一刻接一刻地活着了。头脑已经把自己投射到未来，制造出问题——那正是自我的本性。过去和将来是它的支撑。

"我可以问点别的吗？我有可能解释我自己的梦吗？近来我做了很多梦，我知道这些梦正在试图告诉我一些事情，但是我无法解释那些反复在我梦里出现的符号、画面。这些符号和画面并不总是一致的，它们在变，但基本上它们都有相同的内容和含义，至少我认为是这样，尽管当然我可能犯错误。"

你说的对梦的"解释"是什么意思呢？

"就如我刚才说明的，好几个月来我被一个非常严重的问题所困扰，而我的梦全都是关于这个问题的。它们试图告诉我一些事，或许是在给我一个应该怎么做的暗示。只要我能够正确地解释它们，我就将知道它们试图揭示的是什么。"

做梦的人当然与他的梦不是分离的。做梦的人就是梦。你不认为理解这一点是重要的吗？

"我不理解您的意思。您可以解释吗？"

我们的意识是一个整体的过程，尽管它内在有可能是自相矛盾的。它把自己分为有意识和无意识，隐藏的和开放的，其中可能有相互对立的欲望、价值观、要求，但那个意识依然是一个整体的、一元的过程。有意识的头脑也许感觉到了梦，但梦却是整个意识活动的产物。当意识的表层试图解释整个意识所投射的梦的时候，那么它的解释必定是局部的、不完整的、扭曲的。解释者将不可避免地曲解那些符号和梦。

"对不起，我还是不清楚。"

有意识的表层头脑被焦虑、被寻找它自身问题的解决的努力所占据，醒着的时候它从不安静。在也许稍微平静些、烦恼少些的所谓睡眠中，它收集整个意识活动的暗示。这个暗示就是梦，就是那个醒着的焦虑头脑试图解释的。它的解释将是错误的，因为它所关心的是马上行动和结果。解释的欲望必须停止。在能够对意识的整个过程有所了解之前，你非常渴望发现什么才是针对你的问题的正确做法，不是吗？正是那个渴望阻碍了对问题的了解，因此才会出现那些似乎总在暗示相同内容的一连串变化的符号。那么，现在那个问题是什么呢？

"不对任何发生的事情感到害怕。"

你能够这么轻而易举地摆脱恐惧吗？仅仅一个口头表态是不可能摆脱焦虑的。但这就是问题吗？你也许希望摆脱恐惧，但另一方面那个"如何"、那个方法变得重要，于是你又有了一个新问题，正如老问题一样。所以我们从一个问题滑到另一个问题，却永远无法摆脱它们。但我们现在谈论的是完全不同的事，不是吗？我们不关心用一个问题替代另一个。

"我猜真正的问题是要有一个宁静的头脑。"

当然，那是唯一的主题：一个宁静的头脑。

"我如何才能有一个宁静的头脑呢？"

看看你正在说什么吧。你想要占有一个宁静的头脑，就像你想要占有一条裙子或一栋房子。现在你有了一个新的对象——头脑的宁静，你开始探究获得它的途径和手段，因此你又有了另一个问题。只是去觉知一个宁静的头脑的绝对必要性和重要性。不要追求宁静，不要培养或练习。所有这些努力都将制造出一个结果，而那个结果不是宁静。能够被堆砌起来的就能被拆散。不要去追求宁静的连续。宁静是要被一刻接一刻地体验的，它不可能被积累起来。

# 死亡

这里的河道极宽，几乎有一英里，而且很深。河道中间的水清澈碧蓝，靠岸边的河水则污浊、肮脏，流动迟缓。太阳已经沉落到坐落在河上游的那座巨大而杂乱无章的城市后面，城市的烟雾与灰尘给落日蒙上了一层奇异的色彩，并反射到奔流不止的宽广河面上。这是一个美丽的黄昏，每一片草叶、每棵树木，以及那些鸣叫的小鸟，都被囊括在这永久的美中。没有什么是分裂的、破碎的，连远方桥上火车隆隆的轰鸣声也是这全然的寂静的一部分。不远处一个渔夫正在唱歌。两边堤岸上是种植作物的宽阔的条状田地，在白天，这些碧绿的赏心悦目的田野喜气洋洋、令人向往，现在它们是黯淡的，静默而孤独。河的这边有一大块未开垦的空地，村里的孩子们在这里放风筝，四处喧闹玩耍。这里也是渔夫们晒网的地方，粗陋的渔船也泊在这里。

村子坐落在稍稍高于堤岸的地方，他们通常就在那里唱歌、跳舞或进行其他种种热闹活动。但是这个夜晚，村民们全都在小屋外头四散坐着，默不作声，显得格外若有所思。一群人扛着一副竹子担架正走下陡峭的堤岸，担架上是一具覆着白布的死尸。我跟着他们走到河边，他们把担架放在贴近水面的地方，用自带的木柴和沉重的圆木架起一个火葬用的柴堆，他们把尸体放在上面，洒上从河里取来的水并用更多的木头和干草盖好。一个非常年轻的男人点燃了柴堆。我们有大约二十个人，全都围拢来。现场没有一个女人，男人们跪坐着，围着白袍，鸦雀无声。火熊熊地燃烧起来，我们不得不后退。 条烧得焦黑的腿从火里翘了起来，然后被一根长长的棍子推回去，它还不肯安分，于是一根重圆木被扔到它上面。明亮的橘黄色火焰映照在黑沉沉的河面上。夕阳西沉，微风渐渐停息。除了火葬堆的劈啪声，万籁俱寂。死亡就在那儿，在燃烧。在这些一动不动的人们和跳跃的火焰中间是无限的虚空，一段不可测知的距离，广大无垠的单独。那不是某种与生命分离、分散或割裂的东西。开始就在那里，并且永远是开始。

不久头骨开始爆裂，村民们陆续离开。最后走的人一定是死者的亲属，他双手合十，敬礼，然后步履缓慢地走上岸去。现在几乎什么都没有留下，冲天的火焰已渐渐平息，只剩下燃烧后的灰烬。明天早上几根没有烧完的骨头将被投进河里。这无边无际的死亡，多么直接而切近啊！随着尸体被焚毁，那个人也死了。全然的单独而非孤寂，独立而非隔绝。隔绝是头脑的东西，而非死亡。

他上了年纪，眼睛明亮，笑容活泼，举止安详庄重。屋子里很冷，他裹在一条暖和的披巾里。他说英语，因为曾在国外受教育。他说他已经从政府工作中退休，现在有充裕的时间。他说他研究了各种不同的宗教和哲学，但他没在那些事上深谈。

清晨的阳光照在河面上，波光闪烁就像千百颗珠宝的反光。走廊上一只金绿色的鸟正在悠闲地晒太阳。

"我到这里来的真正原因，"他继续说道，"是想请教或讨论那件最让我烦恼的事：死亡。我读过《西藏生死书》，也熟悉我们自己的关于这个主题的书。基督教和伊斯兰教关于死亡的教导太过肤浅。我在国外和这里跟各种宗教的导师们都交谈过，对我而言至少他们的理论看起来都不让人满意。我思考了很多，也经常冥想死亡，但是似乎没有任何进展。最近一位听过您演讲的朋友告诉我一些您说的内容，所以我来到这里。对我来说问题不仅是对死亡的、对不活着的恐惧，而是死后会发生什么。对所有老人来说这都是一个问题，而好像没有人能解决。您怎么说呢？"

让我们先放下那个通过某种形式的信仰，比如轮回、再生或简单的粉饰来逃避死亡事实的欲望。头脑是如此急切地寻找关于死亡的合理解释，或对这问题的满意答案，它不知不觉就滑入了某种幻想。必须对此极端警觉。

"但死亡不是我们最大的难题之一吗？我们渴望某种保证，特别是来自那些在这方面有知识或经验的人。当我们无法找到这种保证的时候，由于绝望和希望，我们制造出给自己带来安慰的信仰和理论。所以最蛮不讲理的或最有道理的信仰变成了人类的必需品。"

无论某种逃避多么令人满意，它不会以任何方式带来对问题的了解。正是那个逃避成为恐惧的原因。恐惧开始于从事实、"当下之是"的逃离。信仰，无论多么让人舒坦，都包含着恐惧的种子。人们把自己与死亡的事实隔绝，因为他不想正视它，而信仰和理论提供了一条逃离的捷径。所以如果头脑打算发现死亡的非同凡响的意义，它就必须确实地、毫无抵抗地放弃对那些提供希望的安慰剂的欲求。这是相当明显的，你不这么认为吗？

"难道您的要求不是太高了吗？要想了解死亡，我们就必须处在绝望中，您说的是这个意思吗？"

一点儿也不高，先生。当我们不处在所谓希望的状态中时，就一定是在绝望中吗？为什么我们总是在对立中思考呢？希望是绝望的对立面吗？如果它是，那么希望中就包含着绝望的种子，而这样的希望沾染着恐惧的气息。如果想要了解，难道摆脱对立不是必要的吗？头脑的状态是最重要的。绝望和希望的行为阻碍了对死亡的了解或体验。对立的活动必须停止。头脑必须带着全新的觉知直面死亡的问题，那熟悉的认同的过程必须停止。

"恐怕我不很理解那种状态。我想我隐约领会了头脑从对立中解脱的重要性，尽管这是一个极其艰巨的任务，我想我知道了它的必要性。但什么是从认同的过程中解脱出来呢？这完全把我难倒了。"

认同是已知的过程，它是过去的产物。头脑害怕不熟悉的东西。如果你知道过死亡，就不会对它产生恐惧，就不需要详尽的解释。但是你不可能知道死亡，它是全新的东西，以前从未被经验过。经验过的事变成了已知、过去，而正是在过去、已知中认同发生了。只要存在这种来自过去的活动，"新"就不可能发生。

"是的，是的，我已经开始感觉到了，先生。"

我们正在一起讨论的事情不能过后才被回想，而是必须在进行的同时被直接体验到。这种体验不可能被贮藏起来，因为如果这样，它就变成了记忆。记忆，也就是认同的途径，阻碍了"新"、那未知的。死亡是未知的。问题不在于死亡是什么以及随后将发生什么，而在于头脑要清空自己的过去和已知。那样，活着的头脑才能进入死亡的领地，它才能遇见死亡，遇见未知。

"您是在暗示一个人有可能在活着的时候就了解死亡吗？"

意外事故、疾病和衰老会导致死亡，但在这些情况下不可能完全有意识。会产生痛苦、希望或绝望、孤独的恐惧，而头脑，那个自我，总在有意识或无意识地与那不可避免的死亡斗争。带着对死亡的充满恐惧的抵抗，我们离开人世。但是有可能没有抵抗、没有病痛、没有施虐或自毁的欲望，在生命力充沛、精神健全的时候进入死亡的殿堂吗？只有当头脑不再理会已知，当自我消失的时候才有可能。所以我们的问题不在于死亡，而在于让头脑从千百年积累下来的心理经验、从不断增长的记忆、从自我的巩固和精炼中解脱出来。

"可是怎样才能做到呢？头脑怎样才能从它自身的束缚中解脱出来呢？在我看来必须有某种外在力量或者头脑的某些更高尚更尊贵的部分介入干预，从而将头脑中的过去净化掉。"

这是一个相当复杂的问题，不是吗？外在力量也许是环境的影响力，也许是超越于头脑束缚的某些东西。如果外在力量是环境的影响力，那么正是这种力量用它的传统、信仰和文化将头脑牢牢地束缚住。如果外在力量是超越头脑的东西，那么任何形式的思想都不可能触及到它。思想是时间的产物。思想被过去牢牢拴住，它永远不可能从过去解脱出来。如果思想从过去中解脱出来，它就不再是思想。推测什么是超越头脑是彻底徒劳的。为了让那超越思想的东西介入，思想——也就是自我——必须停止。头脑必须没有任何活动，它必须安静，不带任何动机。头脑不可能邀请它。头脑也许并确实把它自己的行动领域划分成高尚的和卑鄙的、受欢迎的和不受欢迎的、高级的和低级的，但是所有这些划分和细分都在头脑自身的束缚中。所以头脑在任何向度上的任何活动都是过去、"我"、时间的反应。这个真相是解脱唯一的要素，而那些没有察觉到这个真相的人将永远被困在束缚中，做他可以做的事。他的苦行、誓言、戒律、牺牲也许具有社会的和安慰的意义，但是就真实而言它们没有任何价值。

## 评价

在生活中，禅定是一个非常重要的行为，也许是具有最伟大、最深刻意义的行为。它是一缕难以捕捉的芬芳。它不是通过奋斗和修炼被交换来的。一种系统只能产生它能提供的结果，而一切系统、方法是建立在嫉妒和贪婪的基础上的。

不打算有能力禅定就是不打算有能力看到阳光、黑暗的阴影、波光粼粼的湖水和柔嫩的树叶。可是能看到这些的人是多么稀少啊！禅定不提供任何东西，你不能合上双手前来乞求。它不会将你从任何痛苦中解救出来。它令事物充分的清晰和单纯，若想要洞察这种单纯，头脑必须将自己从所有那些通过目的和动机积累起来的东西中释放出来，不再背负着任何目的或动机。这就是禅定中的全部主题。禅定是对已知的清除。以不同的形式继续追寻已知是一个自我欺骗的游戏，那样的话禅修者将变成控制者，禅定的单纯运作将不会出现。修习禅定的人原本只会在已知的范畴内造作，为了让未知的呈现，他必须停止造作。那未知的不会邀请你，你也不可能邀请它。它来去如风，你不可能抓住它，并为了你的利益、为了为你所用而储藏它。它不具备任何功利意义上的价值，但没有了它生活将是无限空虚的。

问题不是如何修习禅定，追随何种系统，而是什么是禅定？"如何"只能制造出方法提供的东西。正是对什么是禅定的探究将开启通向禅定的大门。这探究不是在头脑的外部，而是存在于头脑自身的活动中。在那个探究的追问中，首要的是了解追求者本身，而不是他追求的东西。他所追求的是他自己的渴望、他自己的冲动和欲望的投射。当这个事实被看到的时候，一切追寻都停止了，这对它而言才是意义重大的。于是头脑不再想抓住超越于它自己的东西，在它的内在反应中没有任何向外的活动。在追寻完全停止的时候，将发生一种既不向外也不向内的头脑的活动。追寻不会通过任何愿望的行为或通过某个结论的复杂过程而走向终结。想要停止追寻，需要伟大的领悟。追寻的终点就是一个宁静的头脑的起点。

一个有能力专注的头脑不是必然能够禅定的。自私自利也能同样导致专注，就像任何其他利益一样，但是这样的专注意味着有意识或无意识的动机、目的。总会有一种要理解、要到达对岸的努力。为了某个目的而专注是和积累有关的，伴随这种活动而发生的趋向或远离某些事物的专注只是趋乐避苦。而禅定是一种非凡的专注，其中没有努力者，没有要被获得的目标或对象。努力是获得的过程的一部分，它是经验者的经验积累。经验者可能是专注的、全神贯注的、警觉的，但是经验者对经验的渴望必须完全停止，因为经验者只是已知的积累而已。

在禅定中有巨大的狂喜。


他说他学习过哲学和心理学，也读过帕坦伽利 * 的书。他认为基督

---

　　* 译注：印度古代瑜伽大师，所著《瑜伽经》是第一部系统阐述瑜伽的理论专著。

教思想相当肤浅，只是提出了一些改良。因此他去了东方，修炼过某种瑜伽，也非常熟悉印度思想。

"我读过一些您的演讲，我想我能够理解到某个程度。我认识到不谴责的重要性，尽管我发现不谴责是极端困难的。可是我一点儿都不理解您说的'不要评价，不要判断'。对我来说，一切思考都是一个评价的过程。我们的生活、我们的整个见解都建立在选择、评价、优劣等等的基础上。没有评价，我们简直要分裂，当然您不是那个意思。我尝试清空我头脑里的所有标准或价值，我发现至少对我来说这是不可能的。"

有任何脱离语言、脱离符号的思考吗？对思考来说语言是必要的吗？如果没有任何符号、语言的所指对象，还会有我们所谓的思考吗？所有思考都是语言的吗？或有没有不用语言的思考呢？

"我不知道，我从来没有考虑过这件事。就所我感知到的，离开符号和语言就没有思考。"

现在当我们在这儿讨论的时候，难道我们不应该去发现这件事的真相吗？靠自己的力量去发现是否有脱离符号及语言的思考难道是不可能的吗？

"但是这跟评价究竟有什么关系呢？"

头脑是由语言的所指对象、联想、符号和词汇构成的。评价就来自于这个背景。语言就像上帝、爱等等，在我们的生活中扮演着异常重要的角色。依照我们在其中被教养成人的文化，语言具有神经学和心理学上的意义。对一个基督教徒来说，某些语言和符号具有重大意义，而对一个穆斯林来说，另一套符号和语言具有同等重大的意义。评价在这个范围内发生。

"人有可能超越这个范围吗？即使他能够做到，他为什么要这么做呢？"

思考总是被制约的，不存在自由思考之类的东西。你可以随你的喜欢思考，但你的思考是并将永远是狭隘的。评价是一个思考、选择的过程。如果头脑满足于停滞在一个或宽或窄的封闭圈子里，就像它通常的情况那样，那么它就不会为任何根本性的问题而烦扰，它有它自己的回报。但是如果它想发现是否有某种超越于头脑的东西，那么一切评价必须停止，思考过程必须结束。

"可头脑自身就是这思考过程的重要部分啊，通过什么样的努力或练习，思想才有可能被画上句号呢？"

评价、指责、比较是思考的途径，当你询问通过何种努力或方法能够让思考的过程结束的时候，你不正是在寻求获得什么吗？练习一种方法或做出进一步努力的欲望正是评价的产物，而它依然是头脑的过程。无论是通过方法的练习还是通过任何努力都不可能让思想结束。为什么我们要努力呢？

"为了非常简单的理由：如果不努力我们将停滞并死亡。一切都要努力，所有生物都要奋斗才能生存。"

我们奋斗仅仅是为了生存吗？或者我们奋斗是为了在某种特定的心理或意识形态的模式中生存吗？我们想要成为什么；野心、实现、恐惧的强烈欲望令我们的奋斗符合一个社会通过集体的野心、实现和恐惧的欲望而产生的模式。我们努力获得或避免。若我们关心的只是生存的话，那么我们的整个人生观将会有根本性的不同。努力意味着选择，选择就是比较、评价、指责。思想是由这些斗争和冲突构成的，而这样的思想能够从它自己制造的试图让自己长生不死的障碍中解脱出来吗？

"肯定会有一种外部力量——称它为神圣的恩典或随您喜欢——介入并结束头脑的自我封闭的方式。这就是您在说明的吗？"

我们多么急切地想要获得一个满意的状态啊！如果可以指出的话，先生，难道您不是在关心达到、获得，关心如何使头脑从某种特定的制约中解脱出来吗？头脑被禁锢在它自己打造的、它自身欲望和努力的牢笼里，它在任何向度上所做的每一个活动都局限在那个牢笼里。可它并不觉知这一点，所以它在它的痛苦和冲突中祈祷，它寻求一个将解救它的外部力量。通常来说它将找到它所寻求的，但是那个被找到的只是它自己的获得的产物。头脑依然是一个囚徒，只是换了一个新的更舒适更满意的囚禁的牢笼。

"看着上帝的份上，人该怎么做呢？如果头脑的每一个活动都是它自己的牢笼的扩展，那么一切希望都必须被抛弃。"

希望是受困于绝望的头脑的另一个活动。希望和绝望是以它们的情绪化的内容和表面上对立冲突的欲望从而使头脑残缺的辞令。难道停留在绝望或任何类似的状态里，而不急于逃到某个对立的观念或不顾一切地死死抓住所谓快乐的、有希望的状态等等，是不可能的吗？当头脑从所谓悲惨、痛苦的状态逃到另一个所谓希望、快乐的状态的时候，冲突就产生了。去了解人所处的这种状态，而不是去接受它。接受和拒绝二者都在评价的范围内。

"恐怕我仍然没有理解思想如何能够停止而在那个向度上没有任何行动。"

任何愿望的、欲望的、难以抑制的渴望的行为都产生那个评价、比较、谴责着的头脑。如果头脑洞察到这个真相，不是通过推论、信念或信仰，而是通过变得单纯而关注，那时思想将停止。思想的结束不是睡眠，不是生命的衰竭，不是消极的状态。它是彻底的脱胎换骨的状态。

"我们的谈话令我认识到关于所有这些我思考得并不深入。尽管我读了大量的书，我只是吸收了别人已经说过的话。我感觉第一次体验到了自己的思考状态，也许我还听到了超出语言的东西。"

## 嫉妒和孤独

那个黄昏非常宁静。一条蜥蜴正在余热未消的石头上来回爬行。夜晚将是寒冷的，太阳将好几个小时不再升起。牛群已经疲倦，步履缓慢地从远处它们和它们的主人一起劳作的田地归来。一只嗓音沙哑的猫头鹰在它栖身的山顶放声大叫。每天傍晚的这个时候它开始叫，随着夜色渐浓叫声渐渐停息。偶尔在深夜里，你会再次听到一只猫头鹰呼唤山谷对面另一只猫头鹰的叫声，而它们的叫声令黑夜更加寂静、更加美丽。这是一个可爱的黄昏，新月悬在黑沉沉的山丘后头。

当心灵没有被头脑的狡诈货色充塞的时候，慈悲并不困难。正是头脑带着它的要求和恐惧、执著和拒绝、顽固和欲望摧毁了爱。让这一切变得单纯是多么困难啊！你不需要哲学和教条来变得柔和而善良。国家将高效地组织起来供给人们吃穿，提供他们住所和医疗保健。随着生产力的快速增长这是必然的，这是一个组织健全的政府和稳定的社会的功能。但是组织不会给予发自内心的慷慨。慷慨来自于一个完全不同的源头，一个超越一切测度的源头。野心和嫉妒就像大火焚烧一般将它摧毁。这个源头必须被触及到，人必须双手空空地来到它面前，没有祈祷，没有牺牲。没有任何书或导师有可能教授或引导到这个源头。尽管美德是必需的，可它不可能通过美德的培养被达到，也不可能通过才能或服从被达到。当头脑是清明的、没有任何活动的时候，它就出现了。清明是一种不再企图、希求、渴望更多的状态。

她是一位年轻女士，由于痛苦而非常疲惫。严重折磨她的不是肉体上的痛苦，而是一种不同类型的痛苦。身体的痛苦已经通过药物被控制住，而嫉妒的剧痛却从未缓解。她解释说，从孩提时代起嫉妒就伴随着她。小时候那被看做孩子气的事情，可以被容忍并一笑了之，然而现在这已经发展成一种病。她已婚并有两个孩子，嫉妒正在毁掉一切关系。

"我似乎不仅嫉妒我的丈夫和孩子，而且嫉妒几乎每一个比我拥有得多的人，一个较好的花园或一条更漂亮的裙子。所有这一切也许显得很蠢，但是我被折磨得很惨。不久前我去看心理医生并暂时平静下来，但嫉妒很快卷土重来。"

难道不是我们生活的文化在鼓励嫉妒吗？广告、竞争、比较、对成功以及对许多行为的崇拜——难道不是所有这些东西在支持嫉妒吗？要求得到更多的就是嫉妒，不是吗？

"但……"

让我们花一小会儿时间仔细考虑一下嫉妒这个问题本身，而不是你与嫉妒之间的特殊问题。随后我们再回到那个话题，好吗？

"好的。"

嫉妒是被鼓励和尊崇的，难道不是吗？竞争的心态从童年时代就被培养。那个你必须做得比别人好或者变得比别人好的观念以各种方式不停地被重复。成功的例子、英雄和他的轰轰烈烈的事迹被无休止地塞进头脑里。现代文化是建立在嫉妒和获得的基础上的。如果你不是迫切地想获得世俗的东西，而转而追随某些宗教导师，你就会被许诺在死后到合适的地方去。我们都是被这个喂养大的，而成功的欲望深深地铭刻在几乎每个人的心里。成功以不同的方式被追求，艺术家的成功、商人的成功、有志于宗教的人的成功。所有这些都是嫉妒的某种形式，只有当嫉妒变得痛苦难熬的时候，人才会尝试去摆脱它。只要它是有补偿的并且令人愉悦，嫉妒就是人的天性中可接受的一部分。我们没有看到它的愉悦里隐含着痛苦。执著的确带来愉悦，但是它也孳生出嫉妒和痛苦，而它不是爱。人在这样的行为模式里生活，受苦，然后死去。只有当这种自我封闭的行为的痛苦变得无法忍受时，人才会努力去突破它。

"我想我隐隐约约地了解了所有这些，可是我该怎么做呢？"

在考虑怎么做之前，让我们看看问题是什么。什么是问题呢？

"我被嫉妒所折磨，而我想从中解脱。"

你想要从嫉妒的痛苦中解脱，但是难道你不想继续拥有伴随着占有和执著而来的特有的愉悦吗？

"当然想。您并不期望我放弃我所有的占有物，不是吗？"

我们并不关心放弃，但是却关心占有的欲望。我们想要占有他人就像占有物品一样，我们执著于信仰就像执着于希望一样。为什么会有这种对物品和他人的占有欲，这种如火一般的执著呢？

"我不知道，我从来没有想过这个。嫉妒似乎是自然的，但是它已经成为一剂毒药，一个在我的生活里极端烦恼的因素。"

我们确实需要一定的东西，食物、衣服、住所等等，可是它们被用于心理上的满足，这就产生出许多其他问题。同样的，在心理上对人的依赖也孳生出焦虑、嫉妒和恐惧。

"我认为在这个意义上，我确实依赖某些人。对我来说他们是某种难以抑制的必需，离开他们我将完全不知所措。如果不是拥有我的丈夫和孩子，我想我会慢慢疯掉，或者我会让自己去依赖别的什么人。但我不认为依赖有什么错。"

我们不是在说它是对的或错的，而是在考察它的起因和结果，不是吗？我们不是在谴责或判断依赖。但是为什么一个人要在心理上依赖另一个人呢？那才是问题，而不是如何从嫉妒的折磨中解脱。嫉妒只是效果、症状，仅仅对治症状是没有用的。为什么一个人要在心理上依赖另一个人呢？

"我知道我是依赖的，但我从来没有真正地考虑过这一点。我认为每个人都会依赖别人，这是理所应当的。"

当然我们在物质上互相依赖，并将永远如此，这是自然的、不可避免的。难道你不认为只要我们不了解我们**心理上**对他人的依赖，嫉妒的痛苦就将一直持续下去吗？所以，为什么会有对他人的心理需要呢？

"我需要我的家庭，因为我爱他们。如果我不爱他们，我就不会在意。"

你是说爱与嫉妒形影不离吗？

"似乎是的。如果我不爱他们，我当然不会嫉妒。"

那样的话，你从嫉妒中解脱出来的同时也就消灭了爱，难道不是吗？那么你为什么要从嫉妒中解脱出来呢？你想要保留依赖的愉悦同时让它的痛苦走开。这可能吗？

"为什么不可能呢？"

依赖意味着恐惧，不是吗？你害怕你真正的样子，或者一旦别人离开或死去后你将会变成的样子，正因为这种恐惧你才依赖。只要你被依赖的快乐占据着，恐惧就隐藏着、被锁闭着，但不幸的是它永远在那儿。嫉妒的折磨将继续，直到你从这恐惧中解脱出来。

"我害怕什么呢？"

问题不在于你害怕什么，而在于你是否觉知到你是害怕的。

"既然您直截了当地问到这个问题，我想，是的，我害怕。"

害怕什么呢？

"害怕不知所措，不安全；害怕不被爱，不被关心；害怕孤独，寂寞。我想就是它们。我害怕孤独，害怕一个人面对生活，所以我依赖我的丈夫和孩子，我绝望地抓住他们。在内心里我总是害怕他们会发生什么事。有时我的绝望变形成嫉妒、压抑不住的怒火等等。我害怕我的丈夫去找别的女人。我被焦虑吞噬了。我向您保证，我曾好几个小时以泪洗面。

所有这些冲突和混乱就是我们所谓的爱，而您问我那是不是爱。当我依赖的时候那是爱吗？我看到那不是。那是丑陋的、彻头彻尾自私的，我一直都在考虑自己。可是我该怎么做呢？"

谴责自己，声称自己是仇恨的、丑陋的、自私的，绝对不会减少问题。相反地，它增加了问题。重要的是了解它。谴责或判断令你无法看清那隐藏在恐惧背后的东西，你巧妙地岔开了与实际发生着的事情的直接面对。当你说"我是丑陋的、自私的"时，这些话装载着谴责，而你正在加强那个作为自我的一部分的谴责的特征。

"我不懂您的意思。"

通过谴责或评价你的孩子的某个行为，你能了解他吗？你没有时间或意愿去解释，所以为了得到一个即刻的结果你说"做"或者"不要做"，但是你并不了解孩子的复杂性。类似的，谴责、评价、比较障碍了你对自己的了解。你必须了解那个复杂的实体——你。

"是的，是的，我明白。"

好，慢慢地进入问题，不是谴责或评价。你将发现不谴责或不评价是非常艰难的，因为长期的拒绝和断言已经成了习惯。当我们一起讨论的时候，观察你自己的反应。

那么，问题不是嫉妒和如何摆脱它，而是恐惧。什么是恐惧呢？它是如何产生的呢？

"它就在那儿，但我不知道它是什么。"

恐惧不可能存在于隔绝中，它只能存在于和事物的关系中，不是吗？有一种你称为孤独的状态，当你意识到这种状态的时候，恐惧便发生了。所以恐惧不会自己存在。你实际上害怕什么呢？

"我猜想是我的孤独，正如您说的。"

你为什么猜想呢？你不能肯定吗？

"我不能肯定任何事，但孤独是我最深的问题之一。它一直就在那个背景里。只有在现在，在这次谈话中，我被迫直接面对它，看到它就在那儿。那是巨大的空虚，令人恐惧而无法逃避。"

有可能正视那个空虚而不给它安一个名字、不加上任何形式的描述吗？仅仅给状态贴上一个标签并不意味着我们了解它。相反，那阻碍了解。

"我明白您的意思，但我情不自禁地给它贴标签。这简直是一个即刻的反应。"

感觉与命名几乎是同时发生的，不是吗？它们可能是分割的吗？在感觉和对它的命名之间可能有一道缝隙吗？如果这条缝隙真的被体验到，你将发现思考者已停止作为一个从思想分离和区别于它的实体而存在。那个描述的过程是自己、"我"、那个嫉妒的并试图克服他的嫉妒的实体的一部分。如果你真的了解到它的真实，那么恐惧就将停止。命名有生理的效果也有心理的效果。只有在没有命名的时候，才可能完全知道什么是所谓的孤独的空虚。那时头脑不再把它自己和那当下的存在分离。

"我发现要了解所有这些是极端困难的，但我感觉我至少已经了解了一部分，而我将让那个了解呈现。"

## 头脑中的暴风雨

大雾一整天都没有散去，将近傍晚的时候雾散了，一阵干燥、刺骨的风从北方刮来，吹落了枯叶，吹干了大地。这是一个狂风暴雨、天气险恶的夜晚。渐渐增强的风力把房屋吹得吱吱作响，树枝被折断。第二天早晨，空气是如此清新，你几乎可以触到群山。热量随着风又被带回来。风在傍晚时停了，大雾再次从海上滚滚而来。

大地是多么不可思议的美丽而富饶啊！它永不厌倦。干枯的河床上活跃着各种生物：金雀花，罂粟，高高的橘黄色向日葵。蜥蜴趴在石头上。一条身上布满棕色和白色花纹的王蛇正在晒太阳，吞吐着黑乎乎的舌头。山谷对面一只狗正在汪汪叫着追赶一只地鼠或野兔。

满足绝对不是实现、成就，或对事物的占有的结果，它并非诞生于有为或者无为。它因"当下之是"的圆满而发生，而非对它的改造。那圆满的不需要改造、改变。是那试图变得完满的不完满在体会着不满足和改变的混乱。"当下之是"就是那不完满的，而非那个完满的。那完满的是不真实的，而对不真实的追求就是永远不可能被治愈的不满足的痛苦。治愈那种痛苦的企图正是对不真实的寻求，不满足由此产生。没有脱离不满足的出路。对不满足的觉知就是对"当下之是"的觉知，在它的圆满中有一种也许可以称为满足的状态。它没有对立面。

房子俯瞰着山谷，远处群山的顶峰被落日染得通红。那些石堆似乎是从天际挂下，从云中落下。阴暗的房间里，光线美得无法形容。


他是一个小伙子，热情而敏锐。

"我读了一些关于宗教和修行、关于禅定和各种不同的鼓吹达到至高无上境界的方法的书。我曾被天主教吸引。它的一些学说让我中意，有一段时间我甚至考虑当一名天主教徒。但是有一天当我与一位学识渊博的教士交谈的时候，我突然认识到天主教教义与监狱是多么相似。随后有一段时间我像随意漂泊的水手一样四处游荡，我到过印度并在那里待了将近一年，而且考虑过当和尚，但那种遁世的生活过于不切实际了。为了修习禅定我尝试独自生活，也没什么结果。过了这么多年，我似乎依然完全没有能力控制我的思想，这就是我想要谈的。当然我还有其他问题，比如性等等，但是假如我完全是我的思想的主人，那么我就能约束炙热的欲望。"

思想的控制会导致欲望的平息吗？还是仅仅将欲望压抑，并转而制造出其他更深的问题呢？

"当然您不提倡对欲望让步。欲望是思想的方式，而我希望通过努力控制思想来克制欲望。欲望要么被克制要么被升华。即使将之升华，它们也必须首先被控制。大部分导师都主张欲望必须被克制，他们也制定了许多相应的方法。"

除了别人的言论之外，你怎么认为呢？仅仅控制欲望就能解决欲望的诸多问题吗？对欲望的克制或升华将产生对它的了解，或从中解脱？通过某种宗教的或其他方面的控制，头脑可以被一天二十四小时地训练。但是一个被占据的头脑不是一个自由的头脑。毫无疑问，只有自由的头脑才能觉知到无始无终的创造。

"在超越欲望中没有自由吗？"

你说的超越欲望是什么意思呢？

"对于一个人自身快乐的实现和那至高无上的实现来说，不被欲望所驱使，不被它的骚动和混乱困住是必要的。为了让欲望处于控制之下，某种形式的克制是绝对必要的。与其追求生命中微不足道的东西，那相同的欲望可以找寻到崇高的顶点。"

你可以把欲望的对象从一所房子变成知识，从低的变成至高无上的，但那依然是欲望的行为，不是吗？一个人也许不想获得世俗的认可，然而渴望达到天堂依然是对获得的追寻。欲望永远在追求实现、获得，而正是这种欲望的活动必须被了解而不是被驱逐或掩埋。缺乏对欲望的方式的了解，仅仅控制思想没有多少意义。

"我必须回到开始的那个问题。即使要了解欲望，专注也是必要的，那就是我的全部困难。我似乎不能控制我的念头。杂念纷飞，互相干扰。

在所有不相干的念头里，没有一个单一的念头是占主导地位的并能够连续。"

头脑就像一部日夜运转的机器，无论睡着还是醒着，它都喋喋不休、不停地忙碌着。它运转迅速，就像大海一样动荡不安。这部错综复杂的机械装置的另外一个部分尽力控制着整个活动，并因此启动了对立的欲望和欲望间的冲突。一个人也许被称为较高的自我，而另一个人被称为较低的自我，但是二者都在头脑的范围内。头脑、思想的行动和反应，几乎都是同时并自动地发生的。这整个有意识或无意识地接受或拒绝，顺从或力争自由的过程是极端快速的。所以问题不是如何控制这复杂的机器，因为控制导致了摩擦并且只会耗费能量，而是：这迅捷的头脑有可能慢下来吗？

"可是怎么办呢？"

如果可以指出的话，先生，问题不在于"如何"。"如何"只是产生出一个没有太多意义的结果、后果。当结果被获得以后，另一次对所欲求的目标的追寻及其痛苦和冲突又将开始。

"那么该怎么做呢？"

你没有问对问题，不是吗？你不是在亲自探索头脑的减速的真实或虚妄，而是关心得到一个结果。得到一个结果相对来说是容易的，不是吗？有可能不设置障碍而让头脑减速吗？

"您说的让头脑减速是什么意思呢？"

当你坐在一辆高速行驶的汽车里的时候，周围的景致一片模糊。只有缓速步行的时候，你才能够细致地观察树木花鸟。自知伴随着头脑的减速而来。但是那并不意味着强迫头脑减速。强迫只会导致反抗，而在头脑的减速中却不会发生能量的耗费。正是这样，不是吗？

"我想我开始认识到人所做的控制思想的努力是徒劳的，但是我不了解还能做些什么。"

我们还没有接近行动的问题，不是吗？我们试着看到对头脑来说减慢速度是重要的，我们还没有考虑如何让它减速。头脑能够减速吗？何时减速呢？

"我不知道，我从未考虑过。"

先生，你没有注意到当你观察的时候头脑就减速了吗？当你注视着那辆沿着公路行驶的汽车，或专心地查看某个物品的时候，你的头脑不是运转得更加缓慢吗？注视、观察确实减慢了头脑的速度。看着一幅画、一个影像、一个物体能帮助头脑平静，重复念咒语也有同样的功效。但是那样的话物体或语言将变得非常重要，而不是头脑的减速以及因此被发现的东西。

"我正在观察您解释的东西，对头脑的停止我有所觉知。"

难道我们真的观察到什么了吗？抑或我们在观察者与被观察者之间插入了一个偏见、价值观、判断、比较和谴责的屏障呢？

"没有这道屏障几乎是不可能的。我不认为我有能力以一种清净的方式来观察。"

请允许我建议，不要让你自己被语言或一个肯定或否定的结论所阻碍。有可能没有这道屏障而观察吗？换一句话说，当头脑被占据的时候还能专注吗？一个不被占据的头脑才有可能专注。在观照的时候，头脑是缓慢而警觉的，这是一个没有被占据的头脑的专注。

"我开始体验到您所说的，先生。"

让我们做更进一步的尝试。如果在观察者和被观察者之间没有评价，没有屏障，那么在它们之间还有分离、分裂吗？观察者不就是被观察者吗？

"恐怕我无法了解。"

钻石不可能从它的质地中被分离出来，不是吗？嫉妒的情绪不可能从那种情绪的经验者那里被分离出来，尽管确实有一种孪生出冲突的虚幻的分裂存在着，而头脑就被困在这种冲突里。当这种虚幻的分裂消失的时候，才有解脱的可能性，也只有那时头脑才会停止。只有当经验者停止的时候，才有真实的创造活动。

## 思想的控制

以任何速度行驶都会有细微而无孔不入的灰尘涌进车厢。尽管是大清早，离太阳出来还要一两个小时，但空气中已经弥漫着一种还算不上太不舒服的干燥的炎热。这时牛车已经上路，车夫在睡觉，牛继续赶路，慢悠悠地返回他们的村子。有时两辆或三辆牛车，有时十辆，有一次有二十五辆，排成长长的一列。所有车夫都酣然入梦，只有一盏煤油灯挂在领头的牛车上，牛脖上的铃铛有节奏地叮叮作响。汽车不得不驶出道路以超过牛车的队列，结果扬起了漫天尘土。

经过一小时的平稳行驶之后，天色依然昏暗。树木躲藏在黑暗中，神秘而遥远。现在的路面是铺过的，依然十分狭窄。每一辆牛车都代表着更多的尘土，更多的铃声，而前面还有更多的牛车。我们向东方行驶，柔和而没有阴影的黎明很快即将到来。这不是一个闪烁着明亮露水的晴朗早晨，而是那种非常阴沉的伴随着接踵而至的酷热的早晨。但这一切多美啊！山脉横亘在远方，隐隐约约，但是你能够感觉到它们就在那里，宽广，清凉，与时间无关。

道路从各种村庄横穿而过。那些村庄有的干净整洁，秩序良好；有的因无望的贫穷和堕落而破败、污秽不堪。男人们都到田里去了，女人们聚在井边，孩子们在街上呼喊嬉笑。方圆几英里的政府农场中，拖拉机、鱼塘、农业实验学校一应俱全。一辆马力强大的新汽车驶过，满载着富有的、养尊处优的人们。山脉依然在远方，大地肥沃丰饶。有些地方的道路被干枯的河床截断，根本就无路可循，可是公共汽车与牛车却硬生生走出一条路来。红绿相间的鹦鹉疯狂地飞舞着互相叫唤，金绿色的小型鸟类和白色的禾雀不时飞过。

现在道路离开平原开始上升。推土机正在清理山中厚厚的植被，数英里的果树正在被栽种。汽车在覆盖着栗子树和松树的大山里继续行进，松树笔直秀挺，栗子树上繁花累累。现在景色正在展开，广大无边的山谷在下方延展，白雪皑皑的山峰已在眼前。

最后我们转了一个弯来到此次攀登的顶峰。洁白耀眼的群山矗立在六十英里以外，与我们之间隔着巨大的蓝色山谷。山脉绵延两百英里以上，横贯地平线，从我们站立的地方放眼望去可尽收眼底。这是蔚为壮观的景象！间隔的六十英距离似乎消失了，一切都笼罩在隐世绝尘的气息和伟力之下。那些山峰——有些超过海拔 25000 英尺——有着神圣的名字，因为诸神居住在那里，为了朝圣人们千里迢迢赶来，膜拜并死去。


他说，他在国外受教育，且在政府部门里位居优职。但是二十多年前他毅然决定放弃职位及世俗生活，将余生全部用于修习禅定。

"我修习不同方法的禅定，"他继续说。"直到完全控制我住的思想，这为我带来了某种高于我自己的能量和控制力。然而一位朋友带我去听了您的一次演讲，其间您回答了一个有关禅定的问题。您说通常练习的禅定是某种形式的自我催眠，是对自我投射的欲望的培养，无论它有多么精纯。您的话对我是沉重打击，我无论如何一定要与您交谈一次。考虑到我自己已经全身心地献给了禅定，我希望我们可以非常深入地探讨此事。"

"首先我想稍微介绍一下我的情况。我读了许多东西，从中我认识到完全成为自己思想的主人是非常必要的。然而这对我来说极为困难。在行政工作中保持全神贯注完全不同于平衡头脑并驾驭思想的整个过程。依据经典，一个人必须把其控制的思想的所有缰绳牢牢地抓在手里。思想不可能被磨炼得足以穿透许多幻象，除非它被控制和引导。所以那是我的第一项任务。"

请允许我插句话，思想的控制是第一项任务吗？

"我听到您在演讲中谈论专注，如果可以我希望尽可能地描述我的全部经历，然后再专门谈一些极为重要的话题。"

随您的便，先生。

"一开始我就对我的工作不满意，对我而言放弃这一前途光明的职业相对来说是容易的。我读了大量有关禅定和冥想的书籍，包括这里的和西方的各种神秘家的著作，对我来说思想的控制显而易见是最重要的事。这需要相当可观的努力，坚定不移并目标明确。当我在禅定中有所进展的时候我获得过许多经验，看见克里须那、耶稣，还有一些印度教圣人的影像。我获得了透视能力，能够阅读人们的思想，还获得了其他一些悉地*或能力。我有了一次又一次的经验，看见一次又一次富有象征意义的景象，经历过从绝望到最高级的狂喜。我有一种成为自己主人的胜利者的骄傲。苦行、能掌控自己确实给了我一种力量感，这一切孳生出浮夸、力量和自信。我的身上充斥着所有那些东西。尽管多年前我就已经听说过您，可我对我所取得的成就的傲慢总是阻碍我来听您演讲。是我的朋友，另一位修道者，坚持认为我应该来。我在您这里听到的一切让我心神不安。而以前我还以为我已经超越了一切烦恼！这就是我修习禅定的大致经过。"

"您说头脑必须超越一切经验，否则它就会被囚禁在它自己的投射、

---

    \* 译注：sidhis，念愿成就，指修习密法所得的成就。

欲望和追逐中，而我极为惊讶地发现我的头脑正是被这些东西束缚着。意识到这个事实后，头脑该如何冲破它在它自己周围建造的禁闭的围墙呢？这二十多年的时间浪费了吗？这一切只是在幻想中的漫游吗？"

应该怎么做可以稍后讨论。如果你愿意的话，我们先仔细考虑一下思想的控制。这种控制是必要的吗？它是有益的还是有害的呢？不同的宗教导师们都鼓吹把思想的控制作为首要的步骤，这是正确的吗？这个控制者是谁呢？难道他不正是他自己竭尽全力控制的思想的一部分吗？他也许认为自己是独立的，是不同于思想的，但他自身难道不是思想的产物吗？无疑，控制意味着意志为抵御其所不欲而采取的克制、压抑、支配和防范。在这整个过程中充满巨大而痛苦的冲突，不是吗？冲突能够带来任何好的结果吗？

在禅修中投入的专注，是一种自我中心的发展的形式，它强调在自己、自我、"我"边界以内的行为。专注是一个使思想狭窄化的过程。一个孩子被他的玩具吸引。玩具、形象、符号、语言吸引头脑做永无止境的漫游，而这样的吸引就被称为专注。头脑被外在的或内在的形象或对象接管。于是形象或对象成为首要的，而非对头脑自身的了解。在某些事物上专注是相对容易的。玩具确实吸引了头脑，但是这并没有解放头脑去探索、发现"当下之是"，去探索、发现是否还有超越它自己的边界之外的什么东西。

"您所说的与我读过的和被教导的是如此不同，然而您似乎是对的。我开始了解控制的含义。可是离开戒律，头脑如何能够解脱呢？"

压抑和服从不是通向解脱的台阶。通向解脱的第一步是对束缚的了解。戒律确实会约束行为并把思想塑造成为它所渴望的模式，但是没有对欲望的了解，仅仅控制和持戒只会使思想扭曲。反之，当觉知到欲望的伎俩的时候，那个觉知将带来清晰的秩序。总而言之，先生，专注是欲望的伎俩。一个生意人专注是因为他想要聚敛钱财和权力，而另一个人专注在禅修上时，他也是在追逐成就、回报。两者都是在追求产生自信和安全感的成功。就是这样，不是吗？

"我理解您的解释，先生。"

仅从在文字上理解是对所听到的东西的理智把握，没有多少价值，你不这么认为吗？解脱的关键要素决不只是文字上的理解，而是对事物的真实或虚妄的洞见。如果我们能够理解专注的含义并看到虚妄就是虚妄，那么就会从获得、经验、成为的欲望中解脱出来。由此产生了关注，它完全不同于专注。专注意味着一个二元化的过程，一个选择、一种努力，不是吗？它有努力的发出者以及努力所针对的目标。所以专注加强了作为努力的发出者、征服者、那个高尚的人的"我"、自己、自我。但是在关注中，这种二元化的活动不存在。经验者不在场，那个积累、储藏和重复的人不在场。在这种关注的状态下，成功与失败的恐惧之间的冲突停止了。

"不幸的是，并非所有人都被赋予了那种关注的能量。"

那不是一个礼物、奖赏，一个可以通过戒律、修炼等等被追求到的东西。它伴随着对欲望的了解——自知而来。这种关注的状态就是善，就是自己不在场。

"我的一切努力和多年的持戒完全浪费，根本没有价值吗？正当我问这个问题的时候我开始看到事情的真相。现在我看到二十多年来我一直在追求一种方法，其实是我自己在建造一所监狱，我在其中生活、经验并受苦。为过去哭泣是自我放纵。我必须洗心革面，重新开始。但所有那些景象和经验呢？它们都是虚妄的、一文不值的吗？"

头脑不是储藏人的一切经验、所见的景象和思想的巨大仓库吗，先生？头脑是数千年的传统和经验的结果。它熟谙荒谬的奇思怪想，从最简单的到最复杂的。它既有惊人的错觉，也有强大的洞察能力。集体的和个体的经验、希望、焦虑、快乐和积累的知识都在这儿，在意识的深层被贮藏起来，而一个人可以重新经历那被继承的和获得的经验、景象等等。我们被告知有某些药法，它们能够带来清晰，看到种种深处和高处的景象，它们能够赋予头脑巨大的能量和洞察力，使它从它的混乱中解脱出来。但是头脑必须穿越所有这些黑暗和秘道才能到达光明吗？当通过这些方法它确实到达光明的时候，那是永恒的光明吗？或者它是已知的、被认同的光明，一个诞生于追求、斗争、希望的东西？一个人必须经历这令人厌倦的过程才能找到那不可测度的事物吗？我们能够绕开所有这些直接面对"爱"吗？既然你已经有过景象、能量、体验，您怎么说呢，先生？

"在它们持续的时候我自然而然地认为它们是重要的，并蕴涵深意。它们给了我一种拥有能量的满足感，在令人快乐的成就中的满足感。当各种能力发生的时候它们给我以巨大的信心，一种包含着压倒一切的自我主宰的自豪感。现在，经过这些讨论后，我已经完全不能肯定那些曾经一度对我具有如此重大意义的景象或体验了。它们似乎在我自己的了解面前退却了。"

人必须经历所有这些经验吗？它们对开启那永恒之门是必要的吗？它们不可能被绕过吗？总而言之，至关重要的是自知，它会带来一个安静的头脑。一个安静的头脑不是意愿、戒律、各种压抑欲望的修炼的产物。所有这些修炼和戒律只是加强了自我，而美德是自我用来建造傲慢与名望的大厦的另一块石材。头脑必须清空已知以让未知出现。没有对自我的伎俩的了解，美德就开始给自己披上傲慢的外衣。自我的活动，连同它的意愿和欲望、追求和积累，必须彻底停止。只有那时，非时间的事物才有可能发生。它不可能被邀请。头脑通过各种修炼、戒律、祈祷和姿态试图去邀请真实，它只能接收到它自己的令它满意的投射，但它们不是真实。

"现在我看清了，在这么多年的苦行、持戒和自我禁欲之后，我的头脑被禁锢在它自己设置的监狱里。这座监狱的围墙必须被突破。怎么动手呢？"

必须觉知，觉知就足够了。任何突破它们的行为都会给予获得、达到的欲望以动力，继而产生出对立面、经验者和经验、追求者与被追求者之间的冲突。在其中看到虚妄就是虚妄，就足够了，因为正是那洞察将头脑从虚妄中解放出来。

## 有深邃的思考吗

棕榈树后面是动荡狂暴的大海，永不平静，永远波涛汹涌，巨浪滔天。夜晚的寂静中，海的咆哮声在相距颇远的内陆也能听到，那深沉的怒吼声中蕴涵着警告和威胁。这里的棕榈树丛浓密而宁静，圆月当空，照如白昼，柔和优美的光线映射在起伏的棕榈树上。不仅棕榈树上的月光是美的，还有树影、浑圆的树干、闪烁的水花、富饶的大地……苍穹、大地、路人、鸣蛙、远方火车的汽笛声——这是头脑无法测度的、活生生的万有一体。

头脑是一部令人惊异的装置，没有任何人造机器能够如此复杂而精密，具有如此无限的可能性。我们只是觉知到头脑的一些浅表层面，如果我们也算是觉知的话，并且满足于存活在它的外表。我们接受思考作为头脑的活动：策划大屠杀的将军的思考，狡诈的政客的思考，博学的教授的思考，木匠的思考。那么有深邃的思考吗？一切思考不都是头脑的表层活动吗？在思考中，头脑是深邃的吗？头脑——那被堆积起来的，时间、记忆、经验的结果——能够觉知到不属于它自己的东西吗？头脑一直在探索、寻求某种超越它的自闭活动的东西，但是那个发起寻求的中心却永远维持原状。

头脑不仅是表层的活动，而且是许多个世纪的隐藏的运动。这些运动修正或控制着外在的活动，因此头脑发展出它自己的二元性的矛盾。没有一个完全的、整体的头脑，它碎裂成许多部分，彼此对立。寻求整合、协调自己的头脑，不可能在它的许多支离破碎的部分之间创造和平。由思想、知识、经验整合起来的头脑依然是时间和悲伤的结果。即使被放置在一起，它依然是环境的产物。

我们正在错误地对待这个整合的问题。部分永远不可能变成整体。整体不可能通过部分被了悟，但是我们看不到这一点。我们看到的恰恰是那个别部分扩张自身以包容许多部分；但是被聚集起来的许多部分并不倾向于整合，即使不同部分之间协调一致也不会有多大意义。重要的不是协调或整合，因为这可以由谨慎和注意，由正确的教育造成。最重要的是让未知的呈现。已知的永远不可能接收未知的。头脑不断寻求在自我创造的整合的泥潭里快乐地生活，但是这不会带来未知的创造力。

从本质上说，自我改善是再平庸不过的事情。通过美德、通过对能力的认同、通过任何形式的积极或消极的安全保障所进行的自我改善，无论多么广泛，都是一个自我封闭的过程。野心养育了平庸，因为野心是通过行为、集体、观念所进行的自我实现。自我是一切已知的中心，它是过去穿越现在向未来的运动，而在已知的范畴内的一切活动都导致头脑的浅薄。头脑永远不可能是伟大的，因为伟大的是不可测度的。已知的是可以比较的，而已知的一切活动只能带来悲伤。

## 浩渺无垠

山谷横卧在远方，充满了大多数山谷都有的勃勃生机。太阳刚好隐没到远方的山脉以下，影子昏暗而狭长。这是一个宁静的黄昏，飘荡着海上吹来的和风。一排排的橘树几乎漆黑一团，在横贯山谷的漫长笔直的马路上，偶尔有疾驰而过的汽车反射出落日的余晖。这是一个迷人而宁静的黄昏。

头脑似乎涵盖了巨大的空间和无穷的距离；或者更确切地说，头脑似乎在无限制地扩张，而在头脑背后并超出头脑之上有某种东西包容了一切。头脑模模糊糊地奋力辨认并记下那些不属于它自己的东西，因而停下了它的正常活动；但是它不可能把握那不属于它自己的本性的东西，而眼下所有的一切，包括头脑，都被那浩渺无垠者所拥抱。夜幕降临，远处的犬吠根本不可能打扰那超越一切意识之外的事物。它不可能被头脑思考过因而被经验到。

但是那样的话，那已经觉察并觉知到有某种东西完全不同于头脑的投射的是什么呢？体验它的是谁呢？显然它不是那个每天记忆、反应并欲求的头脑。存在着另外一个头脑或者说是头脑的一部分，还在沉睡中，只能被那超越于一切头脑之上的东西去唤醒吗？如果是这样，那么在头脑中就一直存有那超越一切思想和时间的东西。然而这不可能，因为这只是一个推测的想法，因此只是头脑的许多发明之外的又一个发明。

既然那浩渺无垠者并非诞生于头脑的运作过程，那么觉知到它的是什么呢？是头脑作为经验者觉知到它的吗？或者是浩渺无垠者自己觉知到自己，因为根本就没有经验者？在下山的路上，当这一切发生的时候没有经验者，然而在性质上和深度上，头脑的觉知和那不可测度者完全不同。头脑没有在运作，它是警醒而被动的，尽管知道有微风在树叶间吹拂，在它自己里面却没有任何形式的运动。没有观察者在测度那被观察的。只有**那个**，而**那个**不加测度地觉知到它自己。它没有开始也没有言说。

头脑觉知到它不可能靠经验或语言抓住那永住的、没有时间的和不可测度的……

# 思考从结论开始吗？

湖对岸的丘陵非常美丽，丘陵之后耸起的是白雪覆盖的山峰。一整天都在下雨，但现在，像一个无法预见的奇迹，天空突然放晴了，万物变得生机勃勃，喜悦而安详。花朵绽放出浓烈的黄色、红色和深紫色，花上的雨珠就像珍贵的珠宝。这是一个非常可爱的夜晚，光彩绚烂。大人们走到街边湖岸，孩子们笑语喧哗。在所有这些躁动喧哗中有一种迷人的美丽，一种奇特的、穿透一切的平静。

我们几个在长凳上临湖而坐。某人交谈的声音相当高，听到他和邻座的谈话在所难免。"就像这样一个夜晚，我想远远地离开这种喧闹混乱，但我的工作使我留在这儿，我讨厌这种情况。"人们正在喂天鹅、鸭子和一些迷路的海鸥。天鹅雪白，非常优雅。现在湖水没有一丝涟漪，对岸的丘陵几乎变成黑色了；而丘陵之后的群山在夕阳中焕发着光彩，山后生动的云看上去充满了激情。

"我不太明白您的话"，我的来访者开了头，"您说，要领悟真实，就必须抛开知识。"他是个上了年纪的人，游历丰富、博览群书。他解释说，他曾经在寺庙里待了一年左右的时间；他周游世界，从一个港口到另一个港口，在船上工作，攒钱并积累知识。"我指的不仅是书本知识，"他继续说，"我指的是人类积累的但没有付诸纸张的知识，那些超越卷轶典籍的神秘传统。我曾经涉猎神秘学，但它在我看来总是相当愚蠢而肤浅。一个好的显微镜要比一个人的洞察力有用得多，哪怕这个人能够看到超物质世界的事物。我曾经读过一些伟大的历史学家的理论和见解，但是……假如一个人拥有一流的头脑和吸收知识的能力，他就应该成就斐然。我知道这观点并不时髦，但我内心之中有种无法克制地改造世界的愿望，而知识就是我的激情。我在许多方面一直是个充满激情的人，现在我心里就充满了要知道的渴望。有一天我读了一些你的东西，它们引起了我的兴趣，但您说必须摆脱知识的束缚，我就决定来看您——不是作为一个追随者，而是一个提问者。"

追随另一个人，不管那人多么博学高贵，都会阻碍领悟，不是吗？

"那我们就能彼此尊重，自由地交谈。"

可以问一下你所谓的知识是什么意思吗？

"当然可以，这是个开始话题的好问题。知识是人类通过经验学来的一切；它通过学习积累起来，透过无数世纪的奋斗和痛苦，在许多领域中不断努力，包括科学方面的和心理方面的。即使是最伟大的历史学家也是依照他自己的学识和情感在诠释历史，那像我这样的普通学者就会把知识解释为行动，无论'好的'还是'坏的'。尽管我们此刻不考虑行动，但它必然和知识相关，那是人类通过思考、禅修、悲哀体验来的或学来的。知识是茫茫无涯的，它不仅写在书本上，也存在于不仅个体而且集体或人类的意识之中。科学和医学的信息、物质世界的'知识'

这个术语主要扎根于西方人的意识之中，就像在东方人的意识中对精神境界更为敏感一样。所有这些都是知识，不仅包括已知的，还包括那些日复一日正在被发现的。知识是一个累积的、无尽的过程，没有终止，它可能就是人们所追求的不朽。所以我不明白为什么你说要领悟真实就必须抛开所有的知识。"

知识和领悟的区分是人为的，它的确不是真实存在。要想摆脱这种区分，我们就必须找出什么是最高的思考形式，不然就会产生混乱。

思考是从结论开始的吗？思考是从一个结论到另一个结论的运动吗？如果思考是肯定的，思考会存在吗？难道最高形式的思考不是否定的吗？所有的知识不是一个定义、结论和肯定性声明的集合吗？肯定的思想是以经验为基础的，它总是过去的结果，这样的思想永远不能发现新事物。

"您是说知识任何时候是存在于过去的，那些源于过去的思想必然会遮蔽有可能被称之为真理的洞察。但是没有作为记忆的过去，我们就无法辨认出这个物体，我们已经一致赞同把它叫做椅子。'椅子'这个词反映了由人们的共识而得到的结论，如果这样的结论不是理所当然的，那所有的交流就会停止。我们大部分的思考都是建立在结论、传统和他人经验的基础上的，没有这些非常明显的、必然的结论就不可能生活。所以您的意思肯定不是要抛开所有的结论、所有的记忆和传统吧？"

传统的道路必定走向平庸，一个陷于传统的头脑无法洞察什么是真实的。传统可能只有一天，也可能追溯上千年。一个工程师抛开上千人的经验积累起来的工程知识显然是荒谬的；而一个人试图抛开生活环境的记忆只能是神经官能症的表现。但是搜集事实不等于了解生活。知识是一回事，领悟是另一回事。知识不会导致领悟，但领悟可以丰富知识，知识可以为领悟提供帮助。

"知识是重要的、不可轻视的。没有知识，现代手术和成百上千的其他奇迹都不可能存在。"

我们不是在攻击知识或者为它辩护，而是试着了解整个问题。知识只是生活的一部分，不是全部。当局部自认为是最重要的，就像它现在扬言要做的一样，生活就变成肤浅的，变成一条单调乏味的、具有灾难性后果的途径，人们可以借此以各种形式的转移和迷信来逃避。光有知识，无论是多么广泛地和聪明地放在一起，都不能解决我们人类的问题。认为知识能解决问题，这将会招致挫折和不幸。我们需要某种更深刻的东西。一个人可能知道仇恨是徒劳无益的，但要摆脱仇恨却完全是另一回事。爱不是一个知识的问题。

回到前面的讨论，肯定的思考根本就不是思考；它只是那些**已经**被思考过的问题的变相延续。它的外形可能时时改变，这取决于愿望和压力，但肯定思考的核心总是传统。肯定的思考是一个顺从的过程，顺从的头脑不可能处于发现的状态。

"但是肯定的思考是可以被抛弃的吗？不一定要处于人类存在的特定层次吗？"

当然，但这还不是全部情况。我们正在试图发现知识是否会成为领悟真实的障碍。知识是重要的，因为没有它，我们就必须重新开始经历我们存在的某些领域。这是相当简单清楚的。但是积累的知识，不管多么多，可以帮助我们领悟真实吗？

"什么**是**真实？它是一个所有人都可以踏上的共同基础，还是一个主观的、个体的经验？"

不管它可能被叫作什么，真实必定是新鲜的、生动的；但是"新鲜"和"生动"这两个词只是要表达人们的头脑中不静止的、不死气沉沉的、不固执于一点的状态。真实必定是时刻被重新发现的，它不是可以被重复的经验；它没有延续性，是一种不受时间限制的状态。要真实呈在，必须消除多和一的区分。它既不是被取得的一种状态，也不是头脑朝之进化发展的一个点位。如果真实像事物一样可以得到，那么知识的培养和记忆的积累就是有必要的，进而产生古鲁*和追从的门徒——一个知道而另一个不知道。

"那么说您反对古鲁和门徒？"

这不是一个反对什么的事情，而是认清：追从是对安全的渴望，由于害怕而避免经受无时间可期待的状态。

"我想我明白您的意思。但要放弃一个人所积累的不是极其困难吗？真的，这是可能的吗？"

为了得到而放弃，根本就不是放弃。看到虚假是虚假，在虚假中看到真实，看到真实是真实——这就是解放头脑。

## 自知还是自我催眠？

整个晚上和早上的大部分时间都在下雨，现在，太阳正落到厚重的乌云后面。天空毫无色彩，但雨水浸湿地面的香气氤氲在空气中。青蛙呱呱地叫了整夜，持久而富有节奏，黎明时分，它们却安静下来。树干因为长时间下雨而颜色变暗，洗净了夏季灰尘的树叶几天后会再次变得浓密碧绿。草坪也会更绿，灌木会很快开花，那将有一场欢庆。炎热、多尘的日子之后，一场雨是多么受人欢迎！丘陵之后的山峰看上去并不遥远，那里吹来的微风凉爽而纯净。将有更多的工作、更多的食物，饥饿将成为过去的事。

---

\* 译注：古鲁（guru），印度教或锡克教的宗教教师或领袖。

一只巨大的棕色的鹰正在空中盘旋，不必扇动一下翅膀就能御风翱翔。几百个人在办公室里度过了漫长的一天之后正骑着自行车往家赶。几个人边骑边聊，但大部分人都沉默不语，明显地疲惫不堪。一大群人停下来，身子靠在自行车上，热烈地讨论着某个话题，附近的一个警察疲倦地看着他们。拐角处一个巨大的新建筑正拔地而起。街面上布满了棕色的水洼，行驶的汽车溅起的脏水在一个人的衣服上留下了深色的印迹。一个骑车人停下来，在小贩那儿买了支香烟，又继续赶路。

一个男孩儿走过来，头上顶着一个旧煤油罐，装了半罐液体。他肯定是在那个正在施工的新建筑那里工作。他眼睛明亮，表情特别快活，身子虽瘦却很强壮，皮肤颜色被太阳烤得很深。他穿着一件衬衫和一条缠腰带，因为长时间使用都成了土棕色。他的头形状很好看，走路的时候带着某种骄傲———一个孩子正干着大人的活儿。他一旦把人群甩在后面，就唱起歌来。整个气氛突然之间就改变了。他的声音很普通，孩子的声音，精力充沛而沙哑，但歌是有节奏的，要不是他的两只手要扶着头上的煤油罐，可能早就打上拍子了。他意识到有人走在身后，可是快乐得顾不上害羞，也显然并不在意气氛的奇怪的改变。空气中弥漫着一份祝福、一种包容万物的爱、一种简单没有算计的温柔、一种绽放的善良。

突然那男孩儿不唱了，转向一个离路边有些距离的破旧的小棚。很快又要下雨了。


来访者说他在政府部门任职，一直都发展得不错。由于他在国内和国外受过一流的教育，可以升迁得很高。他说他结婚了，有两个孩子。日子过得相当愉快，成功是毫无疑问的。他拥有他们居住的房子，为孩子的教育存了钱。他懂梵文，熟悉宗教传统。他说一切都一帆风顺。但是有一天早上，他醒得非常早，沐浴之后，在家人和邻居起床前坐下来入禅。尽管他头天睡得很安稳，却无法入静；突然他感到一种不可抗拒的强烈愿望，要用他的余生来禅修。没有任何犹豫和怀疑，他要用他的余生去发现通过禅修能发现的东西。他告诉妻子和两个正在读大学的儿子，他打算出家。他的同事很惊讶他的决定，但还是接受了他的辞职。几天后他离开家，再也没有回去。

那是二十五年前的事，他继续说。他对自己戒律严格持守，但他发现舒适的生活之后要恪守戒律是很困难的，他花了很长的时间才完全控制了自己心里的念头和激情。最后，他观想时眼前出现佛、基督和克里须那*的影像，影像优美迷人，有好几天他都生活在恍惚的状态中，头脑和心灵的边界变得开阔了，他完全沉浸在奉献给至上的爱中。周围的万物——村民、动物、树木、草地——都焕发着强烈的生机，生动可爱。他说，他花了这么多年时间才碰触到无限的边缘，他能活在其中是多么了不起。

"我有几个门徒和追随者，在这个国家是必然的。"他继续说，"其中一个建议我参加您在这个镇上的演讲，我恰好要在这里逗留几天。我去听了演讲，与其说想听听演讲者说什么，还不如说是想让我的门徒高兴。但是那个有关禅修的回答给我留下了深刻的印象。它是说在自知中才是入禅，没有自知，所有的禅修都是一个自我催眠的过程，一种自己思想和欲望的投射。我一直在考虑这些，现在来和你讨论这个问题。

"我明白您说的完全正确，我非常震惊地发现我陷在自己头脑的形象和投射中了。现在我深刻地认识到我的禅修是什么。二十五年来我被困在我自己建造的美丽的花园中；那些人物、那些影像是我的特殊文化的结果，是我渴望、学习和吸收的结果。现在我了解了我一直以来所做的事情毫不重要，更惊讶的是我浪费了这么多宝贵的时间。"

---

　　* 译注：克里须那（Krishna），印度教三大神之一毗湿奴的主要化身。

我们俩沉默了一会儿。

"现在我该做什么呢？"他很快又继续问。"有什么办法可以走出我为自己建造的监狱呢？我知道我的禅修是没有结果的，虽然就在几天前它还好像意义非凡。不管怎么样，我都不能回到自我欺骗、自我兴奋中去了。我想撕破这些幻象的面纱，找到那些不是由头脑拼凑起来的东西。您不知道我这两天是怎么度过的！我小心而痛苦地建立起来维持了二十五年的清规戒律都没有意义了，在我看来，我又要重头开始。我该从哪儿开始？"

说根本没有重新开始，也许倒还不是，但是只有看清虚假的是虚假的，这才是领悟的开始，不是吗？如果要重新开始，就可能困在另一个幻象中，可能是另一种方式。蒙蔽我们的是要达到一个终点、得到一个结果的欲望；但是如果我们认识到我们想得到的结果仍然处于自我中心的范畴，那就不会再有获取了成就的想法。看到虚假是虚假、真实是真实，就是智慧。

"但是我真的看到了我这二十五年所做的是虚假的吗？我认识到我看做禅修的东西的全部含义了吗？"

渴望经历是幻象的开始。就像你现在认识到的，你的影像只是你的背景、你的制约条件的投射，你所经历的正是这些投射。毫无疑问这不是禅修。禅修的开始是领悟背景、领悟自己。没有这样的领悟，所谓的禅修，不管是愉快的还是痛苦的，都只是一种自我催眠的形式。你已经实践过自制，控制了念头，专注于更进一步的经历。这是一个以自我为中心的控制，不是禅修；认识到它不是禅修才是禅修的开始。在虚假中看清真实，这就使头脑摆脱虚假。摆脱虚假并不是通过要达到摆脱的欲望来实现的；在头脑不再专注于成功和得到结果的时候，它才能实现。所有的寻找都必须停止，只有这时，那个不可名状的当下之在才有可能出现。

"我不想再次欺骗自己了。"

自我欺骗只在任何形式的愿望或执著存在的时候才存在：执著一种偏见、一种经历、一种思想体系。经历者总在有意无意地寻找更大、更深、更广的经验；只要有经历者存在，就有这种或那种形式的欺骗。

"所有这些都和时间和耐心有关，不是吗？"

要达到一个目标，时间和耐心是有必要的。一个有世俗或其他方面野心的人需要时间来达到目的。头脑是时间的产物，所有的思想都是它的结果。思想要摆脱时间的控制只会加强时间对它的束缚。只有在**事实是和应该是**——也就是所谓的理想、目的——之间存在着心理上的鸿沟，时间才会存在。意识到整个这种思考方式的错误性才能摆脱它，这不需要任何努力、任何实践。领悟是当下的，不是时间性的。

"我所享受的禅修只有在它被看成虚假时才有意义，我想我看到了它是虚假的。但是……"

请别问老一套的问题，什么可以代替它，等等。虚假的被扔掉，才有形成真实的自由。你不可能通过虚假来寻找真实；虚假不是通向真实的台阶。虚假必须彻底结束，而不能与真实相提并论。虚假和真实之间没有比较；暴力和爱是不能比较的。暴力必须停止，爱才存在。停止暴力不是一个时间的问题。看到虚假是虚假，就是虚假的结束。让头脑空下来，不要装满东西。那样就只有禅修，而不是一个正在禅修的修行者。

"我被禅修者、寻找者、享受者、经历者塞满了，那些都是我自己。我生活在我自己建造的快乐的花园里，成了里面的囚犯。现在我看清了所有这些错误——很愚蠢，但我看清了。"

# 🌺 逃避当下之是

这个花园非常美,有开阔的绿色的草坪和盛开的灌木,完全被舒展的树木所环绕。一条路从它的一边经过,无意中经常能听到高声的谈话,尤其是晚上人们回家的时候。其他时候花园里非常安静。草地早晚各浇一次水,这时,就有许多鸟在草坪上飞上飞下找虫子吃。它们是那么迫不及待,即使有人还坐在树下,它们也毫无惧怕地走得很近。两只绿色和金色相间的鸟长着宽宽的尾巴和醒目的又长又精致的羽毛,经常停歇在玫瑰丛中。它们正好和那些柔嫩的叶子颜色相仿,让人几乎看不到它们。它们的脑袋扁平、眼睛又细又长,长着深色的嘴巴。它们划着弧线俯冲到接近地面的地方,抓住一只虫子,又飞回摇曳的玫瑰枝。这是非常可爱的一幕,充满了自由和优美。人们不能接近它们,它们太害羞了。但要是一个人坐在树下,不发出太大的动静,就能看到它们自娱自乐,太阳照在它们透明的、金色的翅膀上。

一只大獴狐猴经常出没在密密的灌木丛中,红色的鼻子高高地翘在空中,锐利的眼睛观察着周围的每一个动静。第一天,它看到有人坐在树下就显得非常不安,但很快就习惯了人类的存在。它有时会穿过整个花园,不急不慢地,长尾巴拖在地上。有时它沿着靠近灌木的草坪边缘走,就更加警觉,嗅觉活跃,鼻子不停地翕动着。要是全家出动,大獴狐猴就头前领路,后面跟着它个头稍小一些的妻子,她的后面是两个小猴子,全都排成一列。两个孩子时不时停下来玩儿一会儿,但它们的妈妈一发现它们不是紧跟在身后,就飞快地转过头,于是它们就赶上去,重新排成一列。

在月光下花园变成一个令人心醉的地方。一动不动的静默的树木在草坪和静止的灌木丛中投下长长的、深色的阴影。喧闹繁忙、叽叽喳喳之后，鸟儿们已经栖息到黑暗的叶簇中过夜。现在路上几乎没有人了，偶尔可以听到远处的歌声，或是有人在赶往村子的路上吹奏的长笛的音符。其他时候花园非常安静，充满了柔和的飒飒低语。没有一片树叶摇动，树木映衬出银色朦胧的天空。

想像在禅修中是没有位置的，它必须被完全抛开，因为陷入想像的头脑只会产生迷惑。头脑必须清晰，没有运动，处在显示着无时间性的清明之光中。

他非常老，长着白胡子，瘦削的身体上只披了一件出家人藏红色的袍子。他言行举止非常温和，但眼中却充满了悲伤——徒劳无功的悲伤。他十五岁离家遁世，花了许多年时间周游了整个印度，拜访修行社区、学习、禅修，不停地寻找。他曾在一个宗教政治领导人的修行社区呆过一段时间，那人为了印度的自由而艰苦努力；他还在南部另一个修行社区住过，在那里唱诵经文是非常愉快的。在一个圣徒安静居住的大厅，他也夹在许多人中间，默默地寻找着。东部和西部海岸有许多他曾经住过的修行社区，他在那里探索、提问、讨论。在遥远的北方，他在冰雪和寒冷的洞穴中待过；他曾在汩汩流动的圣河水边禅修。他生活在苦行者当中，身体遭受磨炼，他长途跋涉去神圣的寺院朝圣。他精通梵文韵文，当他从一个地方走到另一个地方的时候，就很快乐地吟诵它们。

"从十五岁开始我就用各种可能的方式寻找上帝，但我还没有找到他，而现在我已经年过七十了。我来您这儿就像去别人那儿一样，希望能找到上帝。我必须在我死之前找到他——除非他实际上只是人类许多神话中的又一个神话。"

请问，先生，您认为不可测量的是可以通过寻找而找到的吗？通过戒律、自我折磨、牺牲和奉献服务这些不同的途径，寻找者会遇到永恒？毫无疑问，先生，永恒是否存在是不重要的，真相也许以后会被发现；但重要的是要了悟为什么我们要寻找，我们正在寻找的是什么？我们为什么要寻找？

"我寻找是因为，没有上帝生活就毫无意义。我因为悲伤和痛苦寻找他。我因为想得到平静寻找他。我寻找他是因为他是永恒的、不变的；因为有死亡，而他是不死的。他是秩序、优美和善良，我因此寻找他。"

那就是处于不能永恒的痛苦之中，我们希望找到我们所谓的永恒。我们寻找的动机是在永恒的理想中找到安慰，这种理想是从非永恒中产生的，它是从不断变化而形成的痛苦之中产生出来的。这种理想是不真实的，而痛苦是真实的。但我们好像并不了解痛苦的事实，我们执著于理想、执著于无痛苦的希望。因此在我们内心中就产生了现实和理想的双重状态，在**事实是**和**应该是**之间产生无尽的冲突。我们寻找的动机是逃避非永恒、逃避悲伤，进入头脑所认为的永恒、极乐的状态。但这个想法本身就是非永恒的，它从悲伤之中产生。对立的一面不管如何加强，总是包含着相反一面的种子。那样我们的寻找只是要逃避当下之**是**。

"您的意思是说我们必须停止寻找？"

如果我们专心注意地领悟当下之**是**，那么我们所知道的寻找也许就是完全没有必要的。如果头脑摆脱了悲伤，又何必去寻找快乐呢？

"头脑有可能摆脱悲伤吗？"

下结论说有可能或没有可能就结束了所有的疑问和领悟。我们必须把全部注意力放在对悲伤的领悟上，要是我们试图从悲伤中逃离，或者我们的头脑中塞满了寻找的原因，我们就做不到这一点。它必须是全然的注意，而不是拐弯抹角的关注。

当头脑不再寻找，不再通过需求和渴望产生冲突时，当它能安静地领悟时，不可测量的才有可能出现。

## 一个人能知道什么是对人民有益的吗？

我们好几个人待在房间里。其中两个因为政治原因在监狱里待了很多年；他们为了国家的自由受苦、做出牺牲，非常著名。他们的名字经常出现在报纸上，当他们谦逊的时候，那种功成名就的特殊骄傲仍然闪现在眼中。他们学识渊博，讲话的时候带着公开演讲的灵活熟练。另一个是一位政治家，身材高大、眼光锐利，富有谋略，关注个人的晋升。他也因为同样的原因进过监狱，但现在他身居要职，他的表情自信而充满目标；他可以左右思想和人们。还有一个人放弃了世俗的财产，渴望拥有权力来多行善事。他非常博学，言辞中旁征博引，他的微笑非常友善愉快，目前他也正周游全国，交谈、劝诫和禁食。另外三四个人也渴望爬上政治知名或精神谦虚的梯子

"我不明白，"其中一个人开了头，"为什么您这么反对行动。活着就是行动，没有行动，生活就是一个停滞的过程。我们需要具有奉献精神的人的行动来改变这个不幸国家的社会和宗教状况。您肯定不反对改革：有土地的人自愿把一部分土地分给没有土地的人、教育村民、改善村庄、打破种姓划分，等等。"

改革虽然是必要的，但只会产生进一步改革的需求，它是无止境的。重要的是人们思想的解放，而不是拼凑的改革。没有人类头脑和心灵的根本转变，改革只是通过使人更满意的手段让人睡觉。这是非常明显的，不是吗？

"您是说我们不要改革吗？"另一个人带着强烈的惊诧问。

"我想你误解他了，"一个上了年纪的人解释，"他的意思是改革永远不会带来人类完全的转变。事实上，改革妨碍人类完全的转变，因为它通过给人短暂的满意让人昏睡。通过增加这些令人满意的改革，你会慢慢毒害你的邻居，使他们满足。"

"但如果我们严格地把我们限制在一个重要的改革中——比如说，自愿把土地分给那些没有土地的人——它真的实现了，不是会使人受益吗？"

你能把部分从整体存在中区分出来吗？你能在它周围围上栅栏、专注于它，而不影响到周围的其他地方吗？

"影响整个存在正是我们计划要做的。一个改革成功了，我们就会转向另一个。"

生活的全部可以通过部分来了解吗？还是整体必须先被领悟了解，只有这样，才能依照整体来检验和重塑部分？不了解整体，仅仅专注于局部，只会带来更大的困惑和不幸。

"您的意思是说，"那个强烈惊讶的人问，"不先研究存在的整个过程，我们就不应该行动或改革？"

"那当然是愚蠢的，"政治家插进来。"我们就没有时间去搞清楚生活的全部意义。那得留给梦想家、留给古鲁、留给哲学家。**我们**必须应对每一天的存在，我们必须行动，我们必须立法，我们必须管理，为混乱带来秩序。我们关心水坝、灌溉和更好的农业；我们忙于商业、经济；我们必须对付外国势力。我们要是能日复一日管理好，一直不让重大灾难发生，就足够了。我们职责在身，必须为人民的利益而竭尽全力。"

请允许我问，你设定了这么多，你怎么知道什么是对人民有益的呢？你从这么多结论开始讨论；如果你从一个结论开始，不管是你自己的还是其他人的结论，所有的思考都会停止。你所知道而别人并不知道的自恃的假设，会带来比一天只能吃一餐更大的不幸。因为正是对结论的自负产生人类的剥削。在我们为了他人的利益而急迫行动中，我们制造了巨大的危害。

"我们中的一些人认为我们**确实**知道什么对国家和她的人民有利，"政治家解释道，"当然，反对派也认为他们知道。对我们来说幸运的是，反对派在这个国家不太强，所以我们会赢，我们可以实施我们认为是好的和有益的事。"

每个党派都知道或者认为他们知道什么是对人民有益的。但真正有益的不会产生对抗，无论是在国内还是国外；它会把人和人团结到一起；真正有益的关注人类整体，而不是某些只会导致更大灾难和不幸的肤浅利益；它会结束国家主义和有组织的宗教所产生的分裂和敌对。有益的是这么容易找到的吗？

"如果我们不得不考虑到什么是有益的**全部**含义，那我们就无路可走，什么也不能做。即刻的需求要求即刻的行动，尽管行动可能会带来些许的混乱，"政治家回答，"我们只是没有时间沉思默想、把一切哲学化。我们中的一些人从清晨忙到深夜，我们不可能舒舒服服地坐下来考虑我们所采取的每个行动的全部意义。我们简直无暇享受深入思考的乐趣，我们把这种乐趣留给他人。"

"先生，您好像正在建议，"一直沉默不语的一个人说，"在实施我们所假定的有益的行动之前，我们应该充分考虑清楚那个行动的意义，因为，即使看上去是有益的，这样一个行动也可能在将来产生更大的不幸。但是这样深刻地洞察我们自己的行动是可能的吗？在行动的那一刻我们可能认为我们有那样的洞察，但以后可能发现我们是盲目的。"

在行动的那一刻，我们充满热情、坚持己见，为一个理念而着迷，被领导者的人格和激情所吸引。所有的领导者，从最残忍的独裁者到最具宗教性的政治家，都宣称他们正在为人类的利益而行动，但他们都走向坟墓。尽管如此，我们仍然屈从于他们的影响，跟从他们。先生，你没有受过这样一个领导者的影响吗？他可能已经不在世了，但你仍旧按照他的准则、他的形式、他的生活模式思考和行动；要不然你受到一个年代更近的领导者的影响。当情况令人舒适时，或者一个更好的领导者出现、许以更大的利益时，我们就放弃原来的领导者，从一个领导者轮换到另一个领导者。我们热情洋溢的时候，把其他人带入我们的信念之网，而当我们自己转而跟从另一个领导者、进入另一个信念之网时，那些人通常还留在原来的网中。但什么是有益的和影响、强制以及舒适无关，任何在这种意义上不好的行动都注定会产生混乱和不幸。

"我想我们都要承认我们直接或间接地受到一个领导者的影响。"最后一个讲话者勉强承认。"但我们的问题也在这儿。认识到我们从社会受益良多而回报极少，看到到处都充满了不幸，我们感到对社会负有责任。我们必须做些什么来解除无尽的不幸。但我们大部分人都感到迷失方向，所以以我们跟从某个具有强大人格的人。他具有奉献精神的生活、显而易见的忠诚、充满活力的思想和行动都极大地影响着我们，我们以各种方式成为他的追随者；在他的影响之下我们就迅速卷入行动，不管它是为了国家的解放，还是为了改善社会状况。接受权威在我们心中是根深蒂固的，从对权威的接受中产生行动。你告诉我们的和我们习以为常的恰好相反，它没有给我们留下判断和行动的标准。我希望你能看到我们的困境。"

毫无疑问，先生，任何建立在一本书或者一个人的权威之上的行动，都是没有思考的行动，不管这本书多么神圣，这个人多么高贵、圣洁，它必然带来混乱和悲伤。在所有的国家中，领导者通过阐释所谓神圣的经典得到他的权威，他从中旁征博引；或者权威来自自己的经验，但那些经验是被过去所限制的；或者来自他朴素的生活，但那又是基于神圣记载的模式。因此领导者的生活和追随者的生活一样被权威束缚。两者都是书本、经验或他人知识的奴隶。在这样的背景下，你想重新创造世界，是可能的吗？还是说你必须把对生活的整个权威、等级观念抛在一边，以新鲜、渴望的头脑来应对许多问题？生活和行动不是分裂的，它们是相互联系、连为一体的过程。但现在你把它们分割开来，不是吗？你把日常生活以及相关的思考和行动看成是和改造世界截然不同的活动。

"是这样的，"最后一个讲话的人继续说，"但我们该怎样扔掉从孩提时代就乐意接受的权威和传统的枷锁呢？那是我们远古的传统的一部分，而您却来告诉我们要把它抛在一边，依靠我们自己！从我的所闻所读了解，您说自性 * 本身是不具有永恒性的。所以你可以理解我们为什么困惑。"

那不正是因为你从来没有真正质疑过权威的存在方式吗？质疑权威就是权威的结束。没有什么方式或系统可以让头脑摆脱权威和传统。如果有，那这个系统就会成为支配一切的要素。

为什么你接受权威，那个词的深层意义是什么？你接受权威，因为古鲁也这样做，为了安全，为了可靠，为了舒服、成功、抵达彼岸。你和古鲁都是成功的祈祷者，你们都被野心驱动。有野心的地方没有爱，没有爱的行动是没有意义的。

"理智上我明白您的话是对的，但内心中、感情上，我觉得它不可靠。"

不存在理智上的懂了，我们要么是懂，要么是不懂。这种把我们自己划分成好几个防水舱的想法是我们另一个愚蠢的地方。承认我们不懂比坚持说有理智上的懂了好，因为那只会产生骄傲和自找的冲突。

"我们已经占用了您太多时间，但也许你会同意我们再次前来。"

---

\* 译注：自性（Atman），梵文原意为"呼吸"，引申为宇宙灵魂。

# "我想找到快乐之源"

太阳落到丘陵之后，市镇在暮色中像燃烧了一般，天空中光彩绚烂。在徘徊的黄昏暮色中，孩子们叫嚷着、玩耍着；离他们的晚饭还有不少时间。不协调的寺院的钟声在远处响起，近处的清真寺传来召唤人们晚祷的声音。鹦鹉们从远离市中心的树林和田野中飞回它们在大路两旁浓密的叶丛里。它们在晚上就寝前发出巨大的声响。乌鸦加入其间，发出沙哑的鸣叫，还有其他鸟，一片责骂和喧闹。这是市镇上一个僻静的地区，往来车辆的声音被大声的鸟鸣淹没了；但随着夜色深沉下来，鸟儿们安静了一些，几分钟后它们沉默了，准备过夜。

一个脖子上绕着像粗绳子一样东西的人走过来。他抓着那东西的一头。一群人正在树下聊天、开怀大笑，树上的电灯洒下斑驳的光。那人走向人群，把他的绳子扔在了地上。有人尖叫着开始奔跑起来，原来那"绳子"是一条巨大的眼镜蛇，咝咝叫着，摇着头颈。那人大笑着，用他的光脚趾推推蛇，又很快把它捡起来，盘在头后。当然，它的毒牙被拔掉了，它实际上是没有伤害力的，但还是令人毛骨悚然。那人要把蛇盘在我脖子上，我抚摸它的时候他感到很满意。那条蛇长着鳞片，浑身冰凉，肌肉结实、长满细纹，黑色的眼睛目不转睛地盯着人——因为蛇是没有眼皮的。我们一起走了几步，他脖子上的眼镜蛇从来没有安静过，一直动个不停。

路灯使星星黯淡无光、看上去非常遥远。但红色的火星很清晰。一个乞丐迈着又慢又疲惫的步子走过来，行动艰难。他披着旧布，腿上缠着撕成条的帆布，用粗线绑在一起。他扶着一根长长的拐杖，正在自言自语，我们走过的时候也没有抬头看一眼。沿街更远的地方有一个时髦而昂贵的饭店，前面停着差不多各种牌子的车。

来自一所大学的一位年轻教授——相当紧张，音调很高，有着明亮的眼睛——说他走了很远的路来问一个问题，这个问题对他来说非常重要。

"我已经知道各种不同的快乐：夫妇之爱的快乐、健康的快乐、兴趣的和友谊的快乐。作为一个文学教授，我阅读广泛，满足于书本世界。但是我发现每种快乐的本性都是短暂的，从最小的到最大的，它们都随着时间流逝。没有什么我接触的是永恒的，即使是文学，我生命中的最爱，也开始失去它持久的快乐。我觉得肯定存在着一个永恒的快乐之源，但尽管我努力地寻找，也没有找到。"

寻找是一个特别具有欺骗性的现象，不是吗？不满意现在，我们寻找超越它的东西。对现在感到痛苦，我们探究将来或过去；即便我们所找的是存在于现在的。我们从来没有停下来探询一下现在的完全满意，总是追寻未来的梦想，或者从过去死去的记忆中选择最丰富多彩的，赋予它生命。我们执着过去，或者由于未来而拒绝过去，这样现在就能含糊过去；它只是一个通道，要尽快地穿过。

"不管它在过去还是将来，我想找到快乐之源，"他继续道，"您知道我的意思，先生。我不再寻找可以产生快乐的客体——观念、书本、人、自然——而是快乐本身的源泉，超越一切短暂易逝的东西。如果一个人不能找到那个源泉，就会永远陷入非永恒的悲哀之中。"

先生，你不觉得我们必须了解"寻找"这个词的意义吗？不然，我们就会抱着截然不同的目的在交谈。为什么会有迫切寻找、渴望找到和达成的强烈愿望？也许如果我们可以发现动机，看清它的含意，我们就能了解寻找的意义。

"我的动机简单而直接：我想找到永恒的快乐之源，因为我所知道的每一种快乐都是会逝去的。迫使我寻找的是无法拥有永恒的悲哀。我想逃离这种不确定的悲哀，我并不认为这其中有什么不对劲的。任何一个只要是有思想的人都必定在寻找我所寻找的快乐。其他人可能把它叫做别的什么——上帝、真理、极乐、自由、解脱等等——但它本质上是一回事。"

头脑陷入因非永恒而来的痛苦中，被驱赶着去寻找永恒，不管以什么名义。正是对永恒的渴望创造了永恒，它是当下之**是**的反面。所以实际上不存在寻找，只存在找寻令人舒适满意的永恒的欲望。当头脑意识到它处于不断的变化中，它一直在建立那种状态的反面，它就会陷入二元的冲突中。然后，为了逃离这种冲突，它仍然要找到另一个反面。因此头脑就陷入了对立面的轮回。

"我意识到头脑的反应过程就像您说的一样，但是一个人根本不该寻找吗？如果没有发现，生活将多么可怜！"

我们通过寻找发现了什么新东西吗？新的并不是旧的反面，它不是现实的对立。如果新事物是旧事物的投射，那它只是旧事物变相的延续。所有的识别都是以过去为基础的，可以被识别的东西并不是新的。现实的痛苦产生寻找，因此被找到的东西是已知的。你在寻找安慰，你可能会找到；但它也是短暂易逝的，因为这个迫切寻找的愿望不是永恒的。所有要得到什么的欲望——快乐、上帝、或其他什么——都是短暂易逝的。

"既然我的寻找是欲望的结果，欲望又是短暂易逝的，那么我的寻找就是徒劳的。我是不是理解了您的意思？"

如果你认识了这个真相，那么短暂易逝本身就是快乐。

"我该怎样认识真相呢？"

不存在"怎样"的问题，没有方法。方法产生想保持长久的念头。只要头脑想到达、得到、达成，它就会陷于冲突之中。冲突是不敏感的，只有敏感的头脑才能认识到真实。寻找来自冲突，停止冲突就没有寻找的必要。那就是极乐。

## 快乐、习惯和简朴

大路通向南边喧闹的、正在延伸的市镇，一排排崭新的楼房看上去好像没有尽头。路上挤满了公共汽车、小汽车和牛车，成百个骑车人从办公室往家赶，经过漫长的毫无趣味的一天例行公事之后，他们看上去都疲惫不堪。不少人在路边的露天市场上停下来买些蔫了的蔬菜。我们穿过市镇的外区，路边都是浓密的绿树，最近被大雨清洗了一番。太阳在我们的右边，巨人的金色的球悬挂在远处的丘陵之上。树林中有不少山羊，孩子们在互相追逐。弯曲的道路经过一座十一世纪的塔，红色的塔身耸立在印度教和莫卧儿王朝时代的遗迹中。点缀各处的是一些古墓，一座壮观残破的拱门诉说着许久以前的辉煌。

汽车停下来，我们沿着大路散步。一群农民从她们工作的田间往回走，所有的都是女人，一天的辛苦之后，她们唱着轻快悦耳的歌。在安静的乡村，她们的声音飘散开来，清晰、洪亮而愉快。当我们走近的时候，她们害羞地停止了歌唱，可一等我们走过去，她们又继续她们的歌。

夜晚的光洒在连绵起伏的丘陵上，树木的暗影反衬着夜空。一块巨大的突兀的岩石上矗立着古代要塞坍塌的城垛。惊人的美丽覆盖着大地；它包围着我们，充盈着地球的每个角落和我们心智的幽僻所在。只有爱，不是上帝之爱和人类之爱，而是没有分裂的爱。一只大猫头鹰安静地飞过月亮，一群受过教育的村民正在大声交谈，争论着是否去城里看电影。他们的吵嚷侵占了半条街。

置身于月光之中十分愉快，地上的阴影清晰可辨。一辆卡车沿着大路嘎嘎驶来，响着令人恐怖的汽笛；但它很快就过去了，把乡村留给了可爱的夜晚和无垠的寂寞。

他是个健康有思想的年轻人，三十来岁，在某个政府办公室任职。他说，通盘考虑，他不反对他的工作；他收入颇丰，大有前途。他结了婚，有一个四岁的儿子。他本来想把儿子带来，但孩子的妈妈坚持认为小孩子会惹麻烦的。

"我参加过您的一两次演讲，"他说，"如果可以，我想问一个问题。我形成了某个坏习惯，它一直困扰着我，我想摆脱它。我已经试了几个月，但没有成功。我该怎么办？"

让我们来考虑一下习惯本身，而不要把它分为好的和坏的。习惯的养成，即使是好的、值得尊敬的，也只会让头脑迟钝。我们所说的习惯是什么意思？让我们考虑一下，不要只依靠定义。

"习惯是一个经常重复的动作。"

它是某个方面的行动的力量，不论愉快的还是不愉快的，它经过思考或不经思考会有意无意地运转。是这样吧？

"对，先生，是这样的。"

有些人感到早上需要一杯咖啡，没有咖啡他们就会头疼。身体可能最初还不需要咖啡，但它逐步习惯了咖啡可口的味道和刺激，而现在失去它身体就会不舒服。

"但咖啡不是一种必需品吗？"

你说的必需品是什么意思？

"好的食物对健康是有必要的。"

那当然；但是舌头习惯了某种食物和某种味道，当它得不到它所习惯的东西时，身体就觉得失去了什么，感到焦虑。坚持食用某种特殊食物就表明一个习惯已经形成，一个建立在快乐和记忆基础上的习惯。不是吗？

"可是一个人怎么能改掉一个令人愉快的习惯呢？改掉一个不讨人喜欢的习惯相对容易，但我的问题是怎么改掉令人愉快的呢？"

就像我说的，我们不考虑令人愉快和不愉快的习惯，或是改掉其中任何一个，而是试试了解习惯本身。我们知道，当快乐和对持续的快乐的需求存在时，习惯就形成了。习惯是建立在快乐和记忆的基础上的。最初不愉快的经验可能逐步变成一种愉快而"必需"的习惯。

现在，让我们更深入一步，你的问题是什么？

"在所有的习惯中，沉溺于性已经是一种强有力的、占主导的习惯。我试着通过自我约束来控制它，通过禁食、实践各种练习等等，但不管我怎么反抗，习惯还是持续着。"

也许你生活中没有其他释放方式，没有其他驱动的兴趣。也许你厌倦了你的工作而没有意识到；宗教对你来说可能只是重复的仪式、一套教条和信仰而根本没有任何意义。如果你内在受到阻挠、感到挫折，那性就成为你唯一的释放方式。要内向地警醒，重新考虑你的工作、社会的荒谬，为你自己去发现宗教真正的意义——这样才能使你的头脑摆脱任何习惯的束缚。

"我以前对宗教和文学有兴趣，但现在我没有闲暇顾及任何一个，因为我的全部时间都被工作占满了。我并没有真的不快乐，但我认识到谋生并不是一切，也许就像你说的那样，如果我能找到时间投入更广泛、更深入的兴趣，它会帮助我改掉打扰我的习惯。"

就像我们说的，头脑唤醒的带有刺激性的记忆和形象产生令人愉快的动作，习惯就是重复这个愉快的动作。在饥饿状况下的腺性分泌及其结果并不是习惯，而是生理器官通常的反应过程；但是当头脑沉溺于知觉、被念头和图画所刺激时，那就肯定是习惯在起作用。食物是必需的，但是对某种特殊口味食物的需求却是基于习惯。在特定的思想和行动中发现快乐，不管它们是细微的还是粗鲁的，头脑坚持要它们继续下去，那就产生习惯。一个重复的动作，像早上刷牙一样，不必再给予关注的时候就成为习惯。注意力把头脑从习惯中解脱出来。

"您是不是在说我们必须放弃所有的快乐？"

不是，先生。我们并不要试图放弃什么，也不是要得到什么；而要了解习惯的全部含意；我们也必须了解快乐的问题。许多出家人、瑜伽师、圣徒都拒绝接受快乐；他们折磨自己，迫使头脑抵制快乐，对任何形式的快乐都不再敏感。看到一棵树、一朵云、水中的月光、或是一个人的美都是一种快乐，拒绝快乐就是拒绝美。

另一方面，有人拒绝丑陋、执著于美。他们想待在自己建造的可爱的花园里，把墙外的喧闹、气味和残酷都关在外面。他们经常成功地做到这些，但你把丑陋关在外面、牢牢地抓住美却不变得迟钝、不敏感是不大可能的。你必须对悲伤像对喜悦一样敏感，不要回避一个而寻找另一个。生命既是死亡也是爱。爱就容易受伤而敏感，习惯产生不敏感，它会破坏爱。

"我开始感觉到您正在描述的美。确实，我把我自己变得迟钝而愚蠢了。我过去喜欢走到树林里，去倾听鸟鸣，去观察大街上人们的脸，而现在我明白我让习惯控制了我。但什么是爱呢？"

爱不仅是快乐，一件记忆的事物。它是强烈的敏感和优美的状态，当头脑以自我为中心建起围墙的时候爱就不存在了。爱是生，也是死。拒绝死而执著生就是拒绝爱。

"我真的开始洞察所有这一切和我自己。没有爱，生活就变成机械化的、被习惯操纵的。我在办公室里的工作大部分都是机械性的，事实上我的余生也是如此。我陷入了例行公事和无聊的大轮回中。我已经睡着了，现在我必须醒过来。"

认识到你睡着了就已经是一个清醒的状态，不需要意志的判断。

现在，让我们更深入一步。没有简朴就没有美，不是吗？

"我不明白，先生。"

简朴不是外在的符号或行动：穿着缠腰带或僧人的袍子，每日只进一餐，或者像一个隐士一样生活。这种自律的朴素，虽然艰苦，但不是简朴；它只有外在的表现而没有内在的实质。简朴是内在单独性的朴素，是头脑涤荡了各种冲突的朴素，头脑不再陷入欲望之火，哪怕是对上帝的渴望。没有这种简朴，就没有爱；美来自爱。

## "您不想加入我们的动物福利社团吗？"

太阳在空中非常清晰，海上来的凉风轻轻吹着。时间还相当早，街上几乎没有什么人，拥挤的交通还没有开始。幸运的是，这不会是太热的一天；但到处都是灰尘，细小得能穿透一切，因为漫长而炎热的夏季还没有下雨。仔细收拾的小公园里的树木都积满了厚厚的灰尘，但树下林间有一条凉爽、新鲜的溪水，它是从远山的湖泊中引过来的。溪岸令人愉快而平静，有不少树荫。白天公园里会挤满孩子和他们的保姆，还有那些在办公室里工作的人。树丛间流水的声音友好而受人欢迎，许多鸟在溪边快乐地扇动着翅膀，洗着澡，啾啾鸣叫。大孔雀们在树丛间走进走出，冠冕堂皇，毫无惧色。深池的清水中有大金鱼，孩子们每天都跑来观看、喂养它们，令人欣喜的是浅水池中浮着不少白鹅。

离开小公园，我们驱车沿着喧闹的、尘土飞扬的大街向布满岩石的山脚下驶去，然后爬上一条陡峭的直通向一座古代寺庙圣地入口的小路。向西可以看见辽阔的蓝色大海，因为历史上的海战而出名。向东是低卧的丘陵，十分贫瘠，在秋日的阳光中非常刺眼，但充满了宁静而快乐的记忆。北边那些更高的山居高临下，俯视着丘陵和炎热的山谷。岩石山上古老的寺庙矗立在废墟之中，那是被人类野蛮的暴力破坏的。残破的大理石柱经过几个世纪雨水的冲刷，看上去几乎透明一样——色调明亮，风韵虽减，庄严犹存。无论是触摸它还是安静地注视它，寺庙都仍然是一座完美的作品。一朵黄色的小花从辉煌的石柱脚下的裂隙中长出来，在晨曦中发着光。坐在一根石柱的阴影下，眺望平静的丘陵和远处的大海，会体会到一些超越头脑计算的东西。

一天早上，爬上岩石山，我们发现一大群人挤在寺庙周围。那儿有巨大的照相机支架、反光镜和其他随身物件，全都带着著名照相机公司的商标，绿色帆布椅上印着名字。电缆躺在地上，导演和机械师正彼此叫叫嚷嚷。主角们正在打扮，理发师围着他们团团转。两个穿着东正教牧师袍子的人等着喊到他们，穿着花哨的女性们在闲谈说笑。他们正在拍照！

我们坐在小房间里，透过一扇敞开的窗子，晨光下闪着光的绿色草坪在白色的屋顶上投下一道柔和的绿光。她戴着贵重的首饰，穿着精制的高跟凉鞋，身上的纱丽肯定花了一大笔钱。她说她是一个致力于动物福利的组织的主要工作人员之一。人类特别残酷地对待动物们，打它们、扭它们的尾巴、用尾端带钉子的棍子驱使它们，要不然就犯下无法言说的罪行。动物们必须受到法律的保护，最后，公众对此的看法是如此冷漠，必须通过宣传引起关注，等等。

"我来这儿是想问您是否愿意在这项重要的工作上帮助我们。其他重要的公众人物都提供了援助，如果您也能加入我们就更好。"

你是说我应该加入你们的社团？

"您能这样做就是巨大的帮助。您愿意吗？"

你认为反对人类残酷的组织会带来爱吗？通过立法，能使人们情同手足吗？

"如果我们不为好的事物而努力工作，那我们还能有什么办法呢？好的事物不会因为我们逃离社会而形成。相反，从我们当中伟大的人物到最渺小的都必须一起努力来实现。"

当然我们必须一起努力，这是最自然不过的；但合作并不是遵循国家、党派或群体的领袖、或者其他权威颁布的蓝印条文。通过恐惧或贪得回报的合作不是合作。当我们爱我们正在做的事情时，合作会自然而容易的产生。那样合作就是一件令人喜悦的事。但要有爱，必须先把野心、贪婪和嫉妒扔到一边。不是这样的吗？

"抛开个人的野心要花上几个世纪，而同时，那些可怜的动物们在受伤害。"

不存在同时，只有现在。你确实想要人类爱动物和他们的同胞，不是吗？你确实想结束残酷，不是在将来的某个时候，而是现在。如果你想的是将来，爱就是不真实的。请问，哪一个是行动真正的开始：是爱，还是组织能力？

"您为什么要把两者分开呢？"

刚才的问题意味着分裂吗？如果行动是看到需要某种工作、有能力管理才产生的，那这样的行动和出于爱的行动——在爱中也有组织的能力——会走向完全不同的方向。当行动从挫折中产生，或者从权力欲中产生，不管那个行动本身是多么好，它的结果注定是令人困惑、制造悲哀的。爱的行动不是支离破碎的、对立的、分裂的；它有一个完全包括、融为一体的结果。

"为什么您要提出这个问题？我来问您是否愿意友好地帮助我们的工作，而您却在质疑行动的根源。为什么？"

请问，你建立这个帮助动物的组织，你个人兴趣的根源是什么呢？为什么你这么积极？

"我想这是相当明显的。我看到那些可怜的动物被多么残酷的虐待，我要通过立法和其他方式来帮助它们，来结束这种残酷。我不知道除此之外我是否还有其他动机。也许我有。"

找出它难道不重要吗？那样你就能更广泛、更深入地帮助动物和人。你组织这个运动是出于要成为某个人物、要实现你的野心、或者逃避挫折感的欲望吧？

"您太严肃了。您想追根究底，不是吗？我也很坦白。一定程度上我非常有野心。我确实想以改革者而闻名；我想成为成功者，而不是可悲的失败者。每个人都在尽力攀上功成名就的梯子，我想这是人之常情。为什么您要反对它？"

我并没有反对它。我只是指出，如果你的动机不是真的要帮助动物，那你就是在利用它们作为增加自己利益的手段，这正是一个牛车夫的所作所为。他的方式粗鲁、野蛮，而你和其他人更细微，更具有欺骗性。如此而已。只要你的努力是对自己有利的，那你就不是在结束残酷。如果帮助动物不能满足你的野心，或者不能逃离挫折和悲哀，你就会转向其他的满足方式。所有这些都表明你对动物根本没有兴趣，除非它能成为获得你个人利益的手段。不是这样吗？

"但每个人在一定程度上都是这样做的，不是吗？为什么我不应该呢？"

当然，这正是大部分人所做的事。从最大的政治家到乡村的操纵者，从主教到地区牧师，从最伟大的社会改革家到筋疲力尽的工人，每个人都在利用国家、穷人或者上帝的名义，作为实现他个人理想、希望、乌托邦的手段。他才是中心，他才是权力和荣耀，但总是以人民的名义、以神圣的名义、以被压迫者的名义。正是因为这个原因，世界才有这样可怕和可悲的混乱。他们不是给世界带来和平、制止剥削、结束残酷的人、相反，他们对更大的混乱和不幸负有责任。

"我明白这个道理了，好，就像您说的那样。但运用权力是一件快事，我像其他人一样，屈服于权力。"

我们的谈话能不能不涉及其他人？当你把你自己和其他人做比较时，你就是在为你的行为辩护，或者对它做出判决，那你就根本不在思考了。你用表明立场的方式来保护自己，那样的话，我们就讨论不出什么结果。

现在，作为一个在一定程度上意识到我们今早谈话重要性的人，你不觉得可能有另外一种完全不同的方式来解决残酷、人类的野心等等问题吗？

"先生，我从我父亲那儿听到很多关于您的情况。我来这儿，部分是出于好奇，部分是因为我想我如果能充分地劝说您的话您就会加入我们。但是我错了。

"请问，我怎么能从内到外忘记自我，而真正去爱呢？不管怎么说，作为一个婆罗门，我的血液里是具有宗教生命的；但我已经游离宗教观念这么远，我觉得我不可能再回去了。我该做什么呢？也许我不是最认真地提出这个问题，我可能会继续我肤浅的生活，但您能告诉我有什么东西像种子一样存在我心里，不管怎样都会萌发吗？"

宗教生命不是一个复活的问题；你不能在已经逝去的往事中注入新的生命。让过去被埋葬吧，别试图让它复活。觉知你是对你自己有兴趣，你的活动是以自我为中心的。别假装，别欺骗自己。觉知事实：你有野心，你在追求权力、地位、声望，你想成为重要人物。别为自己或他人辩护。简单而直接地承认你是什么样的人。然后，当你不再寻找的时候，爱会不期而至。爱本身就可以洗涤隐藏在心智幽深之处的狡诈追逐。爱是唯一的能摆脱人类困惑和悲哀的道路，而不是人们所建立的高效的组织。

"但一个个体，即使他可以爱，没有集体的组织和行动他又怎样影响事物的进程呢？结束残酷需要许多人的合作。这又怎样达成呢？"

如果你真的觉得爱是行动唯一的真正的源泉，你会和其他人讨论它，那你就能把那些具有相同感觉的人聚集在一起。少数人会发展成很多人，但这不是你关心的。你在意的是爱和它全然完整的行动。正是这个存在于每个个体之中的全然完整的行动会形成一个完全不同的世界。

## 制约与渴望自由

这是一次令人愉快的散步。小径从房子一直延伸到葡萄园，那里的葡萄正开始成熟。它们果实累累，可以酿造大量的红葡萄酒。葡萄园受到精心照料，没有杂草。紧邻的是漂亮的烟草地，又长又宽。雨后，植物绽放出粉红色的花朵，干净整洁。淡淡的新鲜烟草的香味在火热的阳光下变得更强烈了，和点燃的香烟那种令人作呕的味道迥然不同。那些开着花的长长叶梗即将被砍下来制成暗淡的银绿色的烟草叶。它们现在已经长得很大，采摘的时候会变得更大更密。然后它们被搜集到一起、分类、用长长的细绳扎起来，高挂在房后长形建筑物里阴干，那里晒不到太阳，而晚间却微风习习。人和牛会一直在烟草地里工作到那时，在每排又长又直的作物间拉犁、除草。这里的土地被精细地耕耘过，又施了厚厚的肥，杂草长得像烟草一样密，但那几个星期之后，就再也看不到一根杂草了。

小径继续穿过一片果园，桃子、梨、李子、青梅、蜜桃，还有其他树，全都缀满了正在成熟的果实。晚间的空气中飘散着一种甜香，白天到处都是蜜蜂的嗡嗡声。过了果园，小径向下伸向一长段斜坡，深入到浓密的保护林中。脚下的土地积累了几个夏天的落叶十分松软。树下非常凉爽，太阳几乎没有机会穿过浓密的枝叶。这里的土地一直是潮湿的，散发着腐殖土微甜的气味。有不少蘑菇，但大多数都是不可吃的品种。这里可以发现一些可食用的种类，但你得花些力气去找。它们更喜欢独处，经常是藏在一片同样颜色的叶片下。农民一大早采集了蘑菇去市场卖，或者备自家之用。

树林覆盖在温柔起伏的丘陵之上，绵延几公里。那里难得有鸟儿出没，非常安静；甚至连微风搅动树叶的声音都没有。但树林间也总有某种动静，那是无垠的宁静的一部分。它并不令人心烦，好像反而增加了头脑的平静。树木、昆虫、舒展的蕨类都不是单独的，都不是外在的东西，它们是宁静的一部分，蕴涵其中又包容其外。即使是远处火车低沉的长鸣也包含在这寂静之中。完全没有阻碍，持续而具有穿透力的犬吠声好像更增加了这里的幽静。

越过树林是曲折可爱的小河。河面不太宽，不会给人深刻的印象，但对于眺望对岸的热切的眼睛来说空间已经够宽阔。沿河两岸都是树木，大部分是白杨，高大挺拔，树叶在微风中颤动。河水又深又凉，一直流动不息。静观是如此美好的一件事，生动而丰富。一个可爱的渔夫坐在小凳子上，身边放着野餐的篮子，膝盖上搁着一张报纸。河水带来满足和和平，尽管鱼儿都避开鱼钩。河流一直在那里，即使爆发战争、人也终将死亡，但它一直滋养着土地和人类。远处是冰雪覆盖的群山，清朗的晚上，夕阳西下时，高耸的群峰就像阳光渲染的云彩。

我们三四个人在房间里，窗外正好是一片宽阔、闪光的草坪。天空灰蓝，布满了浓密的云。

"头脑真的曾可能让自身摆脱它的制约吗？"一个人问，"如果是这样，那么不受它自己制约的头脑是什么状态？我听您的演讲已经有几年时间了，我想了很多，但我的头脑好像并不能摆脱从小根植在心中的传统和观念。我知道我像别人一样受到制约。从小我们就被教导要顺从——通过严厉的教导、或者充满爱和温柔的建议——直到顺从成为直觉，头脑害怕**不顺从**的不安全感。"

"我有一个朋友从小在天主教的环境中长大，"他继续说，"当然她被告知原罪、地狱之火、天堂的幸福，以及所有其他的概念。当她成熟时，经过多次反省，她抛弃了天主教的思想框架；但即使是现在，人到中年，她发现自己仍然受到地狱观念的影响，内心中深藏着蔓延性的恐惧。尽管我的背景表面看相当不同，但我像她一样，也害怕不顺从。我明白顺从的愚蠢，但我不能把它抖掉。即使我能，我可能也是在以另一种方式做同样的事——只不过，在一种新的模式中寻求安慰。"

"这也是我的难题，"一位女士插话道，"我非常清楚地看到我在许多方面和传统联系在一起；但是我可以不陷入一种新的联系就和现有的联系决裂吗？有些人从一个宗教组织换到另一个宗教组织，总在寻寻觅觅，从不满足，到最后他们**得到**满意的时候，他们变得非常厌倦。如果我试着摆脱现有的制约，同样的情况可能也会发生在我身上：因为不了解它，我可能被拖入另一种生活模式。"

"其实，"那位先生继续说，"我们大部分人从来都没有非常深入地思考过我们的头脑是怎样被我们成长其中的社会和文化所塑造的。我们没有觉察到制约，还正在既定的社会模式中继续奋斗、成就或者遭受挫折。我们大部分人都是这样，包括政治和宗教领袖。对我来说不幸的也许是：我来听了几次您的演讲，然后，质疑的痛苦就产生了。有一段时间我没有非常深入地思考这个问题，但突然我发现自己变得很严肃。我一直在试验，现在觉察到我的内心之中有很多以前没有注意到的东西。如果没人觉得我说了太多的话，那我想更进一步讨论制约这个问题。"

等其他人都确认他们也对这个主题兴趣浓厚，他才继续说下去。

"听过看过大部分你所说的东西之后，我意识到我是怎样地受到制约。我也同样清楚一个人必须从制约中解脱出来——不仅从肤浅的头脑的制约中，也要从无意识中解脱出来。我认识到这是完全必要的，但实际发生的情况是这样：我年轻时受到的制约继续着，而同时又有一个强烈的欲望要使自己不受制约。因此我的头脑就陷入了冲突之中——我所意识到的制约和摆脱它的愿望。这就是我现在的实际情况，我该怎么继续呢？"

头脑要把自己从它的制约中解脱出来的渴望不是会变成另一种模式的抵抗和制约吗？意识到你成长的模式，你想摆脱它，但是这种摆脱的欲望不是又以另一种不同的形式制约头脑吗？旧的模式要你服从权威，而现在你发展出一种新的模式，坚持不服从权威。因此你有两种模式，彼此相互冲突。只要这种内在的矛盾存在，进一步的制约就会产生。

"我知道旧的模式相当愚蠢空洞，我必须摆脱它，不然我的头脑就会一直延续同样愚蠢的方式。"

让我们耐心一点儿，更深入地看看这个问题。旧的模式告诉你要服从，出于不同的原因——害怕不安全感等等——你服从了。现在，出于不同的原因，但其中仍然有害怕和对安全的渴望，你觉得你不应该再服从。是这样的，不是吗？

"对，多多少少就是这样。但旧的模式是愚蠢的，我必须摆脱愚蠢。"

请允许我指出，先生，你并没有在听。你继续坚持旧的是不好的，你一定要新的。但拥有新的根本就不是问题所在。

"那是我的问题，先生。"

真的吗？你这样想，还是让我们来看看。请不要坚持你自己的看法，只要听，可以吗？

"好。"

一个人本能的服从出于很多原因：执著、害怕、报偿的愿望等等。这是人们的第一反应。然后有人就来说要摆脱制约，于是就产生了**不再**服从的愿望。你明白了吗？

"是的，先生，那很清楚。"

那么，在渴望服从和渴望摆脱服从之间有什么根本的区别吗？

"好像应该有，但我确实不知道。您怎么认为，先生？"

这不能由我来告诉你，而你只是接受。你难道不该自己去发现在这两个表面上完全相反的欲望中是否存在着根本的不同吗？

"我该怎么去发现呢？"

既不谴责一个，也不热切地追求另一个。渴望摆脱服从和拒绝服从的头脑是一种什么状态？请不要回答我，但感觉它，实实在在地体验那种状态。语言对交流来说是有必要的，但它不是一种真实的体验。除非你真的体会并理解那种状态，不然你要自由的努力只会带来另一种模式。不是吗？

"我不太明白。"

毫无疑问，不彻底结束产生模式的机制，不管那模式是正面的还是负面的，都只会在一种变相的模式或制约中继续下去。

"字面上我可以理解，但我不能实际**感受到**它。"

对一个饥饿的人来说，仅仅描写食物是没有价值的；他要吃。

有对服从的渴望，有对自由的渴望。不管这两种渴望看起来多么不同，它们在本质上不是类似的吗？如果它们本质上类似，那你追求自由就是徒劳的。因为你只会从一种形式移到另一种形式，没有止境。不存在更高贵更好的制约，所有的制约都是痛苦的。要成为什么或不成为什么的欲望都会产生制约，正是这种欲望需要被领悟。

## 🌸 内在的空

她头顶着一个大篮子，一只手扶着。那篮子想必很重，但她走路的轻快节奏却没有受到影响。她动作优美平稳，步调轻松而有节奏。她手臂上的金属手镯叮当作响，脚上是穿破的旧凉鞋。她的纱丽因为长时间使用又旧又脏。她通常有几个伙伴，她们都顶着篮子，但今天早上只有她独自一人走在粗砺不平的路上。太阳还不太热，几只秃鹫在蓝色的天空中滑翔。河水在路边平静地流淌。在这个非常安静的早晨，那个头顶着大篮子的孤独女子好像是美和优雅的焦点。所有的东西好像都围绕着她，把她当做它们自身存在的一部分。她不是单独的存在，而是你我的一部分，是那棵罗望子树的一部分。她并没有走在我前面，而是我头顶着那个篮子在走。那不是幻觉、周密考虑、愿望和有教养的证明，那可能是极其丑陋的，而是一种自然而当下的体验。把我们隔开的几步距离消失了；时间、记忆和思想产生的广阔距离都完全消失了。只有那位女性，没有我在注视她。到城里是很长的一条路，她会在那儿卖掉篮子里的东西。傍晚她会沿着这条路回来，穿过回村途中的竹桥，直到第二天早上才会顶着满满的篮子再次出现。

他非常认真，不年轻了，但他的微笑令人愉快，身体也很健康。

他盘腿坐在地上，英语有些磕磕巴巴，为此他很不好意思，因为他上过大学，而且得到文学硕士学位，但因为很多年没有说英语，他几乎把它忘了。他读过大量梵文文献，梵文词经常挂在嘴边。他说，他来是想问几个内在的空、头脑的空的问题。然后他就开始用梵文吟唱，房间里立刻就充满了洪亮、纯净和具有穿透力的声音。他继续吟唱了一会儿，倾听他的吟唱令人愉快。他的脸因为他赋予每个词的意义和他感受到每个词所包含的爱而闪着光。他缺少灵巧，对于艺术造型来说太严肃了。

"我非常高兴能当着您的面吟唱那些颂诗（slokas）*，对我来说它们意义非凡而优美，我用它们冥想了好几年，它们已经成为我方向和力量的源泉。我训练自己不要轻易地被感动，但这些颂诗会让我热泪盈眶。当这些词的声音和它们丰富的意义充满了我的心，生活就不再是艰辛而悲惨的。像其他人一样，我懂得悲哀，那里有死与生的痛苦。我有过一个妻子，她在我离开我父亲舒适的房子之前死了。现在我理解了自甘清贫的意义。我告诉你这些只是顺便解释一下。我并没有受挫、孤独，或者有这一类的问题。我的心为许多事快乐。但我父亲曾经谈到过您的谈话，一个熟人也一定要我来见您，所以我就来这儿了。

"我希望您给我讲讲无限的空，"他继续说，"我有那种空的感觉，我想在我漫游和禅修时已经碰触到它的边缘。"然后他引用颂诗来解释和支持他的体验。

请允许我指出，其他权威不管多么伟大，都不能证明你所体验的真理。真理不需要通过行动来证明，也不能依靠任何权威。让我们把权威和传统抛在一边，试着为我们自己找出真理。

"那对我来说会非常困难，我已经沉浸在传统中了——并不是传统

---

* 译注：颂诗（slokas）：按照一定的语法规则书写的祈祷文。

的世界,而是《偈陀经》、《奥义书》*等等的经典。要我远离所有这些吗？那我不是忘恩负义吗？"

既不存在感恩也不存在忘恩负义的问题,我们所关心的只是要发现你所说的空之中的真实或虚假。如果你走在权威和传统的道路上,它们只是知识,你所体验的只是你借助于权威和传统想体验的。它不再是一个发现,它是已知的、被认识到和体验过的事物。权威和传统可能是错误的,它们可能是令人欣慰的幻象。要发现那个空是真实的还是虚假的,它是否存在或者只是头脑的另一个发明,头脑就必须摆脱权威和传统的网。

"头脑有可能让它自己摆脱这张网吗？"

头脑不可能解放自己,任何要获得自由的努力只会把它卷入另一张网中,它又会陷在其中。自由不是对立面,获得自由并不是摆脱某个事物,自由不是松开束缚的状态。对自由的渴望会产生它自己的束缚。自由是一种存在的状态,不是渴望获得自由的结果。除非头脑了解到这一点,并能看到权威和传统的虚假性,虚假才会消失。

"可能通过我的阅读、和基于这些阅读的思考我以为我感受到一些东西,但此外,我从童年时代就模糊地感到这种空的存在,就像在梦中一样,对它一直有种熟悉感,有种怀旧的感觉。等我长大了,我阅读的各种宗教书籍只是加强了这种感觉,赋予它更多的活力和目标。但我开始理解您的意思。我差不多完全是依靠宗教典籍中他人经验的描写。这种依赖我可以抛开,因为我已经看到这样做的必要性。但我可以让那种超越语言文字的原始的、未经污染的感觉复活吗？"

复活的东西不是活生生的,不是新的;它是一种记忆,一个死去的

---

* 译注:《奥义书》(Upanishads),原意为"近坐",引申为"师生对坐所传的秘密教义";亦称"吠檀多",意即"吠陀的终结"。婆罗门教的古老哲学经典之一,吠陀经典的最后一部分,吠檀多派哲学的来源和重要经典。

东西，你不可能给已经死去的东西注入生命。复活和活在记忆中就是成为刺激的奴隶，依赖于刺激的头脑，无论有意无意的，都必然变得迟钝和不敏感。复活是永久的困惑，在生存的危机时刻转向死去的过去也就是在寻找一个根部已经腐烂的的生活模式。你年轻时所体验的，或者只是昨天体验的，都已经结束，成为过去。如果你紧紧抓住过去，你就阻碍了对新事物的活泼体验。

"我想您会认识到，先生，我真的是非常认真的，对我来说了解并**成为**那个空已经变成迫切的需要。我该怎么做呢？"

一个人必须清空掉已知的头脑，一个人积累的所有知识必须停止对活生生的头脑施加影响。知识永远是属于过去的，它是过去的历程，头脑必须摆脱这个历程。识别是知识历程的一部分，不是吗？

"怎么会呢？"

要识别某个事物，你以前必定已经知道或体验过它，这个体验储存为知识、记忆。识别来自过去。从前，你可能曾经体验过这个空，因为曾经体验过，你现在就渴望它。原始的经验在你没有追求的时候出现。但你现在正在追求它，你正在寻找的事物不是那个空，而是旧的记忆的复活。如果要它再次发生，那所有关于它的记忆和知识都必须消失。所有的寻找必须停止，因为寻找是基于要体验它的欲望。

"您真的认为我不应该寻找吗？听起来让人难以置信！"

寻找的动机比寻找本身更为重要。动机贯穿、引导、塑造寻找。你寻找的动机是渴望体验不可知的、了解极乐和它的无限。这种愿望会产生一个渴望体验的体验者。体验者在寻找更大、更广、更重要的体验，所有其他的体验都失去了味道。体验者现在渴望空，因此就产生了体验者和被体验的事。这样的冲突总是发生在这两者之间，发生在追求者和被追求的事物之间。

"这一点我已经非常清楚了，它正是我现在所处的状态。我现在明白我陷在自己制造的网里了。"

不只是真理、上帝、空等等的寻找者，像每个寻找者一样，每个追求权力、地位、声望的有野心或贪婪的人、每个理想主义者、每个国家崇拜者、完美乌托邦的建设者——他们都陷在同样的网里。但一旦你理解了寻找的全部意义，你还会继续寻找空吗？

"我明白您的问题的内在意义，我已经停止寻找了。"

如果这是事实，那不再寻找的头脑是什么状态呢？

"我不知道；所有这些对我来说是全新的，我得聚精会神地观察一下。在我们继续之前我能不能有几分钟时间想一想？"

停顿了一会儿，他继续道。

"我发现它是那么细致微妙，体验者、观察者要不介入其中是多么困难。思想不创造一个思想者几乎是不可能的；但只要有一个思想者、体验者存在，就必定会明显地和所体验的事物区分开来，必定会产生冲突。你不是在问吗，没有冲突的时候头脑是什么状态？"

当欲望设想体验者的形式并追求要被体验的事物时，冲突就存在了；因为要被体验的事物也是靠欲望组合在一起的。

"请对我耐心点儿，让我明白您的意思。欲望不仅产生体验者、观察者，而且形成被体验的、被观察的事物。所以欲望才是导致区分体验者和被体验事物的原因，正是这种区分持续产生冲突。现在，您问，没有冲突、不受欲望驱使的头脑是什么状态？但是如果没有一个观察者正在观察无欲的体验，这个问题是可以解答的吗？"

当你意识到你的谦卑时，谦卑不就已经停止了吗？当你特意去实践美德时还存在美德吗？这样的实践只是强化自我中心的活动，它结束美德。你发现你快乐的那一刻，你就不再快乐了。那不陷入欲望冲突的头脑是什么状态？急欲发现的愿望也是欲望的一部分，它会产生体验者和要体验的事物，不是吗？

"是这样的。您的问题对我来说是个陷阱，但我很感谢你问它。我现在看到欲望更加错综复杂的细微之处。"

这不是陷阱，而是一个自然的不可避免的问题，你在询问的过程中也会问自己这个问题。如果头脑不是完全的警醒有意识，它很快又会陷入自身欲望之网。

"最后一个问题：头脑真的能完全摆脱要体验的欲望吗？正是这种欲望持续地区分体验者和被体验的事物。"

去查明真相吧，先生。如果头脑完全从这种欲望的结构中解脱出来，那么头脑和空还有区别吗？


## 寻找的问题


阳光明媚的清晨，清澈、干净，无休止的大海很平静，温柔地拍打着白色的海岸。茫茫的海平面几乎没有任何动静，湛蓝的海水好像添加了人造颜料，有一种光泽，一种欢快的气氛。它比蓝天还蓝，古老而充满了喜悦。上个星期，海水猛烈，充满了威胁，一个大浪就能把人卷得远远的。但现在，它平静得只有一丝波动。几天狂劲的吹扫之后，风已经筋疲力尽，连一丝微风都没有了。远处大海上轮船的烟几乎笔直地伸向无云的天空。周围如此安静，可以听到七里外火车的声音，它沿着俯视大海的低矮峭壁开过来。微弱的隆隆声变成轰鸣，很快，当一辆长长的货车——崭新的柴油车头拉着一百节钢车从头顶呼啸而过时，大地摇动。火车司机微笑着挥着手。列车很快开出了视野，再次留下蓝色大海的平静。向北数里就能望见成排的精心种植的棕榈树和绿色的草坪，小镇延伸到海边；但这里却非常平静。海滩上有几百只海鸥。其中一只显然折了翅膀，它站在一旁，翅膀垂着。更远处，一只死海鸥差不多被移动的沙子掩埋了。一只大狗跑过来，阳光下可爱的生物，一群鸟飞向大海，飞了大半圈，又降落在沙滩上，离狗身后有一段距离。受伤的海鸥发出一声可怕的叫声，拖着翅膀移向大海。狗看见了它，却并不在意，追赶从湿沙中爬出来的小螃蟹。

他是某个办公室的职员，非常严肃认真，眼睛明亮、严肃，脸上挂着现成的微笑。物价上涨了，他说，生活越来越贵，很难维持收支平衡。虽然他还年轻，三十来岁，但他还是为未来忧虑，因为他有责任——没有孩子，他解释道，但有妻子和年迈的母亲要供养。

"生活，这个单调的、日复一日的存在的目的是什么？"他突然问。"我总在找这找那：大学毕业找一个工作、和妻子一起寻找快乐、加入共产党寻找一个更好的世界——我很快就离开了，很偶然的，因为那只是一个有组织的宗教，像其他一样；现在我寻找上帝。本性上我不是个悲观主义者，但生活中的每件事都使我难过。我们寻找又寻找，但好像从来不曾找到。我读了许多知识分子读的书，但才智方面的刺激很快就变得令人厌烦了。我必须找到，我的日子正在减少。我想很认真地和你谈谈，因为我觉得你对我的寻找会有所帮助。"

我们能不能慢慢地耐心地进入这个被叫做寻找的行动？有些人宣称他们寻找并找到了，他们对他们找到的结果很满意，他们得到了奖励。你说你正在寻找。你知道你为什么寻找，你寻找的是什么？

"像其他人一样，我寻许多东西，大部分都已经消逝了；但是，像某种没有痊愈的疾病一样，寻找还在继续。"

在我们进入寻找什么这整个问题之前，让我们先来搞清楚"寻找"这个词是什么意思。正在寻找的头脑是什么状态？

"那是一种努力的状态，头脑正试图摆脱痛苦或冲突的状况，找到愉快、舒适的环境。"

头脑真的在寻找这些吗？头脑寻找的东西它会找到，但它所找到的只是自身的反射。如果寻找只是动机的结果，还存在真正的寻找吗？所有的寻找都必须有动机吗，或者存在一个没有动机的寻找？没有寻找头脑可以存在吗？如同我们所知，寻找仅仅是头脑逃避自身的另一种方式吗？如果是这样，是什么驱动头脑去逃避呢？如果不理解正在寻找的头脑的全部内容，寻找就没有什么意义。

"先生，我怕所有这些对我来说太复杂了一些。您能让它简单一些吗？"

让我们从知道的开始。你为什么寻找，你在寻找什么？

"一个人寻找很多东西：快乐、安全、舒适、长久、上帝、不会永远处于战争的社会等等。"

你实际所处的状态，以及你正在寻找的结果，两者都是头脑的产物。不是吗？

"先生，请别把问题搞得这么难。我知道我受苦，我想找到一条出路，我想进入一个没有悲哀的状态。"

但是你寻找的结果仍然是头脑的反射，它不想受到打扰，不是这样的吗？也许不存在这样的事，也许它只是一个神话。

"如果那是一个神话，那一定存在着其他真实的东西，我必须找到它。"

我们正在试图理解寻找的全部意义，对吗？而不是怎样找到真实的。也许我们很快会谈到它。这一刻我们关注的是当我们说寻找时我们的意思是什么，让我们研究一下那个词的全部内涵是什么。

不愉快的时候，你寻找愉快，对吗？一个人在权力、地位、声望中寻找快乐，另一个人在财富或知识中寻找，另一个在上帝中，另一个在理想国、完美的乌托邦中寻找，等等。一个在世俗意义上有野心的人追求他实现理想的道路，其中充满了无情、挫折、害怕，也许表面上包裹着甜蜜的言辞，你也在寻找来满足你的欲望，好像它是最高的。当你已经知道结果是什么的时候，还有寻找吗？

"先生，毫无疑问，上帝和极乐是不能事先知道的，它必须被找到。"

你怎么寻找你所不知道的东西呢？你知道，或者认为你知道上帝是什么，你是依照你的制约条件、或者依照基于你的制约条件的体验而知道；因此，你把什么是上帝公式化，你就去"发现"你的头脑所投射的。这显然不是寻找；你只是在追求你已经知道的。当你知道的时候，寻找就停止了，因为知道是一个再认识的过程，再次认识过去的行为、已知的行为。

"但是我真的在寻找上帝，不管他可能被叫做什么。"

如果你真的是认真的，一旦你认识到在所谓寻找的整个结构中根本就没有寻找，你就会放弃它。但是你寻找的原因仍然存在。你可能把结构 A 抛在一边，它寻找的是头脑反射的东西；但你会转向结构 B，它认为你不应该追求结构 A；如果不是结构 B，那就会是结构 C、N 或 Z。你头脑的核心并不理解整个寻找的问题。因此你从一个结构转换到另一个结构，从一个理想转换到另一个理想，从一个古鲁或领导转换到另一个。一直是在已知的网中移动。

没有寻找头脑仍然存在吗？当寻找不在时，还有头脑和寻找者吗？头脑从一种寻找摇摆到另一种，摸索、寻找、陷入体验之网。这种运动总是期望"更多"：更多刺激、更多体验、更广更深的知识。打猎者投射出被猎者。一旦头脑意识到整个寻找过程的意义，它还会寻找吗？当头脑不再寻找时，还会有一个体验者吗？

"您所谓的体验者是什么意思？"

只要有寻找者和被寻找的事物，就一定会有体验者，一个再认识的人，这是头脑自我中心运动的核心。所有的活动都是从这个中发生的，无论高贵还是卑微：财富和权力的欲望、满足现实的强制力、寻找上帝的渴望、推动改革，等等。

"我明白您所说的道理了。我达成整个事物的方式是错的。"

这是说你要采用"正确"的方式来达成吗？还是你已经意识到，**任何解决问题的方式，不管是正确的还是错误的，都是自我为中心的活动，它只会微妙地或明显地加强一个体验者？**

"头脑是多么狡猾，它是多么快、多么微妙地保护自己啊！我看得很清楚了。"

当头脑明白寻找的整个意义时，它就会停止寻找。强加在它上面的局限不是也会消失吗？那时头脑不就是无限的、未知的吗？

## 心理革命

火车启动前一片喧闹繁忙。长长的车厢挤满了人，非常拥挤，烟雾弥漫，每张脸都藏在报纸后面。但所幸的是还有一两个空位。火车是电动的，很快就出了郊区，加速驶入广阔的农村，超过平行的高速公路上行驶的汽车和公共汽车。真是美丽的乡村，有绿色起伏的山脉和古老的历史小镇。阳光明亮温和，因为才是初春，果树刚刚开始绽放出粉色和红色的花朵。整个乡村都是一片绿色，新鲜而年轻，嫩绿的叶子在阳光下闪耀舞蹈。这是天堂般的一天，但车厢里却充满了疲倦的人们，空气因为烟草味变得厚重。一个小姑娘和她的妈妈正坐在对面走廊边，妈妈告诉她不要盯着陌生人看；但小姑娘根本没注意，很快我们就彼此微笑。

从那一刻起她就很放松，经常抬起头看看她是否受到关注，当我们眼睛相遇时她就微笑起来。不久她睡着了，蜷缩在椅子上，妈妈给她盖上一件衣服。

沿着田间的小径散步，置身于美丽和明朗之中一定是非常愉快的。当我们从整齐铺就的路边呼啸而过时，人们就向我们挥手。白色的大公牛缓慢地拖着载满了粪肥的车子，几个赶车人肯定正在唱歌，他们的嘴张着，从他们脸上的表情也可以看出他们正陶醉在清晨的气息中。男男女女在田间挖地、种植、割草。

我穿过长长的两边都是座位的走廊，向火车头走去。穿过餐车和厨房，推开一道门进了行李车厢。没人拦着我。许多行李整齐地放在行李架上，上面的标签在空中飞舞。我穿过另外一道门，那儿有两个火车司机，他们完全被又大又宽的窗子包围了。透过窗子，可以毫无阻碍地望见周围可爱的乡村。其中一人正操纵着控制气流的手柄，他面前是各种各样的仪表。另一个一边注视着一边悠闲地抽着烟，他把位子让给我，搬了个铁凳坐在我后面。他坚持要我坐在那儿，然后就没完没了地问起问题。问到中途，他停下来指指山顶的城堡，其中一些已是废墟，另一些还保存完好。他解释那些明亮的红、绿灯是什么意思，又掏出手表看看我们是否准点通过每站。我们的时速在 100 到 110 公里，绕过拐弯处，开上缓慢的陡坡，穿过大桥，沿着又长又直的道路奔驰，但我们从来没有超过 110 公里的时速。"如果你在我们刚才经过的站下车，换上另一趟车，"他说，"你就能到那个以著名圣徒命名的小镇。"火车咣咣当当地撞击着岔道，就飞快地驶过一些车站，它们的名字是从古代流传下来的。我们现在正沿着薄雾笼罩的蓝色湖滨行驶，可以看到对岸的市镇。那里曾经有一场著名的战役，所有人的命运都取决于那场战役的结果。我们很快就过了湖滨，爬出山谷，绕着曲折的群山行驶，把橄榄树和柏树都留在身后，置身于更加起伏不平的乡村。我身后的那人宣布我们刚刚驶过的那条泥河的名字，对这条著名的河流来说它看上去又小又温柔。另一个人，在两个半小时的行程中只有一两次把头从风门移开，这时为他们两个不能说英语而抱歉。"但是这有什么关系呢，"他说，"你不是能完全理解我们美丽的语言吗？"

现在我们正驶向一个大城市的外区，蓝色的天空因为烟雾而变得模糊了。

我们几个人从小屋里眺望美丽的湖泊，尽管有鸟儿欢快的吵闹声，周围还是非常安静。人群中有一个人很高大，健康而有活力，目光锐利而温和，说话语调缓慢，但深思熟虑。当他想说时，其他人就保持沉默，但他们觉得有必要时就加入进来。

"我从政许多年了，真的是为了这个国家的利益而工作。但这不是说我不追求权力和地位。我追求它们。我为它们和别人斗争，可能你也知道，我取得了成功。许多年前我最初听说您的时候，虽然您谈的一些问题击中要害，但您的整个生活态度对我来说只是暂时地感兴趣，它从来没有深深地扎下根。但是，在过去的这些年当中，经历了奋斗和痛苦，我对一些事变得成熟了，最近，我只要有机会就参加你的演讲和讨论。我现在充分认识到你所说的是摆脱困惑的唯一办法。我曾经去过整个欧洲和美洲，有一段时间在俄罗斯寻求解决问题的办法。我曾是共产党中的活跃分子，善意而认真地要和宗教政治领导合作。但现在我从所有这些事中抽身而退。它们都变得腐败而没有效果，尽管在某些方面也会产生好的进展。我对这些想了很多，想重新检查一下整个事情，我觉得我已经准备好接受清晰的新观念。"

要检查，一个人不能从结论开始，不能从政党的荣耀或偏见开始。其中不应该有成功的欲望和立刻行动的需求。如果一个人卷入其中任何一个问题，真正的检查就完全不可能。要重新检查整个存在，头脑必须不带任何个人动机、任何挫折感和对权力的追求，不管是为了个人还是群体，那都是一回事。是这样的，对吗，先生？

"请别叫我'先生'！当然，那是检查和了解任何事物的唯一办法，但我不知道我能否做到。"

能力来自直接当下的需求。要检查存在中许多复杂的事物，我们必须从不认可任何哲学、任何理想主义、任何思想体系或行动模式开始。理解的能力不是时间的问题，它是当下的顿悟，不是吗？

"如果我觉察到某些东西是有害的，要避免它不是个问题。我就不去碰它。同样地，如果我发现结论会阻碍彻底地检查生活中的问题，那我就远离所有的结论，不管它是个人的还是群体的。我不必为摆脱它们而斗争。是这样的吧？"

是的。但是对事实清楚的陈述并不是真正的事实。真正摆脱结论完全是另一回事。一旦我们发现任何偏见阻碍完全的检查，我们可能不带偏见地继续下去。但是出于习惯，头脑总乐意依赖权威和根深蒂固的传统。认识到这种不会阻碍检查的倾向性也是有必要的。有了这样的了解，我们要继续吗？

那现在，什么是人类最根本的需求？

"食物、衣服和住所；但满足这些基本的需求成了问题，因为人的本性是贪婪和排他的。"

你的意思是人们被社会鼓励和教育成他现在的样子？那么另一个社会，通过规定和其他形式的强制，也许能迫使他不贪婪和不排他；但这只是建立了一个对立的反应，国家或有力量的宗教政治团体建立的理想和个体之间就会存在冲突。要提供食品、衣服和住所就需要另外一个完全不同的社会组织，不是吗？不同的国家和它们的政府、权力机构和冲突着的经济结构，以及种姓制度和有组织的宗教——每一个都宣称它是唯一正确的道路。所有这些都必须停止，也就是说对生活等级分明的、权威的态度必须结束。

"我明白它是唯一真正的革命。"

这是一个纯粹心理的革命，如果全世界的人不只是想满足基本生理需求的话，那这样的革命是重要的。地球是我们的，它不是英国的、俄罗斯的、美国的，也不属于任何理想主义的社团。我们是人类，不是印度教徒、佛教徒、基督教徒或穆斯林教徒，包括最近的共产主义者。如果我们想建立完全不同的经济社会结构，所有这些区分都必须抛开，它必须从你我开始。

"我可以采取政治行动来引发这样的革命吗？"

请问，你所说的采取政治行动是什么意思？政治行动，不管它是什么样的，和人的全部行动相分离吗？或者它只是其中的一部分？

"政治行动，我的意思是指政府层面的行动：立法、经济、行政等等。"

毫无疑问，如果政治行动和人的全部行动相分离，如果不考虑人的整个存在、心理和生理状况，那是有害的，会带来更多的困惑和不幸。这正是现今世界正在发生的。人有没有可能带着所有的问题还像完全健康的人一样行动呢？这不正像一个政治实体不能脱离它的心理或精神状态一样吗？一棵树包括树根、树干、树枝、树叶和花朵。任何不是全然完整的行动都必定走向悲哀。只有全然完整的人类行动，没有政治行动、宗教行动，或印度行动。分裂的、不完整的行动总是带来内在和外在的冲突。

"这就是说政治行动是不可能的，是吗？"

不完全是。对全然完整的行动的了解肯定不会阻碍政治、教育或宗教活动。它们不是单独的活动，它们都是统一进程的一部分，在不同的方面表达自己。重要的是这个统一的进程，而不是单独的政治行动，不管政治行动是多么明显地有益。

"我想我明白您的意思。如果我具有了对人类或者对我自己全然的了解，我的注意力也许会根据需要转向不同的方向，但我所有的行动都会和整体直接相关。单独的、局部的行动只会产生混乱的结果，就像我刚刚开始意识到的一样。不是作为一个政治家，而是作为一个人明白了所有这些，我对生活的视角就完全改变了；我不再属于某个国家、某个政党、某个特殊的宗教。我需要了解上帝，就像我需要食物、衣服和住所一样。但是如果我把一样东西和另一样东西区分开来，那我的寻找就只会导致不同形式的灾难和困惑。我明白这一点了。政治、宗教和教育都是彼此紧密相连的。

"好，先生，我不再是个政治家，在行动中带着政治偏见。我想作为一个人，而不是共产党员、印度教徒或基督教徒，来教育我的儿子。我们可以考虑一下这个问题吗？"

完整的、融为一体的生活和行动就是教育。完整性不是从遵循自己或他人的一种模式中产生出来的。只有了解加在头脑上的许多影响、觉知它们而又不陷入其中，完整性才能产生。父母和社会通过建议，微妙的、不曾表达出来的愿望和强制办法，通过不断地重复教条和信仰来约束孩子。要帮助孩子觉知到所有这些影响和它们内在的、心理的重要性，帮助他们了解权威的方式而不陷入社会的网中，这才是教育。

教育不只是传授一技之长，使孩子能得到一份工作，而是帮助他发现什么是他爱做的。如果他追名逐利、追求成功，爱就不会存在。帮助孩子了解这一点才是教育。

自知就是教育。在教育中既不存在教师也没有受教育者，只有学习。教育者在学习，像他的学生一样。自由没有起点也没有终点。了解这点才是教育。

每一点都必须仔细深入，现在我们没有时间考虑太多细节。

"我想总的来说我明白您说的教育是什么意思了。但是哪会有人按这种新的方式来教育呢？这样的教育者根本不存在。"

你说你在政坛工作了多少年？

"我已经记不清了，恐怕有二十多年了吧。"

毫无疑问，要教育教育者，就必须像你在政治领域一样艰苦工作——只是这个更加投入精力的任务需要深入的心理洞察。不幸的是，好像没有人关心正确的教育，而这比任何带来社会基本改革的单一要素都要重要。

"我们大部分人，尤其是政治家，都关心即刻的效果，我们只是考虑短期效应，没有看待事物的长远眼光。

"现在，我可以再问一个问题吗？在我们所谈的话题中，继承的作用在哪儿？"

你所谓的继承是指什么？是指财产的继承，还是心理的继承？

"我考虑的是财产的继承。告诉我真相吧，我从来没有考虑过另一个继承。"

心理的继承和财产的继承一样是有束缚的；两者都把头脑局限和控制在一种特殊的社会模式里，阻碍根本的社会转变。如果我们关注的是带来一个完全不同的文化，一种不基于野心和贪婪的文化，那么心理的继承就成为障碍。

"您所说的心理继承更准确地说是什么意思？"

过去的印迹留在年轻的头脑中；学生有意无意要遵守、服从束缚。共产党员现在做得非常有效，而天主教徒已经这样做了好几代了。其他宗教也是如此，只不过不是这么目标明确或有效。家长和社会通过传统、信仰、教条、结论、观念塑造孩子们的头脑，这种心理的继承阻碍一种新的社会秩序形成。

"我明白了，但要结束这种继承的模式几乎是不可能的，不是吗？"

如果你真的了解结束这种继承模式的重要性，那你不是会全力关注为你的儿子带来正确的教育吗？

"又是这样，我们大部分人都陷入自己关注的事物或恐惧之中，如果考虑的话，也不会非常深入地考虑这些问题。我们是空话连篇、玩弄字眼儿的一代。财产的继承是另一个难题。我们都想拥有一些什么，一块土地，不管它多么小，或者另一个人。如果不是这些，我们就想拥有理想主义或信仰。我们不可救药地追求所有物。"

当你深刻地认识到财产的继承和心理的继承一样具有破坏性，你就会开始帮助你的孩子摆脱两种形式的继承。你会教育他们要完全自足，不要依靠你自己或其他人的帮助，热爱他们的工作，不带野心、不崇拜成功，满意地工作；你会教他们感受合作的责任，同时知道什么时候不能合作。那就没有必要让你的孩子继承你的财产。他们从一开始就是自由人，既不是家庭也不是社会的奴隶。

"这个理想我恐怕永远不能实现。"

这**不是**一个理想，不是什么在遥远虚幻的乌托邦才能达成的。领悟是当下的，不在将来。领悟是行动。不是先有领悟，行动随后；行动和认识是不可分割的。看到眼镜蛇的瞬间就有行动。如果我们今早讨论的真理都被领悟了，行动就在这个洞察中与生俱来。但是我们都深陷词语之中、深陷在智力的刺激物中，言辞和智力成了行动的障碍。所谓智力的领会只是听到了口头的解释，或者听见一些想法，这样的领会没有意义，仅仅有对食物的描写无助于饥饿的人。你要么领悟，要么不领悟。领悟是一个全然完整的过程，它既不能脱离行动，也不是时间的产物。

## 没有思考者，只有受束缚的思考

　　雨水把天空冲洗干净了，弥漫在四周的雾气消散了，天空清朗，一片湛蓝。山顶上一柱孤烟笔直地升起，投影清晰。人们在那里烧着什么，你可以听到他们的谈话。坐落在斜坡上的小屋被一个精心照料的小花园环抱起来。但今天早上，它成了整个存在的一部分，那道花园的围墙显得毫无必要。藤蔓攀上墙头，遮起了石头，但那些石头仍然这里那里裸露出一些。那是些非常漂亮的石头，久经风雨，上面长出一层灰绿色的苔藓。围墙之后是一种天然野趣，但它在一定程度上也是花园的一部分。一条小径连接花园的大门和村子，那里有一个破旧的教堂，教堂后是一片墓地。很少有人去教堂，即使是星期天，去的也大部分是老人。平常就没人光顾教堂，因为村子别有娱乐活动。一个柴油小火车头和两节车厢——红色和奶油色相间——每天两次开往更大的镇子。火车几乎总是载满了快活、喧闹的人流。村后另一条小径通向右边，缓缓地绕到山顶。在那条路上，你偶尔能碰到扛着东西的农民，从你身边经过时嘴里嘟囔一句。在山的另一边，小径向下延伸到阳光难以穿透的密林。从灿烂的阳光走入凉爽的树荫就像一份神秘的赐福。好像没人穿过那条路，因为树林是荒芜的。深绿的浓密的叶丛让眼睛和头脑都焕然一新。一个人在那儿可以处于全然的寂静之中。即使微风也是静止的，没有一片树叶颤动，那里还有一种奇特的杳无人迹的宁静。远处传来犬吠之声，一只棕色的鹿轻快地横穿小径。

他上了年纪，虔诚，渴望同情和帮助。他说他已经有好几年固定地去北方一个老师那里聆听他对经典的解说，现在正在向南回家的路上。

"一个朋友告诉我您在这里有一系列演讲，我就留下来听听。我一直关注您所谈论的东西，我知道您考虑引导和权威的问题。我不完全赞同您的观点，因为人类需要那些可以提供帮助的人的帮助，事实是，一个人渴望得到这种帮助并不会使他成为门徒。"

毫无疑问，渴望被引导会产生服从，一个服从的头脑不可能发现真实。

"但我并没有服从。我既不怀疑，也不盲从；相反，我使用我的头脑，我对所有老师所说的都提出质疑。"

从另一个人那里寻找光明，而没有自知，就是盲从。所有的追随都是盲目的。

"我觉得我没有能力穿透自我的更深的层次，所以我需要帮助。我来您这儿寻找帮助并不会使我成为您的门徒。"

先生，请允许我指出，确立权威是一件复杂的事。追随另一个人只是一个更深层原因的结果。不了解那个因，不管外在是否追随别人都不重要。要达成、要抵达彼岸的欲望是我们人类寻找的开始。我们渴望成功、永久、舒适、爱和持久的和平。除非头脑能够摆脱这种欲望，不然一定会直接或间接地追随别人。追随只是内心深处渴望安全的表现。

"我确实想抵达彼岸，就像您说的一样。我会搭乘任何一艘能够载我渡河的船。对我来说船并不重要，彼岸才是。"

重要的不是彼岸，而是河流，以及你所驻立的河岸。河流是生活，它每一天都生机勃勃，有超乎寻常的美、快乐和喜悦、丑陋、痛苦和悲伤。生活是一个巨大的所有这些的复合体，它不只是一个穿越的通道。你必须了解这一点，不要把眼光停留在彼岸。你就是充满嫉妒、暴力、转瞬即逝的爱、野心、挫折、恐惧的生活；你正渴望从中逃往你所谓的彼岸、永恒、灵魂、宇宙灵魂、上帝等等。不领悟此岸的生活，不能摆脱嫉妒和它所带来的快乐和痛苦，彼岸就只是一个神话、一个幻觉、一个由恐惧的头脑在寻求安全感时产生的念头。正确的基础必须奠定，不然无论房子多么有价值，都难以建立起来。

"我已经害怕了，而您还增加我的恐惧，您并不是消除它。我的朋友告诉我你不太容易理解，现在我明白为什么。但我认为我是非常认真的，我想要的不只是一个幻觉。我相当赞同一个人必须奠定正确的基础，但要让他自己明白什么是正确和错误是另一回事。"

不完全是，先生。嫉妒的冲突以及它带来的快乐和痛苦必然地会在内在和外在产生困惑。除非头脑摆脱了这种困惑，才会发现什么是真实的。一个困惑的头脑的所有活动只会引起更大的困惑。

"我怎样才能摆脱困惑呢？"

这个"怎样"意味着逐步的自由，但困惑不可能一点儿一点儿清除。如果剩下的头脑是困惑的，那清除干净的那部分很快又会困惑起来。只有当你的头脑仍然关注彼岸时，如何清除困惑这个问题才会产生。你看不到贪婪、暴力或这一类问题深层意义上的重要，你只是想去除它以达成另一些什么。如果你完全关注嫉妒，以及它结局的不幸，你就不会问如何去除它。对嫉妒的领悟是一种全然完整的行动，而"怎样"则意味着逐步得到自由，它只会是一种困惑的行动。

"您所谓的全然完整的行动是指什么？"

要了解全然完整的行动，我们必须探讨一下思考者和他的思想之间的区别。

"难道没有一个在思考者和他的思想之上的观照者吗？我觉得有。在极乐的瞬间，我体会过那种状态。"

这样的体验是被传统、被无数的影响所塑造的头脑的结果。一个基督教徒的宗教影像和一个印度教徒或穆斯林的完全不同，因为所有这些本质上都是基于头脑所受的特殊限制。真理的标准不是体验，而是那种状态，在它之中，体验者和体验都不再存在。

"您是指三摩地*的状态吗？"

不，先生，如果用这个词，你就只是在引用别人经验的描述。

"可是难道没有一个观照者超越思考者和他的思想之上吗？我几乎可以确定无疑地感到他的存在。"

从结论开始讨论就会结束所有的思考，不是吗？

"但这不是一个结论，先生。我知道，我感到了它的真实性。"

说知道的人并不知道。你所知道或感觉到真实的是你所受的教育。另一个人，恰好受到他的社会和文化不同的教育，会同样充满信心的坚信：他的知识和经验表明并不存在终极的观照者。你们俩不管是信仰者还是非信仰者都属于同一种类型，不是吗？你们都是从一个结论开始，从基于束缚的经验开始，不是吗？

"如果您这样说，好像是我错了，但我并没有被说服。"

我并不想说你错了，或者说服你什么；我只是在指出一些情况要你检查。

"经过相当多的阅读和研究之后，我认为我已经相当全面彻底地考虑过这个观照者和被观照者的问题。对我来说就像眼睛看到花，头脑通过眼睛来看，因此，在头脑之后，必定有一个存在能够意识到这整个过程，那就是：头脑、眼睛和花。"

让我们仔细研究一下这个问题，不带任何武断、不要仓促或教条主义。思考是怎样产生的？有了观察、接触、感觉，然后才有基于记忆的思想说："那是一朵玫瑰。"思想创造思考者；是思考的过程形成思考者。先有思想，然后才有思考者，并不是相反的情况。如果我们不能认清这

---

* 译注：三摩地：又称三昧、三摩帝等，华译为定，即住心于一境而不散乱的意思。

个事实，我们就会陷入各种各样的困惑。

"但是思考者和他的思想之间有区别，有或宽或窄的间隙。这不是表明思考者首先形成吗？"

让我们来看看。认识到自身是非永恒的、不确定的而渴望永恒和安全感，思想形成思考者，然后把思想者推向越来越高层次的永恒。因此在思想者和他的思想之间、观照者和被观照者之间好像有一道不可逾越的鸿沟，但这整个的过程仍然在思想的范围之内，不是吗？

"您的意思是说，先生，观照者是不真实的？他像思想一样是非永恒的？我真不敢相信这一点。"

你可以把他叫做灵魂、自性，或随便什么，但观照者仍然是思想的产物。只要思想以某种方式与观照者相连，或者观照者控制、塑造思想，他仍然是在思想的范畴和时间的过程中。

"我的头脑是多么不喜欢这个观点！但不管我自己的感受怎样，我开始把它当作事实来看待。如果它是事实，那就只有思考的过程，而没有思考者。"

是这样的，对吗？思想产生观照者、思想者和审查者。有意无意的审查者在无休止地判断、谴责、比较。正是观照者和他的思想之间发生冲突，观照者试图引导思想。

"请慢一点儿，我想慢慢地摸索一下。您在暗示——不是吗？——任何形式的努力，不管是否有价值，都是思想者和他的思想之间这种虚假的、幻象的区分的产物。您想去除努力吗？努力对所有的变化来说不是必不可少的吗？"

我们现在就要谈到这个问题。我们已经清楚只有思考，它形成思想者、观照者、审查者和控制者。在观照者和被观照者之间存在努力的冲突，一方试图征服另一方，或者至少改变另一方。这种努力是徒劳的，它不可能在思想中产生根本的改变，因为思想者、审查者是它自身试图改变的一部分。头脑的一部分不可能改变另一部分，因为另一部分是它自身的延续。一个欲望有可能征服另一个欲望，经常是这样。占主导的欲望产生另一个欲望，它再成为失败者或成功者，这样冲突就在持续进行，没有尽头。

"在我看来您是说只有减少冲突才有可能发生根本的改变。我不太明白。您能再深入一点儿讨论一下吗？"

思考者和他的思想是一个统一的过程，没有谁具有独立的延续性；观照者和被观照者也是不可分割的。观照者所有的性质都包含在他的思考中；如果没有思考，就没有观照者、没有思考者。这是事实，不是吗？

"是的，到目前为止我都明白了。"

如果了解只是口头上、智力上的，它就毫无意义。必须实际地体验思考者和他的思想是一体的，是两者的融合。那样就只有思考的过程。

"您所说的思考的过程是什么意思？"

思想被推动的方式或方向有：个人的和非个人的、个体和集体的、宗教的和世俗的、印度教的和基督教的、佛教的和穆斯林的，等等。不存在 个穆斯林的思考者，只有受到穆斯林束缚的思考。思考的过程或方式必然地会产生冲突，如果付出努力用不同的方式克服冲突，只会形成其他形式的抵抗和冲突。

"这是很清楚的，至少我这么想。"

这种思考的方式必须完全停止，因为它产生困惑和不幸。没有更好的或更有价值的思考方式。所有的思考都是被束缚的。

"您好像在说除非思考停止，才会有根本的转变。但是是这样的吗？"

思想是被束缚的。思想从头脑中产生，作为经验和记忆仓库的头脑本身也是受束缚的。头脑在任何方向上的任何运动产生它自己有限的结果。当头脑努力改变自身时，它只是在建立另一种模式，可能是不一样的，但仍然是一种模式。头脑要使自己获得自由的每个努力都是思想的延续。它可能处于更高的层面，但仍然在它自己的圈子里，思想的圈子、时间的圈子里。

"对，先生，我开始明白了，请继续吧。"

头脑任何形式的运动都只会加强思想的延续，思想的延续包括它的嫉妒、野心和占有的追求。当头脑全然意识到这个事实，就像它全然意识到一条毒蛇一样，你会发现思想的运动停止了。只有完全的革命，而不是旧思想在不同模式中的延续。这种状态是无法描述的；描述它的人并没有意识到它。

"我真的觉得我已经明白了，不只是您的话，而且也是您话中的全部含义。我是否了解将会在我的日常生活中显示出来。"

## "为什么它要发生在我们身上？"

什么东西发出一声爆炸的巨响。凌晨四点半，天仍然很暗。一个多小时后也不会亮起来。鸟儿们仍然在树上安睡，那声剧烈的响声好像并没有打扰它们。但天色刚一露出一线曙光，它们就开始吵吵闹闹。地面有一点轻微的薄雾，星星仍然明亮清晰。第一声爆炸声后，远处又接连响起几声；一阵安静之后，紧跟着是爆竹在各处噼啪响起。节日开始了。那天早上，鸟儿们不再像平常那样叽叽喳喳，而是找到捷径迅速地四散开去，那些爆炸声令它们惊恐。但晚间它们又聚拢到同一棵树上，彼此吵吵嚷嚷地交流白天的行动。现在太阳刚碰到树顶，树枝焕发着柔和的光芒。它们在寂静中显得美丽可爱，为天空塑造着形象。花园中唯——一朵玫瑰缀满了沉重的露水。尽管小镇上已经响起了爆竹声，但它还是缓慢地渐渐地才活跃起来，因为这是一年中最重大的节日之一，将会有宴会和欢庆，穷人和富人都会彼此交换礼物。

晚上天黑的时候，人们开始聚到河岸边。他们轻柔地在水面上放置漂浮的装满油的小陶碟，点燃着油芯。他们会说上一句祝福，然后让油灯顺流而下。很快成千上万的光亮布满了漆黑、安静的河面。那真是一个令人惊讶的场面，一张张渴望的脸被小小的火苗照亮，河流变成一个光亮的奇迹。天空中无数的星星俯视着河流的光，大地在人们的爱中安静下来。

我们五个人坐在阳光明媚的屋中：一个人和他的妻子，还有另外两个男人。他们都很年轻。妻子很悲哀，形容凄惨，丈夫也很严肃，没有一丝笑容。两个小伙子害羞地在一旁安静地坐着，让别人先开口，但当机会合适时，当他们的羞涩慢慢消退一些时，他们大概也会开口说说。

"为什么它要发生在我们身上？"她问。她的语调中充满了怨恨和愤怒，而眼泪却马上充满眼眶，顺着双颊流淌下来。"我们对我们的儿子很好，他是那么愉快可爱，总是笑，我们爱他。我们小心地把他带大，为他计划了丰富多彩的生活……"她说不下去了，停下来，等自己稍微平静一些。"请原谅我在您面前这么失礼，"她很快继续道，"但这一切对我来说太多了。孩子玩着，叫嚷着，几天后就永远走了。太残酷了，为什么它要发生在我们身上？我们过着相当不错的生活，彼此相爱，我们更爱我们的儿子。但他现在走了，我们的生活变得空洞无物——我丈夫在办公室，我在家里。什么都变得面目可憎、毫无意义。"她又要持续地陷入她的苦恼中，但她的丈夫温柔地阻止了她。她抽泣起来，无法控制，但很快安静下来。

这样的事发生在我们每个人身上，不是吗？当你问为什么它要发生在你们身上时，你实际上不是在说它应该只发生在别人身上，而不是你们。你们和其他人共同分担悲哀。

"但我们做了什么要遭受这样的痛苦？我们的业是什么？为什么他不能活下去？我很乐意把我的生命给他。"

**解释、欺骗性的争论或者理性化的信仰能填补痛苦的空虚吗？**

"我当然希望得到安慰，不只是言辞上的，也不是未来的希望。结果是，我根本找不到任何慰藉。我丈夫试着用轮回的信仰劝慰我，但没有用。他自己也很难受，虽然他信仰轮回，但痛苦仍然存在。我们俩都深陷其中，备受折磨。它就像恐怖可怕的恶梦。"她的丈夫再次打断她，让她激动的情绪平静下来。

"对不起，我会体谅别人，安静下来。"

"先生，我们对生活、对死亡了解得这么少，对我们自己的悲哀也知道得很少，"她的丈夫说。"这件事以后我好像突然成熟了，可以问一些严肃的问题。之前，生活是愉快的，我们总是不断地在笑；但是大部分让我们快乐的事现在看来是这么愚蠢，这么微不足道。它就像一场暴风把树木连根拔起，把沙子吹到了食物里。什么都和从前不一样了。突然我发现自己可怕的严肃，想了解这一切是为什么。自从我们的儿子死后我读的宗教和心理方面的书比我前半辈子加起来的还要多。但如果痛苦存在，仅仅语言就是不太容易接受的。我知道信仰是多么容易变成一种慢性毒药。信仰磨钝了思想锐利的锋芒，但也使痛苦变得迟钝，没有它头脑就变成敞开的、敏感的伤口。昨天晚上我们来听了您的谈话，您没有给我们安慰，我认为是对的。但我们仍然想治愈我们的伤口，您能帮助我们吗？"

"我们都有的伤口，"另外两个小伙子中的一个人说，"是不能用言辞和令人安慰的话来治愈的。我们来这儿，也不是想积累另一种信仰，而是要寻找我们痛苦的原因。"

你认为仅仅知道原因就会让你摆脱痛苦吗？

"一旦我知道是什么导致我内在的痛苦，我就会结束它。如果我知道什么东西有毒，我不会吃它。"

你认为清除内在的伤口是这么容易的一件事吗？让我们耐心、仔细地考虑这个问题。我们的问题是什么？

那位妻子回答："我的问题简单而清楚。为什么我的儿子从我这儿被带走了？原因是什么？"

解释会让你满意吗？可能它只是暂时地让你感到安慰？你还没有为你自己找出事实的真相吗？

"我该怎么开始呢？"她要求道。

"那也是我的一个问题，"两个年轻人中的一个说，"我怎么才能在'我'的混乱困惑中发现什么是真实的呢？"

"这是不是我们的业要我们承受失去最爱的人的痛苦？"丈夫问。

"也许我可以忍受儿子死亡的痛苦，"妻子插进来，"如果我能得到安慰，了解他为什么被夺走。"

安慰是一回事，真理是另一回事；它们彼此方向相反。如果你寻找安慰，你可以在解释、毒品或信仰中找到；但它只是暂时的，迟早你又要重头开始。是否存在安慰这样的东西？这可能是你首先要认清的事实：寻求安慰、安全的头脑永远处于悲哀之中。一个满意的解释，或者一个令人安慰的信仰，可以让你舒适平静地进入睡眠，但那就是你想要的吗？那会抹去你的悲哀吗？消除悲哀的办法就是睡眠吗？

"我想我真正想要的，"妻子继续道，"是回到我曾经了解的那种快乐的状态中——再次拥有喜悦和快乐。因为我无法做到这一点，我被痛苦撕碎了，所以我寻找安慰。"

你是说你不想面对导致悲哀的事实，因此你想逃避它？

"为什么我不能得到安慰？"

但是你能找到持久的安慰吗？可能没有这样东西。寻求安慰的时候，我们希望得到的状态是不受任何心理打搅的。有这样一种状态存在吗？一个人有可能用不同的方式建立一个舒适的状态，但生活很快就来叩响大门。这个敲门、这种惊醒，叫做悲哀。

"就像您指出的，我明白是这样的情况。但我要做什么呢？"她坚持问。

除了认清事实的真相，别无办法。寻找安慰和安全的头脑总是会导致悲哀。这种认识本身就是行动。当一个人认识到他是囚犯时，他不会问要做什么，但会采取一系列的行动，或者不采取行动。认识本身就有行动。

"但是，先生，"丈夫插进来，"我们的伤痛是实实在在的，我们不能治愈它们吗？除了苦涩无望的状态，根本就没有治愈的步骤吗？"

头脑可以培养任何它渴望得到的状态，但是发现这整个情况的真相是另一回事。现在，你寻找的究竟是什么？

"没有哪个正常人愿意培养苦涩。当然有无望的哲学，但我并不打算走这条路。我确实想发现我们痛苦的原因和业是什么。"

你们两个也想讨论这个问题吗？

"我们当然都想，先生。我们自己的问题也和整个业的过程有关，如果能一起考虑一下也许对我们也会有帮助。"

"业"这个词根的意思是什么？

"这个词根的意思是'行动'，"丈夫回答，其他人也点头赞同，"业，通常的理解——我认为是错误的——是指作为决定性原因的行动。未来是由过去的行动决定的；你播种，你就会收获。我过去做了某件事，我要为之付出代价，或者我从中得到回报。如果我的儿子年纪轻轻就死了，那是由于藏在上一辈子的某个原因决定的。这个总的程式还有许多不同的变化。"

所有事物的产生和存在都是由于因果关系的作用，不是吗？

"好像是这样，"其中一个小伙子回答，"我来到这个世上是因为我的父母，因为其他以前的因。我是许多因的果，这些因可以无限延伸到过去。思想和行动都是不同因的结果。"

果和因可以分开吗？它们之间有没有间隙，有没有或长或短的时间间隔？因像果一样是固定的吗？如果因和果是固定的，那么未来就已经确立了。如果是这样，人类就没有什么自由，他已经陷入了预先注定的轨道之中。但情况**并不是**这样，你可以观察每天发生的事，环境一直不断地影响行动的过程。总是有变化在不断产生，不管是当下的还是逐步的。

"是的，先生，我明白。它对我这样一个在一因一果控制的环境中长大的人来说是一个巨大的信仰，它使我认识到我们不必成为过去的奴隶。"

头脑不必被它的制约因素抓住。一个因的结果并不是紧随在后，它可能会被擦掉，没有永恒的地狱。因和果不是固定不变的；果可以变成另一个果的因。今天是由昨天塑造的，明天是由今天塑造的。是这样的，对吗？所以因和果不是分裂的，它们是一个一体的过程。一个错误的方式不可能达成正确的结果，因为方式就是结果；一个包含另一个。种子包含整个大树。如果一个人真的感受到真理，那思想就是行动，不是先有思想随后才有行动，也不存在如何在两者之间建立桥梁这样必然的问题。全然地觉知到因果是不可分割的整体，也就结束了努力的制造者——这个"我"。他正在永无休止地通过某些手段去成为某种东西。

"您不是在发表你自己对业的看法吗？"丈夫问。

它要么是真实的，要么是虚假的。真实的不需要解释，被解释的不是真实。解释者成了叛逆者，因为他只是提出自己的观点，观点不是真理。

"书上说，我们每个人由于累积的业发生作用才开始这一生的，"丈夫继续说。"在这些累积的业运转的时候，不管是一世还是好几生，都会有自由意志起作用。是这样的吗？"

抛开书上的权威，你怎么想？

"我觉得我自己没办法想清楚。"

让我们一起想想这个问题吧。一个人这一世的生活是从一定的习惯熏陶，也就是业开始的；每个孩子受到环境的影响在一定的模式中思考，他的未来也被这种模式决定了。他要么在一定范围内听从这种模式的指挥，要么完全脱离。后一种情况，头脑中努力脱离模式的那部分也是控制的结果，业的结果；因此脱离一种模式，头脑又产生另一种，它会再次陷入其中。

"那样的话，头脑怎样获得自由呢？我非常清楚地看到，头脑中希望摆脱模式的那部分和陷入模式的那部分，都被束缚在一个框架中，前一部分认为它有别于后一部分，但是本质上它们是同样的，都没有全然的自由。那什么是自由呢？"

一个年轻人插进来说："大部分人都声称有超级灵魂、宇宙灵魂，这灵魂通过我们的奉献和善行，通过专注于上帝，它便对我们内心的制约条件起到作用，并且将之清除掉。"

但是奉献和行善的实体本身是受条件限制的；他所专注的上帝是他内心制约条件的投射，不是吗？

"我明白了，"丈夫急切地说，"我们的神、宗教概念、理想都在我们受缚的模式中。现在您指出来，它是这么明显而实际。但那样人类就没有希望。"

跳入一个结论，或者从那个结论开始思考，都会阻止了解和更进一步的发现。

如果头脑整体认识到它陷在一个模式中，会发生什么呢？

"我不完全明白您的问题，先生。"

你认识到你的头脑整体是受限的吗，包括那个被期待成为超级灵魂、宇宙灵魂的部分？你能感觉到它，知道它是一个事实，还是你只是接受字面上的解释？什么是真实发生的呢？

"我不能确定，因为我从来没有彻底地考虑过这个问题。"

如果头脑认识到只要它追求自己的舒适，或者懒惰地选择容易的路线，那么它自身全部的制约就不能做什么——于是所有的运动都会结束；它是完全静止的，没有任何欲望，任何强制，任何动机。只有那时才有自由。

"但我们必须生活在这个世界上，无论我们做什么，从谋生到最微妙的头脑的发问，都有这样、那样的动机。有什么行动没有动机吗？"

你不认为有吗？爱的行动就没有动机，其他任何行动都有动机。


## 🪷 生、死和死里逃生


那是一棵宏伟的老罗望子树，结满了果实，长着柔嫩的新叶。它长在深水边，受到很好地浇灌，正好可以为动物和人们提供巨大的树荫。树下总有某种喧闹和嘈杂，大声的交谈、或是一头小牛在呼唤妈妈。树长得优美匀称，在蓝天的映衬下外形极其壮观。它有着超乎年龄的生机。无数个夏季，它望着河水和两岸发生的事，必定已经见证了不少是非。这是一条有趣的河，宽阔而神圣，来自全国各地的朝圣者在圣水中沐浴。船只张着深色的宽阔的帆在水面上安静地行驶。满月升起的时候，几乎发着红光，在跳动的水面上铺出一条银色的路，河对岸的邻村就会传来欢声笑语。神圣的日子里村民来到水边唱起欢快悦耳的歌。他们带着食品和更多的欢笑在水中沐浴。然后在树脚下放上花环，用红色和黄色的灰涂抹树干，因为像所有的树一样，这棵树也是神圣的。最后叫嚷喧闹声平息下来，每个人都回家了，一两盏点燃的灯被虔诚的村民留在那里。这些灯是自制的灯芯插在一个小陶碟的油里，那是村民们付不起的。这时树成了至高无上的，所有的事物成了它的一部分：大地、河流、人和星星。但很快它就沉默下来，悄然入睡，直到第一缕晨光把它唤醒。

人们经常抬着死去的人来到河边。把靠近河边的一块地方打扫干净后，他们先垒起巨大的原木做火葬台的基础，然后用较轻的木头继续搭建，在顶部安放尸体，再盖上崭新的白布。与死者关系最近的亲人把点燃的火炬放到火葬台上，巨大的火苗在黑暗中窜起，照亮了河水和围坐在火边的送葬者和朋友们平静的脸。树木聚集起一些光，给跳动的火焰增加了平和。尸体全部燃尽要花几个小时时间，但人们都围坐着，直到火葬台变成了残灰余烬。在茫茫的沉默中，一个婴儿突然啼哭起来，新的一天开始了。


他曾经是非常著名的人物。他奄奄一息地躺在墙后的小屋里，那个曾经被精心照料的小花园现在已经无人问津了。妻子和孩子们，还有其他一些近亲围着他。离他去世也许还有几个月，甚至更长的时间，但他们都围着他，屋子里充满了沉重的悲哀。我进去的时候他让大家都出去，他们很不情愿地离开了，除了一个小男孩在地上玩玩具。他们出去后，他示意我坐在一把椅子上，我们坐了一会儿，没说一句话。家人的吵嚷和街上的拥挤声传进屋子。

他说话很困难。

"您知道，有好几年的时间我考虑了很多关于生的问题，更多的是关于死，因为我已经病了很久了。死亡看起来是多么奇怪的一件事。我读了许多关于这个问题的书，但它们都相当肤浅。"

所有的结论不都是肤浅的吗？

"我不能确定。如果谁能得出某些令人非常满意的结论，它们总有些意义。只要能让人满意，得出结论有什么不对呢？"

没有什么不对，但那难道不是在追逐一条虚假的地平线吗？头脑有能力创造各种形式的幻象，陷在其中是没有必要和不成熟的。

"我这一辈子生活丰富多彩，我认为我也履行了我的责任，但当然我只是一个人。不管怎么样，那种生活已经结束了，现在我只是个没用的东西。幸运的是我的头脑还没有受到影响。我读了很多书，我仍然渴望了解死后会发生什么。我还会继续吗，还是身体死后就什么都烟消云散了？"

先生，可以问一下吗，为什么你这么关心死后发生什么？

"那不是每个人都想知道的吗？"

也许是；但如果我们不知道生是什么，我们怎么能了解死亡呢？生和死可能是同一件事，我们把它们分裂开来可能就是痛苦的根源。

"我明白您说的这些，但我仍然想知道。您不愿意告诉我死后发生什么吗？我不会告诉任何人。"

为什么你拼命想知道呢？为什么你不能让生死之海存在，而不干扰它呢？

"我不想死，"他说着，手抓住了我的手腕，"我一直怕死；虽然我用国家主义和信仰来安慰自己，但它们只不过是深深的恐惧表面一层薄薄的装饰。我所有有关死亡的阅读都是一种要逃避这种恐惧的努力，是为找到一条出路。我现在恳求您告诉我，也是出于同样的原因。"

逃避能让头脑摆脱恐惧吗？难道不正是逃避才产生恐惧吗？

"但是您可以告诉我，您的话就是真的。这个真相会让我获得解放……"

我们安静地坐了一会儿。很快他又开口了。

"安静是比我所有的焦虑的提问更有疗效。我希望我能在安静中平静地死去，但我的头脑不允许。我的头脑既是猎人也是猎物，我饱受折磨。我的身体遭受实际的痛苦，但它完全不能和我头脑中遭受的相提并论。死后存在一个身份确定的连续体吗？这个享乐、受苦、知道的'我'还会继续吗？"

你头脑中念念不忘、要继续下去的"我"是什么？请不要回答，安静地听，好吗？这个"我"只有通过确认财富、姓名、家庭、成败、所有你成为你的事物和你想成为的事物存在下去。你就是你用来确认身份的事物；你就是由所有那些事物构成的，没有它们，你不是你。你想要延续的、甚至超越死亡的就是用人、财富、思想来鉴别身份的办法；它是活生生的事物吗？或者只是一大堆自相矛盾、痛苦胜于欢乐的欲望、追求、满足和挫折？

"可能是像您所说的那样，但总比什么都不知道好。"

知道比不知道好，是吗？但是已知是渺小、微不足道、有限的。已知是悲哀，而你还希望延续它。

"想想我，可怜我吧，不要这样固执。只要我知道了，我就能快乐地死。"

先生，不要拼命地想知道。所有想知道的努力停止了，才会有头脑无法创造的东西存在。未知比已知广大得多。已知只是未知海洋上的小帆船。让所有的事情都顺其自然吧。

他的妻子这时进来给他一些喝的，那个孩子起身跑出去，看都没看我们一眼。他让妻子走的时候关上门，别让那男孩儿再进来。

"我不担心我的家人，他们的未来会得到照顾。我关心我自己的未来。我心里知道您说的是对的，但我的头脑就像一匹没有骑手的飞奔的马。您会帮我吗，还是我已经不可救药？"

真理是很奇怪的事，你越追求它，它越躲着你。你不能用任何方法抓住它，不管是多么微妙、狡猾的方式。你无法把它局限在你的思想之网中。认清这一点，让事情自然而然地发生吧。在生死的旅途中，你必须独自穿越；这个旅途没有知识、经验和记忆能使你得到安慰。头脑必须清除所有渴望安全而积累的东西；神和价值观念都必须还给产生它们的社会。那必须是完全的、不受污染的单独。

"我的日子屈指可数，我的呼吸短促，而您还要我做一件很困难的事情：在什么是死亡都不知道中死去。但是我已经得到了很好的指导，就让我的生活自然而然地发生吧，并带给它祝福。"

## 🌿 头脑的退化

小镇建在又长又宽的河湾上，非常神圣，也非常脏。河水经常冲刷这里，它的主流擦过小镇的边缘，时常卷走通向水中的台阶，有时是一些旧房子。但不管它在愤怒中搞了哪些破坏，它仍然是神圣而美丽的。那天晚上尤其漂亮，夕阳已经落到了黯淡的小镇之下，在镇上唯一的清真寺尖塔之后，那尖塔望去好像是整个小镇要触摸天宇。穿越了优美悲伤国度的太阳把云燃烧成金红色。灿烂退去时，那里，黑暗的小镇上空是一轮新月，柔和而精致。对岸往下游一些，景致迷人，是完美的自然，没有人工斧凿的痕迹。慢慢地，新月移到小镇漆黑的建筑群后，光芒开始显现出来；但河水仍然拥抱着夜空的光，难以置信的金色瑰丽的温柔。月光下的水中，有几百只小渔船。整个下午，那些又瘦又黑的人们就撑着长杆费劲地逆流而上，紧靠着岸边一字排开，在小镇下摆开了渔村。船上的每个人，有时还带着一两个孩子，慢慢地把船划过又长又重的大桥，现在他们成百地被急流带着顺流而下。他们会整夜打鱼，捕捞那些又大又肥、十到十五英寸长的鱼。之后，这些鱼——其中一些还在扭动——被倾倒进拴在岸边的更大的船上，第二天被卖出去。

小镇的街上挤满了牛车、公共汽车、自行车和行人，时不时还有一两头牛。窄巷迂回曲折，两边林立着灯光昏暗的店铺，道路因为近期的雨水而变得泥泞不堪，充满了人和动物的污秽。其中一条巷子通到河边的宽台阶那儿，台阶上发生着一切。有些人临水而坐，闭着眼睛沉浸在安静的禅修中；旁边一个人在一大群热情的听众前吟唱赞美诗，听众已经远远地延伸到台阶的上面。更远处，一个麻风病乞丐伸着干枯的手，另一个额头上抹着灰、头发乱蓬蓬的人正在指点人们。近处一个出家人，脸色皮肤干净，身着新洗的长袍，一动不动地坐着，双眼闭着，专注于长时间闲适的静坐。另一个人双手合拢，静静地乞求上苍的赐予；一位母亲袒露着左边的乳房在喂她的孩子，浑然忘记了一切。再往下游去，那些从邻村和肮脏的小镇延伸的地区抬来的尸体正在巨大的火舌中焚烧。这里一切都在进行，因为这里是最神圣而神秘的小镇。但是不断流淌的河流的美擦拭了人类的喧嚣，天宇充满爱和好奇地向下注视。

在座的几个人中有两位女性和四位男性。其中一位女性头脑敏捷、目光锐利，在国内外都受到非常好的教育；另一个更谦虚，带着悲伤而祈求的眼神。其中一位男性是前共产党员，他脱党已经好几年了，个性坚强而苛刻；另一个是艺术家，害羞而孤僻，但如果情况需要他也能表达自己的观点；第三个是政府部门的职员；第四个是一位教师，非常温和，微笑活泼，十分好学。

大家安静了一会儿，很快前共产党员说话了。

"为什么生活的方方面面都在堕落退化？我明白权力是多么邪恶和腐败，哪怕是以人民的名义，就像您说的那样。历史上总是上演这样的事实。邪恶和腐败的种子是所有政治和宗教组织所固有的，就像几个世纪以来在教会中所显示的那样，像现代的共产主义那样，它们承诺了很多，但自己却变得腐败而专制。为什么所有的事物都会这样退化堕落？"

"我们知道很多东西，"那位受过良好教育的女性补充说，"但知识好像并不能抑制人类的腐败。我写了一些东西，出版了一两本书，但我发现心智一旦陷入机巧，是多么容易崩溃。学习良好的表达技巧，挖掘一些有趣或令人兴奋的主题，养成写作的习惯，你就可以生活了。你成名了，你就不中用了。我不是因为我是一个失败者、或者只有一点儿微不足道的成功，出于敌意和苦涩而这样说，而是因为我看到了这个过程在别人和我自己这儿是怎样运转的。我们好像无法逃避常规和能力的腐蚀。要开始某件事需要精力和决断，但一旦开始，堕落的种子就生与俱来。一个人可以逃避这种退化的过程吗？"

"我也陷入了常规的腐蚀中。"政府官员说，"我们计划未来五到十年的事，我们修建大坝，鼓励新工业，所有这些都是有益而必要的；但即使大坝建得很漂亮，维护完好，机器高效运转，另一方面我们的思考却越来越没有效率、愚蠢而懒惰。电脑和其他复杂的电子器械每个回合都打败了人类，但没有人类它们也不可能存在。简单的事实就是，一些人头脑是活跃的，有创造性的，我们剩下的人就依靠他们腐化下去，还经常在我们的腐化中欣喜不已。"

"我只是一个教师，但是我对另一种不同的教育感兴趣，一种可以阻止腐化在我们头脑中持续的教育。现在我们把一个活生生的人'教育成'某个愚蠢的政府官员——请原谅我这样说——许以良好的工作和可观的薪水，要么是一个职员的工资和仍然相当悲惨的生存状况。我知道我在说什么，因为我也陷在其中。但显然，这是政府想要的那种教育，他们注入资金，每个所谓的教育者，包括我自己在内，都在帮助和怂恿这种人类的退化。更好的方式和技术会结束这种退化吗？请相信我，先生，我非常认真地问这个问题，我不是为了谈话而提起这个话题。我读了最近关于教育的书，它们也毫无例外地谈及这样那样的方式。自从听到您的演讲，我就开始考虑这整个问题。"

"我可以算是一个艺术家，一两个博物馆购买了我的作品。遗憾的是，我不得不针对个人讨论问题，我希望其他人不要介意，因为他们的问题也是我的。我可能画一段时间画，然后转向陶瓷，然后做一些雕塑。这是同样强烈的愿望用不同的方式来表达自己。天赋就是这种力量，这种特别的感觉必须赋予形式，并不是人或中介通过它来表达自己。我可能说得不太恰当，但是你知道我是什么意思。就是这种创造力在巨大的压力下被鲜活地、有效地保持着，像水壶中的蒸汽。有些时候一个人能感受到这种力量，一旦尝试了，就没有什么能阻止他想再次抓住这种力量。从那时起，他就陷入折磨和失望之中，因为火焰不是持续的，完全不在那儿了。它必须被喂饱、被滋养；而每次喂养又使它更虚弱，越来越小。最终火焰熄灭了，尽管才能和技巧在继续，一个人可能成名了，但心已经死了；退化就这样来临了。"

退化是中心的因素——不是吗？——不管我们的生活方式是什么样的。艺术家可能以一种方式感受到它，教师以另一种方式感受到它；但如果我们都能够觉知到其他人和我们自己精神的过程，不管老人还是年轻人，头脑的退化确实是发生了，那是相当明显的。退化好像是头脑自身的活动所固有的。就像机器用久了会损耗一样，头脑好像也会由于自己的行动而变得恶化。

"我们都知道这一点，"受过教育的女士说，"那火焰，那创造力在一两次喷发之后就消退了，但能力还在，这个人造创造力就及时地成为真正创造力的替代品。我们知道得太清楚了。我的问题是，怎样才能使这个创造力不失去它的美丽和力量而保持下去呢？"

退化的要素是什么？如果一个人知道它们，可能就能结束它们。

"有什么特殊的要素可以清楚地被指出来吗？"那个前党员问。"退化可能就是头脑的本性中固有的。"

头脑是社会文化的产物，它在其中成长起来；当社会总是处于一种堕落的状态，总是从内在破坏它自己时，不断受到社会影响的头脑也必然处在一种堕落或退化的状态之中。不是那样的吗？

"当然是这样，因为我们认识到这是事实，"前共产党员说，"我们中的一些人努力工作，我恐怕是非常粗暴野蛮地，依照我们自己认为社会应当运行的模式创造一个严格的新模式。不幸的是，一些腐化的个人掌握了权力，我们都知道结果是怎么样的。"

先生，当一个模式为个体和人类群体生活而创造时，退化难道可以避免吗？通过不同于狡诈的追逐权力的权威，任何个人和群体有权力为人类创造出全知全能的模式吗？教会依靠恐惧的力量、谄媚和许诺做过，结果制造了囚犯。

"我认为我知道，就像牧师认为他知道什么是人类正确的生活方式一样；但现在，像其他许多人一样，我明白它是多么愚蠢的骄傲。事实存在着，但是退化是我们的命运，有人能逃避它吗？"

"我们不可以教育年轻人吗？"教师问，"意识到腐败和退化的要素，他们就能有指导性地避开它们，就像避开瘟疫一样。"

我们能不能不游离主题而直接讨论它呢？让我们一起来考虑一下。我们知道，根据我们个人的性情，我们的头脑以不同的方式退化。现在，有人能结束这个过程吗？我们所说的"退化"这个词是什么意思？让我们慢慢地考虑一下。退化是头脑经过和不退化相比较而了解的一种状态吗？那种不退化的状态是头脑片刻所体验的而现在存活在记忆之中、希望通过某种方式让它复活起来。它难道不是头脑在成功欲、自我成就等等之中受到挫折的一种状态吗？头脑尝试着成为什么而失败了，它难道不是因此而感到它在退化吗？

"是这样的，"受过教育的女士说，"我如果不是处于全部您刚才所描述的状态，至少也是处于其中一种。"

你先前所说的火焰什么时候形成呢？

"它不期而来，我并没有寻找它；它走的时候我也无法把它追回来。您为什么问这个问题？"

它在你没有寻找它的时候到来，它既不是通过你的成功欲而来，也不是通过你渴望喜悦的陶醉感而来。而现在它走了，你在追求它，因为它给与生活片刻的意义，其他时候生活就没有意义；因为你不能再抓住它，你就觉得退化已经形成了。不是这样的吗？

"我想是的，不仅是我，也包括我们大多数人。聪明人在那种体验的记忆周围建立起一种哲学，此由把天真的人们吸引到他们的网中。"

难道所有这些不是表明退化的中心和主要因素吗？

"您是指野心？"

那只是积累的核心的一个方面：这个有目的的、强调自我中心的能量就是"我"、自我、检察员、对体验作出判断的体验者。这难道不是退化中心的、唯一的因素吗？

"了解没有创造喜悦是什么样的生活是自我中心、自我本位的活动吗？"艺术家问，"我无法相信。"

这不是一个轻信或信仰的问题。让我们更进一步考虑。创造的状态不请自来，也不是你寻找到的。现在它慢慢消退了，变成记忆的事物，你想复活它，你尝试了各种刺激的方式。你可能偶然碰触了它的边缘、它的外层，但那还不够，你正在渴望它。现在，难道不是所有的渴望都是自我的活动吗？即使是对至上的渴望。它难道不是关注自我的吗？

"好像是这样，如果您那样解释，"艺术家承认，"但不正是这样那样的渴望驱动我们所有人吗？从操行严格的圣徒到地位低下的农民。"

"您是说，"老师问，"所有的自我提高都是自我本位的？任何推动社会进步的努力都是自我中心的活动？教育难道不是在真实的方向上扩充自我、发展进步吗？遵从一个更好的社会模式是自私吗？"

社会总是处于恶化的状态。没有完美的社会。完美的社会只存在于理论中，而不存在于实际。基于人类关系的社会被贪婪、嫉妒、获取、飞逝的快乐、权力的追求等等所驱动。你不可能提高嫉妒，嫉妒必须消除。通过空谈的理想给暴力披上文明的外衣并不会结束暴力。教育学生遵从社会只是使他内在的退化欲望得到保护。爬上成功的梯子，成为某个人物，获取名誉——这是我们正在恶化的社会结构的实质，成为它的一部分就是腐化下去。

"您不是在建议我们必须放弃世俗成为一个隐士、一个出家人吧？"老师焦急地问。

那样相对容易，那样的话放弃房子、家庭、姓名和财产这些外在的世俗是有利的；但结束是另一件事——没有任何动机，没有幸福未来的许诺——朝向野心、权力、达成的内在世界，而实际上一无所是。人们从错误的一端开始，从外物开始，因此仍然处于困惑之中。从正确的一端开始，始于足下而行于千里。

"不是应该采用一定的实践练习来结束头脑的退化、无效和懒惰吗？"政府官员问。

实践或约束意味着动机、要获得一种结果，这难道不是自我中心的活动吗？成为有道德的是自我利益的过程，通向责任感。你可以在你内在培养非暴力的状态，在另一种名义下你仍然是暴力的。除了所有这些，还有另一个恶化的因素：各种微妙方式的努力。但这并不意味着倡导懒惰。

"天哪！先生，您正在拿走我们的一切！"官员惊呼。"如果您拿走一切，我们还剩下什么呢？一无所有！"

创造性不是成为或达成的过程，而是存在的一种状态，其中完全没有自我追寻的努力。当自我使努力不存在了，自我仍然存在。所有作用于这个被叫做头脑的复杂事物上的努力必须停止，没有任何动机和诱因。

"那就意味着死亡，不是吗？"

让所有已知的死亡，也就是那个"我"死亡。只有当头脑全然静止，那创造性的、无名的才会形成。

"您说的头脑是什么意思？"艺术家问。

意识和无意识；心灵的隐蔽幽深之处和头脑受过教育的部分。

"我听了，我的心了解了。"那位安静的女士说。


## 不满足的火焰

晨光熹微，窗外的树叶正在屋内的白墙上投下舞动的影子。一阵微风里，那些树影不再静止，它们像树叶本身一样充满活力。一两个投影轻轻地移动，高雅而闲适，其他的却在猛烈地颤动，没有止息。太阳刚刚从覆盖着密林的山后升起来，白天不会太热，因为风是从积雪的群山吹向北方。清晨时刻，有一种特别的安静——人类开始辛劳之前沉睡的大地的安静。在安静中传来鹦鹉的尖叫声，它们疯狂地飞向田野和树林；其中夹杂着牛沙哑的叫声、火车的鸣笛声，还有工厂响亮的报时的哨声。这是一个头脑像天空一样开阔、像爱一样敏感的时刻。

路上非常拥挤，步行的人们对交通情况漫不经心；他们微笑着靠边，但先要回头看看是谁在背后这么吵嚷。街上到处是自行车、公共汽车和货车，人们还推着轻便的装满谷物的小推车。销售各种人们所需商品——从针头线脑到摩托车——的小店拥挤不堪。

同样的路穿过城市富裕的地区，以其常有的冷僻和整洁延伸到开阔的乡村。不远处就是著名的陵墓。在外围的入口下了车，走上几步台阶，穿过一个敞开的通道，来到一个精心照料和浇灌的花园。沿着沙石路再上几步台阶，穿过另一条蓝瓦遮顶的通道，走到一个墙垣环绕的内花园。它很大，有绿色的甜美的草坪、可爱的树木和喷泉。树荫下很冷，落水的声音令人愉快。沿墙的环行小径在草坪边缘有一道灿烂的花边，要绕着它散步需要花上一会儿时间。沿着穿过草坪的小径，你会惊讶这么多空间、美和工作能够赋予一座坟墓。不久你爬上一段台阶，它朝着铺满了红棕色沙石板的广场。广场上耸立着那座富丽堂皇的陵墓。它是用光滑发亮的大理石砌成，阳光透过错综复杂的大理石窗渗透进去，里面唯一一个大理石棺材在阳光下闪着柔和的光。它在平静中显得很可爱，尽管它被庄严和美所环绕。

从广场你可以看到古老城镇的圆顶和城门，看到新镇广播电台的铁塔。看到新镇和老城融合在一起是很奇怪的事，那种印象搅动着你的整个存在。好像过去和现在的全部生活作为事实展现在你眼前，没有检察员的干扰和选择。蓝色的地平线伸展在远离城市和森林的地方，它永远在那里，而同时新的又变成旧的。

三个人都很年轻，一个哥哥、一个妹妹和一位朋友。他们衣着得体，受到非常好的教育，能轻松地说好几种语言，可以谈论最新的书籍。在那个空屋子里见到他们很奇怪，那里只有两把椅子，其中一个年轻人只好不太舒服地坐在地上。弄得平整的裤子起了皱折。一只麻雀的巢正好在窗外，它突然出现在敞开的窗台上，但一发现新面孔，就扑棱着翅膀飞走了。

"我们来这里想讨论一个非常个人的问题，"哥哥说，"我们希望你别介意。我可以进入话题吗？你看，我妹妹要度过一段令人厌烦的时光。

她自己不好意思谈，所以现在我来说。我们彼此非常喜爱，从很小的时候起就难舍难分了。我们在一起没有什么不健康的，但她两次结婚又两次离婚了。我们一起经历了这些事。丈夫们从他们的角度来说是不错的，但我关心的是我妹妹。我们咨询了一位著名的心理学家，但不怎么起作用。现在我们不必谈那些事了。虽然我没有见过您本人，但我知道您已经好几年了，还读了一些您出版的演讲。所以我劝说我妹妹和我们共同的朋友随我一起来这儿。"他犹豫了片刻，又继续下去。

"我们的麻烦是我妹妹好像对什么都不满意。毫不夸张地说，没有什么让她产生任何满意或满足感。不满足几乎变成了狂躁症，只要有什么事没有完成，她就会完全崩溃。"

不满足不是一件好事吗？

"一定程度上是，"他回答，"但每件事都有一定的限度，现在太过分了。"

完全不满足有什么不对吗？我们通常所说的不满足是一个特殊的愿望没有实现而引起的不满意。不是吗？

"也许，但我妹妹尝试了许多事，包括这两次婚姻，可她都不快乐。幸运的是还没有孩子，不然情况就会更复杂。我想她现在可以自己来说了，我只想开个头。"

什么是满足，什么是不满足？不满足会通向满足吗？不满足的时候，你会发现其他吗？

"没有什么真正让我满意，"妹妹说，"我们处境良好，但是钱能买来的东西失去了意义。我读了很多书，但我想你知道，它没有什么结果。我也涉猎各种宗教教义，但它们看起来都这么虚假；那之后你还剩下什么呢？我想了很多，我知道我不是因为想要孩子才这样的。如果我有孩子，我会给他们我的爱之类，但是不满足的折磨肯定会继续。我没办法引导或疏导它，像大部分人那样，投入到有吸引力的活动或兴趣中去。

那就会比较容易航行；偶尔也会有暴风，这在生活中是必然的，但总可以到达平静的水域。我觉得我好像处于永恒的风暴之中，没有安全的港湾。我想在某个地方找到安慰，但是就像我说过的，宗教能够给予的对我来说是非常愚蠢的，只是一大堆迷信。其他的，包括国家崇拜，也只是理性地替代真实的东西——我并不知道真实的东西是什么。我尝试了各种有趣的枝节问题，包括目前法国的悲观主义哲学，但我还是空手而归。我甚至尝试服用一两种毒品，但那当然是绝望中最后的行动。还有的就只能是自杀了。现在你了解所有的情况了。"

"我插一句，"朋友说，"在我看来，她只要能找到什么真正吸引她的事物，整个问题就解决了。如果能有一个重要的兴趣占据她的头脑和生活，那这种侵蚀她的不满足就会消失。我认识他们兄妹很多年了，我一直告诉她不幸就在于没有什么能把她的意志从她自己身上移开。但没有人注意老朋友的意见。"

请问，为什么你不应该不满足呢？为什么你不该被不满足所毁灭呢？你那个词是什么意思？

"它是痛苦、折磨人的焦虑，一个人自然想从中出来。想沉浸在这种状态中是一种变态狂的形式。不管怎么说，一个人应该能够快乐地生活，而不是无休止地被不满意的痛苦所驱使。"

我并不是说你应该享受痛苦，或者只是忍受它；但为什么你要通过一项有趣的活动、或者其他形式持久的满意来逃避它呢？

"那难道不是非常自然的吗？"朋友问。"如果你处于痛苦中，你就想摆脱它。"

我们没有相互理解。我们所说的不满足意味着什么？我们不只是探究那个词口头上或解释性的意思，也不是在寻找不满足的原因。我们很快会谈到原因。我们试图要做的，是检查陷入不满足痛苦之中的头脑状态。

"换句话说，我的头脑不满足的时候在做什么？我不知道，在这之前我从没问过我自己这个问题。让我看看。但是首先，我理解了这个问题吗？"

"我想我明白您的问题，先生，"哥哥插话说，"陷入不满足的痛苦时头脑的**感觉**是什么？不是吗？"

类似的东西。抛开快乐或痛苦，内在的感觉是很特别的，不是吗？

"但是不通过快乐或痛苦来确认，可能有感觉吗？"妹妹问。

确认会带来感觉吗？没有确认、没有名姓就没有感觉吗？我们很快会谈到这个问题；但还是那个问题，你说的不满足是什么意思呢？不满足是作为一种单独的感觉而存在的，还是它和某些事物相关？

"它总是和某个其他因素、某种要求、欲望或需求相关，不是吗？"朋友说。"肯定总有一个原因；不满足只是一个征兆。我们想成为什么或者得到什么，如果出于某种原因做不到，我们就会失望。我想这是她不满足的根源。"

是吗？

"我不知道，我没有想过那么远。"妹妹回答。

你难道不知道你为什么不满足吗？不是因为你没有发现什么可以把自己投入其中的事物吗？如果你真的找到什么可以完全占据你的头脑的兴趣或者活动，不满足的痛苦会继续吗？你想要的不正是满足吗？

"上帝啊，不是的！"她爆发出来。"那是多么可怕，那是停滞。"

但那不正是你在寻找的吗？你可能对满足产生恐惧，又想摆脱不满足，你正在追求一种非常高层次的满足，不是吗？

"我想我不要满足；但我确实想摆脱这种无尽的不满足的不幸。"

这两种欲望不同吗？大部分人不满足，但他们通常寻找能让他们满意的事物来驯服它，然后他们就机械地运转、衰老下去，或者变得痛苦、愤世嫉俗等等。那就是你追求的吗？

"我并不想变得愤世嫉俗，或者只是衰老下去，那是太愚蠢的；我只是想找到一种方式来缓解这种不确定的痛苦。"

只要你抵制不确定，只要你想摆脱它，痛苦就会存在。

"您是说我必须待在这种状态中？"

请安静地听。你指责你所处的状态；你的头脑反对它。不满足是必须持续明亮燃烧的火焰，而不能用某种兴趣或活动来窒息它，追求兴趣或活动只是摆脱痛苦的反应。不满足只有当它被抵制时才是痛苦的。仅仅是满意但并未领悟不满足的全部意义的人正在沉睡；他对整个生命的运动不再敏感。满意是一种毒品，它相对容易找到。但是要领悟不满足的全部意义，就必须停止对确定的寻找。

"面对某件事而不想确定下来，是很难的。"

除了机械的确定性，存在什么确定性吗？存在心理的永恒吗？还是只存在非永恒？所有的关系都是非永恒的。所有的思想，以及它的象征、理想、投射都是非永恒的。财产会失去，即使生命本身也会以死亡、以未知结束，尽管人类建立了成千的巧妙的信仰结构来征服它。我们把生和死分开，因此两者都是未知的。满足和不满足就像硬币的两面。要摆脱不满足的痛苦，头脑必须停止寻找满足。

"那就没有什么满足吗？"

自我实现是一种徒劳的追求，不是吗？就在自我的实现中有恐惧和失望。所得到的化为灰烬，而我们又在为得到而奋斗，我们会再次陷入悲哀之中。一旦我们觉知到这整个过程，那么任何方向、任何层次上的自我实现都没有意义。

"为抵制不满足而奋斗就是窒息生命的火焰，"她得出结论，"我想我明白您话中意思了。"

## 外在的修正和内在的解体

　　南行的列车非常拥挤，但更多的人正拎着他们的包裹和箱子往里挤。他们的穿着各式各样。有人穿着厚重的外套，另一些人却几乎没穿什么，尽管外面非常冷。有长外套和紧身的大披巾，盘得肥大的头巾，也有系得整洁的头巾以及各种各样的颜色。当每个人多多少少安顿下来时，就可以听到站台上小贩的叫卖声。他们几乎在卖所有的东西：苏打水、香烟、杂志、花生、茶和咖啡、甜点和冷食、玩具、毯子——奇怪的是，还有用磨光的竹子制作的长笛。那个小贩正在吹弄着类似的一支，它发出甜美的音调。那是一群兴奋而嘈杂的人群。许多人来给一个人送行，那人肯定是相当重要的人物，因为他挂着花环。那些花朵在引擎刺鼻的气味和其他与车站相关的令人不愉快的臭味中散发着令人愉悦的香气。两三个人正在帮助一位老妇人进入车厢，因为她相当矮胖，坚持要提着她自己沉重的包袱。一个婴儿尖声地叫着，他的妈妈试图把他搂进怀里。铃声响了，引擎发出尖锐的汽笛声，火车开始移动了，几个小时之内不会再停下来。

　　美丽的乡村，田野和舒展的树木枝叶上仍然挂着露珠。我们沿着一条流动的河奔跑了一段距离，乡村好像向无尽的美和生命敞开。到处都是小小的、飘着炊烟的村子，牛群在田野里漫步，或者从井中汲水。一个穿着破旧脏衣的男孩儿赶着面前的两三头牛沿着小径走来；火车呼啸而过时，他微笑着挥着手。那天早上天空湛蓝，树木被最近的雨水冲洗过，田地得到了很好的灌溉，人们正干着他们的活儿；但是并不是因为这个原因天空才非常接近地面的。空气中有一种神秘的感觉，人的整个存在都在回应。祝福的品质神奇而具有疗效；沿着大路散步的孤独的人和路边的小屋全都沐浴在其中。你不会在教堂、寺庙或清真寺里发现它，因为这些都是人造的，它们的神也是人造的。但是在开阔的乡村，在咔哒咔哒的火车里，是无穷无尽的生活，一种无法寻找也无法给予的祝福。它在那儿等着你去拿，就像那朵生长在铁轨近旁的小黄花。火车里的人聊着天，欢笑着，或者读着他们的晨报，但祝福就在他们之中，在清晨温柔成长的事物中。它在那里，广大无边而又单纯，那种爱是书本无法显示的，是头脑无法触及的。它存在于那个不寻常的早晨，存在于生活的生命之中。

我们八个人坐在一间舒适的昏暗的屋子里，但只有两三个人加入讨论。屋外人们正在割草，有人在磨镰刀，孩子们的声音飘进屋里。那些来访者都非常认真。他们都以不同的方式为了改善社会而努力工作，而不是为了外在的、个人的收益。但是空虚是一个奇怪的东西，它藏在美德和可敬的袍子下面。

"我们所代表的协会正在解体，"年纪最大的人开了口，"最近几年它在走下坡路，我们必须做点儿什么来阻止解体。要破坏一个组织是这么容易，但要建立和维持它又是这么困难。我们曾经面临许多危机，我们一直都想方设法让它存活下去，虽然伤痕累累，但还能起作用。可是现在我们已经到了必须采取激烈行动的地步，但什么行动呢？那就是我们的问题。"

做什么要取决于病人的症状和那些对病人负责的人。

"我们非常清楚解体的症状，它们都太明显了。尽管从外表来看协会繁荣而著名，但骨子里却在腐烂。我们的工作人员就是那样。我们各有不同，但在一起相处的年头已经长得记不清了。要是我们只满意外在的表现，那我们认为什么都很好；但身处其中的人知道有衰败。"

是你和那些建立这个协会并对它负责的人把这个协会变成现在这个样子的；你们**就是**协会。解体是每个协会、每个社会和文化所固有的，不是吗？

"是这样的，"另一个人表示赞同，"就像您说的，世界是我们自己制造的，世界就是我们，我们就是世界。要改造世界，我们必须改造自己。这个协会是部分的世界，要是我们腐烂了，世界和协会也同样腐烂。因此革新必须从我们自己开始。麻烦是，先生，生活对我们来说不是一个全然完整的过程；我们在不同的层面上行动，每个人都陷于矛盾之中。协会是一回事，我们是另一回事。我们是协会赖以运转的管理者、部长、秘书、高级职员。我们并不把它当作我们自己的生活。它是和我们分离的某个东西，被管理和被改造的东西。当你说组织就是我们时，我们字面上承认，心里却不同意。我们关心的是如何给协会做手术，而不是给我们自己。"

你知道你们需要一场手术吗？

"我明白我们需要一个猛烈的手术，"年纪最大的人说，"但谁是外科医生呢？"

我们每个人都兼任外科医生和病人；没有操纵手术刀的外在权威。理解手术是必要的这个事实就会开始行动，它本身就是手术。但如果有手术，那就意味着打搅、不和谐，因为病人必须停止常规的生活。打搅是不可避免的。要避免事物本身受到打搅就是拥有墓园的和谐，它受到精心有序地照料，但充满了被埋葬的腐烂物。

"但是由我们组成，又在我们身上做手术，这是可能的吗？"

先生，问这个问题时，你不是正在建一道保护墙来阻止手术进行吗？这样你无意中允许解体继续下去。

"我愿意在我身上做手术，但我好像没办法做。"

当你试图在你身上做手术时，就根本没有手术。努力去阻止解体是另一种逃避事实的方式；它会容许解体继续发生。先生，你并不是真的想要手术；你需要的是修修补补，在这里那里稍做改动而提高外在形象。你需要改革，在腐烂表面涂金，以便你能得到你想要的世界和协会。但我们都在变老，都会死亡。我并不是要强加于你，但你为什么不能移开你的手，让手术进行呢？只要你不阻碍它，干净、健康的血液就会流动起来。

## 要改变社会，你必须摆脱它

那天早上，大海非常平静，比平常要安静得多，因为南风已经不再吹了，在东北风开始之前，大海正在休息。沙滩被阳光和盐水漂白了，一股强烈的新鲜空气混合着海藻的味道。沙滩上还没有人，大海只属于它自己。一只爪子比另一只大得多的大螃蟹缓慢地移动着，观察着，大蟹爪在空中挥舞着。也有小一些的螃蟹，通常的那种，它们追逐着溅起的水花，或者飞快地钻进湿地中的洞穴里。几百只海鸥站着休息，梳理着它们的羽毛。太阳刚刚从海上露出一道边，它在平静的水面上留下一条金光大道。万物好像都在等待着这一时刻——它那么快就倏忽而过！太阳继续从水面爬出来，大海就像掩蔽在某个密林中的湖水一样平静。没有哪个树林能够容纳这么多水，它们太不平静、太强大浩瀚；但那天早上，它们是温和的，友好而动人心魄。

沙滩和蓝色的海水之上，一棵树下，进行着一种不同于螃蟹、盐水和海鸥的生活。大黑蚂蚁还没有决定去哪里，就四处猛冲。它们会爬到树上，然后没有什么明显的原因就突然折返下来。两三只不耐烦地停下来，四下探头探脑，然后，突然很有干劲地走遍一块木头，在此之前它们肯定已经检查了那块木头几百遍了。它们怀着热切的好奇心再次研究了一番，一秒钟后就失去了兴趣。树下非常安静，尽管周围的一切都生机勃勃。没有一息空气在树叶间搅动，但每片叶子都充满了早晨的美和光。树木有一种强度——不是可怕的达成、成功的强度，而是完整、单纯、单独的强度，但它仍然是大地的一部分。叶子的颜色、一些花的颜色、暗色的树干的颜色都上千倍的加强，树枝好像要支撑天空。在那单独的一棵树的树荫里是难以置信的清晰、明亮和生动。

禅定是处于全然寂静中的头脑的一种深化。头脑并不是某个被驯服、受到惊吓或者约束的动物；它的寂静犹如几千英尺下海水的安静。那种安静不是风停时表面的安静。那安静有它自己的生命和运动，它和外在的生命之流相连，但又不被触动。它的强度不是机巧能干的手组合起来的某种有力的机器；它像爱、闪电、完全流动的河水一样简单、自然。

他说他已经深陷在政治中了。他做了爬上成功的梯子通常要做的事——结交正确的人，熟悉在同一个梯子上的领导者——他提升得很快。他被派往国外许多重要的委员会，被那些倚重他的人信赖尊重，因为他真诚而清廉，虽然他像其他人一样野心勃勃。不仅如此，他还博览群书，十分健谈。但现在，由于某个幸运的机会，他厌倦了这种抬高自己、成为一个重要人物来帮助国家的游戏。他不是因为他不能爬得更高而厌倦这些，而是通过智慧的自然过程，他认识到人类深刻地改善不完全在于计划、效率、为权力而赌博。因此他抛开一切，开始考虑更新整个生活。

你所谓的整个生活是指什么？

"我把许多年时间只是花在支流上，我想把我的余生用于河流本身。

虽然我享受政治奋斗的每分钟，但我还是毫不后悔地离开了政界。现在我发自内心地希望为社会改良而贡献力量，而不是出于算计的头脑。我从社会所得到的必须至少十倍偿还于它。"

请问，你为什么考虑给予和索取？

"我向社会索取了这么多；所有它给予我的我必须几倍偿还。"

你欠社会什么呢？

"我拥有的一切：我的银行账户、我的教育、我的名字——噢，这么多东西！"

事实上，你没有从社会拿走任何东西，因为你就是它的一部分。如果你是单独的实体，与社会毫无关联，那你就能偿还你所拿走的东西。但是你是社会的一部分，文化的一部分；社会和文化构成了你。你可以偿还借来的钱，但是只要你还是社会的一部分，你可以偿还什么呢？

"因为社会我才有钱、食物、衣服、住房，我必须做些什么来回报。我在这个社会结构中的积累使我受益，对我来说背弃社会是忘恩负义的。我必须为社会做一些有益的事——真正意义上有益的事，而不是成为一个'空想改革家'。"

我明白你的意思；但即使你把所得的都回馈社会，你就能免除你的债务吗？社会通过你的努力而获得的东西相对容易回报；你可以把它给穷人，或者给国家。然后呢？你仍然对社会负有"责任"，因为你仍然是它的一部分；你是公民的一份子。只要你属于社会，用它来确认你的身份，你就既是给予者也是索取者。你维持这种状况；你支持这种结构，不是吗？

"是的。就像您说的，我是社会不可缺少的一部分；没有社会，我什么都不是。我既是社会好的方面也是坏的方面。我必须去除坏的、坚持好的。"

在任何既有的文化或社会中，"好的"被接受、受尊重。你想坚持社会结构内高尚的东西，是这样吗？

"我想做的是改变使人陷入其中的社会模式。我是非常认真的。"

社会模式是人确立的，它不是独立于人的，虽然它有自己的生命，人也不是独立于它的；他们是相互关联的。在模式内的改变根本不是改变；它仅仅是修正、变形。只有脱离社会模式、不再建立另一个模式，你才能"帮助"社会。只要你属于社会，你就只能帮助它退化。所有的社会，包括最光辉灿烂的乌托邦，都包含着使自身腐化的种子。要改变社会，你必须摆脱它。你必须不再像社会那样：贪得无厌、野心勃勃、嫉妒、追逐权力，等等。

"你是说我必须成为一个僧人、一个出家人吗？"

当然不是。出家人只是放弃了世界和社会的外在显示，但内心之中他仍然是社会的一部分；他仍然燃烧着达成、获得、成就的欲望。

"是的，我明白了。"

毫无疑问，既然你把自己消耗在政治中，那你的问题就不止是摆脱社会，而且是再次全然地去生活、去爱、变成单纯的。没有爱，无论你做什么，你都不会知道仅仅是全然完整的行动就能拯救人类。

"先生，这倒是真的：我们不会去爱，我们也不是真正的单纯。"

为什么？因为你这么关心改革、责任、体面、要成为什么、突破到另一边。你以别的名义关心你自己；你陷入了你自己的蚌壳。你认为你是这个美丽星球的中心。你从来没有停下来欣赏一棵树、一朵花、一条流动的河流。如果偶然看了，你的眼中也充满了头脑中的东西，而不是美和爱。

"这也是对的，但一个人应该做什么呢？"

看，并且单纯。

# 有自我处没有爱

　　门内的玫瑰花丛开满了鲜红的玫瑰花，香气浓郁，引得蝴蝶翩翩徘徊。万寿菊和甜豌豆也在盛开。花园俯视着河流，当晚，河流上洒满了夕阳的金光。形似冈多拉的小渔船在平静的水面上变得黯淡下来。对岸丛林中的村子有一里多遥，但声音仍然清晰地穿过水面。从大门有一条小径一直通向水边。它连着一条高低不平的路，这是村民们进出市镇的必经之路。这条路突然在汇入大河的小溪边中断了。这里不是沙石河岸，但因脚上坠了潮湿的黏土而难行走，脚会陷入其中。人们很快会在这里建一座跨河的竹桥。但现在一艘笨拙的驳船载满了刚从镇上的集市回来的安静的村民。两个人在撑船，村民们蜷缩在夜晚的凉气中。天稍暗一些的时候点起了一个小火盆，但月亮会带给他们一些光。一个小女孩儿带着一篮子木柴；她过河的时候把篮子放下来了，现在就很难再把它举起来。它对那个小女孩儿来说相当重，但是在别人的帮助下她小心地把篮子放到她小小的头顶，她的微笑好像充满了整个宇宙。我们全都迈着小心翼翼的步子爬上倾斜的堤岸，村民们很快就闲谈着沿着大路走了。

　　这里是开阔的乡村，泥土中富含着几个世纪的淤泥。平坦的、精心耕耘的土地上点缀着令人惊异的古老的树木，它们向地平线伸展着。田间有甜蜜微笑着的豌豆，开着白色的花，还有冬麦和其他谷物。田地的一边流动着一条宽阔而弯曲的河流，眺望对岸有一个村子，充满了各种活动的嘈杂。这里的这条小径非常古老；据说觉悟者曾经走过这里，朝圣者许多世纪以来都在使用它。这是一条神圣的路，沿着这条神秘的路到处是一些小小的寺庙。芒果树和罗望子树也非常古老，见识了许多事物，有些已经垂死了。映衬着金色的夜空，它们庄严肃穆，枝杈黯淡而显露。稍远一点儿有一丛竹子，由于年龄关系泛着黄色。一头山羊系在小果园的一棵果树上，正在对它的孩子低声细语，而小山羊在各处蹿上跳下。小径继续延伸，穿过另一丛芒果树，旁边是一个安静的池塘。有一种无声无息的安静存在，万物都知道那个祝福的时刻。大地和地上的一切变得神圣了。并不是头脑觉知到这种平静是外在于它的一个事物、是记忆和联系的事物，而是头脑完全摆脱了任何运动。只有不可测量的存在。

他精力充沛，据他说四十出头；虽然他面对听众时讲话充满信心，但他仍然相当害羞。像他这一代的其他许多人一样，他玩弄过政治、宗教和社会改革。他喜爱写诗、能够画油画。几个重要的领导人是他的朋友，他在政治上大有前途，但他选择了别的，满足于隐居在一个边远的山城里。

"我想见您已经有好多年了。您可能不记得了，二战前我曾经和您坐同一条船去欧洲。我父亲对您的教诲非常有兴趣，但我却被政治和其他东西吸引了。最后我想再和你谈谈的想法变得这么顽固，再也不能拖延了。我想敞露心扉——我从来没有对别人这样做过，因为和别人讨论自己并不容易。有一段时间我一直参加您在各地的演讲和讨论，但最近我非常想单独见到您，因为我陷入了僵局。"

什么样的僵局？

"我好像不能'突破'。我做了一些禅修，并不是催眠的那种，而是试图觉知我自己的思想等等。在这个过程中我毫无例外总是睡着。我认为那是因为我太懒，太放松。我禁食，试了各种不同的规定饮食，但是困倦仍然持续着。"

那是由于懒惰吗，还是其他什么原因？有一种深刻的内在的挫折吗？你的头脑是否被你生活中的事情弄得迟钝、不敏感了？请问，是不是因为没有爱？

"我不知道，先生；我模模糊糊地考虑过这些事，但无法确定什么。可能我被太多好的坏的事情压得透不过气来。某种程度而言，生活对我来说太容易了，家庭、金钱、一定的能力等等，没有什么非常难，那可能就是问题。这种安逸和有办法应付任何情况的感觉让我变得软弱。"

是吗？那不只是一些肤浅事情的描述吗？如果这些事影响你很深，你就会过另一种不同的生活，你会选择一条容易的路。但你没有这样做，所以肯定有另一个过程在起作用，使你的头脑懒散愚钝。

"那是什么呢？我没有性方面的麻烦，我陶醉其中，但它从来也没有变成让我臣服的激情。它以爱开始，以失望结束，但不是挫折。这一点我相当肯定。我既不指责性，也不追求它。不管怎么说，它对我不是个问题。"

这种漠不关心没有破坏敏感吗？毕竟爱是容易受伤害的，修建了围墙反对生活的头脑就不再去爱。

"我觉得我并没有建一道围墙反对性；但爱不一定就是性，我真的不知道我是否爱。"

你看，我们在心里装满了头脑的东西，我们的头脑就是这样小心地被培养起来的。我们把大部分时间和精力都花在养家糊口、积累知识、信仰的激情、爱国主义和国家崇拜、社会改革运动、追求理想和美德以及其他许多事情上，头脑都被装满了，所以心就空了，而头脑在心计方面变得丰富多彩。这确实会造成不敏感，不是吗？

"我们确实是过度培养头脑。我们崇拜知识，有才智的人受到尊敬，但很少有人像您所说的那样去爱。扪心自问，我真的不知道我是否有爱。我不杀生。我喜欢自然。我愿意走入树林，感受它们的安静和优美；我喜欢睡在天空之下。但这些不都意味着我在爱吗？"

对自然敏感只是爱的部分，但它不是爱，不是吗？温柔和蔼，做好事不求回报是爱的部分；但它不是爱，不是吗？

"那什么是爱呢？"

爱是所有这些部分，但要多得多。爱的整体不在头脑的测量范围之内；要了解爱的整体，头脑必须倒空所有的占有物，无论它是有价值的还是自我中心的。要问如何清空头脑，或者如何才能不以自我为中心，这就是追求一种方法；而对方法的追求是对头脑的另一种占有。

"但是，不经努力就空掉头脑是可能的吗？"

所有的努力，包括"正确的"和"错误的"，都维系着中心、成就的核心、那个自我。自我所在不是爱。但我们刚才正在谈论头脑的懒散和不敏感。你不是读很多书吗？难道知识不是这种不敏感过程的一部分吗？

"我不是学者，但我读很多书，喜欢在图书馆里浏览。我尊重知识，我不太明白为什么您认为知识必然会造成不敏感。"

我们所说的知识是什么意思？我们的生活基本上是重复我们所学的，不是吗？我们可以增加我们的学识，但重复的过程仍在持续，日积月累的习惯在得到强化。除了你所读的、被告知的，或者你所经历的，你还知道什么呢？你现在经历的是你过去的经历塑造的。未来的经历是已经经历过的，只是更大或有所变化，因此这个重复的过程仍然被维系着。重复好的或者坏的、有价值的或者琐碎的，显然会产生不敏感，因为头脑只是在已知的范围内运动。这难道不是你的头脑变得迟钝的原因吗？

"但我不能扔掉我所知的、作为知识所积累的。"

**你就是知识**，你就是你所积累的东西；你是录音机，只重复录在上面的东西；你是社会和文化的歌曲、噪音、闲谈。抛开所有这些喋喋不休的声音，有没有一个不受污染的"你"呢？这个自我中心现在急着要把自己从它积累的事物中解放出来；但解放自己的努力仍然是积累过程的一部分。你播放新的录音、新的内容，但你的头脑仍然是迟钝的、不敏感的。

"我完全明白了，您把我头脑的状态描述得非常清楚。在我那个时代，我学习了各种思想意识的术语，包括宗教的和政治的；但就像您指出的，我的头脑本质上还是老样子。我现在非常清楚地觉察到这一点；我也觉察到这整个过程使头脑变得浅薄的机灵、聪明和外在的圆融，但表面之下仍然是旧的自我中心、那个'我'。"

你是作为一个事实觉察到这些，还是通过他人的描述来了解的？如果它不是你自己的发现，不是你为你自己发现的东西，那么它仍然只是语言，不是重要的事实。

"我不太明白，先生，请慢一点儿，再解释一遍。"

你是知道什么，还是你只是认出了它？认出是一个联系、记忆的过程，它是知识。这是对的，不是吗？

"我想我明白您的意思了。我知道那只鸟是鹦鹉只是因为我是这样被告知的。通过联系、记忆——那都是知识——有一个再认识的过程，然后我说：'它是一只鹦鹉。'"

"鹦鹉"这个词阻碍你去看那只鸟，那个飞翔的动物。我们几乎从来不去看事实，而是看代表那个事实的语言和符号。事实在后退，那个语言、符号变成最重要的。现在，你能看着事实，不管它可能是什么，而不把它和语言符号连接起来吗？

"对我来说，洞察事实和觉知语言所代表的事实，在头脑中是同时发生的。"

头脑可以把事实和语言区分开来吗？

"我想不能。"

可能我们把这个问题搞得太复杂了。那个客体被叫做树；语言和客体是两个分裂的东西，不是吗？

"实际上是这样的；但是就像您说的，我们总是透过语言看客体。"

你可以把语言和客体分开吗？"爱"这个词不是那种感情，不是爱的事实。

"但是一定程度上，语言也是一个事实，不是吗？"

一定程度上是。语言的存在是为了交流，也是为了记忆，在头脑中固定一个飞逝的经验、一种思想、一种感情；因此头脑本身就是语言、经验，它是快乐或痛苦、好的或坏的各方面事实的记忆。这整个过程发生在时间的领域、已知的领域里；任何在那个领域之内的革命都根本不是革命，而只是过去的一种变形。

"如果我正确地理解了您的意思，那您就是在说，由于传统的或者重复的思考，我使自己的头脑变得迟钝、昏睡、不敏感，自我约束也是传统或重复思考的一部分。要结束重复的过程，留声机似的录音——也就是自我——必须被打破；它只有通过看清事实才能被打破，而不是通过努力。你说，努力只是给录音机上了发条，这样是没有希望的。然后呢？"

看清事实——当下之是，让那个事实起作用；你是一个重复转动的机械装置，伴有着它的观念、判断和知识，你不要去运转事实。

"我会试试。"他热切地说。

去尝试只是给有重复功能的机械装置上点油，而不是结束它。

"先生，您正在拿走一个人的一切，什么也没有剩下来。但那可能就是新的事物。"

是的。

# 人类的分裂使他生病

清晨，地面的薄雾隐藏了树丛和花朵。沉重的露水给每棵树罩上了一层湿气。太阳刚刚从大片树林后升起来。现在，树丛是安静的，因为吵嚷的鸟儿白天全都四散开去。飞机的引擎正在预热，它们的吼声充满了早晨的空气，但很快它们就会飞往大陆的不同地方。除了城镇日常的吵闹，一切又会恢复平静。

街上，一个乞丐用优美的嗓音唱着歌，歌中有如此熟悉的怀旧的味道。他的声音还没有沙哑，夹杂在公共汽车的噪音和从街对面传来的人们的叫嚷声中，愉快而颇受欢迎。如果住在附近，你每天早晨都可以听到他的歌唱。许多乞丐表演杂技，或者让猴子们表演杂技；他们老于世故、矫揉造作，带着狡诈的表情和轻松的微笑。但这个乞丐完全是另一类人。他是个简单的乞丐，拄着长拐杖，身穿破旧的脏衣服，没有自命不凡，也不阿谀奉承。其他人得到更多的施舍，因为人们喜欢被奉承，喜欢亲热愉快的称呼，得到祝福并希望成功。但这个乞丐什么都没做。他乞讨，如果你给他，他就弯下头，又继续走；没有任何造作的姿态和手势。他会走完整段洒满树荫的长街，总是给人们让路；在街的尽头他向右拐入一条更窄更安静的街，又开始唱起歌来，最终消失在一条小街里。他还相当年轻，一种快乐的感觉包围着他。

飞机在指定的时间起飞，平滑地飞过城市上空那些教堂的圆顶、古老的坟墓和长排丑陋的自命不凡的建筑，那是最近才兴建起来的。城市后是曲折开阔的河流，河水泛着淡蓝绿色。飞机顺着河道大致向东南方向飞去。我们抬升到差不多六千英尺的高度，土地都在脚下，全都整齐地分割成不规则的灰绿色条块，每个人拥有一小条。河流蜿蜒曲折地流过许多村子，许多狭窄笔直的人造运河伸到田里。向东几百公里，积雪覆盖的山峰开始显现出来，在玫瑰色的光中显得虚幻缥缈。它们最初好像浮在地平线上，难以相信它们是具有尖锐山峰和巨大形体的群山。从地面的距离它们是难以目睹的，但从这样的高度它们清晰可辨、景色壮美。人们的眼光流连忘返，生怕错过了美和壮丽中最细微的差别。一条山脉慢慢让位给另一条，一座巨大的山峰让位给另一座。它们绵延到东北方的地平线，我们飞行了两个小时之后它们还在那里。那颜色、巨大的形体和那种坚固真是不可思议。一个人忘记了其他一切：乘客、正在问问题的机长、要求出示机票的乘务员。那不是孩子被玩具所吸引，不是和尚在修道密室中的专注，也不是河岸边的出家人的凝神，那是心无旁骛的全然的注意状态。只有地球的美和光辉。没有观察者。

他是一个心理学家、分析学家、医学博士。他体形丰满，头很大，目光严肃。他说他来是要谈几个问题，但他不会使用心理学和分析学家的术语，而会使用我们两者都熟悉的语言。由于师从著名的心理学家们，他自己也被其中的一个分析过，因此他知道现代心理学的局限和它的治疗价值。他说，心理学不总是成功，但是在正确的人手中能发挥巨大的可能性。当然有不少庸医，但那是可以预见的。他自己也学习东方的思想和东方的意识观念，虽然不太广泛。

"当潜意识最初被发现并在西方被描述时，没有大学接受这个观念，没有出版商愿意出版这样的书籍；但是现在，当然了，仅仅二十年之后，这个词已经家喻户晓、妇孺皆知了。我们喜欢认为我们是一切的发现者，而东方是神秘主义和玩吞绳子把戏的丛林；但事实是东方在几个世纪之前就已经仔细探索了意识，只是他们使用不同的符号，具有更加广泛的意义。我说这些只是想表明我渴望学习，在这件事上没有通常的偏见。我们心理学领域的专家们确实帮助适应不良的人重返社会，这好像是我们主要关注的问题。但是我个人不怎么满意这点，这就引出我要讨论的一个问题。这就是我们心理学家所有能做的事吗？除了帮助适应不良的个体重返社会，我们还能做更多的事吗？"

难道社会是健康的，个体应该重新返回它？不是社会本身使那些个体不健康的吗？当然，不健康的要健康起来，这是勿庸置疑的；但为什么个体要适应一个不健康的社会？如果他是健康的，他就不会是社会的一部分。不先质疑社会的健康，帮助不适应者顺应社会又有什么好处呢？

"我并不认为社会是健康的；它被那些遭受挫折的、追逐权力的、迷信的人们所控制。它总是处于一种骚动状态。上次战争中我帮助清除军队中那些不能适应战场残酷的人。他们可能是对的，但是战争开始了，就必须取得胜利。其中一些参战并幸存下来的人仍然需要精神帮助，让他们重返社会是相当艰巨的工作。"

帮助个体适应一个处于战争状态的社会——这是心理学家和分析学家应该做的吗？治愈个体只是为了杀戮或者被杀吗？如果一个人没有被杀或者精神失常，那么他就只能适应一个仇恨、嫉妒、野心和迷信的结构，这是很科学的吗？

"我承认社会并不是它应该的样子，但你能做什么呢？你不能脱离社会，你必须在其中工作、在其中谋生、在其中受苦和死亡。你不可能成为隐士，或者只是想着自己的得救而逃遁。尽管社会如此，但我们必须拯救社会。"

社会是人和人的关系；它的结构是基于强制、野心、憎恨、自负、嫉妒，基于整个统治和服从愿望的复杂体。除非个体能摆脱这个腐败的结构，不然医生的帮助有什么根本的价值呢？他只会再次被腐蚀。

"治疗是一个医生的责任。我们不是社会改革者，那部分属于社会学家的任务。"

生活是一体的，不是部门化的。我们必须关注人类整体：关注他的工作、他的爱、他的行为、他的健康、他的死亡和他的上帝，以及原子弹。正是人的分裂才使他生病。

"先生，我们一些人已经认识到这一点，但我们能做什么呢？我们自己不是具有整体眼光、完整动力和目标的完全的人。我们治疗一部分，而其余的都在解体，我们只看到深处的腐烂正在破坏整体。一个人能做什么呢？作为一个医生，什么是我的责任呢？"

显然要治疗；但是把社会作为一个整体来治疗不也是医生的责任吗？社会改革不可能存在，只有社会模式之外的革命。

"但是回到我的问题：作为一个个体，我能做什么呢？"

当然要从社会中脱离出来；不要只是摆脱外在的事情，也要摆脱嫉妒、野心、崇拜成功等等。

"这样的自由会给人更多的时间来学习，那肯定有更大的宁静，但那不会导致肤浅的、无用的存在吗？"

相反，摆脱了嫉妒和恐惧会给个体带来完整的状态，不是吗？它会结束各种形式的逃避，这些逃避必然地导致困惑和矛盾，生活将有更深更广的意义。

"某些逃避难道不会使有限的智力受益吗？宗教对很多人来说是很好的逃避；它给人们乏味的生活带来意义，不管它是多么虚幻的。"

电影、浪漫的小说和一些毒品也是这样；你会鼓励这些形式的逃避吗？知识分子也有他们或粗糙或细微的逃避，几乎每个人都有他的盲点；这样的人一旦掌握权力，他们就会制造更多的危害和不幸。宗教既不是教条和信仰、仪式和迷信；也不是个人得救的培养，那是自我中心的活动。宗教是整个的生活方式，它是对真理的领悟，不是头脑的投射。

"您对普通人要求太多，他们希望得到的是他们的愉快、逃避、令自己满意的宗教、有人可以去追随或者去憎恨。你暗示的是一种不同的教育、一种不同的世俗社会，我们的政治家和普通的教育者都不具有这样广阔的洞察力。我猜想人要经历了不幸和痛苦的漫长黑夜之后才能成为一个完整的、有才智的人。目前，那不是我关心的事。我关心的是残缺的个体，我能够并且**确实**为他做了很多；但在这不幸的汪洋大海中却显得这么微不足道。就像您说的，我必须在我内心之中形成一种完整的状态，那是相当艰苦的任务。

"如果可以的话，我想和你谈的另一件事是个人的本性。你前面提到过嫉妒，我意识到我是有嫉妒心的，虽然我时不时让别人分析我，就像我们大部分分析学家所做的那样，但我还是无法超越嫉妒。我很惭愧承认这一点，但嫉妒就在那儿，从最细微的到最复杂的形式，我好像无法把它抖掉。"

头脑是可以摆脱嫉妒的，不是一点一点地摆脱，而是完全地摆脱，不是吗？除非透过一个人的整个存在全然地摆脱嫉妒，不然它总是以各种不同的方式、在不同的时间重复自己。

"是的，我意识到是这样。嫉妒必须完全从头脑中铲除，就像恶性肿瘤必须完全从身体中去除一样，不然它会复发的。但怎么去除呢？"

这个"怎么"是嫉妒的另一种形式，不是吗？当一个人询问一个方法时，他是想去除嫉妒而成为什么，因此嫉妒仍然在起作用。

"那是自然而然的问题，但我明白您的意思。我以前从来没有想到这方面的事。"

我们好像总是掉入这个陷阱，一旦掉入之后就永远陷在其中。我们总在尝试摆脱嫉妒。尝试就引出了方式，因此头脑既没有摆脱嫉妒，也没有摆脱方式。探究完全摆脱嫉妒的可能性是一回事，寻找方式来帮助一个人摆脱是另一回事。寻找方式时，一个人总是会找到，它有可能是简单的也可能是复杂的。于是对完全自由的可能性的探究停止了，这个人就被方式、实践、纪律困住了。于是嫉妒继续着，并且巧妙地得到了加强。

"是的，就像您指出的，我明白它完全正确。实际上您正在问我是否真的关心完全摆脱嫉妒。您知道，先生，我发现嫉妒有时很有刺激性，其中也有快乐。我真的想摆脱嫉妒的全部、摆脱它的快乐和痛苦的焦虑吗？我坦白我以前从没问过我自己这个问题，也没有被别人问过。我的第一反应是，我不知道我想要什么。我想我真正希望的是保留嫉妒刺激性的一面而去除其余的。但显然不可能只保留想要的部分，一个人要么接受嫉妒的全部内容，要么完全摆脱它。我开始明白您的问题的意义了。我强烈地要摆脱嫉妒，又想抓住它的一部分。我们人类是多么荒谬和自相矛盾啊！这需要进一步分析，先生，我希望您有耐心把这个问题谈到底。我明白这里还包含着恐惧。如果我不是受到嫉妒的驱动，它被专业词汇和需求隐藏起来时，那我就可能倒退回去；我可能不会这么成功、这么突出、经济上这么富裕。有担心失去一切的微妙的恐惧，不安全的恐惧，还有其他现在不值得一提的恐惧。这个潜在的恐惧肯定比摆脱嫉妒不愉快方面的愿望更强，更别说完全摆脱嫉妒了。现在我明白这个问题错综复杂的方面了，我根本不清楚是否要摆脱嫉妒。"

只要头脑想着所谓的"更多"，那就一定有嫉妒；只要有比较，尽管通过比较我们认为我们了解了，那就一定有嫉妒；只要有结果，一个目标达成了，那就一定有嫉妒；只要有积累的过程存在，那是自我提升、获取美德等等，那就一定有嫉妒。"更多"意味着时间，不是吗？它意味着时间，以便一个人从他**事实是**的样子转变成他**应该是**的样子，也就是理想；时间作为获得、到达、达成的一种手段。

"当然，要跨越距离，从一点移动到另一点，不管是生理上的还是心理上的，时间都是必要的。"

时间从这儿到那儿的运动是物理的、时间性的事实。但是摆脱嫉妒需要时间吗？我们说，"我是**这个**，要成为**那个**，或者要把这种品质变成那种，那是需要时间的。"但时间是改变的要素？还是任何时间领域内的改变根本就不是改变？

"我这里越来越糊涂了。您是说时间的改变根本就不是改变。怎么会这样呢？"

这样的改变只是过去的变相延续，不是吗？

"让我看看我是否明白这一点。要从嫉妒的现实改变成无嫉妒的理想需要时间——至少我们是这么想的。您说，这种通过时间的逐步改变根本不是改变，只是进一步沉溺在嫉妒中。是的，我明白这点了。"

只要头脑想着透过时间来改变，想着在将来带来一场革命，那现在就没有任何改变。这是事实，不是吗？

"是的，先生，我们俩都明白这是事实。然后呢？"

头脑面对这个事实时会怎么反应？

"要么从这个事实逃开，要么停下来看看。"

哪一个是你的反应？

"我恐怕两者兼而有之。既有从这个事实逃开的渴望，同时我又想检查它。"

带着恐惧的时候你能检查什么吗？你带着观念和判断时能观察事实吗？

"我明白您的意思。我没有在观察事实，而是在评估它。我的头脑把观念和恐惧投射在上面。是的，那是对的。"

换句话说，你的头脑被它自己占满了，因此它不可能单纯地觉知到事实。你在对事实施加影响，而不允许事实对你的头脑起作用。事实在时间领域内的改变根本就不是改变，只有全然地摆脱嫉妒，没有局部的、逐步的自由——这个事实的真相会对头脑施加影响，使它获得解放。

"我真的认为这个事实的真相会清除我道路上的障碍物。"

## 知识的空虚

　　四个人正在吟唱，音色纯粹。他们是安静的、上了年纪的人，对世俗事物毫无兴趣，但并没有遁世绝俗，只是不受世俗的吸引罢了。他们的衣着虽旧却很干净，脸色庄重，如果他们在街上和你擦肩而过是很难引起你的注意的。但他们开始吟唱的那一刻脸就变了，神采奕奕，没有了岁月的痕迹。他们用词语的声音和有力的语调创造了一种古老语言的氛围。他们**就是**词语、声音和意义。那些词语的声音很有深度，不是弦乐或鼓的深度，而是人的声音由于意识到词语的意义而获得的深度，那些词语在历经了岁月和使用之后而变得神圣。吟唱所用的语言经过润饰和完善，声音充满了大房间，穿透了墙壁、花园、头脑和心灵。那不是舞台上歌唱家的声音，而是在两个音符的运动之间存在着寂静。你觉得词语的声音充满了你的骨髓，你的身体无法控制地随之摇动；你完全静止地坐着，那使你在运动中稳住自己。它是生活、舞蹈、颤动，你的头脑属于它。它不是使你安然入睡的声音，而是摇晃着几乎伤到你。它是纯粹音符的深度和美，不受喝彩、名声和世俗的污染。它是产生一切声音、一切音乐的音调。

　　一个三岁左右的男孩儿一动不动地坐在前面，他的背笔直，眼睛闭着，但并没有睡着。一个小时后他迅速站起来走了，没有任何尴尬害羞。他和其他人一样平等，因为词语的声音在他心中。

　　两个小时中你丝毫不觉得疲倦，也不想移动，世界和它所有噪音都不存在了。不久吟唱停了，所有的声音也都结束了，但它仍然在你里面继续，并且持续了一天的时间。四个人弯腰致敬，又成为普通人。他们说他们练习那种吟唱形式有十多年之久，那需要极大的耐心和奉献的生活。那是一种濒临灭绝的艺术，因为现代没有谁愿意把他的生活奉献给那样的吟唱；那里没有钱，没有名声，谁愿意进入那样的世界？他们说，他们很高兴在真正欣赏他们努力的人面前吟唱。然后他们就上路了，依旧贫穷地消失在喧闹、残酷和贪婪的世界中。但是河流倾听了，沉默着。

他是一位著名学者，和他的一些朋友和一两个门徒一起前来。他的头很大，小眼睛透过厚厚的镜片向外注视。他懂梵文，就像其他人了解他们的母语一样脱口而出；他还懂希腊语和英语。他熟悉主要的东方哲学，包括它们不同的流派，就像你知道加减法一样。他也学过西方哲学家，包括古代的和现代的。他自律严格，有一些日子禁语、禁食。他说他还练习不同形式的禅修。因为这些，他精力相当充沛，大概将近五十岁，衣着简朴，十分热切。他的朋友和门徒围坐在他周围，带着排除了任何质疑的虔诚期待着。他们全都属于学者世界，拥有百科全书般的知识、洞察力和心理体验，对他们自己的理解十分确信。他们没有参与谈话，但倾听着，或者说更愿意听到情况的进展。以后他们之间会热烈地讨论，但现在他们在更高的权威面前必须保持恭敬的沉默。沉默了一段时间后，很快他开口了。他没有为他的知识而自负骄傲。

"我来这儿是一个提问者，并不是要炫耀我的知识。我知道的难道超过我阅读的和体验的吗？学习是一种巨大的美德，但满足于所知就是愚蠢了。我来这儿并不是为了辩论，虽然疑问产生时辩论是有必要的。我来这儿是为了寻找，而不是想驳倒谁的观点。我说过，我很多年练习静修，不仅有印度教和佛教的形式，还有西方的类型。我告诉您这些，以便您可以知道我所寻找的超越头脑的范围。"

头脑可以实践一个系统来发现超越头脑的东西吗？局限在自身戒律框架范围内的头脑有能力寻找吗？要发现不是必须有自由吗？

"毫无疑问，要寻找要观察必须有一定的戒律；如果一个人想找到，并且想了解他找到的东西，就必须有规律地练习某种方式。"

先生，我们都在寻找一种方法脱离我们的不幸和磨难；但如果我们采用一种方式希望以此结束悲哀，那寻找就结束了。只有对悲哀的了解才会结束它，而不是实践一种方式。

"但如果头脑没有得到很好地控制、专注并目标明确，怎么会结束悲哀呢？您的意思是说戒律对领悟来说是不必要的？"

当一个人的头脑被欲望所塑造时，通过戒律和不同的实践练习，难道就可以领悟吗？要领悟，头脑难道不应该自由吗？

"毫无疑问，自由在旅行结束时才会到来；开始的时候，人只是欲望和欲望之物的奴隶。要使自己摆脱对感观快乐的执著就一定要有戒律，练习各种形式的成就法，不然头脑会产生欲望并陷入欲望之网。只有奠定了合适的地基，房子才能稳固。"

自由在起点，而不在终点。对贪婪以及贪婪全部内容的领悟——它的本性、含意、愉快的和痛苦的影响——必须是在开始的时候。那样头脑就没有必要建起一座防御墙，约束自己反对贪婪。当你领悟到它必然导致不幸和困惑时，抵制它的戒律就没有意义。一个现在把很多时间和精力花在戒律的练习上、花在各种冲突之中的人，如果能够把同样的思想和注意力放在对悲哀的全部意义的领悟上，那他就会彻底结束悲哀。但我们陷于抵制和戒律的传统中，对悲哀的方式毫无领悟。

"我在听，但我不明白。"

头脑执著于基于假设和经验的结论时能够倾听吗？毫无疑问，只有当头脑不用已知来翻译它听到的东西时，一个人才能倾听。知识阻碍倾听。一个人可能知道很多，但要倾听与所知完全不同的东西，就必须把知识抛在一边。不是这样的吗，先生？

"那一个人怎么判断所说的是真实的还是虚假的呢？"

真实和虚假不是基于观念和判断，不管它们是多么聪明而古老的。在虚假中领悟真实的 ，在所谓的真实中找出虚假的，把真理看作真理，需要一个不陷于自身束缚的头脑。如果一个人的头脑带有偏见，陷于自己和他人结论与经验的框架中，又怎么能看出观点的真实和虚假呢？对于这样的头脑，重要的是觉知它自身的局限。

"陷入自身制造的网中的头脑怎样做才能解放自己呢？"

这个问题不是反映了头脑正在寻找新的方式吗？还是说它要为自己发现寻找和实践一种方式的全部意义？不管怎么说，当一个人实践一种方式、一种戒律时，目的都是要达成一个结果、获得一定的品质等等。取代世俗事务，一个人希望得到所谓的精神事物；但是在这两种情况中目标都是得到。一个人在禅修并实践一种戒律以便到达彼岸，另一个人努力工作以满足世俗的野心。两者除了语言上的差别，没有其他差别。它们都是有野心的，都是贪婪的，都关注自身。

"那是事实，先生，怎样去除嫉妒、野心、贪婪等等呢？"

又是这个问题，请允许我指出，这个"怎样"，这个看上去好像会带来自由的方式，实际上只会让一个人结束探究问题，困扰理解。要完全了解这个问题的意义，就必须考虑努力的整个问题。渺小的头脑正在努力不再渺小，但它仍然是渺小的；贪婪的头脑约束自己变得慷慨，但它仍然是贪婪的。努力成为什么或者不成为什么只是自我的延续。这个努力可能被看作是自性、灵魂、内心中的上帝等等，但它的核心仍然是贪婪、野心，也就是自我，以及它所有有意无意的属性。

"那么，您是主张，所有要达成一个结果的努力，不管是世俗的还是精神的，本质上都是相同的，也就是以自我为基础的。这样的努力只会维持自我。"

是这样的，不是吗？实践美德的头脑不再是品德高尚的。谦虚是不能被培养的；当它这样做的时候，它就不再是谦虚的。

"那是清楚而中肯的。现在，既然你不赞同缓慢的治疗，什么是真正努力的本性呢？"

当我们觉知努力的全部意义和它所有的含义时，还会有我们觉知的努力存在吗？

"您已经指出任何转化，不管是正面的还是负面的，都是这个'我'的延续，都是以欲望来确认的结果，都是欲望的目标。一旦这个事实被了解了，您问到，现在还存在任何我们所知道的努力吗？我可以感觉到可能发生的是，在这种状态中所有的努力都消失了。"

仅仅是感觉到这种状态的可能性并不是了解了日常存在中努力的全部意义。只要有一个观察者正在试图改变、得到、抛弃他所观察的事物，那就一定有努力；不管怎样，努力是**事实是**和**应该是**——也就是理想——之间的冲突。当这个事实被领悟了，不只是口头上或智力上的了解，而是深入的，那么头脑就会进入一种所有我们所知的努力都不存在的状态。

"体验这种状态是每个寻找者热切的愿望，包括我自己在内。"

它不可能被找到，它只能不请自来。想找到它的欲望驱使大脑收集知识、实践戒律，作为一种得到它的方式——那就又是屈从一种模式以便获得成功。知识是体验那种状态的障碍物。

"知识怎么会是一种障碍呢？"他用一种非常吃惊的语气问。

知识的问题是很复杂的，不是吗？知识是过去的运动。知道就是宣称事情已经存在。宣称知道的人就不再了解真实。先生，我们究竟知道什么呢？

"我知道一定的科学和伦理事实。没有这样的知识，文明世界将重返野蛮状态，显然你并不赞同**这点**。此外，我还知道什么呢？我知道存在着无限的慈悲，也就是上帝。"

那不是事实，它是一种心理的假设，受到束缚的头脑相信上帝的存在。一个受到不同束缚的人会主张上帝是不存在的。两者都受到传统、知识的限制，因此谁也不会发现真实。再次回到刚才的问题，我们知道的是什么呢？我们只知道我们所阅读的、所体验的，被古代的老师、现代的古鲁和解释者所教导的。

"我不得不再次赞同您的观点。我们都是过去和现在结合体的产物。现在是由过去塑造的。"

将来是现在的变相延续。但这并不是一个赞同的问题，先生。一个人要么看清事实，要么看不清。当事实被我们两个人看清时，赞同是不必要的。只有存在不同观点时，赞同才会存在。

"先生，您说我们只知道我们被教导的东西；我们只是过去的重复；我们的体验、观念和渴望都是对我们所受的制约的呼应，没有别的。但完全是这样的吗？宇宙灵魂是我们自己制造的吗？它只是我们自己欲望和希望的投射吗？它不是一个发明，而是一种必需。"

必需的东西很快被头脑塑造出来，然后头脑被教导要接受所塑造的。一个健康人的头脑可以被训练去接受或者不接受一个特定的信条，两者都是必需、希望、恐惧、得到安慰和权力的欲望的产物。

"经过您的分析，您又使我认识到一定的事实，其中很大一部分是我自己的困惑状态。但是仍然存在一个问题，陷入自己困惑之网的头脑要做什么呢？"

只是要让它不做选择地觉照事实：它是困惑的；任何从这个困惑中产生的行动只会导致更大的困惑。先生，如果头脑要发现上帝的真实，它难道不应该让所有的知识死去吗？

"您问的是一个非常棘手的问题。我可以让所有我所学的、所读的、所体验的死去吗？我真的不知道。"

对头脑来说，自发地没有任何目的和强制地让过去死去，不是有必要的吗？作为时间结果的头脑、阅读学习的头脑、对它所教的东西进行冥想的头脑，只是过去的延续。这样的头脑怎样体验真实、无时间性和新事物呢？它怎样探测未知呢？毫无疑问，寻求知道、确定性，是一种空虚、骄傲的方式。一个人只要知道着，就没有死亡，就只有延续。所有延续的东西不可能处在无时间性的创造状态中。让过去停止污染，真实就**在**了。那就没有必要去寻找它了。

头脑的一部分知道没有永恒，没有它可以休息的角落；但是曾经约束自己的另一部分，公开或秘密地寻求建立确定的、永恒的、超越怀疑关系的处所。因此总是有无尽的冲突，总有要成为什么或不成为什么的奋斗，我们在冲突和悲哀中度过我们的日子，成为我们头脑坚壁中的犯人。墙壁可以被推倒，但是知识和技术不是获得自由的工具。

## "生活是什么"

太阳把粗糙的卵石路面晒得无精打采，站在巨大的芒果树荫下是很愉快的。村里的人们沿着这条路走过来，头上顶着巨大的篮子，里面装满了蔬菜水果和其他送往镇上的东西。她们通常都是女性，光着脚轻快地走着，说笑着，深色的脸裸露在阳光下。她们把东西放在路边，在凉爽的芒果树荫下坐下来休息，说得并不多。篮子相当重，很快每个人互相帮着把篮子放在头上，最后一个人差不多是跪在地上才把篮子放上去的。然后她们离开，步子稳健，动作特别优美，那是多年的辛苦造就的。那不是偶然学来的，纯粹是出于需要。她们中有一个小女孩，不过十来岁，她头上也有一个篮子，但比其他人的小得多。她满脸微笑和顽皮，不像其他年长的女性那样往前看，而是转过头来看看我是不是跟着她，我们相视微笑。她也光着脚，走在她漫长的生活旅途上。

可爱的乡村，富饶而迷人。那里有芒果树丛和起伏的山峦，河流蜿蜒穿过大地，发出令人愉快的声音，河水在狭窄多沙的河床上流淌。棕榈树好像凌驾于芒果树之上，它正在开花，嗡嗡的野蜜蜂不离左右。道路两边也种了古老的菩提树，路上熙来攘往的是懒散的牛车和正在闲谈的人们，那些人走村串巷做一些小生意。他们并不着忙，一旦有浓密的树荫，就聚在一起谈谈他们的杂事。很少有人在他们又瘦又疲倦的脚上穿上什么，有自行车的人就更少。他们不时吃一些坚果，或者一些油炸的干粮。他们有一种温和友好的气氛，显然没有受到城市的传染。路上非常安静，偶尔有货车经过，可能是装满了成堆的木炭，好像随时要从车上掉下来，但并没有掉下来。一辆挤满人的公共汽车经过，喇叭发出威胁的声音。但它也很快过去了，把道路留给村民和那几十只老老小小的棕色的猴子。当一辆货车或者公共汽车呼啸而过时，小猴子们就紧紧抓着它们的妈妈；知道一切又平静下来，它们才四散跑到路面上，但是离妈妈也不太远。它们的头很大，眼睛明亮，充满了好奇，它们坐在那儿抓痒，看着别的猴子。成年的猴子到处都是，在路面和树上互相追逐，总是避开年长的猴子，但也不会离它们太远。一只大公猴安静地坐在路边，观察着一切，它虽老却很有活力。其他猴子都和它保持着距离，但如果它走开，它们都会悠闲地跟着，跑来跑去，不过都是朝着同样的方向移动。这真是一条热闹的路。


他是个年轻人，由年龄相仿的另外两个人陪着前来。他相当紧张，长着大额头和两只闲不住的长手。他说他只是一个小职员，收入微薄，没有什么前途。虽然他大学毕业考试成绩相当不错，但他费了很大的劲儿才找到现在的工作，他很高兴能拥有这份工作。他还没有结婚，也不知道会不会结婚，因为生活很拮据，你需要钱去教育孩子。但是他对他微薄的收入很满意，因为他和他的妈妈能够以此为生，买些生活必需品。他补充说，不管怎么样他不是因此而来的，而是出于完全不同的原因。他的两个同伴，其中一个已经结婚了，和他有类似问题，所以他劝他们和他一起前来。他们都上过大学，像他一样做着低层职员的工作。他们都很干净、认真、非常愉快，眼睛明亮，微笑富有表情。

"我们来这儿是想问您一个非常简单问题，希望得到一个非常简单的答案。虽然我们都受过大学教育，但我们还不太擅长深入的推理和广泛的分析；我们想听听您的看法。您看，先生，我们不知道生活是什么。我们到处都弄得一团糟，成为政党的一员，加入'空想社会改革家'的行列，参加劳工会议，还有其他的；碰巧我们都对音乐充满激情。我们寻访寺庙，浏览秘笈，但是并不深入。我冒昧地告诉您所有这些只想让您了解我们的一些情况。我们三人每天晚上聚在一起讨论事情，我们要来问的问题是这样的：生活的目标是什么？我们怎样发现它？"

你们为什么问这个问题？如果有人告诉你们生活的目标是什么，你们会接受它并用它来指导你们的生活吗？

"我们问这个问题，"已结婚的人解释说，"因为我们很困惑；我们不知道所有的这些混乱和不幸是什么。我们想和一个不像我们一样困惑的人讨论，他不傲慢、独裁，能够和我们平常地谈一谈，不是屈就我们，好像他们什么都知道，而我们是无知的学童，一无所知。我们听说您不是这样的人，所以我们来问您的生活是什么。"

"不仅如此，先生，"第一个人补充说，"我们也想生活得有收获，有意义；但同时，我们不想成为什么'主义者'，或属于任何特殊的'主义'。我们的一些朋友加入各种不同的宗教和政治空谈的团体，但是我们不想介入其中。政治家通常以国家的名义为他们自己追求权力；至于宗教团体，它们大部分都是愚弄和迷信。所以我们来这儿，我不知道您能否帮助我们。"

再回到刚才问题，如果有人愚蠢地告诉你生活的目的是什么，你会接受它吗？前提当然是有道理的、令人安慰的、多少令人满意的。

"我猜我们会的。"第一个人说。

"当然他要相当肯定那是正确的，不只是一些聪明的发明。"其中一个同伴插进来说。

"我怀疑我们有这样的识别能力。"另一个补充说。

这就是要害，不是吗？你们都承认你们相当困惑。现在，你们认为一个困惑的头脑能发现生活的目的是什么吗？

"为什么不能呢，先生？"第一个人问。"我们很困惑，不必否认这一点；但是如果由于我们的困惑，我们就不能了解生活的目的，那就没有希望了。"

不管怎样探索寻找，困惑的头脑所发现的只会是更大的困惑，不是这样的吗？

"我不明白您批评的是什么。"结婚的那个人说。

我们并不试图批评什么。我们是在一步一步继续；毫无疑问，第一件要搞清的事就是，只要头脑是困惑的，它是否能清楚地思考。

"显然不能，"第一个人很快回答，"如果我是困惑的，就像我事实上的这样，我不可能清楚地思考。清楚地思考意味着没有困惑。如果我困惑，我的思考就不清楚。然后呢？"

事实是困惑的头脑寻找的和找到的必定都是困惑的；它的领导、古鲁、结果，只会反映出它自身的困惑。不是这样的吗？

"这很难理解。"结婚的人说。

很难理解是因为我们的自负。我们认为我们很聪明，有能力解决人类的问题。我们大部分人都害怕承认我们是困惑的这个事实，因为那样我们就得承认我们的无能和挫折，那要么意味着失败，要么是谦虚。失败导致苦涩，招致冷嘲热讽和荒诞的哲学；但如果有真正的谦虚，那我们就能真的开始寻找和了解。

"我明白您说的事实了。"结婚的人回答说。

选择意味着困惑，这难道不也是事实吗？

"我不明白怎么会这样，"第二个人说，"我们必须选择，没有选择，就没有自由。"

你什么时候选择？只是出于困惑，在你不太"确定"的时候。如果清楚，就没有选择。

"相当对，先生，"结婚的人插进来说，"如果你爱一个人并且想跟他结婚，就不包括选择。除非没有爱，你才会四处选择。某种程度上来说，爱就是清楚，不是吗？"

那取决于我们的爱是什么意思。如果"爱"被恐惧、嫉妒、执著所包围，那就不是爱，就没有清楚。但是现在我们并不讨论爱。如果头脑处于困惑的状态，它对生活的目的的寻找、对目标的选择，也就没有意义，不是吗？

"您说'目标的选择'是什么意思？"

你们全都来这里询问生活的目的是什么，你们正在购买一个目标、一个目的，不是吗？显然你们已经问过其他人同样的问题，但他们的回答肯定不令人满意，所以你们到这里来。你们在选择；像我们说的，选择从困惑中产生。因为困惑，你想得到确认；困惑时寻找确定的头脑只会主张困惑，不是吗？加在内在困惑之上的肯定只会加强困惑。

"那是显然的，"第一个人回答，"我开始明白一个困惑的头脑只会给困惑的问题找到困惑的答案。然后呢？"

让我们慢慢来。我们的头脑是困惑的，那是事实。我们的头脑也是浅薄的、渺小的、有限的；那也是事实，不是吗？

"但是我们不全是渺小的，我们中的一部分不是，"结婚的人断言说，"如果我们能找到一种方法超越这种浅薄，我们就可以打破它的。"

那是一个令人安慰的希望，但真的是这样吗？你们都有传统的观念，有一个实体存在，它就是自性、灵魂、精神实质。实体可以超越渺小，可以穿透头脑。但是当渺小的头脑认为它的一部分不是渺小的，那它只会维持渺小。在宣称有一个宇宙灵魂、更高的自我等等存在的时候，困惑无知的头脑仍然陷在它自己困惑的思想体系中。那些思想差不多都是基于传统、基于被别人教导的东西。

"那么我们该做什么呢？"

这个问题不是问得太早了吗？可能根本不需要采取什么特殊行动。在了解整个问题的过程中，可能会有完全不同的行动。

"您的意思是说在我们了解生活的过程中，行动会自己显现出来，"结婚的男人说，"那您所谓的生活是什么呢？"

生活是美、悲哀、喜悦和困惑；它是树，是鸟，是水中的月光；它是工作、痛苦和希望；它是死亡、寻找永恒、信仰或否认至上；它是善、恨和嫉妒；它是贪婪和野心；它是爱和缺乏爱；它是创造能力、追逐权力的机器；它是深不可测的极乐；它是头脑、禅修者和禅修。它是所有这一切。但是我们渺小的困惑的头脑怎么能接近生活呢？**这**才是重要的，而不是对生活的描述。在我们接近生活时所有的问题和答案都取决于它。

"我明白我称之为生活的这个混乱是我自己头脑的结果，"第一个人说，"我来自它，它也来自我。我可以把我自己和生活区分开来，然后问我自己怎样接近它吗？"

你实际上**已经**把你自己和生活区分开了，不是吗？你不是说，"我是整个生活"，而保持安静；你想改变这个，改善那个，你想拒绝和抓住。你这个观察者，在这个巨大的运动中把自己当作不动的永恒的中心，因此你陷入冲突和悲哀之中。现在，分裂的你怎么能接近完整？你怎么能领略那种浩瀚，欣赏天堂和人间的美呢？

"我就像我现在这样去接近它，"结婚的人回答，"我以我的渺小寻找一些无用的答案。"

我们得到我们要求得到的。我们的生活是渺小的、卑微的、浅薄和因循守旧的；渺小的头脑的神就像它的制造者一样愚蠢。无论我们生活在宫殿还是乡村，无论我们是办公室的职员还是位于权力的宝座，事实是我们的头脑是渺小的、狭窄的、野心勃勃的、嫉妒的；以这样的头脑，我们想发现是否有上帝存在，什么是真理，什么是完美的政府，寻找其他无数个冒出来的问题的答案。

"是的，先生，那就是我们的生活，"第一个人难过地承认，"我们能做什么呢？"

让我们的整个存在死去，不是一点一点地，而是整个地！渺小的头脑尝试、奋斗、拥有理想和系统、持久地培养美德来改善自己。但美德被培养的时候，它就不再是美德了。

"我明白我们应该让过去死去，"第一个人说，"但是如果我让过去死去了，那还有什么呢？"

你是在说除非你能保证得到一个满意的替代品来补偿你所放弃的，你才会让过去死去，不是吗？那不是放弃，那只是另一种获得。希望知道死后能找到什么的渺小的头脑只会找到渺小的答案。你必须为了未知让所有的已知死去。

"我不加思索地就问了这个问题。先生，我明白您的意思了，不只是出于礼貌，也不仅仅是口头上的理解。我想我们每个人都深刻地感觉到其中的真理，这种感觉是非常重要的东西。从这种感觉中，行动将会产生。我们可以再来吗？"

## 🌺 没有善和爱，就不是一个有教养的人

坐在一个升起的平台上，他正在对一小群熟悉七弦琴的听众演奏这种古典音乐。他们坐在他面前的地上；他身后在演奏的是另一种乐器，只有四根弦。他是个年轻人，但已经完全是七弦琴和那种复杂音乐的大师。在每首曲子之前他都即兴发挥一下；然后是乐曲，其中有更多的即兴之作。你从来不会听到任何一首曲子以同样的方式演奏两遍。词语被保留了，但只是限定在一个大范围之内，音乐家可以即兴表达他心里的内容；有越多的变化组合，音乐家就越了不起。在弦上，语言是不可能的；但是所有坐在那儿的人都懂得这种语言，进入了一种忘我的境地。他们点着头，优雅地打着手势，保持着完美的节奏，在乐曲终了时在大腿上轻拍一下。音乐家闭上了眼睛，完全沉浸在创作的自由中，沉浸在声音的优美中；他的头脑和手指处于完美的协调之中。那是什么样的手指啊！精致而飞快，它们好像有自己的生命力。只有在曲终那种特殊的姿态中它们才是静止的，然后它们安静而放松下来；但是它们以难以置信的迅速又在一种不同的姿态中开始了另一首曲子。它们几乎以它们优雅而迅捷的运动把你催眠了。左手的手指以恰当的压力按在弦上，右手的手指以娴熟的自在和控制拨弄琴弦。那些琴弦发出多么优美的旋律啊！

屋外月光皎洁，暗影一动不动；透过窗户，河流正好清晰可辨，一条流动的银色映衬着对岸黯淡、安静的树木。一件奇怪的事在头脑这个空间中发生了。它一直在注视手指优雅的运动，倾听甜美的声音，观察

沉默的人们点头以及和着节奏的手指。突然观察者、倾听者都消失了；他不是被充满旋律的琴弦带入了休止的状态，而是全然不在了。只有头脑那个巨大的空间存在。地球和人类的所有事物都在其中，但它们都在最外的边缘，模糊而遥远。在空无一物的空间之内有一种运动，这种运动是寂静的。它是深广的、巨大的运动，没有方向、没有动机，它从外层开始，以无可估量的力量向中心发展——无所不在的中心处于静止中，处于空间的运动中。这个中心是全然单独的、不受污染的、不可知的，独立无染不是孤独，它无始无终。它完全在自身之中，不是人造的；边缘在它里面而不属于它。它在那儿，但不在人类头脑的范围之内。它是整体、全部，但不可触及。

他们四个都是年龄相仿的男孩儿，十六到十八岁。他们很害羞，需要耐心地引导，可是一旦开了口，他们又停不下来，热切的问题都翻腾了出来。可以看出事前他们已经讨论过这些问题，还准备了书面的问题，但是最初的一两个问题之后，他们就忘了他们所写的，语言从他们自己自然的思想中自由地流淌出来。虽然不是出自富裕的家庭，但他们都穿得干净整洁。

"先生，两三天前您给我们学生谈话的时候，"离得最近的一个开了口，"您谈到如果我们要有能力面对生活，正确的教育是多么必要。我希望您能再向我们解释一下，您所说的正确的教育是指什么。我们已经讨论过这个问题，但是我们不太明白。"

你们现在所受的都是什么样的教育呢？

"噢，我们在上大学，我们被教的都是一个既定的专业所必须学的一般的东西，"他回答，"我会成为一个工程师；我这里的朋友学得各不相同，包括物理、文学和经济学。我们学习指定的课程，阅读指定的书，如果有时间我们就读一两本小说；但是除了游戏，我们大部分时间都用在学习上。"

你认为对于生活的正确的教育来说这就够了吗？

"先生，从您的话来看，是不够的，"第二个人回答，"但那就是我们所得到的，通常我们认为我们正在接受教育。"

只是学习读写、培养记忆力和通过考试，获得一定的能力和技能以便找到一份工作，那就是教育吗？

"这些不都是有必要的吗？"

是的，为养家糊口准备一个正确的途径是重要的；但那不是生活的全部。还有性、野心、嫉妒、爱国主义、暴力、战争、爱、死亡、上帝、人和人的关系，那就是社会，还有其他许多事情。你们受到的教育能满足这个被称之为生活的巨大事物的需求吗？

"谁能够这样教育我们？"第三个人问。"我们的老师们和教授们好像都漠不关心。他们中一些人聪明而博学，但是没有谁考虑过这样的事。我们被逼着完成学业，如果得到学位就认为自己很幸运了；一切都变得这样困难。"

"除了我们在性方面的激情是确定无疑的，"第一个人说，"我们对生活一无所知；所有别的看上去都这样模糊而遥远。我们听到父母们抱怨没有足够的钱，我们意识到，他们的下半辈子都掉在一定的陈规里了。因此谁可以教导我们生活呢？"

没有人可以教你，但是你可以学。在学习和被教导之间有非常巨大的差别。学习贯穿生活始终，而被教导几个小时或几年之后就结束了——然后你的下半生都在重复你被教的东西。你被教的东西很快就变成死灰，而生活这个活生生的东西，变成了徒劳的战场。你没有任何闲暇去了解就被抛入生活；在你对生活有所了解之前已经身处其中，结婚，被工作捆缚，被社会无情的吵闹包围。一个人必须从小的时候就开始了解生活，而不是等到最后一刻；如果一个人已经长大成人，那就太晚了。

你知道生活是什么？它从你出生的一刻延伸到你死亡的一刻，也许还要更长。生活是巨大的、复杂的整体；它就像一个房子，里面的一切都立刻发生。你爱你恨；你贪婪、嫉妒，同时又觉得不应该。你有野心，尾随在焦虑、恐惧和无情之后的是挫折或者成功；迟早是万事皆空的感触。有战争的恐惧和残忍，用恐怖换得的和平；有国家主义和支持战争的主权国家；在生活之路的尽头或沿途有死亡。有对上帝的寻找，夹杂着信仰的冲突和有组织的宗教之间的争吵。有得到和维持一份工作的奋斗；有婚姻、孩子、疾病，社会和国家的统治。生活是所有这些，还要更多；你被扔进了这团混乱之中。你全面地陷入其中，痛苦而迷失；如果你侥幸爬到了顶端，你仍然是混乱的一部分。这就是我们称之为生活的东西：永远的奋斗和悲哀，偶尔闪现的小小的欢乐。谁能够教你所有这些呢？或者说，你怎样学习它们的？即使你有能力有天分，你仍然被野心、名利的欲望所驱赶，充满了挫折和悲哀。所有这些就是生活，不是吗？超越所有这些也是生活。

"幸运的是，我们对整个奋斗所知甚少，"第一个人继续说，"但是你告诉我们的已经潜藏在我们心中了。我想成为一个著名的工程师，我想打败所有人；因此我必须努力工作，结交正确的人；我必须为将来计划、算计。我必须在生活中闯出我自己的路。"

那正是这样。每个人都说他必须在生活中闯出自己的路；每个人都想出人头地，不管是以商业、宗教还是国家的名义。你想成名，你的邻居也这样想，**他的**邻居也这样想；从国家中职位最高的到地位最低的人，每个人都这样想。因此我们在野心、嫉妒和贪得无厌之上建立社会，其中每个人都是另一个人的敌人；你被"教导"去顺应这种解体的社会、适应这种堕落的结构。

"但我们要做什么呢？"第二个人问。"在我看来，我们必须顺应社会，不然就要被毁灭。还有其他的出路吗，先生？"

目前你所谓的教育是要你适应这个社会；提高能力使你能够在这个模式中谋生。你的父母、你的教育者、你的政府全都关心你的效率和经济安全，不是吗？

"我不知道政府怎么样，先生，"第四个人插进来，"但是我们的父母用他们辛苦挣来的钱支持我们得到一个大学学位，以便我们能养家糊口。他们爱我们。"

是吗？让我们看看。政府希望你成为有效率的政府官员，以便运转国家；成为好的工厂工人，以便维持经济；成为能干的战士，以便杀死"敌人"；不是这样的吗？

"我猜想政府是这样的。但是我们的父母更和蔼；他们考虑的是我们的幸福，希望我们成为好公民。"

对，他们希望你们成为"好公民"，那就意味着受尊敬的野心、永久的贪得无厌、陷入被社会所接受的野蛮也就是竞争之中，这样你和他们就会得到安全。这就是所谓好公民的组成部分；这是好的还是罪恶的？你说你的父母爱你；但是是这样的吗？我不是在嘲讽。爱是一种特别的东西；没有爱，生活就是荒漠。你可能有很多财产，坐在权力的宝座中，但是没有爱的美和伟大，生活很快就变得不幸和困惑。爱意味那些被爱者能够完全自由地充分成长，比成为社会机器伟大得多，不是吗？爱不是强迫，不管是公开的还是微妙的义务责任的威胁。有任何形式的强制或者权威影响，就没有爱。

"我认为我朋友所说的不是爱，"第三个人说，"我们的父母爱我们，但不是那种方式。我知道一个男孩子想成为艺术家，但是他父亲希望他成为一个商人，他威胁说如果儿子不履行他的责任，就剥夺他的继承权。"

父母称之为责任的不是爱，那是一种强制形式；社会支持父母，因为他们的所作所为非常值得尊敬。父母为孩子能找到一个保险的工作挣钱而焦虑；但是人口这样众多，每个工作有上千个候选人，父母认为那个男孩儿不可能通过画画来养活自己；所以他们迫使他放弃在他们看来愚不可及的兴致。他们认为顺应社会对他是很有必要的，是值得尊敬和安全的。这就被称之为爱。但这是爱吗？还是包裹了"爱"的言辞的恐惧？

"如果您这样说，我不知道该怎么说。"第三个人回答。

还有其他的方式来说吗？刚才所说的可能令人不愉快，但它是事实。你们现在所受的所谓的教育显然不能帮助你们面对生活这个巨大的复杂体；你们毫无准备地走进生活，被生活吞没。

"但有谁能够教育我们去了解生活呢？我们没有这样的老师，先生。"

教育者也需要被教育。年长的人说，你们未来的一代必须创造一个不同的世界，但他们根本不是那个意思。相反，他们费尽心思要"教育"你顺应旧的模式，稍有一些改变。尽管老师们和家长们可能说得完全不同，他们通常得到政府和社会的支持，把你训练得适应传统，把野心和嫉妒当作生活中的自然方式来接受。他们根本不关心一种新的生活方式，那就是为什么教育者本身没有得到正确的教育。老一代建立了这个战争的世界，这个人和人之间对抗与分裂的世界。新一代小心翼翼地跟从着旧的脚步。

"但是我们希望得到正确的教育，先生。我们该做什么呢？"

首先，看清一个简单的事实：政府、你们现在的老师、你们的父母都不关心正确地教育你们；如果他们关心，世界将完全不同，将没有战争。如果你想得到正确的教育，你只能自己为自己着手；当你长大时，你就能指望你自己的孩子会受到正确的教育。

"但我们怎样才能正确地教育自己呢？我们需要有人来教我们。"

你们有老师来指导你们数学、文学等等；但教育是比仅仅搜集信息更为深刻、更为广泛的东西。教育是培养头脑，使行动不再是自我中心的；它是贯穿生活的学习，打破头脑为了安全感所建立起来的围墙，摆脱头脑由此而产生的恐惧和所有的复杂性。要得到正确的教育，你必须努力学习，不偷懒。擅长游戏，不去打别人，而能自娱自乐。吃正确的食物，保持身体健康。不是作为印度教徒、共产党员或是基督教徒，而是作为一个人，让头脑警觉，能够处理生活中的问题。要得到正确的教育，必须了解你自己；你必须持续不断地学习你自己。一旦你停止学习，生活就变得丑陋而悲哀。没有善和爱，你就没有得到正确的教育。

## 仇恨与暴力

时间还相当早，再过一个多小时太阳才会出来。棕榈树上方的南十字星座非常清晰，尤其漂亮。一切都很安静，树木一动不动，颜色黯淡，就连大地上的小生物也是安静的。纯净和祝福笼罩着沉睡的世界。

道路穿过棕榈树丛，经过一个大池塘，再往前就开始有一些房子。每个房子都有一个花园，有些被精心地照料着，另一些则无人料理。空气中飘散着茉莉花香，露水使香气更加浓郁。房子中还没有任何灯光，星星们仍然非常清晰，但东方的天空已经开始破晓。一个骑车人打着哈欠过来，头也没有转一下就擦身而过。有人在启动汽车，让它慢慢地加热，那里传来一声不耐烦的大雁鸣叫。这些房子过去，大路就穿过一块肥美的土地，向左直通向四面八方延伸的市镇。

一条小径从大路岔开出去，沿着水路延伸。河岸两边的棕榈树倒映在平静清澈的水中，一只大白鸟已经开始了捕鱼的工作。那条小径上还没有其他人，但很快会有不少，因为当地人把它当作一条通往主路的捷径。过了水路有一处僻静的房子，漂亮的花园里长着一棵大树。朝阳完全出来了，树上方的启明星几乎看不见了，但是夜晚仍然抑制着白天。一位妇女坐在树下的席子上，给放在腿上的弦乐器调音。不久她就用梵文唱起来，歌声具有深刻的宗教性，当词语充满了早晨的空气时，这地方的整个气氛好像都发生了变化，充满了奇特的丰盈和意义。然后她开始唱一首只有在早晨才会唱的歌，非常迷人。她完全没有意识到有人在倾听，也不在乎别人是否这样做，因为她已经完全沉浸在那首歌中了。她有着清晰的好嗓音，以一种低沉而肃穆的方式全然陶醉。弦乐的声音几乎听不到，但她的声音却清晰而响亮地穿过水面。词语和音乐充满了一个人整个的存在，有一种极其纯净的喜悦。

他和他的几个朋友一起前来，但其中一些人显然是他的门徒。他个头很大，皮肤黝黑，身体强壮，好像非常有活力，他在体格方面一定是非常活跃的。他刚刚沐浴过，衣服上纤尘不染。说话的时候，嘴唇儿好像遮住了整张脸；某种内在的愤怒好像要把他吞噬，长满浓密头发的头抬得高高的，显出一种鄙视和权威。他的微笑是强控出来的，你可以看出他很少笑。他的目光直接而没有任何收敛，表明他完全相信自己所说的。他身上有一种特殊的力量。

"我希望您能原谅我直接进入主题，我不喜欢拐弯抹角，更愿意直奔目标。我有一大群人，他们想摧毁婆罗门的传统，替代婆罗门的位置。婆罗门无情地剥削我们，现在轮到我们。他们统治我们，使我们愚蠢地感到低贱，屈从于他们的神。我们打算烧掉他们的神。我们不想让他们的语言污染我们的语言，我们的比他们的更加古老。我们计划把他们从每个显要的位置上赶下去，我们应该使自己比他们更聪明更有谋略。他们剥夺了我们的教育，但我们要以牙还牙。"

先生，为什么要这样仇恨其他人呢？你没有剥削吗？你没有控制其他人吗？你没有阻止其他人得到正确的教育吗？你难道不是在计划让其他人接受你的神和你的价值观念吗？仇恨是同样的，不管是在你心中还是在所谓的婆罗门心里。

"我想您没有明白。人们只能在一段时间内受压迫。现在是我们翻身的日子。我们想起义，推翻婆罗门的律法，我们被组织起来，就会更加努力地为实现这一目标而工作。我们既不想要他们的神也不想要他们的祭司；我们想和他们平起平坐，或者超过他们。"

更有理性地讨论人类关系问题不是更好吗？我们多么容易流于空谈和宣传口号，用空话催眠自己和其他人。我们都是人，先生，尽管我们可能用不同的名字称呼自己。地球是我们的，它不是婆罗门的地球，苏联人或者美国人的。我们用这种神经质的区分折磨我们自己。婆罗门并不比其他追求权力地位的人更腐败；他们的神也不比你和其他人所有的神更虚伪。扔掉一个偶像而树立另一个偶像是完全没有意义的，不管这个偶像是用手还是用头脑塑造的。

"所有这些只是理论，但是在每天的日常生活中我们必须面对事实。婆罗门已经剥削其他人好几个世纪了，他们变得聪明有计谋，现在他们控制了所有好的职位。我们要把他们从他们的位子上赶走，我们可以做得非常成功。"

你不能夺走他们的聪明才智，他们会继续用它来达到自己的目的。

"但我们可以教育自己，使自己变得比他们更聪明；我们可以以其人之道还治其人之身，之后我们会创造一个更好的世界。"

憎恨和嫉妒不会使世界变得更好。你是在追求权力和地位，还是要建立一个没有仇恨、贪婪和暴力的世界？正是追求权力地位的欲望腐蚀了人们，不管他是一个婆罗门、非婆罗门还是一个热情的改革家。如果一群野心勃勃、嫉妒、狡猾残忍的人被另一群有同样思想倾向的人所替代，毫无疑问是不会有什么结果的。

"您在处理意识形态，而我们在应对事实。"

是这样的吗，先生？你说的事实是什么意思？

"在日常生活中，我们的冲突、我们的饥饿就是事实。对我们来说重要的是得到我们的权利、保证我们的利益，看到将来对我们的孩子是安全的。要得到这样的结果，我们手中必须拥有权力。这就是事实。"

你的意思是说憎恨和嫉妒不是事实吗？

"它们可能是，但我不关心这些。"他环顾四周，看看其他人在想什么，但他们都恭敬地沉默着。他们也在保护他们的利益。

难道恨不是直接影响到外在行动的过程吗？恨只会产生更进一步的恨；一个建立在憎恨、嫉妒基础之上的社会，一个各派相互竞争、每一派都保护自己利益的社会——这样的社会总是处于对内、对外的战争之中。从你说的来看，你想要的只是期望你们这一群人出人头地，处于剥削、压迫、损害他人的位置，就像另一群人过去的所做所为那样。这是很愚蠢的，不是吗？

"我承认是这样的，但我们得到了他们所拥有的东西。"

一定程度上是这样的，但我们不需要继续他们的方式。显然需要一种改变，但不是在同样的憎恨和暴力的模式内的改变。你觉得这不对吗？

"没有憎恨和暴力有可能带来改变吗？"

又是这个问题，如果所采取的方式和建立现在社会的方式类似的话，会有一种改变吗？

"换句话说，您是说暴力只会产生本质上暴力的社会，不管我们觉得它多么新。是的，我明白了。"他再次环顾他的朋友们。

你难道不是在表明，要建立一个好的社会秩序，正确的方式是至关重要的吗？方式和结果有差别吗？结果中不是包含着方式吗？

"这变得有点儿复杂了。我明白憎恨和暴力只会产生一个本质上暴力和压迫的社会，那是相当清楚的。现在，您说要建立正确的社会必须采用正确的方式。什么是正确的方式？"

正确方式表明，行动不是憎恨、嫉妒、权威、野心和恐惧的结果。结果离方式不远，结果就是方式。

"但我们怎样克服憎恨和嫉妒呢？这些感情把我们团结在一起反对共同的敌人。暴力中有一定的快感，它带来结果，它不是这样容易去除的。"

为什么不？如果你自己认识到暴力只会带来更大的危害，去除暴力还难吗？不管是多么肤浅的快乐，如果某样东西带给你深刻的痛苦，你难道不要摆脱它吗？

"在生理的层面来说要相对容易，但是内在的事情更困难。"

除非快乐大于痛苦，那才是困难的。如果憎恨、暴力让你愉快，即使它们会产生无法估量的伤害和不幸，你仍然会继续下去；但要清楚这一点，不要说你正在建立一个新的社会秩序、一种更好的生活方式，这些都是无稽之谈。

憎恨、贪得无厌、追逐权威的权力和地位，那不是一个婆罗门；对真正的婆罗门来说，这只是社会秩序的表层；如果你自己不能摆脱嫉妒、对抗、权力欲望，你就和现在的婆罗门没有什么差别，虽然你把自己叫做不同的名字。

"先生，我很惊讶我会听您说什么。一个小时之前，想到我要听从这样的谈话会让我震惊，但是我已经在听了，而且不以此为耻。我现在明白我们多么容易被自己的言辞左右，被我们肮脏的欲望摆布。希望事情会完全不同。"

# 对敏感的培养

飞机起飞的时候天还很早。乘客们都裹着厚重的外衣，因为天很冷，高度抬升以后可能会更冷。邻座的人在引擎的吼声中说话，这些东方人才气洋溢、富有逻辑，他们背后是许多世纪的文化，但他们的未来是什么呢？另一方面，那些西方人除了少数的例外都没有才华，却非常活跃，制造了那么多东西；他们像蚂蚁一样勤勤恳恳。为什么他们都由于宗教和政治的分别、大陆的划分制造这么多混乱，彼此残杀呢？他们是多么愚蠢啊！他们从历史上什么也没有学到。他感谢上帝他是一个学者，不必陷入其中。现在掌权的那个人只是一个政客，不像人们期望的那样是一个伟大的政治家，但这就是世界的运行方式。真奇怪，几个世纪之前的一小群人是怎样使西方获得了文明，而另一群人积极地探索了整个东方，为生活注入了崭新深刻的意义。但现在所有这些都在哪里呢？人们变得头脑狭小、不幸、迷惑。

"不管怎么说，如果头脑被权威束缚，它就萎缩了——那就是学者们的头脑所发生的情况，"他微笑了一下。"受缚于传统，哲学就不再有创造性、有意义。大部分学者生活在他们自己的世界里，他们逃避到那个世界里，他们的头脑就像旧年的水果在夏季的阳光中晒干了一样。但生活是这样的吗，不是吧？——无尽的许诺，以不幸和挫折告终。所有的都一样，头脑的生活有它自己的报酬。"

天空已经变成清晰、温柔的蓝色，但现在云层正堆积起来，布满了沉重的乌云。我们飞行在两个云层之中，那里天空是清晰的，但没有太阳，只有没有云彩的空间。沉重的雨点从上面的云层落到银色的翅膀上；天很冷，飞机有些颠簸，但我们很快就要着陆了。邻座的人已经睡着了；他的嘴抽动着，两手紧张地扭在一起。几分钟之后就会有一个穿越森林和绿色的田野长途旅行。

像另外两个陪她前来的人一样，她是一位教师，相当年轻热情。

"我们都获得了大学学位，"她开口说，"并且被培训为教师——那可能就是我们不大对劲的一部分，"她微笑了一下。"我们在学校里教的学生从小孩子一直到青春期的年纪。我们想和你讨论一些青春期的问题，当性的要求开始产生时的问题。当然，我们全都读过这方面的材料，但是阅读和讨论不完全一样。我们都结婚了，回首往事，我们认识到如果有人能对我们讨论一些性方面的事、帮助我们了解那段困难的青春期该多么好。但我们不是来讨论我们自己的，尽管我们也有自己的问题；谁没有呢？"

第二个人说，"大部分孩子完全没有准备地进入那段困难的时期，几乎得不到什么帮助或理解；尽管他们可能有所了解，但他们还是被性吸引，被性卷走。我们想帮助我们的学生面对它、了解它，而不成为道德的奴隶；但所有这些电影、广告画和煽动性的杂志封面，即使是成人也很难正确地面对。我并不是假道学、一本正经，但问题在那儿，我们必须能够用实际的方式了解和应对它。"

"是这样的，"第三个人说，"我们希望比较实用，不管那意味着什么，但我们对它并不了解多少。电影现在随处可见，讲述性，从头到尾地演示孩子的出生经过，等等；但要解决这样一个庞大的题目总让人犹犹豫豫。我们想教给孩子在性方面应该了解的内容，又不想激发他们病态的好奇，不去加强他们已经很强的感情，不鼓励他们付诸实践。那是一根绷紧的绳子，必须从上面走过；家长们帮助不大，当然除了某些例外；

他们害怕焦虑能否受到尊敬。所以这不仅是一个青春期的问题；还包括父母和整个社会环境，我们也没有办法忽略这些方面。还有青少年犯罪的问题。"

所有这些问题不是相互关联的吗？没有单独存在的问题，没有单独能够解决的问题，不是这样的吗？你们要讨论的事情是什么？

"我们的当务之急是怎样帮助孩子了解青春期的这个阶段，又不要做什么去鼓励他们越过和异性的界限。"

现在你们是怎样解决这些问题的呢？

"我们哼哼哈哈，含糊地谈论要控制自己的情感，约束自己的欲望，当然总有一些道德英雄的例子，"第一个老师突然说，"我们激励他们遵循理想的重要性，过一种清净、适度的生活，遵守社会秩序，所有这类事情。在有些孩子身上一直很管用，对另一些完全没有效果，还有一些被吓住了；但我猜想害怕会很快过去。"

"我们讨论繁殖的过程，指出它的实质，"第二个老师补充说，"但是总的来说我们保守而谨慎。"

那问题是什么呢？

"像我朋友说的，问题是当孩子们进入青春期的时候，如何帮助他们了解性的需求，又不会被搞得狼狈不堪。"

性的需求是只有当男孩和女孩到了青春期才会产生的，还是早在青春期之前它就以一种简单自由的方式存在着？孩子难道不应该得到帮助，在尽可能早的年龄就去了解它吗？而不是等到他成长的特定阶段的后期？

"我想您是对的，"第三个人说，"性的渴望毫无疑问在更早的年龄就以不同的方式显示出来，但我们大部分人都没有时间或者没有兴趣去考虑它，直到孩子进入青春期，问题变成了事实。"

如果一个人进入青春期之前没有得到正确的教育，那显然，性的渴望就变得压倒一切的重要，几乎无法控制了。

"'正确'的教育是指什么？"

正确的教育通过培养敏感而来；敏感性必须被培养，不只是在被称作青春期的成长的特殊阶段中，而且是贯穿一个人的一生，不是这样的吗？

"为什么这样强调敏感性呢？"第一个人问。

敏感就是去感觉爱，觉知美和丑陋；对敏感的培养难道不是你们所讨论的问题的一部分吗？

"我以前从来没有想过，但现在你指出来了，我明白了它们是相关的。"

得到正确的教育不只是学习历史或物理；也是对地球上的事物保持敏感——对动物、对树木、对河流、天空和其他人。但我们都忽略这些，我们把它当作科目的一部分来学习，某种可以学习并储存起来以备不时之需的东西。即使一个人在童年时代有这样的敏感，它通常也被所谓的文明的喧嚣破坏了。孩子的环境很会就迫使他进入值得尊敬、因循守旧的模式。温柔、爱、美的感情、对丑陋的敏感，所有这些都失落了；当然，生物性的需求仍然存在。

"对，"第三个人赞同，"我们确实全都忽略了生活的这个方面，不是吗？我们借口说没有时间，我们要考虑课程等等！"

对敏感的培养难道不是至少和书本、学历同样重要吗？但我们祈祷成功，忽略这种敏感，因为它破坏对成功地追求。

"成功不是生活中必需的吗？"

强调成功就会产生不敏感，它鼓励无情和自我中心的活动。一个野心勃勃的人怎么会对他人、对地球上的生物敏感呢？它们的存在是为了他的满足，被他当作向上爬的工具。这种敏感是至关重要的，不然你就有性的问题。

"您怎样在年轻时培养敏感呢？"

"培养"是一个不恰当的词，但既然我们已经使用了，我们就继续用下去。敏感不是什么可以实践的东西；只是告诉年轻人去观察自然、阅读诗歌等等没有什么好处。但如果你自己对美和丑敏感，在你内心之中有温柔和爱的感觉，你不认为你就能够帮助学生去爱、去体谅等等吗？你看，我们都压制或忽略这些，而沉湎于各种形式的刺激性的转换，所以问题就变得更加复杂。

"我明白您说的是正确的，但我不认为你完全了解我们的困难。我们班有三四十个男孩女孩，我们不可能和他们所有人单独讨论，不管我们多么想这样做。更何况，同时教这么多孩子是一件非常耗神的工作，我们自己已经筋疲力尽了，失去了我们的敏感。"

因此你要做什么呢？如果要理解性的要求，关心、温柔、爱——所有这些都是至关重要的。毫无疑问，通过感觉问题、讨论它、用不同的方式指出它、教师和小孩子之间重要的交流，敏感性就会被积累起来；当孩子进入青春期，他会以更广更深的理解来面对性的需求。但要给孩子带来正确的教育，你还必须教育家长，毕竟他们组成社会。

"问题是复杂而堆积成山的，我们三个人可以在这片混乱中做什么吗？个体可以做什么呢？"

只有作为个体我们才能做些什么。总是这里那里的个体，他真正地影响社会，在思想和行动上带来巨大变化。要获得真正的解放，一个人必须踏出社会的模式，贪得无厌、嫉妒等等的模式。任何模式之内的改革最终只会带来困惑和不幸。青少年犯罪只是模式之内的叛乱；教育者的作用毫无疑问是帮助年轻人打破模式，摆脱贪婪和追求权力的欲望。

"除非我们也能深刻地感受到这些事，不然我觉得我们毫无价值。这是我们主要的困难之一：我们全都这样理性，以至于我们的感情已经麻木了。我们只有强烈地感受到，才能真正地做一些事。"

# "为什么我没有洞察力？"

连续下了一个星期的雨，大地都湿透了，沿途尽是巨大的泥坑。水井中的水位升高了，青蛙们正在欢度它们的幸福时光，整夜不知疲倦地呱呱叫着。涨高的河流威胁着桥梁，但即使雨会带来巨大的危害，它仍然是受欢迎的。现在，天空慢慢地晴朗起来，头顶上漏出几块蓝天，早晨的阳光正驱散着乌云。几个月以后那些刚刚冲洗过的枝叶才会再次蒙上细腻的红色的尘土。天空是如此湛蓝，让你驻足惊叹。空气被净化了，短短的一个星期中大地突然变成了绿色。在晨光中，平静降临大地。

一只单独的鹦鹉栖息在附近一根枯死的树杈上。它没在梳理自己的羽毛，而是非常安静地坐着，但它的眼睛却四下转动，十分警觉。它身上是非常精致的绿色，长着灿烂的红色的嘴巴和淡绿色的长尾巴。你想去触摸它，感受它的色彩，但如果你稍有举动，它就会飞走。尽管它完全静止，泛着冷绿色的光，但你能感觉出它有强烈的生命，好像也要把生命赋予它所站立的那根枯枝。它的美让人叹为观止，使你忍不住屏住呼吸；你几乎不敢把眼睛从它身上移开，生怕那一瞬间它就飞走了。你见过几十只鹦鹉，疯狂地飞来飞去，并排坐在电线上，或是四散到红色的玉米地里，那些绿色的玉米还十分幼小。但这单独的一只鸟好像是全部生命的焦点、美和完善的焦点。除了这个黯淡的树杈上充满生机的绿点映衬着蓝天，此外别无他物。你的头脑中没有语言，没有思想；你甚至觉察不到你不在思考。这种专注弄得眼睛都流出了眼泪，忍不住要眨一下——可也许眨眼都会把那只鸟吓走！但它仍然在那里，一动不动，那么圆润、那么纤弱，每一根羽毛都恰到好处。只过了几分钟，但那几分钟涵盖了一天、一年和所有的时光；全部的生命就在那几分钟里，无始无终。那不是储存在记忆中的一种经验，不是被思想激活的死去的东西——思想本身也是垂死的；它完全是活生生的，因此不可能在死去的东西中找到它。

有人从花园那边的房子中喊了一声，那根枯死的树杈就突然空了。

他们三个人，一女二男，都相当年轻，大概三十来岁。他们来得很早，刚刚沐浴更衣，显然不是那些非常有钱的人。他们的脸上闪着思想的光，眼睛清澈单纯，没有那种因为过多学习而产生的掩饰的目光。那位女性是最年长者的妹妹，另一个男人是她的丈夫。我们都坐在一张席子上，席子的四周镶着红边。屋外的交通发出可怕的噪音，一扇窗户不得不关上了，但另一扇敞开的窗子朝向远离尘嚣的花园，花园里有一棵舒展的树。他们都有点儿害羞，但很快就能自由地交谈。

"尽管我们的家庭非常富裕，但我们三个人都选择过一种非常简单的生活，不要虚饰，"哥哥开口说，"我们住的地方靠近一个小村子，我们读一些书，把时间花在禅修上。我们并不想变得富有，只要能够度日就好了。我懂一点儿梵文，但不太好意思引经据典。我的妹夫更勤奋一些，但我们都还年轻，没有学多少。知识就其本身来说也没有什么意义，除非它能够指引我们，让我们走在正确的道路上，那才是有帮助的。"

我很好奇，知识是否真的有帮助；难道它不是一个障碍吗？

"知识怎么可能是一个障碍呢？"他非常焦虑地问。"毫无疑问，知识总是有帮助的。"

在哪些方面有帮助呢？

"帮助寻找上帝，过一种正确的生活。"

是吗？一位工程师必须有知识去建造桥梁、设计机器等等。知识对于那些关注事物秩序的人来说是必不可少的。一个外科医生必须有知识，知识是他受教育的一部分，也是他存在的一部分，没有知识他就不可能活下去。但知识会让头脑获得发现的自由吗？虽然知识对于应用已经发现的东西是有必要的，但毫无疑问，发现的真实状态是脱离知识的。

"没有知识，我可能会偏离通向上帝的道路。"

你为什么不应该偏离道路呢？道路是如此清晰地标出来的吗？结局是如此确定的吗？你所说的知识是什么意思？

"我所说的知识是所有一个人体验的、阅读的或被上帝教导的，是一个人必须做的事、必须实践的美德等等，以便去找到上帝。我当然不是指工程知识。"

两者之间有那么大的差别吗？工程师需要被教导怎样通过应用人类几个世纪以来积累的知识达成一定的物理结果；而你，你被教导通过控制你的思想、培养美德、多行善事等等达成内在的结果，所有这些同样是经过几个世纪积累起来的知识。工程师有他自己的书和老师，你有你的。你们都被教会一种技术，你们俩都有达成一个结果的欲望，你有你的路，他有他的。你们俩都追求结果。难道上帝、或真理是一种结果吗？如果是，那它只是头脑拼凑的；拼凑在一起的东西就能分别租借出去。因此，知识在发现真实方面有帮助吗？

"虽然您这样说，先生，但我完全不能确定它没有帮助，"丈夫回答，"没有知识，怎样踏上道路呢？"

如果结局是固定的，如果是一个死亡的事物，没有运动，那可能有一或多条道路通向它；但真实、上帝、或随便你叫它什么，是一个有着永久地址的固定住所吗？

"当然不是。"哥哥热切地说。

那怎么会有一条通向它的道路呢？毫无疑问，真理是没有途径的。

"那样的话，知识的作用是什么呢？"丈夫问。

你是你被教导的结果，你的体验是基于那样的制约；反过来，你的体验会加强或更改你的制约。你就像一个留声机，也许播放着不同的唱片，但仍然是一个留声机；你播放的唱片是由你被教导的东西组成的，不管那是他人的经验还是你自己的。是这样的，不是吗？

"是的，先生，"哥哥回答，"但是难道没有**不是**被教导出来的一部分的我吗？"

有吗？毫无疑问，你称之为自性、灵魂、更高的自我等等，仍然在你阅读或被教导的范围内。

"您的陈述是这样清晰而有意义，不管我自己的想法怎样，它还是令人信服。"哥哥说。

如果你只是信服，那你并没有看到真理。真理并不是信服或赞同什么。你可以赞同或不赞同观点和结论，但事实不需要赞同；它就是这样。一旦你发现所说的是事实，那你就不仅仅是信服：你的头脑已经经历了根本的转化。你就不再是透过信服或信仰的镜头来看待事实；它直达真理和上帝，没有知识，没有任何唱片。那唱片是"我"、自我、自负者、知道者、被教导者、美德的实践者，以及与事实发生冲突者。

"那为什么我们要努力奋斗去获得知识呢？"丈夫问道。"知识难道不是我们存在的重要部分吗？"

如果对自我有所领悟，知识就有它正确的位置；但没有这种领悟，追求自知就会带来成就感、达成感；它就像在世俗的成功一样令人兴奋和愉快。一个人可以放弃外在存在的东西，但是在获得自知的奋斗中有一种成就感，像猎人捕获了猎物，类似于世俗的满足。通过积累关于过去**已然**是和现在所**是**的知识，并没有领悟自己、"我"和自我。积累歪曲了洞察力，当头脑被知识压迫，就不可能在自我的日常活动中，在它的迅速而狡猾的反应中领悟自我。只要头脑中有知识的负担，它自己是知识的结果，它就不再是新的、不受污染的。

"我可以问一个问题吗？"那位女士相当紧张地问。她一直安静地倾听，出于对她丈夫的尊敬，犹犹豫豫地没有发问；但是现在其他两个人都不情愿地安静下来，她就开了口。"如果可以我想问，为什么有的人有洞察力，有全然完整的理解力，而另一些人只能看到不同的细节，无法抓住整体。为什么不是所有的人都有这样的洞察力，这种看到整体的能力，就像您拥有的那样？为什么一个人有，而另一个人没有？"

你认为它是一种天赋吗？

"好像是这样，"她回答，"那可能意味着神性有所偏爱，我们剩下的人就没有多少机会。我希望不是这样。"

让我们看一看。现在，为什么你会问这个问题？

"出于简单而明显的理由，我想拥有深刻的洞察力。"现在她不再害羞了，像其他两个人一样热烈地讨论着。

所以你的提问是被一种获得欲驱使的。获得、达成、或成为什么，意味着一个积累的过程，并以积累的东西来确认身份。这不是事实吗？

"是的，先生。"

获得也意味着比较，不是吗？没有这种洞察力的你，正在把你和有洞察力的人相比较。

"是这样的。"

但所有这样的比较都显然是嫉妒的结果；难道洞察力要通过嫉妒来唤醒吗？

"不，我想不是。"

世界充满了嫉妒、野心，你可以在无尽的追求成功、门徒和师父的关系、师父和更高的师父的关系等等无穷无尽的例子中看到它；它确实会提高一定的能力。但是完全的了解、全然的觉知是这样一种能力吗？它是以嫉妒和野心为基础的吗？还是当所有获得的欲望都消失了，这种能力才会形成？你明白吗？

"我不明白。"

得到的欲望是基于自负，不是吗？

她犹豫着，然后慢慢地说，"现在你指出来，我明白它本质上是的。"

因此是你大方面和小方面的自负，使你问这个问题的。

"恐怕这也是事实。"

换句话说，你问这个问题是出于想成功的欲望。现在可以没有嫉妒、不强调"我"来问同样这个问题吗？——为什么我没有深刻洞察力？

"我不知道。"

头脑受到动机的局限，还能提问吗？思想以嫉妒、自负、成功欲为中心，它可以自由地漫步远方吗？真正的提问，不是应该让中心消失吗？

"您的意思是说，如果一个人想拥有深刻的洞察力，欲望或者成为什么的嫉妒、野心必须完全消失？"

请允许我再说一遍，你想拥有这种能力，因此你会开始约束自己以便得到它。你，可能的拥有者，仍然是重要的，而不是能力本身。只有当头脑没有任何欲望时，这种能力才会产生。

"但是您前面说过，先生，头脑是时间、知识、动机的结果；这样的头脑怎么会没有任何动机呢？"

把这个问题留给你自己吧，不要只是口头上、肤浅地问自己，而要像一个饥饿的人想获得食物一样认真。在你寻问、探究的时候，发现你探究的原因是很重要的。你可以出于嫉妒发问，也可以没有任何动机地提问。真正探寻全然完整的洞察能力的头脑状态是完全谦卑、完全安静的；这种谦卑、安静，就是能力本身。它不是什么可以获得的东西。

# 改革、革命和寻找上帝

那天早上的河流是灰色的，像溶化的铅。巨大的太阳带着燃烧的光芒从沉睡的树林间升起，但地平线上的云迅速就遮住了它。一整天，太阳和云朵都在为最后的胜利而彼此较量。通常，河面上可以看到渔夫的身影，他们坐在状似冈多拉的小船上；但今天早上他们不在，河流是孤独的。某个巨大的动物膨胀的尸体漂过来，上面有几只秃鹫，尖叫着，撕扯着肉。另一些秃鹫也想分享，但它们被巨大的、鼓动的翅膀赶走，直到那几只秃鹫吃饱了为止。乌鸦们愤怒地嘎嘎叫着，想挤进那些庞大的笨重的鸟之间，但它们没有机会。除了围绕着死尸的吵闹烦扰外，宽大弯曲的河流是平静。对岸的村子一两个小时之前就已经醒过来了。村民们互相叫嚷着，他们响亮的声音清晰地传过河水。那些叫嚷好像包含着某种快乐，温暖而友好。一个声音从河面传过来，声音在清朗的空中传送，另一个人就会在河流上游的某个地方或是对岸作答。这些好像都没有打搅早晨的安静，那中间包含着巨大而持久的平静感。

汽车沿着粗糙的、少有人走的道路行驶，卷起一阵尘土，落在树木和几个赶路的村民身上，那些村民们往来于污秽的、四下延伸的城镇。学校的孩子们也使用这条路，但他们好像并不在意尘土；他们都被孩子们的欢笑和游戏吸引住了。进入主路后，汽车穿过市镇、越过铁路，很快又进入了干净、开阔的乡村。这里很漂亮，牛羊散在绿色的田野中、巨大的古树下，你好像以前从未见过它们。穿过肮脏贫穷的城镇时，大地的美丽好像被夺走了；但现在美丽又还给了你，你很惊讶地看到土地和土地之上的东西的美。有一些巨大的被喂得饱饱的骆驼，每一只都扛着大捆的黄麻。它们从不匆忙，保持着稳健的步子，头颅在空中伸得笔直；每捆黄麻上都坐着一个人，指挥着笨拙的动物们向前。令人大吃一惊的是你可以看到路边有两只巨大的、缓慢摇摆行走的大象，快乐地披着一块描金刺绣的红布，它们的长牙上装饰着银色的带子。它们被带去参加某些宗教仪式，是为那场合而装扮的；但它们却被停下来，那儿有一番交谈。它们巨大的身躯居高临下；但它们是温柔的，所有的敌意和愤怒都消失了。你抚摸着它们粗糙的皮肤；它们的脚尖温和好奇地碰触你的手掌，又移开了。男人叫嚷着让它们继续走，大地好像都随着它们一起移动。一个小小的两轮车开过来，由一匹又瘦又累的马拉着。车子没有顶棚，拉着一具死尸，用白布裹着。那尸体松松地躺在未装弹簧的车面上，马沿着颠簸不平的道路小跑，车夫和死尸都跟着上下颠簸。

北方来的飞机已经到达了，乘客们从飞机上走下来，他们再次起飞前会休息半个小时。三个政治家，仅从他们的外表看，就一定是非常重要的人物——据说是内阁大臣。他们走到水泥路上，就像一艘船穿过狭窄的运河，声势显赫，高于一般人群之上。其他乘客在他们身后保持着几步距离。每个人都知道他们是谁，如果有人不认识也会马上被告知，人群变得安静下来，在大人物的光辉中注视着他们。但土地仍然是绿色的，一只狗在叫，地平线处有积雪覆盖的山峰，一番令人惊讶的景象。

一小群人聚在一个巨大的、空荡荡的房间里，但只有四个人说话，好像这四个人是代表所有的人讲话。这不是事先安排好的，但它自然而然地发生了，其他人显然很乐意这样。四人中的一个个头很大，十分自信，倾向于迅速而容易地发表观点。第二个人身材上没有那么高大，但是他目光锐利，举止轻松。另外两个人更矮一些，但他们肯定都博览群书，十分健谈。他们说，他们都四十来岁，阅历丰富，从事着他们感兴趣的不同工作。

"我想讨论挫折，"大高个说，"它是我们这一代人的咒语。我们好像都有这样那样的挫折，其中一些人变得痛苦而愤世嫉俗，总在批评别人，热衷于诋毁他人。成千上万的人在政治清算中被杀死。但是我们应该记得我们也能用言辞和手势杀死别人。就我个人来说，我并不偏激，虽然我的大半生都致力于社会工作和社会进步。像其他许多人那样，我瞎搞过共产主义，在其中一无所获；如果有什么，那就是倒退的运动，它显然不是未来。我曾在政府任职，但对我来说没有太大的意义。我阅读相当广泛，可阅读并不会使人心更加明朗。我很快投入辩论，但我的理智说一件事，我的心说另一件。许多年来我陷入和自己的战争，好像没有办法摆脱这种内在的冲突。我是一个巨大的矛盾体，内心之中我正在慢慢地死亡……我并不是要讨论所有这些，但我还是说了。为什么我们的内在死亡和枯萎？这不仅发生在我身上，也发生在这个国家的伟人身上。"

你说的死亡和枯萎是什么意思？

"一个人可能职责在身，可能努力工作达到顶峰，但内心之中他已经死了。如果您告诉我们当中所谓的大人物——他们的名字每天出现在报导他们言行的报纸上——他们实质上是迟钝而愚蠢的，他们会非常害怕；但是像我们一样，他们也在枯萎，内心中腐蚀。为什么？我们过着道德的、受人尊敬的生活，但没有活力。我们中的一些人不为自己奋斗——至少我不这样认为——但我们的内在生活也在衰退；不管我们知道不知道，不管我们是生活在部长大楼还是奉献者空荡荡的房间里，在精神上我们已经有一只脚踏进了坟墓。为什么？"

那不是因为我们被自负、功成名就的骄傲和对头脑来说有重要价值的事情窒息了吗？如果头脑被它收集的东西压迫得过度忧虑，心就枯萎了。每个人都想爬上功成名就的梯子，这不是非常奇怪的吗？

"我们是在这种观念的基础上长大的。我猜想只要一个人爬在那梯子上，或坐在梯子的顶端，挫折就不可避免。但是一个人怎样克服这种挫折感呢？"

非常简单，不要爬上去。如果你看到梯子，知道它通向哪里，如果你明白它的深层含义，那就连第一步都不要踏上去，你就永远不会受挫。

"但我不能只是安安静静地坐着，腐烂下去！"

现在在你无休止的活动中你正在腐烂；如果像自我约束的隐士，你只是安静地坐着，而内在燃烧着欲望之火，怀着对野心和嫉妒的恐惧，你会继续枯萎下去。先生，腐败随着尊敬而产生，这不是事实吗？这并不是说一个人必须声名狼藉。你非常注重道德，不是吗？

"我努力这样。"

社会道德导致死亡。对美德的注重就是体面的死亡。从外到内你都在服从社会道德规范，不是吗？

"除非我们大部分人这样做，不然整个社会结构就会崩溃。您不是在鼓吹道德无政府主义吧？"

是吗？社会道德只是受人尊敬。野心、贪婪、功成名就的自负、权力地位的残酷、以意识形态或国家为名的杀戮——这就是社会道德。

"但是，我们的社会和宗教领导确实至少反对其中的一些事情。"

事实是一回事，鼓吹是另一事。为了意识形态和国家而杀戮是受人尊敬的，杀人者、组织大屠杀的将军受到高度尊重，被授以勋章。掌权者处于国家重要的位置。鼓吹者和被鼓吹者在同一条船上，不是吗？

"我们所有的人都在同一条船上，"第二个人插进来，"我们正在为此而奋斗。"

如果你发现船有许多洞，正在迅速下沉，你不会跳出去吗？

"船还没有那么糟糕。我们必须修补它，每个人都应该援之以手。如果大家都这样做，船就会飘浮在生活的河流中。"

你是一个社会工作者，不是吗？

"是的，先生，我是一个社会工作者，我因此有机会近距离地接触一些我们最伟大的改革家。我相信改革是唯一摆脱混乱的道路，而不是革命。看看苏联革命导致的结果吧！不，先生，真正伟大的人物总是改革家。"

你的改革是什么意思？

"改革就是通过我们预先构想的不同方式逐步地提高人们的社会和经济状况；它会减少贫穷，扫除迷信，去除阶级划分等等。"

这种改革中总是在现有的社会模式中。一群不同的人登上社会顶端，新的律法被制订出来，可能有工业国有化，等等；但它总是在现有的社会框架内。那被称之为改革，不是吗？

"如果您反对改革，那您只能赞同革命；我们都知道一次世界大战之后的大革命已经证明是一场倒退的运动，就像我朋友指出的，各种恐怖和镇压的罪恶。工业化的共产主义可能会进步，他们会赶上甚至超过其他国家；但人们不能只靠面包生活，我们肯定不希望遵循**那种**模式。"

模式内、社会框架内的革命根本不是革命；它可能会进步或者倒退，但就像改革一样，它只是已经存在的变相延续。不管改革多么好、多么有必要，它只会带来肤浅的改变，改变又需要进一步的改革。这个过程是没有止境的，因为社会在它自身存在的模式中分裂。

"先生，那么您是坚持认为，所有的改革不管多么有益，都只是拼拼补补的工作，没有什么改革能够带来全然的社会转变？"

全然的转化不会在任何社会模式中发生，不管这个社会是君主专制的还是所谓民主的。

"民主社会不是比警察或专制国家更有意义和价值吗？"

当然。

"那您说的社会模式是什么意思？"

社会模式是建立在野心、嫉妒、个人和集体的权力欲望、等级观念、意识形态、教条、信仰之上的人类关系。这样的社会通常表示相信爱和善；但它总是准备杀戮、投入战争。在这样的模式中，改变根本不是改变，虽然有可能爆发革命。当病人需要一个大手术时，仅仅减轻症状是很愚蠢的。

"但谁是外科医生呢？"

你必须为你自己做手术，不能依靠另一个人，不管你认为他是多么好的一个专家。你必须踏出社会模式之外——贪婪的、占有的、冲突的模式。

"我踏出模式之外会影响社会吗？"

首先踏出去，然后看看发生什么。待在模式之内问你踏出之后会发生什么只是一种逃避形式，一种虚假而无用的探究。


"和那两位先生不同，"第三个人语调温和愉快地说，"我不认识什么显要人物；我生活在完全不同的圈子里。我从没想过成名，而是待在幕后，默默无闻地做自己的事。我抛弃了妻子，抛开家庭和孩子的快乐，把自己完全奉献给解放祖国的工作。我非常热情非常勤奋地做这些。我不为自己谋求权力，只想让我的国家获得自由，变成一个神圣国家，再次拥有印度的光辉和优美。但是我看到事情是怎样发展的；我目睹了自负、夸耀、腐败、偏袒，听到了不同政治家的空谈，包括我自己所属党派的领导者。我并不是要牺牲我的生活、快乐、妻子、金钱使那些腐败的人能够统治国家。我为了国家的利益远离权力——结果只看到野心勃勃的政治家登上权力的位置。现在我认识到我白白浪费了生命中最好的年华，我觉得好像是自杀。"

其他人都安静下来，为刚才的话震惊；因为他们都是实际上或心里的政治家。

先生，大部分人错误地扭曲了他们的生活，也许发现太晚了，或者根本没有发现。如果他们得到地位和权力，他们就以国家的名义进行破坏；他们以和平、上帝的名义成为不幸的制造者。自负和野心以不同程度的野蛮和无情统治着这个国家的每个地方。政治活动只涉及生活很小的一部分；它有它的重要性，但当它侵占了存在的全部领域，就像它现在的所作所为那样，它就变成荒谬的，腐蚀思想和行动。我们赞美、尊重有权力的人、领导，因为我们内心中也有同样的对权力和地位的渴望，同样的控制和独裁的欲望。正是每个个体促成了领导的形成；正是出于每个人的困惑、嫉妒和野心，领导被制造出来，追随领导就是追随一个人自己的需要、要求和挫折。领导和追随者都要对人类的不幸和困惑负责。

"我认识到您说的事实，虽然对我来说很难承认它。现在，这么多年以后，我真的不知道该做什么。我的内心在流泪，但所有这些又有什么用呢？我不可能不做已经做过的事。我已经用言辞和行动鼓励成千上万的人去接受、去跟从。他们中许多人像我一样，虽然没有我这么极端；他们从对一个领导者的忠诚转换为另一个，从一个党派到另一个党派，从一套口号到另一套。但我摆脱了所有这些，我不再想接近任何一个领导。我白白地奋斗了这么多年；我精心培育的花园变成了碎石瓦砾。我妻子死了，我没有伴侣。我现在明白我追随的是人造的神：国家、领导的权威和自我重要性的幻想。我是盲目而愚蠢的。"

但如果你真的认识到你所做的是愚蠢和徒劳的，它只会带来更大的不幸，那就已经是清楚的开始。如果你的目的地是向北，当你发现你实际上在向南时，那个发现就是掉头向北。不是这样的吗？

"并没有那么容易。我现在认识到我所走的路只会导致不幸和人类的毁灭；但我不知道有其他什么路可走。"

没有路通向真理，它超越所有人类建造出来、踩踏出来的道路。要找到无路的真实，你必须在虚假中看到真实，或者说看到虚假是虚假。如果你洞察到你踏上的路是虚假的——不和其他东西比较，不用失望来判断，也不通过社会道德的评估，而是看到虚假本身——那么这个对虚假的洞察就意味着觉照到真实。你不需要追求真实；真实会把你从虚假中解放出来。

"但我仍然感到要用自杀来结束这一切。"

要结束一切的愿望是痛苦和深层挫折的结果。如果你所走的道路会通向你所认定的目标，即使它本身是完全错误的；一句话，如果你取得了成功，那就没有挫折感，没有痛苦的失望。除非你碰上最后的挫折，你从来不会质疑你的所作所为，从不会探究它本身是真实还是虚假的。如果你这样做，事情可能完全不同。你被自我满足的潮水席卷而走；现在它留给你孤独、挫折和失望。

"我想我明白您的意思。您是说任何形式的自我满足——国家、善行、某个乌托邦的理想——必定会导致挫折、导致头脑贫瘠的状态。现在我可以非常清楚地觉察到这一点。"

头脑中善的绽放——它和达到一个结果、成为什么的"善"非常不同——它本身就是正确的行动。爱是它自身的行动、自身的永恒。

"虽然天晚了，"第四个人说，"我还可以问一个问题吗？信仰上帝会帮助一个人找到它吗？"

要找到真理和上帝，既不能有信仰也不能没有信仰。信仰者和非信仰者是一样的；如果人们的思想是由他们的教育、环境、文化、自身的希望和恐惧、快乐和悲伤所塑造的，他们就不会找到真理。没有摆脱所有这些影响束缚的头脑就永远不会找到真理，不管它做什么。

"那寻找上帝不重要吗？"

一个恐惧、嫉妒、贪婪的头脑怎样发现超越它自身的东西呢？它只能发现自己的投射、影像、信仰和陷入其中的结论等等。要发现什么是真的、什么是假的，头脑必须自由。不了解自身而去寻找上帝没有什么意义。带有动机的寻找根本不是寻找。

"没有动机有可能寻找吗？"

如果有寻找的动机，寻找的结果就是已知的。因为不快乐，你寻找快乐；因此你已经停止寻找，因为你认为你已经知道什么是快乐。

"那寻找是一个幻象吗？"

许多幻想中的一个。头脑没有动机时，当它摆脱了欲望、不被欲望控制时，当它全然静止时，那**就是**真理。你不需要寻找它，你不必追求它、邀请它。它必定会来。

## 吵闹的孩子和安静的头脑

云彩一整天都从山间宽阔的裂隙中冒出来，堆积在西边的山丘之上。它们依旧是黑色的，威胁着山谷，晚上可能会下雨。红色的土地很干，但树木和野生的灌木是绿色的，因为几个星期以前下过雨。许多小溪在山谷中蜿蜒，但它们永远到不了大海，因为人们用那些水灌溉他们的稻田。有些田已经耕耘过，浸在水下，等待着播种，但大部分已经长满绿色的秧苗。那种绿让人难以置信；它不是山体斜坡由于被水冲刷而产生的绿，也不是精心照料的草坪的绿，不是春天的绿，也不是橘子树柔嫩的新芽在老叶中的绿；它完全是另一种绿；它是尼罗河的绿、橄榄绿、铜绿，是所有这些的混合因而更丰富。其中有一种人造的感觉，一种化学的感觉；早晨，太阳刚刚升到东山之上，那种绿拥有大地最古老部分的绚烂和华美。很难相信这种绿存在于这个只有村民居住的山谷之中，不为人知。对村民们来说，这只是日常景致、他们必须站在齐藤深的水中为之辛劳的东西；现在，在长久的准备和照料之后，有了这些难以置信的绿色的田野。雨会来帮忙，黑色的云信守诺言。

到处都是降临的夜色和低悬的云；但是一缕夕阳触碰到东面山丘上大岩石光滑的一边，岩石在聚集的阴暗中突显出来。一群村民经过，大声交谈着，前面赶着他们的牛。一只山羊迷路了，小男孩叫嚷着喊它回来；山羊没有在意，男孩儿追赶着它，生气地扔着石头，直到最后它终于折了回来。现在天色相当暗了，但你仍然可以看到路边树丛上的一朵白花。一只猫头鹰在附近叫着，另一只隔着山谷应和。它们低沉的呼唤声在你内心中颤动，你停下来倾听。一些雨点落下来了。很快它就急切起来，雨水打在干燥的土地上散发出令人愉快的气息。


这是一个干净舒适的房间，地上铺着一块红色的席子。屋子里没有花，但也没有必要。外面是绿色的土地；蓝色的天空中孤云独自游荡，一只鸟在叫。

他们三个人是一位女性和两位男士。其中一个男的从山上来，他在那里过着与世隔绝、静思默想的生活。另外两个是附近一个镇上学校的老师。他们坐汽车来，因为骑自行车太远了。汽车很拥挤，路也不好；但他们说很值得，因为他们有些事要讨论。他们两个都很年轻，说他们很快就要结婚了。他们解释说他们的收入少得可怜，要想维持收支平衡会很困难，因为物价在不断上涨；但他们看起来愉快幸福，对他们的工作充满热情。从山上来的那个人在一旁沉默静听。

"在许多问题中，"女老师先开了口，"其中一个就是吵闹。在学校里小孩子们总是有这么多吵闹，有时变得几乎无法忍受；你差不多听不见你自己的讲话。当然，你可以惩罚他们，迫使他们安静下来；但对他们来说吵吵嚷嚷、发泄精力是这么自然的一件事。"

"但在有些场合你必须禁止吵闹，比如教室或者饭厅，不然就不可能生活，"另一个老师回答，"你不可能整天允许吵闹和叫嚷；毕竟有些阶段所有的吵闹必须停下来。孩子们必须被教导这个世界上除了他们以外还有其他人。体谅他人像算术一样重要。我同意通过惩罚的威胁迫使他们保持安静没有什么好处；但另一方面，理性地和他们讨论好像并不能阻止他们不断地叫喊。"

"制造吵闹是那个年龄段生活的一部分，"他的同伴继续说，"用那种愚蠢的方式让他们安静下来是不自然的。但安静也是存在的一部分，虽然他们看上去好像根本不关心，但我们必须帮助他们在需要安静时安静下来。在安静中一个人听到更多看到更多；那就是为什么让他们了解安静是很重要的。"

"我同意他们应该在某些时候安静下来，"另一个老师说，"但我们怎样教他们安静下来呢？看到成排的孩子被迫安静地坐着是很愚蠢的；那是非常不自然、不人性的事。"

可能我们可以完全不同地来处理这个问题。你们什么时候会被吵闹弄得烦躁起来？一只狗在夜里叫起来；它吵醒了你，你可能有办法解决，也可能无可奈何。但只有当你抵制吵闹时，吵闹才变得令人厌烦、痛苦、烦躁。

"如果吵闹持续了一整天，那就不仅仅是让人烦躁，"男老师抗议说，"它让你的神经紧张，直到你也想大吼大叫。"

如果可以的话，让我们目前先把孩子们的吵闹放在一边，考虑一下吵闹本身和它对我们每个人的影响。如果有必要，我们可以以后讨论孩子和他们的吵闹。

现在，你什么时候觉察到吵闹会打扰你？毫无疑问，只有当你抵制它的时候；只有当它令人不愉快时你才抵制它。

"是这样的，"他承认，"我欢迎优美的音乐；但我抵制孩子们可怕的叫嚷，它不总是愉快的。"

抵制吵闹增加了它造成的打扰。那就是我们在日常生活中所做的：保持美丽，拒绝丑陋；抵制罪恶，培养善；逃避恨，思考爱，等等。我们内心之中总有这样的自我矛盾、对立面的冲突；这样的冲突不会导致什么结果。不是这样的吗？

"自我矛盾是不愉快的状态，"女老师回答说，"我了解得太清楚了；我猜想它也是没有用的。"

只对局部的事物敏感是麻木的。对美敞开，而对丑陋抵制，就没有敏感性；欢迎安静而拒绝吵闹是不完整的。敏感是觉照安静和吵闹，既不追求一方也不抵制另一方，它没有自我冲突，是完整的。

"那用什么样的方式能帮助孩子们呢？"男老师问。

孩子们什么时候安静下来？

"当他们感兴趣、被某件事吸引的时候。那时就有绝对的安静。"

"不仅是那时候他们会安静下来，"他的同伴迅速地补充说，"当一个人内在完全安静下来时，孩子们也能感觉到，他们也会安静下来；他们会敬畏地看着你，想知道发生了什么。你没有注意到吗？"

"我当然知道。"他回答说。

那可能就是答案。但我们很少安静下来；尽管我们可能不在说话，头脑却在不停地闲谈，进行着安静的对话，和它自己辩论，想像、回忆往事或者预想未来。它们毫不平静，吵吵闹闹，总在和什么奋斗，不是吗？

"我从来没想过，"男老师说，"就内在而言，一个人的头脑当然像孩子们一样吵闹。"

我们还以其他方式吵闹，不是吗？

"我们吗？"他的同伴问。"什么时候？"

当我们情绪激动的时候：在政治会议上、庆祝宴会上、当我们生气的时候、当我们受挫折时，等等。

"对对，是这样的，"她赞同说，"我在游戏等等的情况下真的很兴奋，我经常发现我自己在吵闹，虽然外在安静，但内在却是这样的。天哪，我们和孩子们之间没有太大的区别，不是吗？他们的吵闹可能比我们成人制造的天真得多。"

我们知道什么是安静吗？

"当我被我的工作吸引了，我就安静下来，"男老师回答说，"我意识不到周围发生的任何事。"

当孩子被他的玩具吸引时也是这样的；但那是安静吗？

"不是，"从山上来的隐士插进来说，"除非一个人完全控制了心智、思想被主导，没有任何分散时才有安静。吵闹是头脑喋喋不休的声音，为了让头脑安静下来，它必须被压制。"

安静是吵闹的对立面吗？压制头脑中喋喋不休的闲谈意味着带有抵制的控制，不是吗？安静是抵制的结果，是控制吗？如果是这样，它是安静吗？

"我不太明白您的意思，先生。除非头脑的闲谈停止了，四处游荡被控制了，不然怎么会有安静呢？头脑就像一匹野马必须被驯服。"

就像一位老师前面说的，迫使孩子安静下来没有什么好处。如果你这样做，他可能安静几分钟，但他很快又会开始制造噪音。当你强迫他的时候，孩子真的会安静吗？外在他可能出于害怕或者希望得到奖励安安静静地坐着，但是内心中他在沸腾，等待着时机来消耗他吵闹的闲谈。是这样的，不是吗？

"但头脑是不同的。头脑中更高的部分必须控制和引导低层次部分。"

老师可能也会把自己看作更高的实体，他必须引导和塑造孩子的头脑。相似性是非常明显的，不是吗？

"确实是这样的，"女老师说，"但我们仍然不知道怎样对付吵闹的孩子。"

我们先不要考虑怎样做，除非完全了解了问题。这位先生说头脑和孩子是不同的；但你如果观察它们两者，会发现它们没有这么大的差别。孩子和头脑之间有非常大的相似性。压制只会导致制造噪音、闲谈的愿望不断增加；内在建立起来的紧张必须找到不同的发泄方式。就像一个热水器积蓄了一大堆水蒸气；它必须有一个出口，不然它会燃烧起来。

"我不想争论，"山上来的人继续说，"但如果不通过控制，头脑怎样停止吵闹呢？"

通过多年的控制、压制、练习瑜珈系统，头脑可能是安静的，有一些神秘体验；或者，通过服用现代的毒品，同样的结果有时可能一夜之间就能达成。但虽然你达成了它们，结局却还是依靠一种方式，方式——也许毒品也是——是一种抵制、压制的方式，不是吗？现在，安静是压制吵闹吗？

"是的。"隐士断言。

那么爱，是压制恨吗？

"那是我们通常所想的，"女老师插进来说，"但如果一个人看看实际的事实，就会发现那种思考方式是多么愚蠢。如果安静仅仅是压制吵闹，那它仍然和吵闹相关，这样的'安静'也是吵闹，它根本不是安静。"

"我不完全明白，"山上来的人说，"我们都知道吵闹是什么，如果我们减少它，我们就会知道安静是什么。"

先生，与其理论化地讨论，不如让我们现在实际体验一下。让我们慢慢地、谨慎地，一步一步地看看我们是否能直接体验和领悟头脑的实际运行。

"那是非常有益的。"

如果我问你一个简单的问题，像"你从哪儿来？"你立刻就能回答，不是吗？

"当然。"

为什么呢？

"因为我知道答案，我非常熟悉它。"

因此思考的过程只需要一秒，一瞬间就结束了；但是一个复杂一点儿的问题需要更多的时间来回答；那肯定有一定的迟疑。这迟疑是安静吗？

"我不知道。"

一个复杂的问题和你的答案之间存在着时间间隔，因为你的头脑要在记忆档案中寻找答案。这个时间间隔并不是安静，不是吗？在这个间隔中有不断地探究、摸索、挑选。它是一个活动，回到过去的运动；但它不是安静。

"我明白。任何头脑的运动，不管是回到过去还是进入未来，显然都不是安静。"

现在，让我们更深入一点儿。对于你不能在你的记忆档案上找到答案的问题，你的回答是什么？

"我只能说我不知道。"

那你头脑的状态是什么样的呢？

"它是一种强烈的悬而未决的状态。"女老师插进来。

在那种悬而未决中你等待一个答案，不是吗？所以它仍然是一个运动，在两次闲谈的间隙之间的期盼，问题和最终答案之间的期盼。这期盼不是安静，不是吗？

"我开始明白您所指的意思了，"隐士回答说，"我明白等待一个答案和翻检过去的事情都不是安静。那么什么**是**安静呢？"

如果所有头脑的运动都是吵闹的，那安静是这个吵闹的对立面吗？

爱是恨的对立面吗？或者安静是和吵闹、闲谈、恨全然无关的一种状态？

"我不知道。"

请考虑一下你在说什么。当你说你不知道的时候，你的头脑的状态是什么呢？

"我恐怕又是在等待一个答案，盼望您能告诉我什么是安静。"

换句话说，你希望对安静有一个字面上的描述；任何对安静的描述必然和噪音相关；因此它只是喧闹的一部分，不是吗？

"我真的不明白，先生。"

一个问题促使记忆机器开始运转，这是一个思考的过程。如果问题非常熟悉，机器就会立刻回答。如果问题复杂，机器就花更长的时间回答；它必须在记忆档案中摸索找到答案。如果问题的答案不在档案上，机器就会说，"我不知道。"毫无疑问，这整个过程是噪音的机械系统。不管外在多么安静，头脑一直都在运转，不是吗？

"是的。"他热切地回答。

现在，安静只是停止这种机械系统吗？或者安静全然和机械系统分离，不管机械系统是停止的还是正在运转？

"您是在说，先生，爱是全然和恨分离的，不管恨是否存在？"女老师问。

不是吗？进入恨的结构看一看，爱不可能被织进去。如果能，那它就不是爱。它可能有所有爱的特征，但它不是爱；它是完全不同的东西。这是真正重要的，需要被领悟。

一个野心勃勃的人不可能知道和平；野心必须完全消除，只有那时才有和平。如果一个政治家讨论和平，那只是空话，因为成为政治家也就是在心里充满野心和暴力。

领悟什么是真实的、什么是虚假的，就是领悟本身的行动，这样的行动将是有效的、显著的、"实用"的。但我们大部分人都陷在行动、操作或组织之中，执行某项计划，那对什么是真的什么是假的来说复杂而毫无必要。那就是为什么所有我们的行动都必然地导致伤害和不幸。

仅仅缺少恨并不是爱。驯服恨，迫使它安静，并不会通向爱。安静不是吵闹的结果，它不是吵闹导致的反应。从吵闹中成长出来的"安静"扎根在吵闹中。安静全然外在于头脑机械化的状态；头脑不可能了解它，头脑努力达到安静仍然只是吵闹的一部分。安静和吵闹无关。吵闹必须全然停止，安静才会存在。

如果老师心中有安静，他就会帮助孩子们安静下来。


## 有注意的地方，真实就在


浮云背靠着群山，遮住了它们和远处的山峰。一整天都在下雨，轻柔的毛毛细雨不会冲走泥土，空气中有种令人愉悦的茉莉花和玫瑰香味。田里的谷物正在成熟，岩间山羊们吃草的地方是低矮的灌木，这里那里点缀着一棵扭曲的古树。山侧上方有一眼泉水，从夏到冬一直在流淌，泉水流下山的时候发出悦耳的声音，穿过小树丛，消失在村子后面广阔的田野里。一座横跨小溪的碎石小桥正在兴建，由一个地方的工程师监督村民们建造。工程师是一位和善的老人，如果他在，人们就从容不迫地工作，但如果他不在，就只有一两个人在继续；剩下的人放下他们的工具和篮子，围坐在一起闲谈。

沿着溪边的路走来一个村民，带着十几头驴子。它们驮着空袋子从附近的镇上回来。那些驴的腿又瘦又优雅，它们快捷地一路小跑，时不时在路边的绿草丛中休息一下，啃两口草。它们正在回家，所以没有被驱赶。路边只有星星点点被开垦过的土地，一阵微风搅动着地里的玉米。在一所小房子里，一位妇女用清脆的嗓音在歌唱，这歌声让你忍不住流泪，不是出于某种怀旧的记忆，而是纯粹的声音之美。你坐在一棵树下，大地和天空进入你的存在。歌声和红色的土地之外是寂静，所有的生命在其中生生不息的全然的寂静。树丛间现在有一些萤火虫，在渐渐聚集的黑暗中它们是光明而清晰的；它们带来的光亮让人吃惊。在一块暗淡的岩石上，那一只萤火虫温和闪烁的光包含了整个世界的光明。

他年轻且非常真诚，目光清晰锐利。虽然三十多岁了，但他还没有结婚。不过他补充说，性和婚姻不是一个严重的问题。他是一个体格发达的人，手势和行动中充满了活力。他没有读很多书，但读过一些严肃的书，考虑过一些事情。他在某个政府办公室任职，他说他的薪水很不错。他喜爱户外运动，尤其是网球，显然非常擅长这项运动。他并不喜欢电影，朋友不多。他解释说他的实际运动就是每天早晚各有一个小时的禅修；听了前一个晚上的演讲后，他决心来讨论一下禅修的意义和重要性。在他还是个孩子的时候，他经常和他父亲一起到一个小屋子里打坐；他在那儿只能待上十来分钟，父亲好像并不在意。那间屋子墙上只有一张画，除了为着禅修的目的之外，没有家人会到这里来。在这件事上父亲既没有鼓励他也没有阻止他，他从未告诉他怎样禅修，或者禅修是什么，但不知何故，他从小就喜爱禅修。大学的时候，他很难有固定的钟点练习；但后来一旦有了工作，他就每天早晚各打坐一个小时，现在他不会为了世上的任何事情而失去这两个小时的禅修。

"先生，我来这儿不是为了争论，或者为什么辩护，而是要学习。虽然我读了为不同性格而设计的不同种类的禅修，也发展了一种控制自己思想的方式，但我还没有愚蠢到认为我所做的就是真正的禅修。可是如果我没有搞错，大部分禅修的权威确实提倡控制思想；那好像是禅修的根本。我也练习一点儿瑜伽，作为一种平静头脑的方式：特殊的呼吸练习，重复一定的词和赞美诗，等等。所有这些只是要介绍我自己，它可能并不重要。重要的是，我真的对禅修实践有兴趣，它对我来说至关重要，我想知道得更多一些。"

只有了解禅修者，禅修才有意义。在练习你所说的禅修时，禅修者和禅修是分开的，不是吗？为什么它们两者之间有这样的差异、这样的隔阂呢？这是必然的，还是这个间隔必须被跨越？没有真正地领悟这种明显区分的正确或错误，所谓禅修的结果就和任何能够平静头脑的镇静剂所带来的结果相似。如果一个人的目标是控制思想，那么任何能够产生预期效果的系统或毒品都可以发挥作用。

"但您一笔就抹去了所有的瑜珈练习、禅修的传统系统，它们几个世纪以来被许多的圣徒和苦行者实践推崇。他们怎么可能都错了呢？"

为什么他们不应该都错了呢？为什么这么轻信呢？一种温和的怀疑主义对于了解整个禅修问题不是有所帮助的吗？你接受是因为你想得到结果，想成功；你想"达成"。要领悟什么是禅修，就必然有质疑、探究，仅仅接受会破坏探究。你自己必须看到虚假是虚假的，在虚假中看到真实，看到真实是真实；没有人可以指点你。禅修是生活方式，是日常存在的一部分，生活的完满和优美只有通过禅修才能被领悟。不了解整个生活的复杂性、每时每刻的日常反应，禅修就变成自我催眠的过程。心的禅修就是领悟日常问题。如果你不从近处开始，你就不能走得很远。

"我可以明白这一点。不先从山谷开始，就不能爬上山峰。我在日常生活中尽力去除明显的障碍，像贪婪、嫉妒等等，有时让我自己有点儿惊讶的是我也把世俗的事情抛在一边。我相当理解和赞赏必须建立正确的基础，不然就无法建造建筑物。但禅修不仅仅是驯服燃烧的欲望和激情。激情必须被征服；但是毫无疑问，先生，禅修不仅仅是这些，不是吗？我不是在引经据典，但是我确实感到禅修比仅仅建立一个正确的基础深远得多。"

那是有可能的；但开始就是全部。并不是说一个人必须先建立一个正确的基础，然后造房子，或者先摆脱嫉妒，然后"达成"。开始就是结束。它没有距离、没有攀登、没有达成的点。禅修本身是没有时间性的，它不是抵达无时间性状态的方式。它是无始无终的。但这只是语言，如果你自己不去探究禅修者的真实和虚假，它们就仍然是语言。

"为什么它如此重要呢？"

禅修者是检查者、观察者、"真实"和"虚假"努力的制造者。他是中心，从他那里织出一张思想的网；但思想本身也制造他；思想导致了思考者和思想之间的间隙。除非这样的区别消失了，不然所谓的禅修只会加强中心，加强体验者——他认为自己是和他的体验相分离的。这个体验者总是渴望更多的体验；每个体验都加强了过去体验的积累，反过来规定、塑造了现在的体验。因此经验和知识并不像人们认为的那样是解放的要素。

"我恐怕不完全理解。"他迷惑不解地说。

头脑不再被它自己的经验、知识、空虚、嫉妒束缚时才是自由的；禅修就是要使头脑从所有这些东西中摆脱出来，从所有自我为中心的活动和影响中摆脱出来。

"我认识到头脑必须摆脱所有自我中心的活动，但我不太明白您所说的影响。"

你的头脑是影响的结果，不是吗？从童年时代起你的头脑就受到你所吃的食品、所读的书、受教育的文化环境的影响，等等。你被教导什么可以相信，什么不能相信；你的头脑是时间的结果，它只是记忆和知识。所有的体验都是用过去和已知来翻译的过程，因此它并不能摆脱已知；它只是已经存在的变相延续。当这种延续性结束时，头脑才是自由的。

"但一个人怎样知道他的头脑是自由的呢？"

这个要确定、要安全的欲望，正是束缚的开始。当头脑不再陷入确定的网中，不再寻找确定性时，那才是发现的状态。

"头脑确实想确定一切，现在我明白了这个欲望是怎样变成一个障碍的。"

重要的是让一个人积累的一切都死去，因为积累就是自己、自我、"我"。不结束这个积累，就有要确定的欲望的延续，就有过去的延续。

"我开始理解，禅修并不简单。只是控制思想是相对容易的，崇拜偶像、重复祈祷文和赞美诗只是让头脑睡觉，而真正的禅修好像比我想像的更复杂、更艰难。"

它其实并不复杂，尽管可能费力。你看，我们不是从实际情况出发，不是从事实和我们的所思、所做、所欲出发，而是从不实际的假设或理想开始，所以会误入歧途。要从事实出发，而不是从假设开始，我们需要密切地注意；只要不是来自实际的思想方式都是一种精神涣散。那就是为什么了解一个人的内在和他周围实际发生的情况是如此重要。

"影像不是实际情况吗？"

是吗？让我们看看。如果你是一个基督徒，你的影像就会遵循特定的模式；如果你是一个印度教徒、一个佛教徒或者一个穆斯林，他们就会遵循不同的模式；你看到基督或克里须那，是由于你的束缚；你的教育、成长的文化背景决定了你的影像。是影像是真实的，还是被特定的模子塑造出来的头脑是真实的？影像是特定传统的投射，而特定的传统构成了头脑的背景。这种局限才是实际情况和事实，而不是投射形成的影像。要领悟事实是简单的，但是由于我们的好恶、我们对事实的责难、我们**关于**事实的看法或判断，这种领悟被弄得困难重重。要摆脱这种种形式的评价，就是要去领悟实际情况，即当下之**是**。

"您是说我们从来没有直接看着事实，而总是透过我们的偏见和记忆、透过我们的传统以及基于那些传统的经验来看。用您的话说，我们从来没有觉知到自己真实的存在。我再次看到您是正确的，先生。事实是唯一重要的事。"

让我们从不同的角度看待整个问题。什么是注意？你什么时候专注？你真的注意过什么吗？

"如果我对什么东西有兴趣，我就会注意。"

兴趣是注意吗？当你对什么东西有兴趣的时候，头脑中真正发生了什么？你显然对观察那些经过的牛群很有兴趣；这种兴趣是什么？

"我被它们在绿色的背景中的动作、颜色、形状所吸引。"

在这种兴趣中有注意吗？

"我想有。"

一个孩子被一个玩具吸引。你会叫它注意吗？

"不是吗？"

玩具吸引了孩子的兴趣，它占据了他的头脑，他安静下来，不再无休无止；但是拿走玩具，他就又变得无法安定，他哭了，等等。因为玩具使他安静下来，玩具就变得重要了。对成人是同样的情况。拿走他们的玩具——活动、信仰、野心、对权力的欲望、神的崇拜或者国家崇拜，他们也会变得无法安定、迷失、困惑；因此成人的玩具也会变得重要。当玩具吸引头脑的时候有注意吗？玩具是分散注意，不是吗？玩具成为最重要的，而不是被玩具所占据的头脑。要了解注意是什么，我们必须关心头脑，而不是头脑的玩具。

"就像您说的那样，我们的玩具掌握着头脑的兴趣。"

掌握着头脑兴趣的玩具可能是大师、一幅画、或者任何其他手绘或者头脑绘制的形象；这种由玩具所控制的头脑兴趣被称作专注。这样的专注是注意吗？当你专注于这件事、头脑被玩具所吸引时，有注意吗？

这样的专注不是使头脑狭隘吗？这是注意吗？

"当我实践专注时，我尽力使头脑固定在一个特殊的点上，排除所有其他的思想、其他的分散。"

抵制分散的时候有注意吗？毫无疑问，当头脑失去了对玩具的兴趣时，分散才会产生；然后就有冲突，不是吗？

"当然，有克服分散的冲突。"

当冲突在头脑中持续时，你能注意吗？

"我开始明白您的意思了，先生。请继续吧。"

当玩具吸引头脑时，就没有注意；当头脑通过排除分散的奋斗来专注时也没有注意。只要有注意的客体，有注意吗？

"您不是在说同样的事吗，只是用'客体'这个词代替'玩具'？"

客体或者玩具，可能是外在的；但还有内在的玩具，不是吗？

"是的，先生，您已经列举了其中一些。我觉知到这一点。"

一个更加复杂的玩具是动机。当要注意的动机存在时有注意吗？

"您说的动机是指什么？"

采取行动的强制力；基于恐惧、贪婪、野心、朝向自我提升的愿望；一个导致你寻找的原因；使你想逃避的痛苦，等等。当某些隐藏的动机开始起作用时有注意吗？

"当我由于痛苦或者欢乐、恐惧或者回报的希望而要去注意时，那就没有注意。是的，我明白您的意思。这是非常清楚的，先生，我可以理解您的话。"

因此当我们以那样的方式接近任何东西时就没有注意。难道不是语言、名相干扰注意吗？比如说，我们曾经看过月亮而没有把它词语化吗，或者"月亮"这个词总是干扰我们看？我们曾经注意地去倾听什么吗，还是我们的思想、翻译等等干扰我们的倾听？我们真的注意过什么吗？毫无疑问，注意没有动机，没有客体，没有玩具，没有奋斗，没有语言化。这是真正的注意，不是吗？有注意的地方，真实就在。

"但是要这样注意任何东西是不可能的！"他断言说。"如果可能，就不会有任何问题。"

任何其他形式的"注意"只会产生问题，不是吗？

"我明白是这样的，但是一个人该做什么呢？"

当你明白任何专注于玩具、基于动机的行动，不管它是什么，只会导致进一步的伤害和不幸，那么在这种对虚假的领悟当中就有对真实的洞察；真理有它自己的行动。所有这些就是禅修。

"我是否可以这样说，先生，我已经正确地倾听了，并且真的理解了您所说的很多东西。我不去干扰它的话，理解有它自己的效果。我希望我能再来。"


## 自我利益腐蚀头脑


道路从山谷的一侧蜿蜒到另一侧，穿过一座小桥，那里湍急的河水由于最近的降水而变成棕色。折向北，它经过一大段缓坡通向一个隐蔽的村子。那个村子和那里的人们都非常贫穷。狗都是脏脏的，它们只会从远处吠叫，从不冒险靠近，它们的尾巴垂着，头抬得高高的，随时准备逃走。许多山羊散落在山间，咩咩叫着，吃着野生的灌木。这真是美丽的乡村，充满了绿色和蓝色的山丘。光秃秃的花岗岩在山丘的顶部突兀着，那些山丘已经经历了无数世纪的风雨冲刷。这些山丘不太高，但它们非常古老，映衬着蓝天有一种梦幻般的美，那是无限时间的特殊魅力。它们就像人类模仿它们建造的寺庙，渴望触及天宇。但那天晚上，夕阳照在上面，这些山丘好像非常近。南边远处的风暴正在聚集，云层中的闪电给大地一种奇特的感受。风暴会在夜间降临；但山丘已经经历过无数的风暴，它们仍然会在那里，超越所有人类的艰辛和悲哀。

村民们正在回家，经过一天田间的工作之后都疲倦不堪。你很快就会看到他们的茅屋上炊烟袅袅，他们正在准备晚饭。炊烟不会很多；当你擦身而过时，等待晚饭的孩子们会冲着你微笑。他们眼睛大大的，看到陌生人十分害羞，但他们是友好的。两个小女孩儿背上背着小婴儿，她们的妈妈正在做饭；婴儿会滑下去，又被拉到背上。尽管只有十或十二岁，这些小女孩儿已经习惯了带孩子；她们俩也在微笑。晚风在林间吹抚，牛群被圈回来准备过夜。

那条路上现在没有其他人，甚至连一个孤独的村民也没有。土地突然显得空旷，出奇的安静。一轮新月刚刚升到漆黑的山丘之上。风已经停了，没有一片树叶在搅动；万物都是静止的，头脑是完全单独的。它不是孤独的、与世隔绝的、封闭在自己的思想中，而是单独的、不被触及的、不受污染的。它并不超然物外、疏远冷淡，和地球上的事物分离。它是单独的，但也和万物在一起；因为它是单独的，万物属于它。被分隔的事物知道它自己是被分隔的；但是这种单独性不知道分隔，它没有区分。树木、溪水、村民们在远处的叫喊声，所有这一切都在这种单独性中。它不是和人类成为一体，不是和地球成为一体，因为所有的成为一体的可能性都完全消失了。在这种单独性中，时间的流逝感消失了。


他们三个人，一个父亲，他的儿子和一个朋友。父亲肯定已经将近六十岁了，儿子三十来岁，朋友的年龄无法确定。两个老人已经秃顶了，但儿子仍然有不少头发。他的头形非常漂亮，鼻子很短，眼睛很宽。他的嘴唇一直没有静下来，尽管他非常安静地坐着。父亲坐在他儿子和朋友的身后，说如果有必要他会加入讨论，不然他只是想旁观旁听。一只麻雀飞进敞开的窗子，被屋里这么多人吓得又飞走了。它知道那间屋子，经常扒在窗台上轻柔地欢唱，没有任何惧怕。

"尽管我父亲可能不加入谈话，"儿子开口说，"他还是想参与其中，因为问题是牵涉到我们所有人的。我妈妈要不是感觉那么不舒服也会来的，她盼望着我们回去能向她汇报。我们已经读过你说的一些东西，我父亲很久以来尤其遵照你的讲话；但只是去年左右，我自己才真正对您所说的发生兴趣。直到最近，政治一直都吸引了我更大的兴趣和热情；但我开始看到政治的不成熟。宗教生活只是针对于成熟的头脑，不是对政治家和律师的。我曾经是一个相当成功的律师，但现在不再是了，因为我想用我的余生来做更有意义更有价值的事情。我现在也替我的朋友讲话，他听说我们要来这儿也想和我们一起来。您看，先生，我们的问题是我们都在变老。即使是我，尽管仍然相对年轻，也进入了时光如逝的生活阶段，一个人的日子好像越来越短，而死亡越来越近。死亡，至少在这一刻不是一个问题；但衰老是。"

你所说的衰老是什么意思呢？你是指生理器官的衰老，还是指头脑的衰老？

"身体的衰老当然是不可避免的，它由于使用和疾病而衰弱。但头脑需要年龄吗？会衰退吗？"

玄思是琐碎而浪费时间的。头脑的退化是想像出来的，还是一个事实？

"它是一个事实，先生。我已经意识到我的头脑正在变老、疲倦；缓慢的衰退正在发生。"

它对年轻人来说不也是一个问题吗，尽管他们可能还没有意识到？他们的头脑即使是现在就陷入了一种模式之中；他们的思想已经局限在一个狭窄的模式里。不过你说你的头脑正在衰老是什么意思呢？

"它不再像以前那样柔韧、警醒、敏感。它的觉知正在萎缩；对生活许多挑战的回应越来越多地来自于过去记忆的储存。它正在退化、越来越多地在自己设定的范围内起作用。"

那么是什么使头脑退化呢？是自我保护和抵制改变，不是吗？每个人都有既得利益，他在有意无意地保护它、守卫它，不允许任何事物来打搅它。

"您是指财产的既得利益吗？"

不只是财产，也包括各种关系。没有什么是单独存在的。生活是关系；头脑在与人、理想和事物的关系中有既得利益。这种自我利益以及拒绝在自身之内带来根本性的变革，就是头脑衰退的开始。大部分头脑都是保守的，它们拒绝改变。即使是所谓革命性的头脑也是保守的，因为一旦得到了革命性的成功，它也拒绝改变；革命本身成了它的既定利益。不管头脑是保守的还是所谓革命性的，即使它允许它活动的边缘发生一定的变化，它也拒绝在中心有任何改变。环境可能以痛苦和快乐迫使它屈服，使它适应另一种模式；但中心仍然很硬，正是这个中心导致了头脑的衰退。

"您说的中心是什么意思？"

你不知道吗？你在寻找对它的描述吗？

"不，先生，但通过描述我可能会碰触到它，感觉到它。"

"先生，"父亲插进来，"我们智力上意识到那个中心，但实际上我们大部分人还没有面对过它。我自己看到许多书中描述它的狡猾和细微，但我从未真正地面对它；你问我们是否知道它，我自己只能说不知道。我只知道对它的描述。"

"这又是我们的既得利益，"朋友补充说，"我们深层的安全欲阻止我们去知道那个中心。我不了解我自己的儿子，尽管我从他幼年起就和他生活在一起，但是我对比儿子更接近的中心所知更少。要知道它就必须看着它、观察它、倾听它，但我从来没有这样做。我总是匆匆忙忙；

偶尔我真的看着它时，我就和它争执起来。"

我们正在讨论衰老，衰退的头脑。头脑任何时候都在建造它自身确定的模式、自身利益的安全；语言、形式、表达方式可能时时改变、文化与文化不同，但自我利益的中心保持不变。正是这个中心使得头脑衰退，不管它外在可能多么警觉而活跃。这个中心不是一个固定的点，而是头脑中不同的点，因此它就是头脑本身。头脑的进步，或者从一个中心移动到另一个中心，并不能消除这些中心；对一个中心的约束、压制或者净化只是在原来的位置上建立另一个中心。

现在，当我们说我们活着时候是什么意思？

"通常，"儿子回答，"当我们说话、笑、有感情、有思想、活动、冲突、快乐时，我们认为我们是活着的。"

因此我们所说的活着是社会模式内的接受或"反叛"；它是在头脑牢笼中的运动。我们的生活是一个无尽的痛苦和欢乐、恐惧和挫折、缺憾和贪婪的系列。当我们真的在考虑头脑的退化、询问是否有可能结束退化时，我们的探究也处于头脑的牢笼之中。这是活着吗？

"我恐怕我们并不知道其他生活，"父亲说。"当我们年老时，快乐萎缩了，而悲哀却好像在增加；如果一个人是深入思考的，他就会觉知到头脑正在逐步退化。身体不可避免地变老而懂得衰弱；但一个人怎样防止头脑的衰老呢？"

我们过着缺乏思考的生活，直到生命的尽头我们才开始惊讶为什么头脑衰弱了，怎样阻止这个过程。毫无疑问，问题是我们如何度过我们的日子，不仅是年轻的时候，也包括人到中年和正在衰弱的年头。正确的生活所要求的才智比任何谋生的职业多得多。正确的思考对正确的生活是至关重要的。

"您所说的正确的思考是指什么？"朋友问。

毫无疑问，正确的思考和正确的思想有巨大的差别。正确的思考是持续的觉照；而另一方面，正确的思想，要么是遵循社会制定的模式，要么是反对社会的反应。正确的思想是固定的，它是一个把称之为理想的一定的概念组合起来并遵循它们的过程。正确的思想必然地要建立权威、等级观念并产生责任；而正确的思考是觉照顺从、模仿、接受和反叛这整个过程。正确的思考和正确的思想不同，不是要被达成的事；它随着自知自然而然地产生，它是对自我的方式的觉察。正确的思考不可能从书中或其他人那里学到，它是头脑在关系的行动中觉照到自身而产生出来的。但是只要头脑进行辩护或谴责，就不存在对行动的领悟。因此，正确的思考消除冲突和自我矛盾，而这些东西正是头脑衰退的根本原因。

"冲突难道不是生活的实质部分吗？"儿子问，"如果我们不奋斗，那我们不是形同草木吗？"

我们认为当我们陷于冲突和野心时才活着，当我们被嫉妒的力量驱使，当欲望迫使我们采取行动时才活着；但所有这些只会导致更大的不幸和困惑。冲突增加自我中心的活动，但对冲突的了解透过正确的思考而来。

"不幸的是，这个奋斗和不幸、伴随着某种欢乐的过程是我们所知的唯一的生活，"父亲说，"也有另一种生活方式的事例，但它们太少，和我们的距离太遥远。超越混乱、找到另一种生活就是我们寻找的目标。"

寻找超越现实的就会陷入幻象之中。每日的存在以及它的野心、嫉妒等等必须被领悟；但领悟需要觉照、正确的思考。思想从假设、偏见开始就没有正确的思考。从结论出发，或者寻找一个预想的回答，就结束了正确的思考；事实上，那就根本没有思考了。因此，正确的思考是真实性的基础。

"在我看来，"儿子插话说，"在头脑退化这整个问题中，至少有一个因素是关于正确地集中注意力的问题。"

你所谓的正确地集中注意力是指什么？

"先生，我观察过了，那些全身心投入到某种活动或职业中的人很快就忘记了自己；他们忙得顾不上考虑自己，那真是一件好事。"

但这样的投入难道不是逃避自己吗？逃避自己是错误地集中注意力；它在腐蚀，它滋生敌意、分裂等等。正确地集中注意力通过正确的教育和对自己的领悟而来。你难道没有注意到，不管什么样的活动或职业，自我都有意无意地把它当作自身满足、成就野心、在权力方面获得成功的手段吗？

"很不幸，是这样的。我们好像利用我们所接触到的一切来得到我们自己的晋升。"

正是这种自我利益、持续的自我晋升使得头脑变得渺小；尽管它的活动是广大的，尽管它被政治、科学、艺术、研究、或者你想要的填满了，但它仍然限制思考，它的浅陋会带来退化。只有对头脑、无意识和有意识有全然的领悟，头脑才有再生的可能性。

"凡俗心是现代人的咒语，"父亲说，"他们被世俗的事物卷走，没有关注严肃的事物。"

这一代和其他时代一样。世俗的事物不仅仅是冰箱、丝绸衬衫、飞机、电视等等，它包括观念、追逐个人的或集体的权力以及这一世或来世安全的欲望。所有这些都腐蚀头脑，令它衰退。衰退的问题必须在开始就被领悟，在年轻的时候，而不是到了体力衰退的阶段。

"那就是说我们没有希望了吗？"

不完全是。在我们这个年龄要阻止头脑的衰退更费力，如此而已。要给我们的生活方式带来激进的变化，就必须有广阔的觉知、深厚的感情，那就是爱。具备了爱一切都有可能。

# 改变的重要性

    大黑蚂蚁在草丛间修了一条路，道路经过伸展的沙石，越过一排橡胶，穿过一道古代墙壁的裂隙。墙后的洞　就是它们的家。这条路上熙来攘往，两个方向上都特别繁忙。要是有另一只蚂蚁从旁经过，每只蚂蚁都会迟疑一下；它们的头互相碰触，然后又继续赶路。那儿肯定有成千上万只蚂蚁。只有当太阳直射在头顶的时候，那条路才被废弃，那时它们的活动就靠近墙壁，围绕着窝穴为中心。它们正在挖掘，每只蚂蚁都扛来一颗沙子、一小块圆石或一点儿泥土。如果你轻轻地敲击附近的地面，就出现一片混乱。它们倾巢而出，寻找入侵者；但很快它们就安定下来，继续它们的工作。太阳一踏上西行的轨道，山间就吹来令人舒适的习习凉风，蚂蚁们又会在这条路上行军，向宁静的草丛、沙石和橡胶世界移民。它们沿着那条路走出很长一段，四下搜索，它们能找到那么多东西：蚱蜢的腿、死青蛙、鸟的残骸、吃了一半的蜥蜴或谷物。每样东西都受到愤怒地攻击；不能被扛走的就在原地被吃掉，或者肢解了带回家去。只有雨水会让它们持续的活动停下来，但降雨一停，它们就跑出来。如果你把你的手指横在它们的必经之路上，它们就全都围在指尖周围，有些还爬了上去，又爬下来。

    古代的墙有它自己的生命。接近墙顶有一些洞，长着弯弯红嘴的亮绿色的鹦鹉在那里建起了它们的巢。它们很害羞，不喜欢你靠得太近。它们尖叫着紧紧抓住正在碎裂的红砖，等着看你要做什么。如果你不再走得更近，它们就扭进洞里，只有尾巴上淡绿色的羽毛伸在外面。之后又有另一番转动，羽毛消失了，它们的红嘴和形状优美的头露了出来。它们正在安顿过夜。

墙壁围绕着古代的坟墓，坟墓的拱顶捕获了夕阳的最后一缕光线，发着光，好像有人从里面点起了一盏灯。坟墓的整个结构匀称，比例均衡，没有一根线条让你感到不协调，它矗立在那里，反衬着夜空，好像摆脱了地球。所有的事物都生机勃勃，所有的事物——古墓、正在碎裂的红砖、绿鹦鹉、忙碌的蚂蚁、远处火车的呼啸、寂静和星星——全都融入整个的生命之中。那是一种安福。

尽管天色已晚，他们仍然想来，于是我们都进了房间。需要点灯了，匆忙之间一盏灯坏了，但剩下的两盏也足以让我们看清彼此。我们环坐在地板上。其中一个来访者是某个办公室的职员；他个子矮小而紧张，两手没有安静过。另一个人钱肯定更多一些，因为他拥有一个商店，带着在闯荡世界的样子。他身体笨重，相当胖，很爱笑，但现在很严肃。第三个来访者是一位老人，他说他退休了，有更多的时间学习经典、进行礼拜——一种宗教仪式。第四位是一位长头发的艺术家，他一直从容地观察着我们的每个动作，每个手势；他不会错过任何东西。我们都安静了一会儿。透过敞开的窗子可以看见一两颗星星，茉莉花浓郁的香味飘进屋来。

"我很想像这样长时间安安静静地坐着，"商人说，"感受这种安静的品质真是一种赐福，它具有治疗的效果。但我不想浪费时间来表达我当下的感受，我想我最好继续我要谈的话题。我曾经过着发愤努力的日子，比大部分人要努力得多；虽然我无论如何算不上一个富人，但我现在过得舒适宽裕。我已经尝试过一种宗教生活，我并没有太多的妄想，也慷慨施舍，我从来不会毫无必要地欺骗别人；但你在生意场上，有时要避免说一些事实。我可以挣到更多的钱，但我拒绝了那种快乐。我用简单的方式自娱自乐，总的来说我过着严肃的生活；它可以更好些，但实际上它也从来没有坏过。我结婚了，有两个孩子。简短地说，先生，这就是我个人的历史。我读过您的一些书，参加了您的演讲，我来这儿是想得到指导，如何过一种更深刻的宗教生活。但我必须让其他先生们说话。"

"我的工作是相当无聊的例行公事，但我没有资格做其他工作，"职员说，"我自己的需要很少，我没有结婚；但我得供养父母，还要帮助我的弟弟读完大学。我根本没有传统意义上的宗教虔诚，但宗教生活非常强烈地吸引着我。我时常想放下一切出家，可是对父母和我弟弟的责任感让我犹豫不绝。我坚持每天打坐有好几年了，自从听您解释什么是真正的禅修后，我就试着按照它去做；但非常难，至少对我来说，我好像不能进入那种方式。我的职位是个职员，它需要我整天为某件我毫无兴趣的事工作，很难传导更高的思想。但我深切地渴望找到真理，如果对我来说可能的话；我还年轻，我想为我的后半生铺好正确的道路；所以我来这儿了。"

"我这方面，"老人说，"我非常熟悉经典，几年前作为政府官员退休后，我的时间都是我自己的。我没有什么责任，我的孩子都长大成人结婚了，所以我可以自由地打坐、阅读、讨论严肃的话题。我一直对宗教生活有兴趣。我时常留意听不同老师的演讲，但我从来没有满意过。有些时候他们的教诲完全是幼稚的，另一些只是教条的、传统的或者仅仅是解说性的。最近我参加了您的一些演讲和讨论。我理解大部分您的话，但有些地方我不同意——或者不如说，我不明白。就像您所说的，只有涉及到观念、结论、想法时才存在赞同，但涉及真理时没有'赞同'；一个人要么明白，要么不明白。我尤其想进一步澄清结束思想的问题。"

"我是一个艺术家，但还不是特别好的，"长头发的人说，"我希望有一天我能去欧洲学习艺术；这里我们只有一些平庸的老师。对我来说，任何形式的美都是真实的表达；它是神圣的一个方面。在我开始绘画之前，我像古人一样禅修，冥想生命更深刻的美。我试着将美丽之泉一饮而下，抓住美妙绝伦的一瞬，只有那时我才开始一天的绘画。有时成功了，但更多时候不成功；不管我怎么努力，好像什么都没有发生，整天、甚至整个星期都浪费了。我也尝试过禁食，伴随着各种身体方面和智力方面的练习，希望能够唤醒创造的感觉；但所有这些都没有什么用。其他的和那种感觉相比都是次要的，没有它，一个人不可能成为真正的艺术家，我会走到天涯海角去寻找它。这就是我来这儿的原因。"

我们所有的人安静地坐了一会儿，每个人想着各自的心事。

你们几个的问题是不同的吗？还是看似不同，其实是类似的？在所有这些问题之下有没有可能有一个共同的问题？

"我不认为我的问题和那位艺术家的有任何联系，"商人说，"他在寻找灵感、创造的感觉，而我想过一种更深刻的精神生活。"

"那也正是我想要的，"艺术家回答，"只是我用不同的方式表达罢了。"

我们倾向于认为我们特殊的问题是唯一的，我们的悲哀完全不同于其他人的；我们想方设法保持个别。但悲哀就是悲哀，不管是你的还是我的。如果我们不了解这一点，我们就没办法继续下去；我们会感到欺骗、失望和挫折。毫无疑问，我们所有在这里的人都在寻找同样的东西；每个人的问题本质上是所有人的问题。如果我们真的感觉到这是事实，那我们在了解的途中就已经走出很长一段路了，我们可以互相探询；彼此帮助、倾听并且互相学习。那么老师的权威就没有意义，它变成愚蠢的。你的问题也是他人的问题；你的悲哀也是他人的悲哀。爱不是唯一的。如果这一点清楚了，先生们，让我们继续吧。

"我想我们现在都明白我们的问题不是没有关联的，"老人回答，其他人也都点头赞同。

那什么是我们共同的问题呢？请不要立刻回答，但让我们来考虑一下。

先生们，它难道不是在我们之中必须有一个根本的转化吗？没有这个转化，灵感总是昙花一现，总是有持续的奋斗要再去抓住它；没有这种转化，任何过一种精神生活的努力都只是非常肤浅的，只是仪式、钟磬和书本的事情；没有这种转化，禅修就变成一种逃避方式，一种自我催眠的方式。

"是这样的，"老人说，"没有深刻的内在改变，所有宗教性或精神性的努力都只是触及了表面。"

"我完全赞同您的看法，先生，"办公室来的人补充说，"我真的感到在我内在必须有一种根本的改变，不然我会像现在这样继续我的下半辈子，摸索、询问、怀疑。但是一个人怎样才能使这种改变发生呢？"

"我也明白要让我寻找的东西形成，在我内心之中必须有一种爆炸性的改变，"艺术家说，"内在根本的转化是明显必要的。但是，像那位先生已经问的，怎样使这样的转变产生呢？"

让我们全副身心去发现它发生的方式。毫无疑问，重要的是感受到根本的变化是迫切必需的，而不是被另一个人的言辞劝说你应该改变。一种兴奋的描述可能刺激你，让你觉得你必须改变，但这样的感觉是非常肤浅的，当刺激消失后它也随之而去。但如果你自己明白改变的重要性，如果你感到根本的转变是重要的，没有任何形式的强制，没有任何动机和影响，那这种感觉就是转化的行动。

"但是一个人怎样才有这种感觉呢？"商人问。

你的"怎样"这个词是什么意思？

"因为我还没有这种改变的感觉，我怎么培养它？"

你能培养这种感觉吗？它不是应该从你自己对根本转变的必要性的直接理解中自然而然地产生吗？感觉产生它自己的行动方式。通过逻辑推理你可能得出结论：根本的转变是必要的，但这种理性或语言上的理解不会带来改变的行动。

"为什么不会呢？"老人问。

理性或语言上的理解难道不是一个肤浅的回应吗？你听见了，你推理了，但你的整个存在并没有投入其中。你头脑的表面也许同意改变是必要的，但你头脑的整体并没有给予完全的注意，它自己是分裂的。

"先生，您是说，有全然的注意才会有改变的行动？"艺术家问。

让我们考虑一下。头脑的一部分确信这种基本的改变是有必要的，而头脑的另一部分却漠不关心；它可能在一旁袖手旁观、昏昏欲睡，或者积极地反对这样的改变。这种情况发生的时候，头脑中就存在着自相矛盾，一部分想改变，而另一部分漠不关心或者反对改变。冲突的结果是，想改变的头脑部分试图战胜顽抗的部分，这叫做约束、修炼、压制；它也叫做追求理想。头脑做出努力，搭建桥梁来跨越自我矛盾的鸿沟。理想、理性或口头上的理解认为必须有一个根本的转化，但模糊而实际的感觉却是不想受到打搅、让事物照样继续下去、对改变和不安全的恐惧。因此头脑中就有分裂，对理想的追求努力把两个自相矛盾的部分结合起来，这是不可能的。我们追求理想是因为它不需要即刻的行动；理想是一个公认的、受尊敬的拖延。

"那么说试图改变自己总是一种拖延的形式吗？"办公室的职员问。

不是吗？你没注意到当你说"我要改变"时，你根本就没有改变的意图吗？你要么改变，要么不改变；尝试改变实际上没有什么意义。追求理想、努力改变、通过意志的行动迫使头脑中自相矛盾的两部分结合起来、练习一种方式或修行达成这样的统一等等——所有这些都是无用的、浪费的努力，它实际上阻止中心、自己、自我的根本转化。

"我想我明白您所表达的意思了，"艺术家说，"我们正在玩改变的文字游戏，但并没有改变。变革需要激烈的、统一的行动。"

是的，只要存在头脑对立面的冲突，就不可能有统一或整合的行动。

"我明白了，真的明白了！"办公室的职员大声说，"不需要理想主义、逻辑推理、确信或结论就可以带来我们正在谈论的变革。但然后怎么样呢？"

这个问题不是阻碍你发现改变的行动吗？我们这么迫切地要知道结果，在我们刚刚发现的正确和错误之间都不停留一下，就要去发现另一个事实。我们还没有充分了解我们已经发现的就急急忙忙向前赶。

我们已经明白推理和逻辑结论不会带来这种改变、这种中心的根本转化。但是在我们问自己什么因素会带来改变之前，我们必须充分觉知头脑的诡计，头脑以此使自己确信改变是逐步的，必须通过追求理想才能起作用，等等。明白了这整个过程的真实性和虚假性，我们才能继续问自己，对于这种根本的改变，什么因素是必要的。

现在，什么使你运动、行动？

"任何强烈的感情。强烈的愤怒使我行动，我事后可能会后悔，但感情爆发为行动。"

那是因为你的整个存在都投入其中；你忘了或者不在乎危险，你对自己的安全感无动于衷。这种感情就是行动；在感情和行动之间没有间隙。间隙是由所谓的推理过程产生的，依照一个人的信念、嫉妒、恐惧等等对正负面进行衡量而制造出来的。行动是政治性的，它被剥去了自发性和所有人性。那些正在追求权力的人们，不管是为他们自己，还是为他们的团体或国家，都是以这种方式行动的，这样的行动只会导致进一步的不幸和困惑。

"事实上，"办公室的职员继续说，"即使是想要进行根本改变的强烈感情，也会很快被自我保护性的推理抹杀，被这样的变革如果对一个人发生，会导致什么结果的思考等等所抹杀。"

感情就被理想、语言包围起来了，不是吗？有一种自相矛盾的反应，来自不被打扰的欲望。如果是这种情况，你就在继续你的老路；别用追求理想欺骗你自己，说你正在试图改变，等等。简单地面对事实，你不想改变。认识到事实就足够了。

"但我**真的**想改变。"

那就改变；但不要没有感觉地讨论改变的必要。那没有意义。

"在我这个年纪，"老人说，"就外在而言我不会失去什么；但放弃旧的想法和结论是另一回事。现在我至少明白一件事：没有唤醒的感情就没有根本的改变。推理是必要的，但它不是行动的手段。了解不一定会行动。"

但是感情的行动也是知道的行动，两者是不可分割的；只有当推理、知识、结论或信仰引起行动时它们才是分裂的。

"我开始非常清楚地明白这一点了，作为行动基础的对于经典的知识在我的头脑中已经失去了控制力。"

基于权威的行动根本不是行动；它只是模仿、重复。

"我们大部分人都陷在那个过程中。但是一个人可以打破它。今晚我了解了不少。"

"我也是，"艺术家说，"对我来说，这次讨论非常刺激，我认为刺激不会导致任何行动。我已经把一些事情看得非常清楚了，我会继续追求它，虽然不知道它通向哪里。"

"我的生活是受人尊重的，"商人说，"但受尊重并不会引起改变，尤其是我们所谈的根本性的那种。我已经非常热切地培养了要改变、要更加真诚地过一种宗教生活的理想愿望；但现在我明白对生活的禅修和改变的方式重要得多。"

"我可以补充另一句吗？"老人问。"禅修不是建立在生活上的，它本身就是生活的方式。"

# 杀生

　　两三个小时之内太阳不会升起来。天空中没有一朵云，星星们正在欢呼。天空被环状山峰的深色轮廓勾画出来，夜晚是完全安静的；没有一声犬吠，村民们还没有起床。连嗓音低沉的猫头鹰也保持着沉默。窗子让无垠的夜晚进入房间，有一种奇特的全然单独的感觉——一种清醒的单独。小溪在石桥下流淌，但你必须侧耳静听；它温柔的细语在那广大的宁静中杳不可闻。那宁静是如此深厚、如此具有穿透性，你的整个存在都融入其中了。它不是喧闹的反面；喧闹可能在其中，却不属于它。

　　我们坐车出发的时候天仍然很黑，但启明星闪现在东山之上。汽车在群峰中穿行，树木和灌木在车灯明亮的光芒中呈现出深绿色。道路空旷，但因为有许多拐弯，你不能开得太快。现在东方开始露出一线曙光，尽管我们在车中闲谈，那种静定的清醒仍在继续。头脑完全没有动静，它没有睡觉，也并不疲倦，只是完全静止的。天越来越亮，头脑越行越远，越行越深。尽管它觉知到巨大的金球的光芒，觉知到谈话仍在继续，它仍然是单独的，没有任何抵抗、任何指向地运动；它是单独的，像黑暗中的光。它并不知道它是单独的，只有语言知道。它是没有终点、没有方向的运动。它没有原因地发生，没有时间地继续。

　　汽车前灯已经关掉了，晨光中绿色富饶的乡村十分迷人。地上是浓重的露水，阳光接触到地面，无数的珠宝闪烁着彩虹的色彩。在那一时刻，光秃秃的花岗岩像是温柔顺和的样子——升起的太阳很快就会把这个幻象带走。道路盘旋在甜美的稻田和巨大的池塘间，池塘里满溢着跳动的水花，在下个雨季来临之前乡村要靠它们来滋养。但雨水还没有结束；万物是多么生机勃勃啊！牛群正肥，路上行人的脸上映放着早晨的清新之光。现在沿途有许多猴子。它们不是长腿长身子的那种，在树枝间优雅轻松地摇晃，或者步调轻松、骄傲地出现在田间，颜色黯淡的脸注视着你擦肩而过。这是些非常小的猴子，长尾巴，肮脏的棕绿色的毛，调皮嘻笑。其中一只几乎要卷入前轮之下，好在它的敏捷和司机的警觉救了它。

现在已经是明朗的白天，不少村民正在赶路。汽车不得不开在路边，绕过缓慢行走的牛车，它们好像总是有很多；卡车从不会给你让路，除非你把喇叭按上一两分钟。著名的寺庙俯视着树林，汽车加速开过一位神圣导师的出生地。


来访的一小群人是一位女士和几位男士，但只有三四个人加入讨论。他们都是真诚的人，你可以看出他们是好朋友，虽然他们的观点各不相同。第一个说话的人长着仔细修剪的胡子、鹰钩鼻子和高高的额头；他深色的眼睛锐利而且非常严肃。第二个人瘦得可怜；他秃顶，皮肤很干净，始终没有把手从脸上移开。第三个人身材圆胖，快活，举止轻松；他看着你就好像在清查存货，由于不满意会再看一遍，瞧瞧他的数目是否正确。他形态美观的手上长着细长的手指。尽管他很爱笑，但是有一种深层的严肃包围着他。第四个人笑容愉快，他的眼睛是那种博览群书的人的样子。尽管他很少加入谈话，但他绝没有睡着。所有的男人大概都在四十来岁，但那位女性显得年轻得多；她从未说话，尽管她留意着发生的一切。

"我们之间已经谈论了几个月，我们想来和你讨论一个一直打扰着我们的问题。"第一个讲话的人说。"你看，我们一些人是肉食者，而另一些不是。我个人一辈子从来没吃过肉；它不管怎样都是让我厌恶的，我不能忍受杀了动物来填饱自己肚子的想法。尽管我们没有达成一致，在这方面怎么样才是对的，但我们仍然都是好朋友，我希望将来也会是这样。"

"我偶尔吃肉，"第二个人说，"我并不喜欢，但是你旅行的时候，话没有肉经常很难保持均衡的饮食，而吃肉要简便得多。我不喜欢杀动物，对这样的事很敏感，但偶尔吃些肉还行。许多道德保守的狂热分子在素食主义方面比那些杀生吃肉的人有更多的罪。"

"我儿子有一天射杀了一只鸽子，我们把它当作晚饭吃了，"第三个人说，"孩子非常兴奋用他的新枪把鸽子打下来了。你应该看看他眼中的表情！他既惊骇又愉快；感到内疚，同时又有一种征服者的味道。我告诉他不必感到内疚。杀戮是残酷的，但它是生活的一部分，只要在适度的范围内练习，处于恰当的控制之下，就不必那么认真。吃肉不是什么像我们的朋友所说的可怕的犯罪。我并不热衷于血淋淋的运动，但杀生来谋食并不是悖逆神的罪。为什么这么大惊小怪呢？"

"你可以看到，先生，"第一个人接着说，"我不能说服他们明白杀动物来谋食是野蛮的；而且，吃肉是不健康的，每个人只要客观地研究一下就会发现事实。对我来说，不吃肉是纪律的问题；我的家庭中几代人都是非肉食者。在我看来，人类如果要变成真正文明的，就必须减少本性中这种杀生谋食的残酷性。"

"那就是他一直告诉我们的，"第二人打断说，"他想教化我们这些肉食者，而其他形式的残酷好像并没有引起他的关心。他是一个律师，他并不在意他的职业活动中所包含的残酷性。但是尽管我们在这一点上不能达成一致，我们仍然是朋友。整个事情我们已经讨论过无数次了，好像无法更深入，所以我们都同意应该来这儿和您讨论一下。"

"还有比杀死那些可怜的动物谋食更大更广的事，"第四个人插进来说，"那完全是你怎样看待生活的问题。"

你们的问题是什么，先生们？

"吃肉还是不吃。"非肉食者回答。

那就是主要问题吗，或者它只是更大问题中的一部分？

"对我来说，一个人自愿或者不自愿地杀死动物来满足他的胃口，就表明了他在更大的生活问题上的态度。"

如果我们能够明白，专注于任何部分都不会带来对整体的理解，那我们就不会对局部感到困惑。除非我们能够觉知整体，不然局部就会自认为非常重要。有一个更大的问题，包含着所有这一切，不是吗？问题是杀戮，而不仅仅是杀死动物谋食。一个人不是因为他不吃肉而有道德，也不是因为他吃肉就缺乏善。渺小的头脑的神也是渺小的；头脑把鲜花供奉在神的脚下，而神的渺小是以头脑的渺小来衡量的。更大的问题包括许多并且明显分隔开的问题，那是人在他自身内外制造出来的。杀戮真的是一个非常庞大而复杂的问题。我们要考虑它吗，先生们？

"我想我们应该考虑，"第四个人回答，"我对这个问题非常有兴趣，从一个广泛的角度来接近它对我很有吸引力。"

有许多杀戮的形式，不是吗？用语言和手势来杀戮、在愤怒或生气中杀戮、为国家或意识形态而杀戮、为一套经济教条或宗教信仰而杀戮。

"一个人怎么能用语言或手势杀人呢？"第三个讲话的人问。

你不知道吗？用言辞或手势你可以杀死一个人的名誉；通过闲谈、诽谤、轻视，你可以使他垮台。比较不能杀人吗？你不是通过把这个孩子和另一个更聪明或者更熟练的孩子相比较而杀死了他吗？出于仇恨或愤怒而杀人的人被看作罪犯，判处死刑。而那个以国家的名义故意炸死了成千上万生灵的人得到荣誉和美化，他被看成英雄。杀戮正在世界上蔓延。为了一个国家的安全和扩张，另一个国家被摧毁。为了谋食、获利或者所谓的运动而杀死动物；它们为了人类的"幸福康乐"而被活体解剖。士兵的存在是为了杀戮。能够在短时间和远距离杀死大量人的谋杀技术得到了特别的发展。许多科学家完全参与其中，牧师为投弹者祝福并崇拜他们。我们也为了吃而杀死卷心菜或胡萝卜；我们消灭瘟疫。我们应该在哪里画出一条界线，超过界限就不该再杀戮了呢？

"它取决于每个个体。"第二个人回答。

有那么简单吗？如果你拒绝参战，你要么被枪毙或者送进监狱，要么可能被送进精神病房。如果你拒绝参与国家主义仇恨的游戏，你就被人轻视，可能失去你的工作。以各种方式产生的压力迫使你就范。在纳税的时候，甚至是买一张邮票的时候，你都在支持战争，支持不断改换敌人的杀戮。

"那一个人要做什么呢？"非肉食者问。"我清楚地觉知到我很多次在法庭上合法地杀人；但我自己是个严格的素食者，我从来没有用我自己的手杀死任何生物。"

"甚至连有毒的昆虫都没有吗？"第二个人问。

"如果我有选择的话就不会杀死它。"

"别的人为你做了。"

"先生，"那位素食律师继续说，"您是在建议我们不应该纳税或者写信吗？"

又是这个问题，首先关心行动的细节，推测我们是否应该做这做那，我们就会迷失，尤其是在我们没有理解问题的全部时。问题需要被当作一个整体来考虑，不是吗？

"我很清楚必须对问题有一个全面的看法，但细节也是重要的。我们不能忽略我们当下的活动，不是吗？"

你所说的"对问题全面的看法"是什么意思？它仅仅是理智上的赞同、口头上的一致，还是你真的领悟了杀戮问题的全部？

"说实话，先生，直到现在我还没有重视这个问题更广的含意。我只是关心它特殊的一个方面。"

那就好像不敞开窗子，注视天空、树木、人们、整个生命的运动，而是透过窗框的狭窄缝隙来窥视。头脑就像这样：它渺小而微不足道的一部分非常活跃，而其他部分都在睡觉。头脑这种渺小的活动创造出它自己渺小的善恶问题、政治和道德价值问题等等。如果我们真的能理解这个过程的愚蠢性，我们就会自然而然地、没有任何强制地探究头脑更广泛的领域。

因此我们正在讨论的问题不仅仅是是否杀动物的问题，而是世界上和我们每个人内心中日益增长的残酷和仇恨的问题。那是我们真正的问题，不是吗？

"是的，"第四个人强调说，"野蛮就像瘟疫一样在世界上蔓延；整个国家被更大更有力的邻国摧毁。野蛮、仇恨才是问题所在，而不是一个人是否喜欢肉的味道。"

存在于我们内心之中的残酷、愤怒、仇恨以这么多的方式表现出来：强大狡诈者剥削弱小者；残酷地迫使所有处于被清算痛苦之中的人接受一定意识形态的生活模式；通过强化的政治宣传建立国家主义和苏维埃政府；通过培养有组织的教条和信仰，也就是所谓的宗教，把人和人分隔开。残酷的方式不但很多，而且微妙。

"即使我们花上我们的后半生来看，也不可能发现残酷表现自己的所有这些细微的方式，不是吗？"第三个人问。"那我们怎么样继续下去呢？"

"在我看来，"第一个人说，"我们错过了中心问题。我们每个人都在保护自己，我们在保卫我们自己的利益，经济或者智力上的资产，或者也许是一个传统给予我们的利益，不一定是金钱方面的。我们所接触的每一件事物中的自我利益，从政治到上帝，才是事物的根。"

又是那个问题，请问，这仅仅是口头声明和逻辑结论吗？它们可以被驳得体无完肤或者被巧妙击败；还是它反映了对事实的洞察？那才是对我们日常生活的思考和行动有意义的。

"您在试图引导我们区分语言和事实，"第三个人说，"我开始明白我们区分这两者是多么重要。不然我们就会迷失在语言中，而没有任何行动——就像我们实际上所做的那样。"

要行动就必须有感觉。对整个问题的感觉导致全然完整的行动。

"当一个人深刻地感受到某个事物时，"第四个人说，"他就在行动，这样的行动不是强制的或者所谓直觉的；也不是预先考虑、计算的行动。它是从一个人存在的深度中产生出来的。如果那个行动导致危害、痛苦，这个人会很高兴地偿还；但这样的行动很少是有危害的。问题是，如何才能维持这种深刻的感觉呢？"

"在我们更深入一步之前，"第三个人热切地插进来，"让我们先搞清楚你的话，先生。一个人觉知到这个事实：要有完全的行动，必须有深刻的感情，其中对问题有充分的心理的理解；不然就只有零碎的行动，它们永远不会粘在一起。那是相当清楚的。然后，就像我们正在说的，语言不是感觉；语言可能会激发感情，但这种口头上的激发并不会维持感情。那么，一个人不能直接进入感情世界吗？不要描述，不要符号或者语言。那不是下一个问题吗？"

是的，先生。我们被语言、符号分散了精神；除了通过术语、描述的刺激，我们很少感觉。"上帝"这个词不是上帝，但语言会让我们按照我们的条件反射去反应。只有当"上帝"这个词不再在我们心中产生出特定的习惯性的哲学或者心理反应时，我们才能发现上帝的真实或虚假。就像我们前面说的，全然完整的感觉产生全然完整的行动——或者不如说，全然完整的感觉**就是**全然完整的行动。感情消失了，把你留在先前的原地。但我们正在说的全然完整的感觉并不是感情，它不依赖于刺激；它维持它自己，不需要机巧。

"但这种全然完整的感觉是怎样被唤醒的呢？"第一个人强调。

请允许我这样说，你并没有明白关键。可以被唤醒的感觉是刺激的问题；它是感情，被各种手段和这样那样的方式滋养着。然后手段和方式就变成最重要的，而不是感觉。作为唤醒感觉手段的符号被供奉在寺庙中、教堂里，于是感觉只有通过符号或语言才能存在。但全然完整的感觉是被"唤醒"的吗？考虑一下，先生，不要回答。

"我明白您的意思，"第三个人说，"全然完整的感觉根本不是被唤醒的；它要么在那儿，要么不在那儿。这就把我们留在相当无望的境地了，不是吗？"

是吗？有失望感是因为你想到达某个地方，想得到那种全然完整的感觉；因为你达不到，所以你感到失落。那是达成、到达、成就、成为的欲望，它会产生方式、符号、刺激，通过它们头脑安慰自己、转移了自己的注意力。因此让我们再次考虑一下杀戮、残酷和仇恨的问题。

关心"人道主义"的杀戮是相当愚蠢的；禁止吃肉，而通过把你的孩子和他人相比较来摧毁他是残酷的；为了你的国家或意识形态而参与受人尊敬的杀戮是培养仇恨；对动物友善而通过行动、语言、手势残酷地对待你的同类，只会产生敌意和残酷。

"先生，我想我明白您刚刚说的了；但这种全然完整的感觉如何形成呢？我问这个问题只是寻找活动中的质疑。我不是在问一个方式：我明白它的愚蠢性。我也明白，要想达成的欲望建立它自己的障碍，感到无望或无助是愚蠢的。所有这些现在都是清楚的。"

如果它是清楚的，不只是口头或者理智上的理解，而是如同芒刺在背的真实的痛苦，那就有同情和爱。那么你就已经打开了通向这种全然完整的同情感的大门。富有同情心的人知道什么是正确的行动。没有爱而试图发现什么是正确的行动，你的行动只会导致更大的危害和不幸；那就是政治家和改革家的行动。没有爱，你不可能理解残酷；和平有可能通过恐怖的统治建立起来，但是战争、杀戮会在我们存在的另一个层面延续。

"我们没有同情，先生，那是我们不幸的真正根源。"第一个人充满感情地说。"我们的内心很硬，内在很丑陋，但我们把它埋藏在善意的言辞和肤浅的慷慨行动中。尽管有宗教信仰和社会改革，但我们内心中生长着肿瘤。正是我们自己的内心必须进行手术，然后一颗新的种子才能生长出来。那个手术是新种子的生命。手术开始了，种子才能结果。"

## 要有智慧就要单纯

大海非常蓝，夕阳正触到低卧的云朵的顶部。一个十三四岁的男孩儿穿着一身湿衣服，站在一辆汽车旁瑟瑟发抖，假装成一个哑巴；他正在乞讨，装得非常像。得到一些小钱之后，他离开了，迅速地跑过沙滩。海浪来势温和，它们在移动时没有完全抹去上面的脚印。螃蟹们正在和波浪竞赛，且躲避着了人的脚步；它们任凭自己被海浪和移动的沙子抓住，但它们会再次露出来，准备着下一个浪头的到来。一个人坐在几根木桩绑在一起的筏子上，他刚刚出海，现在带着两条大鱼回来；他很黑，晒了许多太阳。他熟练而轻松地上了岸，把他的筏子远远地拖到沙滩上干燥的、海浪打不到的地方。远处是一个棕榈树丛，全都弯腰朝向大海，更远处是城镇。地平线处的一艘轮船好像一动不动，微风从北方吹拂而来。在这一个小时的优美和静止中，天地交融在一起。你可以坐在沙滩上，注视海浪的来来去去，无休无止，它们有节奏的运动好像忽略了大地。你的头脑是生动的，但不像无休止的大海；它是生动的，从地平线的一端到达另一端。它没有高度或深度，它既不远也不近；没有一个中心可以测量或者围绕整体。大海、天空和陆地全都在那儿，但是没有观察者。它是浩瀚的空间和无边的光。夕阳的光照在树上，村子沐浴在光中，在河对岸也能看得到；但是这是不会落下去的光，永远闪耀着的光。奇特的是，其中没有阴影；你不可能把你的阴影投在它的任何部分。你没有睡着，你没有闭上眼睛，因为现在星星正显现出来；但是不管你是闭着眼睛还是睁着，光总是在那里。它不会被抓住，然后被放入神龛之中。

她是三个孩子的妈妈，看上去简单、安静、谦逊，但她的眼睛活跃而敏锐；它们注意到很多东西。她说话的时候，她紧张的羞涩就消失了，但她仍旧安静地注视着。她的长子在国外受过教育，现在是一个电气工程师；二儿子在纺织厂有一个好工作，最小的儿子刚刚读完大学。他们全都是好孩子，她说，你可以看出她为他们感到骄傲。几年前他们失去了父亲，但他已经预见到他们会受到好的教育，能够自食其力。他微不足道的一点儿东西都留给了她，她不需要任何东西，因为她需求甚少。讲到这里她停了下来，显然要说出她脑子里的事有不少困难。感觉到她想要谈的，我犹豫着问她。

你爱你的孩子们吗？

"那当然，"她很快回答，很高兴这个开头，"谁不爱自己的孩子呢？我细心照顾把他们拉扯大，这些年把注意力都放在他们的进进出出上、他们的悲哀和喜悦上，还有那些做妈妈的所关心的事上。他们是非常好的孩子，对我非常好。他们学习上都很不错，在生活中会一直向前。他们可能不会在世上留下什么痕迹，毕竟很少有人能这样。我们现在全都住在一起，如果他们结婚了，我愿意和哪一个儿子住在一起都可以。当然，我也有我自己的房子，我经济上不依赖他们。很奇怪你会问我这个问题。"

是吗？

"噢，我以前从来没有对任何人谈过我自己，甚至对我姐姐、我过世的丈夫都没有，突然被问到这个问题好像很奇怪——虽然我**真的**想和你谈谈。来见您是鼓起很大勇气的，但现在我很高兴我来了，您使谈话变得这么容易。我一直是个倾听者，但不是您说的倾听者的意思。我以前听我丈夫的，听他生意上的合伙人的，不管他们什么时候来访。我也听我的孩子和我朋友的。但好像没有人在乎听我说什么，大部分时候我都沉默着。在倾听别人的谈话中可以学习，但大部分听到的都是已知的。男人们像女人们一样窃窃私语，此外就是抱怨他们的工作和糟糕的薪水；一些是讨论他们所希望的晋升，另一些是谈论社会改革、村务或古鲁所说的。我倾听所有这些，从来没有把我的心向任何人打开。有些人更聪明，另一些人比我还愚蠢，但大部分情况下他们和我没有什么差别。我欣赏音乐，但我用完全不同的耳朵来倾听它。我好像大部分时间都在倾听这个人或者那个人的话；但也有某个东西我会倾听，某个总是躲着我的东西。我可以谈谈它吗？"

那不是你来这儿的原因吗？

"是的，我猜想是的。您看，我快要四十五岁了，大部分时候我都在注意别人，每天，我都整天忙着一千零一件事。我丈夫五年前死了，从那时起，我就更加关注孩子；现在，奇怪的是，我所有的时间都面对我自己。有一天我和我的嫂子参加了您的演讲，某种东西在我心里搅动起来，某种我一直知道它在那里的东西。我不能很好地表达它，我希望你能明白我想要说的。"

我可以帮你吗？

"我希望您能。"

要想单纯到底是很难的，不是吗？我们经历了一些东西，它本身是单纯的，但它很快就变成复杂的；很难把它维持在原先单纯的界限内。你不觉得是这样的吗？

"某种程度上是。在我心里有一个简单的事物，但我不知道它意味着什么？"

你说你爱你的孩子们。"爱"那个词是什么意思？

"我告诉过您那是什么意思。爱孩子就是照顾他们，看着他们不要受到伤害，不要犯太多错误；爱就是帮助他们为一个好工作做好准备，看到他们快乐地结婚，等等。"

那就是全部吗？

"一个母亲还能做什么更多的呢？"

请问，你对孩子们的爱充满了你的整个生活吗？不只是生活的一部分吗？

"不是的，"她承认道，"我爱他们，但这从没有充满我整个的生活。和我丈夫的关系是不同的。他可能可以充满我的生活，但不是孩子们。现在他们都长大成人，他们有自己的生活要过。他们爱我，我也爱他们；但丈夫和妻子之间的关系是不同的，和一个合适的女人结婚，他们会找到他们生活的满足。"

你从没有想过让你的孩子得到正确的教育，以便他们能够阻止战争，不会为了理念或者满足某个政治家争权夺利的欲望而被杀死吗？你的爱没有使你想帮助他们建立一种不同的社会，一个消除了仇恨、敌对、嫉妒的社会吗？

"但是**我**能做些什么呢？我自己没有受过恰当的教育，我怎么能帮助建立一个新的社会秩序呢？"

你没有强烈地感觉到它吗？

"恐怕没有。我们会强烈地感觉到什么吗？"

爱不就是强烈的、重要的、迫切的吗？

"它应该是，但我们大部分人的爱都不是这样的。我爱我的儿子们，祈祷没有什么灾难降临在他们身上。如果真的发生了，除了流下苦涩的眼泪我还能做什么呢？"

如果你有爱，它难道不是强烈到使你可以采取行动吗？嫉妒像仇恨一样是强烈的，它会产生有力的行动；但嫉妒不是爱。你真的知道爱是什么吗？

"我一直认为我爱我的孩子们，即使它不是我生活中最重要的事。"

那么在你的生活中还有比爱你的孩子们更伟大的爱吗？

谈到要点很不容易，我们谈到这里时她变得窘迫而尴尬。有一段时间她没有说话，我们坐在那里一言不发。

"我从来没有真正地爱过，"她开始温和地说，"我从没有非常深刻地感受过什么。我曾经非常嫉妒，它是一种非常强的感情。它灌输到我心里，使我变得暴力。我哭、装腔作势，还有一次罢工了，上帝原谅我。但那些都结束了，过去了。性欲也曾是非常强的，但随着每个孩子的出生而减小，现在它完全消失了。我对孩子的感情并不是应该的那样，除了嫉妒和性我从来没有强烈地感觉过什么；那不太深入，不是吗？"

不太深入。

"那什么是爱呢？执著、嫉妒、甚至仇恨，曾经被我看成是爱；当然还包括性关系。但现在我明白，性关系只是更大事物中非常小的一部分。那个更大的东西我从来都不知道，所以性才变得极为重要，至少在一段时间里。当它消失后，我觉得我爱我的儿子；但事实是，如果我可以用爱这个词的话，我只是以极小的方式爱他们；尽管他们是好孩子，但他们只是像其他成千上万的人一样。我猜想我们都是平庸的，满足于微小的事物：野心、繁华、嫉妒。我们的生命是渺小的，不管我们是住在宫殿还是茅舍。所有这些现在对我都非常清楚了，以前并不是的。但是你想必知道，我是没有受过教育的人。"

教育与此无关。平庸并不是未受教育者的专利。学者、科学家、非常聪明的人也可能是平庸的。摆脱平庸、渺小，和阶级或者学习无关。

"但我想得不多，感觉不多；我的生活已经是一个遗憾。"

即使我们感觉强烈，通常也只是关注一些微不足道的事物：关于个人和家庭的安全、关于国家、关于某些宗教或政治领导。我们的感觉总是赞同或反对什么；它不像明亮燃烧的火焰，是没有烟雾的。

"但谁会给我们火焰呢？"

依靠其他人，指望古鲁或领导者，就会带走单独性——那火焰的纯净；它会产生烟雾。

"那么，如果不允许我们寻求帮助，我们就必须先有火焰。"

不完全是。开始，火焰并不在那里。它必须得到营养；必须带着了解、小心、明智地去除那些抑制火焰的东西，去除那些破坏火焰清晰的东西。只有这时，才会有无法熄灭的火焰。

"但那需要智慧，那是我还没有得到的。"

你有。看清你的生活是多么微不足道，看清你的爱是多么渺小；觉察嫉妒的本性；开始觉知到日常关系，那就已经是智慧的运动了。智慧是一个辛苦的工作，迅速地洞见头脑那些狡猾的技巧，面对事实；清醒的思考，没有假设或结论。要点燃智慧的火焰，要使它保持活力，就需要警醒和充分的单纯。

"感谢您的仁慈说我有智慧；但是我**有**吗？"她坚持问。

探询是好的，但不要断言你有还是没有。正确的探询本身就是智慧的开始。你自己的信念、观念、主张和否定阻碍了你心中的智慧。单纯就是智慧的道路——不仅是在外在的事物和行为中表现单纯，而且也是内在的非存在的单纯。当你说"我知道"时，你就是站在无智慧的道路上；但是当你说"我不知道"时，而且真的是这个意思，你就已经站在智慧的道路上了。当一个人不知道的时候，他会观看、倾听、探询。"知道"就意味着积累，积累的人永远不会知道；他不是有智慧的。

"如果我站在了智慧的路上是因为我简单、知道得不多……"

考虑"多"这个词就不是有智慧的。"多"是相对的词，相比较是以积累为基础的。

"是的，我明白这一点了。但是，就像我刚才提到的，如果一个人站在智慧的道路上是因为他简单和真的所知不多，那么智慧好像和无知是等同的。"

无知是一回事，不知道的状态是另一回事；两者毫不相干。你可能非常博学、聪明、能干、有才，但还是无知的。没有自知之明就是无知。无知的人意识不到自己，他不知道自己的谎言、空虚、嫉妒等等。你可能知道所有天地的奇迹，但仍然没有摆脱嫉妒和悲哀。但是当你说"我不知道"时，你就正在学习。学习就不是积累，不是知识、事物或者关系的积累。要有智慧就要单纯；但是要做到单纯是非常费力的。


## 困惑与确信


湖后的山峰笼罩在黑沉沉的乌云中，但湖岸仍然阳光灿烂。早春时候，阳光并不温暖。树木仍旧光秃秃的，裸露的枝杈映衬着蓝色的天空；但即使是裸露的树木也是美丽的。它们耐心、笃定地等待着，几个星期之后，它们又会覆盖上柔嫩的绿叶。湖边的小径掉头穿过树丛，那里几乎是常绿的；树林绵延几里，如果你沿着小径走出很远，就来到一片开阔的牧场，四周树木环绕。那是一个美丽的地方，与世隔绝，十分遥远。有时几头牛在草地上吃草，但它们叮当作响的铃声好像从来没有打搅独处的感觉，也没有把遥远感、孤独感和熟悉的独立感带走。上千的人可能来过这个可爱的地方，当他们离开的时候，他们的噪音和垃圾也随之而去，它仍然是不受打扰的、单独的、友好的。

那天下午太阳照在草地上，照在环绕在周围的高高的、深色的树木上，它们是用绿色雕刻出来的，高大庄严，没有动静。你的头脑和眼睛四下环顾，脑子中塞满了内在的唠叨，一直不停地考虑回去的途中是否会淋到雨，你觉得好像正在犯错误，不想在那儿了；但是很快你成了它的一部分，令人心醉的独立无染的一部分。那里没有任何鸟类；空气是完全静止的，树木的顶端一动不动地映衬着蓝色的天空。葱绿的草地是这个世界的中心，当你坐在一块石头上时，你就成了中心的一部分。这不是想像；想像是愚蠢的。你并没有试图以这样的开阔和优美来认同自己，认同是空虚的。你并没有试图在这不受打搅的独立的自然中忘记或者放弃自己；所有忘我的放弃都是骄傲的。它不是令人震惊或者强制的纯粹；所有的强制都是否定真实。你不能迫使自己或者帮助你自己成为整体的一部分。但是你就是它的一部分，绿色的草地、坚硬的岩石、蓝色的天空和庄重的树木的一部分。是这样的。你可能会记得它，但那样你就不属于它；如果你想回到它，你就永远不可能找到它。

突然，你听到清晰的长笛声；沿着小路，你遇到了演奏者，只是一个小男孩儿。他永远不会成为一个专业演奏家，但是演奏中自有乐趣。他正在照看牛。他害羞得说不出话，因此当你沿着小径和他一起走时，他继续演奏长笛。他可能可以一直走下去，可是那太远了，他很快又折回去；但是长笛的音符仍然飘在空气中。

他们是丈夫和妻子，没有孩子，相对来说还很年轻。他们个头矮小、体格健美，是强壮、健康的一对。她直视着你，而他只在你不在看他时才会看着你。他们以前来过一两次，有一些改变。身体方面是同样的，但他们的表情、坐姿和头的姿势有所不同；他们有种正在成为、或者已经成为重要人物的样子。离开了他们熟悉的环境，他们感到有些笨拙、拘束，好像不太确定他们为什么来，或者要说什么；因此他们从谈论他们的旅游开始，谈论其他一些在目前的情况下对他们没有太大兴趣的事。

"当然，"丈夫最后说，"我们确实相信大师，但眼下我们并不强调这些。人们不明白，所以把大师当作救世主、超级古鲁——你关于古鲁的说法是完全正确的。对我们来说，大师们是我们自己更高的自我；他们不是作为信仰而存在的，而是我们日常生活的发生。他们引导我们的生活；他们指导并指出方向。"

请问是什么方向，先生？

"朝向进化和生命的更高贵进程的方向。我们有大师的图像，但它们对头脑来说只是叙述的符号、形象，以便为我们渺小的生命带入一些更伟大的东西。不然生活就变得低俗、空洞而非常肤浅。就像在政治和经济领域有领导者一样，这些符号成为更高的思想王国的指导。它们像黑暗中的光明一样是有必要的。我们并非对其他指导、其他符号没有容忍；我们欢迎它们，在困难的时期，人们需要他能得到的任何帮助。因此我们不是没有容忍力的；但是你来了，当你否认导师的指导作用、拒绝任何其他形式的权威时，你既无容忍力，又相当教条。为什么你坚持人必须摆脱权威？没有某些法律和秩序我们怎么能在这个世界上存在呢？毕竟所有这些都是建立在权威基础上的。人在痛苦地尝试，他需要那些能够帮助他并使他得到深刻安慰的人。"

哪些人？

"普通人。可能会有些例外，但是普通人需要某种权威，一个能够引导他从感官生活进入精神生活的向导。为什么您反对权威？"

有许多种权威，不是吗？有为了所谓共同利益的国家权威；有教堂、教条和信仰的权威，它被称为宗教，把人从邪恶中拯救出来，帮助他得到教化；有社会的权威，那是传统、贪婪、嫉妒、野心的权威；还有个人知识或经验的权威，那是我们的制约训练的结果、教育的结果。也有专家的权威、天赋的权威、野蛮暴力的权威，不管那是政府的还是个人的。我们为什么要寻找权威？

"那是相当明显的，不是吗？就像我说的，人需要能够引导他的东西；困惑的时候，他自然需要权威来引导他走出困惑。"

先生，你正在说的好像是和你自己不一样的存在吧？你不是也在寻找权威吗？

"是的。"

为什么？

"物理学家比我了解更多结构的问题，如果我想学习那个领域的知识，我就要去他那儿。如果我牙疼，我就要去牙科医生那儿。如果我内在困惑，那是经常发生的，我就寻找更高的自我、导师等等的指导。那有什么错呢？"

去牙医那儿、在路的右边还是左边行驶、或者赋税是一回事；但是这和接受权威以便摆脱悲哀是同样的吗？这两者是完全不同的，不是吗？追随另一个权威能够了解和消除心理痛苦吗？

"心理学家或分析学家经常能帮助混乱的头脑解决它的问题。在这种情况下的权威显然是有益的。"

但是你为什么指望你称之为更高自我或者大师的权威呢？

"因为我混乱。"

一个混乱的头脑能发现什么是真实的吗？

"为什么不能呢？"

如果它那样做，混乱的头脑只会发现更大的混乱；它对更高自我的寻找、它所得到的回应，都是依照它混乱的状态。如果有清楚，权威就结束了。

"有一些片刻我的头脑是清楚的。"

实际上你是说，你不是完全混乱的，有部分的你是清楚的；这个假定清楚的部分就是你所谓的更高的自我、大师等等。我这样说并没有什么恶意。但是一部分头脑是混乱的，而另一部分是清楚的，这是可能的吗？或者这仅仅是希望？

"我只知道有一些片刻我并不混乱。"

清楚能知道它自身不是混乱的吗？混乱能识别清楚吗？如果混乱能识别清楚，那么可以识别的东西仍然是混乱的一部分。如果清楚知道它自己处于不混乱的状态，那它就是比较的结果；它把自己和混乱相比较，因此它是混乱的一部分。

"您是要告诉我，我是完全混乱的，不是吗，先生？但并不是这样的。"他坚持己见。

你首先意识到混乱还是清楚？

"这不是好像问哪一个先有，鸡还是鸡蛋？"

不完全是。当你快乐的时候，你不会觉知到它；只有没有快乐时你才寻找它。当你觉知到你是快乐的，那一刻快乐就消失了。盼望自性——超级心智、大师、或者随便你管它叫什么——消除你的混乱，你就是从混乱中行动；你的行动只是受制约的头脑的结果，不是吗？

"也许。"

处于混乱中，你在寻找或者建立一个权威以便消除混乱，那只会使事情更糟。

"是的。"他勉强承认。

如果你看清了真实，那你只会关心怎样清除你的混乱，而不会建立权威，那是没有意义的。

"但是我怎样清除我的混乱呢？"

在你的混乱中要真正诚实。承认自己是完全混乱的就是了解的开始。

"但是我坚持我的观点。"他冲动地说。

现在就是这种情况。你有一个指导者的位置——这个领导就像被领导者一样混乱。整个世界都是如此。由于混乱，追随者或者门徒选择他们的领导、上师、古鲁；因此混乱占了优势。如果你真的想摆脱混乱，那它就是你关注的首要问题，坚持己见就不再重要了。但是你一直在和自己玩捉迷藏的游戏，不是吗，先生？

"我猜是的。"

每个人都想成为什么人物，因此给我们自己和其他人带来更多的混乱和悲哀；但是我们却谈论拯救世界！一个人首先必须澄清自己的思想，而不是关注别人的混乱。

很长一段间歇。然后那个一直在安静倾听的妻子，语调非常痛心地开了口。

"但是我们想帮助别人，我们的生活都投入其中了。你不能夺走这种欲望，毕竟我们做了善事。您太具有破坏性了，太消极了。您在拿走，但是您给予了什么呢？您可能发现了真理，我们没有；我们是寻找者，我们有权拥有我们的信念。"

她的丈夫非常焦虑地看着她，不知道会发生什么，但是她继续说下去。

"工作了这么多年之后，我们已经在组织中建立了我们自己的位置；我们第一次有机会成为领导，我们有责任抓住机会。"

你这么认为吗？

"我基本上这样认为。"

那就没有问题。我并不想让你确认什么，或者让你信仰某个特殊的观点。从结论或者确信开始思考根本不是思考；那样生活只是一种死亡的形式，不是吗？

"没有确信，生活对我们来说是空的。我们的确信使我们成为现在的样子；我们相信一定的事，它们成为我们的组成部分。"

它们是否有效呢？信仰有效吗？

"我们已经对我们的信仰考虑了很多，发现它们后面包含着真理。"

你是怎样发现信仰的真理的？

"我们知道信仰之中是否有根本的真理，"她情绪激动地回答。

但是你怎样知道的呢？

"当然是通过我们的智力、经验和日常生活的测试。"

你的信仰是基于你的教育、你的文化；它们全都是你的背景、社会、父母、宗教或传统影响的结果，不是吗？

"那有什么不对呢？"

头脑已经被一套信仰制约了，它怎么会发现其中的真实呢？毫无疑问，头脑必须先把自己从信仰中解放出来，只有这时，蕴含在信仰中的真实才能被洞察。基督教徒嘲笑印度教的信仰和教条是愚蠢的，就像印度教徒嘲笑基督教的教条宣称只有通过特定的信仰才能得救一样，因为两者都在同一条船上。要了解和信仰、确信、教条有关的真实，必须先摆脱基督教徒、共产主义者、印度教徒、穆斯林或其他所有的制约。不然你仅仅在重复你被教导的东西。

"但是基于经验的信仰是完全不同的事。"她断言。

是吗？信仰投射经验，然后这样的经验加强信仰。我们的见地是我们的宗教性的还有非宗教性的制约熏陶的结果。是这样的，不是吗？

"先生，您的话是毁灭性的，"她抗议说，"我们是弱小的，我们无法自立，我们需要我们信仰的支持。"

但是坚持认为你不能自立，你就显然是弱化自己；然后你就允许你自己被你所创造出来的剥削者剥削。

"但是我们需要帮助。"

当你不寻找的时候，帮助就会来临。它可能随着一片树叶、一个微笑、一个孩子的手势、或者任何一本书而来。但是如果你把书、树叶、形象当作最重要的东西，那你就迷失了，因为你陷入了你自己制造的监狱中。

她现在变得安静一些了，但仍然担心着什么。丈夫也正想说话，但克制了自己。我们全都安静地等待着，很快她又开口了。

"从您的话来看，好像您把权力当作罪恶。为什么？运用权力有什么不对吗？"

你说的权力是指什么？国家的统治、群体的统治、古鲁的、领导的、或者意识形态的统治；透过政治宣传的压力，聪明而狡诈的人极力对所谓的大众施加他们的影响——这就是你所说的权力吗？

"一定程度上是。但是有行善的权力和作恶的权力。"

权力意味着对他人的优势、支配、有力的影响，总是邪恶的；没有"善的"权力。

"但是有些追求权力的人是为了他们国家的利益，或者出于上帝、和平或友情的名义，不是吗？"

很不幸，有这样的人。请问，你在追求权力吗？

"是的，"她挑战似地回答。"但只是想对他人有益。"

他们都是这样说的，从最残酷的独裁者到所谓的民主政治家，从古鲁到暴躁的父母。

"但我们是不同的。因为我们自己经受了这么多痛苦，我们想帮助其他人避免我们所遭遇的陷阱。人们是孩子，他们为了他们自身的福利必须得到帮助。我们真的是要做有益的事。"

你们知道什么是有益的吗？

"我想我们大部分人都知道什么是有益的：不做有害的事、友爱、慷慨、禁止杀生、不考虑自己。"

换句话说，你想告诉人们从内心到行动都要慷慨；但是这需要一个庞大的、拥有土地的组织，你们中的一个人要有可能成为它的领袖？

"我们成为领袖只是要使组织沿着正确的方向运行，而不是为了谋求个人利益。"

在一个组织中拥有权力和个人权力有这么大的不同吗？你们都想享受它带来的声望、它提供的旅行机会、成为重要人物的感觉，等等。为什么不让问题简单化呢？为什么包裹上尊敬的外衣？为什么使用这么多高雅的词汇来掩盖你对成功的欲望和重视呢？那几乎是所有人想得到的。

"我们只是想帮助人们。"她坚持说。

一个人拒绝看清事物的本来面目不是很奇怪的吗？

"先生，"丈夫插进来，"我想您不明白我们的情况。我们是普通人，我们不想假装成为其他什么；我们有我们的缺点，我们诚实地承认我们的野心。但是那些我们尊重的人，那些在许多方面充满智慧的人要求我们接受这个职位，如果我们不接受，权力就会落入到邪恶的人手中——落入到只关心他们自己的人手中。因此我们感到我们必须接受我们的责任，尽管我们真的不配得到它。我真心地希望您能了解。"

难道不是你应该了解你正在做的事吗？你们关注改革，不是吗？

"谁不是呢？过去和现在伟大的领导和导师一直都在关注改革。与世隔绝的隐士、出家人对社会儿乎没有用处。"

改革尽管是必要的，但除非考虑到人类整体，不然也没有意义。如果树根已经不健康，那么砍下一些死枝不会使大树健康。仅仅进行改革，总是需要更进一步的改革。我们所必需的则是在我们的思考中进行一场完全的革命。

"但是我们大部分人无法胜任这样的革命，根本的改变需要通过进化的过程逐步进行。我们渴望提供这种逐步的改变，我们愿意奉献我们的生命去服务人类。您不该对人类的弱点更加宽容吗？"

宽容不是同情，它是狡猾的头脑拼凑的东西。宽容是来自不宽容的反应；不管是宽容还是不宽容都不是富有同情心的。没有爱，所有所谓的善行只会导致进一步的伤害和不幸。充满野心、追逐权力的头脑不懂得爱,它永远不可能富有同情心。爱不是改革,而是全然完整的行动。


## 🌿 没有动机的注意


在两个花园之间狭窄、多荫的小路上,一个男孩儿正在吹弄长笛;那是个不值钱的木头玩意儿,他正在吹奏一首流行的电影插曲,但是纯粹的音符充满了那条小路的空间。房子的白墙被最近的雨水冲刷过,白墙上的树影伴随着长笛的音符舞蹈。这是一个阳光充足的早上,蓝天上飘着几朵零落的白云,舒适的微风从北方吹来。房子和花园后面是村子,巨大的树木俯视着茅草屋顶。那些树下,妇女们正在出售鱼、一些蔬菜和油炸食品。小孩子在窄路上嬉戏,更小的孩子把沟渠当作他们的厕所,忘记了成人和来往的车辆。有很多山羊,它们那些黑色、白色的小羊比孩子们更干净、更活泼。它们摸上去那么柔软,它们喜爱被人爱抚。越过围绕着它们、底部装着倒钩的电线,穿过大路来到一小块开阔的空间,它们细细地咬着青草,四下蹦跳,互相用头顶撞着,放肆地跳到空中,然后又跑回到它们妈妈的身边。汽车减速,避免撞到它们,没有一头羊被撞死。它们好像是神圣的被保护者,而不是被杀来吃掉的。

长笛的演奏者在绿色的树丛里,清晰的音符把人们从家中唤了出来。那男孩儿很脏,衣服破旧,没有洗过,他的脸容带着侵略性的尖刻和抱怨。没有人教过他吹奏长笛,也没有人会这样做;他自己拿起它,就像电影插曲一样演奏下去,音符是特别纯净的。头脑漂浮在纯粹之上是很奇特的。走开几步之后,它仍在继续,穿过树木,越过房屋,朝向大海。

它的运动不在时空之中，而在纯粹之中。"纯粹"这个词不是纯粹；词语和记忆连在一起，和许多事物相关。这种纯粹不是头脑邀请而来的，不是拼凑在一起的东西，只有记忆和比较不参与其中才会来临。长笛的吹奏者在那儿，但头脑无限地远去——既不是距离上的，也不是记忆上的。它在自己之中远去，清晰、不受污染、单独、超越时间的测量和识别。

小屋子俯视一个开满花的小花园和一小块草地。屋子刚好有足够的空间给我们五个人和一个小男孩，他是其中一个人带来的。男孩儿安静地坐了一会儿，然后站起身走出门去。他想玩儿，成人的谈话对他来说太难了；但是他有一种认真劲儿。他每次进来，都会坐在一个大人旁边，那人是他的父亲，他们的手轻轻地碰在一起；很快他睡着了，还攥着父亲的一个手指头。

他们全都是活跃的人，显然很能干、精力充沛。他们各自的职业是律师、政府官员、工程师和社会工作者，除了最后一个人，他们的职业都只是一种谋生手段。他们真正的兴趣在别的地方，他们身上好像都体现着几代人的文化。

"我只关心我自己，"律师说，"但是不是狭隘的、个人性的自我晋升。关键是，我独自一人能打破几个世纪的障碍，解放我的头脑。我愿意倾听、推理、讨论，但是我厌恶所有的影响。影响不管怎样都是宣传，而宣传是强制最愚蠢的形式。我读了很多书，但我不断地观察我自己是否落入了作者思想的影响之中。先生，我已经参加了您很多的演讲和讨论，我赞同您的看法，任何形式的强制都阻碍理解。任何被劝说的人，都会有意无意地按照特殊的方向思考，不管它是多么明显有益的，这个人最终都会陷入某种挫折，因为他的满足是依照其他人的方式，因此他永远不可能真正地实现自己。"

我们大部分时间不受其他事物或者他人的影响吗？一个人可能对影响没有意识，但是它难道不总是以许多微妙的形式呈现出来的吗？思想本身难道不是影响的结果吗？

"我们四个人经常讨论起这件事，"官员回答，"我们仍然不是非常清楚，不然我们就不会在这里。就个人而言，我在全国各地的修行社区拜访了许多老师；但是在我去见大师之前，我首先去见门徒，看看他们是否仅仅是受到影响而向更好的生活发展的。一些门徒对这样的方式很反感，他们不能理解为什么我不想先去见古鲁。他们几乎完全被踩在权威的脚下；修行社区，尤其是比较大的，有时运转得非常有效率，就像办公室或者工厂。人们把他们所有的财产和土地都移交给中心的权威，然后在修行社区里，在指导下度过他们的余生。你会惊讶于你在那里发现的人，一个完整的社会剖面：退休的政府主管、积累了钱财的商人、一两个教授，等等。他们全都被古鲁的所谓精神影响所支配。那是可怜的，但事实就是这样！"

影响或者强制限于修行社区吗？英雄、理想、政治乌托邦、作为达成或者成为象征的未来——这些事物不是对我们每个人都发挥着微妙的影响吗？头脑不是也必须摆脱这类强制吗？

"我们没有走得那么远，"社会工作者说，"我们明智地待在一定的界限内，不然就可能是完全的混乱。"

抛开一种强制形式，只接受它更加微妙的形式，好像是徒劳的努力，不是吗？

"我们想一步一步系统而全面地、逐个了解强制的形式。"工程师说。

这是可能的吗？强制或者压力不应该作为整体来解决吗？而不是一点儿一点儿的。试图逐个抛开压力，在这个过程中坚持要抛开压力的观点，不是另一个层面上的压力吗？嫉妒可以一点儿一点儿去除吗？努力不是会维持嫉妒吗？

"建立任何东西都要花费时间。一个人不可能一下子建起一座桥。任何事都需要时间——种子要结果、人要成熟都需要时间。"

在某些事上，时间显然是必要的。采取一系列的行动、或者空间上从这里移动到那里都需要时间。但是除了年表，时间只是头脑的玩具，不是吗？时间被主动地或者被动地当作达成、成为什么的手段；时间存在于比较中。"我是这个，我要成为那个"的想法就是时间的方式。未来是过去的变形，现在仅仅成为过去到未来的运动或者通道，因此毫不重要。时间作为达成的手段有巨大的影响，它发挥着几个世纪的传统的压力。这个吸引和强制的过程，它包括主动的和被动的，要被一点儿一点儿地了解呢，还是必须被看成一个整体？

"请允许我打断一下，我想继续我在开头所说的，"律师反对说，"受影响并不是思考，因此我只关心我自己——但不是以自我为中心的方式。冒昧地说，我已经读过您关于权威所说的一些东西，我正在按同样的方式工作。因为这个原因我不再去各处拜访不同的导师。对权威——不是公民或者合法意义上的概念——的崇拜应该被明智的人避免。"

你只是关心摆脱外在的权威、摆脱报纸、书籍、导师等等的影响吗？你不是也应该摆脱各种形式的内向强制、摆脱头脑自身的压力吗？不仅仅是表面的头脑，而且是深层的无意识。这有可能吗？

"那就是我一直想和您讨论的事情之一。如果一个人有所觉知，要观察并摆脱偶然的影响和外在的压力加在有意识头脑上的印迹是相对容易的；但是无意识的制约和影响是一个相当难以理解的问题。"

无意识是无数的影响和强制的结果，不是吗？包括自我强加的和社会强加的。

"最确定的影响是来自一个人所成长的文化和社会；但是这种制约是否是全部，还是只是局部的，我完全不能确定。"

你想发现结果吗？

没有动机的注意　　**667**

"我当然想，那就是我来这儿的原因。"

一个人怎样去发现？这个"怎样"是一个探究的过程，它不是寻找一种方法。如果一个人寻找一种方法，那么探究就结束了。很显然，头脑不仅受到现代文化的影响、教育、塑造，而且也受到几个世纪文化的影响。我们正在试图发现的是：只是局部的头脑还是整个意识都受到这样的影响、制约？

"是的，那就是问题。"

我们所说的意识是指什么？动机和行动；欲望、满足和挫折；恐惧和嫉妒；传统、种族遗传和基于过去集合的个体经验；作为过去和将来的时间——所有这些是意识的本质和核心，不是吗？

"是的；我完全可以觉察到这个复杂的东西。"

一个人可以自己感觉到意识的本性，还是受到他人对意识描述的影响？

"老实说，两者都是；我感觉到我自己意识的本质，但是对它的描述是有帮助的。"

要摆脱影响是多么辛苦啊！把描述推到一边，一个人可以感觉到意识的本性吗？不仅仅是理论化的，或者陷入解释之中的？这样做是很重要的，不是吗？

"我猜是的。"官员犹豫着插进来。律师陷入了他自己的思考中。

自己感觉出意识的本性不同于通过描述而识别它的本性，那是一种完全不同的经验。

"当然，"律师回答，又回到了情景中，"一个是语言的影响，另一个是对实际发生的直接体验。"

直接体验的状态是没有动机的注意。如果存在达成一个结果的动机，那就是带着动机在体验，那只会更进一步地制约头脑。学习和带着动机的学习是自相矛盾的过程，不是吗？如果有要学习的动机，一个人还在学习吗？积累知识或者掌握技能不是学习的运动。学习是既不远离也不朝向什么的运动；如果积累知识来获取、达成、达到，学习就停止了。感觉意识的本性，了解它，是没有动机的；为了成为什么或不成为什么，就没有体验或者被教导。有动机、理由，就产生压力、强制。

"先生，您是不是在表明，真正的自由是没有理由的？"

当然。自由不是对束缚的反应；如果是，那自由就成为另一个束缚。那就是为什么发现一个人是否有自由的动机是非常重要的。如果有，那么结果就不是自由，仅仅是现实的反面。

"那么感觉意识的本性，也就是没有动机地直接体验它，就已经让头脑摆脱了影响。是吗？"

不是吗？你难道没有发现动机招致影响、强迫和顺从吗？对于要摆脱愉快和不愉快压力的头脑，所有细微或宏大的动机都必须消失——不是通过任何形式的强制、约束和压制，那只会导致另一种形式的束缚。

"我明白了，"律师继续说，"意识是整个相互关联的动机的复合体。要了解这个复合体，一个人必须不带更进一步动机地去感觉它；因为所有的影响必然地产生某种影响、压力。有任何动机的地方就没有自由。我开始非常清楚地了解这一点了。"

"但是没有动机的行动是可能的吗？"社会工作者问。"在我看来行动和动机是不可分割的。"

你说的行动是指什么？

"村庄必须被清理，孩子必须被教育，法律必须被加强，改革必须被执行，等等。所有这些都是行动，行动背后肯定有某种动机。如果有动机的行动是错的，那什么是正确的行动呢？"

共产主义者认为他的方式是正确的生活方式；资本家和所谓的宗教人士也这样认为。政府有五年或者十年计划，加强某些立法来执行它们。社会改革者构想某种生活方式，他坚持认为那是正确的行动。每个父母、每个学校的老师都加强传统和注意。无数的政治和宗教组织，每个都有它们自己的领导，每个都有权力，都在或宏观或细微地加强它所谓正确的行动。

"没有这些，就会是一片混乱的无政府状态。"

我们并不是在指责或保护任何生活方式、任何领导或者导师；我们正试图透过迷津来了解什么是正确的行动。所有这些个人或者组织，以它们的建议或者反对，都在试图在这个或者那个方向上影响思想，它被某些人称为正确的行动，被另一些人看成错误的行动。是这样的，不是吗？

"在一定程度上是的，"社会工作者赞同说，"但是尽管它是明显不完整的、支离破碎的，但是比如说，没有人把政治行动看成是正确的或者错误的；它只是必需。那么什么是正确的行动呢？"

试图把所有这些冲突的看法统一起来不会带来正确的行动，不是吗？

"当然不会。"

发现世界的混乱，个体有不同的反应方式；他坚持必须先了解自己，他必须净化自己的存在，等等；要不然他成为一个改革家、一个教条主义者、一个政治家，影响他人的头脑来顺应一个特殊的模式。但是对社会混乱和无序采取这样行动的个体仍然是混乱和无序的一部分；他的行动实际上是一个反应，只会带来另一种形式的混乱。其中没有正确的行动。正确的行动，毫无疑问，是全然完整的行动，它不是支离破碎的或者自相矛盾的；全然完整的行动本身会恰当地回应所有政治和社会的需求。

"什么是全然完整的行动？"

你自己难道没有发现吗？如果你被告知它是什么，你赞同或者反对它，就只会导致另一个支离破碎的行动，不是吗？社会之内的改革活动、以及反对或脱离社会的个体活动，都不是全然完整的行动。全然完整的行动超越这两者，全然完整的行动就是爱。


# 在没有航标的大海上航行

太阳刚刚落到树木和云朵的后面，金色的光穿过大房间的窗子照进来，屋里坐满了人。人们正在倾听一个八弦的乐器伴着一面小鼓演奏。几乎所有的听众都完全沉浸在音乐中了，尤其是一个衣着亮丽的女孩儿，她像雕塑一般坐着，手完美地和着拍子，柔和地在大腿上敲出节奏。那是她唯一的动作；她的头颈笔直，眼睛盯在那个乐器上，浑然忘记了周围的一切。其他几个听众一直用手或头打着节拍。他们全都全神贯注，世界的战争、政治家、焦虑全都不存在了。

外面的光线正在减弱，几分钟之前还闪耀着灿烂色彩的花朵已经消失在聚拢的黑暗中。鸟儿们现在安静了，其中一只小猫头鹰开始叫起来。路边的房子中传来一个人的叫嚷声；透过树木可以看见一两颗星星，花园的白墙上刚好可以看见一只蜥蜴缓慢而秘密地向一只昆虫爬去。但是音乐吸引了听众。那是纯净而细微的音乐，具有优美和情感的深度。突然弦乐停了，代之以小鼓的声音；鼓声清晰、准确，无法言喻。敲击小鼓两面的双手不可思议地柔和迅捷，它的声音比人类疯狂的唠叨诉说了更多的内容。如果需要，鼓可以用气势和重音发出慷慨激昂的讯息，但现在它平和地敲击出许多事物，头脑随着音乐的波浪起伏。

头脑在发现的飞行中，想像是危险的事物。想像在了解中没有位置；它像推测一样确定无疑地破坏了解。推测和想像是注意的敌人。但是头脑觉知到这一点，因此没有要被召回的飞行。头脑是完全静止的——它又是多么迅速！它运动到世界的尽头又折返回来，甚至在它开始旅程之前。它比最快的还快，但它也可以慢——如此之慢以至于没有细节可以逃避它。音乐、听众、蜥蜴只是其中短暂的运动。它是完全静止的，因为它是静止的，因此它是单独的。它的静止不是死亡的静止，也不是思想拼凑在一起的事物，被人类的空虚强制形成的。它是超越人类测量的运动，不属于时间的运动，没有去来的运动，但它仍然具有创造的未知的深度。

他年近五十，相当胖，在国外受过教育；他安静地、拐弯抹角地表明他认识所有重要的人物。他给报纸写一些严肃的专题，并在全国发表演讲来谋生；他还有另外某种收入来源。他显得阅读广泛，并且对宗教有兴趣——就像大部分人那样，他补充说。

"我自己有一个古鲁，我尽可能定期地去看他，但我并不是一个盲目的追随者。因为我旅行很多，从遥远的北方到国家的最南方碰到过许多导师。有些显然是骗人的，用一知半解的书本知识聪明地伪装成他们自己的经验。也有另外一些练习了多年的禅修，实践了各种形式的瑜珈等等。他们中的一些人非常超前，但是大部分就像其他领域的专家一样肤浅。他们知道他们有限的科目，并且满足于此。有些修行社区的精神导师有效而能干、过分自信、完全专制，充满了他们自己提升了的自我。我告诉你这些不是闲谈，而是表明，我是认真地研究了事实，我有能力辨析。时间允许的情况下我参加了您的一些演讲；因为我必须以写作为生，不可能把所有的时间都投入到宗教生活中，我对此是完全认真的。"

请问，你对"认真"这个词赋予了什么意义呢？

"我并不是在玩弄宗教事物，我真的想过一种宗教生活。我每天留出一定的时间禅修，我拿出尽可能多的时间深化我的内在生活。我对它是非常认真的。"

大部分人都对某些事物认真，不是吗？他们对他们的问题认真、对他们欲望的满足认真、对他们在社会中的地位、他们的长相、他们的娱乐、钱等等认真。

"为什么您拿我和其他人相比较？"他相当不愉快地反问。

我并不是轻视你的认真，但我们每个人只对特殊兴趣所在才认真。一个虚荣的人对自我尊重认真；有权力的人对他们的重要性和影响认真。

"但是我在活动中很冷静，对努力过宗教生活非常热切。"

对于某个事物的欲望会产生认真吗？如果是，那么实际上每个人都是认真的，从狡黠的政治家到高尚的圣徒。欲望的客体可能是世俗的或其他；但是每个人追求什么时都是认真的，不是吗？

"毫无疑问，"他带着某种愤怒回答，"在政治家或者挣钱者的认真和具有宗教性的人的认真之间有所不同。一个具有宗教性的人的认真具有完全不同的品质。"

是吗？你说的具有宗教性的人是指什么？

"他是寻找上帝的人。隐上或出家人放弃了世俗来寻找上帝，我把那称作真正的认真。其他人的认真，包括艺术家和改革家的相比，是完全不同的范畴。"

一个寻找上帝的人是真正具有宗教性的吗？如果他不知道上帝怎样寻找他？如果他知道他所寻找的上帝，他所知的只是他被告知的，或者他所阅读的；或者基于他个人的经验，又经过传统的塑造，经过他自己的欲望的塑造——在彼岸世界找到安全。

"您不是有点儿太逻辑化了吗？"

毫无疑问，一个人在实践超越头脑测量的事物之前，必须理解头脑的神话制造机制。要发现未知，必须摆脱已知。未知不是可以追求或寻找的。追求自身头脑投射的人是认真的吗？即使这个投射被叫做上帝。

"如果您那样说，那我们没有谁是认真的。"

我们在认真地追求愉快的、令人满意的东西。

"那有什么不对吗？"

既没有对也没有错，只是一个事实。这不是实际发生在我们每个人身上的吗？

"我只能代表我自己讲话，我寻找上帝不是为了我自己的满意。我在很多事情上克制自己，那并不是一种快乐。"

你在一定的事情上克制自己，以便得到更大的满意，不是吗？

"但是寻找上帝并不是一个满意的问题。"他坚持说。

一个人可能看到追求世俗事物的愚蠢性，或者在达成的努力中感到挫折，或者被达成的痛苦和冲突而阻止；因此这个人的头脑转向超脱尘世的，追求被称之为上帝的快乐或极乐。这个自我否认的过程就是它的满足。你毕竟在寻找一种永恒的形式，不是吗？

"我们都是；那是人类的本性。"

因此你并不是在寻找上帝或者未知，那是在短暂之上并超越短暂的，超越冲突和悲哀。你真正寻找的是持久不受打搅的满足状态。

"这样坦率地说听起来很可怕。"

但这是真正的事实，不是吗？正是由于想获得全然满足的希望使我们从一个导师到另一个导师，从一种宗教到另一种宗教，从一个系统到另一个。对此我们是非常认真的。

"我让步。"他不置可否地说。

先生，这不是一个让步或者口头赞同的问题。这是一个事实，我们全都认真地寻找满意、深层的满足，不管达成的方式怎样改变。你可能约束自己以便在这个世界上得到权力和地位，而我可能刻苦地实践某种方式希望达到所谓的精神状态，但是每种情况中的动机本质上是一样的。

一个人的追求可能不像另一个人的那样具有社会危害，但我们两者都在追求满足，都是那个想要成功、成为什么的中心的延伸部分。

"我真的在寻找成为什么吗？"

不是吗？

"我并不在意以作家知名，但我确实希望我所写的想法或原则被重要的人物接受。"

你不是在用那些想法认同自己吗？

"我想是的。一个人总是不由自主地用想法作为成名的手段。"

就是这样，先生。如果我们能简捷直接地考虑它，情况就会清楚。我们大部分人关心的是我们自己的提升，包括外在的和内在的。但是一个人要按照自己的本来面目来理解事实，而不是按照他理想的样子，那是相当艰苦的；它需要不带偏见的洞察力，不带正确和错误的识别记忆。

"毫无疑问，您不是完全指责野心，不是吗？"

要考查当下之**是**，就既不能指责，也不能判断。任何形式的自我实现显然都是这个努力存在或成为什么的中心的延续。你可能想通过你的写作而成名，我可能想达成我称之为上帝或真实的东西，它有自己自觉或不自觉的好处。你的追求被称作世俗的，我的追求被称作宗教的或精神的；但是除了标签之外，这两者之间有非常大的差别吗？欲望的目标可能不断改换，但是潜在的动机是同样的。要实现或者成为什么的野心总是包含着挫折、恐惧和悲哀的种子。这种自我中心正是自大的本性，不是吗？

"老天啊，您把我的一切都剥除了：我的虚荣、成名的欲望、甚至圆满完成某些有价值想法的动力。如果这些都没有了，我该做什么呢？"

你的问题表明**什么都没有**消失，不是吗？你内在不想放弃的东西没有人能从你这儿拿走。你可以继续成名之路，那就是悲哀、挫折、恐惧的方式。

"有时我真的想抛开整个堕落的事物，但是牵拉力非常强。"他的语调变得焦虑而急切。"什么能阻止我走上那条路呢？"

你是认真问这个问题的吗？

"我想是的。我想是悲哀吗？"

悲哀是了解的方式吗？还是因为没有了解悲哀才存在？如果你不仅在理智上、而且深入地检查成为什么的整个需求和实现的途径，那么理性、了解就会形成，就会摧毁悲哀的根。但是悲哀不会带来了解。

"为什么呢，先生？"

悲哀是打击的结果，它是已经平静下来、接受了生活常规的头脑暂时的松动。有什么事发生了——死亡、失业、对珍视的信仰的质疑——头脑受到了打扰。但是一个受打扰的头脑会做什么呢？它再次找到一种方式不受打扰；它在另一种信仰、一个更安全的工作、一种新的关系中寻求庇护。生活的浪头再次涌来，驱散了安全措施，但是头脑很快就会发现更进一步的防御；它就这样继续下去。这不是明智的方式，不是吗？

"那什么**是**明智的方式呢？"

为什么你要问别人？你不想自己找到它吗？如果我给你一个答案，你要么拒绝要么接受，它又会阻止明智、领悟。

"我明白您关于悲哀所说的是完全正确的。那正是我们都在做的。但是一个人怎样跳出这个陷阱呢？"

没有任何外在或内向的形式会起作用，不是吗？所有的强制，不管是多么细微的，都是无知的结果；它是出于获得奖励或者害怕惩罚的欲望。去了解陷阱的整个本性就会摆脱它；没有个人、系统、信仰能够解放你。这个真理是唯一解放的要素——但你必须自己明白它，而不仅仅受人劝说。你必须在没有航标的大海上航行。

## 超越孤独的单独

月亮刚刚从海上升起来，进入云谷。海水仍然是蓝色的，银灰色的天空中猎户星座隐约可见。沿岸都是白色的波浪，渔夫的棚屋、街区整洁而暗淡地反衬着白色的沙滩，它们离水边很近。这些棚屋的墙是竹子做的，屋顶用棕榈树叶一片摞在另一片上搭成，斜着垂下来，以便大雨不会流进屋里。满月在移动的水面上投下一道光影，它是那么大——你的双臂无法拥抱它。月亮升到云谷之上，它有属于自己的天堂。

你从不保持任何纯净而单纯的感觉，总是用一套语言系统包围它。语言歪曲它；绕着它打转的思想把它扔进阴影里，用山一般的恐惧和渴望压制它。你从不保持一种感觉，仇恨的感觉或者那种特别的美感，也没有别的感觉。当仇恨的感觉出现时，你说多么糟糕；就用强制和奋斗去征服它，就有思想的混乱。你想保持爱；但当你把它称为私人的或非私人的爱时你就打碎了它；你用语言包裹它，赋予它通常的意义，或者说那是普遍的；你解释怎样感觉它，怎样维持它，为什么它消失了；你想着你爱的人，或者爱你的人。每一种都是语言的运动。

试着保持在仇恨的感觉中，保持在羡慕、嫉妒、野心勃勃的怨恨中；因为那毕竟是你日常生活所有的，尽管你可能想富有爱心地生活，或者想带着"爱"这个词生活。既然你已经有了仇恨的感觉，想用动作或者愤怒的字眼伤害别人，那就看看你是否能够保持在那种感觉中。你能吗？你曾经试过吗？试着保持那种感觉，看看发生什么。你会发现那是特别困难的。你的头脑不会让那种感觉单独存在；它带着记忆、联想、所做的和没做的、以及无休止的唠叨冲进来。捡起一块贝壳。你能否看着它，对它精致之美感到惊奇，而不感叹它是多么漂亮，或者问一问是哪个动物把它造出来的吗？头脑不运动，你能看吗？你能活在超越语言的感觉中而不是语言所建立起来的那种感觉中吗？如果你能，那你就会发现特别的东西，一种超越时间衡量的运动，一个没有夏天的春天。

她是一个矮小的老妇人，白头发，脸上刻着深深的皱纹，因为她生了许多孩子；她没有任何虚弱无力的样子，她的微笑传达出她感觉的深度。她的手上布满皱褶，但十分有力，它们显然制作过许多菜肴，因为她右手的大拇指和食指布满了细小的划痕，这些划痕已经变黑了。但它们是很好的一双手——辛勤工作、抹去了许多泪痕的一双手。她说话安静而迟疑，语调饱经沧桑。她非常传统，因为她属于一个古老的种姓，这个种姓自视甚高，它的传统就是不与其他种姓发生联系，既不通婚也不通商。他们这群人培养智力不仅是为了获取东西。

有一阵子我们都没有说话；她正在聚精会神，还不确定怎么开始。她环顾屋子，对它这种光秃秃的样子好像很满意。屋里甚至没有一把椅子、一朵花，只能看到窗外的一朵花。

"我现在七十五岁，"她开口说，"你可以做我的儿子了。我有这样一个儿子该多么骄傲！那将是一种赐福。但我们大部分人都没有这样的福气。我们生的孩子长大了，成了世界的人，他们努力在他们微不足道的工作中成为了不起的人。尽管他们拥有很高的职位，但他们也没有什么了不起的。我的一个儿子在首都，他有很大的权力，但是我知道他的心，那是只有妈妈才能知道的。谈到我自己，我不想从任何人那里得到什么；我不想有更多的钱，或者更大的房子。我想到死都过着简单的生活。我的孩子嘲笑我的传统，但我想继续这样生活。他们抽烟、喝酒、经常吃肉，什么都不考虑。尽管我爱他们，但我不会和他们一起吃，因为他们已经不干净了；为什么我要在我这样的年纪迎合他们的胡闹呢？他们想和种姓之外的人结婚，不履行宗教仪式，也不实践禅修，不像他们的父亲那样。他是一个宗教性的人，但是……"她停下来，考虑着她要说什么。

"我来这儿不是为了讨论我的家庭，"她继续说，"但我很高兴我说了那些话。我的孩子们会走他们的路，我不能拉住他们，尽管想到他们会成为什么样子让我很难过。他们正在失去而不是得到，虽然他们有钱有地位。当他们的名字出现在报纸上时，那是常有的事，他们就骄傲地给我看报纸；但是他们将会像普通人一样，我们祖先的品质差不多都消失殆尽了。他们全都变成了商人，出卖他们的才能，我没法阻止这种趋势。关于我的孩子我已经说够了。"

她又停下来，这一次要说出她心里的东西是更加困难的。她低着头考虑怎么组织语言，但她没有成功。她拒绝帮助，毫不尴尬地沉默了一阵。很快她又开口了。

"要说出埋藏很深的东西是很困难的，不是吗？一个人可以说出那些不太深的东西，但要开始讨论问题就需要对自己和听众都有信心，尤其是那个问题自己都不敢承认，生怕唤醒了沉睡已久的黑暗事物。在这种情况下并不是我不相信听众，"她很快补充说，"我对你不仅仅是有信心。但是要把感情注入到语言中并非易事，尤其是一个人以前从来没有用语言表达过它们。这种感觉是熟悉的，但描述它们的语言不是。语言是可怕的东西，不是吗？但我知道你并没有不耐烦，我会按我自己的步调行事。

"你知道在这个国家里，年轻人结婚是怎样地不由自主。我丈夫和我许多年前就是那样结婚的。他不是一个非常和善的人，脾气很急，说话尖锐。有一次他打了我；但是在我婚姻生活的过程中我变得习惯了很多事。虽然我小时候总是和兄弟姐妹一起玩儿，但我很多时候是独自一人的，我总是感到我是分离的，单独的。和我丈夫生活在一起，那种感觉就被推到了幕后；总是有那么事要做。我一直忙于操持家务，伴随着生育和抚养孩子的喜悦和痛苦。然而，单独的感觉仍然逼近我，我想考虑一下它，但没有时间；所以它就像波浪一样又停止了，我继续忙着我必须做的事。

"等孩子们都长大了，受了教育，自食其力了——还有一个儿子仍然和我住在一起——我丈夫和我平静地生活着，直到他五年前去世了。他死后，这种单独的感觉更加频繁地抓住我；它逐步增强，到现在，我完全沉浸在其中了。我试过做礼拜来摆脱它，和一些朋友交谈，但它总是在那里；它是一种巨大的痛苦，可怕的东西。我儿子有一个收音机，但我不能通过这种方式逃避这样的感觉，我不喜欢那些噪音。我去寺庙，但来回一路上，这种存在感完全单独地和我在一起。我没有夸大其辞，只是如实描述。"她停顿了一会儿，又继续下去。

"有一天我儿子带我去听您的演讲，我不完全明白您的话，但您提到了单独性的问题和它的纯粹。所以也许您会明白。"她的眼中涌满了泪水。

要发现是否有什么更深刻、超越感觉的东西降临到你身上，而你陷入其中，你就必须先明白这种感觉，不是吗？

"这种令人痛苦的单独感会把我引导到神那里吗？"

你说的单独是什么意思？

"很难把那种感觉变成语言，但我会试试。当一个人感到自己完全单独、独自一人、与所有事物都断绝了联系时，恐惧就产生了。尽管我丈夫和孩子们在那儿，这种浪潮还是会向我袭来，我觉得自己就像荒地的死树：孤独、不被喜爱，也没有爱心。那种痛苦比生孩子强烈得多。那是多么可怕而惊人；我不属于任何人，有一种完全的孤立感。您明白，是吗？"

许多人有这种孤独感、孤立感和恐惧，只是他们窒息它，逃离它，让他们自己迷失在某种形式的活动、宗教或其他事物中。他们沉溺的活动是他们的逃避，他们可以迷失在其中，这就是他们拼命保护它的原因。

"我努力逃离这种孤立感和恐惧，但没有成功。去寺庙没有什么帮助；即使有效，一个人也不能总在那里，同样不可能花一辈子的时间进行宗教仪式。"

没有找到一种逃避可能使你得救。在这种孤独、与世隔绝的恐惧中，有些人沉溺于酒，另一些人求助于毒品，许多人转向政治，或者发现另外一些逃避方式。因此你看，你的幸运是还没有发现一种方式来避免这件事。那些避免它的人在世上制造了许多危害，他们是真正有害的人，因为他们给予那些没有最高价值的事物以重要性。通常，由于他们非常聪明能干，这样的人会误导别人投入他们借以逃避的活动。如果不是宗教，就是政治，或者社会改革——任何可以逃离自己的事物。他们看上去好像无私，但实际上他们仍然关注自己，只是以不同的方式而已。他们成为领导，或者某个导师的追随者；他们总是属于什么，或者实践某种方式，追求某个理想。他们从来不只是他们自己；他们不是人，而是标签。因此你可以看你没有找到一种逃避是多么幸运。

"您的意思是说逃避很危险吗？"她有些困惑地问。

不是吗？一个很深的伤口必须被检查、医治、治愈；把它遮盖起来或者拒绝看它没有什么好处。

"那是真的。这种孤立感是这样一个伤口吗？"

它是你不理解的东西，在那种意义上它就像一种会不断复发的疾病；因此逃开它是没有意义的。你已经试过逃走，但它总是赶上你，不是吗？

"是的。然后您就高兴我没有找到逃避方式？"

你不高兴吗？——那是重要得多的。

"我想我明白您说的，还有一线希望，我就放心了。"

让我们一起检查一下伤口。要检查东西，你不能对你将要看到的东西感到害怕，行吗？如果你害怕，你就不能看；你会把你的头转开。如果你有孩子，他们一生出来你就立刻会看他们。你不会在意他们是否丑陋还是漂亮；你充满爱意地看着他们，不是吗？

"那正是我做的。我充满爱和关照地看着每个新生的婴儿，把他贴近我的心。"

用同样的方式，带着爱，我们必须检查这种被隔离的感觉，这种孤立感、孤独感，不是吗？如果我们害怕、焦虑，我们就根本不能检查它。

"是的，我明白困难所在。以前我没有真正地看过它，因为我害怕我会看到什么。但现在我想我能看了。"

毫无疑问，这种孤独的痛苦只是每天在细微方面所感受到的东西最终夸大的结果，不是吗？每天你都在孤立自己，离群索居，不是吗？

"怎么会呢？"她非常惊骇地问。

在许多方面。你属于一定的家庭，特殊的种姓；他们是**你的**孩子，**你的**孙子；那是**你的**信仰，**你的**神，**你的**财产；你比其他人更有美德；你知道，而别人不知道。所有这些都是你把自己隔离开来的方式、孤立的方式，不是吗？

"但我们是那样长大的，一个人必须生活。我们不能把自己和社会割裂开，不是吗？"

那不是你事实上在做的吗？在这种称作社会的关系中，每个人都用地位、野心、对名声和权力的欲望等等把自己和其他人隔离开；但他必须生活在与其他和他类似的人的野蛮关系中，因此整个事情就被掩盖起来，用好听的词语变得可敬可佩。在日常生活中，每个人都投入到自身的利益中，尽管它可能是以国家的名义、和平或者上帝的名义，这样隔离的过程在继续下去。一个人在强烈的孤独中、完全的孤立感中开始觉知到这整个过程。赋予自己重要性、用"我"、自我把自己隔离开来的思想最终认识到它被困在自己制造的监狱里了。

"我恐怕所有这些对我这样的年龄有点难以理解，再说我也没有受过很好的教育。"

这和受教育没有关系。它需要思考得出结论，这就是全部。你感到孤独、孤立，如果有可能，你就会逃离这种感觉；但对你来说幸运的是，你没有发现这样的一个方式。既然你已经发现无路可走，你现在就处于可以观察它的位置，你本来想逃离它；但如果你害怕，你就不能看，不是吗？

"我明白。"

你的困难难道不是因为语言本身制造的麻烦吗？

"我不明白您的意思。"

你把特定的语言和抓住你的感觉联系起来了，像"孤独"、"孤立"、"恐惧"、"被隔离"。不是吗？

"是的。"

现在，就像你儿子的名字不会阻碍你洞察和了解他真实的本质和伪装一样，你也不能让"孤立"、"孤独"、"恐惧"、"被隔离"这样的词阻止你检查它们所代表的感觉。

"我明白您的意思。我一直是用那种直接的方式看我的孩子。"

当你用同样直接的方式看这种感觉时，会怎么样？你不是发现这种感觉本身并不可怕，而是你怎么想它的问题吗？是头脑、思想给感觉带来恐惧，不是吗？

"是的，那是对的；现在我完全明白了。但是如果我离开这里、您不再解释时，我还能明白吗？"

当然。就像看到一条眼镜蛇。你一旦看过它，你绝不会搞错；你不需要其他人告诉你眼镜蛇是什么。同样，一旦你领悟了这种感觉，那种领悟就一直伴随着你；一旦你学会了看，你就有能力看。但一个人必须经历并超越这种感觉，因为有更多的要被发现。有一种单独不是这种孤独感、孤立感。那种单独的状态不是记忆或识别；它不被头脑、语言、社会、传统所接触。它是一种福份。

"在这一个小时中我学到的比我七十五年中学到的还要多呢。愿那种福份伴随您和我。"

## "为什么你解散了世界明星社？"

沐浴在夕阳中，一名渔夫脸上挂着微笑，摇摇摆摆地走在路上。他只穿了一块布条，用着一根绳子绕在腰间，其他部位就完全裸露着。他身材魁伟，你可以看出他为此非常骄傲。一个司机开着一辆汽车经过，车里的女士盛装打扮。她肯定是参加了什么聚会，脖子上、耳朵上戴着珠宝，深色的头发上插着花。司机专心开车，而她的心思都在自己身上，连看都没有看一眼渔夫，也没有意识到她周围的其他事物。但是车子经过时渔夫却望着车，看看他是否受到注目。他走得相当快，大跨步向前，从不放松步伐；但每辆车经过时他都调转头。快到村子前他上了一条新修的路，亮红色的路面在最后几缕夕阳中变得更红了。穿过棕榈树丛，沿着运河有几只轻便的载满了木柴的驳船，渔夫穿过桥，走到通向河边的窄径。

河边非常安静，因为附近没有房子，汽车的噪音也不会传得这么远。陆地蟹在潮湿的泥土中挖了些大圆洞，一些牛在周围。微风摆弄着棕榈叶，它们行动庄重，好像伴随着音乐，全都翩翩起舞。

禅修并不是为了禅修者。禅修者可以思考、推理、建立或拆卸，但他永远不会知道禅修；没有禅修，他的生活就像海边的贝壳一样是空的。某些东西可以塞进那空虚，但它不是禅修。禅修不是什么可以在市场上称量价值的行动；它有自己的作用，是不可测量的。禅修者只知道市场上的行动，伴随着交换的嘈杂；通过这种嘈杂，禅修无声的行动永远不会被发现。行动的因变成果，果变成因，那是永远连接着禅修者的链条。这样的行动处在他自己监狱的墙里，那不是禅修。禅修者永远不会知道禅修，那是超越他的围墙的。正是他自己建造的围墙把他和禅修分开来，不管那墙是高是矮、是厚是薄。

他是个年轻人，刚刚走出大学，充满了激情。被行善的强烈愿望所驱动，他最近加入了某个运动，以便能更有效率，他想为之奉献他的全部生命；但不幸的是他父亲残疾了，他必须赡养父母。他目睹了运动的缺点和优点，但好处比坏处多。他没有结婚，他说，以后也不会。他的微笑友好，他热切地想表达自己。

"有一天我参加了您的演讲，其中您谈到真理是不能被组织的，没有任何组织能够把一个人引导到真理。您对此非常确定，但对我来说您的解释却不能令人满意，我想和您讨论一下。我知道您曾经是一个大组织的首脑，你解散了世界明星社，请问，那是由于个人一时的兴致，还是被一定的原则所驱动？"

都不是。如果行动有一个原因，那是行动吗？如果你因为原则、理想、结论而放弃，那是放弃吗？如果你因为一个更伟大的事物或人而放下一个事物，那是放下吗？

"动机对放下什么不起作用，那是您的意思吗？"

动机可以让一个人这样那样行动；动机组合起来的，动机也可以取消。如果动机是行动的准则，那头脑就不可能自由地去行动。动机，不管是多么细微逻辑的，都是一个思考的过程，思考总是受到个人爱好、欲望、理想、结论的影响和制约，不管那是强制的还是自找的。

"如果不是动机、原则或者个人欲望使您那样做，那么它是外在于您的、一个更高级、更神圣的力量吗？"

不是。但也许我们用另一种方式讨论会更清楚一些。你的问题是什么？

"您说真理不能被组织，没有组织可以把人引导到真理。我所属的那个组织坚持人可以被导向真理，通过一定行动的原则、正确的个人努力、善行等等。我的问题是，我是不是走在正确的道路上？"

你认为有道路通向真理吗？

"如果我认为没有，我也不会加入那个组织。根据我们的领导所说，这个组织是基于真理；它是致力于所有人的福利，它会帮助村民、受过高等教育的人和身居要职的人。但是，那天听了您的演讲，我就心烦了，所以抓住第一机会来见您。我希望您能明白我的困境。"

让我们慢一点儿，逐步进入这个问题。首先，有没有道路通向真理？道路意味着从一个固定的点到另一点。作为一个活生生的实体，你在改变、重塑、推动、质疑你自己，希望找到一个持久不变的真理。不是那样的吗？

"是的，我想找到真理或者上帝，以便行善。"他热切地回答。

毫无疑问，除了你**认为**的是永恒的，在你周围没有什么永恒的；而你的思考也是短暂的，不是吗？真理有一个固定的位置，没有任何移动吗？

"我不知道。一个人看到世界上这么多贫穷、不幸和困惑，希望能够行善，就接受了能够带来希望的领导或者哲学。不然生活会是很可怕的。"

所有正直的人都想行善，但我们大部分人都没有把问题考虑透彻。我们说我们自己不能把问题想明白，或许领导们知道得更清楚。但他们行吗？看看各种政治领导、所谓的宗教领导和社会经济改革领导。他们都有自己的蓝图，每个都说他的蓝图是一种解救方式、铲除贫穷等等的办法；像你这样的个体，面临所有这些不幸和混乱时想要采取行动，就陷入了宣传和教条原则的网中。你没有注意到这样的行动会产生更大的不幸和混乱吗？

真理没有固定的住所；它是活生生的东西，比任何头脑可以想像的都要活泼有力，因此不可能有道路通向它。

"我想我明白了，先生。但是您反对**所有的**组织吗？"

"反对"邮政或其他类似的组织显然是很愚蠢的。但你不是指这样的组织，是吗？

"不是。我在谈论教堂、精神群体、宗教社团等等。我加入的那个组织信奉所有的宗教，任何关注人类身心发展的人都可以成为成员。当然，这样的组织总是有它们的领导，他们说他们知道真理，或者他们过着圣洁的生活。"

真理可以由一个主席和秘书、或者高级牧师和诠释者来组织吗？

"如果我正确地理解了您的意思，好像是不能的。那为什么这些圣洁的领导说他们的组织是必要的？"

不必管领导们说什么，因为他们像他们的追随者一样盲目，不然他们就不会成为领导。抛开你的领导，**你**怎么想？这样的组织是必要的吗？

"它们可能不是确定必要的，但加入这样的组织、和其他有共同想法的人一起工作让人感到安慰。"

那是对的。被告知要做什么也有一种安全感，不是吗？领导知道，而你——追随者——不知道；因此在他的指导下你感到你可以做正确的事。有一个高于你的权威，有人指导你，那是非常舒服的，尤其是在到处都是混乱和不幸的时候。那就是为什么你成为一个追随者——不完全是一个奴隶——执行你的领导制定的计划。正是你们人类制造了世界的混乱，但你们是不重要的；只有计划是重要的。但计划是机械性的，它需要人类去实施；因此你对计划是有用的。

然后有牧师，用他们神圣的权威拯救你的灵魂，从童年时代起你就受到他们的制约，以一定的方式思考。又是这样，你作为人是不重要的，你的自由、你的爱并不要紧，而是你的灵魂需要按照特殊教堂、教派的教条被拯救。

"我明白这个道理了，是的，就像您说的那样。那么在整个混乱中什么是重要的呢？"

重要的是让你的头脑摆脱嫉妒、仇恨和暴力；因为你不需要一个组织，是吗？所谓的宗教组织从来没有解放头脑，它们只是使它遵循一定的信条或信仰。

"我需要改变；我内心之中必须有爱，我必须不再嫉妒，然后我才总是能行动正确。我不需要被告知什么是正确的行动。我现在明白这是唯一重要的事，而不是我加入的组织。"

一个人可能遵循通常认为正确的行动，或者被告知什么是正确的行动；但那不会带来爱，不是吗？

"很显然不会；他只是在追求头脑创造的模式。我又一次看得非常清楚，先生，现在我明白您为什么解散了你领导的组织。一个人必须成为自己的灯；追随别人的光明只会把人引向黑暗。"

# 什么是爱?

　　隔壁的小女孩儿病了,她一直在哭,时断时续地持续了一个白天,直到深夜。像这样还会再持续一段时间,可怜的妈妈精疲力尽。窗台上有一小棵植物,她总是晚上浇水,但过去的这几天也都顾不上了。除了一个无助又无能的仆人,家里只有妈妈独自一人,她好像若有所失,那孩子的病显然非常严重。医生已经开着他的大车来了几趟,妈妈变得越来越悲哀。

　　花园里的香蕉树是用厨房里的水浇灌的,它周围的土地总是湿的。叶子呈深绿色,有一片叶子非常大,有两三英尺宽,长度要长得多,但它像其他叶子一样没有被风扯破。它在微风中会轻柔地摇摆,可它只被夕阳触摸。看到黄色的花下旋式地长在下垂的长茎上真是一件奇妙的事。这些化可能很快变成小香蕉,茎会变粗,可能会变成几十根,肥绿而厚重。时不时有闪亮的黑色大黄蜂穿梭在黄花中,几只黑白相间的蝴蝶飞过来,在周围鼓动着翅膀。香蕉树好像有那么丰富的生命,尤其是阳光照在上面的时候,它的大叶子在风中摇摆。小姑娘经常绕着它玩儿,她总是充满了愉快和微笑。有时我们在她妈妈的注视下沿着小路一起散步一小段,然后她就跑回去。我们不能相互理解,因为我们的语言是不同的,但这并不妨碍她谈天,于是我们就谈起来。

　　一天下午妈妈招呼我进去。小女孩儿瘦得皮包骨头;她虚弱地微笑着,然后就精疲力尽地闭上了眼睛。她断断续续地睡觉。透过敞开的窗子传来其他孩子的吵闹声和游戏声。妈妈一言不发,只是流泪。她没有坐下，站在小床边，空气中有失望和渴望。正在那时医生进来了，我默默地许诺再来，就离开了。

太阳移动到树后，巨大的云层发出绚丽的金色。树上有寻常的乌鸦，鹦鹉尖叫着进来，抓住一棵巨大的死树洞的边缘，尾巴压着树干；它看见一个人靠得这么近就犹豫起来，但过了一会儿还是消失在洞里。路上有几个村民，一辆载满年轻人的汽车经过。一头一星期大小的小牛被拴在栅栏的柱子上，它的妈妈在附近吃草。一位女性头顶着发亮的黄铜容器沿路走来，她背上还有另一个容器；她正从井里打水。她每晚经过；尤其是那晚，映衬着夕阳，她是大地本身在移动。

两个年轻人从附近的镇上前来。公共汽车把他们带到街道拐角处，剩下的路他们就步行过来。他们说他们在办公室工作，因此不能来得更早。他们穿着新换的衣服，老公共汽车也没有把它们弄脏。他们带着微笑，但十分害羞，他们的举止迟疑地表示着尊敬。一旦坐下来，他们就忘了他们的羞涩，但他们仍然不太确定怎样把他们的想法变成语言。

你们做什么样的工作？

"我们都在同样的办公室工作；我是一个速记员，我的朋友保管记录。我们俩都没有上过大学，因为我们付不起，我们也都没有结婚。我们挣得不多，但是因为我们没有家庭的责任，对我们自己的需要来说也够了。如果说我们中的一个结婚了，那就会是完全不同的情况。"

"我们都没有受过非常好的教育，"第二个人补充说，"尽管我们读很多严肃文学，但我们的阅读并不深入。我们很多时候都在一起，假期的时候就回家。在办公室里，很少有人对严肃的东西有兴趣。有一天一个共同的朋友给我们带来您的演讲，我们问我们是否能来看你。先生，我可以问一个问题吗？"

那当然。

"什么是爱?"

你需要一个定义吗? 你不知道那个词是什么意思吗?

"关于爱**应该**是什么有许多看法,而所有这些都令人困惑。"第一个人说道。

什么样的看法?

"爱不应该充满激情和贪欲;一个人应该像爱他自己一样爱他的邻居;人应该爱他的父母;爱应该是对上帝的非个人的爱等等。每个人都依照他的喜好提出一个主张。"

除了别人的看法,**你的**看法是什么? 你也有关于爱的观点吗?

"很难把一个人的感觉付诸语言,"第二个人回答,"我想爱应该是普遍的,一个人必须不带偏见地爱所有的人。偏见摧毁爱;阶级意识制造了障碍、区分了人类。宗教典籍说我们必须互爱,而不是隐私或者局限在我们的爱中,但有时我们发现这非常困难。"

"爱上帝就是爱所有的人,"第一个人补充说,"只有神圣的爱;剩下的是性欲、私有的爱。这种肉体之爱阻碍神圣的爱;没有神圣之爱,所有其他的爱都只是物质交换。爱不是情感。性的情感必须受到控制、约束;那就是为什么我反对节育措施。身体的激情是破坏性的;通过纯洁可以踏上上帝之路。"

在我们更进一步深入之前,你们不认为我们应该发现所有这些观念是否有效吗? 一个人的观念难道不是和另外一个人观念一样吗? 不管谁持有它,观念不都是一种形式的偏见吗? 是一个人的性情、经验以及他恰好成长的方式所创造的吗?

"您认为持有一个观念是错误的吗?"第二个人问。

说它是错误的或正确的只是另一种观念,不是吗? 但是如果一个人开始观察并了解观念是怎样形成的,那么也许他可以明白观念、判断、赞同的实际意义。

"您能不能解释一下？"

思想是影响的结果，不是吗？你的思考和你的观念是由你成长的方式决定的。你依照你特殊的制约形成的道德模式说，"这是对的，那是错的。"我们此刻不考虑在所有那些影响之下什么是真实的，或者是否存在这样的真实。我们试图要明白观点、信仰、主张的意义，不管它们是集体的还是个体的。观点、信仰、赞同或反对是或多或少依照每个人的背景做出的回答。不是这样的吗？

"是的，但有什么不对吗？"

又是这个问题，如果你说对或错，那你仍然处在观念的领域里。真实不是观念；事实不依赖赞同和信仰。你和我可能同意把这个客体叫做手表，但是换成其他名字它仍然是它本身。你的信仰和观念是你所生活的社会给予的。要推翻它，作为一个反应，你必须形成不同的观念、另一种信仰；但是你们仍然在同样的水平，不是吗？

"对不起，先生，但我不明白您的话。"第二人回答。

关于爱，你有一定的看法和观念，不是吗？

"是的。"

你怎样得到它们的？

"我读了圣徒和伟大宗教导师关于爱的看法，反复思考，形成了我自己的结论。"

那是由你的好恶所塑造的，不是吗？你喜欢或者不喜欢别人关于爱的看法，你按照自己的偏好决定这些陈述是正确的、那些是错误的。那不正是你所做的吗？

"我选择我认为是正确的。"

你选择的基础是什么呢？

"依照我自己的知识和识别能力。"

你所说的知识是什么意思？我不是在挑剔或者为难你，而是想一起了解为什么一个人具有关于爱的观念、想法、结论。一旦我们了解了这一点，我们就能深刻得多地进入事实。因此你所说的知识是什么意思呢？

"我所说的知识是我从宗教典籍中学来的教诲。"

"知识也包括现代科学的技术，和所有人类从古至今积累的信息。"另一个人补充说。

因此知识是一个积累的过程，不是吗？它是记忆的培养。我们作为科学家、音乐家、打字员、学者、工程师所积累的知识，使我们成为生活各个领域中的技师。当我们要建一座桥梁时，我们像工程师一样思考，这种知识是传统的一部分、背景或者制约的一部分，它影响我们的全部思考。生存，包括修建一座桥梁的能力，是一个全然完整的行动，不是分裂的、局部的活动；我们关于生活、爱的思考，是由观念、结论、传统所塑造的。如果你从一种文化中长大，这种文化坚持认为爱只是肉体的，神圣的爱是毫无意义的，你可能会以同样的方式重复你被教的，不是吗？

"不完全是那样，"第二个人回答，"我承认那是比较少见的，但是我们一些人确实反抗了，并独立思考。"

思想可能反抗已经建立起来的模式，但是这种反叛通常只是另一种模式的结果；头脑仍然陷在知识和传统的过程中。那就像在监狱的墙内为了更加舒适、更好的食品等等而反抗。

因此你的头脑被观念、传统、知识和你自己关于爱的想法所制约，那使得你按照一定的方式行动。那是很清楚，不是吗？

"是的，先生，已经相当清楚了，"第一个人回答，"但是那样的话什么是爱呢？"

如果你需要一个定义，你可以在任何一本字典中找到；但是被定义为爱的词语并不是爱，不是吗？只是寻找爱是什么的解释，就仍然是陷在依照你的制约条件而被接受或者被拒绝的语言、观念之中。

"你不是使探究什么是爱变得不可能了吗？"第二个人问。

通过一系列观念、结论来探究是可能的吗？要正确地探求，思想必须摆脱结论，摆脱知识和传统的安全。头脑可能摆脱了一系列结论，又形成另一个结论，那只是旧的结论的变相延续。

现在，思想本身不是从一个结论到另一个结论、从一种影响到另一种影响的运动吗？你们明白我的意思吗？

"我不能肯定我明白了。"第一个人说。

"我根本不明白。"第二个说。

我们继续下去也许你们会明白。让我这样说：思考是探究的手段吗？思考可以帮助一个人了解什么是爱吗？

"如果不允许我思考，我怎么能发现什么是爱呢？"第二个人相当尖锐地说。

请稍微耐心一点儿。你正在思考爱，不是吗？

"是的。我的朋友和我已经想了很多。"

请问，当你说你思考爱的时候是什么意思？

"我阅读它，和我的朋友讨论它，得出我自己的结论。"

它有助于你们发现什么是爱吗？你们阅读、彼此交换意见、得出关于爱的结论，所有这些都被叫做思考。你们说爱是什么，或不是什么，来描述爱，有时候增加一些你们以前学过的，有时候拿走一些。不是这样的吗？

"是的，那正是我们在做的，我们的思考帮助我们澄清我们的头脑。"

是吗？还是你们越来越墨守一定的观念？毫无疑问，你们所说的澄清是一个得出确定的语言和智力上结论的过程。

"是这样的；我们不再像以前那样困惑了。"

换句话说，在混乱的教义和关于爱的矛盾观念中，一两个观念变得清晰起来。不是吗？

"是的。我们越是反复地考虑爱是什么，它就变得越清楚。"

是爱变得清晰，还是你关于爱的思考变得清晰？

让我们更深入一点，行吗？一个精巧的机械被称为手表，因为我们都同意用这个词来为表明那种特殊的东西；但是"手表"这个词显然不是机械本身。同样的，有一种我们都同意称之为爱的感情和状态；但是词语并不是实际的感情，不是吗？爱这个词意味着很多不同的东西。有时候你用它来描述性的感觉，另一个时候你谈论神圣和非个人的爱，或者你宣称爱应该是什么、不应该是什么等等。

"请允许我打断一下，先生，有没有可能所有这些感情只是同一种事物的不同形式呢？"第一个人问。

你是怎样看待它的呢？

"我不太肯定。有些时候爱好像是一样东西，但是另一些时刻它显示成完全不同的东西。所有这些都令人非常困惑。我不知道它究竟在哪里。"

它就是这样的。我们想来确定爱，把它钉住，以便它不能躲着我们；我们得出结论，达成一致，我们把它叫做个的名字，赋予它们特殊的意义；我们谈论"我的爱"，就像谈论"我的财产"、"我的家庭"、"我的美德"一样，希望能安全地锁住它，这样我们可以转向其他事物，也搞清楚它们；但只要我们这样想，它就溜走了。

"我不太明白所有这些。"第二个人迷惑不解地说。

就像我们已经看到的，感情本身是不同于书本所说的；感情不是描述，它不是言语。那是很清楚的，不是吗？

"是的。"

现在，你能把感情从语言中分开来吗？从你认为它应该是什么、不应该是什么的偏见中区分开来吗？

"您说的'区分'是什么意思？"第一个人问。

有感情和语言，或者描述那种感情的语言，可能是让人满意的，可能是不满意的。你能把这种感情从描述它的语言当中区分开来吗？要把客观物体从描述它的语言中区分出来相对容易，像这只手表；但是要把感情本身从"爱"这个词以及所有的含意中区分出来，是更加费力的，需要更多的关注。

"那样做有什么好处呢？"第二个人问。

我们做什么事，总是想得到一个结果作为回报。这种对结果的欲望，是另一种形式的追求结论，会阻碍领悟。当你问："如果我把感情和'爱'这个词区分开来会有什么好处呢？"，那你正在考虑结果；因此你没有真正在探究发现那种感情是什么，不是吗？

"我确实想发现，但我也想知道把感情和语言区分开来会有什么样的结果。那不是完全自然的吗？"

也许。但如果你想了解，你必须给予你的关注，如果你头脑的一部分关心结局，另一部分专注了解，那就没有关注。这样的方式你什么也得不到，所以你会变得越来越困惑、痛苦和不幸。语言是记忆和它所有的反应，如果我们不把词语和感情分开，那词语就会摧毁感情；然后语言或者记忆就是没有火的灰烬。这难道不是发生在你们俩身上的情况吗？你们已经把自己缠绕在语言的网中、思索的网中，而唯一具有深刻重要意义的感情本身却失去了。

"我开始明白您的意思了，"第一个人慢慢地说，"我们并不单纯；我们不是自己在发现什么，而只是在重复我们被告知的。即使我们反抗，我们形成的新的结论也必须被打破。我们真的不知道爱是什么，只是有一些关于它的观念。是这样的吧？"

**你们**不这样认为吗？毫无疑问，要知道爱、真实、上帝，就必须没有观念、没有信仰、没有相关的思索。如果你有一个关于事实的观念，那么观念就变得很重要，而不是事实。如果你想知道那个事实的真实或虚假，你就不能生活在语言和智力中。你可能有很多关于事实的知识和信息，但是真正的事实是完全不同的。把书本、描述、传统、权威推开，开始自己的发现之旅吧。去爱，而不陷入什么是爱和爱应该是什么的观念和想法中。如果你爱，一切都会正确。爱有它自己的行动。去爱，你就会知道它的赐福。远离那些告诉你什么是爱、什么不是爱的权威。没有权威知道；知道的人不会告诉。去爱，就有领悟。

## 寻找和察看的状态

　　天空无遮无拦地下起了雨；雨水覆盖了大地。滂沱大雨倾泻下来，淹没了道路，眼见着就灌满了百合塘。树木在雨水的重压下弯了腰。乌鸦都湿透了，几乎飞不动，许多小鸟躲避在阳台的屋檐下。突然不知从哪里跳出大大小小许多青蛙。有些是棕色的，有些有绿色的条纹，另一些几乎完全是绿色的，它们都长着黑色明亮的眼睛，又圆又大。如果你拿起一只放在手里，它就呆在那里，鼓泡般的眼睛瞧着你；你把它又放回去，它还是一动不动，好像粘在那个地方了。雨仍旧在下，到处都是流动的小溪，小路上的水位已经齐脚踝深了。没有风，只有倾盆大雨。几秒中之后你的衣服就湿透了，它们粘在你的身上，很不舒服；但雨水是温暖的，你真的不在意变得完全湿漉漉的。你低下头，避免雨水流到眼睛里；但是沉重的雨点儿打得你头皮发疼，你不得不很快进屋去。淡紫色的百合长着明亮的金色的花心，被雨水的力量扯得花瓣飘零；在如此沉重的冲击下它几乎无法站立。一条像你的手指那样粗细的绿色的蛇紧紧贴在一根树枝上；你几乎看不见它，因为它和叶子的颜色差不多，只是更明亮一点儿的绿，带着一点儿化学的不自然的感觉。它没有眼皮，黑眼睛裸露着。你走近的时候它也没有移动，但是你可以感到由于你近在咫尺，它觉得很不舒服。它是无毒的一种，有十八英尺长，滚圆而令人惊异的柔软。即使你离开了，它仍旧一动不动地注视着，从近处你根本就看不见它了。

芭蕉的叶子被撕成碎片，花朵都被敲落下来，大雨仍旧像先前一样猛烈。精致的茉莉花落了一地，它们很快就变成泥土的颜色；在化为尘土之时它们还保持着优雅的香气，只是你要走近了才闻得到；稍远一点儿就只有雨的气息和弥漫的湿气。一只浑身湿漉漉的乌鸦躲到阳台上；它完全湿透了，翅膀垂到地上，白中透蓝的肌肤都显露出来。它飞不动了，只是看着你，请求你不要走得太近。它坚硬的黑嘴是唯一又硬又有力的部分，其他部分都是又软又弱。雨打在屋顶上、树叶上和扇形的芭蕉上，滴答作响，连大海的怒吼都听不到了。但是你能感到这声响正在慢慢接近尾声。雨已经下得不那么猛烈，你可以听到青蛙的呱呱声。另一些声响变得清晰起来：呼唤声、犬吠声、汽车驶过大路。一切又都变得平常起来。你属于大地、属于树叶、属于那株垂死的百合，你也被冲洗一新。


他是一位老人，以他慷慨的天性和辛勤的工作而著名。他消瘦、简朴，坐着火车、汽车甚至步行走遍了全国，谈论宗教问题，他身上散发着一种思想和禅修的高贵。他的胡子修剪得整洁，留着长头发。他的手又长又瘦，微笑显得快乐而友好。

"尽管我没有穿藏红色的袍子，但我是一个出家人，我走遍了整个国家，和许多人谈论，质疑各地的宗教导师。你看，我是一个老人，我的胡子都白了，但我一直让我的心保持年轻、我的头脑保持清晰。我十五岁离开家寻找上帝。"他温和地微笑着，沉浸在过去的记忆中。"那是许多年以前了；尽管我阅读、祈祷、禅修，但我还没有发现上帝。我专注地倾听许多著名的神圣的领导讲话，他们不断地谈论上帝，我不止一次地倾听他们的演讲；我观察他们的工作、他们的社会改革，不是傲慢地，而是敞开心胸看待他们的善行。我既不宽容也没有不宽容。我和大家一起祈祷，我也内向地、安静地、单独地祈祷。作为一个年轻人，我想成为一个社会改革家，我乐意多行善事；但我发现善行只有在伟大的整体中才有意义，那就是上帝，同时我明白社会改革虽然是必要的，但并不是我全部的兴趣。

"当我倾听那些所谓的'人民领导'讲话时，我并没有带着一颗干枯的心，"他继续说；"但是他们的上帝不是我在寻找的上帝。他们的上帝是行动；他们布道、劝诫、禁食、组织政治会议；他们担任委员会的领导、写文章、出版报纸、和国家的重要人物打交道。他们是活跃的，但他们不知道安静。我和他们一起寻找上帝，但没有找到他。在这些人的名字出现在报纸上之前很长时间，我就一直在单独地寻找上帝，在山洞和开阔的空间里；但是我没有找到他。

"现在我是一个老人，我只剩下几年的时间。我能找到他吗？或者他是不存在的吗？我并不想要一个观念，或者来自温文尔雅的头脑的聪明辩论。我必须知道。我听了许多次您的演讲，无论在北方还是在南方，您既不像其他人那样谈论上帝，也不属于宗教政治界。你解释上帝不是什么，但您从不说他是什么——这也是应该的；您没有提供达到他的方式，那是很难理解的。我从您很年轻的时候就听说您了，我经常惊讶一切是怎么发生的。如果它以另外一种方式发生，我就不会在这里。我想在我离开这个世界之前了解真相。"

他安静地坐着，眼睛闭着。他身上既没有怀疑的苛严，也没有玩世不恭的粗野，没有试图容忍的不容忍。他是一个在寻觅上已经走到尽头的人，但是仍然渴求知道。

屋子里有一种奇特的安静。

先生，当我们寻找时有谦卑吗？寻找从来不是从谦卑中产生的，不是吗？

"那它是从骄傲中产生的吗？"

不是吗？想要达成、到达的欲望是骄傲的一部分，它以寻找的方式显示自己。我们必须找到一个方法实现有效地、公平地分配人类的物质需求；它会被找到的，因为科技迫使我们现在或者明天找到它。但是除了寻找人类的物质幸福，我们究竟为什么要寻找？

"我从童年时代就开始寻找，因为这个世界没有什么意义；它的意义用肉眼就能看得见。我不像一些人那样说它是一个幻象。这个世界像痛苦和悲哀一样是真实的。幻象只存在于头脑中，产生幻象的力量终有尽头。同情可以清除头脑的杂质；但是纯净的头脑不会找到上帝。我寻找他，但我没有找到。"

日常的生活是短暂易逝的，有人寻找永恒；在所有这种疯狂之中，有人希望理性和健全；有人寻找某种个人的永恒不朽；有人在追求比满足稍纵即逝的欲望更伟大的东西。现在，所有这种寻找都是一种骄傲的形式，不是吗？你怎样才能领悟真实？你能辨认它、看穿它吗？它在头脑的衡量范围之内吗？

"我们不寻找，上帝会出现在我们面前吗？"

寻找是局限在思想领域中的；所有的寻找和发现都只是在头脑的界限之中，不是吗？头脑可以想像、猜测，可以听到它自己唠叨的嘈杂声，但它不会发现它自身之外的东西。寻找被局限在它自身测量的范围里。

"那么我一直只是在衡量，并没有真正地寻找吗？"

寻找总是在衡量，先生。如果头脑停止衡量、比较，就没有寻找了。

"您是要告诉我，我这么多年的寻找都是白费力气吗？"

没有别的可说。但是开始寻找之旅的头脑的运动总是处于它自己或宽或窄的范围之内。

"我已经寻求过让头脑安静下来,但那也没有什么结果。"

一个已经**被迫**安静的头脑并不是寂静的头脑。它是死亡的头脑。任何被强制结束的事情,对它都不得不一再地征服;它没有结束。只有超越时间的界限才有结束。

"寂静不能被找到吗?毫无疑问,一个四处游荡的头脑必须停止并受到控制。"

寂静可以被找到吗?它是可以培养和积累的东西吗?要寻找头脑的寂静一个人必定已经知道那是什么。我们知道什么是寂静吗?我们可能通过别人的描述知道它;但它可以被描述吗?知道只是一个语言的状态,一个识别的过程;可以被识别的不是寂静,寂静永远是新的。

"我已经知道高洞大穴的寂静,我清除所有的思想来保持寂静;但是我从来都不知道头脑的寂静。你已经明智地说猜测是空的。但必定有一种寂静的状态,这种状态是怎样形成的呢?"

对于不是想像力产物的东西,不是头脑拼凑在一起的东西,有一种形成它的方法吗?

"没有,我猜没有。我唯一体会过的寂静是当我的头脑完全处于控制之中才出现的;但是您说这不是寂静。我引导我的头脑去服从,并且只在注意的关护之下它才有了放松;它通过学习、通过辩论、通过禅修和深思而受到训练并变得敏锐;但是您所谈到的那种寂静从来没有出现在我经验的范围内。那种寂静是怎样被体验的?我要做什么呢?"

先生,体验者必须停止寻找寂静。体验者总是在寻找更多的经验;他想有新的感觉,或者重复旧的;他渴望实现自己,成为什么。体验者是一个动机制造者;只要有动机存在,不管是多么细微的,就只有买来的寂静;那不是寂静。

"那么寂静是怎样发生的呢？它是生活中的一个偶然事故吗？它是一个礼物吗？"

让我们一起考虑一下整个问题。我们总是在寻找着什么，而且我们是这么容易就使用"寻找"这个词。我们正在寻找，这个事实才具有全部的重要性，而不是被寻找的东西。一个人所寻找的只是他自己欲望的投射。寻找不是察看的状态；它是一个反应，一个对头脑制造的想法的否定和肯定过程。就像谚语说的，要在干草堆中找到一根针，那就必须已经知道针。同样的，要寻找上帝、快乐、安静，或者你想要的东西，就是已经有了对它的知道、构想或者想像。寻找，如其所被称谓的，总是寻找已知的东西。发现就是识别，而识别是基于以前的知识。这个寻找的过程不是察看的状态。寻找的头脑在等待、期盼、妄想时，它找到的是可以识别的，因此是已知的。寻找是过去的行为。但是察看的状态是完全不同的，它和寻找完全不一样；它不是一个反应，它是寻找的反面。两者毫不相关。

"那么什么是察看的状态呢？"

它无法被描述，但是如果领悟了寻找是什么，就有可能处于那种状态中了。我们出于不满意、不快乐、恐惧而寻找，不是吗？寻找是网中的活动，其中没有自由。这个网必须被领悟。

"您说的领悟是指什么？"

领悟不是这样一种头脑的状态吗：知识、记忆或者识别都不即刻发起作用？要领悟，头脑必须安静；知识的活动必须停止。当老师或父母真的想了解孩子时，这种头脑的安静是自然而然产生的。如果有了解的意图，就有注意，没有掺入欲望来分散注意。那样，头脑就不受约束、控制，不是被拼凑成或被**迫使成**安静。如果有了解的意图，安静就是自然的。没有努力、冲突卷入了解中。完全领悟了寻找的意义，察看的状态就形成了。它不能被寻找，也无法找到。

"在我听您解释时，头脑有一种非常密切的观察。我现在明白所谓寻找的真相了，我察觉到不寻找是可能的；然而还不是察看的状态。"

为什么要说是或不是察看的状态呢？一旦觉知到寻找的真相和假相，头脑就不再陷入寻找的机械结构中。就有一种无所负担的感觉，一种解放感。头脑是安静的，它不再努力争取什么；但是它并未睡着，也不在等待、期盼。它只是安静的，清醒的。不是这样的吗，先生？

"请别叫我'先生'。我是一个被指导者。您说的好像是真的。"

清醒的头脑就是察看的状态。它不再出于一个动机而寻找；没有要获得的目标。头脑不是被**迫使**静止的；没有压力能使它静止下来，它就是静止的。它的静止不是犹如一片树叶，准备迎着下一阵清风起舞；它不是欲望的玩物。

"在那种寂静中有觉知的运动。"

这种觉知不就是寂静吗？我们正在描述，但不是像体验者那样描述。体验者是许多原因形成的；他是一个结果，但反过来又变成另一个结果的原因。体验者在无尽的因果循环中既是因也是果。洞察这一真相才会解放头脑。在因果网中没有自由。自由并不是摆脱那个网，但是网不在时就有自由。从什么中**摆脱**并非自由；它只是一个反应，是束缚的对立面。领悟了束缚才有自由。真理不是什么永恒的、固定的东西，因此它无法被找到；真理是活生生的，它就是察看的状态。

"那种察看的状态就是上帝。没有要获得或者拥有的目的。这么多年持续的没有结果的寻找现在并没有给心灵带来苦涩，也没有懊悔花费了这么多时间。我们是被教导，我们不是在学习，那是我们的不幸所在。悟消除了时间和年龄，它扫除了导师和被教导者之间的不同。我领悟了，并且强烈地感觉到它。我们会再见面的。"

# "为什么经典都谴责欲望？"

　　那个巨大的、四面延伸的市镇正吞噬着乡村。我们得要经过好几里没有尽头的破旧的街道、过去的工厂、贫民窟和铁路工棚，穿过近郊的高级住宅区，才终于看到开阔乡村的起点，那里天空广阔，树木高大自由。这是美丽的一天，晴朗而不太热，因为最近一直在下雨——其中一场温和、细柔的雨深入到土地中。突然，道路折上了山，我们面前是一条河流，在阳光下粼粼发光，它蜿蜒着穿过绿色的田野流向远处的大海。河中只有几条船，造形很笨拙，带着方形的黑色的桨。几里高处有一座铁路和日常交通两用桥，但这里只有一座浮桥，每次只能单行，我们看见一排卡车、牛车和摩托车，还有两匹骆驼等着轮到它们过河。我们不想加入那条长蛇阵中，因为那可能是长时间的等待，因此拣了另一条路回去，任凭河流在群山和草地间蜿蜒，穿越村子，流向汪洋大海。

　　头顶上天空湛蓝，地平线附近积着大朵的白云，旭日升到白云之上。它们形状奇幻，一动不动而遥远。即使你朝着它们开出几里，你还是不能接近它们。路边的草又小又绿。即将来临的夏天会把它们烤成棕色，乡村就会失去它新鲜的绿色；但现在一切都是新的，大地上充满了欢乐。道路相当颠簸，到处都坑坑洼洼，尽管司机尽量避免，我们还是前仰后合，头几乎撞到车顶；但是发动机运转得很好，汽车没有什么杂音。

　　这个人的头脑觉知到巍峨的树木、岩石山丘、村民、开阔的蓝天，但它也是在禅定中。没有一个念头打搅它。没有记忆的骚动，没有抓住或抵制的努力，也没有什么要在未来得到的东西。头脑接纳一切，它比目光还快，但它并不保留它所感知的东西；外在的事件穿过它，就像微风穿过树木的枝杈。他听到他身后的谈话，看到牛车和正在靠近的卡车，但头脑是完全静止的；在那静止之中的运动是新的开始、新生的脉搏。新的开始永远不可能是旧的；它永远不会知道昨天和明天。头脑没有经历新的：它本身就是新的。它没有延续，因此也没有死亡；它是新的，而不是被**变成**新的。火焰不是从昨日的灰烬中产生的。

他带来他的朋友，他说这样可以帮助他更好地理清观点。他们俩都非常保守，说的话不多，但他们说他们懂得梵文和一些梵文经典。他们大约四十来岁，面容健康，头脑清晰，带着思索的眼神。

"为什么经典都谴责欲望？"个子高一些的人开口说。"实际上每一个年长的导师好像都谴责它，尤其是性欲，他们说它必须被控制。他们显然把性欲当作通向更高生命的一种障碍。佛谈到欲望时把它作为所有悲哀的原因。商羯罗\*在他复杂的哲学中说欲望和性的要求必须被压制，所有其他宗教导师也都多多少少坚持同样的态度。一些基督教的圣徒以各种方式折磨自己，另一些认为他们的身体就像马，必须得到很好的照顾和控制。虽然我们没有读非常多的书，但是就我们已经熟悉的来说，所有的宗教文献好像都坚持说欲望必须被约束等等。我们只是宗教生活的初学者，但也感到所有这些失去了什么，就像花朵要有芳香一样。我们可能是完全错误的，我们并不想反对伟大的导师，但是如果可以的话我们想和您谈一谈。就我们目前为止所读的来谈，您从来不说欲望必须被压制，而是说通过觉知欲望必须被了解，其中没有谴责或者判断。尽管你用不同方式解释，我们觉得还是很难抓住它的全部意义，我们和您的谈话肯定对我们相当有帮助。"

---

\* 译注：商羯罗（Shankara，788－820），印度吠檀多不二论建立者，认为最高真实的梵是宇宙万有的始基，著有《梵经注》、《广森林奥义注》、《我之觉知》等。

你们想要谈论的究竟是什么问题？

"欲望是自然的，不是吗，先生？"另一个人问。"对食物的欲望、睡觉的欲望、某种程度舒适的欲望、性欲、对真理的欲望，所有这些形式的欲望都是相当自然的，为什么我们被告知它必须减少呢？"

我们能不能把你们听到的放在一边，来探究欲望的真实和虚假呢？你所说的欲望是什么意思呢？不要字典上的定义，而是指欲望的意义和内容。你认为它有多么重要？

"我有许多欲望，"高个子回答，"这些欲望时时改变它们的价值和重要性。有永恒的欲望和转瞬消失的欲望。我们某一天有的欲望可能在第二天就消失了，也可能变得强烈了。即使我自己不再有性欲，我仍然想拥有权力；我可能已经超越了性欲的阶段，但是我对权力的欲望仍然持续。"

是这样的。随着年龄、习惯、重复，幼稚的欲望变成成熟的欲望。欲望的客体可能随着我们变老而改变，但是欲望仍然存在。实现和挫折的痛苦总是存在于欲望的范围中，不是吗？

现在，如果没有客体有欲望吗？欲望和它的客体是可以分开的吗？我知道欲望只是因为客体？让我们来发现它。

我看见一支崭新的笔，因为我的没有那么好，我想得到那只新的；所以欲望的过程就开始启动，一系列的反应，直到我得到或者没有得到我想要的。客体吸引了目光，然后随之出现的是想要或者不想要的感觉。那个"我"是什么时候进入这个过程的？

"这是一个好问题。"

这个"我"是在想要的感觉之前存在的，还是随着那种感觉出现的？你看见某个客体，比如说这种新的水笔，一系列的反应开始产生，那是相当普通的；但是随之而来的是占有客体的欲望，然后一系列的反应开始了，它们形成"我"，那个"我"说，我必须拥有它。因此通过看见的自然反应而产生的感觉和欲望拼凑起我。没有看见、感觉、欲望，有一个单独的、独立的实体的我存在吗？还是看见、感觉、欲望这整个过程组成了我？

"先生，您的意思是说那个'我'不是首先存在的？不是由我来看见然后产生欲望的吗？"矮个子的人问。

**你怎么认为？**那个"我"不是在洞察和欲望的过程中才把自己分离出来的吗？在这个过程开始之前，有一个独立存在的实体我吗？

"很难认为'我'只是一定生理心理过程的结果，因为这听起来非常物质化，它违反我们的传统和我们所有的思考习惯，也就是说'我'——观察者是首先存在的，而不是被'拼凑'到一起的。但是尽管传统和宗教典籍这样说，我自己的倾向是相信它们，我明白您说的是一个事实。"

**别人所说的并不等于领悟了事实，而要依靠你自己直接地观察和清晰地思考。不是这样的吗？**

"那当然，"高个子回答，"我可能第一次会把绳子误解为蛇，但是一旦我看清楚事实，就没有误解，没有妄念。"

**如果这一点清楚了，我们可以继续讨论压制欲望的问题吗？现在，问题是什么？**

"欲望总是在那里，有时愤怒地燃烧着，有时休眠，准备迸发出生命力；但问题是一个人该怎么对付它？当欲望被征服时，我的整个存在都相当平静，但是它清醒了，我就受到很大的干扰；我变得无法安定，发疯似的活跃，直到那个特殊的欲望得到了满足。然后我开始相对平静——直到欲望再次席卷而来，可能是针对另一个不同的客体。它就像压力下的水，不管你修建多么高的大坝，它还是会冲垮堤坝，或者从顶端溢出来。我别无办法，只有折磨自己，试图超越欲望，但努力到最后，欲望仍然在那里，微笑着或者皱着眉头。我怎样摆脱它呢？"

**你不是正在压制欲望吗？你想驯服它、麻醉它、使它变得理性？抛**

开书本、理想和古鲁，你自己怎样看待欲望？什么是你的刺激？你怎么思考？

"先生，欲望是自然的，不是吗？"矮个子问。

你说的自然是什么意思？

"饥饿、性、希望舒适和安全——所有这些都是欲望，它看起来这么健康、理性而且普通。我们毕竟是那样被构造出来的。"

如果它是那么普通，为什么你会受它打扰呢？

"麻烦是，不只是一个欲望，而是许多相互矛盾的欲望，全都从不同的方向拉拉扯扯；我的内心被撕碎了。两三个欲望是主导，但即使是在主要的欲望中，也存在着自相矛盾。正是这个矛盾和它的紧张带来痛苦。"

要克服这种伤害，你被告知你必须控制、压制欲望。不是这样的吗？如果欲望的满足只是带来快乐而没有伤害，你可能很高兴和欲望在一起，不是吗？

"那当然，"高个子插进来，"但人总是有一些痛苦和恐惧，这就是我们想减少的。"

是的，每个人都是这样，那就是为什么我们思考的设计和背景总是想办法延续快乐而避免痛苦的欲望。这难道不是你们也在追求的吗？

"我恐怕是这样的。"

在快乐的欲望和随之而来的痛苦之间是持久的冲突。这没有什么难以理解的。欲望寻求满足，满足的阴影就是挫折。我们不承认这一点，因此我们都追求满足，希望从来不会受到挫折；但是这两者是不可分割的。

"难道**永远**不可能只有满足而没有挫折的痛苦吗？"

你不知道吗？你难道不是经历了短暂的满足快乐，它难道不是必然地伴随着焦虑、痛苦吗？

"我注意到了，但是一个人总是想这样那样赶在痛苦之前。"

你成功过吗？

"还没有，但人总是这样希望。"

怎样监督这样的痛苦成了贯穿你生活中最重要的事；因此你开始约束欲望；你说，'这是真实的欲望，那是虚假的、不道德的。'你培养理想的欲望，那是**应当**的，但是它陷在**不应当**里面。**不应当**的是实际的事实，**应当**的除了作为想像的符号之外却没有真实性。是这样的，不是吗？

"但是虽然是想像的，可是理想不是有必要的吗？"矮个子问。"它们能帮助我们去除伤害。"

是吗？你的理想曾经帮助你摆脱伤害吗？还是它仅仅帮助你继续你的快乐，而同时理想对你自己说那是不应该的？因此痛苦和快乐的欲望继续着。实际上，你不想摆脱任何一方；你想顺着痛苦和快乐的欲望漂浮，同时谈论着理想和废话。

"您说的完全正确，先生。"他承认。

让我们从这里继续。欲望不会被分成快乐的和痛苦的欲望，或者真实的和虚假的欲望。只有欲望，它以不同的方式、不同的客体显现。除非你了解这一点，不然你只是为了克服矛盾而奋斗，而矛盾是欲望的本性。

"有没有一个核心的欲望必须被克服，其他的欲望只是从中产生出来的？"高个子问。

你是指安全的欲望吗？

"我正在想那个问题，但是也有性欲和其他许多事情。"

有没有一个中心的欲望，由它产生其他欲望，就像许多孩子一样，或者欲望只是从一时到另一时、从不成熟到成熟在改变它们满足的客体？有占有的欲望、被激励的欲望、成功欲、内在和外在的安全欲等等。

欲望通过思想和行动、通过所谓的精神和世俗生活编织起来，不是吗？

他们沉默了一会儿。

"我们没法儿考虑得那么远，"矮个子说，"我们很糊涂。"

你们压制欲望，它就以另一种形式再次出现，不是吗？控制欲望是限制它，把它变成自我中心的；但约束它就是建起抵制的墙，它总是会被打破的——当然，除非你变成神经官能症患者，固定在一种欲望模式中。净化欲望是一种意志的行动；但意志实质上是欲望的浓缩，当一种形式的欲望征服另一种形式时，你就又一次回到你旧有的奋斗模式中。

控制、约束、净化、压制——它们全都包括某种努力形式，这样的努力仍然在二元的范围中，在"真实"和"虚假"的欲望范围中。懒惰可以通过意志的行动来克服，但头脑的渺小仍然存在。渺小的头脑可以非常活跃，它通常是这样的，因此导致了它自己和别人的伤害与不幸。因此不管一个渺小的头脑怎样努力去克服欲望，它仍然是一个渺小的头脑。所有这些是清楚的，不是吗？

他们彼此看了看。

"我想是的，"高个子回答，"但是请慢一点，先生，不要在句子中填满理念。"

就像蒸气，欲望是能量，不是吗？蒸汽可以被运用在各种机械运转上，要么是有益的要么是摧毁性的，因此欲望可以被浪费，也可以被用于了解，而这种令人惊讶的能量没有使用者。如果有一个使用者——那是传统——不管它是一个或者多个、个体或者集体，麻烦就开始了；然后就有了痛苦和欢乐的封闭的循环。

"如果既没有个体也没有集体去使用那种能量，那么谁会使用它呢？"

你在问的难道不是一个错误的问题吗？一个错误的问题只会得到一个错误的答案，但是一个正确的问题会向了解敞开大门。只有能量存在；不存在谁会使用它的问题。不是那种能量，而是它的使用者会持续着困惑、以及痛苦和欢乐的矛盾。使用者——可能是个人也可能是许多人——说，"这是对的，那是错的，这是好的，那是坏的"，由此使二元性的冲突永久存在下去。他是真正的伤害制造者、悲哀制造者。那种被称为欲望的能量的使用者能够不再存在吗？一个观照者能否不是一个操作者、一个代表这种或那种传统的分离的实体，而成为那种能量本身呢？

"这不是非常困难的吗？"

这只是问题，而不是怎样去控制、约束或者净化欲望。当你开始了解这一点，欲望就有完全不同的意义；它就是创造的纯度、真理的运动。但仅仅重复欲望是至上的等等，不仅是无用的，而且最终是有害的，因为它像催眠剂、毒品一样让渺小的头脑平静下来。

"但是怎样结束欲望的使用者呢？"

如果"怎样"这个问题反映了寻找一种方式，那么欲望的使用者只是以另一种方式被拼凑起来的。重要的是使用者的结束，而不是怎样去结束使用者。不存在"怎样"。只有领悟，即是动力，它才会驱散旧有的。

# 政治可以灵性化吗？

桥后是蓝色遥远的大海。沿着曲折的海岸都是黄色的沙子和延伸的棕榈树丛。城里人开着车，带着他们穿戴齐整的孩子来这里，孩子们欢快地叫嚷着，从他们紧绷绷的家和光秃秃的街道解放出来。

清晨，就在太阳从大海中升起来之前，浓重的露水覆盖着地面，星星们仍然清晰可辨，这个地方是非常漂亮的。你可以单独坐在那儿，环绕着你的是深沉宁静的世界。大海漆黑一片，毫不平静，被月亮搅得狂怒起来，波浪夹着愤怒和吼声涌来。尽管大海发出雷鸣般的轰响，但一切仍旧是奇特地平静；没有微风，鸟儿们仍在睡觉。你的头脑失去了在大地漫游的动力，失去了在过去熟悉的地方运动的动力，失去了继续安静独白的动力。突然出人意料地，所有巨大的能量都被吸引到一起，聚集起来，但是它们并没有转变成运动。只有在寻找、获得、失去的体验者才伴随着运动。这种能量的聚集，摆脱了压力和欲望的影响，带来了完全的内在的平静。你的头脑被完全照亮了，没有任何阴影，也没有投下任何阴影。启明星非常清晰，稳定，一眨不眨，东边的天空有一线光芒。你的头脑没有丝毫的运动；它并不是陷于瘫痪中，但是内在安静的光没有头脑的语言和形象，有它自己的行动。那光没有中心——阴影的制造者；只有光。

启明星黯淡下去，很快一道金边就出现在起伏的海面上。阴影慢慢地投射到陆地上。一切都在苏醒过来，微风从北方吹来。你顺着河边的小路上了主路。这个时候路上还没有多少人，一两个人正在散步；几乎没有车，一切都相当平静。道路穿过一个熟睡的村子，两个小孩儿正把路边当作他们的厕所，说笑着离开了，完全没有意识到过路人。一只山羊躺在路中间，汽车绕道而行。离村子稍远一点儿，你经过一个精心照料的花园的大门，里面有灿烂的花朵和一个见方的水池，开满了百合。阴影现在变深了，但是草上仍然挂满露水。

他中等年纪，是来自一个村子的律师。他说他工作不太努力，因为他小有资产，可以把时间花在别的事情上。眼下他正在写一本关于这个国家社会状况的书。他遇到了政府中一些首脑人物，参加了最近的土地改革运动，和其他人一起从一个村子走到另一个村子。当他讨论政治和社会改革时，他的激情溢于言表，整个声调都改变了，变得尖锐、急迫、兴奋；他的头昂着，一种好斗的眼神在他的眼睛中蔓延，他的举止变得过分自信了。他对所有这些全然没有意识。他谈论起名词和统计口若悬河，当他继续的时候好像在积攒力量。我倾听着，没有打断他滔滔不绝的解释和评估，他突然意识到他在哪里的，尴尬地停了下来。

"当我谈论政治和社会改革时总是变得很兴奋；我情不自禁。它在我的血液中。对我们所有人好像都一样，至少在这一代：政治在我们的血液中。一旦我们离开大学，我们的教育主要是通过报纸来继续的，而报纸的大部分是专门谈论政治的。我感到大量的事可以通过政治来完成，那就是我把我的大部分时间都奉献给政治的原因。我也喜欢它；那其中有刺激。"

它就像在饮酒、性、吃、野蛮等等中一样。兴奋不管是以什么样的形式，都给我们一种活生生的感觉，我们甚至在宗教中也需要它。

"您认为那是不对的吗？"

你怎么认为？仇恨和战争也提供巨大的兴奋，不是吗？

"就个人而言，我并不把政治看得太轻松，"他继续说，并不回答问题。"对我来说它是非常严肃的事，因为我觉得它是带来基本改革的了不起的手段。政治行动确实会产生结果，而且是在并非遥远的未来，因此对普通人来说其中有一种确定无疑的希望。大部分宗教人士好像没有认识到政治行动的重要性，我认为这是很可悲的；因为，就像我们的一个领导说的，政治必须灵性化。您赞同这一点，不是吗？"

真正宗教性的人并不关心政治；对他来说唯一的行动就是完全的宗教行动，而不是被称之为政治和社会的支离破碎的活动。

"您反对把宗教带入政治吗？"

反对只会产生敌对，不是吗？让我们考虑一下我们所说的宗教是什么意思吧。但是首先，你说的政治是指什么？

"整个立法程序：公正、计划国家财富、对所有公民提供平等机会等等。明智的统治并且避免混乱是政府的作用。"

毫无疑问，任何种类的改革也是政府的职能；它不应该留给那些强大的个体和他们称之为理想的突发奇想，因为这会导致国家的分裂。在两党制和多党制体系中，改革者要么通过政府来发挥作用，要么成为反对派的一员。我们为什么还需要社会改革者？

"没有他们，许多业已成功的改革就不可能发生。改革者是必要的，因为他们刺激政府。他们比一般的政治家更有远见，他们以自己的例子迫使政府推动必要的改革，或者调整它的政策。绝食是一种被神圣的改革者所采纳的方式，来迫使政府接受他们的建议。"

那是一种要挟，不是吗？

"也许是；但它确实迫使政府考虑甚至执行必要的改革。"

神圣的改革者可能是错误的，当他卷入政治时经常是这样。因为他对公众有一定的影响力，政府可能不得不屈从他的要求——有时伴随着灾难性的后果，就像最近所显示的。既然通过不同形式的立法而进行的任何改革实质上都是一个人道而明智的政府的职能，那么这些具有政治头脑的圣徒为什么不加入政府，或者创造另一个政治党派呢？他们是想玩弄政治而又远离它吗？

"我想他们是想让政治灵性化。"

政治可以灵性化吗？政治和社会有关，而社会总是处于自身的冲突之中，总是在退化。人类的相互关系组成社会，那种关系实质上是建立在野心、挫折、嫉妒之上的。社会不懂得同情。同情是个人的一种彻底而完整的行为。

现在，每一个政治—宗教改革者都宣称他们就是**那个**解脱之道，不是吗？

"大部分是这样的，但是也有一些没有这样宣称。"

难道他们都不可能犯巨大的错误，而带着强烈的成见和传统偏见陷于他们自己的局限吗？每一个神圣的政治领导和他的那些追随者不是有一种倾向，会把国家引入进一步的分裂、不完整吗？

"但是那不是我们必须承担的风险吗？统一只能由立法才能实现吗？"

当然不是。可能有一种统一的假象，外在遵循一种普遍的社会和政治模式，但人类的统一永远不可能通过立法来实现，不管那是多么开明的。只要有友谊、同情，司法组织就没有必要；通过司法组织，同情不一定会形成。相反，它可能会排除同情。但那是另一回事。

就像我刚才说的，为什么这些神圣的政治家不能够加入政府，或者建立另一个党派来执行他们的政策呢？这些改革者有什么必要站在政治领域之外呢？

"他们在议会之外比他们在其中拥有更大的权力；他们对政府来说扮演着道德的鞭子。他们确实在一定程度上区分人们，那是真的，但是如果由此能够带来好处，那就是必要的罪恶。"

问题比那深刻得多，不是吗？政治、经济和社会改革显然是必要的；但是除非我们开始了解更大的问题，那就是人类整体和全然完整的行动，不然这样的改革只会产生进一步的伤害，仍然需要更多的改革，人类陷入了一条无尽的链条中。

现在，这些"神圣的"政治领导的行为不是有更深的需求迫使他们这样做的吗？领导意味着权力，意味着影响、引导、控制的权力，这些领导都是或微妙或直接的权力追求者。任何形式的权力都是邪恶的，都必然带来灾难。许多人想要被引导，被告知做什么，他们在困惑中引入了和他们同样困惑的领导。

"但是为什么您说我们的领导在追逐权力呢？"他相当怀疑地问。"他们是品行良好、受人尊敬的人。"

受人尊敬的人是传统的；不管他们承认不承认，他们都或多或少地追随传统。受人尊敬的人总是拥有书本的权威、过去的权威。他们可能不是有意识地追求权力，但是权力通过他们的职位、活动等等而来；他们被权力所驱使。谦卑离他们太远。他们是领导者，他们有追随者。追随他人的人本质上都是非宗教性的，不管被追随者是伟大的圣徒还是邻家的导师。

"我明白您的意思，先生；但是为什么这些人追逐权力呢？"他更加认真地问。

你为什么追逐权力呢？拥有凌驾于一个人或者许多人之上的权力，带来一种强烈的占有的快乐，不是吗？那有一种妄自尊大的快感，一种处于权威地位的快感。

"是的，我知道得非常清楚。当我被请教法律或政治问题时，我有一种权威的快感。"

为什么你寻找并且试图保持这种权力的兴奋感呢？

"它是那么自然而来，好像是天生的。"

这样的解释阻碍更进一步深入地探究，不是吗？如果你能发现事实的真理，你一定不会满足于解释，尽管那是貌似有理、令人满意的。

为什么我们想成为领导者？那必定有认可，使自己感到重要；如果我们不受到如此的认可，重要性就没有意义。认可是整个领导过程的一部分。不仅领导需要重要性，追随者也需要。在宣称他参与了这样那样的运动，被某某领导时，追随者就成了重要人物。你没发现这是事实吗？

"恐怕是的。"

就像追随者一样，领导也是如此。我们内在不足、空虚，我们要用占有感、权力、地位、或者知识、令人满意的意识形态等等来填补空虚；我们在其中塞满了头脑的东西。这个填补、逃避、成为的过程，不管它是不是有意发生的，都是自我之网；它是自我、"我"以意识形态、改革和一定的行为模式来认同自己的实体。它是成为的过程，也就是自我实现，那里总是有挫折的阴影。除非这个事实被深刻地了解了，头脑才能摆脱自我实现的行为，不然总是会有贴着各种尊敬标签的权力的罪恶。

"请允许我提问，许多年前，当您自己拒绝继续做一个宗教组织的首脑时，您已经想清楚这些了吗？您那时还非常年轻，您怎么能做到这一点呢？"

一个人对于什么是正确的有一种洞察、一种模糊的感觉，他这样做并没有考虑结果。合理的解释是以后产生的；但是因为行为正确，推论就恰当而正确。但这又是另一回事了。我们正在讨论领导者和追随者内在的运动方式。

追逐权力、或者接受任何形式权力的人，根本上都是非宗教性的。他可能通过简朴、戒律和自我否定追逐权力，那被称之为美德，或者通过解释宗教典籍；但这样的人不懂得我们称之为宗教的广大意义。

"那么什么**是**宗教呢？现在我清楚地看到政治不可能灵性化，但它在合适的位置上具有一定的意义，它包括改革的世界；对于那个世界我仍然很热心。但我本性上是个宗教性的人，我想从你那儿知道宗教是什么。"

你不可能从别人那里知道它；它对你意味着什么？

"我在印度教环境中长大，它所教导的我作为宗教接受。"

基督徒、佛教徒、穆斯林也是这样做的；每个人都把他在其中成长的特殊的信仰模式、教条和仪式当作宗教来接受。接受意味着选择，不是吗？在宗教这样的事情上有选择吗？

"当我说我接受我所属的宗教所教导的，我的意思是它吸引我的理智。那有什么不对吗？"

那不是一个对错的问题，让我们来了解我们所讨论的。从童年时代起你就受到父母、社会、以及一定的信仰和教条的思考模式的影响。以后你可能反叛所有这些，坚持另一个被称为宗教的模式；但是不管你是否反叛，你的理智是建立在你要安全、要"精神化"的安全的欲望之上的，你的选择依赖那种需求。毕竟，理智和思想也是制约、偏见、成见、有意无意的恐惧等等的结果。不管你的推理是多么逻辑有效，它不会导致超越头脑的结果。因为要让超越头脑的东西形成，头脑必须完全静止。

"您反对理智吗？"他问。

又是这个问题，这是一个了解的问题，不是支持或反对什么。即使一个人有能力有效地把问题考虑到底，思想也是有限的；理智没有办法超越特定的点。思想永远不可能自由，因为所有的思考都是对记忆的回应；没有记忆就没有思考。记忆或知识是机械性的；扎根于昨天，它永远属于过去。所有的探询、推理、缺乏理性都是从知识开始，从**过去**开始。如果思想不自由，它不可能走得很远；它在自身制约的范围内运动，在它知识和经验的界限内运动。每个新的体验依照过去被翻译，因此强化了过去，那就是传统，受限的状态。因此思想不是了解真实的方式。

"如果一个人不使用他的头脑，怎么可能发现什么是宗教呢？"

在使用头脑、清晰思考、批判性和理性地推理过程中，一个人发现自身思想的局限。思想——头脑对人际关系的回应，不管是主动的还是被动的，都是处于自我利益范围的；它被野心、嫉妒、占有欲、恐惧等等捆住。除非头脑摆脱了这个束缚，也就是自我，头脑才是自由的。领悟这个束缚就是自知。

"您还没有说宗教是什么。对我来说，宗教总是对上帝的信仰，伴随着所有复杂的教条、仪式、传统和理想。"

信仰不是通向真实之路。信仰和非信仰是影响、压力的问题，处于公开或者隐藏的压力之下的头脑，都不可能笔直地飞翔。头脑必须摆脱影响，摆脱内在的强制和渴望，以便它是单独的，不再受过去的限制；

只有这时，无时间性的才会形成。没有道路可以通向它。宗教不是教条、正统和仪式的问题；它不是一个有组织的信仰。有组织的信仰扼杀爱和友情。宗教是神圣、同情和爱。

"一个人必须放弃信仰、理想、寺庙——所有伴随他成长的东西吗？要这样做是非常困难的；这个人恐怕会完全孤立。这样的事真的可能吗？"

一旦你明白这种需求的必要性就是可能的。但你不可能被强迫；你必须自己明白这一点。信仰和教条没有什么价值——事实上，它们是极其有害的，把人与人分隔开，滋生仇恨。对头脑来说重要的是摆脱嫉妒、野心、对权力的欲望，因为这些破坏同情。爱和同情属于真实。

"说心里话，您讲的话都是真实的。我们大部分人都生活在表面，我们如此的不成熟，屈从于影响，以至于真实的事情逃离了我们。而我们还想改造世界！我必须从我自己开始；我必须净化我自己的心，而不是被改革他人的想法卷走。先生，我希望我能再来。"

## 觉知和停止梦想

东边的天空比太阳落下去的地方更绚烂；那里有大片的云，形状奇特，好像从里边被一把金色的火把点燃了。另一大堆云是深紫蓝色；沉重的带着威胁和黑暗，被闪电的划痕擦亮，扭曲、尖锐而灿烂。之上和之下有其他怪异的形状，难以置信的美，散发着各种可以想像出来的色彩。太阳挂在透彻的天空中，西边有一道纯橘黄色的光。一棵棕榈树高出其他树，在天空的映衬中像蚀刻出来一样，清晰、一动不动、微弱黯淡。一些孩子兴奋快乐地在绿色的原野上玩耍。他们很快会离开，因为天就要黑了；已经有人在散在各处的房子中招呼孩子回去，一个孩子高声地应答着。灯光开始在窗户中显现出来，一种奇特的安静在大地上蔓延。你可以感到它从远处而来，经过你一直蔓延到地球的尽头。你一动不动地坐在那里，你的头脑随着那安静无限地伸展开去，没有中心、没有识别、没有关联。坐在草地的边缘，你的身体没有移动，但是非常活跃。头脑更是如此，处于全然的寂静状态，它仍然觉知到闪电和叫嚷的孩子们，觉知到草丛中细微的声音和远处吹响的牛角声。那是思想无法触及的深层的寂静，那种寂静是一种强烈的欢喜——这是一个除了交流没有什么意义的词——它不断继续、继续；它不是一种时间和距离的运动，而是没有终止的运动。它特别巨大，但是呼吸也可以把它吹走。

小径穿过一大片墓地，到处都是裸露的白色石碑，那是战争的结果。这是一个绿色的、被精心照料的花园，环绕着篱笆和带刺的铁丝栅栏，栅栏上开了一道门。这样的花园遍布世界各地，为了那些被爱的、受过教育的、被杀死的和被埋葬的人而存在。小径继续向下延伸到一个斜坡，那里有一些高大古老的树木，一条小溪蜿蜒流淌其间。穿过摇摆的木桥，你爬上另一个斜坡，沿着小径深入到开阔的乡村。天现在相当黑了，但是你认得你的路，因为你以前走过这条路。星星非常灿烂，但是带着闪电的云正在靠近。可能还要过些时候才会雷电交作，到那时你已经找到避雨的地方了。


"我奇怪我为什么做这么多梦？我每天晚上都做某种梦。有时候我的梦是愉快的，但是更多的时候它们令人不愉快，甚至是可怕的，早上醒来的时候我感到筋疲力尽。"

他是一个年轻人，明显地担忧而焦虑。他在政府部门一个相当满意的工作，他说未来是很有希望，他并不在意维持生计的问题。他有能力，总是能找到工作。他的妻子死了，有一个小儿子，他把儿子留在一个姊妹那儿，因为把孩子带来的话他太淘气。他身材非常魁伟，说话语速缓慢，有种就事论事的味道。

"我阅读并不多，"他继续说道，"尽管我擅长大学学习，毕业的时候成绩不错。但是所有这些都不意味着什么，除了它给了我一个大有前途的工作——对此我并没有非常大的兴趣。每天几小时努力工作就足以让它运转，我可以节省时间。我觉得我是个普通人，我可以再结婚，但我没有强烈地被异性吸引。我喜欢游戏，过着一种健康有活力的生活。我的工作让我和一些政治首脑人物有联系，但我对政治以及残忍的阴谋诡计没有兴趣，我特意要避开它。一个人可以通过宠信和腐败爬得很高，但我继续我的工作，因为我已经熟练了，这对我来说就足够了。我告诉您这些不是闲谈，而是想让您对我生活的环境有所了解。我有普通人的野心，但我并没有被它驱赶得发疯。除了我的工作，我有几个好朋友，我们经常一起讨论严肃的事情。所以现在你多少知道整个情况了。"

请问你想讨论什么？

"一个朋友带我去听了你晚上的演讲，我和他又参加了一次早上的讨论。我非常感动，我想追求它。但是我现在关心的是晚上的梦。我的梦非常烦人，即使是快乐的，我也想去除它们；我想有平静的夜晚。我该做什么呢？还是这是一个愚蠢的问题？"

你说的梦是指什么？

"我睡着的时候，会有各种各样的幻想；一系列的图像和幻影出现在我脑海里。一个晚上我可能从悬崖掉下去，我吓得惊醒过来；另一个晚上我发现自己在一个漂亮的山谷里，周围都是高山，小溪从中流过；一个晚上我可能和我的朋友有一场可怕的争论，或者只是错过了一辆火车，或者正在玩一流的网球游戏；或者可能突然看到我妻子的尸体。我的梦很少有性欲的，但它们经常是恶梦，充满了恐惧，有的时候也是惊人的复杂。"

当你做梦的时候，会不会总是在同样的时间被打搅？

"没有，我从来没有这样的经历；我只是做梦，之后受它的折磨。我没有读什么心理学或者解梦的书。我和我的一些朋友讨论过这个问题，但他们都没有很大的帮助，我对于去分析学家那里非常谨慎。您能告诉我我为什么做梦，我的梦是什么意思吗？"

你想知道你的梦的解析吗？还是你想理解做梦这个复杂的问题？

"那不需要解释一个人的梦吗？"

可能根本不需要梦。毫无疑问，你必须自己发现这个被我们称为做梦的整个过程的真实或虚假。这个发现要比解释你的梦重要得多，不是吗？

"当然。如果我自己能洞察做梦的全部意义，它就能把我从这种夜晚的焦虑和无法安息中解脱出来。但是我从来没有真正地考虑过这种事，你能对我耐心一点儿吗？"

我们正试着一起来了解这个问题，因此任何一方都没有不耐烦。我们两个人都在进行一场探索之旅，那就意味着我们两个人都必须警觉，不能被我们在这个过程中可能发现的任何偏见或者恐惧而绊住。

你的意识是你思考和感觉的全部以及更多。你的目的和动机，不管是隐藏的还是公开的；你秘密的欲望；你思想的微妙和狡猾；模糊的需求和在你心底深处的强制，所有这些都是你的意识。它是你的性格、你的趋向、你的气质、你的满足和挫折、你的希望和恐惧。不管你是否相信上帝或者灵魂、自性、某种超精神实体，你整个的思考过程都是意识，不是吗？

"我以前从来没有想过这个问题，先生，但是我可以明白我的意识是由所有这些元素组成的。"

意识也是传统、知识和经验；它是和现在相关的过去，它导致了性格；它是集体的、种族的、人类整体。意识是整个思想、欲望、友情和被培养的美德的领域，那根本不是美德；它是嫉妒、获取等等。这不是所有我们称之为意识的东西吗？

"我可能不能明白每个细节，但我对整体有一种感觉。"他犹豫着回答。

意识比这些还要多。它是相互矛盾着的欲望的战场，冲突、斗争、痛苦、悲哀的战场。它也是对这个战场的反叛，寻找和平、善、持久的友爱。如果觉知到冲突和悲哀，以及去除它们的欲望，自我意识就产生了；如果觉知到快乐以及获得更多快乐的欲望，也是如此。所有这些是意识的整体；它是记忆或者过去把现在当作通向未来的通道的宏大过程。意识是时间——包括清醒的时间和睡眠的时间，白天和黑夜。

"但是一个人能全然地觉知到这意识的整体吗？"

我们大部分人只觉知到它的一个小角落，而且我们的生命就在那个小角落里度过，发出大量的噪音彼此进攻和摧毁，投入很少一点儿友情和关爱。我们没有觉知的是大部分，于是就存在有意识和无意识。当然实际上，两者之间并没有区分；只是我们给予一方的注意比另一方更多罢了。

"那是相当清楚的——事实上太清楚了。有意识的头脑被一千零一件事塞满，几乎所有都是根植于自我利益。"

但是它的其余部分，是隐藏的、活跃的、侵略性的，比有意识的、日常活动的大脑要强有力得多的。头脑这个隐藏的部分在不断地强烈要求着、影响着、控制着，但是它清醒的时候经常无法和它的目标沟通，因为头脑的上层被塞满了；因此在所谓的睡眠过程中它给予提示和暗示。肤浅的头脑可能反抗这种看不见的影响，但它又会平静地保持一致，因为意识的整体关注的是安全、持久；任何改变只会导致它追求更进一步的安全和更大的持久。

"我恐怕不完全明白。"

头脑毕竟想要在所有的关系中保持确定，不是吗？它希望理想和信仰的关系、以及与人和财产的关系都可靠。你没有注意到这点吗？

"但这不是自然的吗？"

我们被教育去认为那是自然的；但它是吗？毫无疑问，只有不执著于安全感的头脑才能自由地去发现完全未被过去污染的东西。但是有意识的头脑是为着可靠、安全、使自己永久等强烈要求而开动的；头脑隐藏的或者被忽略的部分——无意识——也关注它自己的利益。有意识的头脑可能受环境迫使而改革、改变自己，至少是外在的。但是无意识，它被深深地扎根于过去，它是保守的、谨慎的，觉知到更深刻的问题和更深远的结果；因此在头脑这两部分之间有着冲突。这种冲突确实会产生某种变化，一种我们大部分人所关心的变相的延续；但是真正的革命是外在于意识的这种二元范畴的。

"梦是从哪里进入的呢？"

在我们进入一个特殊的部分前必须领悟意识的全部。有意识的头脑在它清醒的时候被日常的事物和压力塞满，没有时间或机会倾听它自己更深的部分；因此，当有意识的头脑"去睡觉"时，也就是它相当安静、不太担忧时，无意识才会交流，这种交流以符号、影像、情景的形式进行。清醒的时候你说，"我做了一个梦"，你试图搜寻它的意义；但是任何翻译都是带有偏见的、受到制约的。

"不是有人被培训去释梦吗？"

可能有；但是如果你找另一个人来解释你的梦，你就有更进一步依赖权威的问题，那会滋生许多冲突和悲哀。

"那样的话，我怎样为我自己解释它们呢？"

那是一个正确的问题吗？不切要害的问题只会产生无关紧要的答案。这不是一个怎样释梦的问题，而是梦是否有必要的问题。

"那么我怎样结束我的这些梦呢？"他坚持问。

梦是头脑的一部分和另一部分交流的装置。不是这样的吗？

"是的，那是很显然的，现在我更了解意识的本性了。"

这种交流不是所有的时间都一直持续着吗？清醒的时候也是如此吗？当你上公共汽车时、当你和你的家庭在一起时、当你和你的老板在办公室谈话时、或者和你的仆人在家里谈话时，你不能意识到你自己的反应吗？只是意识到所有这些——意识到树木和鸟、云朵和孩子、你自己的习惯、反应和传统——没有任何判断或比较地观察它；如果你能这么觉知，不断地观察、倾听，你就会发现你根本不再做梦。然后你的整个头脑就是极其活跃的；一切都具有意义和重要性。对于这样的头脑，梦是没有必要的。然后你会发现在睡眠中不仅是全然的休息和恢复，而且是头脑无法触及的状态。那不是什么被记住或者返回的事物，它是完全不可思议的，一种无法构想的全然的更新。

"我能整天这样觉知吗？"他急切地问。"但是我必须，我要这样做，因为我确实实地看到了必要性。先生，我学到了很多，我希望我能再来。"


## 认真意味着什么？


一位老人坐在牛车上，手里拿着一根细长的棍子。他瘦得骨头都显露出来了，和蔼的脸上布满了皱纹，皮肤颜色非常黑，那是晒了许多太阳的结果。牛车上载满了木柴，他正在鞭打那些牛；你可以听到他的棍子打在它们背上的声音。他们从乡村到城市去，那是漫长的一天。赶车人和牲口都已经筋疲力尽了，但他们仍然有一段路要走。牛的嘴里冒着泡沫，老人好像要跌下来；但是那个瘦长年迈的身体里还有毅力，牛仍然会继续走下去。当你走到牛车边，老人接触到你的目光就微笑起来，不再鞭打那些牛。它们是他的牛，他已经驱赶它们很多年了；它们知道他爱它们，鞭打只是暂时的事。他现在正在抚摸它们，它们继续悠闲地走着。老人的眼中诉说着无限的耐心，他的嘴表达着疲倦和无尽的辛苦。他的柴火不会挣更多的钱，但已经足以过日子。他们会在路边休息过夜，清晨开始赶回家去。牛车将是空的，因此回程会轻松一些。我们一起沿着大路走了一段，那些牛好像并不在意一个走在它们身边的陌生人抚摸它们。天开始黑了，很快赶车人停下来，点了一盏灯，把它挂在他的牛车下，继续向喧闹的城镇进发。

第二天早上太阳从浓密的黑云后升起来。这个大岛上经常下雨，土地上长满了绿色的植物。到处都是大片的树木，被精心照料的花园中开满了花。人们吃得饱饱的，牛群丰满，目光温和。在一棵树上有几十只长着黑色翅膀、黄色身体的黄鹂；它们出奇的大，但它们的叫声很温柔。它们从一根树杈跳到另一根树杈，就像金色的光在闪烁，在多云的日子里显得更加灿烂。一只喜鹊正在用低沉的声调呼唤，乌鸦发出它们通常的沙哑的噪音。天还比较凉爽，散步将是很愉快的。寺庙中挤满了跪地祈祷的人们，四周的地都非常干净。寺庙后面是运动俱乐部，人们正在那里打网球。到处都是孩子们，剃光头的和尚和照例必定有的信徒走在他们中间。大街被点缀起来，因为第二天将举行一个宗教仪式，那时正是满月的时候。棕榈树上可以看到灰蓝色伸展的天空，云层正涌起要遮住它。在人群中、沿着喧闹的街道、在富裕人家的花园里都可以找到值得欣赏的美；它永久地在那里，但是没有什么人在意去看。

他们一男一女两个人从远处赶来参加演讲。他们有可能是丈夫和妻子、姐妹和兄弟，也可能只是朋友。他们快乐友好，眼睛中显现着在他们背后积淀的古典文化。他们嗓音悦耳，出于尊敬而相当害羞，出人意料地阅读广泛，他懂得梵文，也游历了不少，了解世界的情形。

"我们两个人一起经历了许多事情，"他开口说，"我们追随某些政治领导，成为共产主义者的随行者，了解他们骇人听闻的残忍方式的一手材料，拜访精神导师，实践一定形式的禅修。我们认为我们是认真的人，但是也许我们在欺骗自己。所有这些事情都是出于认真的意图来做的，可没有哪件事是有深度的，虽然在当时我们都认为它们意义深刻。我们俩本性活跃，不是空想的一类人，但是现在我们不再想'取得什么成就'，或者参与那些没有什么意义的实践和有组织的活动。因为发现这样的活动只是奉承和自我欺骗，我们现在想来了解你所教导的。我父亲在一定程度上熟悉您的生活见解，他以前经常和我谈到过，但我自己从来也没有抽出时间去研究过，也许因为我是'被教导'的，那是一个人年轻时通常的反应。恰好我们的一位朋友去年参加了您的演讲，他给我们叙述了一些他听到的东西，于是我们就决定来这里。我不知道从哪儿开始，也许您可以帮助我们。"

尽管他的同伴一言不发，但她的眼睛和举止都表明她全副心神都贯注在交谈中。

既然你说你们两个人都很认真，那就让我们从这里开始吧。我想知道我们所说的认真是什么意思。大部分人对这件事或那件事认真，政治家对他的阴谋和得到权力很认真；学生想通过考试；有的人想挣钱；专业人员、献身于某种意识形态或者陷入信仰之网的人——他们全都以各自的方式认真。神经官能症患者是认真的，出家人也是。那么认真意味着什么？请别以为我是在诡辩，但是如果我们了解这件事，我们可以更加了解自己；这毕竟是一个正确的开始。

"我认真地想澄清我自己的困惑，"他的同伴说，"因为这个原因我到处寻找那些能够指导我达到清净的人，寻找他们的帮助。我试图在善行中忘记自己，给别人带去欢乐，在那样的努力中我一直是认真的。我想找到上帝也是认真的。"

大部分人都对某种事认真。不管是主动地还是被动地，他们的认真总有一个宗教的或者其他方面的目的，他们的认真是依赖于达到这个目的的希望。如果由于某种原因，得到作为回报的目的的希望破灭了，他们还会继续认真吗？一个人认真去达成、得到、成功、成为；是那个结果、那个想得到或者想避免的事物使人认真。因此结果是重要的，而不是了解什么是认真。我们关心的不是爱，而是爱有什么作用。行动、结果、达成是最重要的，而不是爱本身，爱有它自己的行动。

"我不太明白，除非一个人对某个事物认真，不然怎么会有认真呢？"他回答。

"我想我明白你的意思，"他的同伴说。"我想找到上帝，对我来说找到他是很重要的，不然生活就没有意义；生活只是令人困惑的噪音，充满了不幸。我只有通过上帝才能了解生活，他是所有事物的终点和起点；只有他能够在矛盾的挣扎中引导我，因此我很认真地要找到他。但是您在问，这到底是不是认真？"

是的。了解生活以及它的全部复杂性是一回事，但是寻找上帝是另一回事。当你说上帝——终极的结果——会给生活带来意义时，你就形成了两种对立的状态：生活和上帝。不是吗？你努力找到某个脱离生活的事物。你对达成一个目标、一个结果是认真的，它被你称之为上帝；这是认真吗？也许不存在先找到上帝再生活这样一回事；也许就在了解这个被称作生活的复杂过程中会找到上帝。

我们试图了解我们所说的认真是什么意思。你对程式、自我投射、信仰认真，但它们和真实毫无关系。你对头脑里的事物认真，而并不对头脑本身认真，它才是这些事物的制造者。认真地去达成一个特殊的结果，你不是正在追求你自己的回报吗？那就是每个人认真的原因：得到他想要的。而这就是我们所谓的认真吗？

"我以前从来没有以这样的方式看待这个问题，"她感叹说，"显然我根本不是真正认真的。"

让我们不要跳到结论。我们正在试图了解认真是什么意思。一个人可以明白，以任何形式追求满足都不是真正的认真，不管那形式是崇高的还是愚蠢的。饮酒逃避悲哀的人、追逐权力的人和寻找上帝的人都在同样的道路上，尽管他们的追求有不同的社会意义。这样的人是认真的吗？

"如果不是，我恐怕我们没有谁是认真的，"他回答，"我总是想当然地认为我在采取不同行动时是认真的，但我现在开始明白有一种完全不同的认真。我想我不能把它诉诸语言，但我开始感觉到它。您能继续吗？"

"我有点儿糊涂了，"他的同伴插话说，"我认为我了解了，但是又抓不住它。"

当我们认真时，我们是对某个事物认真，不是吗？

"是的。"

现在，有没有和结果无关、不产生抵制的认真呢？

"我不太明白。"

"这个问题本身是相当简单的，"他解释说，"想得到什么，我们开始得到它，在这种努力中我们认为我们自己是认真的。现在，他问，那是真的认真吗？还是说认真是达成结果和抵制都不存在的头脑状态？"

"让我看看我是否明白了这一点，"她回答，"只要我试图得到或者避免什么东西，我就是在关心我自己。追求结果实际上是自我利益；它是一种沉溺、炫耀或者提升的形式，先生，您是说沉溺不是认真。是的，这对我来说是相当清楚的。但是那样的话什么是认真呢？"

让我们一起来探究学习。你并不是在被我教导。被教导和自由地去学是两件完全不同的事情，不是吗？

"请慢一点儿。我不是非常聪明，但我会锲而不舍地去理解它。我也有点儿固执——一种冷静的美德，但也可能是一个麻烦。我希望你对我耐心点儿。被教和自由地学习有什么不同呢？"

在被教导中，总是有"知道"的老师和古鲁，以及"不知道"的门徒；这样的划分在他们之间是永远固定的。这本质上是一种权威的等级观念，其中爱是不存在的。尽管老师可能谈论爱，门徒宣称他的奉献，但他们的关系是非精神化的、极不道德的，会导致巨大的困惑和伤害。这是清楚的，不是吗？

"非常清楚，"他插话说，"你一笔勾销了整个宗教权威体系；但是我明白您是对的。"

"但是一个人需要指导，谁来扮演指导者呢？"他的同伴问。

如果我们不断地学习，不是向某个特殊的人学习，而是向我们所遭遇的一切事物学习，那我们还需要指导吗？毫无疑问，只有当我们需要安全、可靠、舒适时我们才寻找指导。如果我们自由地学习，我们就能从落叶、从各种关系、从意识到我们自己头脑的活动中学习。但是我们大部分人都不是自由地学习，因为我们习惯于被教导；我们被书本、父母和社会告知思考什么，就像一个留声机，我们重复着唱片上的内容。

"唱片通常被刮抹得很厉害，"他补充说，"我们播放得太多。我们的思考完全是二手的。"

被教导使得一个人平庸而具有重复倾向。被指导的需求，以及对权威、服从、恐惧、缺乏爱等等的暗示，只会导致黑暗。自由地学习是另一回事。如果已经有结论、假设，如果一个人的视野是基于作为知识的经验，或者头脑陷于传统、局限于信仰，或者有安全的欲望、达成一个特殊结果的欲望，就不可能有自由。

"但是要摆脱所有这些是不可能的！"她突然说。

你不知道可能不可能，除非你已经试过。

"不管一个人喜欢不喜欢，"她坚持说，"人的头脑是被教导出来的；如果就像您说的，被教导的头脑不可能学习，那一个人能做什么呢？"

头脑可以觉知到它自己的束缚，在觉知中它就在学习。但是首先，盲目局限于被教导的内容的头脑是没有能力学习的，这一点是清楚的吗？

"换句话说，你是说只要我遵循传统，我就不可能学习新的东西。是的，那是够清楚的。但是我怎样摆脱传统呢？"

请别这么快。头脑的积累物阻碍自由的学习。要学习，必须没有知识的积累，没有过去经验的堆积。你自己看清这个真理了吗？它对你来说是事实，还是只是我说的话，你只是赞同或反对？

"我想我明白这是事实，"他插话说，"当然，您并不是说我们必须扔掉科学所积累的知识，那是愚蠢的。关键是，如果我们想学习，我们不能假设什么。"

学习是一种运动，但不是从一点到另一点的运动，如果头脑负担着过去的积累，包括结论、传统、信仰，这样的运动是不可能的。尽管这种积累可能被称为自性、灵魂、更高的自我等等，但它实际上是"我"、自我、自己。自我和对自我的维持阻碍学习的运动。

"我开始明白学习的运动是什么意思了，"她慢慢地说，"只要我被封闭在我自己对安全、舒适、和平的欲望中，就没有学习的运动。那么我怎样摆脱这种欲望呢？"

那难道不是一个错误的问题吗？没有方式可以获得自由。能够学习的迫切需求和重要性就会使头脑摆脱语言和记忆拼凑起来的结论、自我。对一种方法的实践、这个"怎样"及其戒律是另一种形式的积累；它永远不可能解放头脑，只会使它在不同的模式中运转。

"我好像明白了所有这些，"他说，"但是包含了这么多东西，我不知道我是否真的弄清了真相。"

没有那么糟糕。了解了一两个核心事实，整幅图画就会变得清晰。被教导的头脑，或者想要得到指导的欲望都不可能学习。我们现在都相当清楚地明白了这一点，因此让我们回到认真的问题，我们是从那儿开始的。

我们明白如果头脑要得到或者避免某个结果，它就不是认真的。那么什么是认真呢？要发现它，一个人必须觉知到，头脑是向内或者向外满足自己、获取或者成为什么。这种让头脑自由学习的觉知就是认真；学习没有结果。对学习的头脑来说，天堂是敞开的。

"我在这次简短的谈话中学到了非常多，"他的同伴说，"但是没有您的帮助我能够进一步学习吗？"

你知道你正在阻碍自己吗？可以这样说，你正在贪求更多，这种贪婪正阻碍学习的运动。你觉知到你所感所说的重要性了吗？它会打开通向那种运动的大门。没有"更进一步"的学习，只是学习你所遭遇的。比较只有在积累存在时才会产生。让你所学的一切死去就是学习。这种死去不是最后的行动：它是片刻接着片刻的死去。

"我知道了，也理解了，善会从中绽放出来。"

## 有什么永恒之物吗？

座落在山上的房子俯视着主路，大路后面是暗灰色的大海，它好像从来都没有生命。不像世界其他地区的大海——蓝色、浩瀚、没有休止——它不是棕色就是灰色，地平线好像离得特别近。大海在那儿让人很高兴，因为太阳落山时总有凉爽的微风从海上吹来。偶尔没有一丝微风，天气就变得令人窒息般的闷热；路上散发出柏油的气味，以及川流不息的汽车排出的废气。

房子下有一个小花园和许多花，那是过路人的乐趣。黄色的花从悬挂的灌木上落到路边，偶尔有一个行人会弯腰捡起一朵落花。孩子们和他们的保姆经过，但他们大部分都不被允许捡拾落花；大路是脏的，他们不应该接触脏东西！

不远处的池塘边有一座寺庙，环绕着池塘有一些长椅。人们总是坐在这些长椅上，砖石台阶一直通向水中。从池塘边开阔的空间走上四五步就进了寺庙。寺庙、台阶和空地都非常干净，人们到那里之前会先脱去鞋子。每个崇拜者都摇动悬挂在屋檐下的铃，把鲜花放置在靠近偶像的地方，合掌祈祷，然后离开。那里相当安静，尽管你可以看到车来人往，但噪音不会传得那么远。

每晚太阳落山之后，一个年轻人会来这儿，坐在神殿入口处。他刚刚沐浴，穿着干净的衣服，看上去受过良好的教育，可能是个办公室职员之类的。他盘腿坐在那儿一两个小时，背部挺直，眼睛闭着；右手在新洗的衣服下拿着一串珠子，那衣服仍然有些潮湿。他被遮盖的手指从一个珠子移到另一个，嘴唇里伴随着每一次祈祷念念有词。除此之外，他一动不动地坐在那儿，毫不理会世界发生的事，直到天黑下来。

寺庙入口处总有一两个小贩在卖花生、花和椰子。一天晚上三个年轻人坐在那里，他们全都不到二十岁。突然他们中的一个站起来开始舞蹈，另一个在一个罐子上敲击着节奏。他只穿了一件汗衫和一根缠腰带，在故意炫耀。他舞蹈动作特别敏捷，轻松优雅地扭动着大腿和手臂。他肯定不只观察过印度舞蹈，也看过附近的时尚俱乐部里表演的舞蹈。现在有不少人聚集起来，他们在鼓励他；但他不需要鼓励，舞蹈变得更加粗犷了。这段时间那个祈祷者坐在那里，他的身体笔直，只有嘴唇和手指在移动。寺庙的池塘倒映着满天的星光。

　　我们在一个可以俯视喧闹街道的小空屋里。地上有一块席子，我们全都围坐在上面。透过敞开的窗子可以看见一棵棕榈树上搭着一只风筝，它眼睛凶猛，嘴尖锐突出。来的那群人有三男两女。女性坐在一边，正对着男性，一言不发；但她们专心地在听，眼睛中经常闪现出理解的光，轻浅的微笑浮现在她们嘴角。他们全都很年轻，都读过大学，现在每个人都有工作和职业。他们全都是好朋友，用亲近的名字称呼彼此，他们显然在一起讨论了许多事。其中一个具有艺术家的感觉，他先开了口。

　　他说："我总是认为，没有几个艺术家是真正有创造性的。他们中的一些人知道怎样摆弄色彩和画笔；他们学习设计，成为细节的大师；熟悉解剖学，在画布上具有惊人的才能。具备了才能和技巧，被深刻的创造性的冲动打动，他们开始绘画。很快他们知名了，为人接受，然后他们发生了一些变化——可能是金钱和奉承的结果。创造性的观念消失了，但他们仍然具有高超的技术，他们的余生都在卖弄它。一会儿是纯粹的抽象画，一会儿是奸诈的妇人，一会儿是用几条线、空间和点表现的战争场面。那段时间过去了，一个新的阶段又开始了：他们成为雕刻家、陶艺家、教堂修建者，等等。但是内在的光辉消失了，他们只知道外在的魅力。我不是一个艺术家，我甚至不知道如何抓住画笔；但是我有一种感觉，我们全都失去了具有重要意义的东西。"

　　"我是一个律师，"另一个人说，"但是法律实务对我来说只是一种谋生方式。我了解腐败，一个人要做那么多肮脏的事才能度日，要不是因为家庭的责任和自己的恐惧——那是比责任更大的负担，我明天就会放弃它。从童年时代起我就被宗教吸引了；我几乎成了一个出家人，即使现在我也每天早晨禅修。我确实认为世俗对我们的影响太大了。我既不是愉快的，也不是不愉快的；我只是活着。尽管如此，内心中渴望着比这个卑劣的存在更伟大的东西。不管它是什么，我感觉它在那里，但我的意志好像太薄弱，无法打破我生活的平庸。我试过离家出走，但因为家庭和所有其他的事不得不回来。我的内心被撕扯成两个方向。我可以让自己消失在某个教堂或寺庙的教条和仪式中，以此逃避这种冲突，但所有这些都显得愚蠢而幼稚。仅仅是社会责任和它不道德的道德对我来说毫无意义；但是在法律实务中我受到尊敬，我可以在那种职业中发展——比起寺庙或教堂那可能是更大的逃避。我读书、学习共产主义的空话，它的沙文主义的胡说八道是非常可怕的事。我走到任何地方——家里、法庭、独自散步的途中——这种内在的苦恼伴随着我，就像无法治疗的疾病一样。我和我的朋友们来这儿，不是想找到一种治疗法，因为我已经读过你对那些事的看法，但如果可以，我想了解这种内在的狂热。"

"我是个孩子的时候，总是想成为一个医生，"第三个人说，"现在我是一个医生了。我能挣不少钱，也确实挣了不少；我可能可以挣得更多，但是有什么用呢？我尽量对我的病人尽心尽力，但你知道那是怎么样的。我给富有的人治病，也有身无分文的病人，他们是那么多，即使我一天应付一千个，还会有更多的。我不可能把我所有的时间都给他们，因此我早上给富人看病，下午给穷人看，有时忙到晚上；有这么多工作，一个人就开始变得冷漠无情。我尽量对穷人和富人一视同仁，但我发现我正变得越来越缺少同情心，正在失去对医疗实践者来说至关重要的敏感。我使用所有正确的用词，发展了良好的'床边行为'，但内心之中我正在枯竭。病人可能不知道这一点，但我知道得太清楚了。我曾经热爱我的病人，尤其是那些可怜的穷人；尽管他们肮脏有病，我仍然真心地同情他们。但是几年之后我慢慢失去了所有这些感觉；我的内心在干枯，我的同情心在枯萎。我离开了一段时间，希望一种完全的改变和休息会重新点燃火焰；但没有用。火焰就是不在了，我只有记忆的死灰。我照顾我的病人，但我的心缺乏爱。告诉你这些对我很有益，但这只是减轻痛苦，并不是我真正追求的。我真正追求的是可以被找到的吗？"

我们都沉默了。风筝已经飞走了，一只大乌鸦占据了棕榈树上的位置。它有力的黑嘴在阳光中闪闪发光。

所有这些问题不是相互关联的吗？一个人不能信赖相似性；但这三个问题本质上不是一致的吗？

"我想起来了，"律师回答说，"就好像我的两个朋友和我在同一条船上。我们都在寻找同样的东西。我们可能把它叫做不同的名字——爱、创造性、比俗套的存在更伟大的东西——但它实际上是同一个东西。"

"是吗？"艺术家问。"有些时刻我感到令人惊叹的美和生命的博大；但是那种时刻很快就过去了，只留下了空。这个空有它自己的活力，但是和另一个不一样。另一个超越时间的测量，超越所有语言和思想。当另一个形成时，一个人好像没有存在过；所有生命的渺小、日常生活的折磨都消失了，只有那种状态存在。我了解那种状态，我必须想办法让它复活。我不关心别的事。"

"你这个艺术家，"医生说，"你认为你和我们剩下的人是有区别的。你在其他人之上；你拥有特殊的天赋和特权；你应该看到更多、感觉更多、活得更有深度。但是我想你和工程师、律师、医生不会有很大的差别，他们可能生活得也很有深度。我以前为我的病人难过；我爱他们，我知道他们在经历他们的恐惧、他们的希望和失望。我感受它们的强度也许和你感受一片云、一朵花、被风催发的叶子、或者人类的脸一样强烈。你感情的强度和我的没有差别，和我们这些朋友的没有差别。重要的是这种感觉的强度，而不是**因为什么**感觉强烈。艺术家喜欢认为他特殊的表达方式高级得多，更接近天堂，我知道当世界发出'艺术家'这个词时，全世界都会屏住呼吸；但是你像我们其他人一样是人，我们的强度是敏锐、生动、活跃的，就像你的一样。我并不是在轻视艺术家，也不嫉妒他；我只是说感情的强度是重要的。当然，它可能是错误导向的，那结果就是混乱，自己和他人受到伤害，尤其是当这个人处于权力位置的时候。关键是，你和我追求同样的东西——你想再次抓住你所说的美和生命的博大，我想再能够去爱。"

"我也在寻找它，想打破我平庸的生活，"律师补充说，"我感受的这种痛苦和你的类似，我可能无法用语言或者绘画来表达，但它就像你看到的花朵的颜色一样强烈。我也渴望比所有这些伟大的事物，渴望会带来和平和满足的事物。"

"好吧，我投降；你们俩都是对的。"艺术家承认。"空虚比任何理由都要强烈。我们各自特殊的方式都是徒劳的，要承认这一点是多么令人心痛！当然我们在同一条船上，就像你们说的。我们全都希望超越我们渺小的自我，但这种渺小在我们身上蔓延，淹没了我们。"

那么我们想要讨论的是什么问题呢？我们所有人都清楚了吗？

"我想是的。"医生回答。"我想这样来说，有没有爱和创造的永恒状态，能不能永久地结束悲哀？我们全都同意这样陈述问题，不是吗？"

其他人都点头赞同。

"有没有一种爱或者创造性的和平的状态，"医生继续说，"一旦得到，就永远不会退化，永远不会失去？"

"是的，就是这个问题，"艺术家同意，"这个特殊的兴奋点不期而至，就像芳香一样又消失了。这种强度可以保持下去吗？而没有对枯燥空虚的反应。有没有一种不屈服于时间和情绪的灵感状态？"

你问得非常多，不是吗？如果有必要，我们可以以后考虑那种状态是什么。但是首先，有什么永恒的东西吗？

"肯定有，"律师说，"要是发现没有什么永恒的东西，那是非常沉闷而可怕的。"

我们可能发现有比永恒更有意义的东西。但是在我们进入这个问题之前，我们是否明白，不能有结论、不能有忧虑和希望，它们会投射出思想的模式？要清楚地思考，一个人就绝不能从假定、信仰或者内在的需求开始，不是吗？

"我恐怕这将是极其困难的，"艺术家回答，"我对我所经历的状态有那么清晰确定的记忆，它几乎不可能被抛到一边。"

"先生，您说的完全正确，"医生说，"如果我要发现一个新的事实，或者洞察真实，我的头脑不能乱糟糟地塞满过去。我明白头脑是多么有必要把所有的已知或者经验推到一边；但是考虑到头脑的本性，这是可能的吗？"

"如果一定不能有内在的需求，"律师自言自语地说，"那我不一定想打破我目前的渺小状况，或者思考另一种状态——那只可能是过去的延续、已知的投射。但是这难道不是几乎不可能的吗？"

我不这样认为。如果我想了解你，毫无疑问我就不能对你有偏见或者结论。

"是这样的。"

如果对我来说最重要的事是了解你，那么这种迫切感就会制服所有我对你的偏见和观念，不是吗？

"除非给病人做过检查，不然当然没有诊断。"医生说。"但是这样的方式在人类充满了自我利益的经验领域也是可行的吗？"

如果强烈想要了解事实、真理，那么任何事都是可能的；如果这种强烈性不在，任何事都可能成为障碍。那是相当清楚的，不是吗？

"是的，至少语言上是。"艺术家回答。"也许我们讨论时我会感受得更深一些。"

我们正试图发现是否有、或者没有一个永恒的状态——不是我们想要的状态，而是实际的事实、事物的真理。任何与我们有关的内在和外在事物——我们的关系、思想、感情——都是非永恒的，都处在不断变化的状态。觉知到这一点，头脑渴望永恒，一种永久和平、爱、善的状态，一种时间和事件都不能破坏的安全；因此它创造出精神、宇宙灵魂，以及永恒天堂的想像。但是这种永恒从非永恒中产生出来，因此它内在蕴含着非永恒的种子。只有一个事实：非永恒。

"我们知道身体的细胞处于不断的变化之中，"医生说，"身体本身是非永恒的；有机体会消耗。然而，一个人感到有一种不被时间触及的状态，他所追求的就是那种状态。"

我们不要推测，而要坚持事实。思想觉知到它自身非永恒的本性；头脑的产物是转瞬即逝的，不管一个人怎样宣称它们不是。头脑自身是时间的结果；它通过时间被拼凑到一起，透过时间它也可以被分裂。它受到限制而认为有永恒，它也可以受到限制而认为没有什么持久的。制约本身是非永恒的，每天都可以观察得到。事实是只有非永恒。但是头脑渴望各种关系的永恒，它希望通过子孙延续家庭的姓氏，等等。它不能容忍它自身状态的不确定，因此它进一步创造确定。

"我觉知到这个事实。"医生说。"我曾知道爱我的病人意味着什么，而爱存在时我并不关心永恒或不永恒；但是现在它消失了，我才想让它变成持久的。对永恒的欲望只有在一个人经历了非永恒时才会产生。"

"但是没有什么持续的可能被称之为创作灵感的状态吗？"艺术家问。

也许我们很快就会了解这一点。让我们先看清头脑本身属于时间，头脑所拼凑的都是非永恒的。它可能在它的非永恒中，片刻体会到它现在称之为永恒的事物；一旦体验了那种状态，头脑就记住了，并且想得到更多。因此，记忆从已知拼凑并反射出所谓永恒的事物；但是这种反射仍然陷于头脑的范围，这是一个短暂的范围。

"我认识到所有从头脑中产生的都必定处于不断的变化之中，"医生说，"但是爱存在的时候，它就不是头脑的产物。"

但是现在它已经通过记忆变成头脑的产物了，不是吗？头脑现在想让它复活；所有复活的都是非永恒的。

"那是完全正确的，先生，"律师插话说，"我非常清楚地明白了。我的痛苦是记忆的痛苦，记忆中的事物不是它应该的样子，从而渴望应该的事物。我从来没有生活在现在，不是在过去就是在将来。我的头脑总是受时间限制的。"

"我想我明白了，"艺术家说，"头脑连同它的狡诈、阴谋、空虚和嫉妒，是一个自我矛盾的漩涡。偶尔它抓住了超越自身噪音的蛛丝马迹，它所抓住的就变成了记忆。我们生活在记忆的死灰中，珍藏已经死去的东西。我一直是这样做的，真是愚蠢！"

现在，头脑可以让它所有的记忆、经验和所有已知的事物死去吗？没有找到永恒，它可以让非永恒死去吗？

"我必须了解这一点，"医生说，"我已经知道爱——你会原谅我用那个词——我不能再'知道'它，因为我的头脑已经陷在过去的记忆中。正是这个记忆想制造永恒和它已知的记忆；记忆和它所有的关联除了死灰一无所是。从死灰中不会产生新的火焰。然后怎么样呢？让我们继续吧。我的头脑生活在记忆中，头脑本身就是记忆，过去的记忆；过去的记忆希望制造永恒。因此没有爱，只有记忆的爱。但是我想要真实的爱，而不只是爱的记忆。"

想要真实之物仍然是记忆的要求，不是吗？

"你是说我不应该想得到它？"

"对，"艺术家回答，"想得到它仍然是来自记忆的渴望。如果真实之物存在，你不会想要抓住它；它就在那里，像花一样。但是当它消失了，对它的渴望就开始了。要得到它就是要得到记忆的灰烬。我一直渴望的终极的片刻不是真实的。我的渴望来自对曾经发生过的事物的记忆，因此我退回到记忆的雾霭中，它现在在我看来是黑暗。"

渴望就是记忆；没有已知就没有渴望，已知是过去的记忆，正是这种渴望维持"我"、自己、自我。现在，头脑可以让已知死去吗？——已知正在要求永恒。这是真正的问题，不是吗？

"让已知死去是指什么？"医生问。

让已知死去就是没有昨天的延续。有延续的只是记忆。没有延续的就既不是永恒，也不是非永恒。只有对短暂心存恐惧才会形成永恒或者延续。延续的意识有可能结束吗？有可能让成为的全部感觉死去，而在这个死去的行动中不再重新积累吗？只有当关于已然是和应该是的记忆存在时，才会有成为的感觉，然后现在就被当作两者之间的通道。让已知死去就是头脑的完全静止。处于欲望压力之下的思想永远不可能是静止的。

"在您谈到死去之前我都明白了，"律师说，"现在我糊涂了。"

只有有结局的才能意识到新的，才能意识到爱，或者至上。所有延续、永恒只是过去事物的记忆。头脑必须让过去死去，尽管头脑是由过去拼凑的。头脑的全部必须是完全安静的，没有任何压力、影响或者来自过去的运动。只有那时才有其他的可能。

"我必须好好思考一下，"医生说，"它会成为真正的禅修。"


## 为什么要迫切地占有？


下了好几天雨了，天好像仍然没有要放晴的样子。山丘和山峰笼罩在乌云之下，湖对岸绿色的堤岸隐藏在浓雾之中。到处都是小水坑，雨水透过汽车半开的窗子飘进来。大路把湖留在身后，蜿蜒地上了山，经过一些小镇和村落，然后爬到山侧。现在雨停了，我们上得更高时，积雪覆盖的山峰开始显露出来，在晨光中熠熠生辉。

很快汽车停了，你沿着人行道离开了主路，置身树林之中，进入了开阔的草地。空气是静止而凉爽的，令人惊讶地安静；那里没有通常戴着铃铛的牛。在那条路上，你没有碰到其他人，但是在潮湿的泥土上有沉重的鞋子留下的几排钉子的印迹。小径不太湿漉，但松树在雨中是凝重的。走到悬崖边，你可以看到下面一条小溪从远处的冰河流过来。几条瀑布汇入其中，但它们的噪音不会传得那么远，河流是完全安静的。

你也忍不住安静下来。它不是被强制的安静；你自然而轻松地安静下来。你的头脑不再继续它无尽的漫游。它外在的运动停息了，踏上了内在的旅程，那是通向伟大的高度和惊人深度的旅程。但是很快即使是这个旅程也停止了，头脑既没有外在的运动，也没有内在的运动。它是完全静止的，但是也有运动——一种和头脑出发与返回全然无关的运动，一种没有原因、没有结果、没有中心的运动。它是一种头脑之中、穿透头脑、又超越头脑的运动。头脑可以理解所有它自己的活动，不管是多么复杂而细微的，但它无法理解别的运动，那种不是从它自身产生的运动。

因此头脑是静止的。它不是**被迫使**静止的；它的静止既不是被安排的，也不是任何要静止的欲望引起的。它只是静止着，因为它是静止的，因此存在无时间的运动。头脑永远不可能抓住它，把它纳入自己的记忆中；如果它能这样做就会这样做的，但是这种运动没有熟悉感。头脑不知道它，因为它永远不曾知道；因此头脑是安静的，这种无时间的运动超越回忆地继续下去。

现在太阳在远处山峰之后，山峰又被云遮住了。

"这次谈话我已经盼望了许多天，现在我在这里，却不知道从哪儿开始。"

他是个年轻人，瘦高的个子，举止有礼。他说他读过大学，但读得不太好，只是勉强通过，感谢他父亲的幕后操纵，他才得到一个好工作。他的工作很有前途，像每个工作一样，只要你努力干就行，但他不是很热心；他会继干待下去，不过也就是这样。不管怎样，在这个混乱的世界上好像也没有太大的关系。他结婚了，有一个小儿子——非常好的孩子。考虑到父母的平庸，这个孩子是令人惊讶地聪明，他补充说。但是当孩子长大了，他也可能变得像世界上其他人一样，追逐成功和权力，如果到那时候还有一个世界的话。

"就像您看到的，我可以很轻松地谈论一些事，但是我真正想谈的看上去非常复杂而困难。我以前从未对任何人谈过，即使对我妻子也没说过，我猜想这就使现在更难讨论；但是如果你有耐心，我会想出来的。"

他停顿了一会儿，然后继续下去。

"我是唯一的儿子，是相当被纵容的。尽管我喜爱文学，想要写作，但是我既没有天赋，也没有动力坚持下去。我不是完全愚蠢的，可以做成一些事，但是我有一个强烈的问题：我想支配人们，从身体到灵魂。我寻找的不只是拥有，而且是完全的控制。我不能容忍被支配的人有任何自由。我观察过其他人，尽管他们也有占有欲，但都是适度的，没有任何真正的强度。社会以及它对良好行为的观念使他们保持在一定的界限之内。但我没有界限；我只是占有，没有任何限定的形容词。我想没有人知道我经历的苦恼，知道我所蒙受的折磨。那不仅是嫉妒，确切地说是地狱之火。我必须迅速地恢复正常，尽管到目前为止还没有。外表我努力控制自己，我可能看上去够正常的了；但我内心中正在翻腾。请别认为我在夸张；但愿我是夸张的。"

是什么使得我们迫切地想占有，不仅是人，也包括事物和想法？为什么会产生这种拥有的欲望，伴随着奋斗和痛苦？而一旦我们拥有了，它并没有结束问题，只是唤醒了其他事物。请问，你知道你为什么想占有，占有意味着什么吗？

"占有财产和占有人不同。只要我们现有的政府持续下去，个人财产所有权就会被允许——当然不是太多，但至少有一些地产、一两个房子等等。你可以设法保护你的财产，让它属于你的名下。但是对人就很困难。你不能压制他们，或者把他们锁起来。他们迟早会脱离你的控制，那样折磨就开始了。"

但是为什么会产生占有的迫切要求？我们的占有是指什么？在占有中、在你拥有的感觉中，有骄傲、有权力和威信的确定感，不是吗？在知道有些东西是你的时候有快感，不管那东西可能是一座房子、一件衣服还是一幅稀有的画。占有的能力、天赋、达成的能力，以及由此带来的赞誉——这些也会给你一种重要感、一种可靠的对生活的展望。只要人们留意，占有和被占有经常是一种相互满足的关系。也有在信仰、思想、意识形态方面的占有，不是吗？

"我们涉及的范围太广泛了吧？"

但是占有就是意味着所有这些。你可能想占有人，另一个人想占有一整套思想，另一个人可能满足于占有几亩地；但是不管客体怎么改变，所有的占有本质上都是相同的，每个人都保护他所拥有的——或者在屈于压力而让步的情况下，在另一个层面上占有别的东西。经济革命可能会限制或者废除财产私有，但是要在心理上摆脱对人和观念的所有权完全是另一回事。你可能摆脱了一个特殊的意识形态，但是你很快会发现另一个。你不惜一切代价必须占有。

现在，有没有片刻头脑不占有什么，也不被占有？为什么一个人想占有？

"我猜想是因为在占有中一个人感到强大、安全；当然，就像您说的，在所有权中总是有满足的快感。我想支配别人有几个原因。首先，拥有对别人的权力给我一种重要感。在占有中也有一种幸福感；一个人感到舒服的安全。"

但是它也伴随着冲突和悲哀。你想保持拥有的快乐，避免它的痛苦。能这样做吗？

"可能不行，但是我继续在试。我乘着占有充满激情的波浪，清楚地知道将会发生什么；当下降来临时——它总是那样——我就打起精神，抓住下一个浪头。"

那样你就没有问题，不是吗？

"我想结束这种折磨。真的不可能完全占有、永远占有吗？"

就财产和思想而言好像是不可能的；就人而言不是更是如此吗？财产、意识形态和根深蒂固的传统是静止的、固定的，它们可以通过立法和各种形式的反抗长期地受到保护；但是人不是这样。人是活生生的，像你一样，他们也想支配、占有或者被占有。尽管有道德准则和社会的认可，人们仍然从一种占有模式滑入另一种。任何时候都不存在完全的占有。爱既不是占有，也不是执著。

"那么我该做什么呢？我可以摆脱这种不幸吗？"

你当然可以，但是这完全是另一回事。你觉知到你在占有，但是你是否觉知到头脑既没有占有也没有被占有的片刻？我们占有是因为我们本身一无所是，在占有中我们感觉我们已经成为了什么。当我们把自己称作美国人、德国人、俄国人、印度人或者其他什么，这个标签给我们一种重要感，因此我们用剑和狡猾的头脑保护它。我们只是我们所占有的——标签、银行账户、意识形态、人——这种身份产生敌对和无尽的冲突。

"我对此知道得很清楚；但是您的话拨动了我内心的琴弦。我是否觉知到头脑既没有占有也没有被占有的片刻呢？我想没有。"

头脑可以停止占有、停止被过去和将来占有吗？它可以摆脱经验的影响和对经验的渴望吗？

"那是可能的吗？"

你必须发现；你必须完全觉知到你自己头脑的方式。你知道占有的真相、悲哀和快乐，但你停在那里，想用另一个欲望克服这个欲望。你不知道头脑既不占有也不被占有的片刻，不知道它完全摆脱过去的影响、摆脱成为的欲望的片刻。你自己探究并且发现这种自由的真相就是解放的因素，而不是要自由的意志。

"我有能力进行这么困难的探究和发现吗？在好奇的方面，我行。我在占有的时候一直狡诈而目标明确，以同样的精力我现在可以开始探究头脑的自由。如果可以我想在我试验了之后再回来。"

## 欲望和矛盾的痛苦

两个人正忙着挖掘一个又窄又长的墓穴。那是细腻的、沙质的土壤，没有太多的黏土，因此挖掘很容易。现在他们正在修饰边角，让四周整洁光滑。一些棕榈树叶垂到墓穴之上，它们长着大捆金色的椰子。那两个人只穿着缠腰布，他们裸露的身躯在晨光中闪光。浅色的土地由于最近的雨水仍旧是潮湿的，微风搅动的树叶在早晨清新的空气中闪闪发光。这是可爱的一天，太阳刚刚升到树顶之上，天还不太热。灰蓝色的大海非常平静，白色的海浪懒散地漂移过来。天空中没有一朵云，残月悬挂中天。草非常绿，到处都是鸟，以不同的音高彼此呼唤着。平静笼罩着大地。

两个人在窄沟上放置了两块长木板，又依次系上一根结实的绳子。

他们鲜艳的缠腰布和深色的、阳光晒黑了的身躯给空荡荡的墓穴带来生机；但现在他们离开了，土地在阳光下很快就变干了。这是一个相当大的墓地，没有什么秩序，但照料得很好。成排的刻着名字的白石板被雨水冲刷得褪了颜色。两个花匠整天在那儿工作，浇水、修饰、种植、除草。一个个子很高，另一个又矮又胖。除了头上裹着一块布遮挡烈日，他们也只穿着缠腰布，他们的皮肤几乎是黑色的。雨季里弄脏的缠腰布仍然是他们唯一的衣服，雨水冲刷着他们深色的身体。高个子现在正在给他刚刚种的一棵开花的灌木浇水。他用一个又大又圆、细颈的陶土罐把水浇在叶片和花朵上。陶罐在阳光下闪闪发光，他深色的身躯上的肌肉轻松地移动，他站立的方式优雅高贵。很值得观察。树影在晨光中很长。

注意是一件奇特的事。我们从来只透过语言、解释和偏见的镜头来看；我们从来只通过判断、比较和记忆来听。花朵或者鸟儿的名相是分散注意力的事物。头脑从来不能静止地去看、去听。看的那一刻，头脑就偏离到无休止的漫游中；在倾听的行为中有翻译、回想、享乐，注意被拒绝了。头脑可能被它看到或者倾听的事物所吸引，就像孩子被玩具吸引一样，但这不是注意。专注也不是注意，因为专注是排斥和抵制的方式。只有当头脑不被内在或外在的念头或对象吸引时才有注意。注意是极为有益的。

他中等年纪，近乎谢顶，眼睛清澈、善于观察，脸上刻着忧愁而焦虑的皱纹。他是几个孩子的父亲，他解释说他妻子在生最后一个孩子时死了，现在他们全都和某个亲戚生活在一起。尽管他有工作，但他的薪水非常少，很难维持收支平衡，但不管怎样，他们总算不太紧张地熬过每个月。大儿子已经自谋生路了，二儿子还在大学里。他自己来自一个有着几个世纪严格传统的家庭，这个背景对他现在很有益处。但是对下一代，情况就完全不同了；世界变化迅猛，旧的传统正在崩溃。无论怎样，生活有它自己的方式，发牢骚是没出息的。他并不是来讨论他的家庭或者未来的，而是要讨论他自己。

"从我记事起，我好像就处于一种矛盾的状态。我总是有理想，但总是远远实现不了。从幼年时代我就感到一种力量把我拉向修道院的生活、独处和静修的生活，但我最终有了一个家庭。我曾经认为我会变成一个学者，但实际是我成了一个办公室苦力。我的整个生活变成了一系列恼人的对比，即使现在我仍然处于让我心烦意乱的自相矛盾之中；因为我想让自己平静下来，我好像不能协调这些冲突的欲望。我该做什么呢？"

毫无疑问，对立的冲突之间永远不可能有和谐或融合。你能协调恨和爱吗？野心和和平的欲望可以融合吗？它们难道不总是矛盾的吗？

"但是冲突的欲望不能在控制之下融合吗？这些野马不能被驯服吗？"

你已经试过了，不是吗？

"是的，试了许多年。"

你成功了吗？

"没有，但那是因为我没有恰当地约束欲望，我试得不够努力。错误不在于约束，而在于疏于约束。"

对欲望的约束不正是矛盾的制造者吗？约束就是抵制、压制；抵制或压制不正是冲突的方式吗？当你约束欲望时，谁是那个正在约束的"你"？

"它是更高的自我。"

是吗？或许它仅仅是头脑的一部分试图控制另一部分，一种欲望压制另一种欲望？头脑的一部分受到你称之为"更高自我"的另一部分的压制，只能导致冲突。所有的抵制都产生冲突。不管一种欲望怎样压制或约束另一种欲望，那个更高自我产生的另外一些欲望会很快反抗。欲望会繁殖自身；不只存在一个欲望。你没有注意到吗？

"是的，我注意到约束一个欲望时，另一个欲望就围着它迸发出来。你必须一个接一个地追逐它们。"

因此花上一辈子时间一个接一个地追逐并控制欲望——最终只会发现欲望仍然存在。意志是欲望，它可以专横地控制其他欲望；但由此被征服的必须不断地再征服。意志可以成为习惯；在习惯的凹槽中运行的头脑是机械的、垂死的。

"我不能肯定我明白了您话中的所有细微之处，但我意识到欲望的纠结和矛盾。如果在我内心之中只有一个矛盾，我可以忍受它的冲突，但是存在许多矛盾。我怎样才能平静下来呢？"

了解是一回事，想要平静下来是另一回事。伴随着了解，平静就会来临，但仅仅是想要平静只会加强欲望，那是所有冲突的根源。一个强大的、占主导的欲望永远不会带来平静，只会围绕着自己建起一道监禁的墙。

"那么一个人怎样摆脱自相矛盾的欲望之网呢？"

这个"怎样"是一个发问，还是要求一种方式，以此结束矛盾？

"我想我是在问一种方式。但是不是只有通过耐心而严格地实践一种恰当的方式才能结束冲突吗？"

又是这个问题，任何方式都意味着控制、压制或者净化欲望的努力，在这种努力中，抵制以或细微或野蛮的不同形式建立起来。它就像生活在一个狭窄的通道中，你和广阔的生活隔离了。

"您好像非常反对约束。"

我只是指出，一个受约束、模式化的头脑不是自由的头脑。伴随着对欲望的了解，约束失去了它的意义。对约束的了解比约束要重要得多，约束只是合乎一种模式。

"如果没有约束，头脑怎样摆脱带来所有这些矛盾的欲望呢？"

欲望不会带来矛盾。欲望**就是**矛盾。那就是为什么领悟欲望如此重要。

"您说的领悟欲望是指什么？"

它是觉照欲望，不赋予名相，既不抵制它也不接受它。它只是单纯地觉照欲望，好像你觉知到一个孩子一样。如果你要了解孩子，你必须观察他，如果有任何的指责、判断或者比较，这样的观察就不可能。同样，要领悟欲望，就必须单纯地觉照它。

"然后自我矛盾就停止了吗？"

在这些问题上有可能保证什么吗？这么迫切地要确定、安全——这难道不是欲望的另一种形式吗？

先生，你是否知道没有自相矛盾的片刻？

"也许在睡觉的时候，但其他时候没有。"

睡觉未必是一种平静的状态，一种摆脱了自相矛盾的状态——但那是另一回事。

为什么你从不知道这样的片刻？你没有体会过全然完整的行动吗？——一种包含你的头脑、你的心灵以及你的身体的行动，包含你整个存在整体的行动。

"很不幸，我从不知道这样纯粹的时刻。完全的自我遗忘肯定是一种巨大的幸福，但它从来没有降临到我身上，我想很少有人得到那种方式的赐福。"

先生，当自我不在时，我们难道不知道爱吗？——不是被称为个人的或非个人的爱、世俗或神圣的爱，而是没有任何头脑解释的爱。

"有时候，当我坐在办公室的桌前，一种奇特的'相异感'抓住了我——但那是非常少有的事。如果它能持续不消失就好了。"

我们是多么贪婪啊！我们想抓住不能被抓住的东西；我们想记住那

些不属于记忆的东西。所有这些想要、追求、达到，也就是是什么、成为什么制造了矛盾，建立起自我。自我永远不知道爱；它只知道欲望，以及矛盾和不幸。爱不是可以追求、可以获得的东西；它不是通过实践美德产生的。所有这些追求都是自我的方式、欲望的方式；伴随着欲望总是有矛盾的痛苦。

## "我该做什么？"

吹来的风新鲜而凉爽。它不是环绕着半沙漠地区干燥的空气，而是来自远处的群山。那些山属于世界最高的山脉，西北东西走向的一系列山峰。它们厚重而庄严，清晨，在太阳光顾沉睡的大地之前，看到它们是一种无法言喻的景象。它们高耸的山峰闪耀着精致的玫瑰色的光泽，映衬着淡蓝色的天空格外的清晰。太阳升得更高一些时，平原上就覆盖了长长的阴影。很快这些神秘的山峰消失在云中，但它们隐退之前，它们会把它们的祝福留在山谷里、河流中和市镇上。尽管你再也看不到它们，但你可以感到它们就在那里，寂静无边、超越时间。

一个乞丐唱着歌沿街走来；他眼盲了，一个孩子领着他。人们从旁经过，偶尔有人向他手中的小罐里扔进一两个硬币；但他继续唱他的歌，并不在意硬币的声响。一个仆人从一所大房子里走出来，往罐子里扔了一个硬币，嘴上咕哝着什么，又走回去，关上了身后的大门。鹦鹉们飞出去，开始了白天疯狂而吵嚷的旅程。它们飞到田野和树林间，傍晚又会回到路边的树上；那里更安全，尽管街灯几乎在树叶丛中。其他鸟好像整个白天都留在镇上，一些鸟在一个大草坪上捕捉沉睡的蚯蚓。一个男孩儿经过，吹弄着长笛。他身材消瘦，光着脚；他的步态有点儿虚张声势，两只脚好像并不在意踏在哪里。他**就是**长笛，音乐就在他的眼睛里。走在他身后，你感到他是整个世间第一个吹着长笛的男孩儿。在一定程度上，他确实是，因为他根本不注意疾驰而过的汽车，也不在意角落里睡意沉沉的警察和头上顶着一捆东西的妇女。他对周围的事物浑然不觉，但他的歌继续着。

现在白天开始了。


房间不是很大，来的几个人就把它挤满了。他们各个年龄的都有。有一位老人和他特别小的女儿，一对夫妇，和一个大学生。他们显然彼此各不相识，每个人都急着谈论他自己的问题，又不想阻碍别人。小女孩坐在父亲身边，害羞而且非常安静；她肯定有十岁了，穿着干净的衣服，头发上插着一朵花。我们坐了一会儿，没说一句话。大学生等着年长的人开口，但老人更乐意让其他人先说。最后，年轻人相当紧张地开了头。

"我现在是大学的最后一年，我在读工程学，但不知何故我好像对任何职业都没有什么兴趣。我完全不知道我想做什么。我的父亲是一个律师，他并不在意我做什么，只要我做些**什么**就行。当然，既然我学习工程学，他希望我成为一个工程师；但我对此没有实际的兴趣。我告诉他这个想法，但他说，一旦我开始工作，养家糊口，兴趣就会产生。我的几个朋友学习不同的行业，他们现在都自谋生路了；但他们大部分已经变得麻木而疲倦，再过几年他们会变成什么样子，只有上帝知道。我不想成为那样——如果我成为一个工程师，我肯定会的。那不是因为我害怕考试，我可以很轻松地通过，我不是在吹牛。我只是不想成为一个工程师，好像也没有别的什么能吸引我。我写了一点儿东西，涉足过绘画，但是那些事好像不能支持多久。我父亲只关心让我找到一份工作，他可以给我一个很好的；但是我知道如果我接受了会怎么样。我很想不等毕业考试结束就扔下一切离开大学。"

那是非常愚蠢的，不是吗？你毕竟已经快读完大学了；为什么不读完它呢？那没有什么坏处，不是吗？

"我想没有。但之后我该做什么呢？"

除了通常的职业，你真正想做什么呢？你肯定有某种兴趣，不管它是多么模糊的。在某个深处，你知道那是什么，不是吗？

"您看，我并不想成为富有的人；我没兴趣建立家庭，我不想成为常规的奴隶。我大部分有工作、或者开始工作的朋友都被从早到晚拴在办公室里；他们得到了什么回报呢？一个房子、一个妻子、几个孩子——和无聊。对我来说，这是真正可怕的前景，我不想陷在里面；但我还是不知道该做什么。"

既然你已经考虑了这么多，你为什么不试试找出你真正的兴趣所在呢？你妈妈说什么呢？

"只要我安全，也就是说踏踏实实结婚、被拴住，她并不在意我做什么；因此她支持我父亲。散步的时候我想了很多，我真正想做什么；我也和我的朋友们讨论。但大部分朋友都倾向于某个职业，和他们讨论没有什么帮助。一旦他们陷入了职业，不管那是什么，他们就认为责任、义务等等是真正要做的事。我只是不想陷入同样令人厌恶乏味的工作中，就是这样。但什么是我真正想做的呢？我很想知道。"

你喜欢人吗？

"在一定模糊的程度上。你为什么问这个问题？"

也许你可以做一些社会工作。

"我很好奇您会这样说。我考虑过从事社会工作，有一段时间我和那些为此奉献一生的人打交道。一般来说，他们是严厉的、遭受挫折的一群人，非常关心穷人，积极不断地试图改善社会状况，但内心却不快乐。我认识一位年轻的女性，她愿意不惜一切结婚，过家庭生活，但是她的理想主义毁了她。她陷入了行善的常规中，对她的无聊感到很开心。那是没有光泽、没有内在喜悦的理想主义。"

我猜想通常意义上的宗教对你来说没有什么意义？

"还是孩子的时候我经常和我妈妈去寺庙，接触僧人、祈祷者和仪式，但是我已经有几年没去了。"

那也变成一种常规、一种重复的感觉、一种建立在语言和解释上的生活。宗教要比所有这些多得多。你喜欢冒险吗？

"不是通常意义上的冒险——爬山、极地探险、深海潜游等等。我并不是一个高手，但是对我来说那些事还是不成熟的。"

那政治怎么样呢？

"通常的政治游戏对我没有吸引力。我有一些信仰共产主义的朋友，我读过一些他们的材料，曾经考虑过加入党派；但我不能容忍他们的空话、暴力和苛政。这些才是他们实际上代表的事物，不管他们官方的意识形态是什么样的、他们怎样谈论和平。我很快就经过了那个阶段。"

我们排除了许多可能性，不是吗？如果你不想做那些事，那还剩下什么呢？

"我不知道。我仍然太年轻了，因此无法知道吗？"

那不是一个年龄的问题，不是吗？不满意是存在的一部分，但我们通常找到一个方式来驯服它，不管那是通过职业、婚姻、信仰还是通过理想主义和善行。我们大部分人用这样那样的方法熄灭不满意的火焰，不是吗？成功地熄灭它之后，我们认为我们最终快乐了——我们可能是快乐的，至少在一段时间内。现在，有没有可能不通过某种形式的满意来熄灭不满意的火焰，而是让它持续燃烧？那样的话它是不满意吗？

"您的意思是说我应该保持现在的样子，对我周围和内在的事物不满意，不去寻找某种令人满意的填充物来熄灭这种火焰？那是您的意思吗？"

我们不满意是因为我们认为我们应该满意；我们应该和自己和平相处的想法使不满意变得痛苦不堪。你认为你应该**是**什么人物，不是吗？——一个有责任的人、一个有用的公民等等。伴随着对不满意的了解，你可能成为什么人物，甚至多得多。但是你想做些令人满意的事、一些能填充你的头脑的事，因而结束了这种内在的打搅。不是这样的吗？

"一定程度上是，但我现在明白这样的填充物会导致什么。"

一个塞满的头脑是迟钝的、因循守旧的头脑；本质上，它是平庸的。因为它被建立在习惯、信仰、受人尊敬和有利的常规之上，头脑感到内在和外在的安全；因此它不再受到打搅。是这样的，不是吗？

"总的来说是。但是我该做什么呢？"

如果你更进一步深入到这种不满意的感觉中，你可能会发现解决办法。不要以满意来考虑它。发现它为什么存在，它是否持续燃烧。毕竟，你不是特别在意谋生的问题，不是吗？

"坦率地说我不在意。一个人总是可以这样那样地生活下去。"

因此那根本不是你的问题。但是你不想陷入常规中，不想陷入平庸的轮回中；这难道不是你关心的吗？

"好像是的，先生。"

不想陷入这样的常规需要艰苦地工作、不断地观察，它意味着更进一步的思考不从结论开始；因为从结论开始的思考根本不是思考。正因为头脑从结论开始，从信仰、经验、知识开始，它才会陷入常规中，陷入习惯之网，那样不满意的火焰就熄灭了。

"我明白您是完全正确的，现在我了解我头脑中真正的想法了。我不想像那些人一样过平凡而普通的日子，我这样说没有任何优越感。以各种不同方式的冒险丧失自我也同样是没有意义的；我也不想仅仅满意而已。虽然有点儿模糊，但我开始明白，那是我以前从来不知道的一个方向。你提到的这个新的方向就是你在某一天演讲中提到的一种状态、或者一种运动，那是无时间性的和永恒创造的？"

也许是。宗教不是教堂、寺庙、仪式和信仰的问题；它是时刻发现那种运动，它可能有任何名字，也可能无名。

"我恐怕已经占用了太多时间，"他转向其他人说，"希望你们别介意。"

"正相反，"老人回答，"我因为专心地听了，所以受益良多；我也看到了超越我问题之上的一些事物。安静地倾听他人的问题，我们自己的负担有时也会减轻。"

他安静了一两分钟，好像正在考虑怎样表达他想说的。

"我个人已经到了不再问我要做什么的年龄，"他继续说下去，"相反，我回顾往事，考虑我这一生做过什么。我也读过大学，但是不像我们这位年轻的朋友这样有思想。大学毕业后，我开始找工作，一旦找到一份工作，我就四十多年养家糊口，维持一个相当大的家庭。这整个期间，我陷在你所指出的办公室的常规中、家庭生活的习惯中，我知道它的欢乐和苦难，眼泪和转瞬的喜悦。伴随着奋斗和疲惫我已经老了，最近几年衰老得很快。回首所有这一切，现在我问自己，'你这一生做了些什么？除了你的家庭和工作，你真正完成了什么？'"

老人在回答自己的问题之前停顿了一下。

"好几年的时间，我加入不同的协会，提升这个或者那个；我属于几个不同的宗教群体，又一个一个离开了；我满怀希望地读了极左的著作，只是发现他们的组织是像教堂一样残暴的权威。现在我已经退休了，我可以看到我一直生活在生活的表面；我只是随波漂流。尽管我在社会强大的主流中稍有反抗，但最终我还是被它卷走。请不要误解我。我并不是为过去流泪；我不为过去的事哀叹。我关心的是我剩下的几年。从现在到接近死亡的尽头，我该怎样迎接被称之为生活的事物？那才是我的问题。"

我们的现在是由过去构成的；过去也塑造未来，虽然不会确定无疑地决定每个思想和行动的线索和内容。现在是过去到未来的运动。

"我的过去是什么？实际上什么都不是。既没有大恶，也没有强烈的野心，既没有无法承受的悲哀，也没有可耻的暴力。我的生活就是普通人的生活，不热烈也不冷淡；它平静地流动，是完全平庸的生活。我经历的过去既没什么可自豪的，也没什么可耻的。我的整个存在是枯燥而空虚的，没有多少意义。无论我生活在宫殿还是乡村的茅舍中都是一样的结果。要滑到平庸的潮流中是多么容易的事！现在，我的问题是，我自己能阻止这种平庸的潮流吗？有可能打破我卑微的膨胀的过去吗？"

什么是过去？当你使用"过去"这个词时，它意味着什么？

"在我看来过去主要是联系和记忆的事。"

你的意思是全部的记忆，还是只是日常事件的记忆？没有心理意义的事件可能被记住，但它不会在头脑的土壤中扎根。它们来了又去；它们不会塞满头脑，或者给头脑增加负担。只有那些具有心理意义的事件会一直存在下去。因此你说的过去是什么意思？难道有一个牢固的、不可变动的过去，你可以干净利落地摆脱它吗？

"我的过去是由无数细小的事物拼凑在一起组成的，它的根很浅。一场震撼，像一阵强风，就可以把它吹走。"

你正在等待一场强风吗？那是你的问题吗？

"我不在等待什么。但是我应该像这样继续度过我剩下的日子吗？我不可以摆脱过去吗？"

还是那个问题，你想摆脱的过去是什么呢？过去是固定的，还是活生生的事物？如果它是活生生的，它是怎样具有生命的呢？它通过什么样的方式让自己复活呢？如果它是活生生的事物，你能摆脱它吗？那个要摆脱过去的"你"是谁？

"现在我开始糊涂了，"他抱怨说，"我问了一个简单的问题，您用几个复杂得多的问题来回答。您能解释一下您的意思吗？"

先生，你说你想摆脱过去。这个过去是什么？

"它是由一个人所拥有的经验和记忆构成的。"

现在，你说，这些记忆在表面上，它们不是根深蒂固的。但它们中的一些难道不可能深深地扎根在无意识中吗？

"我认为我没有什么根深蒂固的记忆。传统和信仰在许多人那里深深地扎了根，但我只是把它们当作对社会有益的事来遵从。它们在我的生活中不是非常重要的角色。"

如果过去能够这么容易地驱散，那就没有问题；如果只有过去的外壳存在，它可以在任何时候丢弃，那你就已经摆脱了过去。但是问题比这复杂得多，不是吗？你怎样打破你自己平庸的生活？你怎样粉碎头脑的渺小？这难道不也是你的问题吗，先生？毫无疑问，这种情况下的"怎样"是进一步的探询，而不是寻求一种方式。基于要成功的欲望、伴随着恐惧和权威而实践一种方式，首先会带来渺小。

"我带着要驱散过去的意图而来，因为过去没有多少意义，但我现在面临另一个问题。"

为什么你说你的过去没有多少意义？

"我在生活的表面漂流，当你漂流的时候，你不可能有很深的根，哪怕是在家庭中。我明白生活对我来说不曾有过太大的意义；我为此什么都没有做。现在我的生活只剩下几年了，我想停止漂流，我想用我剩余的生活做些什么。这到底可能吗？"

你想怎样对待你的生活？你想要成为的模式难道不是从你的**过去**发展出来的吗？毫无疑问，你的模式是来自过去的反应；它是过去的一个结果。

"那么我该怎样搞清生活呢？"

你的生活是指什么？你可以对它起作用吗？还是说生活不可计算，不能局限在头脑的界限之内？生活就是每样事物，不是吗？嫉妒、空虚、神灵感应和失望；社会道德、在培养而成的正义范围之外的美德；通过几个世纪积累起来的知识，过去和现在交汇形成的性格；被称作宗教的有组织的信仰，和超越它们之外的真理；恨与友情；不处于头脑范围的爱与同情——生活比这些更多，不是吗？你想对它做些什么，你想给予它形状、方向、意义。现在，那个想做这一切的"你"是谁？你和那个寻求改变的你有所不同吗？

"您是在建议一个人只应该继续漂浮吗？"

当你想指导、塑造生活时，你的模式只能依照过去；或者，由于不能塑造它，你的反应就是漂浮。但是对整个生活的领悟产生它自己的行动，其中既没有漂浮，也没有被迫接受一种模式。这个完整是瞬间又瞬间地被领悟着。同时必定有着过去瞬间的死亡。

"但是我能领悟生活的全部吗？"他焦虑地问。

如果你不领悟，没有人能为你领悟。你不可能从他人那里学习。

"我该怎样继续呢？"

通过自知；因为整体、生活的全部财富在你自己之中。

"您说的自知是什么意思？"

那是认识你自己头脑的方式；那是领悟你的渴求、欲望，你的迫切的要求和追求，包括隐藏的和公开的。只要有知识的积累，就没有学习。伴随着自知，头脑会自由地静止下来。只有这时才会形成超越头脑测量的东西。

那对结婚的夫妇整个时间都在倾听；他们一直在等着轮到他们，但从不打断别人，直到现在丈夫才开始说话。

"我们的问题是关于嫉妒，但是听了这里的谈话后，我想我们已经能够解决它。可能我们安静地倾听比我们问问题要了解得更深刻。"

## 🌸 不完整的活动和全然完整的行动

　　两只乌鸦正在打架，它们是认真的。它们在地上扑打着，翅膀纠缠在一起，它们尖锐的黑嘴彼此撕扯。一两个同伴从近处的树上朝它们呱呱叫着，突然，所有比邻而居的乌鸦都在那里，发出可怕的叫声，试图阻止战斗。肯定有几十只乌鸦，尽管它们发出焦虑而气愤的叫声，战斗仍在继续。一声呼喊没有让战斗停下来；紧接着一声响亮的巴掌声把它们全都惊得四散开去，连战斗者也不例外。它们继续在周围的树枝中一起飞进飞出，但战斗结束了。一头系在一根树杈上的黑牛平静地看着战斗的方向，然后继续吃草。对牛来说她是一个小动物，非常友好，长着清澈的大眼睛。

　　一队车沿着大路开来。那是一个葬礼。六辆车跟在一辆灵车后，灵车里可以看到一个打磨得发光的棺材，装饰了许多银色的饰件。到了墓地，所有的人下了车，棺材被缓慢地抬到墓穴，那是那天清早挖好的。他们绕着墓穴走了两圈，然后小心地把棺材放在横跨在敞开的墓穴上的两块厚木板上。牧师宣读他的祝福时，所有人都跪了下去，棺材被缓慢地放入它最后的安息之地。很长的一段间歇；然后每个人都抛入一把新鲜的泥土，穿着鲜艳缠腰布的挖掘者开始把土铲入墓穴，它很快就填平了。一个白色的花环在烈日下已经枯萎了，被放在坟墓上，然后人们肃穆地离开了。

　　最近一直在下雨，墓地的草发出耀眼的绿色。围绕着墓园的都是棕桐和香蕉树、以及开花的灌木。那是一个令人愉快的地方，孩子们会在树下的草上玩耍，那里没有坟墓。清晨，太阳升起之前，草上有浓重的露水，高大的棕榈树醒目地映衬着星光灿烂的天空。北方的微风是新鲜的，伴随着它而来的是远方火车的长鸣。其他时候非常安静；四周的房子中没有光，路上卡车的咔哒声还没有开始。

禅定是善的绽放；它不是善的培养。被培养的东西不可能耐久；它消逝了，又不得不重新开始。禅定不是为禅修者而存在的。禅修者知道怎样禅修；他实践、控制、塑造、奋斗，但这种头脑的活动不是禅定之光。禅定不是头脑拼凑在一起的；它是头脑全然的寂静，在那其中，经验的、知识的、思想的中心是不存在的。禅定是没有目标的全然的注意，思想被吸收了。禅修者永远不知道禅定的真髓。

他不年轻了，以他的政治理想主义和卓有成效的工作而知名。他的内心深处希望找到比这些更伟大的东西，但他属于这样一类人，对他们来说正义的行动总是意味着善。他不断地卷入改革，认为改革是通向最终结果——社会的善——的方式。他是一个虔诚和活动的古怪混合体，生活在他自己充分堆埋的思想的外壳里；但他也听到了超越它的低语。他带了一个朋友前来，那个朋友和他一起活跃在社会改革领域。朋友是一个瘦矮结实的人，脸上带着挑衅的味道。他肯定已经明白挑衅不是正确的开展行动的方式，但他不能完全掩盖它；那神情就在眼睛后面，他微笑时就毫无觉察地显现出来。我们一起在那个房间里坐下来时，他们都没有注意到那朵精致的花，那是微风从窗外吹进来的。花朵坠落在地上，阳光照在上面。

"我的朋友和我不是来讨论政治行动的，"第一个人开口说，"我们都清楚地意识到您对政治的看法。对您来说，行动不是政治的、改革的或者宗教的；唯一的行动是全然完整的行动。但我们大部分人不这样认为。我们是局部地思考，有时是缜密的，有时是圆滑的、屈服的；但我们的行动总是残破的。我们只是不知道什么是全然完整的行动。我们只知道部分的活动，我们希望把这些不同的部分拼凑成整体。"

除了机械事物，有可能把部分拼凑成整体吗？你有一张蓝图、一个设计来帮助你把部分拼凑起来。你是否有类似的一个设计来建立一个完美的社会？

"我们有。"朋友回答。

那你们就已经知道人类的未来是什么样的了？

"我们不是这么自负，但我们确实想进行一些明显的改革，没有人会反对的。"

毫无疑问，改革总是不完整的。从长远来说，积极地做"好事"而不领悟全然完整的行动，是有害的，不是吗？

"什么是全然完整的行动？"

它显然不是把许多单独的活动拼凑在一起。要懂得全然完整的行动，就必须停止不完整的活动。从一个小窗子到另一个小窗子不可能一下子看到整个广阔的天空。一个人必须放弃所有的窗子，不是吗？

"那样说在理智上听来是很不错，但是当你看到那些饥饿的、不幸的穷人，你的内心就沸腾起来，就想要做些什么。"

那是非常自然的。但仅仅进行改革总是需要更进一步的改革，开展这些不完整的活动而不懂得全然完整的行动，这样是显得有害而具有破坏性的。

"我们怎样去明白您说的这种全然完整的行动呢？"另一个人问。

显然，一个人首先必须放弃部分，放弃不完整，也就是群体、国家、意识形态。抓着这些而希望领悟整体是不可能的。那就像一个野心勃勃的人试图去爱。要爱，就必须停止对成功的欲望，停止对权力和地位的欲望。一个人不可能拥有两者。同样，头脑的思考是不完整的，它没有能力发现这种全然完整的行动。

"那么一个人究竟怎样才能发现它呢？"朋友问。

没有发现的模式。整体感、完整感，它和理性的描述非常不同。我们没有感觉到这种全然完整的存在，就试图把碎片组合到一起，希望由此而拥有整体。请问，先生，你做任何的事情是为什么？

"我感觉和思考，行动就从中流动出来。"

这难道不会在你的各种活动中引起矛盾吗？

"经常发生，但是一个人坚持一定的行动方向就可以避免矛盾。"

换句话说，你把所有和你的选择没有关系的活动都排除在外。这不是迟早都会产生困惑吗？

"也许吧。但是一个人该怎么办呢？"他非常性急地问。

这仅仅是一个口头的问题，还是你开始感到坚持一种选择的行动模式是排他的和有害的？正因为你不能**感觉**全然完整行动的必要性，你才绕着矛盾的活动打转。但是要感觉全然完整行动的必要性，你就必须深入地探究你自己。如果没有谦卑就没有探究；但是你已经知道，一个知道的人怎么可能谦卑？有了谦卑，你就不可能做一个改革家，或者一个政治家了。

"那么我们不可能做任何事，我们就会被那些极左分子驱赶到奴隶制度中，而他们的意识形态许诺要在地球上建立一个天堂！他们会取得政权，对我们实行清算。但是这样的可能性可以通过明智的立法、改革和逐步的工业社会化确定无疑地避免。这就是我们追求的。"

"但是谦卑怎么样呢？"第一个人问。"我明白它的重要性，但是一个人怎样得到它呢？"

毫无疑问，不是通过一种方式。实践谦卑就是培养骄傲。一种方式意味着成功，成功就是自大。困难是我们大部分人都想成为什么重要人物，这种局部的改革活动给我们满足这种迫切要求的机会。经济的或政治的革命仍然是局部的、不完整的、引向进一步的暴政和不幸，如同最近已经显示的。只有一种全然完整的革命，它是宗教性的，而它和有组织的宗教（那是另一种形式的暴政）完全没有关系。但是为什么没有谦卑呢？

"简单的原因是如果一个人谦卑,他就不可能做什么,"朋友断言,"谦卑是属于隐士的，而不属于行动者。"

你还没有离开你的结论，不是吗？你带着它们前来，也会带着它们离开；从结论开始思考显然根本不是思考。

"是什么阻碍谦卑呢？"第一个人问。

害怕。害怕说"我不知道"；害怕不成为一个领导，害怕不重要。

"我害怕吗？"第一个人沉思着问。

另一个人能回答这个问题吗？一个人不应该自己发现真实吗？

"我猜想我受人注目已经这么长时间了，我想当然地认为我从事的活动是好的、真实的。您完全正确。在我们这方面有大量修正和调整，但我们不敢想得太深入，因为我们想成为领导的一员，或者至少和领导者在一起；我们不想成为被遗忘的人。"

毫无疑问，所有这些都表明，你不是真的对人有兴趣，而是对意识形态、计划和乌托邦有兴趣。你并不爱人们或同情他们；你爱你自己，用一定的理论、理想和改革活动获得个人的认同。**你仍然存在**，穿着一件不同的体面的外衣。你为了某些利益，以某些事物的名义帮助人们。你实际上关心的并不是帮助人们，而是推动你宣称会帮助人们的计划或组织。这难道不是你真正的兴趣所在吗？

他们沉默着离开了。

# 从已知中解脱

非常晴朗、满天星斗的夜晚。天空中没有一朵云。邻市沉闷的吼声减弱了，有一种巨大的宁静，即使是猫头鹰的叫声也无法打破。残月刚刚升到高大的棕榈树上，棕榈树被寂静施了魔法，是静止的。猎户星座出现在西天之上，南十字星座越过了群山。没有一座房子中透出灯光，窄路是荒僻而黑暗的。

突然，从树丛的某个地方传来嚎啕痛哭的声音。起初是强忍着的，给人造成一种神秘而恐惧的奇特印象。更接近一些时，哭声变得尖锐而嘈杂，听起来很不自然；哀痛显得不太真实。最终一队人打着灯走到开阔的地方，哭声变得比先前更响了。他们肩上扛着的东西在微弱的月光下显现出来，那是一具死尸。他们缓慢地沿着小径走过开阔地，折向右，又消失在树丛中。又是全然的寂静——那种奇特的寂静只有在世界熟睡时才会来临，它有自己的特性。它不是森林的寂静、沙漠的寂静、遥远的寂静、与世隔绝的寂静；也不是全然清醒的头脑的寂静。它是辛苦疲倦的寂静、悲伤和肤浅的快乐的寂静。这种寂静随着晨曦消逝，伴随着夜晚又会再次来临。

第二天一早我们的主人问："昨晚的那队人打搅你了吗？"

那是什么事？

"如果有人病得很厉害，他们就喊来一个医学博士，但为了保险起见，他们也会找一个据说可以驱赶死神的人。为病人祈祷、做完各种怪诞的仪式之后，驱魔者就自己躺下，摆出各种经历死亡痛苦的样子。然后他被绑在担架上，由一列人哭喊着抬到埋葬地或火化地，然后留在那里。很快他的助手解开绳索，他就复活了；对病人的祝福会继续下去，然后他们全都安静地回自己的家。如果病人康复了，魔法就起作用了；如果他没有康复，那就是魔鬼太强了。"

来访的那位老人是一个出家人，一个放弃了世俗生活的宗教苦行者。他的头剃光了，唯一的衣服是新洗的藏红色的缠腰布。他拿着一根长杆，当他轻松熟练地坐在地上时长杆就放在身边。他身材细长，训练得很好，身子微微前倾，好像正在倾听什么，但他的背挺得笔直。他非常干净，他的脸干净清爽，带着超凡脱俗般的尊严。他说话时抬着头，其他时候则低眉敛容。他身上有种特别愉快而友好的东西。他徒步走遍了整个国家，从一个村子到另一个村子，从一个市镇到另一个市镇。他只在清晨和傍晚时走路，不在太阳特别热的时候。作为一个出家人和最高种姓的一员，他要得到食物并没有什么麻烦，因为他受人尊敬并且得到精心地供养。偶然的情况下他坐火车旅行，那总是不需要票的，因为他是一个神圣的人，他具有一种超然脱俗的样子。

"从这个人年轻时起世俗就没有什么吸引力了，他离开家、房子、财产，永远地离开了。他一去再也没有回头。那是一种艰辛的生活，现在头脑被训练得很好了。这个人在北方和南方聆听了许多精神导师的教诲；他去不同的神殿寺庙朝圣，只要那里有神圣而正确的教导。他在僻静的所在、远离人迹的寂静中寻找，他知道独立无染和禅修的好处。他见证了这个国家最近几年的巨变——人反对人、教派反对教派、杀戮、政治领导的来来去去、以及他们的计划和许诺的利益。狡猾和天真、有力和软弱、富有和贫穷——它们曾经共生，也会一直共存下去；因为那就是世界的方式。"

他沉默了一两分钟，又继续下去。

"某个晚上的演讲中提及，头脑必须摆脱理想、构想、结论。为什么？"

寻找可以从结论、已知开始吗？寻找不该从自由开始吗？

"如果有自由，还需要寻找吗？自由存在于寻找结束的时候。"

毫无疑问，摆脱已知必须是在寻找开始的时候。除非头脑摆脱了作为经验和结论的知识，不然就没有发现，不管怎样改变，也只是过去的延续。过去规定着和解释着更进一步的经验，因而只是在加强它自己。从结论、信仰开始思考，根本就不是思考。

"过去是一个人的现在，它是由一个人通过欲望和它的活动拼凑在一起的事物构成的。摆脱过去是可能的吗？"

不可能吗？过去和现在都不是固定不变、被最后决定的。过去是许多压力、影响和冲突性经验的结果，它成了运动着的现在，而现在也在许多不同的影响无穷尽的压力下不断变化、不断改变。头脑是过去的结果，它是由时间、环境、事件和基于过去的经验拼凑在一起的。但是内在和外在发生的每件事都影响它。它既不可能像过去一样延续下去，也不可能一直像现在一样。

"总是这样的吗？"

只有特殊的事物才会永远限定在模式之中。大米的种子在任何情况下绝不可能变成小麦，玫瑰花不可能变成棕榈树。但幸运的是人类的头脑并不是特殊化的，它总是可以打破过去；它不必成为传统的奴隶。

"但是业不是那么容易去除的；通过许多世建立起来的不可能很快打破。"

为什么不可能？几个世纪拼凑的，或者只是昨天形成的，都可以即刻解除。

"以什么方式呢？"

透过对因果链的了解。因和果都不是决定性的、不可改变的——不然就是永远的奴役和衰退。一个因的每个果经历内在和外在的许多影响，它是不断变化的，它反过来又变成另一个果的因。透过对实际发生的了解，这个过程可以自然而然地停止，就可以摆脱过去。业不是一个持久的链条；它是任何时候都可以打破的链条。昨天所做的今天可以解除；没有什么永恒的延续。延续可以也必须透过对过程的了解来消除。

"所有这些都很清楚了，但还有另一个问题必须澄清。它是这样的：对家庭和财产的执著很久以前就没有了；但是头脑仍然执著理念、信仰、见地。"

为什么？

"摆脱对世俗事物的执著是容易的，但是摆脱对头脑的事物的执著是另一回事。头脑由思想构成，思想以理念和信仰的形式存在。头脑不敢清空，如果它是空的，它就不再是头脑；因此它执著于超越自身的理念、希望、信仰。"

你说摆脱家庭和财产的执著是容易的。那么为什么摆脱理念和信仰的执著是不容易的？两种情况下不是包含同样的因素吗？一个人执著于家庭和财产，因为没有它们他就感到失落、空虚、单独；头脑执著于理念、见地、信仰是出于同样的原因。

"是这样的。身体方面的单独，处于与世隔绝的地方，都不会使这个人在意，因为他即使在稠人广众之中也是单独的；但是没有头脑事物的头脑就萎缩了。"

这种萎缩是恐惧，不是吗？恐惧不仅仅是由内在或外在事实造成的，也是由预感到单独的**感觉**造成的。我们害怕的不是事实，而是预感到事实的效果。头脑预知并且害怕可能要发生的。

"那么恐惧的永远在于预知的未来，而不在于事实？"

不是吗？如果恐惧过去，那恐惧的不是事实本身，而是被发现的、显现的在未来再次出现。头脑害怕的不是未知，而是失去已知。过去没有什么可怕的；但是恐惧是由于想到过去可能产生的影响而引起的。一个人害怕内在的单独感、空虚感，如果头脑没有什么东西可以执著时可能会产生；因此对意识形态、信仰的执著会阻碍对现实的了解。

"这也很清楚了。"

头脑不是必须成为单独的、空的吗？它不是必须不被过去、集体和个人自身欲望影响所污染吗？

"那也已经是清楚的。"

## 时间、习惯和理想

每天几英尺的暴雨下了一个多星期，河流的水位非常高。它已经越过了堤岸，一些村子被淹没了。田地都在水下，牛群不得不移到更高的地方。水位再高几英尺就会淹没桥梁，那才是真正麻烦的呢；但是就在河水到达危险水位时，雨停了，水位开始下降。一些躲在树上的猴子被隔离开，它们可能还得在那儿待上一天左右。

清晨，水位下降后，我们出发穿过开阔的乡村，它平坦得几乎直达山脚下。道路穿过一个又一个村子，穿过装备了现代机械的农场。现在是春天，沿途果树正在开花。汽车开得很平稳。路上是摩托咕噜的声音和橡皮轮胎的嘈杂声；但是，树丛间、河水中、种植的土地上到处都有一种特别的寂静。

只有在精力充沛中，在注意存在时（在这里，所有的矛盾、向不同方向拉扯的欲望都停止了），头脑才是寂静的。努力奋斗想要寂静下来的欲望不会造成寂静。寂静不是通过任何形式的强制带来的；它不是压制甚至净化的奖励。但是不寂静的头脑永远不自由；天堂只对寂静的头脑敞开。头脑寻找的极乐不能通过它的寻找找到，它也不存在于信仰中。只有寂静的头脑可以接受到并非教堂或信仰的赐福。对于要寂静的头脑来说，所有的对立矛盾的锋角都必须集合起来，在领悟的火焰中熔合。寂静的头脑不是反射的头脑。要反射，就必定有观察者和被观察者、背负着沉重过去的体验者。在寂静的头脑中没有成为、存在或者思考的中心。所有的欲望都是自相矛盾的，因为任何一个欲望的中心都反对另一个中心。整个头脑的寂静就是禅定。

他是一个年轻人，头很大，眼睛清澈，长着一双能干的手。他说话轻松而自信。他带着他的妻子一起来，那是一位高贵的女性，显然不打算说什么。她可能是在他的劝说下来的，更乐意倾听。

"我一直对宗教感兴趣，"他说，"清晨，在孩子们起床和家务忙碌开始之前，我花相当长一段时间练习禅修。我发现禅修对于控制头脑和培养一定必要的美德很有帮助。几天前我听了您关于禅修的演讲，但是因为我刚刚接触您的教导，我还不能完全理解。但这不是我要来讨论的。我要来讨论的是时间——作为认识至上的手段。就目前来说我可以明白的是，如果要获得觉悟，时间对于培养那些至关重要的头脑的品质和敏感是有必要的。是这样的，不是吗？"

如果一个人从假定某件事开始，还有可能发现事物的真理吗？结论不是阻碍思想的清晰吗？

"我一直想当然地认为，要获得解放，时间是必要的。这是大部分宗教书籍所主张的，我从来没有质疑过。有人推断这里或那里的一些个体已经当下地领悟了那种提升的状态；但他们只是少数，非常少。我们剩下的人一定需要或长或短的时间，让头脑准备好接受那种极乐。但是我相当明白您的意思，你说，要清楚地思考，头脑必须摆脱结论。"

要摆脱结论是极其艰苦的，不是吗？

现在，我们所说的时间是指什么？有钟表的时间，过去、现在和将来的时间。有作为记忆的时间，作为距离的时间，这里到那里旅行的时间，达成的时间，成为什么的过程。我们所说的时间是指所有这些。头脑要摆脱时间、超越它的局限究竟是可能的吗？让我们从年代顺序的时间开始。一个人究竟能否摆脱事实性的时间感呢？

"如果一个人想赶上一辆火车就不能！要在世上健康活跃，维持某种秩序、顺序的时间是至关重要的。"

然后有作为记忆、习惯、传统的时间；作为达成、实现、成为努力的时间。显然要花时间去学习一种职业，或者获得一种技术。但是对于认识至上，时间也是必要的吗？

"在我看来好像是。"

要达成、认识的是什么呢？

"我猜那就是你所说的'我'。"

那是一大堆有意无意的记忆和联系。正是这个实体享乐和受苦、实践美德、获得知识、积累经验，正是这个实体知道满足和挫折，是它认为有灵魂、宇宙灵魂、更高的自我。这个实体、这个"我"、这个自我是时间的产物。它的实质就是时间。它在时间中思考、在时间中起作用、在时间中建立自己。这个"我"，也就是记忆，认为通过时间它能达到上帝。但是这个"上帝"是它构想出来的，因此它也在时间的领域内，不是吗？

"按照您的解释，努力的制造者和他为之奋斗的结果确实同样处于时间的层面。"

通过时间你只能达成时间所创造的。思想是记忆的回应，思想只能认识到思想拼凑在一起的东西。

"先生，您是在说，头脑必须摆脱记忆，摆脱达成、认识的欲望？"

我们很快会谈到它。如果可以的话，让我们从不同的角度讨论这个问题。拿暴力和非暴力的理想来说。有人说非暴力的理想是抑制暴力。但是是这样的吗？让我们说我是暴力的，而我的理想是**不再**暴力。在实际的我和**应该的我**——理想之间存在着间隔、差距。要跨越这之间的距离需要时间；理想是逐步被达成的，在这个逐步达成的间隔过程中我还有机会沉溺在暴力的快感中。理想是实际的我的对立面，所有的对立面都包含着它们反面的种子。理想是作为记忆的思想的投射，实践理想是自我中心的活动，就像暴力一样。这已经说了好几个世纪了，我们不断地在重复，时间对摆脱暴力是必要的；但是这仅仅是习惯，它的背后没有什么智慧。我们仍然是暴力的。因此时间不是自由的因素；非暴力的理想不会让头脑摆脱暴力。暴力不能消除吗？——不是明天或者十年之后。

"您是说当下吗？"

当你用那个词的时候，你不是仍然在思考或感觉时间吗？暴力可以就这样消除，而不在既定的时刻里吗？

"这是可能的吗？"

只有在领悟了时间的基础上。我们习惯于理想，我们习惯了抵制、压制、净化、替代，所有这些所包含的努力和奋斗都是通过时间来完成的。头脑在习惯中思考；它受到渐进主义的制约，把时间当作摆脱暴力、达成自由的方式。领悟了那整个过程的虚假性，暴力的真实就会被看清，**这**才是解放的要素，而不是理想，或者时间。

"我想我理解了您的话，或者还不如说，我感到了它的真实。但是让头脑摆脱习惯不是非常困难的吗？"

只有在你**反抗**习惯时才是困难的。拿抽烟的习惯来说。反抗那个习惯就是赋予它生命。习惯是机械性的，抵制它只是喂养机械，赋予它更多的力量。但是如果你思考头脑、观察习惯的模式，对越大的问题具有领悟，没有意义并失去的东西就会越少。

"头脑为什么形成习惯？"

觉察你自己头脑的方式，你就会发现为什么。头脑形成习惯，以便可靠、安全、确定、不受打搅，以便延续。记忆是习惯。说一种特殊的语言是记忆、习惯的过程；但是语言所表达的内容、一系列的思想和感觉，也是习惯性的，基于你被告知的事物，基于传统，等等。头脑从已知到已知运动，从一个确定的事物到另一个；因此已知中永远没有自由。

这又把我们带回到我们开始的地方。假定要认识上帝，时间是有必要的。但是思想可以思考的仍然在时间的领域内。头脑不可能构想未知。它只能推测未知，但是它的推测不是未知。

"然后问题就产生了，一个人怎样认识上帝呢？"

没有任何方式。实践一种方式就是培养另一套与时间相连的记忆；但是除非头脑不再与时间相连，认识才是可能的。

"头脑可以把它自己从自己创造的束缚中解放出来吗？一个外在的力量不是必需的吗？"

当你指望一个外在的力量时，你就又回到了你的制约中、你的结论中。我们只关心这个问题，"头脑可以把它自己从自己创造的束缚中解放出来吗？"所有其他的问题都是不相关的，会阻碍头脑注意那个问题。当动机存在时，当达成、认识的压力存在时，就没有注意；那是头脑在寻找一个结果、一个结局。头脑会发现这个问题的解决办法，不是通过辩论、观念、确信或者信仰，而正是通过问题本身的强度。

# 上帝可以通过有组织的宗教来寻找吗？

夕阳照在绿色的稻田里，照在高大的棕榈树上。田地随着棕榈树丛蜿蜒曲折，一条穿过田地和树丛的小溪洒满了金色的光，变得生机勃勃。土地非常富饶。下了很多雨，植物变得稠密了；甚至连栏杆都长出了绿色的叶子。海中都是鱼，大地没有了饥馑，人们吃得饱饱的，牛群肥壮而懒散。到处都是孩子，他们几乎没穿什么，太阳把他们晒得黑黑的。

可爱的夜晚，在炎热晴朗的白天之后变得凉爽了。微风从山上吹来，摇摆的棕榈树以它的形状和优美映衬出天空。小汽车轧轧地爬上山，一个小孩子一起坐在前排的位置上，那使她非常舒适。她害羞得不说一句话，但是她到处都是眼睛，注意着一切。路上有许多人，有些穿戴整齐，另一些则几乎是赤裸裸的。一个男人只系了一条绳子和一块布站在河岸边的溪水中。他几次浸入水中，擦着自己，又进入更多一些，才冒出来。很快天相当黑了，汽车的前灯照亮了人们和树木。

奇怪的是头脑总是塞满了自己的思想，总是在观察和倾听。它从来没有真正的空；如果偶尔好像是这样，那它只是空白的，或者在做白日梦。它可能被想空的念头塞满，但它从来没有空；因为头脑完全被塞满，其他的运动就不可能。当它意识到它这种不断充满的状态，它就试图不被充满、空掉；它许诺和平，这种方法、实践又变成头脑新的填充物。某些想法——有关办公室、家庭和未来的想法——永远地塞满头脑。头脑总是拥挤不堪，挤满了由它自己或者别人制造的东西；这里有无尽的运动，但几乎没有意义。

一个被塞满的头脑是渺小的头脑，不管它的填充物是上帝、嫉妒还是性。孤独——这个头脑自我中心的运动，是更深的填充物，它被活动包裹着。头脑在完全的空方面从来不富有；它总是有一个角落是活跃的，在计划、在闲谈、在忙碌。

即使头脑最黑暗的深处被暴露出来，头脑全然的空也有一种强度，它不是被填充而带来的愤怒，填充物所带来的抵制也不会让强度减弱。没有什么要抵制或克服的，这种强度是无需努力的寂静。充满各种填充物的头脑不知道这种寂静。即使是头脑没有被塞满的片刻也只不过是中断了填充物的活动，这种活动很快就会修补好。这种空的寂静不是充塞的对立面。所有的对立面都处于奋斗的模式中。它不是一个结果、一种努力，因为它没有动机、没有原因。所有的因果都处于自我中心活动的层面。自我以及它的填充物永远不可能知道这种寂静的强度，也不知道寂静之中和寂静之外的东西。


三个人从远处的市镇坐火车和汽车前来。其中一个比另外两个人年长得多，胡子修理得很好，他是发言人，尽管另外两个人绝不从属于他。他说话缓慢而深思熟虑，能自由地引用熟知的权威的话。他从来没有不耐烦，身上有种宽容的气氛。两个稍许年轻一些的人中，一个几乎谢顶了，另一个长着浓密的头发。谢顶的人对严肃的问题好像还没有下定决心，想要检验一下所说的；但是这里那里都可以发现确定的思想模式。他说话时笑容很开朗，但并不是故作姿态。另一个人相当害羞，说得很少。

"通过建立的宗教组织不可能找到上帝吗？"年长的人问。

请问，你为什么问这个问题？这个问题本身是一个认真的问题，还是它仅仅是一个认真问题的开场白？如果它之后还有更加认真的问题，直接谈论那个问题不是更简单吗？

"目前这是相当认真的问题，至少对我们来说。我们两年前听说了您，那是您上次在这里的时候，在我们看来，您对于有组织的宗教的评论太激烈了。我的两个朋友和我都属于一个组织；但是慢慢地我们开始明白您可能是对的，我们想和您认真地讨论一下。"

首先，认真意味着什么？我们以短暂的方式对很多事物认真。既然你们都不辞辛苦来到这里，让我们从了解什么是认真开始不是很好吗？

"也许我们不像你要求的那样认真，但我们确实花费了尽可能多的时间来寻找上帝。"

花费时间是认真的表示吗？商人、公司职员、科学家、木匠——他们全都把大量的时间花在他们各自的行业上。你会认为他们是认真的，不是吗？

"一定程度上是。但是这种认真和我们坚持寻找上帝是不同的。很难用语言表达。"

认真在一种情况下是外在的、肤浅的，而在另一种情况下是内在的、深刻的、需要更大的洞察力等等；是这样的吗？

"那多少是我们的意思，"秃顶的人说，"我们花费了尽可能多的时间来禅修、阅读宗教典籍、参与宗教聚会。简而言之，我们寻找上帝是非常认真的。"

又是那个问题，时间是认真的要素吗？还是认真依赖头脑的状态？

"我不太明白你说的'头脑的状态'。"

不管一个渺小的或者不成熟的头脑可能多么认真，它都是有限的、浅陋的、依赖的、受影响制约的。只关注局部的生活只是局部的认真；但是关注生活整体的头脑会带着认真的目的接近所有的事物。这样的头脑是完全认真的、真诚的。

"我想您的意思是说我们从来没有把生活作为整体来接近它，"年长的人说，"恐怕您是对的。"

局部的接近发现局部的答案，不管一个人多么认真，他的认真只是支离破碎的。这样的头脑不可能发现任何真理。

"那么一个人怎样具备这种完全的认真呢？"

这个"怎样"根本不重要。没有方法或者实践能够唤醒这种感觉——头脑期望了解它自身存在总体的感觉。我希望我们继续谈话时这种感觉会来临。不过你们开头问的是能否通过有组织的宗教找到上帝。

"是的，那是我们的问题，"谢顶的人回答，"我们所知道的宗教就是我们从小被训练的。几个世纪中，有组织的宗教教导我们相信这个、相信那个。实际上，我们所知道的每个圣徒都追随他的父辈的宗教，依赖宗教典籍的权威。我们这里的三个人属于传统的宗教组织之一，但自从听了您的谈话，我们开始产生了怀疑——或者至少是我开始产生怀疑——属于任何宗教组织的根本问题。这就是我们想讨论的。"

组织意味着什么？我们组织起来想合作完成一件事。如果你们和我想一起做事，组织对于有效的行动是必要的。如果我们要有效地执行某个政治、社会或者经济计划，我们必须组织起来，把我们自己放在正确的关系中。宗教组织处于同样或者类似的立足点吗？你说的宗教是什么意思？

"对我来说，宗教就是生活方式，"第三个人回答，"生活方式是由我们的精神导师和宗教典籍为我们奠定的，在日常生活中遵循它就构成了宗教。"

宗教是遵循别人为你奠定的模式吗，不管它多么伟大？遵循仅仅是服从、模仿，希望得到令人舒服的奖励；毫无疑问，那不是宗教。让个体摆脱嫉妒、贪婪和暴力，摆脱成功和权力的欲望，使得他的头脑能够摆脱自我矛盾、冲突、挫折——这难道不是宗教之路吗？只有这样的头脑才能发现正确、真实。这样的头脑不受影响，不处于任何压力之下，因此它能够静止下来；只有当头脑全然静止下来，超越头脑测量的才有可能形成。但是有组织的宗教只是把头脑限制在一个特殊的思想模式中。

"但是我们就是在模式、在道德法则的思考中成长起来的，"秃顶的人说，"寺庙或者教堂、以及崇拜、仪式、信仰和教条——对我们来说，这些早已经是宗教，您摧毁了这一切，却没有什么东西来替代它。"

如果要形成正确的，就必须把错误的推到一边。头脑的单独是至关重要的；宗教之路就是把头脑从集体和过去拼凑的模式纠结中解放出来。现在，头脑陷入集体道德中，伴随着获取、野心、名望和权力追逐。了解所有这些有它自己的行动，它会使头脑从集体中摆脱出来，然后它才能爱、同情。只有这时才有庄严。

"但是我们还不具有这样广阔的理解力，"年长的人说，"我们仍然需要合作和他人的指引，来帮助我们走上正确的方向。这种合作和指引由我们所说的有组织的宗教来提供。"

你真的需要别人的帮助来摆脱嫉妒和野心吗？当你真的有了别人的帮助，你就有自由了吗？还是自由只来自自知？自知是指导、有组织地帮助的问题吗？还是在我们的日常关系中时刻发现自我的方式？依赖别人或者一个组织会产生恐惧，不是吗？

"可能有些人足够坚强，能够特立独行、与世界抗争，但是我们大部分人需要有组织的宗教舒服地支持。我们的生活基本上是空虚的、迟钝的、没有多少意义，在空中注入宗教信仰总比注入愚蠢的娱乐、或者复杂的世俗观念和欲望要好。"

在空之中注入宗教信仰，你已经用语言填满了它，不是吗？

"我们应该算是受过教育的人，"秃顶的人说，"我们读过大学，有相当好的工作，等等。而且，宗教一直是我们最深的兴趣。但是我现在明白我们所认为的宗教根本不是宗教。另一方面，打破集体的监狱需要更多的精力和了解；因此我们能做什么呢？如果我们离开我们所属的宗教组织，我们会感到迷失，迟早我们会捡起另一个信仰，欺骗自己，填补我们的空虚。旧的方式的吸引是强大的，我们懒惰地追随它。但是讨论了这些之后，我对一些问题从来没有这么清楚过；也许这种清楚会产生它自己的行动。"


## 禁欲主义和全然完整的存在

我们飞得非常高，超过一万五千英尺。飞机里很拥挤，没有空位子。里面的人来自世界各地。下面的大海呈现出春天新草的颜色，精致而迷人。我们起飞的海岛是深绿色的；黑色的道路和红色的小径蜿蜒穿行过棕榈树丛和浓绿的植物，十分清晰。那些红顶的房子看上去非常舒服。大海逐渐变成灰绿色，然后是蓝色。现在我们飞到了云层之上，它们隐藏了大地，目光所及是一里又一里舒展的云朵。头顶上是灰蓝色的天空，辽阔而又封闭。微风在我们后面，我们飞行得很快，超过每小时三百五十里。突然云层分开了，那下面是裸露的红色的土地，有很少一点植物。它的红色就好像着火的森林中的光焰。那里没有森林，但是土地本身是火焰，没有火，而是颜色；它浓烈得让人惊叹。很快我们飞过肥沃的土地，村庄和村落散布在绿色的田野里。土地现在依照人的意志被划分，每块可耕种的地方都各有所属。它就像一块无尽的色彩丰富的地毯，但是每种颜色各属于某个人。一条河蜿蜒穿过大地，沿岸都是树木，投下早晨长长的树荫。远处是群山，绵延在大地上。美丽的乡村，这里有空间和岁月。

头脑超越螺旋桨的噪音和人们喋喋不休的交谈，也超越它自身的唠叨，处于运动之中。这是一个完全寂静的旅程，不在时空中，而进入它自己。这种内向的运动不像头脑外在的旅程处于它自己制造的或狭窄或广阔的领域里，或者处于它嘈杂的过去中。这不是头脑进行的旅程，它是一个完全不同的运动。头脑的全部——不只是一部分，包括隐藏的和公开的部分——是完全静止的。在这里关于事实的记录并不是事实；事实完全不同于记录它的语言。那种静止不在时间的测量范围之内。"成为"和"在"彼此没有关系；它们向完全不同的方向运动；一个不会导向另一个。在属于"在"的静止中，作为观察者、体验者的过去是不存在的。没有时间的活动。它不是正在沟通的记忆，而是自身实际的运动——进入无可测量的寂静的运动。它不是从一个中心开始的运动，不是从一点到另一点的运动；它没有中心，没有观察者。它是一种全然完整的存在的旅行，而且这种全然完整的存在没有欲望的矛盾。在这整个的旅行中，没有启程之处，没有到达之点。整个头脑是静止的，而这种静止是一种并非头脑旅游的运动。

倾盆大雨来了又去，但到处仍旧是降水的声音。屋里非常潮湿，要几天的时间东西才能干透。来访者眼睛深陷，身材很好。他抛弃了世俗以及世俗的方式；尽管他没有穿出家人的袍子，但他的脸上刻着超脱尘俗的印迹。他最近没有刮胡子，因为他一直在旅行，但是他刚刚沐浴过，衣服也是新洗的。他举止愉快友好，双手富有表现力；他严肃而安静地坐了相当长的时间，试探着气氛，感觉着方式。不久他开始解释。

"我许多年前就听说您了，相当偶然，您说的一些话一直伴随着我：真实不是通过戒律和任何形式的自我折磨而来。从那时起我已经走遍了整个国家，看到和听到许多东西。我严格地约束自己。要克服肉体的激情还不是太困难，但是另外一些形式的欲望却不是这么容易可以摆脱的。我每天练习禅修已经有好多年了，一直不能够超越某个点。但是我想和您讨论的是自我约束的问题。身体和头脑的控制是关键——大范围来说它们**已经**被控制了。但是在和一个自我约束过程中的朝圣伙伴讨论之后我洞察到它的危险。他伤害自己的身体以便克服性的激情。一个人可以在那个方向上走得太远，但是适度的自我约束也不容易。任何形式的达成都会带来一种力量。征服别人有某种令人愉快的兴奋感，但是征服自己比这愉快得多。"

禁欲主义就像世俗一样有它自己的乐趣。

"那是完全正确的。我知道禁欲主义的快乐，以及它所赋予的力量感。像所有的禁欲者和圣徒已经做的那样，我压制身体的需求以便使头脑敏锐安静。我让感官和由此产生的欲望都服从于严格的纪律，以此使精神得到解放。我放弃了任何形式的身体舒适，在任何一种地方睡觉；除了肉我吃各种食物，有时也禁食好几天。我一心一意地禅修很长时间；尽管尝试了所有这些努力和痛苦，以及力量感和内在的快乐，头脑好像并没有超越一个固定的点。这就好像一个人起来推一面墙，不管他做什么，那墙都没有被推倒。"

在墙的这边是一些观念：好的行为、培养的美德、崇拜、祈祷、克己、神；所有这些事物只具有头脑赋予它们的意义。头脑仍然是主导因素，不是吗？头脑有可能越过自己的屏障、超越自身吗？这难道不是问题吗？

"是的。在三十年目标明确地奋发努力、严格地奉献给禅修和完全地克己之后，为什么这个围绕的墙仍然没有被推倒呢？我和其他许多有同样经历的禁欲者讨论过。当然有些人主张必须更加严格地克己，在禅修时更加目标明确，等等；但是我知道我不能做得更多。我所做的努力只是导致了现在这种挫折的状态。"

没有什么辛苦和努力能够推倒这面好像无法穿透的墙；但是如果我们能从不同的角度看待它，也许我们能了解问题。以一个人的整体存在去全然完整地处理生活的问题是可能的吗？

"我想我不明白您的意思。"

你曾经意识到你的整个存在、它的整体吗？整体不能把许多冲突的部分拼凑在一起来认识，不是吗？你曾经有一种整体的存在感吗？——不是猜测性的整体，不是你思考的或者阐述的整体，而是真实的整体感？

"这样的感觉也许是可能的，但是我从来没有体验过。"

现在，头脑的一部分试图抓住整体，不是吗？一部分努力反对另一部分，一种欲望反对另一种欲望。隐藏的头脑和公开的头脑处于冲突之中；暴力想努力成为非暴力的。挫折跟随着希望、满足和另一种挫折。那就是我们所知的。对于满足的追求是无尽的，其中的阴影就是挫折；因此我们永远不知道、不能体验存在的整体。身体反对感情；感情反对思想；思想追求**应该**是的，也就是理想。我们裂成碎片，把不同的碎片拼凑在一起，我们希望制造一个整体。这样做是可能的吗？

"但是那还有什么别的可做的吗？"

目前，让我们先不要关心行动；也许我们以后会谈到它。这种存在的整体感，你的身体、头脑和心灵的整体感不是把所有的碎片拼凑起来。你不可能把自相矛盾的欲望变成一个和谐的整体。试图这样做是头脑的行动，头脑自己只是一部分。部分不可能创造整体。

"我明白了；但是然后呢？"

我们的探寻并不是去发现要做什么，而是要发现这种整体的存在感——实际上是要去体验它。这种感觉有它自己的行动。当行动没有这种感觉时，如何跨越事实和**应该**——也就是理想之间的鸿沟就产生了问题。我们永远不可能完整地感觉，因为总是有所保留；我们永远不可能全然完整地思考，因为总是存在恐惧；我们永远不可能自由地行动，因为总是存在要获得什么或者避免什么的动机。我们的生存总是局部的，从不是整体的，因此我们使我们自己变得不敏感。通过压制欲望、仅仅控制头脑、通过克制身体的需求，禁欲者使他自己变得不敏感。

"我们的欲望不应该被驯服吗？"

当它们经过压制而被驯服时，它们就失去了活力，在这个过程中洞察力迟钝了，头脑变得不敏感了；尽管一个人寻找自由，但是他没有能量找到它。找到真实需要巨大的能量，但是这种能量在压制、服从和强制产生的冲突中被消耗了。屈从欲望也会产生自我冲突，它再次消耗能量。

"那么一个人怎样保存能量呢？"

要保存能量的欲望是贪婪。这种必不可少的能量是不能被保存或者积累起来的；只有停止了内在的冲突它才能够形成。依照本性，欲望产生矛盾和冲突。欲望是能量，它必须被领悟；它不能只是被压制，或者要求服从。任何强制或者训练欲望的努力只会导致冲突，会带来不敏感。必须了解和领悟欲望各种错综复杂的方式。你不可能被教导欲望的方式，也不可能学习欲望的方式。领悟欲望，就是不做选择地觉察它的运动。如果你破坏欲望，你就会既破坏敏感，又破坏对于领悟真实来说至关重要的愿望强度。

"头脑一心一意的时候就没有强度吗？"

这样的强度阻碍真实，因为它是通过意志的行动而使头脑受限、窄化的结果；意志就是欲望。有着一种完全不同的强度；那种奇特的强度来自全然整个的存在，那就是，一个人完整的存在浑然一体，而不是欲望为了达成结果而拼凑在一起。

"您能更多地谈谈这种全然完整的存在吗？"

它是一种整体的、没有分割的、不是支离破碎的感觉——一种没有张力、不受欲望以及矛盾冲突牵扯的强度。正是这种强度、这种深刻的、未经计划的推动力会推倒头脑围绕着自身建立起来的墙。那墙就是自我、"我"、自己。所有自我的活动都是分裂的、封闭的，头脑越是努力去打破自己的障碍，障碍就变得越坚固。摆脱自我的努力只会增强它自己的能量、自己的悲哀。只有这个事实被领悟了，才会有整体的运动。这种运动没有中心，也无始无终；它是超越头脑测量的运动——头脑是由时间拼凑起来的。领悟头脑的冲突部分形成自己、自我的活动，那就是默观。

"我明白我这些年来所做的事了。它一直是一个来自中心的运动——正是这个中心必须被打破，但是怎样打破呢？"

没有方式，因为任何方式或者系统都会形成中心。认识到这个中心必须被打破的事实就是在打破它。

"我的生活是一个不断的奋斗，现在我看到结束这种冲突的可能性了。"

## 当下的挑战

这条小巷从宽阔的灯火通明的大路穿过许多富有人家的花园墙，一直延伸到大海。它非常安静，那些墙壁好像把城市的喧闹都关在了外面。小巷拐了许多弯，当微风吹动树林的时候，树荫就在白墙上舞蹈。微风中充满了许多味道：大海浓烈的气味、晚饭的香味、茉莉花的馥郁、以及汽车排气的味道。现在风从海上吹拂而来，那是非常强烈的。一朵大白花长在路边黑色的土地里，晚上也充满了它的香气。小路一直向下延伸，在它和另一条海滨小路交汇之前距离并不长。一个年轻人坐在路边，他的狗拴着绳子。他们俩都在休息。这是一只健壮有力的狗，毛色光滑，营养充足。它的主人肯定认为狗比人重要，因为那人穿着脏衣服，带着害怕而沮丧的表情。狗重要，而不是人重要，那只狗好像知道这一点。不管怎么说，优良品种的狗都是势利的。两个人又说又笑地走过，那只狗在他们经过时发出威胁的吼叫；但是他们毫不在意，因为狗拴着绳子，被拉得紧紧的。一个小男孩儿拿着非常重的东西，他只是勉强才能搬动；但是让人惊讶的是他很高兴，他微笑着走过。

现在相当安静；没有汽车驶过，路上也没人。逐渐地那种强度增加了。那不是夜晚的安静引起的，也不是由星光灿烂的天空、舞蹈的树荫、或者被拴住的狗、吹拂而过的微风的芳香引起的；但所有这些事物都在那种强度之中。只有那种强度，简单而清晰，没有原因、没有神、没有誓言的低语。它是那么强烈，以至于身体有那么片刻几乎无法移动。所有的感官都变得敏感了。头脑那个奇特而复杂的东西排除了所有的思想，因此是完全清醒的；它是一片光，那其中没有阴影。一个人的全部存在都伴随着这种消除了时间运动的强度燃烧起来。时间的象征是思想，在那火焰之中一辆驶过的公共汽车的噪音和白色花朵的芳香消失了。声音和芳香交织在一起，但是它们是截然不同的、分开的火焰。没有震颤，没有观察者，头脑意识到这种无时间性的强度；它自己就是火焰，清晰、强烈、天真。

他和他的妻子在那个小房间里，房间里唯一的窗子冲着一面空白的墙，前面是一棵大树棕色的树干。你只能看到巨大的树干，而看不见伸展的枝叶。他是一个高大魁梧的人，相当健壮。他的微笑活泼而友好，但他热情的眼睛也会闪现出愤怒，他的嗓音也会变得非常尖锐。他显然读过很多书，现在正试着超越知识。他的妻子眼睛清澈，长着讨人喜欢的脸。她也很高大，但是并不胖。她很少加入谈话，但是带着明显的兴趣在倾听。他们没有孩子。

"头脑有可能摆脱记忆吗？"他开口问。"记忆作为几个世纪以来的知识和经验，不正是头脑的实质吗？每个经验不都是在加强记忆吗？无论如何，我无法理解为什么一个人要摆脱过去，就像你主张的那样。过去充满了愉快的联系和回忆。幸运地是一个人经常可以忘记不愉快或者悲哀的事件，但是愉快的记忆被保存下来。如果一个人所得到的经验和知识都被抛在一边，那将是极大的贫困。没有知识和经验的深度实际上是贫乏的头脑。它将是原始的头脑。"

如果你觉得摆脱过去是没有必要的，那它就不是一个问题，不是吗？那样丰富多彩的过去以及所有的痛苦和快乐都会被保存下来。但是过去是一个活生生的事物吗？还是现在的运动为过去赋予了生命？现在，由于它要求强烈而变化迅速，对头脑来说它是一个持续不断的挑战。现在和过去总是处于冲突之中，除非头脑能够完全满足变化的现在。当头脑负载着过去、已知和经验，不完全回应当下的挑战时，冲突就产生了；当下的挑战总是新的、不断变化着的。

"头脑有可能完全回应当下吗？在我看来过去总是粉饰头脑；要完全摆脱这种粉饰是可能的吗？"

让我们探究一下来发现结果。过去是时间，作为经验和知识的时间，不是吗？所有进一步的体验都会加强过去。

"怎样加强呢？"

当一件事在一个人的生活中发生时，这人就有了我们所谓的经验，这种经验立刻用过去来翻译。如果一个人有一种特殊的宗教信仰，那种信仰可能会产生一定的经验，它反过来加强信仰。肤浅的头脑使自己适应当下环境的压力和要求；但是头脑隐藏的部分严重地受到过去的制约，正是这种制约、这种背景控制着经验。整个意识运动都是对过去的回应，不是吗？过去本质上是固定的、静止的，它没有自己的行动；当任何挑战被赋予时它就有了生命；它回应。所有的思考都是对过去、积累的经验和知识的回应。因此所有的思考都是受到制约的；自由超越了思想的力量。

"那么头脑怎样摆脱它自身的局限呢？"

请问，为什么头脑要自由呢？它自己就是过去、时间的结果。你问题之后的动机是什么呢？为什么会产生这样的问题？它是一个理论上的问题还是实际问题？

"我想两者都是。既有猜测性的好奇想知道，就像一个人想知道事物的结构一样，它也是一个个人的问题。对我来说这好像是一个没有办法摆脱制约的问题。我可能可以打破一种思想的模式，但是就在那过程之中另一种模式形成了。打破旧的模式会形成新的吗？"

如果新的是眼熟的，那它还是新的吗？毫无疑问，可以辨认的新的仍然是过去的结果。辨认是从记忆中产生的。过去停止了才有可能是新的。

"头脑穿透过去的帷幕是可能的吗？"

又是这个问题，你为什么问这个问题？

"就像我说的，一个人好奇地想知道；也有一种摆脱某些不愉快和痛苦记忆的欲望。"

仅仅是好奇不会走得那么远。要抓住快乐同时试图去除不快乐的，只会使头脑迟钝、肤浅；它不会带来自由。头脑必须摆脱两者，而不只是摆脱不愉快。沉溺于快乐的记忆显然不是自由。要抓住快乐的欲望只会在生活中产生冲突；这种冲突进一步制约头脑，这样的头脑永远不可能自由。只要头脑陷入记忆的河流中，不管是快乐的还是不快乐的；只要它陷在因果链中；只要它把现在当作过去通往未来的通道，它就永远不可能自由。那样自由就仅仅是一个理想，而不是现实。必须看清这个真理，然后你的问题才会有完全不同的意义。

"如果我看清了真理，会有自由吗？"

猜测是徒劳的。真理必须被看清，实际的事实是：只要头脑是过去的囚犯就没有自由，这一点必须**被体验**。

"从终极的意义上来说一个自由的人还会和因果与时间之流有关系吗？如果没有，那么这样的自由有什么好处呢？这样一个人在欢乐与痛苦的世界中有什么样的价值或者意义呢？"

多么奇怪，我们总是考虑实用的问题。你问这个问题不是好像从一条漂浮在时间之流的船上问这个问题吗？从那里你想知道一个自由的人对于船上的人有什么意义。也许根本没有。大部分人对自由不感兴趣；当他们遇到一个自由的人时，他们要不然把他当作神，置于神殿之上；要不然用石头或者语言把他赶走——也就是摧毁他。但是毫无疑问你关心的不是这样一个人。你关心的是摆脱过去的头脑——头脑就是你。

"一旦头脑自由了，那它的责任是什么呢？"

"责任"这个词不适用于这样的头脑。它的存在对于时间和过去具有爆炸性的作用。正是这个爆炸性的作用最为重要。仍旧在船上寻求帮助的人希望它是在过去的模式中、在可辨认的领域里，对此自由的头脑没有回答；但是那个爆炸性的自由对时间的束缚起作用。

"我不知道我对所有这些能说什么。我和我妻子来这里真的是出于好奇心，我发现我自己变得非常严肃。在我的内心深处我是严肃的，我第一次发现它。我们这一代有许多人都从通常接受的宗教逃走，但是内心深处有一种宗教感情，很少有机会显现出来。一个人必须抓住当下的机会。"

# 自怜的悲哀

　　一年中的这个时节，这种温暖的气候里，就是春天了。太阳特别的温和，轻风从北面吹来，那里的积雪让群山十分清新。路边的一棵树一个星期之前还光秃秃的，但是现在已经长满了绿色的新叶，在阳光中闪着光。那些新叶在头脑的巨大的空间中、在大地和蓝天之间是这样温柔、精致而小巧；在短短的时间之内它们好像就充满了整个思想的空间。路边更远处有一棵开花的树，它没有叶子，只有花。微风吹落了一地的花瓣，几个孩子坐在中间。他们是司机和其他仆人的孩子。他们永远不会去学校，一直是地球上贫穷的人；但是在柏油马路旁的一地落花中，那些孩子是地球的一部分。他们很惊讶地看到一个陌生人和他们坐在一起，突然沉默了；他们不再玩花瓣，有几秒钟的时间他们就像塑像一样静止。但他们的眼睛是活泼的，充满了好奇、友好和理解。

　　路边一个小小的凹陷的花园里有许多明亮的花。在那个花园的树叶丛中一只乌鸦正在树荫中乘凉，躲避着正午的太阳。它的整个身体都停歇在树杈上，羽毛遮住了爪子。它在呼唤或者应答其他乌鸦们，每十分钟它的叫声中就有五六个不同的音高。它可能还有更多的音高，但是现在这些就让它满意了。它非常黑，灰色的脖子；它的眼睛很特别，从来不会静止下来，它的嘴又硬又尖。它是完全休息的，又是完全生动的。奇怪的是头脑全然地和那只鸟**在一起**。头脑没有在观察那只鸟，尽管它注意到每个细节；它不是那只鸟本身，因为它们不是息息相关的。它和那只鸟在一起，和它的眼睛、它的尖嘴在一起，就像大海和鱼在一起一样；它和鸟在一起，穿透它又超越它。乌鸦敏捷的、好斗的、受惊的头脑是那个跨越大海和时间的头脑的一部分。这个头脑是浩瀚无边、无可估量的，但它又意识到闪光的新叶中那只黑乌鸦的眼睛最微小的运动。它意识到飘落的花瓣，但它并没有注意的焦点，没有留意的方向。不像总是包含着什么东西的空间——一粒灰尘、大地或者天空——它完全是空的，因为是空的，它可以没有原因地注意。它的注意既没有根也没有枝。所有的能量都处于那空寂之中。它不是意图建立起来的能量，不会当压力移开后就迅速消散。它是万物之初的能量；它是没有时间限制的生活。

几个人是一起来的，但每当一个人想陈述某个问题时，其他人就开始解释它，拿他们自己的遭遇来比较。但是悲哀是不可比较的。比较只会产生自怜，不幸就会继续。逆境要直接面对，不要认为你的困难比别人大。

现在他们全都沉默了，但是很快其中一个人开了口。

"我妈妈已经死了好几年了。就在最近我又失去了我的父亲，我非常懊悔。他是一个很好的父亲，我应该成就很多事，但我没有。我们的理想相互冲突；我们各自的生活方式让我们分道扬镳。他是一个宗教性的人，但是我的宗教感情不是那么明显。我们之间的关系经常紧张，但至少它是一种关系，现在他走了，我饱受悲哀之苦。我的悲哀不仅是懊悔，也是突然感到被独自一人留在世上。我以前从来没有这样的悲哀，它是非常剧烈的。我该做什么呢？我该怎样克服它呢？"

请问，你是因为你的父亲而痛苦，还是因为你已经熟悉的关系不复存在而产生悲哀？

"我不太明白的意思，"他回答说。

你难过是因为你的父亲去世了，还是因为你觉得孤独？

"我所知道的是我很痛苦，我想摆脱它。我真的不明白的意思。你能解释一下吗？"

这相当简单，不是吗？要么你是因为你的父亲而痛苦，那就是因为他享受生活并且想活下去，而现在他走了；要么你的痛苦是因为一种关系中断了，而这种关系这么长久以来都具有重要的意义，你突然意识到孤独。现在，它是哪一种？毫无疑问，你不是因为你父亲而痛苦，而是因为你孤独，你的悲哀是来自自怜。

"孤独究竟是什么呢？"

你从没体会过孤独吗？

"体会过，我经常独自一人散步。我单独走上很长一段路，尤其是在假期的时候。"

孤独感和独自散步中的单独不是有所不同吗？

"如果有，那我想我不知道孤独是什么。"

"我想除了语言的意思我们不知道任何意义。"某个人补充说。

当你牙疼的时候，你从来也没有体会过孤独感吗？在我们讨论孤独时，我们是体验到那种心理的痛苦，还是仅仅用一个词来表示我们从来没有直接体验过的东西？我们是真的痛苦，还是只是认为我们痛苦？

"我想知道孤独是什么。"他回答。

你是说你想描述它。它是一种完全孤立的体验；一种不能依赖任何事物、断绝了所有关系的感觉。"我"、自我、自己的本性是不断地修建一道围绕自身的墙；它所有的活动只会导致孤立。意识到这种孤立，它就开始用美德、上帝、财产、个人、国家，或者意识形态来确认自己；但是这种确认也是孤立过程的一部分。换句话说，我们以各种可能的方式逃避孤独的痛苦，逃避孤立的感觉，这样我们就永远不会直接体验它。这就像由于害怕角落里的东西，就永远不要面对它，不要发现它是什么一样；但是一直逃开，在某人或者某事那里寻求庇护只会产生更多的恐惧。你从来没有感到孤独——这种和一切失去了联系、完全孤立的感觉吗?

"我完全不知道您在说什么。"

那么,请问,你真的知道悲哀是什么吗?你体会过像牙疼一样强烈而急迫的悲哀吗?如果你牙疼,你就会采取行动;你去牙医那里。但是有痛苦的时候你就通过解释、信仰、饮酒等等逃开它。你采取行动,但是你的行动不是让头脑摆脱痛苦的行动,不是吗?

"我不知道该怎么做,所以我来这里。"

在你知道做什么之前,你不是应该发现悲哀实际上是什么吗?你难道不是仅仅形成一个悲哀是什么的观念、判断吗?毫无疑问,逃走、评估、恐惧阻碍你直接体验它。当你遭受牙疼的时候,你不会形成想法观念;你只是牙疼,然后采取行动。但是这里没有行动,不管是当下的还是长久的,因为你实际上并没有痛苦。要痛苦并且了解痛苦,你必须看着它,你不能逃走。

"我父亲已经无可挽回地离开了,我因此痛苦。我必须做什么才能超越痛苦呢?"

我们痛苦是因为我们看不到痛苦的真理。事实和我们关于事实的构想是截然不同的,导向两个不同的方向。请问,你在意事实、现状,还是仅仅关心痛苦的想法?

"您没有回答我的问题,先生,"他坚持说,"我该做什么呢?"

你想逃避痛苦呢,还是想摆脱它?如果你只是想逃避它,那么药品、信仰、解释、娱乐可能会"有帮助",伴随着依赖、恐惧等等不可避免的结果。但是如果你希望摆脱悲哀,你必须停止逃走,必须没有判断、没有选择地觉知到它;你必须观察它,了解它,了解它的复杂。然后你才不会对它感到害怕,就不会再有自怜的毒药。伴随着对悲哀的了解才会有摆脱悲哀的自由。了解悲哀必须实际地体验它,而不是口头上虚说悲哀。

"我正有一个问题可以问一问吗?"一个人插话说。"一个人应该以什么样的方式度过日常生活呢?"

就好像那个人只能活这一天,只有这一个小时。

"那是怎么样呢?"

如果你只有一个小时去生活,你会做什么呢?

"我真的不知道。"他焦虑地回答。

你不会安排外在必要的事情吗,你的事务、你的遗嘱等等?你不会把你的家庭和朋友叫在一起,请求他们原谅你可能对他们造成的伤害,原谅他们可能对你造成的伤害吗?你不会全然地让头脑中的事情、欲望和世界死去吗?如果能那样做一个小时,那就能做几天、几年,一直这样下去。

"这样的事真的可能吗,先生?"

试试看吧,你会发现的。


## 不敏感和抵制噪音


大海平静,地平线清晰。还要一两个小时太阳才会从群山之后升起来,残月让海水跳跃舞蹈着;它是那么明亮,引得比邻而居的乌鸦起身呱呱叫嚷,声音惊动了公鸡。很快乌鸦和公鸡又沉静下来,时间对它们还太早了。有一种奇特的寂静,它不是吵嚷之后的寂静,不是暴风雨之前笼罩的宁静。它不是"某之前和某之后"的寂静。树丛中没有什么在移动,没有什么在搅动。那是一种总体的寂静,具有穿透的强度。它不是寂静的边缘，而是它的存在本身，消除了所有的思想、所有的行动。头脑感受到这种不可限量的寂静，它自己也寂静下来——或者还不如说它不带自身活动的抵制而进入了寂静。思想不是在评估、测量、接受寂静，它自己就是寂静。禅定是不用力的。没有禅修者、没有追求目的的思想；因此寂静就是禅定。这种寂静有它自己的运动，它穿透最深处，穿透头脑的每个角落。寂静**就是**头脑；头脑没有变成寂静。寂静在头脑的中心播下了种子，尽管乌鸦和公鸡又开始宣告黎明，但这种寂静永远不会结束。现在太阳升到了群峰之上；长长的影子投在大地上，而心灵会整天跟随它们。

住在隔壁的女性非常年轻，她有三个孩子。她丈夫在傍晚时候从办公室回来，游戏过后他们向墙的这一边报以微笑。一天她和她的一个孩子过来，纯粹是出于好奇心。她没有说很多，也没有很多要说的。她讲了很多事情——衣服、汽车、教育和饮酒、党派和俱乐部生活。群山之中有一种低语，但是在你抓住它之前就消失了。有一种超越语言的东西，但她没有时间去倾听。孩子变得不安而烦躁。

"我很奇怪为什么您把您的时间浪费在这样的人身上？"他进来的时候问我。"我知道她，一个交际花，擅长鸡尾酒会，有一定的品位和钱。我奇怪她竟然会来看您。绝对是浪费您的时间，但是也许她从中会得到什么。您必须知道那种女人：衣服和首饰、她自己的基本的利益。当然我实际上是来谈别的事情的，但是看到**她**在这儿让我很不舒服。很抱歉我谈她的事。"

一个显得还很年轻的人，具有良好的风度和有教养的嗓音，他正统、整洁，相当挑剔。他的父亲在政坛非常著名。他结婚了，有两个孩子，收入足以维持生活所需。他说他可以轻松地挣更多的钱，但那是不值得的；他会让他的孩子读完大学，之后他们就得自食其力。他谈了他的生活、运气的变化和生活的沉浮。

"住在城里对我来说真是一个恶梦，"他继续说道，"大城市的吵闹让我烦极了。孩子们在房间里的吵嚷已经够糟糕的了，但是城市的喧嚣，公共汽车、汽车和电车、修建新建筑物的持续的锤打声、邻居们刺耳的收音机——所有这些可怕的不谐调的噪音都是破坏性的、让人疲惫衰弱的。我自己好像不能适应它。它折磨我的大脑，甚至也折磨我的身体。晚上我在我的耳朵里塞上东西，但即使是那样我知道噪音仍然存在。我还不是一个'患者'，但是如果我不采取什么措施，我就会成为一个。"

为什么你认为吵闹对你有这样的影响？吵闹和安静不是彼此相关的吗？存在着没有安静的吵闹吗？

"我所知道的是通常的噪音就会让我近乎发疯。"

设想你夜里听到了持续的犬吠之声。会发生什么呢？你启动了你的抵制机制，不是吗？你和狗的吵闹声奋斗。抵制意味着敏感吗？

"我有许多这样的奋斗，不仅是和狗的吵闹声奋斗，而且是和收音机的声音、孩子们在房间里的声音等等。我们就是靠抵抗生活的，不是吗？"

你是真的听到噪音，还是你只是意识到它在你心中造成的烦恼，并且你抵制它？

"我不太明白您的意思。噪音打搅我，一个人自然会抵制让他烦恼的原因。这种抵制不是自然的吗？我们抵制几乎所有痛苦和悲哀的东西。"

同时我们开始培养愉快的和优美的；我们并不抵制那些，我们希望得到更多。我们只是抵制不愉快的、让我们烦恼的事物。

"但是就像我说的，这不是非常自然的吗？我们所有人出于本能这样做。"

我没有说它是不正常的；它是这样，一个日常的事实。但是抵制不愉快、丑陋、烦恼，只是接受愉快的，不是给我们带来持续的冲突吗？不正是冲突产生了麻木和不敏感吗？这种接受和反对的二元过程使得头脑在它的感觉和活动中以自我为中心，不是吗？

"但是一个人要做什么呢？"

让我们来了解这个问题，也许这样的了解会产生它自己的行动，其中没有抵制或者冲突。难道不是冲突，不管是内在的还是外在的，使得头脑以自我为中心，因此产生不敏感吗？

"我想我明白您所说的自我中心；但是您说的敏感是指什么？"

你对美敏感，不是吗？

"那就是我生活中的咒语之一。对我来说，看到一些可爱的东西，海上日出、孩子的微笑、和优美的艺术作品几乎是痛苦的事情。它让我热泪盈眶。另一方面，我痛恨污垢、吵闹和凌乱。有时我几乎无法忍受走到街上去。这种对比把我内心都撕碎了，请相信我，我没有在夸张。"

但是当头脑喜爱优美而恐惧丑陋时，就有敏感吗？我们不是在考虑什么是优美什么是丑陋。当对立的冲突存在时，不断提高对一方的欣赏而抵制另一个方面，就存在敏感吗？毫无疑问，只要有冲突、摩擦的地方就有扭曲。当你倾向于优美而对丑陋畏缩时没有扭曲吗？抵制噪音，你不是在培养不敏感吗？

"但是一个人怎样才能忍受丑陋的东西呢？人是无法忍受恶臭的，不是吗？"

有城市街上的肮脏和贫穷，也有花园的优美。两者都事实、现状。抵制一方，你不是会对另一方变得不敏感吗？

"我明白您的意思；但是然后呢？"

对两方面的事实都保持敏感。你曾经试过倾听噪音吗——就像你听音乐一样倾听？但是也许一个人根本没有倾听过什么。有抵制时候你不可能倾听你所听到的东西。要倾听就必须有注意，有抵制地方就没有注意。

"我怎样像您所说的那样注意地倾听呢？"

你怎样注视一棵树、一个优美的花园、水面上的太阳、或者在风中摇摆的树叶呢？

"我不知道，我只是喜欢看这些东西。"

当你以那种方式注视什么的时候，你有自我意识吗？

"没有。"

但是当你抵制你所看到的东西时你有。

"您是要我好像喜欢噪音一样倾听它，不是吗？好吧，我**就是**不喜欢它，我认为不可能爱它。您不可能爱一种丑陋的残忍的性格。"

那是可能的，也已经被做过了。我不是在劝说你应该爱噪音；但是让头脑摆脱所有的抵制、所有的冲突不是可能的吗？每种形式的抵制会加强冲突，冲突造成不敏感；当头脑不敏感时，优美就从丑陋中逃走了。如果优美仅仅是丑陋的反面，那它不是优美。爱不是恨的反面。恨、抵制、冲突不会造成爱。爱不是自我意识的活动。它是外在于头脑领域的东西。倾听是一种注意的行动，就像观察一样。如果你不谴责噪音，你就会发现它不再打搅头脑。

"我开始明白您的意思了。我离开这个房间以后就会试一试。"

## 单纯的品质

雨水冲刷过的山峰在晨光中闪闪发光，山后的天空非常蓝。那个布满树木和溪流的谷地位于群山之中很高的位置。没有多少人住在那里，它有一种纯粹的遗世独立。那里有几座茅草盖顶的白色建筑和许多牛羊；但是它很偏僻，要不是你事先知道或者被告知它的存在，你通常是看不到它的。入口处有一条一尘不染的路从旁经过，作为一条规则，没有谁是毫无特定目的而进入这个山谷的。它不受干扰、与世隔绝而遥远，但那天早上它在遗世独立中显得特别纯净，雨水已经冲走了许多天以来的灰尘。山上的岩石在晨光中仍然湿漉漉的，山峰本身好像正在观察、等待。这些山峰从东延伸到西，太阳从中升起，又落入其中。一座突起的山峰在蓝天的映衬下好像是由活生生的岩石雕刻出来的寺庙，平直而壮丽。一条小径从山谷的一端蜿蜒到另一端，在小径某个特定的位置可以看见那座雕塑般的山峰。它的位置远不如其他山峰突出，它更黯淡、沉重，蕴含了巨大的力量。小径边一条小溪在温柔地低语，向东流向太阳，宽阔的水井中充满了水，维持着夏季和夏季之后的希望。无数的青蛙在那条平静的溪流边制造着巨大的声响，一条大蛇横穿小径。它不慌不忙，行动非常懒散，在松软、潮湿的泥土上留下一条印迹。意识到人的存在，它停下来，黑色的叉形的舌头在尖嘴里缩进吐出。很快它又继续觅食的旅程，消失在树丛和高大起伏的草丛里。可爱的早晨，站在敞开的水井边一棵大芒果树下真令人愉快。刚刚冲洗过的树叶的清香和芒果的味道飘散在空气中。阳光无法透过浓密的枝叶，你可以很长时间坐在一块岩石上，那石头还是潮湿的。

山谷遗世独立，树木也是如此。这些山峰是地球上最古老的山峰之一，因此它们也懂得单独和遥远是什么。孤独是忧愁的，它和蔓延的欲望相连，没有断绝开来；但是这种遗世独立、这种单独和一切相连，是所有事物的一部分。你并没有意识到你是单独的，因为那里有树、有岩石、有潺潺低语的流水。你只意识到你的孤独，而不是独立。一旦你意识到独立，你就感到孤独了。山峰、溪流、行人全都是独立的一部分，它的纯净能够包容所有杂质而又不受污染。但是不纯净的东西无法分享这种独立。正是不纯净的东西才知道孤独，它负载着存在的悲哀和痛苦。坐在树下，大蚂蚁爬过你的腿，在无限的独立中存在着无时间的运动。它不是一个跨越空间的运动，而是在自己之中的运动，火焰之中的火焰，空性之光中的光。它是永不停止的运动，因为它没有开始，所以也不会导致结束。它是没有方向的运动，所以它能涵盖空间。在树下所有的时间都静止了，就像群山一样，这个运动涵盖时间又超越它；因此时间永远也赶不上这个运动。头脑永远不会碰触到运动的边缘；但头脑**曾经是**这个运动。观照者不能和它赛跑，因为他只能跟随他自己的影子和包裹着它的语言。但是在那棵树下，在那单独之中，观照者和他的影子都不存在。

水井仍然满满的，群山仍然在观察和等待，鸟儿仍旧在树叶丛中飞进飞出。


一位丈夫和他的妻子以及他们的朋友坐在一个阳光照耀的房间里。这里没有椅子，地上只有一块草席，我们全都围坐在上面。两扇窗子中的一扇面朝一面空白的、饱经风雨侵蚀的墙壁，另一扇望出去可以看见一些需要被浇灌的灌木。一棵灌木正在开花，但是没有香气。这对夫妻相当富裕，他们成年的孩子已经自食其力。他退休了，他们在乡村有自己的小屋子。他说他们很少来镇上，但他们专门来听演讲和讨论。在三个星期的聚会中他们特殊的问题还没有被触及到，因此他们到这里来了。他的朋友，一位年长的灰头发的人差不多秃顶了，住在镇上。他是一位非常著名的律师，有出色的经验。

"我知道您不喜欢我们的职业，有时候我想您是对的。"律师说。"我们的职业不是它们理想的那样；但什么样的职业是呢？就像您说的，三种职业——律师、士兵和警察是有害于人类、给社会带来耻辱的，我自己会把政治家也包括进去。身处其中，我要离开它已经太晚了，虽然我仔细地考虑过那件事。但是我来这儿不是为了讨论这件事，我非常乐意利用另一次机会这样做。我和我的朋友们一起来，因为我对他们的问题也感兴趣。"

"我们要谈到的问题相当复杂，至少就我自己来看，"丈夫说，"我的律师朋友和我很多年以来对宗教有兴趣——不只是仪式和通常的信仰，而要比通常的那一系列宗教问题多得多。就我自己来说，我可以说我很多年对属于内在生活的不同问题进行了禅修，我发现我自己一直在转圈子。现在我不想讨论禅修的含意，而是想谈谈单纯的问题。我觉得一个人必须单纯，但是我不清楚我是否知道单纯是什么。像大部分人一样，我是个非常复杂的人；要变得单纯是可能的吗？"

要变得单纯就是继续停留在复杂之中。变得单纯是不可能的，但是一个人可以通过单纯接近复杂。

"头脑是那么复杂，怎么能单纯地处理问题呢？"

单纯和成为单纯是两件截然不同的事，各自的方向不同。只有欲望结束了，才会有本然的行动。但是在我们进入整个问题之前，请问你为什么觉得你必须拥有单纯的品质？这种强烈的渴望之后是什么样的动机呢？

"我真的不知道。但是生活变得越来越复杂；有更大的奋斗、不断增长的漠视和越来越普遍的肤浅。大部分人都生活在表面，制造了很多噪音，我自己的生活也不太深刻；因此我觉得我必须变成单纯的。"

是外在事物的单纯，还是内在的单纯？

"两个方面都是。"

外在简朴的显示——拥有很少的衣服、一天只吃一餐、不追求通常的舒适等等——是一种单纯的表现吗？

"外在的简朴是必要的，不是吗？"

我们很快就会发现正确与否。你认为头脑混杂着信仰、欲望和它们的矛盾、嫉妒和对权力的追求是单纯吗？当头脑被它自己在美德方面的进步塞满时是单纯吗？一个塞满的头脑是单纯的头脑吗？

"如果您那样说，那它显然不是单纯的头脑。但是一个人怎样净化头脑所积累的东西呢？"

我们还没有谈到那里，不是吗？我们明白单纯不是一个外在表现，只要头脑里挤满了知识、经验、记忆，它就不是真正的单纯。那么什么是单纯呢？

"我怀疑我能够给出一个正确的定义。这样的事情是很难把它付诸语言的。"

我们不是在寻找定义，不是吗？当我们有了单纯的感觉时我们就会找到正确的语言。你看，我们的一个难题是我们还没有感觉事物的品质和内在性质就试图找到恰当的语言表达。我们曾经直接感受过什么吗？还是我们通过语言、概念和定义感受任何东西？我们曾经看过树木、大海、天空而没有组织语言、没有描述它们吗？

"但一个人怎样感觉单纯的本性或品质呢？"

当你询问一个方法来产生它的时候，你不是在阻止你自己感觉它的本性吗？当你饥饿时候，你的面前有食物，你不会问"我怎样去吃它？"你只是吃。这个"怎样"总是和事实脱节。单纯的感觉和你关于那种感觉的观念、语言和结论毫无关系。

"但是头脑以它的复杂性总是在提出它认为它知道什么是单纯。"

那会阻止它和那种感觉在一起。你曾经尝试过和一种感觉在一起吗？

"您说和一种感觉在一起是指什么？"

你和快乐的感觉在一起，不是吗？品尝了那种滋味，你就想抓住它，你计划着要继续和它在一起等等。现在，一个人能和"单纯"这个词所代表的感觉在一起吗？

"我想我不知道那种感觉是什么，因此我不能和它在一起。"

除了由"单纯"那个词所激发的反应之外有感觉吗？有没有和语言、词汇分开来的感觉？还是它们是不可分割的？感觉本身和赋予名称几乎是同时的，不是吗？语言总是凑在一起、组织起来，但感觉不是；要把感觉和语言分开来是十分艰苦的。

"这样的事是可能的吗？"

不受污染而强烈、纯粹地感受是不可能的吗？强烈地去感受什么——感受家庭、国家、原因——是相对容易的。比如说，通过信仰和意识形态确认自己可能会产生强烈的感情或热情。关于这点我们都清楚。一个人看到蓝天中有一只雪白的鸟，几乎为这种强烈的美感而晕旋，或者被人类的残酷吓得退缩。所有这些感觉都是被语言、情景，行动、对象所唤起的。但是没有对象就没有感情的强度吗？那种感觉不是无可比拟的伟大吗？它是一种感觉吗，还是完全不同的东西？

"我恐怕不知道您在说什么，先生。我希望您不介意我这样说。"

完全不介意。有一种没有原因的状态吗？如果有，那么一个人可以感觉它吗？可以不用语言或者理论去感觉它，而是实际地觉知到那种状态吗？要这样实际地觉知到那种状态，就必须完全停止任何形式的语言化，以及通过言辞、记忆而形成的所有的定义。有一种没有原因的状态吗？爱不就是这样一种状态吗？

"但是爱是感官的，超越它才是神圣的。"

我们又回到了同样的困惑里，不是吗？我们把爱分成**这种**和**那种**是世俗的；从区分当中谋求好处。没有语言—道德障碍地去爱就是同情的状态，它不是由一个对象激发的。爱是行动，所有其他的只是反应。从反应中产生的行动只会产生冲突和悲哀。

"如果能这样说，先生，所有这些都超过了我的理解。让我单纯吧，然后也许我会理解这深奥之义。"